谢礼立院士

谢礼立院士论文选集

《谢礼立院士论文选集》编委会 编

科学出版社

北京

内 容 简 介

谢礼立院士是中国工程院首批院士，是我国防灾工程和安全工程研究工作的重要开拓者．迄今为止，谢礼立院士在国内外期刊共发表 400 余篇学术论文，研究方向涉及"强震观测及数据处理"、"强地震动数值模拟及特征分析"、"强地震动对结构的破坏作用及其排序"、"结构地震反应分析及基于性态的抗震设计理论"、"城市综合防震减灾理论和决策分析"、"韧性城市的科学定义及其构建和评价"、"抗震设计规范研究和编制"等．本论文选集选录了谢礼立院士及合作者发表的、比较能体现他的学术思想的 50 余篇代表性论文，以纪念先生从事科研工作 60 周年．

本论文选集可作为地震工程和城市防灾领域的科研、教学人员，研究生，高年级本科生以及其他防震减灾工作者的参考文献．

审图号：GS(2020)6433 号

图书在版编目(CIP)数据

谢礼立院士论文选集／《谢礼立院士论文选集》编委会编．—北京：科学出版社，2021.6
ISBN 978-7-03-068773-9

Ⅰ.①谢… Ⅱ.①谢… Ⅲ.①防震减灾–文集 Ⅳ.①P315.94-53

中国版本图书馆 CIP 数据核字（2021）第 089399 号

责任编辑：张井飞 韩 鹏／责任校对：王 瑞
责任印制：吴兆东／封面设计：图阅盛世

科 学 出 版 社 出版
北京东黄城根北街 16 号
邮政编码：100717
http://www.sciencep.com

北京建宏印刷有限公司 印刷
科学出版社发行 各地新华书店经销

*

2021 年 6 月第 一 版 开本：787×1092 1/16
2021 年 6 月第一次印刷 印张：36 1/2 插页：1
字数：865 000
定价：398.00 元
（如有印装质量问题，我社负责调换）

编　委　会

序　言

2020 年是谢礼立院士从事科研工作 60 周年. 先生自 1960 年天津大学毕业以来，专心科研、辛勤探索，为我国防震减灾事业做出了卓越贡献.

谢礼立院士作为中国工程院首批院士，是我国防灾工程和安全工程研究的重要开拓者. 迄今为止，谢礼立院士共发表学术论文 400 余篇. 为回顾先生治学生涯和学术成就，本论文集选取了最能体现先生学术思想和学术观点的 50 余篇代表性论文，以传承、弘扬先生的治学方法和学术思想.

收录时对论文各级标题体例、物理量外文符号格式等进行了统一，并对部分论文的内容进行了修订，而对参考文献著录格式等未作统一处理.

祝贺谢礼立院士从事科研工作六十周年委员会

目　录

序言

我国强震记录处理和分析方法的若干特点 ……… 谢礼立，李沙白，钱渠炕，胡成祥　1

强地震动分析 …………………………………………………………… 谢礼立　13

一个新的地震动持续时间定义 ……………………………… 谢礼立，周雍年　19

关于近场地震动研究方面的若干进展 ………………………………… 谢礼立　28

中国强震观测发展现状 ……………………………… 谢礼立，彭克中，于双久　33

地震动记录持时与工程持时 ………………………………… 谢礼立，张晓志　44

地震动反应谱的长周期特性 ……………… 谢礼立，周雍年，胡成祥，于海英　52

"国际减轻自然灾害十年"和地震工程研究的任务 ………… 谢礼立，罗学海　72

震级谱及其工程应用 ……………………………………… 谢礼立，耿淑伟　80

论工程抗震设防标准 ……………………………… 谢礼立，张晓志，周雍年　86

唐山响堂三维场地影响观测台阵 ………………… 谢礼立，李沙白，章文波　102

数字减灾系统 ……………………………………………… 谢礼立，温瑞智　111

考虑地震环境的设计常遇地震和罕遇地震的确定 ………… 马玉宏，谢礼立　122

基于抗震性态的设防标准研究 …………………………… 谢礼立，马玉宏　130

估计和比较地震动潜在破坏势的综合评述 ………………… 翟长海，谢礼立　141

最不利设计地震动研究 …………………………………… 谢礼立，翟长海　151

双规准化地震动加速度反应谱研究 ……………………… 徐龙军，谢礼立　164

抗震性态设计和基于性态的抗震设防 ………………………………… 谢礼立　173

《建筑工程抗震性态设计通则》的特点 ……………………………… 谢礼立　183

工程结构等强度位移比谱研究 ………………… 翟长海，谢礼立，张敏政　191

绝对和相对输入能量谱对比及延性系数的影响研究 ……… 公茂盛，谢礼立　199

抗震结构最不利设计地震动研究 ………………………… 翟长海，谢礼立　213

城市防震减灾能力的定义及评估方法 ………………………………… 谢礼立　226

近场地震学中 3 个术语译名的商榷 ……………………… 谢礼立，王海云　242

近断层强地震动的特点 …………………………………… 王海云，谢礼立　246

抗震设计谱的发展及相关问题综述 ……………… 徐龙军，谢礼立，胡进军　252

基于双规准反应谱的抗震设计谱 ………………………… 徐龙军，谢礼立　270

断层倾角对上/下盘效应的影响 ………………………… 王　栋，谢礼立　282

近场问题的研究现状与发展方向 ………………………… 李　爽，谢礼立　291

近断层地震动区域的划分 ………………… 李　明，谢礼立，翟长海，杨永强　302

2008 年汶川特大地震的教训 ………………………………………… 谢礼立　310

地震破裂的方向性效应相关概念综述 …………………… 胡进军，谢礼立　323

核电工程中应用隔震技术的可行性探讨 ………………… 谢礼立，翟长海　335

双规准反应谱与统一设计谱理论 …………………………………… 谢礼立，徐龙军 348

浅析传统结构抗震概念设计思想形成的一般规律 …………………… 赵　真，谢礼立 360

论土木工程灾害及其防御 ………………………………………… 谢礼立，曲　哲 371

城市抗震韧性评估研究进展 ………………………… 翟长海，刘　文，谢礼立 385

面对灾害，让城市更有"韧性" ……………………………………………… 谢礼立 397

关于我国"地震科学实验场"的思考 ……………………………………… 谢礼立 400

《自然灾害学报》发刊词 …………………………………………………… 谢礼立 402

《结构动力学：理论及其在地震工程中的应用》中文版序 ………………… 谢礼立 404

《来自汶川大地震亲历者的第一手资料——结构工程师的视界与思考》序一 …… 谢礼立 406

《建筑抗震》序 …………………………………………………………… 谢礼立 409

《自然灾害学报》新年寄语 ………………………………………………… 谢礼立 410

《工业建筑抗震关键技术》序 ……………………………………………… 谢礼立 411

On the design earthquake level for earthquake resistant works ……………… Xie Li-Li 412

Some challenges to earthquake engineering in a new century ……………… Xie Li-Li 420

Research on performance-based seismic design criteria …… Xie Li-Li and Ma Yu-Hong 431

Study on the severest real ground motion for seismic design and analysis ……………
………………………………………………… Xie Li-Li and Zhai Chang-Hai 445

Study on evaluation of cities' ability reducing earthquake disasters ……………
…………………………… Zhang Feng-Hua, Xie Li-Li and Fan Li-Chu 459

A new approach of selecting real input ground motions for seismic design: the most unfavourable
real seismic design ground motions ………………… Zhai Chang-Hai and Xie Li-Li 475

Assessment of a city's capacity for earthquake disaster prevention ……………… Xie Li-Li 496

Comparison of strong ground motion from the Wenchuan, China, earthquake of 12 May 2008
with the Next Generation Attenuation (NGA) ground-motion models ……………
………………… Wang Dong, Xie Li-Li, Abrahamson N. A. and Li Shan-You 505

Effect of seismic super-shear rupture on the directivity of ground motion acceleration ……
………………………………………………… Hu Jin-Jun and Xie Li-Li 526

On civil engineering disasters and their mitigation ……………… Xie Li-Li, Qu Zhe 540

Foreword for *The Great Tangshan Earthquake of 1976* ……………………… Xie Li-Li 556

附录一　谢礼立院士科研工作经历及学术思想与学术观点简介 ……………… 558

附录二　谢礼立院士论文目录 ……………………………………………… 562

我国强震记录处理和分析方法的若干特点[*]

我国强震记录处理和分析方法的若干特点[*]

谢礼立，李沙白，钱渠炕，胡成祥

（中国科学院工程力学研究所）

摘要 我国目前推广使用的强震加速度记录标准常规处理分析方法和美国加州理工学院发展的同类方法相比，主要有以下不同：在模拟记录数字化过程中，对不能一次完成数字化的过长记录采用了坐标转换和计算机自动衔接处理方法；在对数字记录进行仪器校正时考虑了速度摆和电流计耦合的特点，不仅要作高频响应失真的校正，也要作低频响应失真的校正；在零线校正中，选择高通滤波器的截止频率 f_{LC} 除了考虑数字化噪声背景外，还考虑了记录长度和基线不确定性的影响；此外还分析了插值法对数据分析结果的影响.

1 引言

自 1962 年中国科学院工程力学研究所在广东省新丰江大坝上安设我国第一台强震仪以来，至今在我国各地震危险区已布设了约 100 台多道中心记录式强震加速度仪的固定台站；组织了包括约 70 台同类仪器的 17 次以追捕强震为目的的流动观测；取得了较好的地震加速度记录约 200 余条，其中最大的地面加速度峰值为 $0.2g$. 为了满足我国地震工程研究发展的需要，也为了便于国际强震数据的交换和对比，从 1979 年起，中国科学院工程力学研究所研究并发展了一套适合于我国仪器特点，又和国际上现有的强震数据处理方法相平行的标准常规处理分析方法和计算机程序. 这套程序包括：模拟记录数字化、调整加速度记录（或未校正加速度记录）、校正加速度记录和积分速度与位移、反应谱计算以及傅里叶谱的分析. 和美国加州理工学院发展的标准常规处理方法相比[1]，主要的区别在于：

（1）在对模拟加速度记录进行数字化时，经常会遇到一些持续时间较长、在读数平台上无法一次读完的记录，这时就必须在平台上多次移动记录，分段读数. 经验证明，现有的分段记录连接方法[1]会导致很大的误差. 本文提出的依靠坐标转换及计算机自动衔接的技术，可改进记录处理分析的精度，从而降低对数字化工作人员的要求.

（2）由于我国强震台网目前使用的仪器主要是电流计记录式的加速度仪，拾振器的自振频率为 4Hz，速度摆的阻尼常数约为 10；电流计的自振频率为 120Hz，阻尼常数约为 0.7. 这是一个具有两个自由度的耦连系统. 这种系统产生的加速度记录既包含仪器高频响应的失真，又包含低频响应的失真. 这比美国强震台网广泛使用的加速度摆导致的记录失真要更为复杂，对此，作者曾经提出过两种行之有效的方法[2]，已被常规数据处理分析

---

* 本文发表于《地震工程与工程振动》，1983 年，第 3 卷，第 1 期：3-16 页.

程序所采用.

（3）根据我国记录的特点，在记录校正过程中，选用带通滤波器的高频截止频率 $f_{LC}=$ 35Hz，终止频率 $f_{LT}=37$Hz，从而使我国强震记录中的有效高频信息可达 35Hz，而美国加州理工学院方法给出的有效高频信息为 25Hz，至于带通滤波器的低频端截止频率和过渡带宽的确定，不仅考虑了许可的数字噪声位移的限制，而且考虑了记录长度和基线参数不确定性的影响.

（4）在强震记录的数据处理分析中多处采用了离散数据的插值计算，不同的插值方法对不同频段上的强震记录有不同的影响. 本文给出了表示这种影响的传递函数值.

从已经处理的大量加速度记录的结果表明[3]，本文所介绍的强震加速度记录的常规处理分析方法是令人满意的.

2　数字化方法和数字化噪声

模拟强震加速度记录是在半自动读数机平台上进行数字化的. 台身的平面尺寸为 55cm×123cm. 平台上有一个可以沿纵向和横向移动的读数放大镜，镜面上刻有十字细丝，十字细丝沿横向（X 方向）和纵向（Y 方向）的可动范围分别为 72cm 和 30cm. 十字细丝的移动可不断改变分别表示十字细丝交点纵横坐标的两个独立电位器的电阻值，进而将坐标值转换成数字并可同时以穿孔纸带、打印数据和数码管显示等方式输出（图 1）.

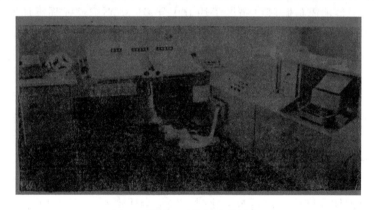

图 1　强震记录的数字化设备

读数时，先用目估法使记录上的固定迹线与台面的横轴方向大致平行. 然后分别对时标、固定迹线和各加速度迹线采样读数. 当记录长度较长，移动十字细丝对 X 轴一次扫描尚不能读完记录时，就要采用分段读数法. 即将一张完整的记录分割成数段，其中每一段都能在十字细丝对 X 轴的一次扫描过程中读完；在每相邻的两段记录中还应该包括一段长约 5cm 的重叠部分，并在其上画出两条互相交叉的定位直线. 在每次分段读数时，除了要对时标、固定迹线和加速度记录进行读数外，尚须对这两条定位交叉直线进行读数. 因为这两条定位直线位于相邻两段记录的重叠部分，所以前后被读数二次得到对应的两组读数. 分别对这两组读数进行直线拟合，便能得到对应的两组直线方程. 进一步利用坐标转换，使这两组直线方程互相重合. 于是再采用同样的坐标转换方法，便能使分段读得的加速度、时标和固定迹线的读数转换到同一个坐标系统，从而互相衔接起来.

加速度记录的读数按不等间隔采样方式进行，平均采样率约为 50 点/s，在记录变化最剧烈的部位，采样率可达 $70 \sim 80$ 点/s.

在数字化过程中不可避免地会引入数字化噪声或数字化误差，数字化噪声是由数字化设备的系统误差和操作人员的随机读数误差叠加而成[4]. 图 2 给出了七人对同一条斜直线的读数结果，图中的最后一条曲线 $\bar{Z}$ 为这十条曲线的平均结果，即数字化设备的系统误差；图 3 给出了部分随机噪声 Y_i，它是由 Z_i 减去 $\bar{Z}$ 得到的. 图 4 给出了随机噪声的概率分布图；图 5 给出了数字化噪声位移（对数字化噪声 Y_i 作两次积分后的结果）的振幅分布图. 由这些图可知：

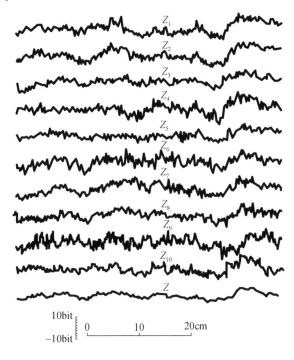

图 2　对一条直线独立进行十次数字化的结果

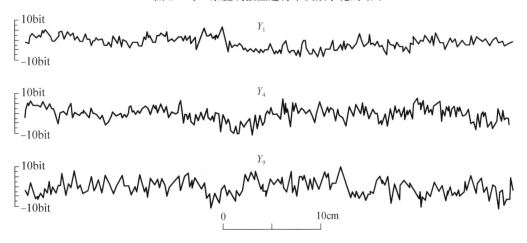

图 3　几条典型的随机数字化噪声曲线

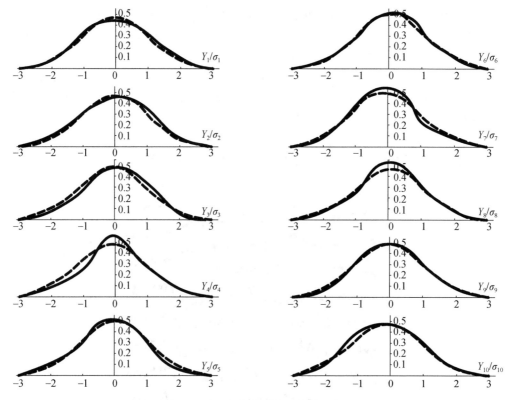

图 4　随机数字化噪声的统计分布

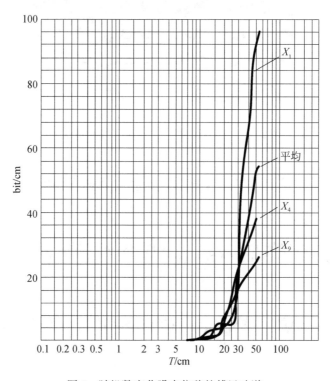

图 5　随机数字化噪声位移的傅里叶谱

（1）数字化过程中的随机噪声是一种幅值按正态规律分布的、具有各态历经性质的平稳随机过程.

（2）数字化噪声的平均标准方差为 3bit，由此引起的加速度幅值误差为 $\dfrac{3}{a \cdot b}$ cm/s，式中 a 为整套仪器的灵敏度（cm/gal），b 为读数机在 Y 轴方向的读数灵敏度（bit/cm）.

（3）在数字化噪声位移中，噪声的能量主要集中在长周期部分. 当周期达 $\dfrac{25}{V}$ s 时（V 为记录纸速度，cm/s），数字化噪声位移的振幅突然增强（图5）. 因此在强震记录的零线校正中，建议取噪声的截断频率为 $f_\mathrm{r} \geqslant \dfrac{V}{25}$ Hz，由此引起的实际位移误差为 $\dfrac{0.15}{a \cdot V^2}$ cm. 如果在特殊研究中对噪声位移有更严格的限制，则可取更高的噪声截断频率，具体数值如表1所示.

表 1

建议的截止频率 f_r/Hz	$\dfrac{V}{25}$	$\dfrac{V}{10}$	$\dfrac{V}{5}$
可能保留的最大噪声位移/cm	$0.15/aV^2$	$0.045/aV^2$	$0.025/aV^2$

注：V，记录纸的速度（cm/s）；a，整套加速度仪的灵敏度（cm/gal）.

3 仪器响应失真的校正

如前所述，我国强震台网目前主要采用速度摆与电流计耦合式的强震加速度仪[5]，它的运动微分方程式[6]为

$$\ddot{\theta}(t) + 2n_1 D_1 \dot{\theta}(t) + n_1^2 \theta(t) = -\frac{1}{l_0}\ddot{X}(t) + 2n_1 D_1 \sigma_1 \dot{\varphi}(t) \tag{1}$$

$$\ddot{\varphi}(t) + 2n_2 D_2 \dot{\varphi}(t) + n_2^2 \varphi(t) = 2n_2 D_{22} \sigma_2 \dot{\theta}(t) \tag{2}$$

或者，可将它合并成一个四阶常系数微分方程式：

$$\frac{d^4\varphi(t)}{dt^4} + 2(D_1 n_1 + D_2 n_2)\frac{d^3\varphi(t)}{dt^3} + \left[n_1^2 + n_2^2 + 4D_1 D_2 n_1 n_2 (1-\sigma^2)\right]\frac{d^2\varphi(t)}{dt^2}$$
$$+ 2n_1 n_2 (n_1 D_2 + n_2 D_1)\frac{d\varphi(t)}{dt} + n_1^2 n_2^2 \varphi(t) = -\frac{2n_2 D_2 \sigma_2}{l_0} \cdot \frac{d^3 X(t)}{dt^3} \tag{3}$$

式中，$\theta(t)$，$\varphi(t)$ 分别为摆体和电流计镜片相对其平衡位置的角位移；n_1，n_2 分别为摆体和电流计的固有圆频率；D_1，D_2 分别为摆体和电流计的阻尼常数；l_0 为折合摆长；$\dfrac{d^3 X(t)}{dt^3}$ 为被测加速度 $\ddot{X}(t)$ 对时间 t 的一阶导数；$\sigma^2 - \sigma_1 \sigma_2$ 表示摆体与电流计之间耦连程度的无量纲常数，σ_2 为摆体对电流计的作用系数，σ_1 为电流计对摆体反作用的系数.

事实上一条记录到的加速度曲线是和与摆体耦连的电流计的偏转角 $\varphi(t)$ 成正比的. 电流计的偏转角 $\varphi(t)$ 能在多大程度上代表作用在摆体底座上的地震加速度过程 $\ddot{X}(t)$，取决于仪器系统的参数 n_1，D_1，n_2，D_2 和 σ^2 的数值. 对 RDZ1 强震加速度仪来说，在 0.5 ~

30Hz 的频带范围内具有平直的频率响应曲线（图6），而超出这个频带，记得的加速度记录无论在高、低频段内都会发生严重畸变. 在这种情况下就必须对失真的记录进行仪器响应校正，使得被歪曲了的真实信息能够恢复.

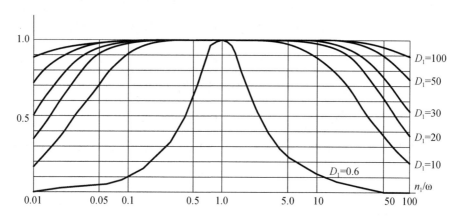

图 6　速度摆频率特性曲线

直接从方程式（3）或方程组（1）和（2）搞清外部输入 $\ddot{X}(t)$ 与电流计反应 $\varphi(t)$ 之间的关系是很不容易的. 然而对于大多数的强震加速度仪来说，耦合系数 σ^2 一般很小（例如，RDZ1 强震加速度仪的 σ^2 为 $10^{-3} \sim 10^{-5}$），因此它可忽略不计. 这时方程（3）可简化为

$$\frac{\mathrm{d}^4\overline{\varphi}(t)}{\mathrm{d}t^4}+2(D_1 n_1+D_2 n_2)\frac{\mathrm{d}^3\overline{\varphi}(t)}{\mathrm{d}t^3}+(n_1^2+n_2^2+4D_1 D_2 n_1 n_2)\frac{\mathrm{d}^2\overline{\varphi}(t)}{\mathrm{d}t^2}$$
$$+2n_1 n_2(n_2 D_1+n_1 D_2)\frac{\mathrm{d}\overline{\varphi}(t)}{\mathrm{d}t}+n_1^2 n_2^2\overline{\varphi}(t)=-\frac{2n_2 D_2\sigma_2}{l_0}\cdot\frac{\mathrm{d}^3 X(t)}{\mathrm{d}t^3} \tag{4}$$

不难证明[6]，方程（4）是和下面的方程组等价的：

$$\ddot{\overline{\theta}}(t)+2n_1 D_1\dot{\overline{\theta}}(t)+n_1^2\overline{\theta}(t)=-\frac{1}{l_0}\ddot{X}(t) \tag{5}$$

$$\ddot{\overline{\varphi}}(t)+2n_2 D_2\dot{\overline{\varphi}}(t)+n_2^2\overline{\varphi}(t)=2n_2 D_2\sigma_2\dot{\overline{\theta}}(t) \tag{6}$$

这里，我们用 $\overline{\varphi}(t)$ 和 $\overline{\theta}(t)$ 表示略去 σ^2 后的电流计与摆体的角位移，以区别于考虑耦合影响的精确解 $\theta(t)$ 和 $\varphi(t)$. 与方程组（1），（2）的不同在于，方程组（5）和（6）已是一个解耦的具有两个自由度系统的振动方程.

为了估计略去 σ^2 对 $\varphi(t)$ 的影响，可采用 $\varepsilon(t)$ 来表征由此引起的误差，即

$$\varepsilon(t)=\varphi(t)-\overline{\varphi}(t) \tag{7}$$

由式（3）和式（4）之差，可得到计算 $\varepsilon(t)$ 的微分方程式为

$$\frac{\mathrm{d}^4\varepsilon(t)}{\mathrm{d}t^4}+2(D_1 n_1+D_2 n_2)\frac{\mathrm{d}^3\varepsilon(t)}{\mathrm{d}t^3}+(n_1^2+n_2^2+4D_1 D_2 n_1 n_2)\frac{\mathrm{d}^2\varepsilon(t)}{\mathrm{d}t^2}$$
$$+2n_1 n_2(D_1 n_2+D_2 n_1)\frac{\mathrm{d}\varepsilon(t)}{\mathrm{d}t}+n_1^2 n_2^2\varepsilon(t)=4D_1 D_2 n_1 n_2\sigma^2\ddot{\varphi}(t) \tag{8}$$

式中的 $\ddot{\varphi}(t)$ 就是电流计角位移反应的二阶导函数，也即由这类仪器所得的失真加速度记

录的二阶导函数. 文献［2］已经证明, 在零初始条件假定下, 误差 $\varepsilon(t)$ 的最大绝对值可按下式估算

$$|\varepsilon(t)|_{\max}\leqslant\frac{8n_1D_1D_2\sigma^2}{n_2}\cdot\varphi_{\max}$$

最大相对误差为

$$\frac{|\varepsilon(t)|_{\max}}{|\varphi|_{\max}}\leqslant\frac{8n_1D_1D_2\sigma^2}{n_2}$$

对 RDZ1 加速度仪来说, $D_1\approx6\sim10$, $D_2=0.6$, $n_1=8\pi\ \mathrm{s}^{-1}$, $n_2=240\pi\ \mathrm{s}^{-1}$, 耦合系数 $\sigma^2=10^{-3}\sim10^{-5}$, 因此最大相对误差为

$$\frac{|\varepsilon(t)|_{\max}}{|\varphi|_{\max}}\leqslant1.6\times(10^{-3}-10^{-5})$$

由此可见, 如果用方程组（5）和（6）来代替方程组（1）和（2）所引起的误差是很小的.

因为电流计的自振频率 $n_2/2\pi$ 要远大于工程中感兴趣的地震信号频率, 由式（6）可知, 在从零赫兹开始的相当宽的频率范围内, 强震加速度记录 $\varphi(t)$ 或 $\overline{\varphi}(t)$ 能以足够的精度与 $\dot{\theta}(t)$ 成正比, 即可认为下式成立:

$$\overline{\varphi}(t)=\frac{2D_2\sigma_2}{n_2}\dot{\theta}(t) \tag{9}$$

根据地震仪理论, 并由式（5）可知, 对于给定的参数 n_1 和 D_1, 速度摆的响应 $\dot{\theta}(t)$ 只能在一个有限宽的频带上才和被测的地震加速度成正比, 即

$$\dot{\theta}(t)=-\frac{1}{2n_1D_1l_0}\ddot{X}(t) \tag{10}$$

对于 RDZ1 仪器, $n_1=8\pi$, $D_1\approx10$. 当地震信号频率低于 0.5 赫兹或高于 35 赫兹时, 仪器反应会有很大的失真（图5）, 这时式（10）将不再成立, 因此必须进行振幅和相位的仪器校正, 校正方法有两种, 即假想摆法和微分-积分法.

假想摆法就是假想有一个理想的速度摆, 它有适中的自振圆频率 Ω_0 和足够大的阻尼常数 Z_0, 因而无论在实际工程中感兴趣的低频段或高频段内, 这样的假想摆都有良好的仪器响应, 使式（10）精确成立. 已经算得假想摆对真实地震加速度 $\ddot{X}(t)$ 的反应 $\dot{\xi}(t)^{[2,6]}$ 为

$$\dot{\xi}(t)=\dot{\overline{\theta}}(t)+\frac{D_1n_1^2-Z_0\Omega_0}{D_1n_1}\dot{\zeta}(t)+\frac{n_1^2-\Omega_0^2}{2D_1n_1}\zeta(t) \tag{11}$$

由式（11）可知, $\dot{\zeta}(t)$ 由三部分组成: ①由实际速度摆（n_1, D_1）测得的失真加速度记录 $\overline{\varphi}(t)$, 由式（9）可知, 它即为 $\dot{\overline{\theta}}(t)$; ②假想摆（$\Omega_0$, Z_0）对失真加速度记录 $\dot{\overline{\theta}}(t)$ 的速度反应 $\dot{\zeta}(t)$; ③假想摆（Ω_0, Z_0）对失真加速度记录 $\dot{\overline{\theta}}(t)$ 的位移反应 $\zeta(t)$. 不难知道, 如只需作高频失真校正, 公式（11）中可只保留第①、第②两项; 如只需作低频失真校正, 可只取式（11）中的后两项.

所谓微分-积分法是根据方程（5）分别对实测的失真加速度 $\dot{\bar{\theta}}(t)$ 作一次微分得 $\ddot{\bar{\theta}}(t)$ 和作一次积分得 $\bar{\theta}(t)$，然后将这三项按式（5）相加，便能获得校正后的地震加速度记录.

图 7 给出了这两种校正方法的计算流程图.

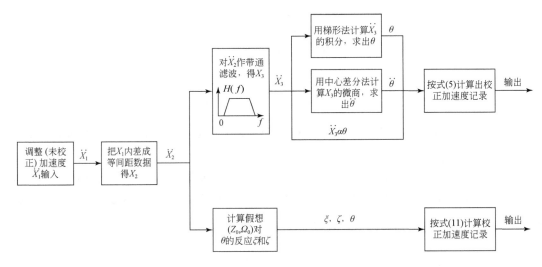

图 7　仪器失真校正的流程图

4　插值方法的影响

在强震数据分析中，为方便起见，通常都采用等步长的数据序列进行计算. 为此，必须把调整（未校正）加速度记录的不等距步长的数据，经过插值计算，变成等步长（通常取时间间隔 $\Delta t = 0.01\text{s}$）的数据. 因此有必要就插值方法对加速度记录和积分位移曲线的影响进行研究.

我们曾利用数值计算方法，对一个简单的正弦波形，就常用的两种插值方法——线性插值方法和抛物线插值方法，进行过对比研究[7]. 为了清除采样正弦波形时产生的数字化误差，采样点的离散数值是根据计算机内部的标准函数给出的. 采样密度依次取 $N = 3$，4，5，7，8，10 点/周. 对每一种采样密度 N，先分别按线性和抛物线方法插值，进而计算相应的傅里叶振幅谱，并使之与精确的正弦波形的傅里叶振幅谱作比较，最后便能得到这两种插值方法在不同采样密度时的傅里叶振幅谱与精确谱值的比值曲线——也即对应于不同采样密度和不同插值方法的传递函数值（图 8）. 图中清楚地表明，在同样的采样密度下，抛物线插值方法要比线性插值方法更精确. 特别在较小的采样密度下，如 $N = 3$ 或 4 时，两者差别可达 30%，这一点对保持强震记录中的高频信息尤为重要. 由于数字化设备分辨能力的限制，难以使高频地震信号获得足够的采样密度，从而导致高频数字信号的失真. 但是图 8 中的研究结果表明，如果采用抛物线插值方法，即使在采样率 $N = 3$ 点/周的情况下，也能使傅里叶振幅谱的精度达 93%. 在大多数情况下，对于频率不是十分高的地震信

号，现有读数设备能够保持足够高的采样率，即使采用线性插值方法也能保证足够的精
度．此外，由于线性插值方法比较简单易行，所以在数据处理中也仍被应用．

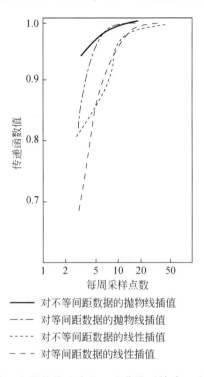

图 8　由逐段直线或逐段抛物线连成的正弦曲线对精确正弦曲线的传递函数值

5　带通滤波器的截止频带和过渡带宽的确定

由美国加州理工学院倡导的强震加速度标准处理方法对仪器响应校正和零线校正的步
骤是这样规定的[1]：对调整后的强震数据先作低通滤波，截止频率为 $f_{LC} = 25Hz$，然后进
行仪器响应校正，再作高通滤波，完成零线校正．截止频率主要根据噪声背景确定，取
$f_{HC} = 0.06Hz$．由于我们采用的电流计加速度仪的记录，在高、低频都有响应失真，因此在
进行仪器响应校正前，不仅需作低通滤波，而且也要作高通滤波．在仪器校正完成后，再
作二次高通滤波，以完成零线校正并计算速度和位移．此外，由于仪器性质、记录纸速
度、数字化的背景噪声以及记录应用等方面的特点，对高、低通滤波器所选择的高、低频
截止频率和过渡带宽与加州理工学院给出的结果也是完全不同的．

1. 低通截止频率 f_{LC} 的确定（见图 9）

建议对典型的加速度记录（当记录纸速度 $V = 4cm/s$ 时），取 $f_{LC} = 35Hz$，理由是：

（1）目前使用的 RDZ1 强震加速度仪高频端在 30Hz 处仍有十分平坦的频响特性，在
35Hz 处频响约有 3dB 的下降，经仪器校正后可有足够的精度．

（2）仪器记录速度较快，通常为 4～5cm/s，数字化设备的横向分辨率可达 0.1～
0.2mm，对应的时间分辨率约为 2.0～5.0ms，可使 35 赫兹以下的地震信号每周采样率达

5~10 点/周.

（3）高频段的随机数字噪声在 $f>35\mathrm{Hz}$ 时一般很小（见图5）.

（4）将频率上限取为 35Hz，已经能够充分满足地震工程研究的需要.

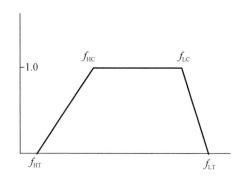

图9　带通滤波器的传递函数

2. 高通截止频率 f_{HC} 的确定

确定高通滤波器的截止频率是一个十分复杂的问题，特别对持续时间较短的记录来说，更是如此，高通截止频率的选择要考虑如下几个因素：

（1）特定数字化设备的数字噪声背景. 在通常情况下，可根据许可的最大噪声位移按表1的规定确定高通截止频率，该表中按最大的噪声位移值列出了建议的高通截止频率值 f_r.

（2）考虑来自加速度记录基线不确定性的误差. 在进行标准数据处理时，往往要对加速度记录配一条基线，即按最小二乘法原理对加速度数据配一条"最靠近"的直线（或曲线）. 在这种情况下，对于给定的加速度记录，基线的形状完全取决于沿记录长度随机选取的采样点，因此决定基线形状的参数也带有随机性. 研究表明[8]，加速度基线参数的随机性质对位移的低频振幅和相位分量具有明显的影响，由此引起的长周期限值，可用下列关系给出：

$$T_u = 2.69+0.194L \tag{12}$$

式中，T_u 为限定这类误差所允许的最低长周期值，单位为秒；L 为给定加速度记录的持续时间（或长度）. 这个关系式表明，因基线参数不确定性而造成的长周期限值 T_u 是随记录长度的增加而增大的.

由此可知，高通滤波器的截止频率 f_{HC} 应取 $\dfrac{1}{T_u}$ 和 f_r 中较大的一个，即

$$f_{HC} = \max \begin{cases} f_r \\ f_u \end{cases} \tag{13}$$

式中，$f_u = \dfrac{1}{T_u}$.

3. 过渡带宽 Df 的确定

由 Ormsby 滤波器理论可知[9]，在给定滤波权函数个数 N 的情况下，滤波器在频域上的过渡带宽 $Df(\mathrm{Hz})$ 和滤波器传递函数的误差 ε 之间存在关系式

$$\varepsilon = 0.012/Df \cdot N \cdot Dt \tag{14}$$

式中，N 为对称权函数单侧的个数；Δt 为离散时间序列的样品间隔，这里取 $\Delta t = 0.01\text{s}$.

因此对低通滤波器来说，若取 $Df = 2\text{Hz}$，也即终止频率 $f_{LT} = 37\text{Hz}$ 时，在保证滤波器传递函数最大误差不超过 1.2% 的情况下，$N = 50$ 也足以确保经济的计算时间.

但是，对高通滤波器来说，可分两种情况来考虑：①当记录的持续时间较长时，由式（13）和（12）可知，高通截止频率 f_{HC} 可能取值很小，过渡带宽 Df 也必然很小. 由式（14）可知，这时的 N 值将很大，进行滤波计算时必将耗费大量机器时间. 为解决这个问题，需要在滤波前作跟随平均滤波和"十点取一"的运算，这样可节省机器的计算时间. 所谓"十点取一"的运算是指这样的运算过程，即每十个连续的时间序列中只保留一个相同序号的数据，使等距样品间隔扩大十倍，同时使总的持续时间保持不变. 但是必须指出，"十点取一"的运算会给记录引入混淆误差[6]. 为解决这个困难，必须在相继对积分速度和积分位移记录作高通滤波前，都实施一次跟随平均滤波的运算. ②对于大量近震和小震的记录，持续时间往往较短，因此高通截止频率 f_{HC} 也就较高，在 0.5Hz 左右，相应的过渡带宽可取在 $0.3 \sim 0.6\text{Hz}$ 之间. 此时的滤波权函数的个数 N 在 250 左右. 滤波计算的时间可能要长一些，但却可节省多次跟随平均滤波和"十点取一"的运算，最大好处是可以防止在积分位移记录中引入由于"十点取一"引起的混淆误差.

6　结论

目前正在我国推广使用的强震加速度记录标准常规处理分析方法的主要特点可以归结如下：

（1）强震记录数字化时，对于必须分段数字化的过长记录，采用坐标转换和计算机自动衔接的处理技术，可以降低数字化操作人员的技术要求，提高分段记录连接的质量.

（2）强震记录的仪器响应校正计算不仅要作高频响应失真的校正，也要作低频响应失真的校正. 文中介绍的两种方法——假想摆法和微分–积分法能有效地完成这类校正运算. 但在对记录利用微分–积分法进行校正前，须首先对强震数据作高、低通数字滤波.

（3）低通滤波的截止频率 $f_{LC} = 35\text{Hz}$，终止频率 $f_{LT} = 37\text{Hz}$. 高通滤波器截止频率 f_{HC} 的数值要根据许可的噪声位移和记录长度来确定. 但对大多数中等长度和较短的强震记录来讲，有可能选用较宽和较高的过渡带宽，从而省去跟随平均滤波和十点取一的运算. 在不增加很多计算时间的情况下，能有效地克服由于混淆误差引起的积分位移失真.

（4）根据现有的采样密度，在工程上感兴趣的频率范围内，对离散数据可采用线性插值方法得到等间距数据. 但对于较高频率的地震波信号，为了得到较高的精确度，应采用抛物线插值方法.

参 考 文 献

[1] Trifunac M D, Udwadia F E, Brady A G. Analysis of errors in digitized strong-motion accelerograms. Bulletin of the Seismological Society of America, 1973, 63（1）：157-183.

[2] 谢礼立，李沙白，钱渠炕. 电流计记录式强震加速度仪记录的失真及其校正. 地震工程与工程振动，1981，1（1）：109-119.

[3] 于双久等. 唐山地震华北强震观测固定台网的强震记录.《1976 年唐山大地震震害》第四章，刘恢

先主编，地震出版社，待出版.

［4］谢礼立，钱渠炕，李沙白. 数字化噪声对强震记录的影响及其消除方法. 地震学报，1982，4（4）：88-97.

［5］黄振平，等. RDZ1-12-66 强震加速度仪及其野外标定方法//中国科学院工程力学研究所，地震工程研究报告集（第三集）. 北京：科学出版社，1977.

［6］谢礼立，于双久，等. 强震观测与分析原理. 北京：地震出版社，1982.

［7］谢礼立，胡成祥. 强震记录的采样与插值研究. 地震工程学报，1983（2）：63-73.

［8］Shoja-Taheri J. A new assesment of errors from digitization and baseline corrections of strong motion accelerograms. Bulletin of the Seismological Society of America, 1980, 70（1）：293-303.

［9］Ormsby J F A. Design of numerical filters with applications to missile data processing. Journal of the Acm, 1961, 8(3)：440-466.

Some features of current procedure for strong-motion data processing and analysis in China

Xie Li-Li, Li Sha-Bai, Qian Qu-Kang and Hu Cheng-Xiang

(Institute of Engineering Mechanics, Academia Sinica)

Abstract　The main features of strong-motion data processing procedure used in china are as follows, a different method is suggested for digitizing and connecting the successive sections of those long duration records requiring repositioning on the digitizer table; the method for instrument correction at both high and low frequency bands is prepared for accelerograms recorded by the accelerographs consisting of pendulum galvanometer system; in comparison with the bandpass filter parameters suggested by Prof. Trifunac etc., quite different cut-off frequencies for low-pass and high-pass filters are used and restrictions on the f_{HC}, the cut off frequencies for high pass filter, from digitizing noise, the record length and uncertainties of base-line are considered; in addition, the effects of interpolation method on analytical results are also examined.

强地震动分析*

谢礼立

(中国科学院工程力学研究所)

本文作者 1983 年 8 月作为中国代表团团长去联邦德国汉堡出席国际地球物理和大地测量联盟第十八届全会，并在国际地震学及地球物理学会组织的科学讨论会上作了报告. 本文系作者归国后撰写的一篇专题评述.

——本刊编者

1　前言

作为一个专题在 IASPEI（国际地震学与地球内部物理学协会）大会上讨论强地震动分析还是第一次，因此在这方面提交的学术报告和论文还不多，会上宣读的有十篇（其中包括中国的两篇），会下展览的有四篇（包括中国的一篇）. 但从各国提交 IASPEI 大会的国家报告中的内容看来，近四、五年来，各国科学家在这个分支领域中进行了大量的工作，取得了丰硕的成果. 本文拟就强地震动记录的收集和处理，强地震动统计分析、影响强地震动预测的重要因素，在缺乏强震记录地区的地震动预测以及强地震动研究展望等五个方面进行综述.

2　强地震动记录的收集和处理

自从 20 世纪三十年代开展对强震加速度仪的研制和强震观测工作以来，据专家估计目前世界上已布设各类强震仪约五千台. 专家还估计其中大约有 30% 的仪器是为了测量自由场地震动的.

虽然地震学家也都知道，在一张强地震动加速度记录中蕴含了有关震源机制、地震动传播方面的丰富信息，但遗憾的是过去已取得的大量加速度记录缺乏绝对时间的数据，而且往往对于同一个地震只有很少强震台能同时取得记录，以致无法在强震加速度记录中提取所需的信息. 但是由于近二十年来，强震仪有了很大的改进，绝对时间已可由无线电台授时或装在仪器内部的高精度晶体数字钟来解决，各种类型的含有数十台或近百台的强震仪台阵的设置也开始受到了各方面的重视. 特别是 1978 年在美国夏威夷岛召开的国际强震观测专题讨论会（International Workshop on Strong Motion Earthquake Instrumentation）之后，用于各种目的的特种台阵纷纷建立，其中比较著名的有：设在美国洛杉矶盆地的拥有 94 台强震加速度仪的台阵，旨在对地质侧向不均匀性对地震波传播以及不同沉积厚度对地

＊ 本文发表于《国外地震工程》，1984 年，第 1 期：16-21 页.

震动影响的研究，设在美国加州 El Centro 地方的长度仅有 300 米但拥有 6 台数字强震仪的直线台阵，这类台阵的记录主要用来推断断层破裂的过程；在我国台湾北部也设置了一个最大半径只有 2 公里的具有 37 台数字强震仪的三个同心圆形的台阵，以研究各种入射方向的具有不同频率的 P 波、S 波和瑞利波波速的变化. 除此之外在我国大陆（如北京存放台阵，滇西强震台阵），意大利、日本、墨西哥、土耳其、南斯拉夫、印度和加拿大等地也都设置了程度不等的密集强震台阵.

强震记录的数据处理是从强震记录中提取并扩大可靠有用信息的重要步骤. 1971 年美国圣费尔南多地震中，一举取得了百余张强震加速度记录，但用于记录数字化和各种数据处理分析的工作竟花费了长达五年时间. 这样的教训以及有鉴于仪器数量将日趋增多的趋势必将加长记录处理分析的时间，便导致了记录自动数字化方法的发展. 目前世上只有两类全自动数字化仪器，一类是利用激光的自动数字化仪，另一类是利用快速扫描的鼓式光密度计，这两类仪器目前还都只能用于胶卷记录. 记录的处理基本上还停留在除去高频噪声，仪器响应校正和不定基线校正，以及计算速度、位移曲线和各类反应谱和富氏谱. 这方面的进展值得一提的有 Raugh（1981）提出了用数字滤波器方法代替常用的中心差分方法以计算微分可改进记录的高频精度；谢礼立等（1981）提出的对电流计记录式强震加速度仪高低频全面失真的校正方法改进了原来由 Trifunac 等提出的只适用于单质点系统的强震仪高频失真校正的方法. 这方面的研究工作目前仍为人们所关心，研究的焦点主要集中于对数字化误差的评价以及利用现代化信号处理技术来改进强震记录的数据处理工作.

3　强地震动的统计分析

3.1　强地震动的特征

描述强地震动特征的方法可以有许多，但采用的方法必须有利于工程应用或便于和理论结果进行比较. Haldar 和 Tang（1981）曾经导出一种方法可以用均匀的循环次数来等效于一个加速度–时间曲线；久保和 Penzien 曾对一个台站上记录到的三个加速度分量之间的关系作过研究，他们利用这种关系构成了一个协变张量，久保和 Penzien（1979）还利用 1971 年圣费尔南多地震动记录，经过分析指出三个加速度分量间存在一个主轴，这个主轴与断层方向之间存在一定的关系.

工程师和地震学家为了实现设计人工地震动，还常常利用概率分布的概念来描述地震加速度记录的随机统计特征. 1981 年 McGuire 指出地震动作为一个整体满足高斯分布. Mortgat（1979）以及 Zsutty 和 DeHerrera 等发现，地震动峰值可以用伽马或指数概率分布函数来描述. Hanks 和 McGuire 还在 1980 年惊奇地发现在加速度峰值和地震动的均方根值（RMS）之间存在着密切的相关关系，这恰好解释了 Mccann, Boore 等在统计 1971 年圣费尔南多地震加速度峰值的衰减关系中发现的，如果采用 RMS 值代替加速度峰值丝毫不能减少回归曲线的离散性.

3.2　衰减关系

结构抗震设计中所需要的地震荷载常常要根据地震动的一、两个参数来规定的，其中最普遍使用的是峰值加速度（peak ground acceleration，PGA）. 地震危险性分析或各种区划分析中的场地 PGA 值几乎总是由衰减方程（或称衰减规律）给出的. 所谓衰减方程是根据所测量的地震动参数（如 PGA）对于地震大小及震源–场地距离间的回归分析推得的. 由于衰减方程在抗震设计和地震研究中的重要性，所以历来受到人们的重视. 特别是在一旦取得新的重要数据之后，往往就会有许多新的衰减方程代替旧的规律. 近年来在这方面的主要成果有：1981 年 Shakal 和 Bernreuter，Toro 等对由于选择独立变量和因变量的不当对衰减方程会引起的偏差进行了讨论；1982 年 Boore 和 Joyner 对回归分析中常用的方法和结果进行了研究，他们还对峰值加速度，峰值速度和峰值位移进行了统计分析；Espinvsa 和 Boore 等基于峰值速度和 Wood-Anderson 地震仪的反应峰值之间的强相关关系，对峰值地震动速度导得了衰减曲线. 此外，由彭克中、谢礼立、李沙白和 Iwan，Teng，Boore 等中美科学家根据设在我国唐山余震区的中美强震合作实验台阵测得的数据，导出了一个包含较宽震级范围的，但多少带有地区局限性的衰减规律.

环绕着衰减规律的应用，存在的一个争议问题是，现有衰减规律的成果可否外推到目前数据还不多的大地震近震中距情况下应用. 归纳成问题便是：

（1）衰减规律曲线的形状与震级是否有关？

（2）地震动参数在大震级地震和近震中距处是否存在饱和现象？

近来，除了直接研究地震动量的衰减规律外，越来越多的人开始研究反应谱与震级和震中距之间的关系. 因为随着地震数据的大量获取，人们还进一步发现除了地震动的峰值参数外，地震动的频谱组成也是与震级和震中距有关的.

强地震动的持续时间是可以想象得到的一个直接影响结构反应和破坏的重要参数，虽然这方面也做了大量的研究工作，但看来主要的困难还在于缺少一个大家一致满意的对工程有重要意义的持续时间定义.

4 影响强地震动预测的重要因素

从大的方面来讲，影响强地震动预测的因素有三类：震源因素，传播途径因素和场地反应因素，下面将就这三方面的问题作更详细的讨论.

4.1 震源因素

震源因素对地震动的影响可归为三类：①对确定能控制高频运动的有关震源参数的研究，诸如确定应力和强度沿断层分布的变化以及确定破裂传播速度等；②对远场地震波理论中经常采用的点源假设，对必须考虑有限断层尺寸对近场地震波的影响所做的理论和观测方面的研究；③有关错动沿断层表面时空分布的理论描述，目前吸引大部分理论工作者研究的正是这一方面的工作.

近数年来，在震源研究中的最重要进展之一是了解了地震破裂现象的复杂性. 这种复杂性可能是来自断层平面的几何复杂性，也可能来自断层强度和地壳应力的不均匀性. 不管是哪种原因，它们都能造成破裂波前的加速或减速传播，反过来又会导致高频波的发射. 许多利用加速度记录进行的震源研究的报告中几乎无一不指出，在大面积的低应力降区域中往往会镶嵌有小面积的高应力降区域，虽然由后者产生的地震矩仅占总地震矩量的一小部分，但高频地震波却主要来自这些局部的高应力降区域.

即使是一个十分简单的断层破裂，由于破裂总是以一个有限的速度沿断层传播，便会形成射出地震波的强烈干涉因而导致地震波振幅值明显的方向性变化. 这种效应称作方向性（directivity）. 对于大地震时发射的长周期地震波的这种方向性效应，早在 1955 年已被 Benioff 所发现. 根据理论模型的研究结果，这种方向性同样会对近断层的地震动有重要影响. 一般来说，它会使沿断层破裂方向上的地震动振幅值增大. 这种因干涉现象造成的能量聚焦只可能在一个不很宽的方向上出现. 而且这个方向范围以及波振幅值与破裂速度和剪切波速度的比值有关. 但这一论断在工程师感兴趣的频率范围上的正确性，直到最近还未被观测证实. 对低于 1Hz 的频率范围也只是在中等地震中被证实. Singh 和 Niazi 分别在 1982 年著文提到：在 1979 年的帝谷地震中，发现地震动速度存在方向性，但对加速度却并不存在. 有人认为，这种高频运动的方向性由于实际断层的复杂性，断层褶皱的千变万化，以及可能产生的双向破裂等因素而被破坏.

破裂速度对方向性在理论上有重要的作用，使它成为影响强地震动预测的一个重要参数. 以前，从远震中距台站测得的破裂速度往往很不一致. 有人认为如果根据断层附近的加速度记录来测定破裂传播速度，一定会得到较好的结果. Boatanight 和 Boore 曾在 1983 年的研究报告中指出，根据观测到的方向性可以推断破裂速度要大于 0.7 倍的剪切波速度. 同年 Heaton 还用其他方法对 1971 年 San Fernando 地震得到了类似的结果. 此后，相同的结果还给出在 Archuleta, Niazi 和 Spudich 对 1979 年有关帝谷地震的研究报告中.

对地震预测可能产生影响的另一个重要因素是破裂的始发和停止位置. Lindn 等在 1981 年指出，1966 年加州派克菲尔德地震中断层破裂的起点和终点都发生在圣安得列斯地表断层迹线方向发生明显变化的地方. 根据这个研究结果，便可以利用地表断层的分布图来估计在未来地震中控制高频波发射的位置和程度.

断层的不均匀性质对高频波发射产生重要的影响. 大量理论和数值计算工作研究了断层不均匀性的特征和它对断层错动及能量发射的影响，研究范围非常广泛，包括从运动学方法或准动力学方法到描述实际断层破裂传播的模型研究. 1982 年 Day 发现破裂速度在应力发生急剧变化的区域会有突发性的跳跃. 而波速发生突变的地方也会激发出高频波来，lsrael 和 Nur 等认为断层过程中发生的不均匀性主要是由断层强度的不均匀所造成，而构造应力的变化可能会被连续的断层作用所平滑.

预测强地震动也往往需要搞清楚震源特性或发射能量谱与地震规模（大小）的关系，Scholz 1982 年著文表明断层的滑动正比于断层的长度. 为了解释这一现象提出过两类模型，对强地震动的预测会导致明显不同的结果. 一种模型认为上升时间是固定的，而应力降和峰值加速度则随断裂长度而增加，另一种模型则假定应力降是常数，而上升时间正比于断裂长度. 根据后一个模型的分析结果，可得到峰值加速度会随断裂长度的对数值的平方根而增加，比起前一个模型，峰值加速度随断裂长度的增加显然要慢得多.

在衰减关系的研究中，常采用震级来表示震源的规模（强度）. 这也容易引起衰减关系的种种混乱，因为现有的震级种类繁多，很不统一，而且大多数震级在震源规模（用地震矩来度量）增大时，都存在震级饱和现象. 对此，已有许多学者如 Joyner, Boore, Hanks 和 Kanamori 等都已在他们的研究中使用矩震级作为独立变量. 但这样做也仍然存在问题，持批评观点的学者认为，使用矩震级意味着假定大多数地震的谱随地震矩是以相同的方法增加的. 但实际情况并不总是如此. Buland, Taggart 等人认为, 测得的有些地震的地震矩并不完全与常用的角频率有关, 却随角频率外的周期值的增加而增加, 另外 Nuttli 在 1981 年和 1982 年还对各种震级和地震矩导出了一个对应关系式, 并发现这类关系对板中和板缘的地震是不同的. 例如, Nuttli 举例指出, 两个体波震级均为 7 的地震, 它们对应的地震矩相差可达 100 倍.

也还有一些人认为, 断层的类型也会影响地震动的大小, 例如 Campell 在 1981 年的报告中提到, 与其他断层类型相比, 由逆断层产生的地震加速度要系统地高出 30%. 虽然他的结果是根据许多地震（每个地震取得的记录不多）和各类土质台站上的记录分析得到的, 因此还有待于进一步论证. 但他的观点却和 Anderson 与 Luco (1982) 以及 McGarr 的理论研究结果是一致的. 前者发现冲断层上的地震动要比通常断层情况下的大; 而后者考虑了断层运动要受控于地震中的应力状态和裂缝间的摩擦强度, 认为峰值加速度的上限值在逆断层时可达 $2g$, 在正断层时为 $0.4g$.

4.2　传播途径

与强地震动预测有关的传播途径问题包括对品质因素 Q 的测量和在不均匀介质中的理论波传播问题. 安艺等曾利用直达剪切波和尾波来测量中、小地震的波衰减关系. 他在 1980 ~ 1982 年连续发表了六篇文章, 发现当频率高于 1 ~ 3 赫兹时, 峰值衰减是以频率的 0 ~ -1 次幂规律降低.

在强地震动的预测中, 如何考虑与频率有关的衰减问题总的来说尚未达到深入和成熟的地步. 现阶段的主要工作还只集中于考虑各种分层的影响. 这方面的主要结果有: 波速差别大的分层可以对地震动振幅有明显影响; 分层可以使地震波形状产生复杂的变化, 这种变化距震源越远, 就越明显.

4.3　场地效应

有关局部场地的地质因素对地震动的影响研究可以上溯到 19 世纪. 近期的研究工作主要集中在对这类影响的物理解释和给出定量的结果.

场地效应通常都是以软土上的地震动相对基岩上的地震动的放大倍数来表示的. 例如, Mueller 等 (1982) 认为在 1979 年帝谷地震中记录到的 $1.74g$ 峰值加速度主要应归因于一个薄的低速度层的共振影响, Campbell 在 1981 年报告中提出, 浅层冲积场地上的水平峰值加速度与基岩或深层冲积场地上的相比, 放大近两倍.

场地地震影响的观测研究绝大多数还只限于在微震、小震或爆破地震条件下进行的. 因此, 由此获得的结果常为人们所怀疑, 即在微幅振动条件下得到的场地影响结果, 能否应用到可使土壤非线性变形的大地震条件下? 1979 年 Heys 等以及 1981 年 Rogers, Covington, Borcherdt 和 Tinsleg 等对比进行了研究, 他们对曾记录到 1979 年帝谷地震和纳华达核爆破的几个台站, 比较了彼此间的传递函数, 发现这些传递函数十分相近, 表明土层的非线性影响并不如大家所想象的那么重要.

场地效应除了可以放大或降低地震动以外, 还可导致地震加速度在频率高到某一最大值后, 能量会急剧地衰减. 但也有人（如 Papageorgiou, 安艺等）把这一现象归因于震源影响, 认为对小地震来说应力降随震级减小而减小, 而应力降则与地震能量的频谱有关. 因而这一课题在今后仍将会受到大家的注意.

大部分研究者如 Burridge，Kanssl 和 Roesset 等，都是根据平面波在竖向不均匀介质中传播，或有时还考虑非线性本构关系来研究场地效应问题的．已经证明这种方法在许多场合下可以反映出土层的效应．但由于它忽略了水平方向的介质不均匀性，因而在另外的许多场合诸如处于脊地、天然或人工切割地或海边峭地的沉积盆地上，这个假定就显得不太合适了．许多研究报告已经指出，这时横向不均匀性对地震动的影响就会变得十分重要．

对横向不均匀性影响的研究目前已成热门．有的采用近似分析法如有限元法或有限差分法，有的也采用理想化模型法，如 King 和 Brune 等在 1981 年提出过一种泡沫橡胶模型．此外，这类研究还涉及各种不同的入射波和几何形状等．总的结论是不难预料的，即横向不均匀性对那些波长相当于不均匀性特征长度的地震动来说有特别重要的影响．Boore，Harmsen 和 Harding 等在 1981 年曾指出地震波在场地附近的散射现象很大程度是由于相当大部分的竖向入射能量转变成了水平方向的行波．这一见解对于那些长大结构如管道、桥梁、大坝等的设计可能有一定的参考价值．

5　在缺乏强震记录地区的地震动预测

一方面由于许多位于地震区但又缺乏强震记录的第三世界国家经济建设的需要，另一方面由于在少地震区建设重要结构物如核电站、大水库的需要，使这个问题——在缺乏当地强震记录情况下如何预测地震动以满足设计需要——引起了人们的注意．

目前有两种方法在应用．第一种方法是基于对未来地震估计它的可能烈度分布进而采用烈度与地震动参数的相关关系来进行的．这个方法的缺点是作为中间环节的烈度与地震动参数的关系离散性太大．为此，曾有不少学者对此进行了改进，我国胡聿贤教授曾提出采用同一震级或震中烈度下的烈度与地震动参数间的相关关系式来代替通常的关系式．效果是否会好，尚有待进一步的工作，但采用这一方法目前仍然存在实际数据资料不足的困难．

第二种方法是地震动直接估计法．即综合利用当地微弱地震动（由爆破或弱震产生的）测得的经验衰减关系和有较多地震动记录地区的地震动和震源规模的统计关系来估计地震动．专家认为，采用这种方法的主要问题在于如何衡量在震级估算问题上的差异．如 Nuttli 等认为，美国西部地震主要属板缘型，东部地震主要属板中型，这两类地震的频谱可以差别很大，因此，即使根据长周期估算的地震能量接近相等，但在短周期能量上可能有巨大的差别．目前围绕着解决这一类问题，许多学者正在提出各种等效的计算方法．我国目前强震记录还不多，相当长的一段时间内，也不会积累到满意的程度．对这一问题研究的进展，值得国内专家引起注意．

6　结论——强地震动研究展望

正如前文指出的那样，预测强地震动是一门极其复杂而又十分重要的课题，涉及许多因素和困难，还有不少工作有待地震学家和地震工程学家去努力．但纵览地震动研究的发展过程，可以清楚地知道，彻底解决这一课题的关键还在于迅速大量地获取近场大地震的地震动数据，特别是那些非常大（$M \geq 7.5$）的地震和非常近距离处的强震数据，只有有了足够充分的理想数据后，人们才能真正地从地震动分析的必然王国过渡到自由王国．

一个新的地震动持续时间定义*

谢礼立，周雍年

(中国科学院工程力学研究所)

摘要 本文对现有地震动持续时间的定义作了简要的评述，研究了地震动能量（即加速度、速度或位移幅值的平方）沿时间坐标轴的分布特征，提出了新的地震动持续时间的定义. 新的持续时间定义具有概念清晰、计算方便和不包含任何主观假定的特点. 文中按新的定义对若干地震动记录计算了它们的持续时间和相应的 RMS 值，并和其他定义的结果进行了比较.

1 引言

尽管目前还没有一个为大家所共同接受的地震动持续时间的定义，但在地震动持续时间对结构地震破坏起着重要作用这一点的认识却越来越趋于一致. 例如，1966 年在日本松代的两次地震中记录的最大峰值加速度分别为 $0.39g$ 和 $0.42g$，同年美国 Parkfield 地震中记到的加速度峰值为 $0.5g$，1972 年美国 Stone Canyon 地震中记录到的最大加速度值为 $0.69g$，1973 年希腊 Len Kas 地震中记到的加速度峰值为 $0.54g$，但在这些记录地点周围的地震破坏现象却异乎寻常地轻. 究其原因，发现上述地点记录到的加速度峰值虽然甚高，但其持续时间普遍都短，最短的才 1s，最长的也仅 4s 左右. 与此相反，在另外一些地震中，虽然记录到的加速度峰值并不大，如 1940 年 El Centro 地震中记到的加速度峰值为 $0.32g$，1964 年日本新潟地震时得到的最大加速度为 $0.16g$，1962 年 5 月墨西哥地震中某处记录到的加速度峰值还不到 $0.05g$，但由于这些记录普遍具有持续时间较长的特点，以致记录台站周围的地震破坏现象远比人们想象的要重. 持续时间长能加剧地震的破坏作用，可以解释为持续时间较长的地震力一方面会在某些结构中造成累积变形和累积破坏，另一方面也会导致某些结构因低周疲劳而丧失局部强度. 至于对地震液化现象来说，地震动的持续时间有时更起着决定的作用. 例如，在 1964 年阿拉斯加地震中，在地震动开始 90s 后才发生土壤液化现象. Seed 和 Iáriss 认为[1]：倘若地震动只持续 45s 的话，土壤液化就不会发生.

应该怎样定义地震动的持续时间，一直没有统一的看法. 早在 1965 年 Housner[2] 就根据现场观测到的断层地表错动位移和测算的地面震动最大速度值分别估算了震源处实际的断层错动位移 L 和断层错动的传播速度 V，并把

$$T = L/V \qquad (1)$$

近似看作地表上邻近断层处的地震动持续时间. 他还根据统计结果指出，对一个震级为

---

* 本文发表于《地震工程与工程振动》，1984 年，第 4 卷，第 2 期：29-37 页.

8.5 的地震来说，地表断层附近的地震动持续时间不会超过 45 秒. 显然，Housner 给出的持续时间估计既没有严格的持续时间定义，也没有任何定量的物理根据.

此后，曾有不少学者[3-15]对地震动持续时间先后从不同角度提出过不同的定义. 概括起来，主要有以下四种：

（1）以地震动的绝对幅值控制的持续时间. 如 Bolt[4] 提出的"括号持续时间"就是指加速度绝对幅值在第一次和最后一次达到或超过事先规定的值（如 0.05g 或 0.1g 等）之间所经历的时间. 小林[5]及田弘[11]等也给出了类似的定义.

（2）以地震动相对幅值控制的持续时间. 作者之一曾在 1971 年对爆破地震动的分析中[3]，将地震动的持续时间定义为地震动参数（加速度、速度或位移）在第一次和最后一次达到或超过峰值的 1/e（e 为自然对数的底）之间所经历的时间. 也有人采用峰值的其他比值如 1/2，2/3 等.

（3）以地震动的总能量（地震动参数幅值的平方）控制的持续时间. 如 Trifunac 和 Brady[8]，Trifunac 和 Westermo[9] 等都曾经以大同小异的方式把地震动能量从达到总能量的 5% 开始至达到总能量的 95% 为止所经历的时间定义为地震动持续时间.

（4）以地震动平均能量控制的持续时间. Vanmarcke 和 Shih-Sheng[10] 以及 Martin 和 Shah[12] 给出的定义大致可归于这一类. 前者假定：①加速度记录在持续时间 D_t 内的加速度均方值 σ_a^2 应等于全部加速度记录的总能量在 D_t 上的平均值，即 $\sigma_a^2 = \dfrac{1}{D_t}\displaystyle\int_0^\infty a^2(t)\,\mathrm{d}t$；②在给定的持续时间 D_t 内，加速度记录的峰值出现的平均概率为 1 次. 后者则将地震动的平均能量变化率永不为正的开始时刻作为持续时间的终点来计算地震动的持续时间. 事实上，Martin 等定义的持续时间不是唯一的，带有一定的随意性，关于这一问题的详细论证已超出本文的范围，作者将在另一篇文章中讨论.

此外，还有一些学者如 Perez[6] 以及 Takizawa 和 Jennings[14] 等也提出过另外一些持续时间的定义，但由于原理和计算均较为复杂，通常较少应用.

综上所述，除 Housner 没有给出明确的定义外，其他持续时间定义具有如下两个共同点：①都以实际观测记录为依据，以某种物理量的一定量值来控制. 这一点对于作为地震动特征之一的持续时间的定义来说，是十分必要的；②都以一定方式掺入了各自的主观规定. 这对于定义一个客观的量来说无疑是应该尽量避免的.

下面，作者将在分析如何确切描述地震动特征的基础上给出一种可以描述持续时间的新方法.

2　地震动能量在时间轴上的分布特征

地震动持续时间和地震动的峰值以及谱分量一直被当作地震动的三要素进行研究. 这一方面是因为实际地震动过程十分复杂，难以用简单的方法准确描述；另一方面是由于这三个量被普遍认为代表了复杂地震动对结构影响的主要因素. 地震动持续时间不能像峰值和谱分量那样被确切定义，其主要原因在于在物理上对地震动持续时间的意义和作用还没有一个完整的定量的认识. 从几何角度来看. 地震动过程实际上就是地震动的某一参数沿时间坐标轴的分布. 从这个观点出发，代表地震动重要性质的某些参数如持续时间等也可指望用加速度幅值在时间轴上的分布特征来描述.

为方便起见，我们采用图 1（b）中的地震动加速度平方（或地震加速度能量）$a^2(t)$ 在时间坐标上的分布图来代替图 1（a）中的加速度时程曲线 $a(t)$. 于是：

（1）与平方加速度图的全部面积的重心相对应的时间坐标 T_c 应为

$$T_c = \frac{\int_0^T t \cdot a^2(t)\,\mathrm{d}t}{\int_0^T a^2(t)\,\mathrm{d}a} \tag{2}$$

式中，T 为强震加速度记录的总长度. 时刻 T_c 与时间坐标的原点选取无关，并且一般说来（多次地震事件例外）在 T_c 附近的那个时段应该是地震动时程中振动比较强烈的部分，即主震段或强震段.

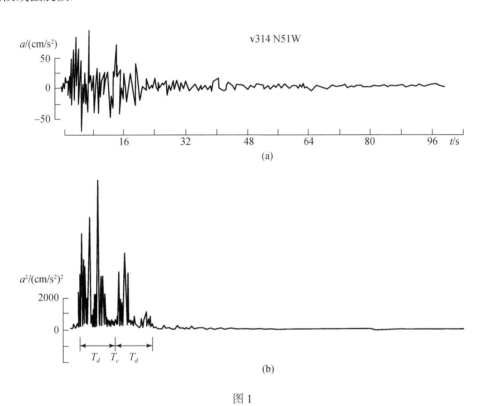

图 1

（2）研究能量分布的二次矩，即

$$T_d = \left[\frac{\int_0^T (t - T_c)^2 a^2(t)\,\mathrm{d}t}{\int_0^T a^2(t)\,\mathrm{d}t}\right]^{1/2} \tag{3}$$

由式（3）可知，T_d 具有时间的量纲，而且它反映了强地震动能量相对于其重心的一个分布特征. 地震动的强震段越短，即强震动的能量越集中，T_d 就越小；地震动的强震段越长，即强震动能量越分散，T_d 就越大. 反之亦然.

（3）能量分布的高阶矩，即

$$T_m = \frac{\int_0^T (t - T_c)^m \cdot a^2(t)\,\mathrm{d}t}{\int_0^T a^2(t)\,\mathrm{d}t} \tag{4}$$

也能从其他角度来描述地震动能量 $a^2(t)$ 的某些分布特征. 例如，类似于概率论中的概率分布数字特征理论，无量纲参数

$$\mu_3 = \frac{T_3}{T_d^3} \tag{5}$$

反映了地震动能量 $a^2(t)$ 相对于其重心位置的分布的不对称度. μ_3 又可称为能量分布的偏态系数. 图 2 为三种典型的偏态情况：$\mu_3>0$ 称为正偏，$\mu_3=0$ 为对称分布或无偏分布，$\mu_3<0$ 为负偏. 式中，T_3 为当 $m=3$ 时的 T_m 值.

同样，无量纲系数

$$\mu_4 = \frac{T_4}{T_d^4} \tag{6}$$

可称为能量分布的峰态系数. 它反映了能量分布曲线的峰凸状况：当 $\mu_4=3$ 时，表明地震动能量分布具有高斯曲线分布状的峰凸状况；当 $\mu_4<3$ 时，表明能量分布比较扁平；$\mu_4>3$ 时，表示能量分布要比正常的高斯分布有更尖锐的峰凸（图 3）. T_4 表示当 $m=4$ 时的 T_m 值.

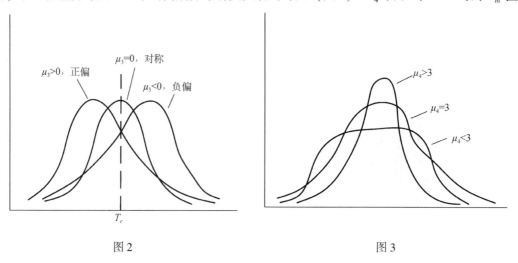

图 2　　　　　　　　　　　　　　　　　　　　　图 3

3　新的持续时间定义及与其对应的 RMS 值

综上所述，参数 T_c，T_d，μ_3，μ_4 等都能从不同角度描绘地震动能量沿时间坐标轴的分布特征. 在这里，我们将对参数 T_d 进行专门的讨论.

前面已经提到，T_d 给出了地震动能量相对于其重心的分布特征. T_d 的大小实际上反映了地震动强震段集中或分散的程度，也即反映了强震段持续时间的特性. 因此，可以定义 T_d 的两倍值（$2\,T_d$）为地震动强震段的持续时间，即将以 T_c 为中心、长度为 $2\,T_d$ 的时段（$T_c \pm T_d$）作为强震时段.

近年来，人们对研究地震动的均方根值即 RMS 值的兴趣越来越浓．这不仅由于 RMS 在理论上有许多令人感兴趣的重要性质，而且也因为在实际应用中可较好地解释结构的地震破坏[16,17]．根据作者定义的持续时间，对应的地震动加速度的 RMS 值便可用下式给出：

$$(\text{RMS})_a = \left[\frac{1}{2T_d}\int_{T_c-T_d}^{T_c+T_d} a^2(t)\,\mathrm{d}t\right]^{1/2} \tag{7}$$

在多数情况下（多次地震序列事件除外），地震动能量分布接近于单峰状；在感兴趣的震中距范围内，强震段前后的能量分布也接近于对称．如果假设地震动能量沿时间轴的分布 $a(t)$ 在形态上与高斯正态分布曲线的形状比较接近的话，便可根据概率分布的现有理论，得出如下几点推论：

推论 1：地震动能量沿时间轴的分布形状可由两个参数 T_c 和 T_d 完全确定．

推论 2：在给定的持续时间内（即以 T_c 为中心的 $2T_d$ 长时间段内），集中了地震动总能量的 68%．

推论 3：Tnifunac 和 Brady 定义的持续时间 T_{TB} 是根据集中 90% 的总能量确定的，因此将是本文定义的持续时间 $2T_d$ 的 1.645 倍．因为

$$\int_{T_c-1.645T_d}^{T_c+1.645T_d} a^2(t)\,\mathrm{d}t \Big/ \int_0^T a^2(t)\,\mathrm{d}t = 90\%$$

推论 4：由式（7）可知，本文定义的 RMS 值相当于 Trifunac 和 Brady 定义的 RMS 值的 1.12 倍．

由于实际的地震动能量分布并不完全可用高斯正态分布来描述，因此上述推论只能近似代表地震动能量的分布状况．

4　算例

为了将本文提出的持续时间定义与前面提到的几种主要定义作一初步的比较，计算了 17 条地面加速度记录的四种持续时间：T_B（Bolt 定义的）、T_{TB}（Trifunac 和 Brady 定义的）、T_{VL}（Vanmarcke 和 Lai 的）和作者定义的 T_D．其中五条记录（No. 1 ~ No. 5）为美国的强震记录，其余为唐山地震余震记录．除五条记录（No. 13 ~ No. 17）是一般土层上的记录外，其余均为基岩场地的记录．表 1 列出了与这些记录相应的震级、震中距、最大加速度值、计算用的记录长度以及计算结果．另外还列出了对应的 T_D 和 T_{TB} 和均方根加速度值 RMS_D 和 RMS_{TB}．

表 1

No.	震级 M	震中距 /km	记录长度/s	最大加速度/ (cm/s^2)	T_c/s	T_d/s	持续时间/s				均方根加速度/ (cm/s^2)	
							T_D	T_{TB}	T_B	T_{VL}	$(\text{RMS})_D$	$(\text{RMS})_{TB}$
1	6.4	8	41.82	1148.1	6.58	3.4	6.8	7.02	33.66	1.5	307.01	254.02
2	6.4	41	57.28	147.1	7.4	5.38	10.76	13.26	6.7	3.06	35.5	30.27
3	6.3	59	98.92	95.6	11.94	9.44	18.88	24.22	12.08	10.68	29.31	23.13
4	6.4	122	45.0	45.5	16.94	8.68	17.36	30.0	6.28	9.37	8.08
5	6.4	203	21.48	11.5	6.14	5.34	10.68	17.06	0	9.96	3.77	3.03
6	5.0	11	7.8	39.6	1.02	1.13	2.15 *	2.97	0	1.31		11.51

续表

No.	震级 M	震中距/km	记录长度/s	最大加速度/(cm/s^2)	T_c/s	T_d/s	持续时间/s				均方根加速度/(cm/s^2)	
							T_D	T_{TB}	T_B	T_{VL}	$(RMS)_D$	$(RMS)_{TB}$
7	5.7	7	23.3	150.0	2.37	2.19	4.38	5.53	2.41	1.21	35.5	31.02
8	5.0	18.5	4.7	43.2	0.45	0.55	1.0*	1.48	0	0.39		11.96
9	5.8	13.5	22.1	99.2	4.16	3.07	6.14	10.0	3.46	2.1	24.01	18.6
10	5.8	13.5	22.2	135.0	4.23	2.79	5.58	8.86	3.15	1.4	29.28	23.32
11	5.7	15	21.7	116.0	3.27	2.75	5.50	7.88	2.19	1.87	28.17	23.45
12	5.5	23.5	11.1	42.7	2.15	2.66	4.81*	7.79	0	0.99		6.96
13	7.1	139	40.4	33.5	21.46	7.29	14.58	19.74	0	7.95	8.06	7.41
14	7.1	120	34.5	56.3	17.01	6.31	12.62	23.42	3.08	7.25	14.09	11.03
15	7.1	120	34.6	39.5	13.79	7.77	15.54	26.81	0	7.95	8.51	7.5
16	5.4	26	23.4	33	4.37	3.83	7.66	11.57	0	1.14	5.68	4.64
17	5.0	6.5	10.0	44.6	1.01	1.54	2.55*	4.1	0	0.38		7.36

图 4（a）～（c）分别以 T_{TB}、T_B、T_{VL} 为纵坐标，T_D 为横坐标，画出了上述计算结果.
图 5 为 RMS_D 与 RMS_{TB} 的计算结果的比较.

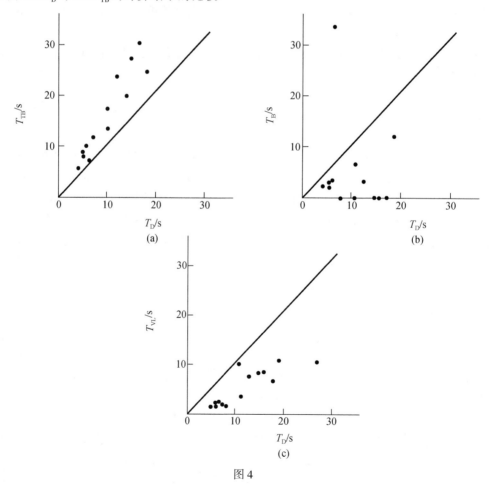

图 4

从表 1 和图 4、图 5 可以看出:

(1) 本文定义的持续时间 T_D 均小于相应的 Trifunac 和 Brady 定义的持续时间 T_{TB}. 两者的比值为 1.03~1.86. 震中距越远的记录,两者相差越大.

(2) Bolt 定义的持续时间的标准是"绝对"的(本文计算中取为 50gal),因此不能表示一条记录中能量的相对分布. 如 Pacoima 坝的记录(No.1),最大加速度达 1148.1cm/s²,计算得出 $T_B = 33.66s$,而本文定义的 T_D 只有 6.8s. 看来采用本文定义的持续时间,似乎能更好地说明 Pacoima 坝址的地坝动特征.

(3) 实际地震动的能量分布形式是多种多样的. 近场记录,尤其是近场小地震记录的能量主要集中在记录开头部分,而且衰减较快. 另外,记录的丢头现象比较严重,地震越小,丢头部分所占的能量比例也将越大. 因此往往会发生 $T_d > T_c$ 的情况. 此时可以考虑两种处理办法:①T_D 值从记录原点开始算起,即,$T_D = T_c + T_d$,如表 1 中带星号的 T_D 值;②仍取 $T_D = 2T_d$,以此作为对丢头的修正.

(4) 相应于 T_D 的均方根加速度 $(RMS)_D$ 普遍大于相应于 T_{TB} 的均方根加速度 $(RMS)_{TB}$,两者比值为 1.09~1.29.

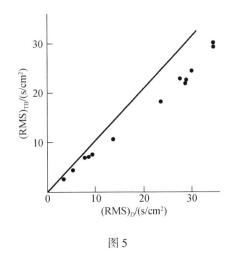

图 5

5 结语

本文提出的持续时间定义物理概念比较明确,在多数情况下能够较好代表地震动能量沿时间轴分布的主要时段,计算方法也较为简便. 并且可以进一步与描述能量分布的其他参数联系起来. 对于多次地震序列以及其他一些地震动能量分布明显呈多峰状的情况,如何定义持续时间还需作进一步的研究.

持续时间与震级、震中距、场地条件和最大加速度值等因素的关系是十分复杂的. 在采用新的持续时间定义的基础上,通过大量数据的统计分析,可以对这种关系有所认识,并进而应用到抗震设计上去.

参 考 文 献

[1] Seed H B, Iᴀ́riss I M. Simplified procedure for evaluating soil liquefaction potential. Journal of the Soil Mechanics and Foundation Division, 1971, 97: 1171-1182.

[2] Housner G W. Intensity of Shaking near the Causative Fault. Proceedings of 3rd WCEE, 1965, 1: 94-109.

[3] 中国科学院工程力学研究所. 万吨爆破地震效应观测分析, 1971.

[4] Bolt B A. Duration of Strong Ground Motion. Proceedings of 5th WCEE, 1973, 1: 1304-1313.

[5] Yashimasa Kobayashi. Discussion on Duration of Strong Ground Motion. Proceedings of 5th WCEE, 1973, 1: 1314-1315.

[6] Perez V. Peak Ground Accelerations and their effect on the Velocity Response envelope spectrum as a function of time. Proceedings of 5th WCEE, 1973, 1: 152-162.

[7] Housner G. Measures of Severity of Earthquake Ground Shaking. Proceedings of US National Conference on Earthquake Engineering, 1975: 25-33.

[8] Trifunac M D, Brady A G. A study on the duration of strong earthquake ground motion. Bulletin of the Seismological Society of America, 1975, 65 (3): 581-626.

[9] Trifunac M D, Westermo B. A note on the correlation of frequency-dependent duration of strong earthquake ground motion with the Modified Mercalli Intensity and the geologic conditions at the recording stations. Bulletin of the Ssmological Society of America, 1977, 67 (3): 917-927.

[10] Vanmarcke E H, Shih-Sheng P. A Measure of Duration of Strong Ground Motion. Proceedings of 7th WCEE, 1980, 2: 537-544.

[11] 吉田弘. 胜又护强震动继续时间. 验震时报, 1979, 44 (2).

[12] Mccann M W J, Shah H C. Determining Strong-Motion Duration of Earthquakes. Bulletin of the Seismological Society of America, 1979, 69 (4).

[13] Westermo B D. The Duration of Strong-Motion and Its Dependence on the Recording Site Geology. Proceedings of 7th WCEE, 1980, 2: 263-265.

[14] Haruo, Takizawa, Paul, et al. Collapse of a model for ductile reinforced concrete frames under extreme earthquake motions. Earthquake Engineering & Structural Dynamics, 1980, 8 (2): 117-144.

[15] Trifunac M D, Westermo B D. Duration of strong earthquake shaking. International Journal of Soil Dynamics & Earthquake Engineering, 1982, 1 (3): 117-121.

[16] Mccann M W J, Shah H C. RMS Acceleration for Seismic Risk Analysis: An Overview. Proc. of 2nd US National Conference on Earthquake Engineering, 1979.

[17] 徐植信, 翁大根. 强烈地面运动持续时间对结构物倒塌的影响. 同济大学学报 (自然科学版), 1982 (2): 10-27.

A new definition of strong ground motion duration

Xie Li-Li and Zhou Yong-Nian

(Institute of Engineering Mechanics, Academia, Sinica)

Abstract In this paper, a brief review on existing definition of strong ground motion duration is presented. A new definition of strong ground motion duration is defined on the basis of the study on the characteristics of the distribution of seismic energy (i. e. the square of the amplitude of acceleration, velocity or displacement: $a(t)$, $v(t)$ or $d(t)$) along the time axis. The new definition is clear in conception, simple in calculation and implicit of no subjective assumption. According to the new definition, the durations and the appropriate RMS values for several ground motion records are calculated and the results are compared with those calculated on the other definitions.

关于近场地震动研究方面的若干进展[*]

谢礼立

（国家地震局工程力学研究所）

1　前言

1984 年 10 月末在印度召开的 IASPEI（国际地震学与地球内部物理学协会）区域性会议上，设有一个专题以专门讨论强地震动方面研究的进展. 会议共收到研究报告 17 篇，其中印度 4 篇，美国 8 篇，中国 3 篇（含中国台北一篇），加拿大和伊朗各 1 篇. 按论文的内容来讲，有 6 篇涉及强震观测（包括对最新取得的记录的介绍和分析），5 篇讨论强地震动的特征与衰减规律，此外讨论震源和传播途径影响的有 4 篇，讨论人工地震图的 1 篇，讨论震级问题的 1 篇.

在 IASPEI 大会上强地震动作为一个专题讨论的历史还很短，1983 年在汉堡召开的 IUGG（国际地球物理与大地测量联盟）第十八届全会的 IASPEI 讨论会上设立了这个专题，但这个专题的报告只有 10 篇. 在今年印度规模要小得多的区域性会议上能有 17 篇报告，而且讨论范围的广度和深度，都超过以往，这标志着强地震动的研究在 IASPEI 组织中已占有重要的位置.

近场地震动或强地震动的研究是一个涉及面非常广泛的重要课题，包含着当今地震工程学与近场地震学中许多亟待解决的内容，吸引了世界上许多重要研究机构和著名的地震学和地震工程学方面的科学家对此进行研究，若仅从 IASPEI 会议的 17 篇报告当然不足以反映这方面研究进展的全貌，因此作为就这次会议在这个专题方面的总结，一方面不得不参阅其他有关的文献加以补充，另一方面也必须声明，这样的总结也必然会有很大局限性的. 本文拟就这个专题在若干重要问题上的进展作一简略介绍，其中将涉及强震观测工作的新进展，强地震动特征和衰减规律，震源、传播途径和局部场地条件的影响在地震动预测中的若干考虑.

2　强震观测工作中的新进展

自从 20 世纪三十年代美国首先开展强震加速度仪的研制和强震观测工作以来，到今天世界强震观测工作已有了很大的进展. 强震观测工作的发轫最初是出于工程界对地震破坏性估计和定量的需要，但现在它的内容已远远超出了当时的目的，成为地震学家研究震源机制、地质构造对地震波传播影响的重要手段. 据专家们估计，目前世界上已布设各类强震仪约 6000 台，其中至少约 30% 的仪器是旨在测量自由地表的强地震动的.

---

* 本文发表于《世界地震工程》，1985 年，第 2 期，20-24 页.

概括起来，当今世界强震观测工作进展的主要特点为数字强震仪的快速发展和密集强震台阵的广泛布设.

众所周知，由于强地震动加速度记录主要是在近场取得的，因此在任何一组强地震动记录中都蕴含了有关震源机制、地震动传播方面的最直接和丰富的信息. 但遗憾的是，在过去取得的大量加速度记录缺乏绝对时标，而且往往同一个地震只有很少几个台站同时取得强震记录，以致无法从这些记录中提取为解决近场地震学问题所必需的信息. 从而促进了密集型强震台阵的发展和改进原来强震仪的要求. 此外，近二十年来，数字集成电路和微型处理机的发展，使强震仪有了很大的改进，新发展起来的数字强震仪不但解决了地震学家对精确的绝对时标的需要，而且还解决了其他许多重要问题，如把动态测量范围扩大到100dB以上，使同一台仪器可同时记录强烈地震及较小地震，增加了事前存储器（Pre-Event-Recorder）以解决记录丢头问题，增设的触发程序装置大大地增强了仪器的可靠性和稳定性. 这一切为密集台阵的发展在客观上提供了可能. 数字强震仪的发展历史虽然不长，还是20世纪七十年代中期以来的事情. 但发展速度很快，在短短的十年内已经历了四代的发展过程. 第一代数字加速度仪比较简单，把模拟传感器输出的信号直接输入A/D转换器变成数字脉冲信号，即记录在数字磁带上；第二代数字强震仪即目前大量使用的那一类，它在原来的基础上加进了事前存储器，增量自动变换放大器和程序触发控制器，使数字强震仪的动态范围提高到100dB以上，同时解决了记录丢头问题和保证仪器触发的可靠性；第三代数字强震仪的主要特征是引入了微处理机技术，使用户便于对仪器进行控制. 又可以在现场对测得的信号进行实时分析. 所谓第四代的数字强震仪是指这种仪器采用了大规模的数字集成电路组成的CMOS元件作为记录介质，从而可完全抛弃传统机械传动机构，真正实现了整个仪器的数字技术化. 今后数字强震仪虽然还会不断改进，但许多人估计在这方面的发展已近饱和，很难再会有更大的突破了.

至于世界强震台网的布设. 从数量上看发展很不平衡. 如日本和美国，强震台网布设近饱和，但其他地方仍有许多高地震活动性地区，目前仍然是强震台网的空白区. 从质量上看，即使日本和美国等一些发展较快的国家，也远远未满足要求. 例如，在美国至今还没有布设过一个真正的三维台阵，也没有布设过任何研究地基-结构相互作用的台阵，日本虽然有一些，但规模仍然很小，此外，例如观测海底地震动的海-陆联合强震台阵，拥有上百台仪器的震源机制台阵，至今仍为罕见.

强震数据处理在十年"标准化"热之后，又出现了一股"多样化"的趋势. 许多国家或部门都根据自己数据的特点，采用了某些特殊的处理方法. 概括起来，围绕数据处理问题有着两种不同的观点：一种观点认为数据处理方法应该灵活一些，可以满足用户多样化的要求，另一种观点则赞成发展一种统一的标准数据处理方法，以避免由于方法不同带来的种种不确定性. 幸而这两种观点是容易统一的. 现有数据处理方法有"未校正"和"校正"两部分，前者可供研究者根据自己的需要取用，后者可供标准化数据使用. 此外在数据管理方面，最近似有较大的进展. 美国国家地球数据物理处理中心，已将他们收集的世界强震记录以80种不同的格式记在软磁盘上，向全世界公开发行. 这就大大地减轻了各用户为了"解码"这些数据而花费的劳动.

3　强地震动特征和衰减规律

　　强地震动是由于地震时从震源发射的地震波通过介质传播在地壳表部形成的一种地震动，并强烈地对地表上的一切工程结构产生影响，导致这些结构物的振动和破坏. 因此，对强地震动的研究历来可以有两种途径，它们分别服务于两种不同的目的. 一种是从工程观点来研究地震动的特征，寻找影响工程结构振动和破坏以及一切地表现象破坏的客观的物理当量；另一种是从地球物理观点来研究地震动的特征，寻找一种最能刻画震源过程的影响，或者直接反映震源过程特征的物理量. 但不论从什么角度出发，最终目标都希望能把刻画震源、传播途径的参数–地震动特征–对工程结构的影响这三者统一起来. 因此，尽管目前已经发展有许多种描述地震动特征的方法，但都必须有利于工程应用或便于和理论结果进行比较.

　　在这次会上有两篇文章涉及地震动特征. 其一是本文作者和周雍年提出了一个新的地震动持时的定义. 作者认为地震动持时是强地震动的一个重要特征，目前已被广泛地应用于确定震级和直接影响延性结构破坏和地基液化及失效的因素. 长期来各国学者对地震动持时提出过十多种不同的定义，但均难免直接或间接地渗入各种主观的因素，使持时作为度量地震动特征的物理量受到一定的局限. 他们在研究地震动能量沿时间轴分布的几何特征的基础上，建议将地震动持时定义为

$$T_{持} = \frac{2\int_0^T (t - T_c) a^2(t)\,\mathrm{d}t}{\int_0^T a^2(t)\,\mathrm{d}t}$$

式中，$T_{持}$ 为地震动持时；T 为地震动加速度记录的长度；$a(t)$ 为加速度时间过程；T_c 为 $a^2(t)$ 在时间坐标轴上的面积形心坐标. 本文作者和周雍年认为这样定义的持时可以避免引入主观因素，而且便于和已有的其他持时定义沟通，从而也便于工程和理论研究的应用.

　　伊朗的 Jafar Shoja-Taheri 对 1978 年 9 月 16 日在伊朗 Tabas 地区发生的 $M_S = 7.4$ 强烈地震中所获得的九个强震记录（震中距为 $5 \sim 240\mathrm{km}$，最大加速度值为 $0.02 \sim 0.95g$）计算了它们的广义加速度记录，再分别用十个不同中心频率的窄带数字滤波器进行滤波，发现在广义峰值加速度、谱能量、持时与震源距之间存在良好的相关关系.

　　地震动或者烈度衰减规律是研究地震危险性分析和评价工程场地设计参考的重要依据之一. 中外许多科学家都对此关心. 特别随着近十多年来大量强震记录的获取，对地震动参数衰减规律的研究可以说达到了高潮. 概括来说，目前对地震动（烈度）衰减规律的研究主要集中于下面三个问题：

　　（1）对衰减规律"本构关系"的研究. 这里的"本构关系"系包括：选择什么样的物理量作为衰减方程中的独立变量和因变量，采用什么样的衰减方程，以及对各种影响衰减方程的不确定性进行研究；

　　（2）不同地区的衰减规律的特性研究和比较；

　　（3）对衰减规律外推可能性的研究，这里的外推包括在强度上和空间上的外推. 前者

系指研究将现有的衰减规律外推到更大震级情况下的可能性,后者系指将衰减规律外推到更靠近震源地区的可能性,广义说来还包括去研究如何利用一个地区的衰减规律资料将之推广到没有或缺乏强震资料的地区.

在这次会上,印度的 Kaila 通过对印度,欧洲和美国的烈度衰减规律的研究和比较,认为不论哪个地区,哪类地震,对烈度衰减规律起重要作用的是震源深度 h 并给出了他认为可以普遍运用的烈度衰减规律形式为

$$I/I_0 = \exp\left[-(a/h^2 + b)\Delta\right]$$

式中,I 某地的烈度;I_0 为震中烈度;h 为震源深度(km),Δ 为震中距(km);a、b 为待定常数. 彭克中等研究了我国华北和西南地区衰减规律,发现两地区的地震动加速度衰减规律有很大差别,并认为我国华北地区的加速度衰减规律,与 Nuttli 等给出的美国西部衰减规律很接近.

4 影响强地震动的若干因素

概括说来,影响强地震动的因素主要有三类:震源、传播途径和场地环境. 开展这方面研究工作的主要目标之一,在于准确地预测未来可能发生的地震动. 以满足工程设计和抗震防灾的需要.

在这次会上,对震源因素的影响讨论最多,其次为若干传播途径对地震动影响的问题.

美国的 Shakal 和 Sherburne 详细地介绍了在观测强地震动过程中发现的典型"方向性效应"问题. 所谓"方向性效应"是指地震波发射和传播过程中的一种干涉现象,也称为多普勒效应. 即使是一个十分简单的断层破裂,由于破裂总是以一个有限的速度沿断层传播,便会形成先后射出的地震波的强烈干涉因而导致地震波振幅值明显的方向性的变化. 对于大地震时发射的长周期地震波的这种方向性效应,早在 1955 年已为 Benioff 所发现. 根据理论模型的研究结果,这种效应对靠近断层的地震动,特别是频率较高的地震动同样会有重要影响. 一般来说,它会使沿断层破裂方向上的地震动振幅值增大. 但这一论断对于在工程感兴趣的频段上的正确性,从未被观测所证实过. Shakal 等提到,1984 年 4 月 24 日在美国摩尔根(Morgan)山地震中($M_L = 6.2$)共收到了约 50 个强震记录. 记录分析结果,发现有一个明显的规律性,即在靠近断层但离震中两侧(震中距大致相当)的强震台站,在震中东南一侧台站的记录幅值要比西北一侧台站上的明显大得多,并且竖向分量要比水平向分量更加明显. Shakal 等还特别提到这种效应对持时也同样有影响.

美国洛杉矶加州大学学者 Mal 介绍了他在该校执行的一项广泛的研究计划,其中包括对震源机制和传播途径影响所进行的理论研究和布设强震台阵观测,目前已取得的主要结果有:

(1)震源函数的上升时间对地震动的频率分量有强烈影响. 他认为地震动中位于 5 赫兹附近的分量主要是由于线性尺寸为 0.5km 左右的小断层的滑移所产生的.

(2)传播介质的分层对峰值加速度有重要影响. 他认为按均匀半空间计算得的地震动值只能是按实际情况下算得的加速度谱分量振幅值的近似下限,因此认为按半空间模式给出的地震动预测值是不妥当的.

(3)震源深度对峰值加速度的衰减有明显影响,因此建议在人工合成地震计算中震源

体积可只须考虑位于岩层上方的断层部分.

美国著名地震学家 James Brune 等详细地介绍了地球物理和行星物理研究所（IGPP）从 1970 年开始执行的一项地震动研究计划和所取得的研究结果，IGPP 先后在海底、陆上布设了强震仪. 先后取得了 1978 年墨西哥 Oaxaca 地震，1979 年 Mexacali 地震和 1980 年 Victoria 地震的强震记录. 最大水平加速值为 $0.95g$，竖向记录中有数处都超过了 $1g$. Brune 等利用这些丰富的记录，对应力降、震源体积，局部沉积物的放大以及物理衰减等因素对地震动的影响进行了分离的单因素研究. 他惊奇地指出，在 Victoria 地震中，即使震级很小（不到 5 级），但记录到的加速度峰值竟超过 $0.5g$，他进而还得到结论，认为这样一个地震的最大应力降可以达到 1000bar. 此外，他还指出，对大地震来说，震源体积的影响，或者几何饱和的影响在近场区更为明显.

美国加州理工学院的 Helmberger 介绍了强地震学中的地震液传播效应的若干理论研究结果. 根据这些结果，他建议了一种用于计算复杂地质结构对地震波传播影响的数学模式，即把地质构造看作一个柱对称的结构，并采用有限差分法算出它的格林函数，而把震源则假设为一个剪切位错型模式.

综上所述. 目前对影响近场地震动性质的诸因素的研究，虽然仍未超出本文作者在"强地震动分析"（见《国外地震工程》1984 年第 1 期）中提到的范围. 但通过各国学者许多具体的努力和长期踏踏实实的工作，特别是各国地震学家已普遍地重视将理论分析和实际观测相结合的方法，使许多问题出现了初步的进展或解决的端倪. 可以相信，近场地震动预测的方法终究将为人们所掌握.

中国强震观测发展现状[*]

谢礼立，彭克中，于双久

摘要 本文简要地回顾了中国强震观测发展的历史，着重介绍我国强震观测台网和强震数据处理分析工作的现状，还简单地叙述了中国在强震观测领域中的国际合作问题。

1 前言

中国是世界上地震活动最强烈的国家之一。从 20 世纪初以来的 70 年间（1901～1970年），全国（未包含台湾地区，下同）已发生震级大于 6.0 的破坏性地震 477 次；从 1966年 3 月到 1984 年底的 19 年间，就发生震级大于 7.0 的地震 21 次。可以预见，随着我国现代化建设的不断发展，建筑物和设备的抗震问题将日趋重要。

减轻地震灾害研究的最终目标在于充分地认识地震这一自然现象，并采取相应措施来减轻或免除地震灾害。为了安全而又经济地在地震区设计和建造抗震的建筑物，就必须充分地了解由于地震引起的强烈地震动的特征和各种建筑物对地震动的反应，因而，必须开展对地震动和结构反应的观测和分析工作。

中国的强震观测工作开始于 1962 年。当时由于广东省河源地区发生了一个 $M=6.2$ 的强烈地震，邻近的新丰江水库和水坝面临着地震的威胁。为了测量大坝地区的地震动和水坝对地震的反应，工程力学研究所在水坝上建立了我国的第一个实验性强震观测台站。到1984 年底全国已建立了 202 个永久性的强震观测台站。在这些台站中大部分采用了由工程力学研究所研制的 RDZ1 型强震加速度仪。由于发展了与其他国家的国际或双边合作关系，也开始采用了一定数量的美制仪器。到目前为止，全国已取得了较重要的强震加速度记录 800 多个。同时也相应地发展了具有我国特色的强震数据处理和分析的方法和计算程序。

本文旨在对中国强震观测以及数据处理与分析的发展状况进行回顾。文中指出这一工作在中国虽然已得到了较大的发展，但仍满足不了需要，今后一段时间内仍应大力发展强震台网，获取大震的近场记录，以适应我国减轻地震灾害及其研究的需要。

2 中国大陆的地震活动性

中国乃是世界上地壳构造活动最强烈的地区之一，也是世界上经常发生板内和板缘地

---

* 本文发表于《地震工程与工程振动》，1986 年，第 6 卷，第 2 期，29-38 页。

震的几个主要地区之一. 由图1可见, 中国大陆板块受到来自南部的印度次大陆板块的撞击, 来自东部与南部的菲律宾板块的推挤, 构造活动强烈. 在我国历史上, 多次发生强烈地震, 最早的地震记录可追溯到公元前1831年. 中国境内地震的主要特点为: 地震发生的频度大、烈度高、震源浅、震中分布范围广且震源机制类型多而复杂. 图2给出了发生在中国境内的震级大于6的地震的震中分布. 不难看出, 震中分布范围很广, 并具有如下特征: 在南北构造带的东侧, 除了少数深部地震发生在东北部的牡丹江隆起地块外, 大多数为浅震, 震中分布于华北地区. 在中国西半部, 大致可分为两区: 北部地区, 震中分布是一个分别起始于帕米尔、天山、阿尔泰和贝加尔的宽阔的北东向条带; 南半部的地震主要发生于缅甸及喜马拉雅地区, 其特点是烈度高, 而作为东西两个地震大区交界带的南北构造带本身也是一个强震频繁发生的地震区. 因此, 总的来说, 中国大陆的地震区可分为三个主要的地震带, 即: ①东部的华北地震带; ②西侧的北部地震带; ③西侧的南部地震带.

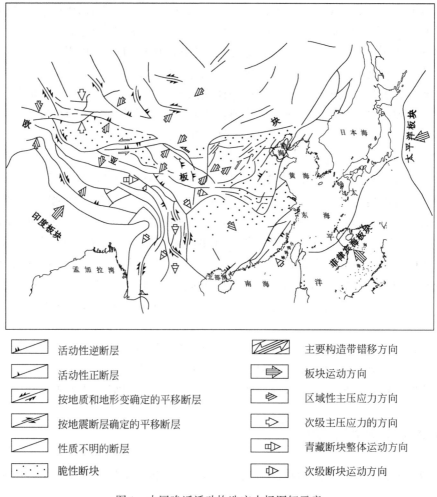

	活动性逆断层		主要构造带错移方向
	活动性正断层		板块运动方向
	按地质和地形变确定的平移断层		区域性主压应力方向
	按地震断层确定的平移断层		次级主压应力的方向
	性质不明的断层		青藏断块整体运动方向
	脆性断块		次级断块运动方向

图1　中国晚近活动构造应力场图解示意

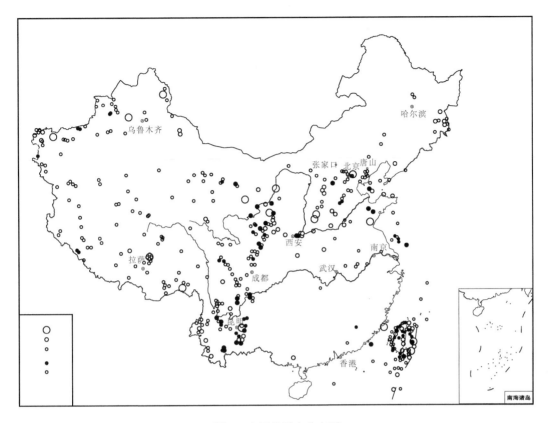

图 2 中国的震中分布图

3 强震观测仪器

中国的强震观测计划开始于 1966 年. 1966 年的邢台地震和 1978 年的唐山地震促使我国地震工作者更加重视强震观测工作. 工程力学研究所在邢台地震以后研制并批量生产了我国第一种强震观测仪器, 即 RDZ1 型强震加速度仪. 此后该所又先后研制了强震加速度仪 RZS2 型和 GQⅢ型, 并且都进行了小批量的生产. 与此同时, 水利电力部水利科学研究院也研制了类似于 RDZ1 型的 SG4 型加速度仪. 唐山地震后我国则有更多的研究机关和大专院校从事强震观测工作.

截至 1984 年 9 月, 全国已有 202 台模拟 (照像纸或胶片记录) 加速度仪布设成永久性的强震台站. 另有 130 台加速度仪编为活动台站, 以便在大地震发生后或得到大地震短期预报后, 赶赴现场布设, 捕捉余震或主震的地震动记录. 图 3 给出了中国大陆上的强震仪分布情况. 从图 4 不难看出, 近 20 年来我国强震仪的数量在不断增加, 虽然增加的速度是缓慢的. 图 4 中还给出了由工程力学研究所负责安设和管理的强震仪的情况.

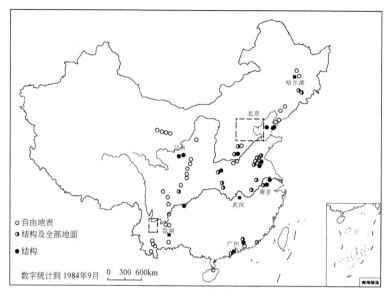

图3　中国大陆强震台网分布图

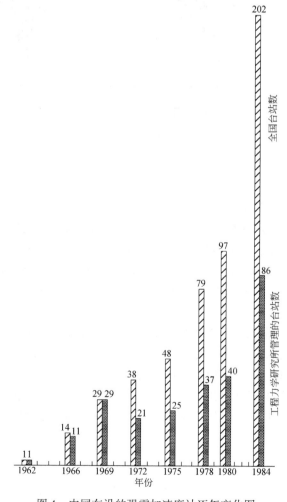

图4　中国布设的强震加速度计逐年变化图

中国强震台网所使用的仪器的情况列在表1中，从表中不难看出，这些仪器中有一半以上是国产的强震加速度仪，此外大多为美国KMI公司制造的SMA-1型，SMA-2型，PDR-1型，PDR-2型等加速度仪和极少量的日本制造的SMAC型仪器. 由于我国早期的强震工作的重点在于获取结构对地震动的反应资料，所以在台网中较普遍地使用了多道中心记录式的强震仪. 20世纪七十年代后期以来，由于地震工程学家与地震学家们将兴趣转移到对近场地震动的研究，于是，将拾振系统与记录系统汇集于一体的三分量记录式强震仪便更适合于对地震动的观测，因此工程力学研究所又研制成了一种类似于美国SMA-1型的强震加速度仪（GQⅢ型），并于1982年正式在现场安装使用.

表1 中国强震观测台网所用仪器一览表

仪器类型	性能	制造厂家	数量	
			安设	备用
RDZ-1	动态范围：0.001～0.5g 可调 频率范围：0.5～30 赫兹 记录通道：12 记录介质：照相纸 触发类型：机械 电源：DV 24V 浮充电	北京地质仪器厂	77	12
RZS-2	动态范围：0.005～1.0g 可调 频率范围：0.5～20 赫兹 记录通道：9 记录介质：照相纸 触发类型：电，机械 电源：DV 6V 浮充电	北京地质仪器厂	5	4
GQII	动态范围：0.01～1.0g 频率范围：0～20 赫兹 记录通道：3 记录介质：8 厘米宽胶卷 触发类型：电 电源：DC 6V 浮充电	国家地震局工程力学研究所	14	20
GQI	动态范围：0.005～1.0g 频率范围：0.5～50 赫兹 记录通道：9 或 10 记录介质：照相纸 触发类型：电 电源：DC 6V 浮充电	国家地震局地震仪器厂	16	13

续表

仪器类型	性能	制造厂家	数量	
			安设	备用
SMA-1	动态范围：0.01～1.0g 频率范围：0～20赫兹 记录通道：3 记录介质：7厘米胶卷 触发类型：机械 电源：DC 6V浮充电 时标：时间编码发生器	美国 Kinemetrics 公司	49	
SMA-2	动态范围：0.005～1g 频率范围：0～50赫兹 记录通道：3 记录介质：模拟盒式磁带 触发类型：电 电源：DC 6V×4，浮充电	美国 Kinemetrics 公司	1	2
CRA-1	动态范围：36dB 频率范围：0～50赫兹 记录通道：12 记录介质：7英寸胶卷 触发类型：电 电源：DC 6V、12V浮充电	美国 Kinemetrics 公司	1	2
PDR-1	动态范围：102dB 频率范围：0～50赫兹 记录通道：3 记录介质：数字盒带 触发类型：程控触发 事前存贮：2.5秒，5秒，10秒 采样率：100，200每秒 电源：DC 12V浮充电	美国 Kinemetrics 公司	18	50
SG-4	动态范围：0.005～0.5g 频率范围：0.5～30赫兹 记录通道：10 记录介质：12厘米照相纸 触发类型：电 电源：DC 24V	水利电力部 水利水电科学研究院	2	

续表

仪器类型	性能	制造厂家	数量	
			安设	备用
PDR-2	动态范围：72~114dB 频率范围：0~50 赫兹 记录通道：6 记录介质：数字磁带盒 触发类型：程控触发 事前存贮：3072 采样 采样率：0，5~500 每秒 电源：DC 12V 浮充电	美国 Kinemetrics 公司	14	
SMAC-B	动态范围：0.01~1.0g 频率范围：0~10 赫兹 记录通道：3 记录介质：28 厘米，蜡纸 触发类型：电，机械 电源：DC 1.5V×10	日本 明石公司	1	1
SMAC-Q	动态范围：0.005~1.0g 频率范围：0~20 赫兹 记录通道：3 记录介质：3.5 厘米，胶卷 触发类型：电 电源：DC 1.5V×10	日本 明石公司	1	
其他				25
总计			202	129

世界上有许多国家在强震观测台网中还使用了一种只记录最大值的地震反应计或峰值地震计，但在中国强震台网中，这类地震计却甚少采用，究其原因，可能因为这类仪器与记录时程的强震仪相比，价格较低的优点远抵不上得不到更多地震动信息的缺点.

4 我国从事强震观测事业的各种组织及目的

图 3 所示的强震仪是由我国许多不同的组织，带有各自的观测目的安设的. 在 1972 年以前只有工程力学研究所以及水利水电科学研究院等少数单位从事强震观测工作. 1972 年，工程力学研究所为了协助省级地震局开展这一工作，也为了便于台网的维护，便将自己负责管理的一部分边远台网移交给省级的地震单位. 1978 年，工程力学研究所又被指定为负责协调发展全国强震观测事务的协调单位，其主要任务为：①组织全国性的讨论会，交流和总结从事强震观测工作的经验或设想；②向主管部门提出有关强震仪研制的建议或咨询意见；③编制强震数据的标准处理程序和方法，以确保数据处理的统一；④该所的数据处理设备向全国从事强震观测的各个组织开放，提供强震资料并探讨单位间开展合作的

可能.

表 2 列出了目前中国从事强震观测工作的各个单位的详细情况, 其中包括他们的观测目的、采用的仪器的型号和数量. 目前在这些单位中, 国家地震局工程力学研究所、城乡建设环境保护部建筑科学研究院、云南省地震局等单位拥有较多的强震仪, 国家地震局地球物理研究所, 四川省地震局、兰州地震研究所、广东省地震局以及同济大学等可望不久将成为从事强地震动观测的重要部门, 而城乡建设环境保护部建筑科学研究院、水电部水利水电科学研究院等在未来的结构反应观测中可能会发挥出巨大的作用.

表 2　从事强震观测的组织一览表

单位	目的	安装仪器数	备用仪器数	项目开始时间
国家地震局工程力学研究所	地面运动、结构反应	86	29	1962
中国建筑科学研究院工程抗震研究所	结构反应及附近地面运动	34	15	1974
云南省地震局	工程地震	21		1970
兰州地震研究所	工程地震	13		1970
水电部水利水电科学研究院	水工结构地震反应	11	4	1965
广东省地震局	结构反应	9		1970
同济大学	地面运动	8	3	1982
江苏省地震局	结构反应及附近地面运动	7	2	1973
其他		13	76	
总计		202	129	

总的来说, 目前布设在中国的 202 台强震仪中, 有 117 台是安设在自由场地上的, 占 58%; 安设在结构上的有 52 台, 占 26%; 结构与邻近地区都安设的有 33 台, 占 16%. 详细情况如表 3 所示. 由此看来, 这个比例主要反映了: 目前中国强震观测的主要目的多少有点偏重于对地震动的测量. 这与收集强震资料, 为地震区建筑规范编制或场地地震危险性评价提供数据有关.

表 3　中国强震观测台站分类表

符号	台站类型	对象	仪器数/台	总数/台
○	自由地表	基岩	60	117
		土壤	47	
		基岩与土壤	10	
◐	结构及邻近地表	砖结构	5	33
		多层框架结构	2	
		厂房	1	
		桥梁	6	
		水工结构	16	
		港口工程	1	
		地下结构	1	
		煤矿	1	

续表

符号	台站类型	对象	仪器数/台	总数/台
●	结构	砖结构	14	52
		多层框架结构	13	
		厂房	3	
		桥梁	1	
		水工结构	16	
		海洋工程	1	
		地下工程	1	
		煤矿	3	
截至 1984 年 9 月			总计	202

5 数据采集和处理

迄今为止，中国强震观测台网已经记录到峰值大于 $0.02g$ 的加速度记录共 800 个，其中峰值超过 $0.05g$ 的有 200 个. 在这些记录中约有四分之三已按标准数据处理程序进行了处理. 表 4 列出了这方面的一些基本资料，可供参考. 由工程力学研究所负责处理的全部数据，均已记录在计算机用的九轨磁带上，已向国内和国外的许多单位提供，并被广泛应用于各项研究或设计规范中.

目前，在表 4 列出的这些单位中，只有国家地震局工程力学研究所和城乡建设环境保护部建筑科学研究院可认为已拥有了强震数据的分析处理系统和相应的软件. 工程力学研究所正计划将它的数据处理系统向全国开放. 图 5 用方框的形式给出了工程力学研究所拥有的数据处理系统的状况，它主要由一台 PDP11/23+，CDC 磁盘，96M 温盘，DSP-3 数字回放系统，Talos-640 数字化系统，DDS-1103 数据采集系统和其他必要的外围设备构成的.

表 4 强震记录及处理情况一览表

单位	记录获取数		记录处理数	数据处理部门
	Am>0.02g	Am>0.05g		
工程力学研究所	566	137	531	工程力学研究所
地球物理研究所	10		10	建研院抗震所
云南省地震局	18	6	18	
广东省地震局	92	51		
四川省地震局	12		12（数字化）	
兰州地震研究所	12	8	12（数字化）	
江苏省地震局	14	3	14（数字化）	
武汉地震研究所	1			

续表

单位	记录获取数		记录处理数	数据处理部门
	Am>0.02g	Am>0.05g		
中国建筑科学研究院工程抗震研究所	11	4		建筑科学研究院和工程力学所
水利水电科学研究院抗震研究所	12			水利水电科学研究院和工程力学研究所
天津地震工程研究所	8			
总计	756	209	597	

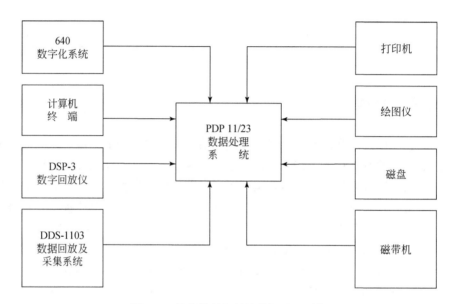

图 5　工程力学研究所的数据处理系统

6　国际合作与资助

6.1　双边合作

　　按照中美地震科学合作研究协议书附件三的精神, 中美双方 1981 年开始了有关强震观测的合作研究, 合作项目的中方负责单位是国家地震局工程力学研究所, 美方负责单位是加州理工学院、地质调查局和南加州大学三个部门. 根据这项计划, 美方将向中方提供 22 台 SMA-1 模拟强震仪和 18 台 PDR-1 数字强震仪, 由中方负责安装、调试、维护和对所取得的记录进行处理和分析. 所有这些仪器, 按照双方一致的意见, 已布设在北京近郊的一个存放台阵上, 所谓存放台阵是指它既具有永久性台阵等候地震取得记录的特点, 又具有流动台阵的优点, 一旦他处发生地震, 可马上将存放台阵中的仪器如数取出, 迅速投放需要布设仪器的其他地方, 这个计划已于 1984 年结束. 继续合作计划估计不久即可开始. 在这期间, 这个台阵已取得 $M = 1.2 \sim 6.2$ 的 132 个地震的 285 张近场加速度记录.

6.2 联合国开发署项目

1980~1983 年，在联合国开发署的资助下在中国实施了一个强震观测计划．这项计划在中国是由城乡建设环境保护部建筑科学研究院支持的．这个援助项目包括对北京已有的强震观测台网布设一个辅助性加密台网，一个地震遥测台网和一套强震数据处理分析系统．到 1983 年末已经在北京建成了包括 10 个永久强震台的强震台网、由无线电遥测系统构成的流动台网和与此相适应的数据处理系统．

7 结论

中国自 1962 年建成第一个实验性强震台站以来，经过 20 多年的努力，在强震观测方面已具雏形，但要达到完善的程度还有一段相当遥远的路程．今后特别在仪器的研制和生产方面要下大功夫，以加强观测台网的能力．这是最重要的基础工作．与此同时，要培养出一批责任心强、有业务能力的专业干部，这是保证台网正常运行、获取有用资料的根本保证．同时还要有一批专业队伍，加强对台阵设计、数据处理和管理方面的研究，这是保证强震观测发展的正确方向的重要措施．如果能够做到以上几点，中国的强震观测工作将会以更高的速度得到发展．

参 考 文 献

[1] Peng K, Xie L, Li S, et al. The near-source strong-motion accelerograms recorded by an experimental array in Tangshan, China. Physics of the Earth & Planetary Interiors, 1985, 38 (2-3): 92-109.

[2] Xie L L. The Main Features of Strong Motion Data Processing Procedure in China. Physics of the Earth and Planetary, 1985, 38: 134-143.

[3] Xu Z Z, Yang E D. A Strong Motion Network in Beijing Area. Proceedings of US-PRC Bilateral Workshop on Earthquake Engineering, Harbin, China, 1982, I: A-3-1-A-3-12.

Present status of Chinese strong motion instrumentation program

Xie Li-Li, Peng Ke-Zhong, Yu Shuang-Jiu

(Institute of Engineering Mechanics, State Seismological Bureau)

Abstract This paper gives an outline of Chinese strong motion instrumentation program as well as the situation of its data acquisition and processing. The international cooperations of instrumentation program are also described.

地震动记录持时与工程持时[*]

谢礼立，张晓志

(国家地震局工程力学研究所)

摘要 本文将现有地震动持时定义区分为记录持时和反应持时两种，并对其优、缺点进行了评述．文中提出了地震动工程持时的概念和定义，并推导出工程持时的预报方程．工程持时具有概念清晰直观和计算简便的特点，预报方程既与主要地震参数、又与主要结构参数相关联，既能客观地描述地震动的持时特征，又能满意地给出地震动持时对结构地震破坏的影响，同时它的预报方程可以方便地实现与其他持时的预报方程之间的转换，广泛地利用已有的持时预报结果．

1 前言

地震动持时既是地震动的重要特征之一，又是影响结构的非线性反应、破坏以至倒塌的重要因素．以往对于持时的研究主要集中在以下三个方面：

(1) 地震动持时的定义；

(2) 地震动持时的影响因素及其预报方程；

(3) 持时与结构地震破坏之间的联系及其工程应用．

几十年来，这三个方面的研究吸引了许多研究者的兴趣，并取得了很多有意义的结果．但是已往对地震动持时的研究，或者偏重于将持时作为地震动的一个特征，从地面运动的角度研究持时的定义及其与主要地震参数之间的联系；或者偏重于持时对结构破坏的影响，从工程的角度研究持时的定义、与结构破坏的联系及其工程应用；很少能同时从地面运动的性质和工程应用要求的内在规律出发，从二者的有机联系上对持时进行全面的研究．这就使得已往的地震动持时研究中存在着一个突出的问题，即：

现有的从地面运动特征出发定义的地震动持时，一般都具有定量计算简便、易于建立与主要地震参数之间联系的优点．但却难以建立与结构地震破坏之间的满意联系，这样定义的持时往往难以反映对结构反应的影响．凡从工程反应的角度出发定义的地震动持时，一般都考虑了与结构的地震反应和地震破坏的联系，但却难以反映地震动的特征，又不便于定量计算，不易求得与主要地震参数之间的联系．笔者认为在以往持时定义研究中，未能找到一条有效的途径，它既能客观地反映地震动特征，又能反映对结构的影响．这可能是影响持时研究进展和应用的一个重要因素．

为了解决上述持时研究中存在的问题，笔者拟同时考虑持时作为地面运动特征的性质和对结构反应与破坏的作用，就上述持时研究中的三个方面问题进行统一的考虑，提出一

---

* 本文发表于《地震工程与工程振动》，1988 年，第 8 卷，第 1 期，31-38 页.

个既能客观地表示地震动特征又能确切地反映持时对结构地震反应和地震破坏的作用的新的地震动工程持时的概念和定义，并在二阶矩持时研究[5]的基础上建立工程持时的预报方程.

2　现有持时定义的特点及其分类

目前，地震动持续时间的定义种类繁多，至今尚很难说哪个定义已为大多数人所接受，但总可以容易地将现有的持时定义严格地分为本质不同的两大类别. 其一是从地面运动的角度出发，通过对地震动加速度记录进行直接或间接的处理而得到的持时定义. 因为此类持时可根据强震记录直接定义计算，与结构特性无关，本文中称其为记录持时. 其二是从工程应用的角度出发，将地震动记录通过对某个结构反应量的处理而得到的持时定义. 因为此类持时定义与某个结构反应量相联系，持时的定量计算亦必须经过结构反应分析，本文中称其为反应持时. 较有代表性的记录持时有以下几种：

（1）用地震动的绝对幅值控制的"括号持续时间"[1]. 该定义取加速度记录图上绝对幅值在第一次和最后一次达到或超过事先规定的值（如 0.05g 或 0.1g 等）之间所经历的时间作为地震动持续时间.

（2）用地震动的相对幅值控制的持续时间[2]. 该定义与括号持续时间对加速度记录进行的处理相同，只是将控制幅值由前者的绝对幅值 0.05g 等改为此时的相对幅值，如（1/2、1/3、1/e）a 等. 这里的 a 是加速度记录的最大幅值，e 为自然对数的底.

（3）用地震动的相对能量控制的持续时间[3]. 如用从地震动能量达到总能量的 5% 开始至达到总能量的 95% 为止所经历的时间作为地震动持续时间的定义. 也有用地震动总能量的 70% 来控制的相对能量持时.

（4）以地震动的平均能量控制的持续时间[4]. 如把地震动加速度时程等效为平稳的随机过程，该平稳过程的均方根值为 A_{rms}，持续时间为 T_d，且满足关系式：

$$\int_0^T a^2(t)\,\mathrm{d}t = A_{rms}^2 T_d \tag{1}$$

通过假定在时间 T_d 内加速度峰值出现的平均概率为一次，可唯一地确定持续时间 T_d 的量值. 又如用累积 RMS 函数给出地震动持续时间的定义等均属于平均能量控制的地震动持续时间之列.

（5）以地震动的能量分布特征控制的持时. 如谢礼立、周雍年定义的二阶矩持时[5].

仅有很少的反应持时定义. 例如，定义单自由度体系对地震动的弹性反应超过某给定值的积累时间为该地震动的反应持续时间[6]. 此外，还有定义在整个结构反应时程中，消耗在非线性反应上的积累时间为屈服反应持时[7].

将持时定义划分为两大类的意义在于：

把形式众多的各种持时定义区分为本质上不同的两大类，从而可更清楚地发现现有持时研究中的症结所在，即把持时作为地震动的一个特征与其在工程中的应用互相割裂开来.

不难看出，记录持时（即从地面运动角度出发定义的地震动持时）缺少与结构地震破坏之间的内在联系，其根本原因在于：记录持时本身与结构特性之间不存在任何有机的联系. 反应持时（即从工程应用的角度出发定义的地震动持时）主要从结构反应出发，由此定义的持时虽然也反映了结构特性与地震动特征，但却给出一个综合的影响（幅值、频谱和持时），关系十分复杂，各种因素的影响难以判断. 由此得到的反应持时一方面难以直观地表示出地震动的持时特征和它对结构的影响，同时又难以在它与主要地震参数之间建立一种简便的、相关性强的联系.

综合以上两点可以看出：在继承记录持时和反应持时的优点而又改进其不足的原则下寻求一种新的地震动持时的定义，使之既与地震动本身的特征相联系，又能反映结构的主要特性和对结构的破坏作用，而且容易定量计算，这是必要的、有意义的.

下面本文将对二阶矩持时的定义及其特性作一介绍，然后在此基础上根据结构进入弹塑性非线性反应的特点给出地震动工程持时的定义并建立其预报方程.

3　地震动工程持时的定义及其预报方程

3.1　二阶矩持时

1984 年谢礼立、周雍年指出：记平方加速度图全部面积的重心坐标为 T_c，则一般说来（多次地震事件例外）在 T_c 附近的那个时段应该是地震动时程中振动比较强烈的部分，即主震段或强震段. 而平方加速度图上能量分布的二阶矩，即

$$T_d = \left| \frac{\int_0^T (t - T_c)^2 a^2(t)\,dt}{\int_0^T a^2(t)\,dt} \right|^{1/2} \tag{2}$$

式中，

$$T_c = \left[\int_0^T t \cdot a^2(t)\,dt \right] \Big/ \left[\int_0^T a^2(t)\,dt \right] \tag{3}$$

T_d 反映地震动能量相对其重心的一个分布特征. 它反映地震动强震段集中或分散的程度，亦即反映地震动持续时间的特征. 据此谢礼立和周雍年[5]定义以 T_c 为中心两倍 T_d 为地震动持时，简称为二阶矩持时，即

$$T_{xz} = 2T_d \tag{4}$$

此外，谢礼立和周雍年[5]还指出，在大多数情况下，地震动能量分布接近于单峰状；在感兴趣的震中距范围内，强震段前后的能量分布也接近于对称. 如果假设地震动能量沿时间轴的分布 $a^2(t)$ 在形态上与高斯正态分布曲线的形状接近的话，则根据概率分布理论可得：

（1）地震动能量沿时间轴的分布形状可由两个参数 T_c 和 T_d 完全确定.

（2）在给定的地震动持续时间 T_{xz} 内，集中了地震动总能量的 68%，这接近于 70% 相对能量，是 90% 相对能量的 76%.

（3）在 $a^2(t)$ 接近高斯正态分布的假定下，给出的持时 T_{xz} 与其他持时定义，如绝对幅值控制的持时、相对幅值控制的持时以及相对能量控制的持时等，都存在一种简单的确定性的联系，这一特性很重要，本文后面的预报公式就是基于这一点导出的.

1985 年周雍年等[8]用回归方程：

$$Y = a \times 10^{bM} \times R^c \times 10^{ds} \quad (5)$$

研究了二阶矩持时 T_{xz} 与震级 M、震中距 R 和场地条件 S 之间的关系（$S=0$、1 和 2，分别表示基岩场地、一般场地和软弱场地），a，b，c，d 为待定常数并给出如下结果：

$$T_{xz1} = 0.477 \times 10^{0.149M} \times 10^{0.120S} \times R^{0.204} \quad (6)$$
$$(r=0.76, \quad \sigma=6.3)$$
$$T_{xz2} = 0.253 \times 10^{0.173M} \times 10^{0.149S} \times R^{0.155} \quad (7)$$
$$(r=0.76, \quad \sigma=2.29)$$

式（6）、（7）中 T_{xz1} 和 T_{xz2} 分别为用日本数据和中国数据得到的结果；r 为多元相关系数；σ 为标准差.

3.2 地震动工程持时定义

人们都已熟知诸如 $0.05g$、$0.1g$ 等地震动绝对幅值控制的地震动持续时间的定义和以一定比例的加速度峰值 a_M 如 $(1/2) \cdot a_M$、$(1/3) \cdot a_M$、$(1/e) \cdot a_M$ 等相对幅值控制的地震动持续时间的定义. 在这些定义中绝对或相对幅值的选取是相当随意的. 为了克服这种随意性并使地震动持续时间与结构特性相联系，本文定义一个绝对幅值水平：

$$a_y = \frac{Q_y}{m \cdot \beta_z(T_N)} \quad (8)$$

式中，Q_y 为体系的屈服荷载（kg）；m 为体系的质量；T_N 为体系的自振周期；β_z 为在一定阻尼比下的地震动反应谱放大倍数在 T_0 处的值.

显而易见，a_y 具有加速度的量纲，同时是使体系从线性反应状态过渡到非线性反应状态的临界值，或简单地说是使体系进入屈服状态的临界值. 所以本文称 a_y 为体系的屈服加速度.

用 a_y 作绝对幅值水平，定义地震动加速度图上加速度的绝对值在第一次和最后一次达到或超过 a_y 之间所经历的时间叫作该地震动在所论结构体系下的工程持续时间，简称工程持时，并记为 T_0.

工程持续时间有如下的性质：

（1）同一个地震动对于不同的结构就有不同的工程持续时间.

（2）当屈服加速度 a_y 大于地震动峰值加速度 a_{max}，即 $a_y > a_{max}$ 时，$T_0 = 0$. 这时，表明结构在这样的地震动作用下永远不会进入塑性；地震动的持时对结构的反应基本上没有影响（随机反应例外）.

（3）与结构特性如 Q_y，m，T_N，ζ（阻尼比）以及反映地震动综合特性的反应谱 β 等之间具有简单而直观的联系.

（4）对于一定的结构而言，工程持时反映了地震动的固有特征；但对于一定的地震动，它又给出了各类不同结构可能受到的不同程度的影响. 因此这样定义的工程持时和地震动反应谱一样同时兼有双重特性.

3.3 工程持时的预报方程

为了得到工程持时与震级 M、震中距 R 和场地条件 S 之间的联系，我们将利用二阶矩

持时 T_{xz} 的特性及其预报方程. 假定地震动能量 $a^2(t)$ 沿时间轴的分布大致服从高斯正态分布, 面积重心的横坐标为 T_0, 二阶矩为 T_a, 峰值为 a_M^2, T_1 和 T_2 分别为 $a^2(t)$ 第一次达到和最后一次超过 a_y^2 所对应的时刻, 如图 1 所示, 则任一时刻的 $a^2(t)$ 可表达为

$$a^2(t) = a_M^2 \cdot \exp\left[-(t-T_0)^2/(2 \cdot T_d^2)\right] \tag{9}$$

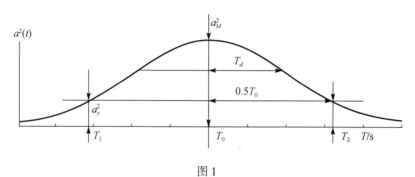

图 1

设 $t = t_y$ (如 T_1 或 T_2) 时, $a = a_y$ 则有

$$a_y^2 = a^2(T_1) = a^2(T_2) = a_M^2 \cdot \exp\left[-(t_y-T_0)^2/(2 \cdot T_d^2)\right] \tag{10}$$

由式 (10) 可得

$$a_y^2/a_M^2 = \exp\left[-(t_y-T_0)^2/(2 \cdot T_d^2)\right] \tag{11}$$

即

$$(t_y-T_0)^2 = 4 \cdot T_d^2 \cdot \left[\ln(a_M/a_y)\right] \tag{12}$$

因此有

$$T_0 \approx 2 \cdot |t_y-T_0| = 2 \cdot T_{xz}\left[\ln(a_M/a_y)\right]^{1/2} \tag{13}$$

这样, 式 (13) 便给出了任一结构的工程持时与二阶矩持时之间的一个关系式, 如将式 (7) 中 T_{xz} 的表达式引入式 (13), 便可直接获得该工程持时的预报方程.

$$T_0 \approx 0.506 \cdot 10^{0.173M} \cdot R^{0.155} \cdot 10^{0.149S} \cdot \left[\ln(a_M/a_y)\right]^{1/2} (a_M \geq a_y) \tag{14}$$

式 (14) 是工程持时 T_0 与震级 M、震中距 R, 场地条件 S 以及主要结构特性相联系的一种最终表达形式. 对给定的场地而言, 当有关的地震及结构参数已知后, 即可相当容易地对 T_0 做出预报.

顺便指出, 借助于二阶矩持时与某些记录持时之间存在一种简单的确定性联系的特点, 也可以方便地导出工程持时与这些记录持时之间的确定性联系, 并进而获得工程持时的其他形式的预报方程.

不难看出, 只要将式 (13) 中的 a_y 改变为 $a_b = 0.05g$ 或 $0.10g$ 等, 立即得到绝对幅值控制的括号持时 T_b 与 T_{xz} 之间的关系式:

$$T_b = 2 \cdot T_{xz}\left[\ln(a_M/a_b)\right]^{1/2} \tag{15}$$

由式 (13) 和式 (15), 可进而获得工程持时与括号持时之间的关系式:

$$T_0 = T_b \cdot \left[\ln(a_M/a_y)/\ln(a_M/a_b)\right]^{1/2} \tag{16}$$

同理可得, 二阶矩持时与相对幅值控制的括号持时 T_f 之间的关系式为

$$T_f = 2 \cdot T_{xz} \cdot \left[\ln(a_M/a_f)\right]^{1/2} \tag{17}$$

式中, $0 < a_f < a_M$, 通常取 a_f/a_M 的值为 1/2 或 1/3 或 1/e 等.

工程持时与相对幅值持时之间的关系为

$$T_0 = T_f \cdot \left[\ln(a_M/a_y)/\ln(a_M/a_f) \right]^{1/2} \tag{18}$$

对于 Trifunac 和 Brady 定义的 90% 相对能量持时 T_{fb} 考虑到：

$$\left[\int_{t_1}^{t_2} a^2(t)\,\mathrm{d}t \right] \Big/ \left[\int_0^T a^2(t)\,\mathrm{d}t \right] = 90\% \tag{19}$$

根据高斯正态分布的规律，可知式（19）中积分上限 $t_2 = T_0 + 1.645T_d$；积分下限 $t_1 = T_0 - 1.645T_d$，从而得出 T_{fb} 与 T_{xz} 之间的关系式为

$$T_{fb} = 1.645 T_{xz} \tag{20}$$

由式（13）和式（20），同样可获得工程持时与 T_{fb} 之间的关系为

$$T_0 = 1.216 \cdot T_{fb} \left[\ln(a_M/a_y) \right]^{1/2} \tag{21}$$

1979 年，McGuire 研究了 0.05g 绝对括号持时 T_b、$0.5a_M$ 相对括号持时 T_f 和 90% 相对能量持时 T_{fb} 与震级 M、震中距 R 和局部场地条件 S 之间的关系，并给出如下结果：

$$T_b = 9.974\mathrm{e}^{2.000M} \cdot R^{-1.270} \cdot \mathrm{e}^{0.200S} \tag{22}$$

$$T_f = 0.011\mathrm{e}^{0.740M} \cdot R^{0.370} \cdot \mathrm{e}^{0.360S} \tag{23}$$

$$T_{fb} = 1.209\mathrm{e}^{0.150M} \cdot R^{0.350} \cdot \mathrm{e}^{0.730S} \tag{24}$$

将式（22）~式（24）分别代入式（16）、式（18）和式（21）中，可得到相应的工程持时为

$$T_0 = 9.974\mathrm{e}^{2.000M} \cdot R^{-1.270} \cdot \mathrm{e}^{0.200S} \left[\ln(a_M/a_y)/\ln(a_M/a_b) \right]^{1/2} \tag{25}$$

$$T_0 = 0.011\mathrm{e}^{0.740M} \cdot R^{0.270} \cdot \mathrm{e}^{0.360S} \left[\ln(a_M/a_y)/\ln(a_M/a_f) \right]^{1/2} \tag{26}$$

$$T_0 = 1.470\mathrm{e}^{0.150M} \cdot R^{0.350} \cdot \mathrm{e}^{0.730S} \left[\ln(a_M/a_y) \right]^{1/2} \tag{27}$$

至此，我们已得到了四个不同的工程持时预报方程. 这些预报方程和已导出的式（13）、式（16）、式（18）和式（21）一起，使得我们能够充分地利用现有记录持时的已有的或今后的研究结果，直接为预报工程持时服务. 由此可知，基于二阶矩持时定义的工程持时定义，可以十分方便和灵活地确定其预报方程.

为了直观地了解四个持时预报方程的预报结果，图 2 ~ 图 5 分别示出了在给定 M，R，S 值时，用式（14）、式（25）、式（26）和式（27）预报的工程持时随比值 a_M/a_y 的变化，以资比较. 图中曲线（1）、（2）、（3）、（4）分别由式（25）、式（26）、式（14）和

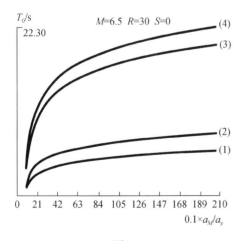

图 2

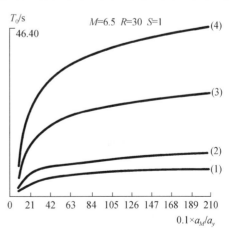

图 3

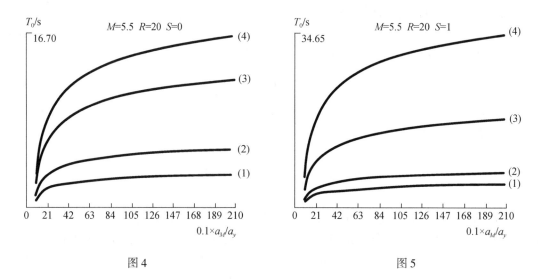

图 4　　　　　　　　　　　　　　　　　　图 5

式（27）得到. 必须指出，式（25）中震级 M 前的回归参数 $C_1 = 2.000$ 使 T_c 值大到令人无法接受的程度. 与其相应的曲线（1）是按 $C_1 = 0.500$ 绘制的，不反映式（25）的真实结果，仅仅是一个示意图.

4　结语

本文提出的工程持时概念清晰、直观，其预报方程既与主要地震参数和场地因素相联系，又与主要结构参数相联系，计算简便，而且可以方便地实现与其他各种记录持时之间的转换，便于广泛地利用现有的持时研究结果，较好地实现既客观地描述地震动持时特征又与结构地震破坏有满意联系的双重目的，从而为地震动持时的应用作了一次新的尝试.

地震动持时与结构地震破坏之间存在着十分复杂的关系，在工程持时定义的基础上，通过大量的结构弹塑性计算分析，可望对这种关系有新的认识，并进而应用到结构抗震中去. 有关这方面的研究，将另有专文讨论.

尚须指出，本文定义的工程持时，完全避免了许多其他持时定义中多少会有各种主观假定的因素，因此客观地反映了地震动的特征和这个特征对结构反应的影响. 但是，建立工程持时与其他持时之间的联系时，隐含了 $a^2(t)$ 沿时间轴的分布曲线为近似高斯正态分布的假设. 对这种假设的可信度和由此引入计算公式的误差，尚有待进一步研究确定.

参 考 文 献

［1］Bolt B A. Duration of Strong Ground Motion. 5WCEE, 1973, 1.

［2］中国科学院工程力学研究所. 万吨爆破地震反应观测分析, 1971.

［3］Trifunac M D, Brady A G. A study on the duration of strong earthquake ground motion. Bulletin of the Seismological Society of America, 1975, 65（3）: 581-626.

［4］Vanmarcke E H, Lai S P. Strong- Motion Duration and RMS Amplitude of Earthquake Records. BSSA, 1980, 70（4）.

［5］谢礼立，周雍年. 一个新的地震动持续时间定义. 地震工程与工程振动, 1984（2）: 29-37.

［6］ Perez V. Response Time Duration of Earthquake Records. 6WCEE, 1977, l.

［7］ 鹿林. 强震持时在结构破坏中的作用及工程应用方法. 国家地震局工程力学研究所硕士学位论文, 1984.

［8］ Zhou Y N, Katayama T. Effects of Magnitude, Epicentral Distance and Site Conditions on the Duration of Strong Ground Motion. SEISAN-KENKYU, 1985, 37 (12).

［9］ McGuire R K. The Usefulness of Ground Motion Duration in Prediction of the Severity of Seismic Shaking. 2nd U. S. National Earthquake Engineering Conference, 1979: 713-722.

Accelerogram-based duration and engineering duration of ground motion

Xie Li-Li, Zhang Xiao-Zhi

(Institute of Engineering Mechanics, State Seismological Bureau)

Abstract　In this paper, the existing definition of strong ground motion duration is reviewed and re-classified into two different categories: record-based duration which was directly defined upon ground motion accelerograms and response-based duration which was defined upon the structure response subjected to ground acceleration. A conception and definition of engineering duration of earthquake ground motion is proposed, and its predicting equations are deduced. The engineering duration is clear in conception, simple in calculation, easy in establishing the relations with other existing record-based durations, and convenient in formulating the predicting equation by fully using the existing ones. Because the defined engineering duration is related directly to both seismic and structural parameters, it can much better reflect both the characteristics of earthquake ground motion and its effects on the seismic damage of structure than any definition presented ever before.

地震动反应谱的长周期特性[*]

摘要 长周期结构的抗震设计正越来越引起人们的注意. 但是, 只是在高性能的数字强震仪问世以后, 我们才能够得到可靠的地震动长周期信息, 本文收集分析了在中国和墨西哥得到的约 200 条数字强震仪加速度记录, 计算了周期从 0.02s 至 15s 的绝对加速度反应谱、相对速度反应谱和相对位移反应谱, 并讨论了震级、场地条件和震中距的影响. 所得到的初步结果为长周期结构的抗震设计提供了重要的依据.

1 前言

自从反应谱理论提出以来, 已有很多学者对反应谱的特性作过各种研究. 但是, 在数字强震仪问世以前, 由于受强震仪频率特性的限制, 很难从强震记录中获得真实可靠的长周期频谱信息. 因此, 以往的反应谱特性研究通常只限于周期 3 ~ 4s 以下的短周期范围. 超出这个范围, 尽管对记录作了各种校正处理, 所得到的长周期信息仍是不够可靠的. 长期以来, 由于大多数结构的自振周期都在数秒以内, 这个问题并不突出. 然而, 随着超高层建筑、长大吊桥、海洋平台以及大型储油罐等结构的大量增加, 长周期结构的抗震设计问题越来越显得重要了.

一些实测资料表明, 高层建筑短轴向的自振周期一般可用 $T=N/10$ 来估计 (N 为层数, T 的单位为 s). 渡部丹等根据对日本超高层建筑的调查, 得出自振周期 $T(\mathrm{s})$ 与高度 $H(\mathrm{m})$ 的经验关系为

$$T=0.0265 \times H-0.0838$$

根据初步统计, 到 1987 年为止, 国内已建成和将建成的高度在 100m 以上的超高层建筑约有 40 座. 其中最高的京广大厦为 208m, 估计自振周期在 5.4s 左右. 长大吊桥的自振周期要更长一些. 日本本州四国联络桥一共计划建造八座吊桥, 其中最长的明石海峡大桥中央跨距 1990m, 自振周期约为 16.8s, 其他七座则为 6 ~ 9s. 大型储油罐内储油的晃动周期一般在 6 ~ 7s 以上. 日本茨城县鹿岛基地的地上式油罐容量达 16 万 kL, 直径为 97m, 液面高 21.2m, 晃动周期为 13.2s. 地下式油罐的晃动周期较短, 但目前日本容量最大的地下油罐 (35.3 万 kL) 晃动周期也长达 10.6s.

在一些大地震中, 出现了一些长周期结构遭受破坏的事例. 例如, 1964 年新潟地震时, 该市的大型储油罐由于储油晃动 (周期约为 6s) 而引起火灾. 1983 年日本海中部地

---

[*] 本文发表于《地震工程与工程振动》, 1990 年, 第 10 卷, 第 1 期, 1-20 页.

震（$M=7.7$）时，在秋田市也因储油溢出而引起火灾．在远离震中约270km的新潟市，布设的强震仪均未触发（SMAC-B和SMAC-B$_2$的触发加速度分别为10gal和5gal），但31个晃动周期在10s左右的油罐中有13个发生溢流和罐顶附属物损坏．该市的一倍强震仪位移记录表明，周期为10s左右的地震动持续了十几分钟．1985年墨西哥8.1级地震时，离震中约400km的墨西哥市内一些高层建筑遭受严重破坏，该地的强震记录表明周期2s左右的长周期地震动十分显著．

长周期结构的震害事例虽然为数不多，但已日益引起地震工程界的重视．尤其在日本，许多研究者已开始研究长周期地震动特征．目前，这种研究主要是利用日本气象厅的一倍强震仪位移记录进行的．经校正处理后，这种记录可以提供2~20s的长周期地震动信息．但实际上在数字化过程中还难免会引起长周期噪声．另一方面，由位移记录计算加速度也往往会导致一定的误差．

进入20世纪80年代以来，数字强震仪获得了迅速发展并已在一些国家和地区投入使用．美国、墨西哥和中国台湾等都已取得一批强震记录．工程力学研究所与美国加州理工学院、地质调查局和南加州大学合作，从1981年起在唐山地区布设了一个试验性数字强震仪台网，也取得了一批中强震近场记录．数字强震仪的频率范围通常在0~30Hz或0~50Hz，可以较好地记录到地震动的高低频信息．而且，由于不需要进行人工的数字化处理，避免了由此带来的长周期数字化误差．所以，数字强震仪记录是研究地震动长周期特性的可靠资料．

需要指出的是，这里所讲的长周期是指具有工程意义的长周期（其范围通常为1s或2s至十几秒），而不是地震学上周期长达几分或十几分钟的长周期振动．本文将主要根据收集到的我国唐山地区近场数字强震仪记录和1985年墨西哥地震中取得的部分数字强震仪记录，作一些统计分析，以研究地震动加速度反应谱的长周期特征，为工程抗震设计提供一些依据．

2 数字强震仪加速度记录

根据中美强震观测合作计划，在唐山地区设置了一个由12台数字强震仪组成的台网．仪器采用美国KMI公司的PDR-1型数字记录器和FBA-13力平衡加速度计．频率范围为0~50Hz．图1为台站的分布．1号和8号台站的仪器设在基岩上，其他台站则在一般土层上．本文中用于计算分析的记录是在21次震级M_s为3~5.7的中强地震时得到的137个水平分量．所有记录的峰值加速度均在10gal以上，其中最大的为217gal．对震级小于4.2的地震，绝大多数记录是在震中距为10km以内的地方得到的，最大震中距为16.6km．震级在4.2以上的地震记录都是在震中距为28km以内的近场取得的．所以，这些记录都是中强震时的近场地面运动记录．

在1985年9月19日墨西哥8.1级大地震中，墨西哥市内及沿太平洋海岸地带获得了一批数字强震仪加速度记录．所用仪器为美国的DCA-310、DCA-333和DSA-1型数字强震仪．仪器频带分别为0~30Hz和0~50Hz．图2和图3分别为墨西哥市内和太平洋沿岸Guerrero台阵的台站分布．墨西哥市内的台站SCT1、CDAO和CDAF位于松软的湖成堆积土上．CUMV、CU01、CUIP和TACY四个台位于火山熔岩组成的丘陵地带．

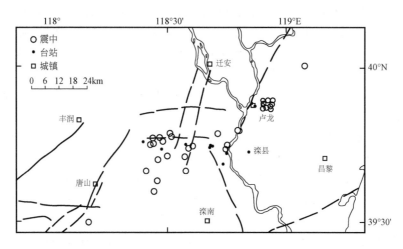

图 1　唐山实验台阵分布

SXVI 台位于上述两个地带中间的过渡带内，但也有的资料将其所在地点划在丘陵地带内. Guerrero 台阵的台站均在基岩场地上. 9 月 19 日的主震实际上是由两次大的断层破裂组成的. 两次主破裂相隔约 30s，两次主破裂的开始地点相隔约 100km. 由于 CALE 台靠近第一次主破裂开始地点，因而当第一次震动记录结束后 20 多秒才记录到第二次主破裂的震动过程，这样在该台得到了两次记录. 而其他台站的记录都是两次主破裂震动过程的合成结果. 除 8.1 级主震记录外，在部分台站还得到了 9 月 21 日 7.5 级余震的记录.

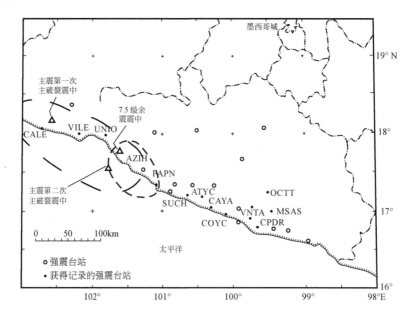

图 2　1985 年 9 月 19 日墨西哥大地震震中与 Guerrero 台阵的分布

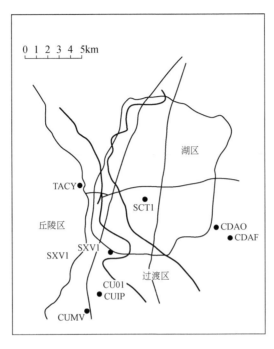

图 3 墨西哥市内数字强震仪台站的分布

目前对数字强震仪记录的校正处理还没有人作过系统的分析研究. 本文采用的记录除墨西哥市内的记录以外，均为未经任何校正处理的原始数字化记录. 在计算反应谱之前，统一采用 Butterworth 数字滤波器作了高通滤波，截止频率取为 1/15Hz. 图 4 为滤波器的频率响应函数. 由图可见，在 10s 以下的周期范围内，频率响应函数为 1. 墨西哥市内的记录都是采用美国加州理工学院的方法作过带通滤波的记录，高低频截止频率因记录而异，本文中只采用了低频截止频率在 0.1～0.055Hz 的记录. 因此，本文将主要分析比较周期为 1～10s 部分的长周期谱特征.

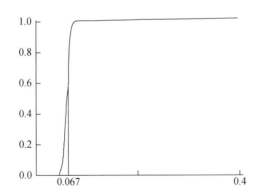

图 4 Butterworth 滤波器的频率响应曲线 （$N=20$）

由于所收集到的记录数量尚不够多，有较大的局限性. 因此本文只将这些记录分成几类，比较其平均结果. 但从中也不难得出长周期反应谱的一般特性.

　　唐山台阵的记录均为近场地震动记录,因而将不考虑震中距的远近,而将记录按震级和场地土质条件分为四组,如表1所示.

表1　唐山台阵记录分组

组别	震级（M_S）	震中距/km	场地条件	记录数
T1	$4.2 \leqslant M_S \leqslant 5.7$	≤26.6	基岩	7
T2	$3.0 \leqslant M_S \leqslant 4.2$	≤11.3	基岩	13
T3	$4.2 \leqslant M_S \leqslant 5.7$	≤27.2	一般土层	37
T4	$3.0 \leqslant M_S \leqslant 4.2$	≤16.6	一般土层	80

　　对墨西哥地震记录,按不同震中距和场地条件分组. 如前所述,由于主震实际上是由相距约100km的两次主破裂所组成,而Guerrero台阵的台站基本上是沿断层走向布设的,所以以哪个位置作为震中来计算震中距就成了问题. 因此,这里仅粗略地将大致位于断层破裂范围内的四个台站（CALE、VILE、AZIH和UNIO）的记录作为主震近场记录（M1组）,距离第一次主破裂开始处340km左右的四个台站（OCTT、MASA、VNTA和CPDR）的记录作为中远场记录（M2组）,以进行比较. 台站CALE实际上有两次记录,由于对该台来说第二次主破裂开始地点比第一次主破裂开始地点远得多,第二次记录的幅值远比第一次的小,本文计算反应谱时以对应第一次主破裂的记录作为该台的记录. 墨西哥市内基岩场地上的记录为第三组记录（M3组）,市内软弱场地上的记录为第四组记录（M4组）. 对7.5级余震的记录,也粗略地将位于估计的断层破裂范围内的台站AZIH和PAPN的记录作为近场记录（M5组）,离震中约250km的台站CPDR、TEAC的记录为远场记录（M6组）. 其他台站的记录暂时不用于分析比较.

　　对上述各组记录,将计算其绝对加速度反应谱,相对速度反应谱和相对位移反应谱的平均结果. 长周期结构的阻尼都比较小,超高层建筑和长大桥梁的阻尼比一般在0.02左右,储油罐油液的阻尼比则通常在0.001以下. 因此,本文计算了如下五个阻尼比值的反应谱,即0、0.01、0.02、0.05和0.1,并将主要比较阻尼比0.02时的平均谱. 与唐山台阵的各组记录不同,墨西哥地震的各组记录是同一次地震时不同地点的记录,其平均结果反映了墨西哥地震的特点（表2）. 但墨西哥地震是一次典型的大震,其记录自然也反映了大地震的普遍特性. 所以,下面除了比较墨西哥地震各组记录的平均结果外,也将与中强地震的唐山台阵记录结果作一比较.

表2　墨西哥地震记录分组

组别	震级（M_S）	震中距/km	场地条件	记录数
M1	8.1	23～140 *	基岩	8
M2	8.1	325～355 *	基岩	8
M3	8.1	约400	基岩	6
M4	8.1	约400	软土	6
M5	7.5	33～87	基岩	4
M6	7.5	246～250	基岩	4

* 以第一次主破裂开始位置为震源计算的震中距.

3 绝对加速度反应谱

3.1 近场基岩场地的长周期谱特性

图 5 中下面一组谱曲线为唐山台阵基岩场地震级 4.2 ~ 5.7 的记录（T1 组）的平均谱. 峰值出现在周期 0.1s 处，阻尼比为 0.02 时约为 82gal. 平均谱值随周期增大而迅速减小，周期 5s 时，谱值只有 0.09gal，约为谱峰值的千分之一. 墨西哥地震主震的近场基岩记录（M1 组）结果与此大不相同（图 5 中上面一组谱曲线）. 峰值出现在周期 0.3s 左右，阻尼比 0.02 时高达 495gal. 峰值范围较大，长周期分量明显. 周期 5s 时谱值仍高达 28gal. 相当于谱峰值的 6%. 很显然，震级的差别是上述两组平均谱不同的主要原因.

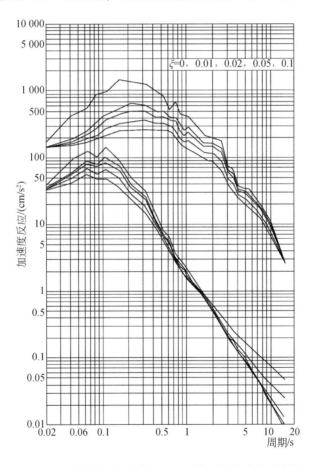

图 5   不同震级的近场基岩场地记录的平均加速度反应谱

图 6 画出了阻尼比为 0.02 时四组不同震级的记录的平均 β 曲线. 曲线 1、2 分别为唐山台阵基岩场地两组记录 T1 和 T2 的平均 β 曲线，曲线 3、4 分别为墨西哥地震主震和余震时近场基岩记录 M1 和 M5 组的平均 β 曲线. 显然，对中强地震来说，近场基岩地震动的长周期分量很小，而对大地震来说，近场基岩地震动的长周期分量相当大. 震级越大，

长周期分量越大. 周期在 1s 以上时,墨西哥主震和余震记录的平均 β 值(阻尼比为 0.02)比唐山近场记录的平均 β 值大近百倍. 从图 6 也可以看出,不论地震震级或震中距如何变化,加速度反应谱在长周期部分的衰减曲线是大致平行的,也即随周期增长其谱值的衰减率是接近的.

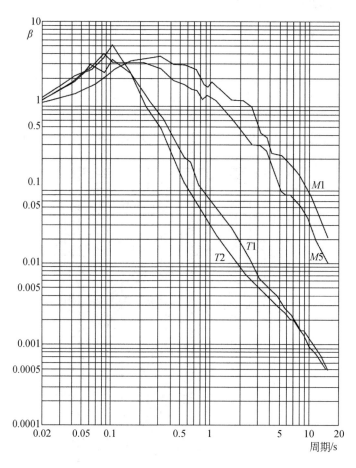

图 6 不同震级的近场基岩场地记录的平均放大系数 β

3.2 近、远场长周期谱的比较

由于前面提到的原因,对墨西哥地震记录没有分析计算长周期谱值随震中距的衰减规律,而是简单地将记录分为近远场来比较其平均结果. 图 7 为主震时近场、中远场和远场(墨西哥市)三组基岩场地记录 $M1$、$M2$ 和 $M3$ 的平均 β 曲线(阻尼比为 0.02). 可以看出,峰值分别出现在周期约 0.4s、0.7s 和 0.9s 处. 随着距离的增大,高频分量减小,低频分量增大. 但周期在 2s 以上时,近场与中远场的 β 值相差不大. 墨西哥市只比中远场的几个台站远 60km 左右,但 2s 以上的长周期分量比中远场的大得多.

图 8 为 7.5 级余震时近、远场的平均 β 曲线(阻尼比为 0.02). 与主震情况相同,远场的峰值周期增大,而周期在 2s 以上时,近、远场的平均 β 值相差也不大. 也就是说,无论主震还是余震,在相当大的震中距范围内,周期 2s 以上时 β 值的差别并不大,也即

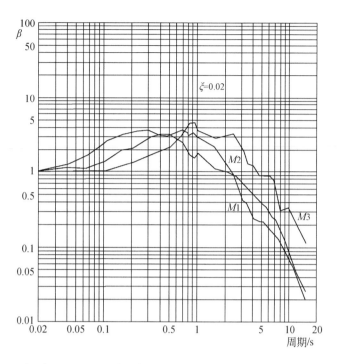

图7 墨西哥8.1级地震近场（*M*1 组）、中远场（*M*2 组）和远场（*M*3 组）基岩场地的平均放大系数 β

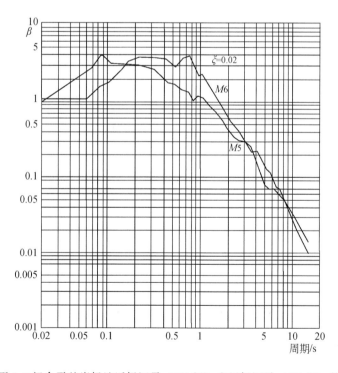

图8 墨西哥地震7.5级余震基岩场地近场记录（*M*5 组）和远场记录（*M*6 组）的平均放大系数 β

震中距的影响不明显. 墨西哥市基岩场地加速度反应谱的长周期分量比较大的原因并不一定是震中距大. 小林启美等对墨西哥市的强震观测台站作了脉动测量并计算了傅氏谱. 结果表明：熔岩场地脉动记录傅氏谱的卓越周期虽然较短（0.3s 左右），但长周期部分谱值仍很大，在周期 5s 左右有一个明显的峰值. 因此，墨西哥市基岩场地反应谱的长周期分量大很可能与特殊的地层构造有关，应该对此作进一步的专门研究.

3.3　场地条件对谱值的影响

图 9 为唐山台阵基岩场地与一般土层场地上震级为 4.2 ~ 5.7 的两组记录 $T1$ 和 $T3$ 的平均 β 曲线. 峰值均出现在 0.1s 周期处，土层的长周期 β 值比基岩的大一些. 周期为 5s 时，前者约为后者的 4 倍，但总的水平很低.

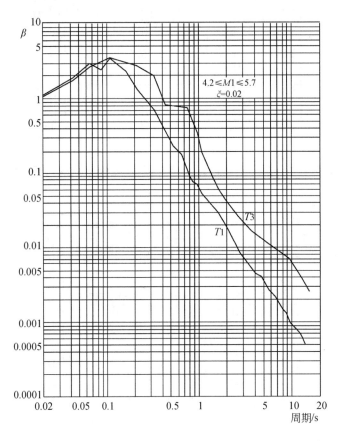

图 9　唐山台阵基岩场地记录（$T1$ 组）与一般土层场地记录（$T3$ 组）的平均放大系数 β

墨西哥地震时墨西哥市内不同场地上的平均加速度反应谱形状有明显区别（图 10）. 基岩场地（$M3$ 组）的平均 β 曲线峰值在周期 0.8 ~ 0.9s，软弱场地（$M4$ 组）的平均 β 曲线峰值则在周期 2 ~ 3s. 这反映了墨西哥市湖成堆积软土层对 2 ~ 3s 周期地震动的放大特性. 另一方面，周期 5s 以上时，软土与基岩的 β 值并没有多大差别. 但是从总体上来讲，软土上的绝对加速度反应谱值与加速度峰值一样要比基岩上的大几倍.

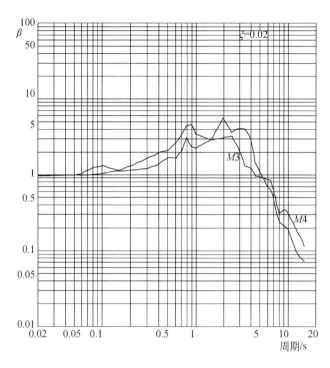

图 10　墨西哥市内基岩场地记录（M3 组）与软土场地记录（M4 组）的平均放大系数 β

3.4　阻尼比值的影响

从图 5 可以看出，对中强地震近场记录，阻尼比对加速度反应谱的长周期部分的影响是很小的．对土层上的记录（T3）的加速度反应谱，阻尼比值的变化对长周期部分也几乎没有影响．对大地震记录，随着周期的增大，阻尼比对谱值的影响减小，但周期在 10s 以内时，阻尼比的影响还不能忽略．

4　相对速度反应谱

4.1　长周期速度反应谱的一般特性

图 11 和图 12 分别为唐山台阵 T1 和 T3 两组记录的相对速度平均反应谱．谱值都比较小，阻尼比为 0.02 时峰值都在 3cm/s 以下，但土层上（T3 组）的谱值明显比基岩上（T1 组）的大．基岩记录（T1 组）的峰值范围在 0.1～0.5s，土层上则更宽一些．周期在 1 秒以上时，平均谱值基本上也都保持不变，分别为 0.6cm/s 和 1.1cm/s 左右．

墨西哥地震各组记录的平均速度谱基本上都没有波峰（图 13～图 16）．周期较短时，谱值随周期迅速增大，周期达到 1 秒以上时，谱值的变化就变得平缓，基本上也保持在同一水平上．只有墨西哥市内软弱土层上的平均速度谱（图 16）比较特殊，它在周期 2～3s 处有明显的峰值．另外，平均谱值比较高．以阻尼比为 0.02 时周期 2～10s 的速度谱值为例，主震近场基岩记录（图 13）的平均值在 25cm/s 左右，中远场基岩记录（图 14）为

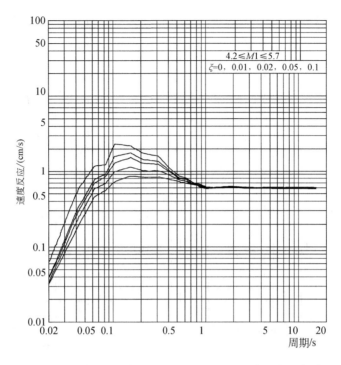

图 11　唐山台阵基岩场地记录（*T1* 组）的平均速度反应谱

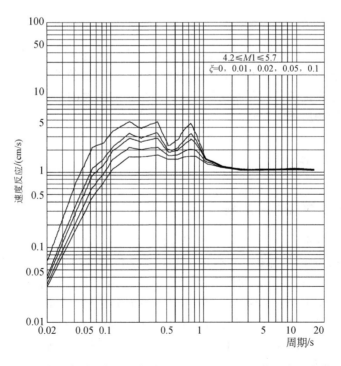

图 12　唐山台阵一般土层场地记录（*T3* 组）的平均速度反应谱

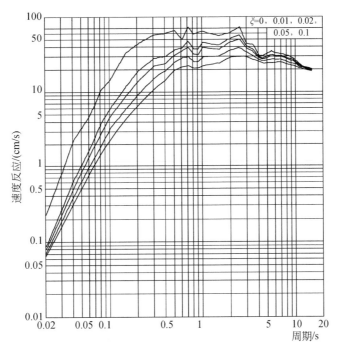

图 13 墨西哥 8.1 级地震近场基岩场地记录（M1 组）的平均速度反应谱

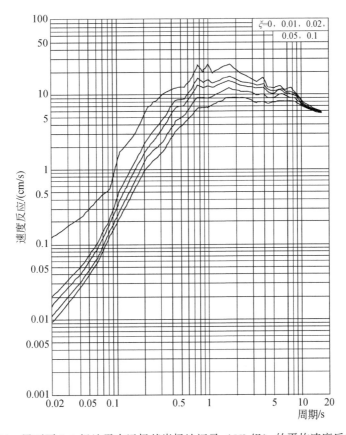

图 14 墨西哥 8.1 级地震中远场基岩场地记录（M2 组）的平均速度反应谱

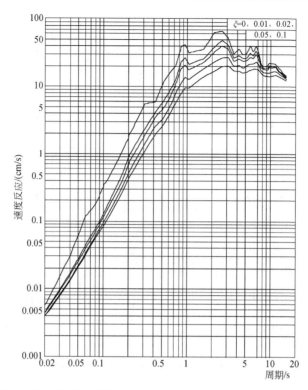

图 15　墨西哥 8.1 级地震远场（墨西哥市）基岩场地记录（M3 组）的平均速度反应谱

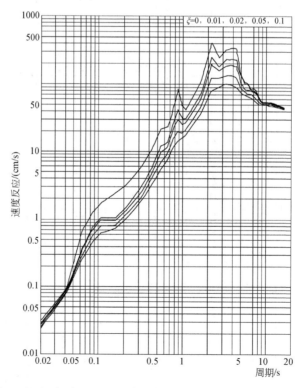

图 16　墨西哥 8.1 级地震远场（墨西哥市）软土场地记录（M4 组）的平均速度反应谱

10cm/s 左右，而墨西哥市基岩上的平均值也在 20cm/s 左右，软弱土层上则高达 50cm/s 以上，周期 2~4s 时更高达 180cm/s 左右，超过了日本有关抗震设计标准中的规定值. 如日本高层建筑抗震设计标准的速度反应谱值相当于 23.4~46.8cm/s. 本州四国联络桥公团规定的抗震设计标准中，长大吊桥上部构造的水平震动谱值相当于 40.9cm/s（阻尼比为 0.02）.

4.2 阻尼比值的影响

从图 11 和图 12 可以看出，在周期大于 1s 的长周期范围内，阻尼比值对中强地震的速度反应谱值几乎没有影响. 墨西哥地震 7.5 级余震的近、远场地震动，则与唐山中强地震情况稍有不同. 周期在 1~5s 时，阻尼比的影响逐渐减小，周期为 1s 时近、远场对应五个阻尼比值的谱值之比（以零阻尼的谱值为 1）分别为 1：0.87：0.64：0.50：0.41 和 1：0.75：0.63：0.42：0.31；周期为 5s 时分别为 1：0.99：0.97：0.95：0.92 和 1：0.97：0.95：0.91：0.85，在周期大于 5s 的长周期部分，阻尼比的影响很小. 对墨西哥 8.1 级主震记录，阻尼比的影响较大（图 13~图 16）. 在 1~10s 的长周期范围内阻尼比的影响都不能忽略，但总的趋势也是随着周期的增大，阻尼比值的影响减小. 例如，主震近场与中远场时对应五个阻尼比值的谱值之比在周期 1s 处分别为 1：0.71：0.60：0.45：0.35 和 1：0.71：0.64：0.48：0.37. 周期为 5 秒时分别为 1：0.92：0.88：0.82：0.75 和 1：0.92：0.87：0.77：0.66.

4.3 真实速度反应谱与拟速度反应谱的比较

在应用上，通常以拟速度反应谱来近似代表真实速度反应谱. 但是，即使阻尼比很小，也只有在一定的周期范围内两者才比较接近. 图 17 和图 18 给出了两条记录的拟速度

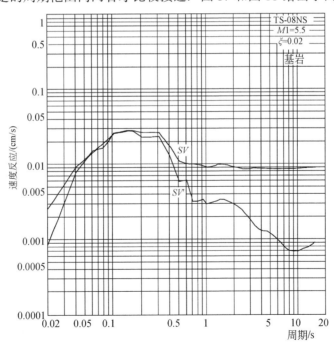

图 17　真实速度反应谱（SV）与拟速度反应谱（SV'）的比较（一）

反应谱与真实速度反应谱的比较（阻尼比为 0.02）. 共同的规律是：短周期范围内拟速度谱值（曲线 SV'）大于真实速度谱值（曲线 SV），长周期时正好相反. 唐山台阵记录的长周期分量很小，周期为 0.5～1s 以上时 SV' 与 SV 相差很大，周期为 5～10s 时，SV 值约为 SV' 值的 10 倍（图 17）. 墨西哥地震长周期分量较大，一般周期在 5s 以上时 SV' 明显小于 SV. 例如，周期为 8s 时，SCTI 台记录的 SV 值约为 SV' 值的 2 倍（图 18）. 而在周期小于 0.1s 时两者相差也很大. 因此，用拟速度谱值代替真实速度谱值时，一定要注意其适用范围，在长周期和短周期部分都可能有相当大的误差.

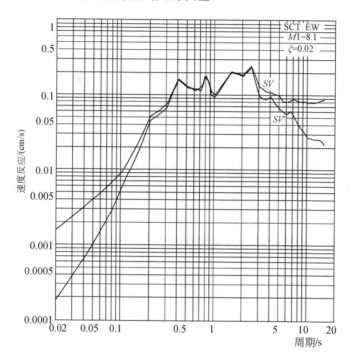

图 18　真实速度反应谱（SV）与拟速度反应谱（SV'）的比较（二）

5　相对位移反应谱

对长周期结构来说，加速度反应一般较小，强度要求容易满足，但由于结构柔软，在地震时容易产生较大的位移，导致过大的结构变形，因此还应考虑地震时的位移反应. 图 19 和图 20 是唐山台阵 T1 和 T3 两组记录的平均位移反应谱. 在周期为 1～10s 的长周期部分，位移反应谱值随周期的增大而增大，但谱值都很小. 在相同震级范围内，土层上的位移反应谱值比基岩上的大一倍左右.

墨西哥地震记录的情况大致类似. 周期在 8～9s 以下时，谱值基本上随周期的增大而增大. 只有墨西哥市软土场地的情况比较特殊，位移反应谱在周期 3～4s 左右达到最大，然后随周期的增大而缓慢减小. 图 21 为 8.1 级主震三组基岩场地记录的位移反应谱（阻尼比为 0.02）. 在 2s 以上的长周期部分，墨西哥市内基岩记录的位移反应谱值与近场的谱值基本上相同（10～25cm），而中远场的要低一半以上. 图 22 为墨西哥市基岩场地与软

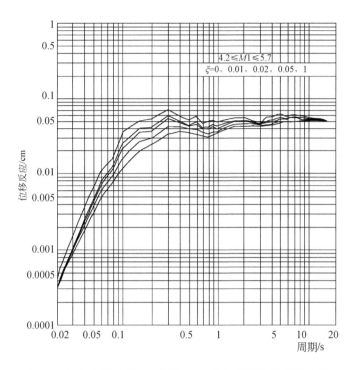

图 19 唐山台阵基岩场地记录（T1 组）的平均位移反应谱

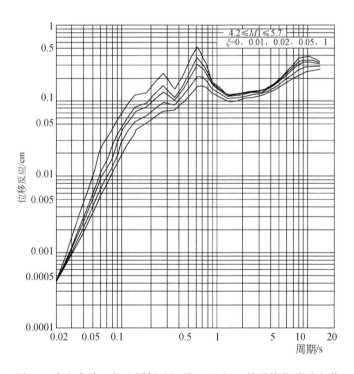

图 20 唐山台阵一般土层场地记录（T3 组）的平均位移反应谱

土场地位移谱值的比较. 可以看出, 在整个频段上, 软土的谱值比基岩上的都大一倍左右. 但周期为 2~5s 时, 软土上的谱值为基岩的六倍左右. 同样反映了墨西哥市软土层的放大作用. 同时也表明, 在按反应谱对长周期结构进行抗震设计时, 在进行强度校验的同时, 也必须充分考虑其地震变形的验算.

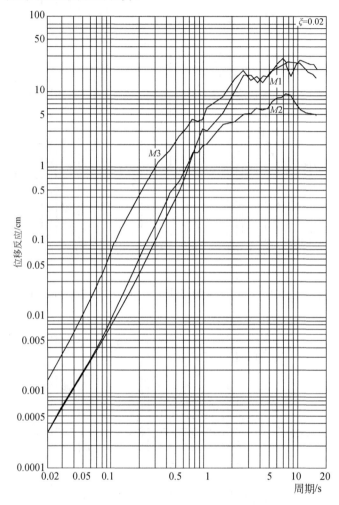

图 21　墨西哥 8.1 级地震近场、中远场和远场基岩场地记录平均位移反应谱的比较

从上述位移反应谱图中可以看出, 对唐山台阵中强地震来说, 长周期时位移反应谱值随阻尼比的变化很小. 但对墨西哥大地震来说, 阻尼比对长周期位移谱值的影响很明显.

6　结语

上述对周期在 1s 以上的地震动长周期反应谱特性所作的分析结果, 可以归纳为以下几点:

(1) 中强地震近场地震动加速度的长周期分量很小, 对长周期结构来说, 基本上可以不考虑近场中强地震动加速度的影响. 但在七级以上大地震时, 近场与远场地震动加速度

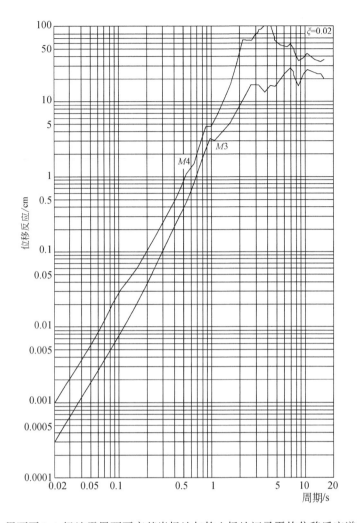

图 22　墨西哥 8.1 级地震墨西哥市基岩场地与软土场地记录平均位移反应谱的比较

的长周期分量都可能达到相当高的水平. 可以说, 震级的大小是决定地震动加速度长周期分量大小的主要因素.

（2）基岩场地加速度反应谱长周期部分的衰减率基本上不随震中距或震级的变化而变化.

（3）对墨西哥大地震而言, 虽然随着震中距的增大, 加速度反应谱的高频分量减小, 峰值周期增大, 但震中距对周期 2s 以上的长周期部分谱值的影响并不大. 软弱场地只放大与其自振周期相近的周期 2～3s 的加速度反应谱值, 对更长的 5s 以上的长周期分量并没有多大影响.

（4）长周期时速度反应谱值趋近于一常数, 进一步证实了这是速度反应谱的普遍规律. 中强地震近场地震动速度反应谱的长周期部分数值很低, 但随震级增大而增大, 且土层上的比基岩场地的大. 大地震时近、远场长周期部分的速度反应谱值可能达到每秒几十厘米, 软弱土层上更可能超过每秒 100cm.

（5）即使在阻尼比很小时，拟速度反应谱与真实速度反应谱在短周期与长周期时也都相差较大．对中强地震，周期在1s以上时两者相差达数倍，对大地震，周期在5s以上时两者也有明显差别，且短周期部分相差也较大．在用拟速度谱代替真实速度谱时，短周期部分是偏于安全的，长周期部分则低估了真实谱值．因此，在长周期部分不宜用拟速度谱值来估计真实速度谱值．

（6）在长周期时，位移反应谱值基本上随周期的增大而增大，但在软弱场地上在相应卓越周期处会出现明显的峰值．

（7）阻尼比值对中强地震近场地震动的加速度、速度和位移长周期反应谱值均无明显影响．在大地震时，阻尼比对加速度、速度和位移谱值的影响不能忽略．但一般随着周期的增大，其影响减小．

由于所能收集到的数字强震仪的记录很有限，尤其是大地震的记录只有墨西哥地震记录，因此还不能对长周期反应谱特性作全面的统计分析．但上述初步分析结果是首次利用数字强震仪的高精度记录得到的，它为长周期结构的抗震设计提供了一个重要的参考依据．进一步的研究应在积累更多资料的基础上进行．

参 考 文 献

［1］井上凉介．やや长周期带域における设计用入力地震动研究の展望．（日）土木学会论文集，1986，第375号.

［2］山田善一，家村浩和，野田茂，等．タンクのスロッシングおよび地震记录からみた长周期地震动の特征．（日）土木学会论文集，1985，第362号．

［3］片山恒雄，篠泉．气象厅变位强震计记录の数值化と解析（I）．一北美浓、新潟、十胜冲地震（本震、余震）、长周期（2～20秒）地震の工学的特性に关する综合研究．昭和59年度科学研究费研究成果报告书，1985.

［4］山田善一，野田茂．日本海中部地震时の周期10秒前后地震动特性．日本建筑学会构造系论文报告集，1987，第378号．

［5］Anderson J G, Brune J N, Bodin P, et al. Preliminary Presentation of Accelerogram Data from the Guerrero Strong Motion Accelerograph Array. Michoacan Guerrero, Mexico. Earthquakes of 19 and 21, September, 1985.

［6］Prince J, Quaas R, Mena E, et al. Espectros de las Componentes Horizontales Registradas por los Acelerografos Digitales de Mexico D. F. Sismo del 19 de Septiembre de 1985. Acelerogramas en Viverosy en Tacubaya, Instrumentacion, Instituto de Ingenieria, UMAM, UNFORME IPS-10D, 1985.

［7］和泉正哲，等．1985年メキシコ地震に关する调查研究．日本自然灾害特别研究突发灾害研究成果，No. B-60-6, 1986.

［8］渡边孝英．やや长周期带域における设计用地震动に关する研究．日本大崎综合研究所研究报告，1987.

［9］徐宏林．强地震记录处理方法的研究与改进．中国地震局工程力学研究所硕士学位论文，1988.

Characteristics of response spectra of long-period earthquake ground motion

Xie Li-Li, Zhou Yong-Nian, Hu Cheng-Xiang, Yu Hai-Ying

(Institute of Engineering Mechanics, State Seismological Bureau)

Abstract　　The increasing number of structures with long natural periods makes it necessary to study the features of long-period earthquake ground motion which can be reliably obtained from the records of digital accelerographs. About 200 horizontal components of accelerograms recorded by digital accelerographs in China and Mexico are collected and analysed. The absolute acceleration response spectra, relative velocity response spectra and relative displacement response spectra in the period extend of 0.2 to 15 second have been calculated, and the influences of magnitude, site conditions and epicentral distance on spectra are discussed. The preliminary results provide a basis for aseismic design of long-period structures.

"国际减轻自然灾害十年"和地震工程研究的任务[*]

谢礼立，罗学海

（国家地震局工程力学研究所）

摘要　本文简要介绍了联合国制定的"国际减轻自然灾害十年"的宗旨和目标，对其主要精神和内容进行了分析，进而结合当前国际上地震工程研究的发展趋势和近年来城市大地震的震害经验，对我国地震工程的研究方向和任务提出了一些看法.

1　"国际减轻自然灾害十年"及其重大意义

1.1　联合国大会关于"国际减轻自然灾害十年"的三项决议

自 1987 年 12 月 11 日第 42 届联合国大会通过了关于"国际减轻自然灾害十年"的第 169 号决议以来，1988 年第 43 届联合国大会和 1989 年第 44 届联合国大会又通过了与"国际减轻自然灾害十年"有关的两个决议，即 1988 年 12 月 11 日通过的 202/43 号决议和 1989 年 12 月 22 日通过的 236/44 号决议. 这三个决议的主要内容可简述如下：

（1）要在 20 世纪的最后十年，即 1990~2000 年这十年，在世界范围内开展一个"国际减轻自然灾害十年"的活动（英文名为 International Decade for Natural Disaster Reduction，缩写成 IDNDR，中文可简称"国际减灾十年"）. 这个活动从 1990 年 1 月 1 日正式开始.

（2）"国际减灾十年"活动的宗旨是通过国际上的一致行动，把当今世界上，特别是发展中国家中自然灾害造成的人民生命财产的损失以及社会经济发展所受的影响减小到最低程度. 具体目标为通过广泛的国际合作，即通过技术援助、技术转让、项目示范、教育与培训等手段推广和应用目前已经拥有的减灾知识、技术、方法和经验，开展能为减灾填补知识空白的新的研究课题，以提高各国，特别是发展中国家的防灾、抗灾和减灾能力.

（3）要求各国政府、科学技术团体、民间组织以及工矿企业等热烈响应并在联合国领导下参加"国际减灾十年"的活动. 特别强调联合国各成员国要组织建立包括政府、专家、科学技术团体以及其他各种减灾、防灾组织的代表在内的国家委员会，制定和实施本国的"国际减灾十年"计划，积极参与国际合作，为实现联合国"国际减灾十年"的宗旨和目标做出积极的贡献.

（4）规定每年 10 月的第二个星期三为"国际减轻自然灾害日". 在"国际减灾十年"期间，要求各国政府和群众团体在这一日举行符合"国际减灾十年"精神的活动，以提高

---

* 本文发表于《地震工程与工程振动》，1990 年，第 10 卷，第 4 期，101-108 页.

公众的防灾意识，检阅防灾的准备.

（5）通过"国际减灾十年"的行动纲领.

1.2 "国际减灾十年"的必要性、可能性和意义

联合国大会为什么多次决议要开展这一活动呢？这是和联合国的宗旨分不开的. 联合国宗旨之一是要帮助它的成员国，特别是发展中国家，独立自主地进行建设，促进社会和经济的发展. 早在 1974 年 12 月 17 日联合国大会就作出决议要求联合国秘书长采取适当的措施，在人口、环境、资源和发展等相互关系方面，帮助成员国特别是发展中国家处理各种困难而又复杂的问题. 可是自然灾害给世界各国特别是给发展中国家的人民带来了灾难，严重地影响和阻碍了他们社会和经济的发展.

在以往的 20 年中，自然灾害夺走了约 300 万人的生命，造成上千亿美元的直接经济损失. 更有甚者，有的灾害竟使一个国家或地区的多年发展化为乌有，导致社会和经济的严重倒退. 可是，情况还不止如此. 由于人口快速增长和高速地集中，城市人口密度飞速增大，还由于各种高技术的开发应用和建设规模继续有增无减，自然灾害给世界，特别是发展中国家的潜在威胁和危害日趋严重，已经并将继续成为世界的严重不稳定因素，自然灾害已经成为严重的世界性问题了.

但是减轻自然灾害损失的可能性是存在的. 许多事例已经表明，目前人类在科学与技术上，无论对灾害成因与危害的认识，还是对减轻灾害损失的技术和方法的掌握和运用，都已经达到了相当的水平，只要充分运用这些技术，完全有可能把人类面临的自然灾害威胁极大程度地减少，但这种减轻灾害的活动，不能光靠少数国家或地区的努力，而要依赖整个国际社会的努力. 换句话说，全球性的减轻灾害活动需要国际的协调和合作，显然由联合国组织、领导和协调这些活动是最适宜的. 开展国际上的合作，进行技术转让和技术援助，需要可观的经费，也只有像联合国那样的组织才能承担.

联合国也完全有能力去推动这项活动. 首先，它拥有许多实体和下属组织，如联合国救灾协调员办公室（又称联合国救灾署）、联合国开发署、联合国环境署、世界银行、教科文组织等约 20 个机构，多年来一直从事着全球的环境和减灾工作，熟悉各国的环境和灾害情况，也有一定的经济实力. 仅 1986 年、1987 年两年，这些组织总共参与了全世界 110 次灾事活动，提供援助 12 亿美元. 其次，联合国自 20 世纪 60 年代以来，已开展过 14 次国际性的"十年"活动，其中涉及全球和地区发展计划的有 5 次，裁军的有 2 次，反对种族主义和种族隔离的有 2 次，涉及海洋勘探、妇女平等、饮水供应和卫生、残疾人以及文化发展的各 1 次. 因此，它在组织这一类国际活动中具有丰富的经验.

"国际减灾十年"是人类第一次团结起来，为保障自己的安全，保护自己的发展成果，向自然灾害进行斗争而采取的行动. 由联合国来组织这项活动，将使联合国的声誉和威望得到提高，反过来也提高了减轻灾害活动的道义水平.

2 "国际减灾十年"的主要精神

早在 1984 年，当美国学者弗兰克·普雷斯博士在旧金山召开的第 8 届世界地震工程会议上第一次提出"国际减灾十年"的设想时，就得到包括中国科学家在内的全世界广大

科学技术界的支持. 1987 年当 42 届联合国大会通过了开展"国际减灾十年"活动的决议后, 赢得了全世界人民的一致拥护和支持. 凡是能与灾害挂上钩、沾上边的各行各业都竞相参与, 唯恐落后, 顿时出现了一股"灾害热". 这说明了, 一方面联合国的减灾决议深得人心, 另一方面也说明大家对减轻灾害工作的关注和愿为此做出贡献的心情. 为了使大家的积极性和热情能变成一股持久不衰的力量, 有必要对"国际减灾十年"有一个一致的认识.

应该怎样理解"国际减灾十年"的主要精神呢? 这是很难用几句话讲得清楚的, 联合国特设国际专家组曾为此起草了一份很长的报告, 但是, 就其最主要的精神和内容来讲, 也许可以用最简单的三个英文字母, 即"A、B、C"来概括.

"A"——"Awareness", 表示防灾意识. 要减轻自然灾害的损失, 首先要提高世人的防灾意识. 要让大家知道自然灾害会给人类带来不幸, 要改变对自然灾害听之任之、听天由命的态度, 要相信自然灾害是完全可以减轻、防止的, 要进一步懂得形成灾害的原因, 防止灾害发生和减轻灾害的方法、途径和措施, 以及每个人、每个集体在减轻灾害中的地位和作用. 对政府官员来说, 防灾意识还包括明确政府具有保障公民免遭自然灾害损失和确保公民安全的责任. 防灾、减灾是社会和经济发展的重要保证, 不仅是造福今人也是造福后代的重要大事.

"B"——是指"Before", 表示减灾防灾不能只停留在灾后的救灾行动上, 而更需要在灾前采取防灾和减灾措施. 要在保持灾后救灾行动的同时, 把重点转到灾害发生前的防灾和减灾活动上. 在我国, 减轻灾害的措施和方法很多, 通常将它概括为"防、抗、救", 也有人建议将它概括为"测、报、防、抗、救、援". 但实际使用中, 往往难以区分, 而且也不能全面概括所有的减灾方式. 例如一个"抗"字, 在减灾中就有多种含义, 如在"工程抗震设计"、"抗震规范"中的"抗"是指在灾前采取的增强建筑物抵御地震力的工程技术行为; 在"抗洪防汛"中的"抗", 往往是指灾害即将到来或有可能形成时的一种紧急防御和应急措施; 而"抗旱灌溉"、"抗震救灾"中的"抗", 往往又是指灾害已经形成而采取的一种灾后救灾、重建家园的活动. 所以一个"抗"字可以分别代表灾前、临灾和灾后的三种行动. 这对动员人民群众进行防灾活动并无影响和妨碍, 但从灾害管理角度来看, 为了减轻灾害, 要求在不同时期和不同阶段采取不同的措施, 并且还要求不同职业和层次的人员来实施和完成各种有效的防灾措施. 因此有必要对各种措施予以正确分类和定名. 总结各国防灾减灾的经验和行之有效的措施可分为灾前的、临灾的和灾后的三类. 为简单起见这里把它简单地按灾前和灾后分为两类.

灾前的措施有 4 种, 可以用 4 "P"来概括, 以便于记忆, 它们是:

Plan (计划、规划);

Prediction (预测、预报、警报);

Prevention (预防, 包括灾害危险性评价、区划, 工程防灾设计及措施, 加固, 宣传, 教育);

Preparedness (应急准备, 一旦获得发生灾害的警报后必须采取的减轻灾害的措施, 如撤离、疏散, 提供临时避难所, 准备食物、饮用水, 对电、煤气、易燃易爆物品、有毒物品以及对其他能引起次生灾害的灾害源采取紧急管理措施等. 这种应急准备对临震或震后必须采取的措施也有指导作用, 但必须在震前做好准备).

也有人把应急准备称为"预警",如果把计划、规划等变通称为"预想",则灾前的措施4"P"也可称为4"预".

灾后的减轻灾害措施有哪些呢?一般也可分为4类,可用4"R"来表示,即:

Rescue——救难,主要指搜寻和抢救人的生命.

Relief——救济,主要指对灾区的紧急救援,包括提供食物、饮用水、临时避难所、御寒防雨防暑物品、医药治疗等.

Resettlement 和 Reconstruction——安置和重建,这包括废墟清理、防疫、场地危险性及易损性评定、破坏和倒塌房屋及基础设施的修复和重建等.

无论是4P或4R都是在实践中已被证明为行之有效的减轻自然灾害的重要措施.特别是灾前的4项措施更为重要.我们说以预防为主,要"防患于未然",就是要把重点放到灾前的4P措施上.

"C"——指"Cooperation",要加强防灾减灾的国际合作.众所周知,自然灾害是没有国界的,几乎世界上每一个国家都要遭受自然灾害的侵袭,但是自然灾害损失最重的地方,往往都在第三世界或发展中国家.因为这些国家和地区,缺乏减轻灾害所必需的资金、技术、人员和知识,这些地区是"国际减灾十年"活动的重点.发展中国家的灾害得不到减轻,"国际减灾十年"的宗旨和目标就很难实现.

概括说来,"国际减灾十年"的主要精神是:防灾意识是灵魂,灾前措施是核心,国际合作是途径,自力更生是根本.要使"国际减灾十年"活动卓有成效,就需要紧紧抓住这十六个字:防灾意识,灾前措施,国际合作,自力更生.

3　"国际减灾十年"期间我国地震工程研究的主要任务

3.1　地震工程研究要紧紧围绕减轻地震灾害这个目标

地震灾害是一种严重的自然灾害.中华人民共和国成立以来,党和政府对防御地震灾害的工作十分重视.在老一辈的专家和中青年科技工作者的共同努力下,我国的抗震事业有了长足的进展,取得了国际上公认的成绩.但是由于我国震区广、地震多、强度大,而且人口多、财力弱,许多工程设施质量差,对地震的易损性大,因此抗震减灾任务仍然十分重大.在地震工程方面要研究如何用工程方法有效地防止和减轻地震灾害.为此要提高对地震灾害危险性预测及评估水平,深入了解地震对工程结构的破坏作用,为工程结构抗御地震灾害提供合理可靠的设计依据,结合我国工程结构的特点,对量大面广的易于破坏的建筑结构、重要的生命线工程和关键设施等的抗灾性能进行深入的研究,提供抗灾和减灾的对策.下面拟从几个方面说明我们的研究方向和任务.

(1)地震危险性评估方法的研究

地震危险性评估是减轻地震灾害的第一个环节,也是进行地震工程研究的出发点.它的任务是要判断可能发生的地震的强度、频度、地点和可能的影响,给出工程抗震设计所需的参数.从学科来看,它是介于工程地震与地震工程的交叉点,需要运用地震学、地质学、结构学、土力学方面的研究成果.当前的主攻方向要在现有知识和资料积累的基础上,将目前潜在震源区划分、地震带的地震活动性参数估计和带内潜在震源区之间地震活动性参数分配等三个环节上的经验性处理方法实现系统化、模型化，使地震危险性评估方法的研究有一个较大的发展，并且要在此基础上，搞清震源、传播途径、场地条件对场地地震动的影响，建立比较合理的衰减模型.

在这个领域中，特别值得一提的是，当前国际上在地表地质条件对地震动影响的研究方面甚为活跃. 历次大地震震害经验表明，局部场地条件对地震动特性有重大影响，因而也影响结构的地震反应和地震破坏. 在"国际减灾十年"期间，由国际地震工程协会和国际地震学和地球内部物理学协会就这一课题组成的联合工作组，将利用在美国、日本、意大利、土耳其、墨西哥、智利等国家建立的观测台阵开展深入的研究. 我国也应在地震活动性较高的地区选择典型的场地，用先进的数字强震仪和井下摆建立三维观测台阵，并进行详细的场地地质条件勘测分析，以研究地形、地表覆盖层性质和厚度等因素对地震动特征的影响. 我们要参加到这一世界范围的研究中去，发展能为实际观测结果所验证的理论分析方法. 此外，还应充分利用国内外的地震记录资料，进一步研究不同地区的地震动参数的衰减规律，研究与空间相关的强地震动的工程预测方法，使地震危险性区划的最新研究成果能较好地应用于工程抗震设计.

（2）高层建筑灾害综合效应仿真和防灾研究

改革开放以来，国内大城市建造了许多高层建筑，虽然都经过抗震设计，但未经历过地震考验，对其抗震能力尚未完全了解. 为此要研究高层建筑在地震与风等荷载作用下灾害综合效应的计算机仿真、高层建筑受害特征和灾害预测、高层建筑振动控制方法和自动灭火技术等，避免一旦遭到地震时，在人口集中的大城市造成巨大的经济损失和社会影响.

（3）生命线工程系统抗震减灾的研究

国际地震工程界普遍流行着一种看法，认为经过近一世纪与地震灾害斗争的实践，人们已基本上搞清了房屋结构在地震中的破坏机理，工程师已经掌握了设计抗震房屋的知识和技术，但对量大面广而损失又大的生命线工程的抗震问题，目前还存在大量的空白，人们知之甚少.

供电、供水、供气、交通、通信等系统是大地区、大城市、大企业的生命线. 它们的安全可靠性直接关系着国家和社会政治、经济、文化、军事等活动的顺利进行. 生命线工程系统包括较多的种类各异的工程结构. 如供电系统包括发电、配电、输电、用电等各方面，每个方面都包括不同的设施；交通系统包括桥梁、隧道、涵洞、路堤、挡土墙等，更广义的交通还包括水工工程、航空工程构筑物；供水系统包括取水、净水、存水、送水等各种设施；通信系统包括接收、输送、发射等设施和设备；供气系统包括气源、输送、加压、用气等环节. 总的说来，生命线工程中的每个系统都包含着很多环节，这些环节相互关联，组成一个系统，以系统的形式发挥其功能. 生命线工程的抗震问题主要包括用系统的概念来研究生命线工程的地震危险性评估方法，包括系统安全裕度的估计方法、最危险路径识别方法等. 此外，对一些特别重要的结构，如大型桥梁、水坝、核电站等，还要根据各自的特点进行地震灾害评估和抗震理论的深入研究.

近代的震害经验表明，地震灾害不仅导致大量的人员伤亡，而且还会引起巨额的经济损失，这一点尤以发达国家的现代化城市遭受地震时显得更为突出. 1987年洛杉矶地震、1989年罗马·普里特地震的一个重要教训是，发生在现代化大城市附近的一个中等地震，尽管可以避免大量人员伤亡,但却难免发生令人难以接受的经济损失. 究其原因,主要是由于一些高技术设施和生命线工程设施被毁所致. 因此,对工程的抗震设防标准不仅要做到大震不倒,以便保证人员的生命安全,还要做到大震时不丧失其功能,以避免巨额的经济损失. 这是对现代高技术设施和生命线工程系统抗震减灾的一个要求,应根据我国的具体情况予以研究解决.

（4）我国典型易倒塌结构的防倒塌研究

在我国历次地震中人员伤亡惨重的一个重要原因是建筑结构抗倒塌能力太差. 在农村,普通黏土砖与砌块房屋、简易土石建造的低层房屋以及在城市,大量的砖砌体与预制混凝土楼板的多层建筑,占我国民用房屋总量的90%以上,它们均属脆性结构,整体性差、变形能力低、抗拉强度小,在遭遇九度地震时,这些结构近50%将发生倒塌. 我国的海城、唐山地震,南美的墨西哥地震,苏联的阿美尼亚地震以及最近发生的伊朗地震,这类建筑都大量倒塌,导致严重的人员伤亡. 因此,对这些量大面广的易倒塌结构进行系统全面的研究,探讨其倒塌机理,研究并测定其抗倒塌能力,开发防倒设计方法和防倒措施,是减轻地震灾害、避免人员伤亡的一个重要问题. 就世界范围而言,发展中国家存在大量易倒塌结构,面临地震灾害的严重威胁;在发达国家中一些具有历史意义和文化价值的古旧建筑也面临防止倒塌、修复加固的问题. 因此,开展易倒塌结构研究具有广泛的国际意义. 具体研究内容可包括典型易倒塌结构（如多层砌体结构、预制混凝土构件结构、农村土、石建造的低层房屋等）倒塌机理的基础性研究,结构倒塌参数的确定和倒塌分析方法,易倒塌结构防倒措施的研究,新型节能建材房屋的抗震分析和抗倒塌研究等.

（5）岩土工程抗震减灾研究

岩土工程包括地基基础、土工结构物、天然和人工斜坡、地下洞室等,在土木工程中占有重要的地位. 地震是引起岩土工程灾害的主要原因之一. 岩土工程抗震减灾的研究范围很广. 近期宜着重开展对岩土工程减灾具有普遍意义的基础性研究,如液化危险性分析、地震时场地地基的永久变形与沉陷的研究、土的动力本构关系和土与结构相互作用的研究等. 在工程应用方面,开展对桩基的抗震研究、尾矿坝抗震研究、斜坡和路基的抗震稳定性研究具有十分重要的意义.

（6）震害预测方法和损失模型的研究

这里所说的震害预测有两方面的内容:一是在灾害发生之前,对某地区可能发生的工程破坏和经济损失、人员伤亡进行预测,这是减轻震害、采取应急措施或制定近期对策和长期规划的依据;二是在地震发生之后,快速评估破坏程度、人员伤亡和经济损失,为刻不容缓的救灾工作提供急需的科学依据. 应研究区域性工程震害预测方法并建立相应的数据库;研究工程震害预测与经济损失估计的关系模型并建立相应的知识库;研究工程破坏、人员伤亡和经济损失的快速评估方法等. 除此以外,还应开展对震害和损失的动态预测研究. 目前开展的震害预测给出的结果都是指进行预测工作时的结果. 但一个城市或一个地区,在预测震害后不一定会发生地震破坏,如何使一个时期完成的预测结果在相当长的一段时间内仍然有效,这就要开展动态预测研究,以提供随时间变化的震害预测结果,并在此基础上发展具有学习、归纳功能的智能型的专家系统.

（7）工程减灾决策研究

旨在研究防灾救灾投资和部署的决策方法,促进合理使用资金,提高防灾救灾效益,为政府和有关防灾管理机构提供防灾救灾决策的依据. 为此，要在建立防灾工程投资数学模型的基础上，研究防灾与投资的关系，寻求最优决策；研究防灾工程投资效益分析；研究防灾保险投资决策等.

（8）工程灾害损伤评定与加固修复措施的研究

海城、唐山地震后，我国对地震区大量未设防的和遭受地震破坏的房屋和工程设施进行抗震加固和修复，至今已加固的各类建筑物达二亿多平方米，加固经费达三十多亿元，积累了许多宝贵的经验. 但是，我国面临的加固任务和预期将来的灾后修复任务仍然很重，一些加固修复措施还未经过地震的考验，工程灾害损伤的评定方法有待改进或建立，水平有待提高. 因此应对工程结构的灾害损伤评定和加固修复经验进行系统总结，开展必要的基础研究，以便更深入地揭示灾害损伤的规律，发展合理的损伤评定方法和有效的加固修复措施.

（9）工程结构振动控制研究

结构振动控制方法与传统的抗震设计方法不同. 后者是根据地震的作用，通过增强结构本身的强度和刚度来抵抗地震荷载，使结构免遭破坏或倒塌；前者是利用主动控制或被动控制装置来提高结构的抗震性能. 主动控制亦称为有源控制，地震时依靠外界能源对结构提供控制力，使结构的振动得以抑制或减轻；被动控制亦称为无源控制，包括隔振、吸振和阻尼减振等，改变结构的动力特性，利用阻尼耗能或将振动传递给其他结构，以达到减振的目的. 近二十年来，结构振动控制的研究发展很快，在美国、日本、新西兰等国家有些振动控制装置已进入实用开发阶段，当前研究的重点是新型的隔振避振材料，研究智能性的控制结构反应的设施. 我国虽然很早就有人倡导过隔震研究，但发展较慢. 目前正日益受到重视，并已取得一些初步成果，值得进一步深入研究.

4 结束语

"国际减灾十年"活动的范围是很广的，我们只就当前国际上地震工程研究的发展趋势和近年来城市大地震震害经验提出了上述几个方面的研究任务，以求达到减轻地震灾害的目的. 为了促使这些任务的完成，建议采取下列措施：

（1）在我国的多震地区建立综合试验观测基地，对地震破坏作用、典型结构震害进行综合观测研究. 在这方面，日本千叶县的综合试验基地，美国 Parkfield Turkey Flat，意大利 Sammio-Matese 的强震观测基地可作为典型例子.

（2）加强室内模型试验，特别是足尺或大比例尺的模型试验研究. 发展强震作用下结构性能的试验方法.

（3）建立地震工程数据库，包括强震记录数据库等.

（4）加强震害的考察研究. 及时组织考察研究队伍，以便不失时机地收集资料，总结工程抗震的成功经验和失败教训.

（5）大力开展国际交流和合作研究. 地震灾害是世界性的，为了弥补大地震发生概率低、获得实际资料所需周期长的不足，广泛开展国际合作与交流，特别是组织重大课题的国际专题合作研究，是充分利用国际上各种有利条件，推进地震工程学科发展的难得机会，也是"国际减灾十年"目标得以实现的有效途径.

（6）抓紧各类人才的培养，特别要鼓励优秀中青年承担研究课题，帮助他们茁壮成长．如果没有一批高级人才作为主要骨干，并相应提高各类人员的实际水平，完成上述研究任务将是很困难的．

在本文编写过程中，江近仁、陶夏新、冯启民、张克绪等同志提供了有益的思想和意见，谨表谢意．

On the IDNDR and development of earthquake engineering research

Xie Li-Li and Luo Xue-Hai

(Institute of Engineering Mechanics, State Seismological Bureau)

Abstract   A brief description of the objectives and goals of the International Decade for Natural Disaster Reduction (IDNDR) is presented. In the paper, the essential principles of the Decade are summarized as the first three English Letters i. e. "A", "B", "C". In further consideration of the new finds worked out from recent seismic damages happening to the metropolises and latest trends of earthquake engineering research in the world, several issues on the development of earthquake engineering studies in China are recommended.

震级谱及其工程应用[*]

震级谱及其工程应用[*]

谢礼立，耿淑伟

(国家地震局工程力学研究所)

摘要 为使震级概念更好地适应工程需要，本文在谱震级和震级谱概念的基础上，提出了震级时程曲线和峰值震级的概念，并讨论了它们在工程上的应用.

1 引言

文献［1］完成了震级谱的高频扩充，这样获得的震级谱既反映从震源发射的中、低频能量，又适当地反映震源所辐射的高频能量. 用谱震级或震级谱来量度地震强度，显然要比用传统的单个震级更为全面和准确，但用震级谱上的一系列谱震级来刻划一个地震，问题就变得复杂起来，会给实用带来诸多不便. 比如，在向公众说明已发生的地震或潜在地震的强度时，应采用什么样的量，更容易为公众所接受？在工程应用中，震级、烈度以及地震动加速度（速度、位移）峰值之间的关系应如何表达，使之既不失传统方法直观、简捷的特点，又能较全面地考虑各个频段上震级的贡献？为此，我们提出了震级时程以及峰值震级的概念.

2 震级时程曲线和峰值震级的概念

震级谱 $m(T)$ 和地震能谱密度 $E(T)$ 的关系为

$$m(T) = \frac{1}{2}\log E(T) + k \tag{1}$$

式中，k 为使震级谱与传统震级标度相一致的常数.

震级谱的计算公式为[2]

$$m(T) = \log(A/T) + f(\Delta, h, T) \tag{2}$$

式中，A 为周期 T 上的位移振幅密度谱的绝对值，须以记录的傅里叶变换来求得. 由此可见：震级谱是分布在频率域上的一组离散值，通常的各种震级仅是这组离散值中的一个或与之相关的一个. 我们知道：凡是时间域上的一组有序的离散序列，都在频率域上有一相应的离散序列与它对应；反之，频率域上的一组有序离散序列也都有相应时域上的序列与它对应. 因此，很容易想到，对于震级谱这一频率域上的离散序列，必有一相应时域上的有序序列与它对应. 在式（2）中，引入 $f(\Delta, h, T)$ 是用来考虑地震波几何扩散和非弹性衰减的影响，这样实际上 $m(T)$ 可以看作是根据震源速度密度谱来计算的. 我们进行震

---

* 本文发表于《地震工程与工程振动》，1994 年，第 1 期，8-13 页.

级谱的傅里叶变换，将 $2N$ 个等频率间隔上的 $m(T)$ 值取为振幅谱，将相应的震源速度相位谱作为相位谱，就可以得到时域内的一时间过程，我们称此时程为震级时间过程. 在频率 f 上的 S 波等效群速度 $U(f)$ 的经验公式为[3]

$$U(f) = 2.713 + 0.823 \times \log f - 0.407 (\log f)^2$$

此群速度可认为与相速度相等. 由此，我们可得到该频率波由震源到观测点所用时间：

$$t = r/U(f)$$

式中，r 为震源距.

对观测点的速度记录进行傅里叶变换得到相位谱 $\varphi'(f)$，用它去除传播引起的频散，可得到相应的震源速度相位谱：

$$\varphi(f) = \varphi'(f) - 2\pi r f/U(f)$$

$\varphi(f)$ 被取为震级谱的相位谱.

对于利用近场强震记录得到的高频震级谱，我们将按上述方法算得的震源相位谱作为计算震级时程的相位谱. 而对由远场记录求得的低频震级谱作时程计算时，由于地震波的频散比较复杂，目前还找不到合适的频散定量关系，所以我们采用了随机相位.

快速傅里叶反变换的关系式为

$$f(n) = \Delta f \sum_{k=1}^{2N} F(k) W_N^{-kn}$$

式中，$F(k)$ 为频域内的有序序列，$W_N = \mathrm{e}^{-\frac{2\pi r}{N}}$. 我们将震级谱进行傅里叶反变换，得到的时程应是一实数序列（即虚部全部为零），为此我们将震级谱进行奇延拓，即在 $2N$ 个要变换的值后面再加上 $2N$ 个与它对应的共轭复数，$M(k) = M(4N+2-k)$ ($k = 2N+1$, $\cdots$, $4N$)，其过程为[4]

$$m(t_n) = \Delta f \sum_{k=1}^{4N} M(k) W_N^{-kn}$$

则 $m(t_n)$ ($n=1$, $4N$) 为由震级谱 $M(k)$ 进行奇延拓后傅里叶反变换所得的实数序列，我们称之为震级时程.

由于对地震工程有重大影响的波型为 S 波，所以本文只计算 S 波的震级时程. 在文献 [1] 中已经计算了 Loma Prieta 地震和 Whittier Narrow 地震的震级谱，将 S 波震级谱和它们的相位谱合而进行傅里叶反变换，便可以得到这两个地震的 S 波震级时程，在形式上，震级时程与震级谱的关系和加速度振幅谱与加速度时程之间的关系没有什么两样. 从式（1）中可以看到：震级谱和能谱密度的对数成正比，所以震级时程也反映了地震能量随时间的变化.

我们发现：在计算震级时程时，取的频段不同，震级时程和峰值震级的计算结果也不同，所以计算结果要标明其使用震级谱的频段和频率间隔. 在工程上，人们感兴趣的频率范围在 0.1~25Hz，为更好地适应工程需要，我们取最高频率为 25Hz，最低频率为 0.1953Hz. 对频率间隔为 0.1953Hz 的震级谱进行计算，计算所得的震级时程曲线绘于图 1，从图中可以看到：

震级时程和其他地震动时程一样，是一随机过程，由一连串不规则的脉冲互相连接构成，从图中可以看到似一平稳随机过程，峰值取为绝对值最大的值.

与任何地震动的时间过程一样，震级时间过程至少也应有一个最大值，这里称为峰值震级, 用 M_p 来表示 (表1). 与用地震动的峰值刻划地震动的特征一样, 峰值震级自然应该是刻划震级时程的一个重要的特征参数. 由于峰值震级综合反映了各个谱震级的贡献, 也即反映了各个频率成分的能量贡献, 比其他单频震级有更丰富的内容和含义.

表 1

地震名	Loma Prieta	Whittier Narrow
M_p	67. 65	61. 25

使用这个参数, 我们可以很容易地解决下列问题:

(1) 向公众解释地震大小;

(2) 像以前使用单频震级同样方便地, 可用峰值震级来处理震级、烈度以及有关的地震动衰减规律的研究.

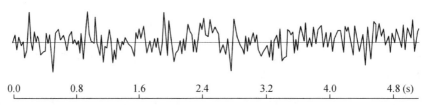

(a) Loma Prieta地震的S波震级时程

(b) Whittier Narrow地震的S波震级时程

图 1　震级时程曲线

3　峰值震级在工程上的应用

震级 M_L、M_S、m_b、M_w 等都只反映了各自频段范围内地震波的辐射, 而没有反映出其他频率成分的影响, 不能全面衡量一个地震的大小[2]. 而峰值震级 M_p 恰好综合反映了各个频率成分的影响, 比传统震级 M_L、M_S、m_b 等更全面地反映一个地震的强度, 所以本文选用 M_p 作为衡量地震大小的标度, 进行地震动衰减规律的计算.

我们曾计算两个有丰富强震记录的地震的震级谱[1]. 此处我们仍取这两个地震的加速度峰值来进行衰减规律的计算. 在本文中, 仅将场地条件按宏观地质描述分为两类: 基岩和土层. 距离参数取为震中距. 数据分布如表 2 所示.

表 2

地震名	基岩记录	所占比例	土层记录	所占比例
Loma Prieta	38	66.7%	52	51.5%
Whittier Narrow	21	33.3%	49	48.5%
合计	59	100%	101	100%

本文采用加权法计算，按距离分组，每组记录等权，在组内每个地震等权.

本文选用目前比较常用的模型[5]

$$\ln Y = a + bM + c\ln(R+\Delta)$$

式中，Δ 按搜索法取得.

作为比较，我们也采用 M_L 进行了计算，结果如表 3 所示.

表 3

		a	b	c	Δ
M_p	土层	−5.8018	0.2910	−1.4313	25.0
	基岩	−4.3851	0.2514	−1.3524	25.0
M_L	土层	2.3234	0.9510	−1.4193	25.0
	基岩	2.5669	0.8246	−1.3336	25.0

由图 2 可见：二者对两个地震的衰减曲线几近相同，随距离增加，二者更加逼近，这是采用同一套数据和模型相同所致. 这表明利用 M_p 作为地震标度来估算地震动衰减规律

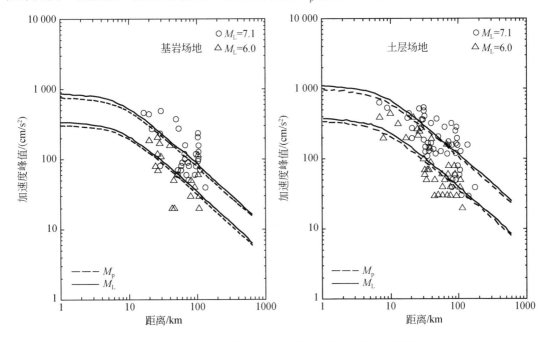

图 2　以 M_p 和 M_L 作为震级标度的两个地震的衰减曲线

是可行的. 图 3 为以 M_p 为震级标度的地震动峰值衰减曲线. 由于数据基础不是十分充分，此衰减关系仅供参考，待可供计算震级谱以及峰值震级 M_p 的记录搜集足够多以后，便可提供更可靠的结果.

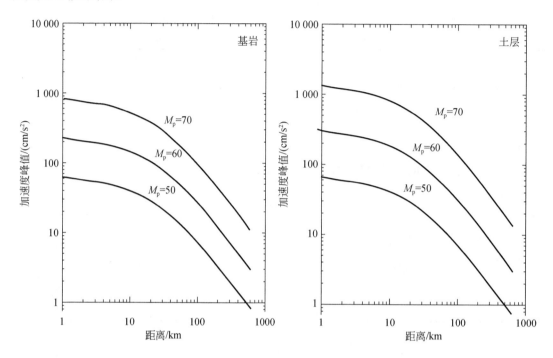

图 3　以震级峰值为地震大小量度的地震动衰减曲线

4　结论

本文引入的震级时程及峰值震级的概念，克服了以往震级概念只反映某一频段上辐射的能量的缺点，尤其是它考虑了高频成分的影响. 从地震学角度来看，它的出现使地震规模有了更全面、更合理的量度. 在地震工程上它应得到比其他震级更广泛的应用. 本文考虑它在工程上应用的可能性，利用峰值震级进行了地震动衰减规律的标定，得到了新的衰减关系，可供进一步的研究参考. 本文的研究证明将谱震级的概念应用于工程上是可行的. 另外，在本文计算中，采用式（3）以扣除记录场地与震源之间的传播途径对高频段相位的影响，采用随机相位作为低频震级谱的相位，这些方面尚有待于改进. 目前在考虑震源函数时，往往只考虑它的幅值变化，还很少有考虑相位关系的，这一点也为今后震源函数的研究提出了一个新的课题.

参 考 文 献

[1] 谢礼立，耿淑伟. 震级谱的高频扩充. 地震工程与工程振动，1992，12（3）：28-34.
[2] Nortmann R，Duda S J. 根据震级确定地震的频谱特性. 世界地震译丛，1984，1.
[3] 廖振鹏，魏颖. 设计地震加速度图的合成. 地震工程与工程振动，1988，8（1）：14-32.
[4] 大崎顺彦. 振动理论. 谢礼立，等译. 北京：地震出版社，1990.

[5] Campbell K W. Near-source attenuation of peak horizontal acceleration. Bulletin of the Seismological Society of America, 1981, 71 (6): 2039-2070.

Magnitude spectrum and its engineering application

Xie Li-Li and Geng Shu-Wei

(Institute of Engineering Mechanics, State Seismological Bureau)

Abstract   In this paper, the definitions of magnitude time history and peak magnitude are put forward on the foundation of the definitions of spectra magnitude and magnitude spectra. The results show that it is feasible to apply peak magnitude in engineering.

论工程抗震设防标准[*]

谢礼立，张晓志，周雍年

(国家地震局工程力学研究所)

摘要 本文论述了工程抗震设防标准在防震减灾工作中的重要作用和地位，总结分析了工程抗震设防标准工作的发展、现状和存在的问题，探讨了工程抗震设防标准工作的含义和内容．作者认为工程设防标准工作应包括确定合理的设防原则、适当的设防目标、科学的设防环境（地震）、便于应用的设防参数、与社会经济条件相符合的设防水准和设防等级．文中并对设防水准与等级的表述方式提出了具体的建议，从而为制定工程抗震设防标准工作建立起一个科学合理的框架，并根据这个框架提出了研究和制定工程设防标准的总体思路和数学模型，讨论了研究最佳设防标准的基础和条件，提出了如何在设防标准中考虑人员伤亡的设想．作者认为我国目前已经具备制定符合中国国情的工程抗震设防标准的条件，并对开展进一步的研究提出了建议．

1 前言

我国是世界上破坏性地震发生频繁、震害损失惨重的少数国家之一．据资料统计，我国在 1900～1990 年间发生破坏性地震 715 起，死亡人数达 60 余万人，受伤者不计其数，经济损失不计其数．随着社会现代化程度的提高，人口的增加和密集，地震带来的人员伤亡和经济损失也日趋严重，如 1995 年 1 月 17 日发生在日本阪神地区的地震，震级 7.2（按日本 JMA 震级标准，相当里氏震级 6.9），只能算是一个中等强度的地震，却造成了 5500 人的死亡和 1000 亿美元的经济损失．

地震之所以造成破坏和损失，主要是由于地震时释放的巨大能量造成地面建筑物和各种设施的破坏和倒塌以及由此引起的各种次生灾害造成的．为了解决建筑物和各类设施抗御地震破坏的问题，近百年来，特别是近四十年来，兴起了一门新兴学科，即地震工程．它是从事工程建设的科学家、设计师从工程角度使工程结构与设施具有抗震能力免遭地震破坏的一门科学．国内外的几乎所有震例无一不表明，采用科学合理的工程抗震分析方法和措施是当前减轻地震灾害的最有效措施．1976 年 7 月 28 日在我国一个拥有 150 万人口的唐山市，遭遇 7.8 级地震的袭击，顷刻间整座城市化为一片瓦砾，人员死亡达 25 万人，经济损失超过百亿元，并造成无法估量的社会心理创伤．9 年以后，1985 年在智利的瓦尔帕莱索市遭受了同样 7.8 级地震的袭击，这个也有 100 余万人口的城市，只有 150 人死亡，而且不到一周，整个城市就恢复原样．如此遭遇同样大小的地震，人口也差不多相同

---

[*] 本文发表于《四川地震》，1996 年，第 4 期，14-29 页．

的两个城市，产生如此不同的结果，只因为瓦尔帕莱索的建筑和设施进行了有效的抗震设防.

采取各种工程抗震措施免不了要增加工程的造价，因此如何合理地进行工程抗震设防，既能有效地减轻工程的地震破坏和损失，又能合理地使用有限的资金，就成为当前工程抗震防灾中迫切需要解决的关键问题. 由于制订的设防标准不同，工程建筑和设施在地震中的表现会截然不同，因而地震时造成的损失也会有巨大的差别. 但什么原因会导致不同的设防标准呢？日本东京都是世界上著名的大都会，也是日本的政治、经济、文化、教育和国际贸易中心，历史上曾发生过 8 级以上大地震. 日本政府以及各界对此十分关心，长期来一直致力于把东京建设成一个能抗御 8 级大地震的城市. 1986 年一个震级 6.2 的地震发生在东京城底下，一座上千万人口的城市只死亡 2 人，整个城市几乎未遭到破坏，可是一向认为没有发生大地震危险的日本第二大港神户市对工程抗震设防就不那么重视，由于低估了地震危险性终于在 1995 年 1 月 17 日的一个 6.9 级（JMA 震级为 7.2）的地震中导致了近十万栋房屋的毁坏，5500 人的死亡和约 1000 亿美元的经济损失. 1988 年 12 月 7 日苏联的阿美尼亚共和国遭受到一次 $M=6.8$ 地震的袭击，位于震中的斯皮塔克（Spitak）城全城变成废墟. 距震中 40 公里的列宁纳坎（Leninaken）市约有 80% 的建筑毁坏，更远的基洛伐克（Kirovaken）市也有将近一半的建筑物倒塌或严重破坏，地震中总的死亡人数达 4 万~5 万人. 该地区历史上曾发生过数次 6~7 级的大地震，在区划图上也被划分在 MSK 烈度表的Ⅸ度地区，但由于苏联政府，特别是城市规划部门和建设部门，鉴于城市居住建筑严重短缺，又缺乏资金，便在 20 世纪 70 年代初期对大量新建的多层建筑降低设防标准，一律从Ⅸ度降到Ⅶ度，而恰恰正是这些建筑物在地震中大量直落倒塌，造成了人员伤亡.

援引上述震例并进行对比，不难从直观上说明以下几个问题：①工程抗震是减轻地震灾害和损失的行之有效的措施，历史经验已经屡试不爽. ②工程抗震的成效很大程度取决于所选择的工程设防标准. 而工程设防标准的制订，特别是最低的设防标准的制订主要是政府的行为和决策. ③制订恰当的设防标准不仅需要有可靠的科学和技术的依据（如确定地震危险水平，合理的抗震方法和措施等），同时要受到社会经济、政治等条件的制约.

最佳的或者说满意的设防标准的确定，特别是可接受的最低设防标准的制订需要自然科学、工程科学以及社会科学多方面的合作，在保证地震安全和谋取最佳经济效益二者之间取得平衡. 这无疑对地震工程研究提出了新的要求，也是地震工程学应用于工程实际，应用于社会经济建设必须要解决的课题.

为使减轻地震灾害与国家经济建设和社会发展相协调，我国政府于 1994 年确定了未来十年防震减灾工作目标：在各级政府和社会的共同努力下，经过十年左右的时间，使我国大中城市和人口稠密、经济发达地区具有抗御 6 级左右地震的能力. 这个目标无疑是既符合我国国情，又是一个十分先进而且经过努力可以实现的目标. 但是，什么是"抗御 6 级左右地震的能力？如何才能实现具有"抗御 6 级左右地震的能力"？"具有抗御 6 级左右地震的能力"，是否还允许出现房屋的各种破坏？是否还会出现人员伤亡情况？多大的伤亡和损失是可接受的？要回答这些问题归根结底也是一个涉及"抗震设防标准"的问题.

2　我国抗震设防标准的发展、现状和问题

2.1　我国抗震设防标准的发展及特点

规定工程结构和设施的抗震设防标准是编制地震区各类工程建筑设计规范的首要问题. 我国的建筑抗震设防标准从中华人民共和国成立初期照搬苏联规范到 89（GBJ11-89）规范[2]，经历了从无到有，不断丰富，不断发展的过程. 概括来说，我国抗震设防标准的规定具有如下特点.

（1）以地震烈度作为设防参数. 而且一般均以不同时期的烈度区划图上规定的基本烈度（或在基本烈度基础上考虑场地条件后调整所得的烈度）作为设防根据的.

（2）考虑建筑物的重要性类别采用不同的设防等级. 通常的做法是首先将建筑按其用途或其受地震后会产生的政治、经济和社会影响的严重程度进行分类，并据此调整（提高或降低）烈度.

（3）一般均采用"减轻建筑的地震破坏和损失，避免人员伤亡"为抗震设计规范的设防原则，并根据这个原则确定了"小震不坏，中震可修，大震不倒"的设防目标.

（4）根据设防原则与设防目标制定了三级设防水准，进行三级抗震设计.

（5）全国均采用统一的设防原则、设防目标、设防水准和设防等级.

2.2　我国抗震设防工作中存在的问题

从上述特点不难看出：40 多年来，我国抗震设防工作经历了巨大的变化和不断改进的过程. 特别在采用"Ⅵ度区设防"，"多级设防"和"从确定性方法向概率方法过渡"等有效措施方面取得了瞩目的进展. 但也应该指出，我国的乃至现今国际上的抗震设防工作仍都存在严重的不足. 主要表现在制订工程抗震设防标准主要还是凭借经验，缺乏合理的科学依据. 具体到我国来说，存在的主要问题有：

（1）由于我国的抗震设计规范历来都是直接采用区划图上给出的基本烈度为依据经简单的调整作为设防烈度的，而 1978 年和 1989 年两本规范更直接采用基本烈度作为一般建筑的设防烈度. 这样就会引起两方面的问题. 首先，烈度区划图上给出的基本烈度，只是表示该地区可能发生地震的危险性，据此来考虑工程抗震设防标准虽是必要的，但直接采用基本烈度作为设防烈度却缺乏充分的科学论证；其次，我国不同时期由不同区划图给出的基本烈度，在含义上是有区别的. 例如，第一张区划图把给出的基本烈度取为该地区历史上曾发生过的最大烈度值；第二张区划图上给出的烈度值则定义为该地区未来 100 年内可能遭遇的最大烈度；第三张区划图给出的烈度值系指在未来 50 年内一般场地条件下可能遭遇的具有 10% 超越概率的烈度值. 虽然这三种方法定义的烈度值都能从某种角度反映出地区的地震危险性水平，但它们所代表的地震危险性水平并不是相同的. 过去的规范虽然都是以区划图上给出的烈度作为依据或经简单调整或直接以此作为设防烈度，但实际上却意味着采用了不同的设防水准.

（2）用重要性系数给出不同重要程度建筑的设防标准是我国也是国际上通常采用的方法. 由于同一类建筑的重要性系数在我国的不同地区的取值都是相同的，但由于不同地区

的地震危险性水平不同，即使基本烈度（与 10% 超越概率对应的烈度值）相同，但乘以相同的重要性系数后得到的烈度值的超越概率或重现周期也往往会有明显不同．因此，同一类重要性的建筑物在不同地区的设防标准实质上也存在着巨大的差别．此外，由于采用烈度作为设防参数，烈度增减 1 度，相应的地震力系数要增减 1 倍，抗震投资相应也要增减近一倍，故采用增减烈度的方法必然会夸大工程重要性等级上的差异．

（3）现行的工程抗震设防标准在很大程度上是依据人们的主观经验和判断决定的，很难说清楚给定的设防标准到底能减少多少破坏与损失，能在多大程度上避免人员的伤亡．也很难说清楚，在全国进行抗震设防将需增加多少投资以及增加的抗震投资到底能换来多少期望的地震损失减少．

（4）多级设防与多级设计对抗震设计来说无疑是十分必要的．但采用增减相同烈度的方式来定义"大震"和"小震"的烈度也同样会导致不同地区的设防标准不协调，甚至造成有的地区偏于安全保守，而有的地区又失之于不安全了．

（5）在全国范围内采用统一的设防原则和设防标准，在一定程度上忽略了我国不同地区社会经济发展水平以及人口分布密度上的差异．而经济因素和社会因素（人员伤亡）恰恰是制订工程设防标准的最重要因素．

3　有关工程抗震设防的若干概念

研究工程抗震设防的目的在于制订科学合理的设防标准，为此必须搞清与此相关的几个概念以及它们与设防标准的关系．这些概念有：设防原则，设防目标，设防环境，设防参数，设防水准和设防等级以及与此相应的表达方式．

3.1　设防原则

设防原则是指对工程进行抗震设防的总要求和总目的．世界各国任何一本抗震设计规范，都会毫不例外地在它的总则或说明中，明确规范的设防原则．这些原则概括起来不外乎下列六类：①防止人员伤亡或减少人员伤亡；②减轻财产损失；③确保人员免遭伤亡；④工程和设施允许在地震时发生有限破坏，便于修复；⑤工程和设施在遭遇地震时要确保安全，不得向外泄漏有害物质，不导致严重次生灾害（停止运行原则）；⑥工程和设施在遭遇地震后要确保继续运行（安全运行原则）．

可以说大部分规范都以其中①、②两条比较笼统的内容作为设防原则．但在有的规范中，如美国关于学校和医院的建筑抗震规范中明确规定第③、⑥条作为它的设防原则．由于在近代大地震有的甚至在中强地震中，工业设施虽遭到轻微或中等破坏，但由于停工造成的巨大经济损失达到不可忍受的程度．针对这一现象最近也提出了对这一类工程设施在遭遇给定的地震后也要保持继续运行的设防原则．很明显，不同的设防原则会导致不同的设计方法和程序，同时也直接影响设防投资的规模．作者认为，各国的国情不同，经济和技术水平乃至使用的材料和工艺以及传统习惯和管理方法也不同，因此对于不同的工程和不同的地区也不必采用相同的原则．但下述两个原则作为最低的要求似都应考虑：在确保地震后的伤亡人数和经济损失不超过社会可接受水平的前提下最大限度地减少灾害损失．

3.2　设防目标

设防目标是指根据设防原则对工程设防要求达到的具体目标. 如我国抗震设计规范规定的"大震不倒,中震可修,小震不坏"就是一种设防目标. 最近我国国务院制订的防震减灾十年目标,显然就是一种设防目标. 再如日本东京制订的要具有抗御 8 级大震的能力,美国规范规定的抗震设防增加的费用应不超过期望的地震损失费用等都属设防目标的例子. 事实上,在有的设防原则中也同时规定了设防目标,如前述的第 6 条原则,要求工程和设施遭遇地震后要确保继续运行,以及本文建议的确保地震后的伤亡人数不超过社会可以接受的水平等.

不同的地区可以根据其本地区社会经济状况和人口密集程度制订适用于本地区的具体设防目标. 我国国务院制订的十年抗震防灾目标,也可以更具体地解释为,我国不同地区的工程和设施经抗震设防后在遭遇 6 级左右地震时应使人员伤亡和财产损失不超过本地区经济可接受的水平. 如何确定"可接受水平",本文将在下面论述.

3.3　设防环境（地震）

设防环境是指拟设防的工程处在什么样的地震危险性的环境中. 这应由地震危险性分析或地震区划图给出的地震危险性程度来确定. 一般来讲这应该是一个客观的量,取决于人们对地震危险性的认识水平和估计地震危险性的方法是否正确,而不取决于人们的主观愿望,也不取决于社会经济的发展水平. 设防环境是确定设防目标和设防标准的重要依据,但不是唯一的依据. 低估了设防环境会导致像唐山地震、阪神地震那样的悲惨损失,高估了设防环境将导致巨额资金的浪费.

3.4　设防参数

设防参数是指在考虑工程抗震设防时,采用哪种物理量（参数）来进行工程设防. 国内外常用的参数为烈度和地震动参数（PGA、EPA、PGV、EPV、RA（加速度反应谱值）、RV（速度反应谱值）、T（持时）等）两种. 近十几年来,采用地震动参数的国家越来越多,采用烈度的则越来越少,这确实反映了随着科学技术的进步和人们认识的深化,烈度这个量作为设计或设防参数暴露出来的弊病越来越明显. 除了烈度这个量比较粗糙,与地震动关系的跳跃性大,使用起来不方便外,最大的缺陷是地震烈度不单纯代表设防环境（如地震动）的强度,它还包含着对过去建筑物特别是老旧建筑物的易损性量度. 用这么一个复杂的量来代表未来地震动的强度,显然是不会合适的,从工程地震发展的现状来看,用地震动参数来逐步代替烈度量是必然的趋势. 当然在我们强调地震动参数作为合理设防参数的同时,我们也不应抹杀烈度在制定设防标准中可以发挥的作用. 下面我们将会谈到,在制定合理的设防标准时,必须考虑设防投入和地震时的经济损失和人员伤亡情况. 而烈度在现阶段还是估算地震时各种损失的一个较好的量度.

3.5　设防水准

设防水准是指在工程设计中如何根据客观的设防环境和已定的设防目标,并考虑具体的社会经济条件来确定采用多大的设防参数,或者说,应选择多大强度的地震作为防御的对象. 工程上这是一个优化的问题, 而不应该简单地直接采用区划图上给出的基本烈度或地震动参数来作为设防水准.

合理的设防水准, 应该考虑到一个地区的设防总投入, 未来设计基准期内期望的总损失 (财产和人员) 和由社会经济条件决定的设防目标来优化确定.

由于设防目标往往不是单一的, 所以设防水准往往也不是单一的, 而是多级的. "大震不倒, 中震可修, 小震不坏" 反映了三级设防水准的思想, 核电站中的安全运行地震 (OBE) 和安全停堆地震 (SSE) 是按二级水准设防的; 美国农垦局对大坝也规定了安全运行地震动, 设计依据地震动和最大可信地震动的三级设防水准.

3.6　设防等级

同一类建筑在同一个地区由于其政治、经济或文化意义上的重要性以及震后后果的影响严重程度有所不同, 在考虑工程设防时, 其设防目标和采用的设防水准也要求不同, 这就是设防等级的不同、重要建筑物和设施的设防标准一般要给以较高的设防等级. 对同一类建筑, 在不同行业和不同地区也可以采用不同的设防等级. 一般来讲设防等级与建筑物本身的易损性或抗震潜力无关.

从上述各点, 不难得到以下认识, 工程抗震设防标准的制定主要取决于社会经济状况确定的设防原则与设防目标和根据客观地震危险性程度确定的设防环境与设防参数, 经过优化考虑最后落实在决定最佳的设防水准和设防等级上. 下面我们将讨论制订设防标准的另一个重要问题, 即采用怎样的方式来合理地表达设防水准和设防等级.

前面已经提到合理的设防水准往往不是单一的, 而是多级的. 我国的 GBJ11-89 规范也采用了类似的多级设防目标和多级设计的方法. 考虑多级设防进行多级设计无疑是正确的, 但困难在于如何确定各级的设防地震或设防水准问题. 我国规范目前虽有明确规定, 但到底应如何理解并确定这些规范中提到的多遇地震, "相当设防烈度" 地震 (以下称为基本地震) 和罕遇地震, 也即俗称的小震, 中震和大震, 对此仍然众说纷纭, 莫衷一是.

作者认为所谓的多遇地震, 基本地震或罕遇地震都是相对的, 而主要应由地区的地震活动性来决定. 各地的地震活动性存在明显的差异, 很难其实也没有必要对这三种地震之间寻找或去规定一个 "统一" 的关系. 事实上所谓 "多遇"、"基本" 或 "罕遇" 都是相对工程或结构的使用寿命期 (或结构设计基准期) 而言的. Gutenburg 和 Richter 早已指出地震强度和其出现的频次是服从对数规律的. 强度大的地震出现的频次往往较低, 是罕遇的; 强度较小的地震其出现的频次相对较高, 即多遇的. 因此, 不妨分别定义地震复发期 (或重现期) 相当工程使用寿命期的 n_1, n_2, n_3 ($n_1 < n_2 < n_3$) 倍的地震为相应的多遇地震、基本地震和罕遇地震. 事实上, 地震的复发期 (T_R), 工程使用寿命期 (T_L) 和该寿命期内的地震 (或地震动峰值) 发生的超越概率 P 之间存在下列的关系式

$$T_R = 1 / \left[1 - (1-P)^{1/T_L} \right] \tag{1}$$

或超越概率 P 可以写为

$$P = 1 - \left(1 - \frac{1}{T_R} \right)^{T_L} \tag{2}$$

或

$$P = 1 - \left(1 - \frac{1}{N \cdot T_L} \right)^{T_L} \tag{3}$$

这里令 $T_R = N \cdot T_L$，即取地震复发期为使用寿命期的 N 倍，便可算得在不同使用寿命期情况下，超越概率 P 与 N 的关系。结果可见表1.

表1　超越概率 P 与 N 的关系

N ＼ T_L（年）	30	50	100	200	500	1000	2000	P_L
1	0.6383	0.6358	0.6340	0.6333	0.6325	0.6323	0.6322	0.63212
2	0.3950	0.3950	0.3942	0.3938	0.3936	0.3936	0.3935	0.39347
5	0.1818	0.1815	0.1814	0.1814	0.1813	0.1813	0.1813	0.18127
10	0.0953	0.0953	0.0952	0.0952	0.0952	0.0952	0.0952	0.09516
20	0.0488	0.0488	0.0488	0.0488	0.0488	0.0488	0.0488	0.04877
30	0.0328	0.0328	0.0328	0.0328	0.0328	0.0328	0.0328	0.03278
50	0.0198	0.0198	0.0198	0.0198	0.0198	0.0198	0.0198	0.01980

注：地震复发期 $T_R = N \cdot T_L$

由表1的结果表明：

（1）当 N 一定时，在使用寿命期内发生复发周期为 $N \cdot T_L$ 的地震（或峰值加速度）超越概率与使用寿命期的年限基本上无关，接近一个常数.

（2）地震（或峰值加速度）发生概率主要与地震重现期有关，重现期越长，即 N 越大，发生的概率就越小，这是符合常识的.

（3）当地震重现期是工程使用寿命期的固定倍数（整数或非整数倍数）时，不管使用寿命期多长，地震发生（超越）概率 P 基本上保持一个常数；当使用寿命期趋向于无限时，这个概率 P 将趋向于极限值 P_L

$$P_L = 1 - \left(\frac{1}{e}\right)^{1/N} \tag{4}$$

式中，e 为自然对数的底.

（4）相当于超越概率63%的地震事件实质上是在结构使用寿命期内可以期望发生的一次最大的地震事件，也就是重现期相当结构使用寿命期的地震事件，这个事件发生的超越概率与使用寿命期长度无关. 同样与其他超越概率相对应的地震事件则是相当于在结构使用寿命期 N 倍的时间内可以期望发生的一次最大地震事件，即重现期相当 N 倍寿命期的地震事件. 例如，不论使用寿命期多长，与超越概率分别为40%、18%、10%、5%、3%和2%的地震对应的重现期恰为使用寿命期的 2 倍、5 倍、10 倍、20 倍、30 倍和 50 倍.

由此可见，为了确定一个地区的"多遇地震"、"基本地震"和"罕遇地震"，首先需要确定 n_1、n_2 和 n_3 的数值，并按式（4），且令 $N = n_1$、n_2 或 n_3 可计算出相应事件的超越概率，再根据具有不同概率水平的地震动区划图便可得到与设防水准相应的设防地震或设防地震动参数.

作为工程抗震设防标准的另一个指标即设防等级，也完全可以参照这个方法来规定，即调整与基本地震对应的 n_2 的值来体现不同的设防等级. 例如，我们取设防等级系数 η，则重要性程度不同的建筑物其设防地震（基本地震）的重现期便为 $\eta \cdot n_2$. 由于这里采用了调整地震重现期（相当于调整地震发生的超越概率）的方法而不是直接调整设计地震动或设计烈度来规定设防等级，即结构的设防等级 η 值一经给定，则与之相应的设计地震动强度（烈度）的重现期或超越概率在任何地区都是相同的，因而它们的地震安全性也是等同的.

除了采用设防等级系数 η 来调整重要性程度不同的工程建筑的设防等级外，也可以通过调整工程建筑的使用寿命期来达到重要性程度不同的建筑采取不同设防等级的要求. 这不难从以下的推导中得到证明. 如建筑的实际使用寿命期为 T_L 年，考虑重要性差异后，调整其使用寿命为 $M \cdot T_L$ 年，（一般较重要的建筑采用 $M>1$，较不重要的则 $M<1$）. 尽管这些建筑在未来的调整寿命期 $M \cdot T_L$ 年内遭遇重现期为 $N \cdot M \cdot T_L$ 年的地震的超越概率与在未来 T_L 年内遭遇重现期为 $N \cdot T_L$ 年的地震的超越概率是相同的（表1），但对未来实际寿命期 T_L 年内遭遇重现期为 $N \cdot M \cdot T_L$ 年的地震的超越概率是不同的. 对于一般建筑来说，在未来寿命期 T_L 年内至少发生一次重现期为 N 倍寿命 $N \cdot T_L$ 地震的超越概率 P 为

$$P = 1 - \left(1 - \frac{1}{N \cdot T_L}\right)^{T_L} \tag{5}$$

而对寿命期为 $M \cdot T_L$ 的建筑，在相同时间 $N \cdot T_L$ 年内至少发生一次重现期为 N 倍寿命期的地震的超越概率 P' 便为

$$P' = 1 - \left(1 - \frac{1}{N \cdot M \cdot T_L}\right)^{T_L} \tag{6}$$

根据前面表（1）得到结果中的第 1 和第 3 点，可知存在下列关系，

$$1 - \left(1 - \frac{1}{N \cdot T_L}\right)^{T_L} \approx 1 - \left(1 - \frac{1}{N \cdot M \cdot T_L}\right)^{M \cdot T_L}$$

即

$$\left(1 - \frac{1}{N \cdot M \cdot T_L}\right)^{M \cdot T_L} \approx 1 - \left(1 - \frac{1}{N \cdot T_L}\right)^{T_L} \tag{7}$$

由式（5）~ 式（7）可得

$$P' = 1 - (1-P)^{\frac{1}{m}} \tag{8}$$

不难可知，当 $M>1$ 时 $P'<P$

当 $M=1$ 时 $P'=P$

当 $M<1$ 时 $P'>P$

于是可知，当寿命期延长（$M>1$）时，在未来相同时间内发生地震超越概率要降低，需设防的地震便增大；当寿命期缩短（$M<1$）时，在未来相同时间发生地震的超越概率要提高，需设防的地震便减小. 同样，寿命期相同，须设防的地震大小就相同. 由此可见，调整工程结构的寿命期也不失为一种考虑结构重要性调整设防等级的好方法. 事实上用 M 调整使用寿命期和用 η 调整地震的复发期两者是完全等价的，令式（6）中的 $M=\eta$，不难得出结论.

我国传统的做法是采取增减设防烈度来体现设防等级的，国际上也往往都采用一组重要性系数（通常为 0.8 ~ 1.3）乘以设计地震力来反映设防等级. 事实上这种做法并不科学，一个反映基本地震的烈度值或地震动值乘以重要性系数后所代表的地震的重现周期或超越概率对不同的地区来讲是完全不同的. 这就人为地夸大或缩小了工程结构面临的地震危险性，并且盲目地增强或减弱了工程结构抗震的能力. 上面介绍的采用参数 N（n_1,

n_2，n_3）和调整设防地震重现期参数 η 或调整使用寿命期参数 M 的作法则完全避免了这个弊病.

综上所说，无论设防水准还是设防等级最终都可分别用代表地震复发期（或重现期）与工程寿命期之比 N 和经设防等级系数 η 调整后的 N 或用 M 直接调整工程寿命期来表示，于是问题便归结为如何合理地确定 N 与 η 或 M.

4　研究工程抗震设防标准的总体思路和基本环节

工程抗震设防标准规定工程结构或设施应该具有怎样的地震安全性，或者说具有多大的抗震能力. 设防标准的制订是综合考虑设防原则和目标，设防环境、设防参数，设防水准和设防等级的总称. 确定工程抗震设防标准的基本因素有三个，即社会经济状况，地震危险性和工程结构与设施的重要性；工程抗震设防标准的制定最终体现在抗震设防水准和设防等级上. 图 1 给出了这些因素之间的相互关系.

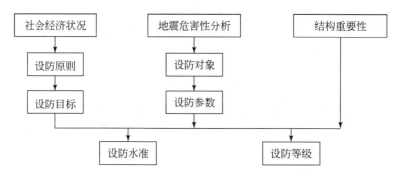

图 1　确定工程抗震设防标准诸因素间关系

综上所述，设防标准包含了设防原则与目标，设防对象与参数和设防水准与等级等主要内容，而确定最佳设防标准的核心问题是正确地解决设防水准与设防原则及目标之间的关系. 这种关系可以被抽象为一个多变量（如多个设防参数）；多目标（如经济损失和人员伤亡），多约束（如可接受的人员伤亡，地震经济损失上限，重要结构不允许出现倒塌等）的动态最优决策问题. 一个好的最优决策模型应能够充分地反映我国设防标准及相关领域的研究现状，应当有利于吸收正在不断涌现的国内外好的研究成果. 沿着这样一个总体思路，本节针对一般的结构和工程讨论最优决策模型的基本变量，目标函数和约束条件问题.

4.1　最优决策模型的基本变量

考虑对一般结构和工程的设防标准建立决策模型时，毋庸置疑，其基本变量应当是也只能是设防水准. 为了符合我国抗震规范和抗震设防的实际情况，这个水准的参数目前可以取烈度概率水准，也可以用峰加速度来取代烈度. 更有前景的发展趋势是用峰加速度和峰速度或者其他两个别的独立地震动参数如有效峰加速度 EPA 和有效峰速度 EPV 作为设防参数，从而能更好地反映地震动三要素对地震破坏的影响，因此在模型的建立和求解方法的选择上，应当适用各种可能采用的基本变量.

4.2 最优决策模型的目标函数

前面的有关分析已经表明，应当根据设防原则和目标确定具体和定量的目标函数，尽管目标函数不可能完全地等同于设防原则和目标，但却应当力求最大限度地反映设防原则和目标的要求，同时又要便于进行数学分析和处理．对于一般的结构和工程来说，公认的设防原则或抗御 6 级左右地震这样的模糊目标，都可归结为以货币为单位的经济损失和人员伤亡这样两个便于进行数学分析的具体目标．

我们采用下面的公式来表示未来时限内可能发生的经济损失：

$$地震潜在损失(SR) = 地震危险性(SH) \times 结构易损性(VLN)$$
$$\times 损失率(LR) \times 总价值(W) \tag{9}$$

这个公式可以用于一个单体工程，一个工程系统，一个社会小区，一个城市，甚至一个国家．式中，SR 为地震损失矩阵，通常是一个由人员伤亡数和损失的财产数（以货币为单位）组成的列矩阵；SH 为地震危险性，定义为某一种可能对人类活动产生广泛影响的地震关联现象（如地震动，烈度，地面破坏等）在一定时期内可能发生某种强度的概率；VLN 为结构易损性，通常用易损性矩阵表示，它包括各类结构（或系统）在不同的地震危险性如地震动强度（或烈度）下的不同破坏程度的比例；LR 为损失率，是一个列矩阵，矩阵的元素可以是在工程不同破坏程度下的伤亡人员数量与所考虑的系统的总人数之比以及与各类工程不同破坏程度相对应的修复价值或直接损失的价值与总价值之比；W 为总价值，为各系统的总人口数或各类工程的总价值，也是一个列矩阵．

如果只考虑经济损失，在上面各种矩阵中可以不计人员伤亡的因素；如果还要考虑间接损失的话则损失率矩阵将会更加复杂．

能否将式（9）中的地震潜在损失达到最小作为决策模型的目标函数呢？显然是不行的；因为要使得（9）式中 SR 减少，就必须使等式右边的 VLN 尽量地小，于是结构和工程的设防投入必然就会增加．对于通过抗震设防来达到减灾目的的正确理解应该是使防灾投入与采取措施后的潜在地震损失之和为最小，即

$$[抗震投入 + 潜在损失(SR)] \to \min \tag{10}$$

式（10）等价于

$$[潜在损失的减少(\Delta SR) - 抗震投入] \to \max \tag{11}$$

或者将式（11）写成防灾效益最大的形式

$$效益 = (减少的潜在损失数 - 抗震投入)/抗震投入 \to \max \tag{12}$$

式（10）~ 式（12）中的任何一个都可以作为决策模型的目标函数，对于求解最佳设防水准来说它们是等价的．

4.3 最优决策模型的约束条件

严格地说凡属目标函数未能反映的设防原则和目标都应当被考虑作为决策模型的约束条件．但由于数学处理上的困难，这往往是不可能的．但是一般地下列约束条件是必须加以考虑的．

（1）确保地震后的伤亡人数不超过社会可以接受的水平；

（2）未经过抗震设防或设防不充分的工程，一旦遭到地震破坏，其修复费用不应超过

为防止这类破坏所必须支付的额外费用. 换句话说就是应满足条件

$$修复费用 \leq 设防投资（或增加的设防投资） \tag{13}$$

（3）要保证"小震不坏"，"中震可修"，"大震不倒"多级设防的思想和原则得到体现和贯彻（系指 1989 年规范规定的大、中、小地震）.

5 研究最佳设防标准的条件和基础

以上分析业已表明，确定最佳的抗震设防标准，在本质上是一个以减轻地震灾害损失为主要目的的多目标、多约束的动态最优决策问题，它需要以对地震危险的预测（地震危险性分析）和对地震损失的预测（经济损失、人员伤亡、社会政治、经济、心理等影响因素的预测）作为基础. 涉及地震学、地质学、工程学、经济学、社会学等诸多领域. 但主要是以下 5 个方面构成了研究最佳设防标准的基础和前提.

5.1 地震危险性分析

采用确定性方法或概率方法估计地震危险性大小的工作叫作地震危险性分析. 目前最具有代表性的地震危险性分析方法，仍然是 Cornell 于 1968 年提出的综合概率法. 虽经过后来的许多改进和发展，其基本要点仍然相同，可以陈述如下：

（1）根据过去的地震活动性和地质构造条件勾画出有可能发生地震的潜在震源，目前多从已知的断层或根据地质构造的判据来寻找，地质学方法在确定潜在震源中起重要作用.

（2）计算潜在震源所在区域的地震活动性参数，如地震发生的震级上限，重复率等，所用的是地震活动性研究的统计方法.

（3）计算一旦发生地震，由震源向外发射的地震波衰减关系. 对于早期地震，主要是统计烈度的衰减关系；对于有仪器记录的近代地震，主要是利用强地震动峰值衰减规律的资料.

（4）按照地震发生的某种统计模型（如泊松模型）计算某地点地震动参数超过给定值的概率.

新的中国地震区划图（第三代区划图）就是利用综合概率法编制的，它不但利用了中国在地质学研究方面的大量资料，而且在地震活动性方面吸收了地震中、长期预报的经验，考虑了空间的不均匀性，时间的不平稳性等因素，发展和改进了传统的综合概率方法[3]，反映了当前地震危险性分析的最高水平和成果. 可以说这张区划图为研究确定设防标准的模型和方法，提供了必需的地震危险性基础资料. 但是仅仅参照第三代区划图提供的地震危险性资料还存在着以下几个问题：

（1）第三代区划图是以烈度为参数的，烈度参数对于估计未来的地震损失有特殊的作用，是其他参数无法替代的. 但为了使新设计的工程结构或加固现有的工程结构，使之达到期望的设防目标就应直接采用地震动作为参数的区划图.

（2）第三代区划图给出的地震危险性分析结果仅仅是 50 年为期限的，10% 的超越概率的烈度值，而研究确定设防标准的方法，必须知道对应各种超越概率的烈度值；或者具有不同超越概率水平的地震动参数区划图. 因此，地震动参数区划图的编制应该是刻不容缓的. 最近谢礼立等[4,5]利用地理信息系统和人工智能技术对我国华北地区约 70 万平方公里的地区编制了地震动参数区划图,不仅大大地提高了编图的精度和效率,减少了编图工作中的主观随意性,更重要的是由于利用了地理信息系统作为区划图的载体,可更方便有效地用于确定设防标准的分析工作.

5.2 结构易损性分析

所谓结构和工程的易损性是指在地震作用下,结构和工程遭受不同程度破坏的可能性. 这种破坏程度一般被划分为基本完好、轻微破坏、中等破坏、严重破坏和倒塌五个等级或用相应的震害指数来表示. 地震易损性分析方法最主要的有两类,即经验分析方法和理论分析方法. 此外,还有由专家进行主观判断的方法,实际上是一种间接的经验分析方法,以及综合各种经验统计、分析和专家主观判断的方法. 结构地震易损性分析的结果一般地是给出结构的易损性矩阵和破坏矩阵.

概括地说,经验分析方法适用于对一座城市或一个地区进行震害预测或震后损失的紧急评估. 尤其是一些老旧建筑较多的城市和乡村地区,采用经验方法可以得到较为可靠的结果. 问题是不论国内或国外经过抗震设防的结构和设施的震害资料较少,难以靠经验统计形式获取设防标准的易损性矩阵.

结构地震易损性分析中采用的理论分析方法可以分为半解析法和解析法两类. 目前使用较多的是半解析法. 通常通过分析确定影响结构抗震性能的主要因素,并选择一个最能代表结构抵抗地震破坏能力的参数作为其易损性指数,然后利用震害资料统计分析或进行试验研究,建立以这种参数表示的易损性矩阵或曲线. 例如,尹之潜等[6]采用抗力 R 作为结构的易损性指数,并提出了砖结构和单层工业厂房的抗力计算公式,通过震害统计得出了结构破坏等级与抗力均值的经验关系,由此可以计算出结构的易损性矩阵. 半解析法既可用于单个建筑的地震易损性分析,也可用于建筑物群体的易损性评估. 有些研究者正在研究用这类方法分析设防结构的地震易损性.

解析法通常首先要建立结构的非线性分析模型和合适的非弹性反应计算方法,选择典型的强震记录作为地震动输入,来计算结构的反应. 确定结构反应的破坏标准是一项困难的工作,可以根据模型试验来进行. 解析法主要适用于结构单体的易损性分析.

除了上述两类方法外,专家主观判断的方法,以及将震害资料与专家判断相结合的方法,也常常用来进行结构易损性分析. 专家判断实际上是一种间接的经验方法,在缺乏震害资料的地区,这也是一种较为有效的方法.

以上的研究方法和研究结果,还不能较好地解决设防标准研究中对结构特别是已经设防的结构的易损性矩阵的需要. 为此,作者在全面理解现行建筑抗震设计规范的设计思想和原则规定的基础上,结合实际震害资料,对设防结构的易损性矩阵提出了一个较为合理且简便易行的估算方法. 这种方法的特点是,以现行抗震设计规范的原则和规定为依据,结合实际震害资料和经验,在确定各类设防结构的易损性矩阵时,提出了如下的基本假设:①工程结构在小震烈度时基本完好;②在遭遇设防烈度(即基本烈度)时绝大多数(85%)基本完好和轻微损坏,无严重破坏;③大震烈度时大部分(85%)受中等以上破坏,只有少数(5%~15%)严重破坏,无倒塌;④比大震烈度高 1 度时可能会有少数(10%~15%)建筑倒塌.

这些假定使得设防结构易损性矩阵的确定得到了很大的简化，是当前解决设防标准研究中如何确定易损性矩阵问题行之有效的简便方法. 表 2 给出了按Ⅶ度设防的建筑物在遭遇不同地震烈度时的破坏概率.

表 2　按Ⅶ度设防的建筑物破坏概率

地震烈度		6	7	8	9	10
破坏概率	$P(D_1\mid 7, I)$	0.85	0.57	0.20	0.05	0
	$P(D_2\mid 7, I)$	0.15	0.28	0.37	0.15	0.05
	$P(D_3\mid 7, I)$	0	0.15	0.28	0.37	0.30
	$P(D_4\mid 7, I)$	0	0	0.15	0.28	0.37
	$P(D_5\mid 7, I)$	0	0	0	0.15	0.28

5.3　地震损失分析

地震损失分析是指在地震危险性分析和结构易损性分析的基础上，估计因地震造成的社会财富（包括生命和财产）的可能损失. 这种损失一般以未来一段时间内地震损失（人员和财产）的平均结果（数学期望值）给出.

概括地说，地震损失分析有以下三个主要环节.

第一个环节是建立一个社会财富的分类系统，列出各类财富的易损性清单. 这里有一点值得强调的是：地震损失分析按照用途不同可以分成非常详细、一般和非常粗糙（即所谓的 "Quick and dirty" 估计）几种类型. 分析的详细程度基本上为易损性清单的详细程度所决定.

地震损失分析的第二个环节，是分析各种、类的社会财富在所给定的烈度或地震动参数下的破坏情况，即找出所谓的烈度–破坏关系式或地震动–破坏关系式. 对于一般的结构和工程来说，主要考虑直接破坏即建筑物本身和室内财产损失以及人员伤亡. 在相应的地震危险性 $P(I)$ 和结构的易损性矩阵 $P(D_j\mid I_d, I)$ 已知后按烈度 I_d 或相应的地震动设防的结构在其设计基准期内发生 D_j 级破坏的概率可由下式算出

$$P(D_j\mid I_d) = \sum_I P(I)P(D_j\mid I_d, I) \tag{14}$$

式中，$P(I)$ 为发生烈度为 I 的地震的超越概率；$P(D_j\mid I_d, I)$ 为按 I_d 设防的结构在地震烈度 I 作用下发生 D_j 级破坏的概率；$P(D_j\mid I_d)$ 为按烈度 I_d 设防的结构发生 D_j 级破坏的概率值. 至于结构的直接破坏可能引起社会财富的间接破坏，那是一个十分复杂的问题，下面我们将给以简单讨论.

第三个环节是根据各类社会财富破坏情况，计算恢复其原来状态所需要的费用，也就是计算地震造成的损失. 关于损失分析，需特别指出人是现代社会的组成部分，具有一定知识和劳动能力的人是社会财富中的重要部分. 但地震造成的人员伤亡，难以用金钱来计算，所以，多数的地震损失分析采用了双指标体系，将人口伤亡作为地震损失的一个指标，而人口伤亡以外的其他损失，以恢复重建标准统一折合为货币表示. 设各级破坏对应的直接经济损失率为 $l(D_j)$，则设防结构设计基准期内预期的直接经济损失率为

$$L(I_d) = \sum_j l(D_j) \cdot P(D_j \mid I_d) \qquad (15)$$

影响人员伤亡的因素很多，但它主要与结构的严重破坏和倒塌有关. 因此从设防标准研究来说，仅需要统计相应于 $P(D_4 \mid I_d)$ 和 $P(D_5 \mid I_d)$ 的人员伤亡率即可.

除了统计得出各级破坏的伤亡率，然后应用与式（15）类似的公式计算伤亡比之外，现时更常用的方法是直接建立伤亡比与结构破坏的经验关系式. 如尹之潜[6]根据我国地震伤亡资料统计得出了一个估计地震人员死亡的简便公式

$$\log D = 12.479 A^{0.1} - 13.3 \qquad (16)$$

式中，D 为人员死亡比（死亡人数与本地区人数之比）；A 为房屋毁坏比.

受伤人数则简单地取为死亡人数的 3~5 倍. 显然，这种估计是非常粗糙的，有待进一步改进.

将财产和人员伤亡损失比，乘以相应总价值或总人口数即可算得按照烈度 I_d 设防的结构，在设计基准期内的期望财产损失和人员伤亡. 对于一般的建筑来说，总的价值由建筑本身的造价加上室内设备和财产的价值之和构成，前者可由单位面积造价乘以总建筑面积求得，后者则需依照对结构物的某种分类系统和地区的不同，分别地统计给出其与结构总造价的比例关系. 间接财产损失的估计则是一个困难的课题，目前尚无好的考虑方法，通常的做法是根据现有的震害资料并结合专家的经验，将直接损失乘以一个系数，作为对间接损失的粗略估计，但这个系数如何取法，仍是一个有待解决的问题.

5.4 如何考虑间接经济损失问题

在制定设防标准时，要谋求设防投入和地基期望损失之和为最小，这在数学求解上是一个不存在困难的问题，困难在于如何考虑地震损失和抗震投入的关系问题. 全面地理解地震损失和抗震投入就必须考虑组成损失和代价的三个有关部分.

直接经济损失——由于地震（包括次生灾害）直接造成的资源破坏损失；

间接经济损失——由于地震（包括次生灾害）导致的停电、停水、房屋破坏而间接造成的停产、停业的经济损失；

远期损失（forward loss）——由于地震损失对长期发展可能带来的种种经济影响，如对通货膨胀、贸易、商业以及整个国民经济的影响以及因失业导致的其他各种损失.

同样，政府和业主在进行抗震设防投资决策时，还必须考虑投资的代价，其中必须考虑：

直接代价——为抗震设防（包括加固、修复）必须支付的货币；

间接代价——由于作为抗震设防投入很难立即甚至不能取得效益，政府必须考虑如果将这种投资从其他投资方向转变为防灾投入所必须付出的代价；

远期代价（forward cost）——由于抗震设防投资造成的其他部门投资的减少而推迟国民经济发展所必须付出的代价.

上述提到的各种代价和损失，虽然目前国际上已有若干部门（如世界银行等）正在开展有关的研究，但要马上在确定设防标准工作中应用，根据当前各国的经济管理水平恐怕难以达到. 好在这种间接损失，远期损失和间接代价和远期代价从宏观上来说，可以互相转换，互相弥补，在抗震设计中暂时都不予考虑也不致会导致严重偏失. 因此目前是在确

定设防标准时，可以只考虑直接经济损失和直接投资代价.

5.5　关于人员伤亡问题的考虑

在估计地震损失中如何控制人员伤亡，国内外的绝大多数做法是将人的生命按保险费率折算货币，并计入经济损失. 但这会涉及十分复杂而又敏感的社会问题，世界各国规范几乎没有一个不设法回避的. 在设防标准的研究中人员伤亡率是评价设防标准无法回避而又难以解决的困难，作者认为最佳的设防标准不应是追求最小的伤亡率，而是应当控制人员伤亡率在社会可接受的水平之内，以追求最大的经济效益. 这就必须解决如何确定可接受伤亡率的问题. 对此笔者有如下的设想和考虑. 通过收集国内外各种非正常死亡情况的有关资料，整理统计出相应的死亡率. 例如，交通死亡、火灾死亡、水灾死亡、采煤死亡、传染病死亡、吸烟酗酒死亡等等非正常死亡情况；收集某些专门行业对社会可接受伤亡率的有关规定，如采万吨煤的可接受伤亡率和城市每年可接受的交通伤亡率等；收集发生在历史上和现代的破坏性地震和其他自然灾害所造成的伤亡人数和伤亡率；分析对比上述资料作为参考，区分城市和地区的重要程度分别提出可接受人员死亡率的建议，经决策部门和社会认可，既可用于设防标准的制订，又可用于检查一个城市或地区开展抗震防灾工作成效的指标.

6　结语

制定工程抗震设防标准是减轻城市与工程地震灾害和实现国务院防震减灾十年目标的一个关键环节，也是充分运用现有工程抗震知识和理论于抗震减灾实践的重要切入点. 通过以上的讨论与分析，不难得出如下几点结论.

（1）社会经济条件，地震危险性分析和结构与设施的重要性是制订工程抗震设防标准的主要依据. 由于我国国土辽阔，不同地区的经济和社会发展极不平衡. 不同地区应该制订与本地区社会经济条件相适应的工程抗震设防标准.

（2）制订科学合理的工程抗震设防标准主要是政府行为. 各级政府和各类行业的主管部门应在中央有关部门指导下制订出本地区的最低抗震设防标准. 政府应该鼓励各类业主特别是个体业主或外资业主尽量采用高于最低标准的抗震设防标准.

（3）工程抗震设防标准工作的内容包括确定合理的设防原则、正确的设防目标、适用的设防参数、科学的设防环境、优化的设防水准和设防等级. 根据我国国情，建议采用"在确保地震时人员伤亡和财产损失不超过社会可接受水平的前提下最大限度地减少灾害损失"作为我国工程抗震设防的原则.

（4）采用设防地震的重现周期与工程寿命期之比值 N 和经设防等级系数 η（或 M）调整后的 N 是表达设防水准和设防等级的较好的方法，N 值与寿命期内可期望发生一次的最大地震超越概率存在着几乎一一对应的关系.

（5）本文对业已设防的结构提出了一个简易合理的估计易损性的矩阵，目前可推荐在确定抗震设防标准中应用.

（6）确定工程抗震设防标准的数学模型实质上是一个以减轻地震损失为主要目的的设防水准为基本变量，设防投入与地震损失之和最小为目标函数，人员伤亡和财产损失不超过社会可接受水平，修复费用不超过设防投资为约束条件的多目标，多约束的动态最优决策问题．它需要以地震危险性分析、地震损失预测为基础的多学科多领域的广泛合作．

（7）为了科学地制订符合我国国情的设防标准，当前应切实做好下列准备工作：①立即着手编制具有多种概率水平的地震动（EPA，EPV）区划图；②进一步收集、整理震害资料、观测资料和试验资料，改进现有结构的易损性分析方法，提高易损性矩阵的准确性，特别是已按不同水准设防的各种结构的易损性矩阵的建立；③进一步收集、整理具有不同设防水准（含不设防）的各类抗震结构的造价资料，并对其进行分析对比；④进一步研究具有不同破坏程度的各类建筑的直接经济损失，并开展对地震灾害间接经济损失和或远期损失和估计各类经济损失数学模型和公式的研究；⑤进一步收集、整理地震人员伤亡资料，分析对比人员伤亡与震害之间，人员伤亡与社会经济状况之间的关系，寻找表述地震人员伤亡的合理关系式，并进一步制订适合我国国情和各类地区的社会可接受伤亡率；⑥进一步开展有关工程抗震设防标准的可靠度研究．

目前我国已经制订颁发了第三代区划图，新的地震动区划图即将着手编制，加上近十年来，我国又积累了丰富的震害预测经验，因此可以说我们已经具备了制订科学合理的工程抗震设防标准的基础条件．中央主管部门应该组织专门小组积极开展试点工作，积累经验，逐步推广．

参 考 文 献

[1] 国家地震局．中国地震烈度区划图．北京：地震出版社，1991.

[2] 中华人民共和国城乡建设环境保护部．建筑抗震设计规范 GBJ 11-89．北京：中国建筑工业出版社，1990.

[3] 胡聿贤．地震危险性分析的综合概率法．见：地震危险性分析中的综合概率法．北京：地震出版社，1990.

[4] 谢礼立，等．基于地理信息系统（GIS）和人工智能的地震危险性分析和信息系统．见：国家自然科学基金资助"八·五"重大项目"城市与工程减灾基础研究"学术会议论文．

[5] Xie L L, TAO X X, Zuo H Q. Computer decision-making system for seismic disaster reduction. Proceedings of International Symposium on Public Infrastructure System, Sept. 25-29, 1995, Seoul, Korea.

[6] 尹之潜、李树桢．震害与地震损失的估计方法．地震工程与工程振动，1990，10（1）：99-108.

唐山响堂三维场地影响观测台阵[*]

谢礼立[1]，李沙白[2]，章文波[1]

(1. 中国地震局工程力学研究所，黑龙江 哈尔滨 150080；2. 北京市地震局，中国 北京 100039)

摘要 1994 年 7 月中国地震局工程力学研究所在唐山余震区响堂镇建成了我国第一个三维场地影响观测台阵. 该台阵目前有四个测点，分别布设在基岩地表、土层地表、地下 17m 和地下 32m 处. 它安装了分辨率为 16 位的井下数字观测系统，主机和从机同步运行，系统时钟采用 Omega 导航信号自动校对（精度 1ms），地震数据采用固态方式（CMOS）存储，每个测点均布设一组三分量力平衡式加速度计. 该台阵自投入运行至 1997 年 12 月已取得了 60 个包括不同深度的地震加速度记录（M_L=1.5~5.9），最大地表峰值加速度为 60.11cm/s^2. 这些记录震相完整，波形清楚，计时准确，为进行局部场地条件对地震动影响的研究提供了宝贵的数据基础.

1 引言

地表地质或场地条件对地震动的特征有着十分重要的影响. 这一结论已在多次大地震的震害调查中得到证实，如 1964 年日本的新潟地震（M_S=7.1）和美国的阿拉斯加地震（M_S=8.0），1976 年中国的唐山大地震（M_S=7.8），1979 年美国的 Imperial Valley 地震（M_S=7.1，6.9），1985 年的墨西哥地震（M_S=8.1），1989 年美国的 Loma Prieta 地震（M_S=7.1），1994 年美国的 Northridge 地震（M_S=6.6）以及 1995 年日本的阪神地震（M_S=7.2）. 这些破坏性地震都证明了场地条件对建筑物的破坏有显著的影响. 随着近年来科技水平的不断发展，强震观测在观测仪器、近场地震学及计算技术等诸多方面有了较大的飞跃. 人们对场地条件对地震动的影响也有了进一步的认识. 但由于问题本身的复杂性，特别是场地土层的非均匀性和土层界面的不规则性，这一课题远没获得真正的解决. 进一步深入研究场地条件对地震动的影响，对防震减灾以及工程建筑的抗震设计具有十分重要的意义.

获取不同地表地质条件下的地震动的实测资料，特别是获取地震时地表以下不同地质条件、不同深度的强震记录，是了解和研究这一问题的关键所在. 只有获得了实测数据，才能对现行的分析理论、计算模型和方法加以验证，并不断改善分析理论，提出更好的计算模型和方法，最终才能从物理本质上弄清楚这种影响产生的原因，对其给出定量的预测. 目前许多国家都已建立起局部场地条件对地震动影响台阵，较为著名的有美国的 Turkey Flat Valley 国际场地影响试验场，日本的 Ashigara Valley 国际场地影响试验场，美

———————————————

* 本文发表于《地震工程与工程振动》，1999 年，第 19 卷，第 2 期，1-8 页.

国的 Garner Valley 井下地震观测台阵以及美国的 Borego Valley 井下台阵. 鉴于这一问题的重要性和迫切性, 中国地震局批准和支持了工程力学研究所提出的布设三维场地影响观测台阵的计划, 并将其列入了"八五"重点科研项目. 在"九五"重点项目中国地震局继续支持该项目, 将对其进行改造和扩建.

地表地质对地震动的影响主要包括地震动的放大和衰减. 同时, 从工程实践的观点来看, 地震动的放大和衰减也具有普遍意义. 目前, 在工程上, 大多采用一定厚度的覆盖土层下卧基岩的模型. 这种场地条件对地震动同时存在两种相反的影响. 一方面, 由于土层与基岩阻抗的不同和自由界面的作用, 地震动会被放大; 另一方面, 由于介质的品质因子 Q 的存在, 地震动又会被衰减. 为了定量地给出诸多因素对地震动的放大和衰减的贡献, 为了选择合适的基岩场地的地震动作为土层反应的输入, 必须建立以此为目的的专用井下台阵, 以获取实际地表 (土层和基岩) 和地下 (下卧基岩) 的地震动数据. 唐山响堂三维场地影响观测台阵的主要目的就是获取地震时浅层刚性土壤 (硬土)、自由地表基岩和下卧基岩的地震动强震记录, 利用实测的数据来检验和对比适合于这类场地条件的计算模型和方法. 例如, 如何更合理地选择基岩面, 如何校正地表基岩的记录使其更符合地下基岩的实际震动, 从而提出改进的或新的计算模型和方法. 简而言之, 它是一个可以直接测量局部场地条件对地震波的放大和衰减效应的观测台阵.

2 场地选择及地质条件

在选择台阵的场地时, 主要考虑了下述原则: 在未来的几年中有可能遭受中等 ($M \geqslant 5$) 以上的强地震动; 小震活动频繁; 地表地质对地震动的影响应足够大, 可用仪器将这种影响测量出来; 场地应具有代表性和典型性, 地形和地貌相对简单, 和一般市政发展和工业用地场地的特征相近; 交通方便, 后勤条件容易保证.

基于唐山近场数字台阵的运行经验, 首先从大范围上, 我们选择了唐山余震区. 众所周知, 著名的唐山大地震 ($M_S = 7.8$) 及其最大的余震 ($M_S = 7.1$) 就发生在这里. 二十年来, 这里仍然不断发生中、小规模地震, 据统计, 在这一区域内, 每年都发生 2~3 次 4 级左右的地震. 在数年内, 有可能发生一个 5~6 级的地震. 图1为1976年唐山大地震的余震分布图 (1981~1993年, $M \geqslant 2$), 图中▲为现在的唐山响堂三维场地影响观测台阵, △为原有的地表固定台站. 经过实地调查, 将场地影响观测台阵确定在唐山响堂杜峪村. 在这里, 容易找到自由地表基岩场地, 土层覆盖深度不超过100m, 地表相对高差不超过40m. 该场地位于桃园断裂和滦县乐亭断裂的交汇处, 距1976年唐山大地震的最大的余震 ($M_S = 7.1$) 的震中仅18km. 场地附近的基岩埋深情况是用电法测深完成的, 波速测量是用单孔法完成的. 两个观测用井, 一个井深32m, 穿透强风化岩层; 另一个深17m, 底为强风化基岩. 两井口相距2m, 都加钢管内衬, 密封, 不漏水. 基于现有的资料, 台阵场地的地质条件描述如下: 场地位于唐山滦县响堂乡杜峪村西南, 场区地形平坦, 地面高程变化不大, 为滦河冲积形成的第四系地层. 各层岩性及层厚由上至下分别为: ①粉质黏土, 4.78m; ②细沙, 2.45m; ③粉土, 0.85m; ④黏土, 4.19m; ⑤强风化黑云变粒岩, 6.02m; ⑥强风化花岗质混合岩, 13.62m; ⑦中风化花岗质混合岩, 0.40m. 图2为台阵场地的土质柱状图及剪切波速分布图.

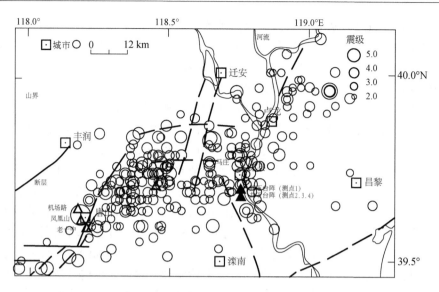

图 1　1976 年唐山大地震的余震分布图（1981～1993 年，$M \geqslant 2$）

图中▲为唐山响堂三维场地影响观测台，△为地表固定台站

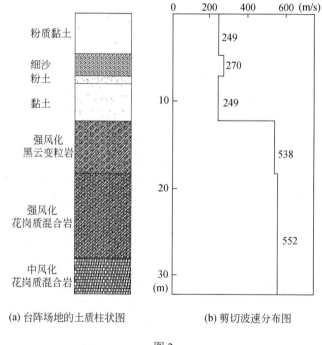

(a) 台阵场地的土质柱状图　　　　　(b) 剪切波速分布图

图 2

　　唐山响堂三维场地影响观测台阵的布设于 1994 年 7 月完成，台阵由四个测点组成，测点 1 位于地表基岩上，同一地点布设的两台强震仪均记录自由地表基岩的地震动；其余三个测点位于井下观测室内，包括土层地表测点（测点 2），两个不同深度的地下测点（测点 3 深度为 32m；测点 4 深度为 17m）. 测点 1 和测点 2 相距约 400m，测点 3 位于中风化花岗质混合岩上，测点 4 位于强风化花岗质混合岩上. 图 3 为该台阵的基岩剖面和测点分布图.

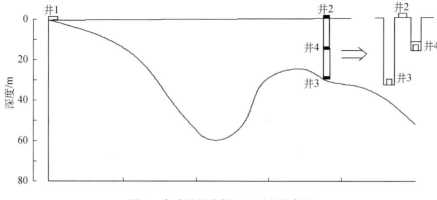

图3　台阵的基岩剖面和测点分布图

3　记录设备和联网同步运行

表1为唐山响堂三维场地影响台阵各测点仪器的主要参数. 其中SCQ-1数字回放仪是中国地震局工程力学研究所自行生产的, IC卡式速度型强震仪是日本东京测震株式会社的产品, 其余设备为美国KINEMETRICS公司的产品. 测点2、测点3和测点4均位于观测室内.

表1　唐山响堂三维场地影响观测台阵各测点仪器的主要参数

测点序号		测点1		测点2	测点3	测点4
记录仪		PDR-1（磁带式）	CV-901VR（IC卡式）	SSR-1（6道）		SSR-1（3道）
传感器		FBA-13	SERVO速度仪	FBA-11	FBA-13DH	FBA13-DH
测点位置		39°41.36′N, 118°44.92′E		39°41.05′N, 118°44.63′E		
场地条件		地表基岩	地表基岩	地表土层	井下基岩	井下基岩
时间设备		TCG-1B时钟	收音机对时	Omega导航时间信号		
回放设备		SCQ-1数字回放仪	NEC微机	PC微机		
方向	通道1	N-S	S-N	N-S	E-W	E-W
	通道2	U-D	U-D	U-D	U-D	U-D
	通道3	E-W	E-W	E-W	N-S	N-S
系统主要技术指标		动态范围：102dB 模数转换：12位 频响：0～50Hz 满量程：2g 采样率：200/100 触发模式： STA，LTA 比值/差值可选	动态范围：90dB 模数转换：16位 频响：0～45Hz 满量程：40cm/s 采样率：200/100/50 触发模型：阈值触发	动态范围：90dB；前置放大器：（60dB）（可编程） 模数转换：16位 频响：0～50Hz 满量程：2g 采样率：200/100 触发模式：具有多种数字式触发模式选择：定时启动、阈值触发、长/短平均触发；可对各通道加权，进行逻辑运算，实现不同的触发控制		

为了观测地震波从井下基岩测点（测点 3）向上传播到井下基岩测点（测点 4）和地表土层测点（测点 2）的情况，更准确地分析地震波的传播，在观测室内，布设的两台 SSR-1 固态强震仪必须同步运行. 测点 2 和测点 3 配接 6 通道的 SSR-1/205，作为主机；测点 4 配接 3 通道的 SSR-1/238，作为从机. 扫描时钟、时间编码、标定试验信号和事件触发信号均由主机产生. 当主机触发时，从机与之同步启动，并使用完全相同的时码. 图 4 给出了唐山响堂三维场地影响观测台阵的系统框图，图 5 是两台 SSR-1 主从机的互联的布线图.

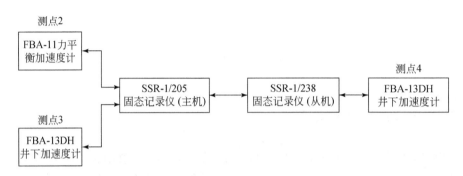

图 4　唐山响堂三维场地影响观测台阵的系统框图

4　台阵计时系统

一个高质量的台阵必须有一个高精度的计时系统. SSR-1 内装的计时系统提供分辨率可达 1ms 的系统时钟和同步扫描时钟. 时码格式采用标准的 IRIG 格式，它与选用的 ω （Omega）板配套使用时，可以接收 ω 信号，自动地用 ω 信号校准系统时钟，校准精度可达 1ms.

ω 信号是由美国海军观测站（UNSO）全球无线电导航系统发射的面向世界范围的标准信号，可用于时间校准和定位. ω 信号使用的时间标准是世界协调时（UTC）. 在全球共有八个信号发射站. 所用的发播频段为超长波（VLF），10 ~ 14kHz. 距离唐山最近的发射台为设在日本的发射台. 特征频率为 12.8Hz. 只要给出接收点的地理坐标，就可自动计算确定发射站至接收点的距离. 同时，还给出电波传播所需的延迟时间，从而将接收点的 ω 时间转换为 UTC 时间. 由于所用频段为超长波，ω 信号的衰减要比常用的短波信号慢得多，在海面上传播的衰减的典型值为 2 ~ 3dB/1000km.

测点 1 的 PDR-1 仪器的时间系统是采用内装的 TCG-1B 编码时钟，它的同步是通过与标准时间同步校准的 TDC-2 时间显示控制器来实现的，同步精度可达 1ms. 测点 1 的另一速度型 IC 式强震仪带有内部计时器，用电台的广播报时信号自动修正时间，精度为 0.01s.

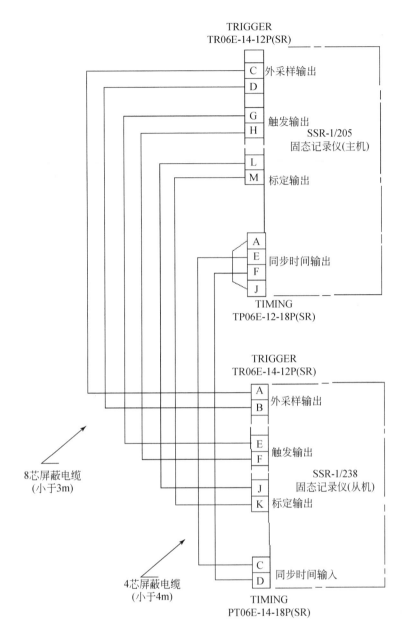

图 5　唐山响堂三维场地影响观测台阵的两台记录仪 SSR-1 主从机互联布线图

5　SSR-1 运行参数的设定和典型的强震记录

主机和从机的运行参数的设定包括 5 个部分：第一部分（#131 ~ #135）是系统时间的设置情况；第二部分（#150 ~ #186）是必要的台站几何参数和仪器参数；第三部分（#46 ~ #66）是触发模式的选择；第四部分（#26 ~ #45）是滤波器的选择和前放增益设置情况；第五部分（#50 ~ #84）为触发参数的选择.

对于所有通道均选用50Hz的低通滤波器,高通滤波器未用. 系统的有效频带为0～50Hz. 采样周期均设为5ms. 触发模式选用长/短项平均、比值,各通道触发权重均为1,主机触发总票数设为3.

唐山响堂三维场地影响观测台阵于1994年7月建成,几年来运行状态良好,井下加速度计的性能稳定,地震触发参数选择合理,记录和数据传输正常,计时准确. 迄今已取得60个地震(M_L=1.5～5.9)包括不同深度的加速度记录,表2为该台阵获取的$M_L \geq 2.5$的地震参数. 其中,最大地表峰值加速度为60.1cm/s²(1995年10月6日,M_L=5.9,唐山古冶). 作为一个例子,图6给出了在这次地震中台阵取得的强震记录. 由图可见,记录的波形清楚,震相完整,信噪比高. 这些质量上乘的记录为进行局部场地条件对地震动影响的研究提供了宝贵的数据基础.

表2　唐山响堂三维场地影响台阵获取记录的地震参数 (1994年9月至1998年12月, $M_L \geq 2.5$)

序号	仪器触发时间	M_L	北纬	东经	深度/km	震中距/km
01	10/02/94-0.3:08:25.470	3.6	39°55′	118°46′	5	25.9
02	10/04/94-15:54:26.384	4.0	39°44′	118°26′	11	27.1
03	10/24/94-17:05:47.334	3.3	39°48′	118°47′	—	13.3
04	10/24/94-17:28:05.884	2.5	39°43′	118°45′	—	3.7
05	12/17/94-0.6:15:40.000	2.7	39°48′	118°43′	—	13.1
06	02/07/95-01:51:53.540	2.7	39°42′	118°35′	—	13.8
07	03/02/95-07:47:06.040	2.7	39°49′	118°34′	—	21.1
08	06/23/95-4:21:02.855	3.5	39°46′	118°24′	—	30.8
09	06/27/95-22:46:18.600	3.0	39°44′	118°27′	13	25.7
10	07/02/95-15:19:40.985	2.7	39°45′	118°46′	13	7.6
11	09/19/95-23:48:11.110	2.9	39°49′	118°28′	10	27.9
12	09/20/95-00:25:54.110	3.8	39°48′	118°25′	5	30.8
13	10/03/95-14:57:22.110	2.9	39°52′	118°46′	1.4	20.4
14	10/06/95-06:27:00.610	5.9	39°45′	118°27′	—	26.2
15	12/17/95-0.7:35:07.420	2.8	39°29′	118°30′	7	30.6
16	12/31/95-00:08:53.420	3.0	39°45′	118°37′	—	13.1
17	03/24/96-20:51:56.495	3.0	39°44′	118°41′	—	7.5
18	04/08/96-00:39:37.837	4.0	39°51′	118°44′	—	18.5
19	04/08/96-22:09:10.295	3.9	39°45′	118°26′	5	27.5
20	04/09/96-18:10:22.775	3.0	39°36′	118°41′	—	10.7
21	06/03/96-00.50:40.975	2.5	39°42′	118°34′	8	15.3
22	02/28/97-20:43:39.424	3.8	39°16′	118°43′	—	46.5
23	03/19/97-02:09:37.599	2.9	39°56′	118°45′	—	27.7
24	03/27/97-20:50:17.958	2.7	39°44′	118°42′	—	6.6
25	03/28/97-08:50:07.825	2.7	39°44′	118°42′	—	6.6
26	04/21/97-10:00:48.356	3.0	39°48′	118°24′	—	32.1
27	10/05/98-08:57:32.356	2.7	39°44′	118°43′	—	5.9
28	10/08/98-00:19:20.600	2.5	39°52′	118°31′	—	28.1

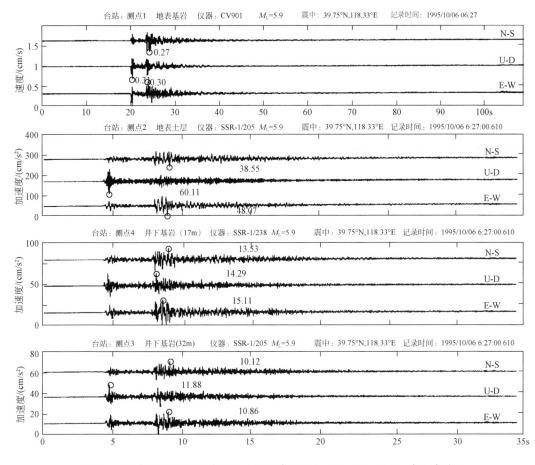

图 6 一个典型的强地震动记录（1995 年 10 月 6 日，$M_L = 5.9$，唐山古冶）

6 结语和展望

唐山响堂三维场地影响观测台阵是我国第一个用于研究局部场地条件对地震动影响的专用台阵，它的建成对我国的强震观测技术水平的提高无疑是一个极大的推动，为我国的台阵纳入国际性的试验台阵计划迈出了重要的一步. 目前，在中国地震局的支持下，该台阵正在进行改造和扩建工程，到 2000 年计划增设地下基岩测点一处（基岩埋深为 50～60m）和相应的土层地表测点一处，并将改造成有线遥测台阵，实现在异地监控现场仪器状态、设置仪器参数和接收地震数据. 经扩建和改造后，唐山响堂三维场地影响观测台阵将成为一个完整的三维场地影响遥测观测台阵. 可以预料，经过数年的精心维护，将获取一批极有价值的中、小地震时的地表、地下不同地质条件的实测数据，必将进一步推动局部场地条件对地震动影响的研究.

致谢 中国地震局震害防御司的卢寿德和孙福梁等同志对本课题的研究给予了大力支持. 参加本项目研究的还有：吴维廉、任曾云、杜美琪、于书勤、胡成祥、史令希、王铁华、于海英、王东强、彭克中、于双久、张晓志.

参 考 文 献

［1］ 李沙白，谢礼立. 国际场地影响台阵的进展. 见：强震观测学术研讨会论文集. 北京：地震出版社，1994.

［2］ Digital Near Source Accelerograms Recorded by the Instrumental Arrays in Tangshan, China, Part I (1982. 7-1984. 12), IEM/SSB, Seismological Press, 1989.

［3］ Kinemetrics/Systems. Operating Instructions for PDR- 1 Digital Event Recorder. Kinemetrics/ Systems. Pasadena, CA. USA, 1985.

［4］ Kinemetrics/Systems, Operating Instructions for Model SSR-1 Solid State Recorder, Kinemetrics/Systems, Pasadena, CA. USA, 1989.

［5］ IC 卡式强震仪（CV-901VR）及 SERVO 型速度仪（VSE-11B, 12B）使用说明书. 日本东京测振.

［6］ Xie L L, Li S B, Yuan Y F, et al. A Small Local Array and Analysis of Its Records Collected. Proceedings of Abstracts for the XXI General Assembly of the IUGG. No. SB11B-06, Boulder, Colorado, USA, July 2-14, 1995.

［7］ Archuleta R J, Seale S H, Sangas P V, et al. Garner Valley Downhole Array of Accelerometers: Instrumentation and preliminary data analysis. Bulletin of the Seismological Society of America, 1992, 82 (4)：1592-1621.

［8］ Schneider J F, et al. Timing of Portable Seismographs from Omega Navigation Signals. Bulletin of the Seismological Society of America, 1987, 77 (4)：1475-1478.

A three dimensional array for site effects on strong ground motion

Xie Li-Li[1], Li Sha-Bai[2], Zhang Wen-Bo[1]

(1. Institute of Engineering Mechanics, China Seismological Bureau. Harbin 150080, China;

2. Beijing Seismological Bureau, Beijing 100039, China)

Abstract　　An experimental three dimensional strong- motion array was deployed in 1994 at the Xiangtang Town in the Tangshan City where a destructive earthquake of M7. 8 occurred in 1976 and completely destroyed the whole city. This array was designed to study the local soil effects on seismic ground motion. It composed of five digital strong- motion accelerographs with two on the surface rock site and other three on soil site with different depths in the boreholes. Among these five digital instruments, one was Japanese Model of CV-901VR and the others including the down- hole system were all purchased from the Kinemetrics Ltd. of the United States. Installation of this local array was completed by the end of July 1994. Since then a number of strong- motion accelerograms were well recorded from sixty earthquakes of magnitudes $M_L 1.5$ to $M_L 5.9$ and the maximum peak ground acceleration reached up to $60 \mathrm{cm/s^2}$.

数字减灾系统[*]

谢礼立，温瑞智

（中国地震局工程力学研究所，黑龙江 哈尔滨 150080）

摘要 自然灾害是人类可持续发展过程中面临的挑战. 本文首先澄清了自然灾害与灾象的概念，分析了当代自然灾害产生的特征，结合计算机技术的发展和人类对自然灾害的认识，提出了建设数字减灾系统的设想. 数字减灾系统是一种以遥感技术、地理信息系统、全球定位系统、网络技术等作为主要技术支撑，用数学和物理模型通过多维虚拟现实技术研究灾象成因、发生机理、传播规律和作用于人类环境形成自然灾害全过程的信息化的计算机系统，它既可用于为人类和社会对灾害作出反应，进行防震减灾行为和制订决策的一种系统，也可以直接用于研究灾害本身，包括灾害形成及其防御的各个环节，作为今后防灾减灾领域的一个重要发展方向，数字减灾系统具有满足社会和经济发展急需，对科学发展的推动作用大，科学创新点明确，内涵丰富，技术路线可行而且具有高起点、高效率的特点.

20 世纪的最后 10 年，在联合国主持下开展了一个有全人类参加的"国际减轻自然灾害十年，IDNDR"的活动，1999 年当联合国在日内瓦举办"十年"总结会时，英国泰晤士报发表了一篇评论，题目是："Decade Ended, Losses Tripled"，就是说 10 年内发生的自然灾象与往常相比未发现有任何异常，但这 10 年中由于自然灾害造成的损失却是上一个 10 年的 3 倍，比 60 年代的 10 年增加了将近 10 倍. 中国也不例外，据统计每年由自然灾害造成的直接经济损失平均占我国 GDP 的 3%~4%！一个值得极度重视的问题，就是人类防灾减灾能力的提高落后于社会经济发展能力的提高，长此下去，严重的自然灾害将使人类文明受到威胁，对社会经济发展产生重大冲击. 这一问题必须引起全社会的高度重视.

在自然资源短缺、环境恶化、人口膨胀以及人类的可持续性发展和世界经济一体化的背景下，为了有效地减轻自然灾害，一系列的研究计划已经有计划有步骤地开展起来. 基于当前地球空间信息科学和计算机技术的发展，本文提出了建设"数字减灾系统"（digital disaster reduction system，简称 DDRS）的设想，并对其研究的内容、方法以及技术支撑进行了探讨.

1 现代自然灾害的特点

在讨论"数字减灾系统"之前，首先区别自然灾害与灾象这两个概念. 自然现象或自

---

* 本文发表于《自然灾害学报》，2000 年，第 9 卷，第 2 期：1-9 页.

然变化按照对人类及其发展是否有利可以区分为益象和灾象. 所谓灾象者是指可能会给人类或社会带来潜在破坏作用的自然现象，所谓益象者乃是会给人类或社会带来利益的或利大于弊甚或没有消极影响的自然现象或自然变化. 在自然界，灾象是不可避免地要发生的，人们目前还没有能力制止灾象的发生，但灾象的发生未必一定会造成损失. 因此，我们不能简单地把那些对人类及其社会具有潜在威胁的自然现象不加区分地统称为自然灾害，只有这种灾象作用于人类及其社会，并造成损失和破坏后果的才能称之为自然灾害.

现代自然灾害的特征主要表现在：

（1）自然灾害造成的损失愈来愈大

城市人口的过分集中，经济的集约化程度高，基础设施的薄弱以及扩建城市所处的恶劣地质、地理环境等一系列因素，造成了现代城市灾害的损失愈来愈大的现象. 美国科学家预测，如果 1906 年发生在旧金山那样的大地震再次在旧金山或洛杉矶发生，则死亡人数将会分别达到 1.1 万和 1.4 万，经济损失将达 550 亿美元，综合损失是 1906 年的数十倍. 1995 年 1 月 17 日发生的日本阪神大地震，造成了直接经济损失约达 1000 亿美元，成为有史以来的灾害经济损失之最.

（2）自然灾害的频度和造成的影响愈来愈大

人类对自然环境日益严重的破坏，也促使灾害的频度和成灾强度加重. 日本神户在 1955 以前的几十年中有记录的赤潮仅 5 次，而 10 后的 1965 年，一年发生了 44 次，至 1975 年高达 300 多次. 灾害的影响范围不断地扩大，以往 20 年间，自然灾害已造成大约 300 万人死亡，至少 8 亿人遭受牵累.

（3）灾害的同步叠加、交叉出现

自然界的内部环节也是相互紧密联系的，一旦灾害损害了其中的任何一个环节，势必影响与之相联的各个环节. 我国川滇黔地区险峻的地形，使地震发生的同时往往引起洪水的泛滥，泥石流的产生. 近年来的厄尔尼诺现象带来了水灾、旱灾、台风、赤潮等巨大的灾害，损失是空前的. 森林、绿化面积的减少，造成涵养水源层的破坏，也使旱灾、水灾交替出现.

（4）针对现代灾害的特点，综合防灾工作是减轻自然灾害的有效手段

灾害危害之大，促使世界各国都在近几十年来先后成立了减灾防灾的科研机构或各种形式的组织开展减灾防灾的活动. 1963 年美国成立了世界上第一个研究灾害对社会影响的机构——美国灾害研究中心，主要从事对社会紧急事件作出反应的多种社会研究. 日本是特别重视灾害科学研究的国家，1960 年有了灾害综合研究班，从 1964 年起，该组织每年开一次灾害研讨会. 我国的减灾工作起步很早，古有大禹治水的记载，著名的都江堰工程是公元前 250 年为抵御洪水、兴水利而修建的. 50 年代的地震编目和地震区划图的编制为我国采取工程措施抵御地震灾害打下了基础，随后的一系列工程抗震规范、地震区划图等，为防震减灾工作逐步纳入规范化轨道做了大量工作.

鉴于现代自然灾害的特点和防震减灾工作的开展，有必要探索寻求新的技术和方法，更加有效地减轻自然灾害对人类造成的损失.

2 数字减灾系统

2.1 数字减灾系统的概念

数字减灾系统（digital disaster reduction system，简称 DDRS）是一种旨在利用当今的高新技术，如遥感技术（remote sensing）、全球定位系统（global position system）、地理信息系统（geographic information system）和计算机网络技术，采用多维虚拟现实技术（virtual reality），用数学和物理模型来进行数字仿真，模拟灾害发生、传播的全过程，既能为社会的减灾行动进行最佳决策，又能直接用于研究灾害形成及其防御的系统. 简单地说，数字减灾系统就是要实现一种虚拟现实的自然灾害的数字化或信息化的计算机系统.

通过以上的定义，可以看出数字减灾系统的几个特点：

（1）数字减灾系统是地球系统科学和信息科学高度结合的产物，其物理基础是地球科学和工程科学. 数字减灾系统是以自然灾害及与其相关的人类社会为研究对象，如果对自然灾害发生的规律不清楚，就不能很好地利用现有的信息技术去研究，因此数字减灾系统应该是目前地球空间信息科学的一个重要研究方向.

（2）数字减灾系统的研究手段主要有遥感技术、全球定位系统、地理信息系统等地球信息技术，还有地球空间数据库与信息系统、信息及处理技术、计算机高速运行网络、多媒体、仿真、虚拟现实技术等，具体实现自然灾害的数字化、网络化、可视化.

（3）数字减灾系统的最终目的是为了减轻自然灾害对人类社会的破坏，推动社会经济的发展. 同时，数字减灾系统还提供了对自然灾害模拟的条件，可进行自然灾害物理规律的实验，方便地解决许多过去因时间或空间尺寸过大、过小、过复杂而不能解决的一些问题的数字模拟，为自然灾害的预报、预测，人居环境的破坏机理以及城市的规划发展和防灾减灾行为提供科学依据.

2.2 "数字减灾系统"的研究对象、内容和方法

"数字减灾系统"以城市和重大工程的防灾减灾为主要研究对象，也可以是一个地区，甚至是一个国家，更可以用来研究自然灾害本身. 这些数字化的灾害包括数字地震、数字洪水、数字台风等，也涉及其相关的数字城市、数字工程等.

"数字减灾系统"以自然现象、人类活动和人居环境及其相互作用为主要研究内容，数字减灾系统不仅以研究区域地表的自然及人工的物理信息作为研究内容，而且还要考虑在地表深处或近地表空间的各种信息. 传统的地理信息系统的专题图层基本上都是表现地表平面信息，数字减灾系统则要求表现多层次、立体和动态的多维信息.

"数字减灾系统"的研究方法就是要充分运用当代高、新科学技术，融自然科学、技术、工程、社会科学于一体的综合研究方法，使不同的领域和学科相互对话、交叉和渗透，使不同的部门和单位有机地结合起来. 具体地说，可以选择某一示范区域，结合该地区的空间数据基础设施，通过地理信息系统技术为开发平台，采用虚拟现实技术，实现某一灾害的发生、发展过程的研究，探讨建设数字减灾系统的一般方法.

2.3　数字减灾系统与数字地球

1998 年 1 月 31 日，美国副总统戈尔在加利福尼亚科学中心举行的开放地理信息系统协会发表的"数字地球——21 世纪理解人类星球的方式"演讲中提出了数字地球（digital earth）的概念，认为"数字地球是一个以地理坐标为依据的多分辨率的、海量数据和多维显示的虚拟系统"．数字地球也是以遥感技术、全球定位系统、地理信息系统和计算机网络技术作为核心技术的计算机系统，其研究的对象是人类赖以生存的整个地球．数字减灾系统是一个独立的封闭系统，但从更广泛的意义上讲，数字减灾系统应该是未来建设的数字地球的一个重要组成部分，实施的技术框架在一定程度上是与数字地球相一致，建设数字减灾系统是与建设数字地球的目的相一致．

应当注意的是数字地球是一个全球性质的高科技发展战略目标，是一场技术革命，它的提出给地球科学提供了知识创新和理论研究的新思路，为信息科学技术的发展起到推动作用．数字地球是一个长远的宏观战略计划，它的实现具有长期性．数字地球对计算机的海量存储、宽带网络、互操作性的技术要求高，这些技术对具体实施数字地球有一定难度．而数字减灾系统对技术支撑的要求远比数字地球的要求低，目前的技术可以满足数字减灾系统的要求，数字减灾系统是完全可以付诸实施的一个比较成熟的设想，具有可行性和可操作性．

2.4　数字减灾系统的技术支持

图 1 简要给出了数字减灾系统需要的各种支撑技术之间的关系，从下至上简要介绍 DDRS 涉及的技术：

（1）空间信息基础设施（national information infrastructure，简称 NII）

1993 年 2 月美国总统克林顿签署法令，建设全美信息高速公路，亦即国家信息基础设施．NII 是指高速、大容量的通信网络设备以及相关的技术系统，由计算机、光纤、通信卫星及相关的接口和网络协议组成．我国国家信息基础设施（CNII）主要包括信息基础设施、信息技术及产业、信息人力资源和信息软环境等．目前 CNII 信息网络主要有中国互联网（China Net）、中国公用分组交换数据网（China PAC）、中国公用数字数据网（China DDN）、中国教育和科研网（CERNET）等．CNII 的建设有利于快速、大容量地传递信息，为数字减灾系统提供了良好运行的硬件环境，是我国数字减灾系统建设的基础．

（2）空间数据基础设施（spatial data infrastructure，简称 SDI）

1994 年由美国颁布的 12906 号总统令所宣布实施的一项计划，是实现组织使用和共享空间数据的结构体系和标准化过程，主要包括空间数据协调管理体系和机构、空间数据交换站（clearing house），空间数据交换标准以及空间数据框架四个主要部分．我国近几年已做了大量的工作，建设中国国家空间数据基础设施（CNSDI），也取得了一批成果．

（3）Client/Service 计算机网络

在 NII 和 SDI 的基础上，建设起具有局域网特点的计算机网络，服务于数字减灾系统．Client/Service 结构使得客户机可以在终端上调试服务器上的程序，有了这种针对数字减灾系统建设的局域网络，就可以采用 GIS，RS，GPS 等技术实现对自然灾害数据的远程查找和各种空间分析操作．

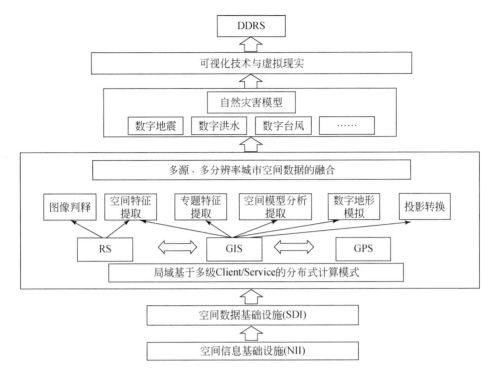

图 1   数字减灾系统的技术支持

Fig. 1   Technical support of digital disaster reduction system

（4）3S 技术

全球定位系统分析方法已经从静态的测量发展到动态测量，从事后处理发展到实时或准实时的定位，测量精度可以达到 m 级，cm 级，甚至 mm 级. 这种高精度的空间定位，为自然灾害发生后的应急反应提供了良好的基础. 我国目前已经建设了国家 A，B 级别的 GPS 网点，开发了一批利用差分 GPS 技术的应用系统.

遥感技术（RS）目前已经发展到较成熟的阶段，高分辨率和多时相的特征扩大了原有遥感涉及的领域，起到快速实时跟踪灾害、反馈信息的作用. 如 1998 年长江中下游发生特大洪水就采用遥感技术对受灾地区进行了实时的跟踪监控.

地理信息系统是一种特定而又十分重要的空间信息系统，是采集、存储、管理和分析地球表面与空间地理分布有关的空间数据系统. 目前网络 GIS（webGIS）、控件式 GIS（component GIS）以及虚拟现实 GIS（VR-GIS）等技术的发展，为数字减灾系统提供了强有力的技术支持.

通过 3S 技术的集成，在 NII 上实现实时的 SDI 数据传输和通讯，结合地球科学中有关自然灾象和工程科学中有关易损性及灾害形成、传播的理论，转换出计算机可以表达的分析模型，可以实现自然灾害信息的传递、管理. 自然灾害的模型建立是数字减灾系统能否具有实用性的前提.

（5）虚拟现实技术（virtual reality，简称 VR）

数字减灾系统最终的表达方式是通过虚拟现实技术（virtual reality）. 虚拟现实技术是

"科学计算可视化"（visualization in scientific computing）的具体表现，是通过计算机系统把科学试验或数值计算中获得的大量数据转换为人的视觉可以直接感受的感官世界的过程. 它具有几个特点：①具有三维视觉、听觉和触觉的特点；②用户可以和虚拟实体进行交互操作；③需要传感技术实现，如数字手套等. 因此，VR 技术与仿真技术不同，仿真技术没有使用户身临其境的感觉，不能与计算机中的物体进行交互作用.

数字减灾系统的实现最终要在 VR-GIS 的平台上表现. VR-GIS 是虚拟现实技术和 GIS 高度结合的产物，专门用于地球科学或某种特定研究对象的计算机技术. 目前，VR-GIS 主要应用虚拟现实建模语言（virtual reality modeling language，即 VRML）实现，它具有三维立体、动态、声响，即视觉、听觉、运动感觉的特点. 严格地讲，VRML 还处于准虚拟现实或不完善的半虚拟现实技术，但在数字减灾系统中，对触觉或嗅觉的要求很低，因此 VRML 可以很好地满足数字减灾系统建设的要求，将作为数字系统集成过程中一种主要的计算机语言.

2.5　中国空间数据基础设施

CNSDI 的发展建设为"十五"期间建设中国的 DDRS 做了大量的前期工作，使得 DDRS 的研究建设可行，为数字减灾系统的发展提供了良好的环境. CNSDI 主要表现在以下 4 个方面：

（1）成立了国家空间数据基础设施地理信息协调委员会的宏观机构组织机构；工程实施协调机构为国家和地方测绘行政主管部门；

（2）建设国家基础地理信息系统（NFGIS），主要有：地形数据库、地名数据库、大地数据库、重力数据库、影像数据库、数据栅格数据库和数字高程模型等；

（3）建立内部纵向树结构分级网络，国家级节点在国家基础地理信息中心，省节点在省级基础地理信息中心；外部网络横向通过国家信息基础设施，与全国相连；

（4）建设数字化测绘（地理信息）技术标准体系，包括数字化测绘通用基础标准、数字化测绘产品标准、数字化操作标准等；并与国际接轨，获得国际标准化组织成立的地理信息/地球信息业技术委员会（ISO/TC211）的成员资格.

3　数字减灾系统的技术实施思路——以数字地震减灾系统为例

数字减灾系统应该是一个以高新技术为起点的计算机应用系统，实现日常的有关城市防灾减灾信息的科学管理；在灾害发生时能够及时响应，为决策部门提供准确、实时的灾害信息和应急措施、辅助决策.

数字地球目前设想的分辨率为 1m，而 DDRS 的分辨率拟为 0.5m，这里主要考虑两个原因，一是数字减灾系统涉及的范围远比数字地球小得多，大比例尺基础数据的建设相对比较容易，另一个原因是自然灾害对研究区域的破坏可能要表现很细微的变化，因此数据的分辨率应比数字地球高.

按照自然灾害发生发展的过程，发展 DDRS 的技术思路，应该以时间为顺序进行数字减灾系统的建设. 以地震灾害为例，按照地震孕育、发生以及作用于人居环境形成灾害的过程为线索，将数字地震减灾系统（digital earthquake disaster reduction system）分为 5 个主要组成部分.

（1）地震发生机理数字系统

利用"中国地壳运动观测网络"和"中国国家数字地震台网"等提供的现代观测技术和分析处理方法，结合数学、物理模拟构造导致强震孕育、发生的过程，选择适合我国大陆强震震源模型，通过 VR-GIS 实现对地质构造的三维描述，实现对地质构造信息交互式的访问，如对震源位置、深度的设定，甚至断裂的走向、滑移等参数的修正. 该部分是要模拟出震源发生的机理.

美国科学家曾经对 San Andreas 断层进行了虚拟现实试验，用数字高程模型（DEM）和卫星图像叠加，构成 San Andreas 断层附近的地质构造条件，产生三维立体图形. 当虚拟地震发生时，地下与地表产生强烈的震动和位移，模拟了真实地震发生时可能产生的情况.

（2）强地面运动数字模拟

地震动的传播途径对地震动的影响很大，模拟地震动或地震波的传播过程. 可采用两种方法，一种就是用常用的经验性地震动衰减关系，结合数字高程模型（DEM），计算出场地的烈度、反应谱值，但精度不高，另一种方法是采用地震波传播的时程技术，以地区的工程地质数据库为支持，根据震源破坏的机理产生地震动时程，通过土层反应计算模拟场地的地震动时程，该工作需要详细的地质资料和成熟的地震动时程分析方法.

强地震动模拟主要是反映震源特性和场地特性对地震动的影响. 如断裂的破裂方向会产生多普勒效应，沿着断裂方向两端的场地，长周期地震动会有放大作用；局部场地的软土会对长周期的地震动也有很强的放大作用. 旧金山湾区的 GIS 强地震动模拟中已经进行了初步研究，研究成果可以借鉴.

（3）对地震作用下的建（构）筑物反应和破坏的数字模拟

地震动传播到场地之后通过基底传播到建（构）筑物，引起建（构）筑物的地震反应. 虚拟现实技术应侧重两方面的工作，一方面表现建（构）筑物遭到地震的冲击后的性态反应，如实现建（构）筑物震前的抗震能力测评和震后的整体使用功能的评价，以及建筑物地震反应对人的舒适度和惊恐度评价，综合反映建（构）筑物的震后的物理、人文特性. 另一方面，虚拟现实技术提供了模拟建筑物破坏的实验环境，通过对建筑物的物理抽象，采用数字分析技术，如有限元等方法，实现非线性反应分析，直到结构的破坏. 为了更好地反映小尺寸的结构反应，可采用 VRML 的超节点连接技术，实现对研究对象大比例尺的观察、研究.

（4）震后应急辅助决策，包括地震损失的评估

当虚拟地震发生后，将地震动与建筑物进行空间叠加分析，利用已有的震害预测方法或直接根据建筑物的本构关系及其动力反应进行地震时建筑物性态（performance）和损失评估. 虚拟地震的损失快速评估的结果是依据已经建立的空间数据库，其可靠程度有待于真实震害调查结果的验证，但这种"盲测"的损失快速评估能给抗震救灾应急反应的决策者以参考，有助于判断灾情的规模，初步构思救灾的合理方案，迅速采取措施. 虚拟震害评估的特点是动态性，实时地反映灾情的进展.

此阶段另一部分重要内容是虚拟地震应急反应. 工作内容有：建立地震应急工作的指挥组织，以抢救埋压人员和物资为主要内容的紧急救灾抢险，医疗救护，灾区居民的疏散

和安置，运送和分发救灾物资，重要机构的保卫和维持灾区的社会秩序，生命线工程抢修，扑灭次生灾害，震情监测与调查，震后的生产系统恢复和及时向上级主管部门和社会媒体报告灾情，以及防疫和宣传工作.

(5) 震后重建规划

虚拟地震发生的模拟可以发现城市建设规划中的薄弱环节，加强对潜在自然灾害的认识，为城市和地区的发展规划提供科学依据. 虚拟系统还可以进行多方案的比较，为政府领导阶层或灾害管理部门作出合理的决策.

通过对虚拟地震的风险辨识，定性地描述灾害的发生可能造成的社会影响、经济损失，定量地确定处于未来灾害区的人口分布，阐明灾害事件的成因，以及相应不同灾害等级的后果，并将这些灾害事件作为城市规划的科学依据. 虚拟地震还可以评估某一项减灾的政策或工程可能产生的减灾效果，在使用期限内遭遇灾害作用的概率、发挥作用的成效，确定城市要按何种风险水平设防，基础设施能抵御多大强度、多少次灾害的作用等.

美国的 VR 技术专家和城市管理专家从建筑物对城市的功能和美学的角度对洛杉矶和拉斯维加斯两座城市的改造进行了虚拟试验，进行了多方案的比较.

4　数字减灾系统的可行性

通过上面的论述可以看出数字减灾系统研究具有可行性. 这主要表现在：

(1) DDRS 对其支撑技术要求相对较低

本文第三节详细地讨论了 DDRS 所涉及的技术支持，但就目前科技水平的发展和技术条件，上述框架中的许多技术内容还需要完善、成熟，有的领域甚至还处于构想阶段. 因此，无论是 NII 还是 SDI，无论在中国还是在美国等发达国家，以上的技术只是实现理想情况下 DDRS 所需要具备的技术，而就目前真正实施 DDRS 战略时，可只考虑 DDRS 的核心技术，而忽略其相关的技术是十分现实的. 目前单一的计算机即使没有连接到网络上，相应的一些支持软件也可以模拟出网上运行的情况. 作为目前 DDRS 一个经济可行的方案就是在高档的微机上，结合相应的网络技术，以 G1S 软件为开发平台，通过 VR 技术实现单一数字灾害，甚至某种数字灾害的某一个特定过程，如，建筑物，或某一个构件在地震作用下的反应和破坏过程的虚拟，这是 DDRS 研究的出发点. 至于其他的技术，如 RS、GPS 和其他各种传感技术等，可按照系统建设的具体情况来决定是否采用.

(2) DDRS 的独立性

DDRS 的独立性表现在尽管 DDRS 系统实施的框架与数字地球的建设很一致，但它的实施并不完全依赖于数字地球技术的发展，它是可以完全独立于数字地球，自行发展的系统，一旦 DDRS 研制成功，其结果就可以作为数字地球的一个重要组成部分，丰富数字地球的内涵.

DDRS 的独立性还表现在每一个独立的单一灾种内部系统之间也是可以相互独立的. 正如前面讨论的数字地震减灾的几个重要组成部分均可作为地震灾害中独立研究的子系统来建设，子系统之间通过预留接口，实现数据的交流. 如受各种因素的限制，研制者甚至可以只单独研制一片墙体，一个柱子，一榀框架等在地震波作用下的破坏过程，这样就可以把数字灾害的许多问题分解成类似构件式的一系列子系统，在必要的时候组装成上一级的系统.

5 建设数字减灾系统的科学意义

（1）对科学技术发展推动作用大

这是一个需要多学科联合攻关才能完成的项目，它涉及地球科学、材料科学、计算机技术、土木水利工程、岩土工程、信息工程、系统工程、管理科学、社会科学等多种学科；毫无疑问，这个项目的实施既呼唤这些领域的科学家、工程技术人员发挥他们的聪明才智，同时也必将会推动相关科学和技术的相应发展. 具体来讲，它将促进和推动以下科技领域的发展.

- 灾象和灾势的成因和机理，预测和预报；
- 灾势的长期、中期和短期评估理论；
- 灾害的传播理论，环境对传播过程的影响；
- 结构工程和生命线网络工程对灾象活动的反应和破坏机理；
- 工程破坏现象及可能的次生灾害的仿真模拟；
- 社会对灾害的应急反应模拟；
- 救援和救济的仿真模拟；
- 灾害损失的实时或近实时评估等.

（2）科学创新点明确且内涵丰富

科学创新的核心是科学思想和研究领域的创新. 人类对灾害的态度经历了从听天由命，自发的和灾害作斗争，到目前人类正在自觉地对灾害进行研究和防治的漫长道路. 但目前还是停留在局部的、片面的、单灾种的研究和防治上. 由于有的研究对象（如地震）突如其来，难以对研究对象进行全面的有计划的观察和研究，主要的研究方法还只能是灾后的调查和总结，因此进展缓慢，效果不尽人意. 数字减灾系统将为人类提供研究自然灾害的新手段和新方法.

"数字减灾系统"可以把自有人类历史以来的一切国内外防灾减灾的成果，特别是我国近三个五年计划中获得的大量科研成果得到系统的应用. 这个项目一旦建成，不仅能大大地改进我国防灾减灾工作而且可以为进一步研究重大减灾理论提供十分有力的工具和手段，这就像室内航空训练、网上攻防演习一样.

（3）高起点、高效率的技术路线

"数字减灾系统"和"数字地球"概念一样，以高新技术为支撑系统，建立尽量标准的、完备的、高效的相关数据库，并在此基础上建立、细化和完善形成灾害和评估损失的各类数学和物理模型. 在"七五"、"八五"和"九五"期间，全国各部门各地区完成了许多重要的科研项目和重大的技术支撑体系，观测系统和观测技术有了很大的提高，在硬件方面有了极大的改善，甚至在有的方面还超过了发达国家的水平，但它们的应用水平和发挥的效益却并不满意. 在以知识创造为中心的软件方面的研究也同样取得了骄人的成绩，自然科学基金"八五"重大项目"城市和工程减灾基础研究"在灾害发生机理、传播规律、危险性评估以及将 GIS 技术运用于城市和大型交通枢纽的多种自然灾害的综合防治中取得了一批令人信服的成果. 此外，在不少部门也同样在这方面取得了重要的成果.

所有这些均为开展"数字减灾系统"的研究提供了重要的基础.

要实现"数字减灾系统"的最终目标,上面提到的各种技术支撑条件当然是十分重要的,建立合理和完备的数学和物理模型以及完备标准的数据库也许是更重要的.以地震灾害为例,近十年来的城市震害经验,如 1989 年美国 Loma Prieta 地震、1994 年美国 Northridge 地震、1995 年日本阪神地震、1999 年两次土耳其地震以及 1999 年我国台湾集集大地震都为建模提供了极为有利的条件,一个重要的原因是,这些地震发生在城市地区,不仅提供了城市震害实例,更为令人鼓舞的是还同时收集到了十分珍贵的强震记录.

6　结语

本文从减轻自然灾害的角度出发,提出了建设数字减灾系统的设想.

数字减灾系统可为研究防灾减灾提供一种新的研究途径和方法,其本身又可直接用于防灾减灾,是今后研究防灾和减灾的必由之路;

数字减灾系统便于继承、吸纳和应用我国以及国际上多年来在各种减灾领域中取得的成果;

数字减灾系统是多学科,多领域交叉、渗透,目前已基本具备研制的条件,国外还没有提也没有搞,因而也是最富挑战、最具创新内容的领域,对此既要谨慎,更应采取积极的态度.

本文还对 DDRS 所需要的技术支撑进行了讨论,阐明了研制 DDRS 的可行性和迫切性,强调了数字减灾系统可以成为"数字地球"的重要组成部分,又可以是独立于"数字地球",先行开发的系统.作为我国一个新的五年计划,DDRS 的建议是一个重要的发展新方向.

参 考 文 献

[1] 承继成,李琦,易善桢.国家空间信息基础设施与数字地球.北京:清华大学出版社,1999.
[2] 谢礼立.自然灾害学报发刊词.自然灾害学报,1992(1).
[3] 谢礼立.关于国际减轻自然灾害十年.见:中国科学院地学部.中国自然灾害灾情分析与减灾对策.武汉:湖北科学技术出版社,1999,12.
[4] 谢礼立,等."基于 GIS 和 AI 的地震危险性分析和信息系统"的总结报告.哈尔滨:中国地震局工程力学研究所,1997.
[5] 施寅,周葆芳,赵志勇.VRML 2.0 使用速成.北京:清华大学出版社,1998.
[6] 汤爱平.城市灾害管理和震后应急反应辅助决策.哈尔滨:中国地震局工程力学研究所,1999.
[7] 温瑞智.基于 GIS 的防震减灾系统.哈尔滨:中国地震局工程力学研究所,1999.

Digital disaster reduction system

Xie Li-Li, Wen Rui-Zhi

(Institute of Engineering Mechanics, China Seismological Bureau, Harbin 150080, China)

Abstract   Natural disaster is one of the major challenges to the world during the twenty-first century for sustainable development of society. In this paper, the concept of Digital Disaster Reduction System (DDRS) is presented. Based on the advanced computer technology and understanding of natural disaster, the frame of digital disaster reduction system (DDRS) is described. DDRS is constituted by integrating of computer hardware and software, supported by the remote sensing, global positioning system and geographic information system, web technology, virtual reality, with rational mathematical and physical models of disasters as the core of the system to simulate the whole process of natural disaster. The proposed DDRS could be applied not only for disaster prevention and reduction, but also being a powerful tool for study of natural disaster itself.

考虑地震环境的设计常遇地震和罕遇地震的确定[*]

马玉宏[1]，谢礼立[1,2]

（1. 哈尔滨工业大学　土木工程学院，黑龙江　哈尔滨　150090；
2. 中国地震局工程力学研究所，黑龙江　哈尔滨　150080）

摘要　本文在地震危险性特征分区图的基础上，通过对全国不同地震危险性特征区内的 1905 个城镇的危险性特征的分析，探讨了考虑地震环境的设计常遇地震和罕遇地震烈度、地震影响系数和地面最大加速度的合理取值，指出在抗震设计中考虑不同地区地震危险性差异的必要性，为更好地贯彻"小震不坏，中震可修，大震不倒"的抗震设计目标提供了新的依据.

1　前言

设防水准是指工程设计中如何根据客观的设防环境和已定的设防目标，并考虑具体的社会经济条件来确定采用多大的设防参数，或者说，应选择多大强度的地震作为防御的对象[1]，它直接关系到未来结构物的抗震能力.

目前我国抗震设计规范（GBJ11-89）以烈度区划图上规定的基本烈度作为设防依据[3]，以"小震不坏，中震可修，大震不倒"作为抗震设计目标，并采用了三水准二阶段的抗震设计思想来进行抗震设计. 同时统一规定了"小震（常遇地震）"、"大震（罕遇地震）"的烈度与基本烈度之间的差值固定为 1.55 和 1 度. 由于这两个值是在对我国华北、西北和西南地区 45 个城镇的地震危险性分析基础上统计计算出来的平均值，有一定的局限性，因此有必要对这两个差值再作进一步的研究. 此外，采用 1.55 和 1 度这两个固定的值对结构进行抗震验算实际上是忽略了全国各地地震危险性的差异. 事实上，我国地域辽阔，每个地区的地震活动性都很不相同，因此在抗震设防中考虑地震危险性的差异是十分必要的.

本文根据中国地震危险性特征区划图[5]，通过对全国不同地震危险性特征区内的 1905 个城镇的危险性特征的分析，探讨考虑了地震环境后常遇地震和罕遇地震烈度、地震影响系数和地面最大加速度的合理取值，期望为较合理地制定抗震设防标准提供依据.

2　地震烈度的概率分布及烈度危险性曲线的公式

目前，地震工程研究者普遍接受的观点是：烈度和各种地震动参数的概率分布符合极

---

[*] 本文发表于《建筑结构学报》，2002 年，第 23 卷，第 1 期：43-47+67 页.

值分布[4]，但究竟极值Ⅰ、Ⅱ、Ⅲ型中哪一种更符合实际，这需要对地震烈度和地震动参数的概率分布进行检验和分析，文献［7］统计和检验了我国华北、西北、西南三个地区45个城镇地震危险性分析的结果，认为地震烈度的概率分布符合极值Ⅲ型. 文献［5］也以三个城市的50年超越概率63%、10%、3%、2%对应的烈度为已知数据，拟合出超越概率P与烈度I的关系式，并得出地震烈度的概率分布符合极值Ⅲ型的结论. 由于烈度有上限值，因此我们初步认为极值Ⅲ型可能更符合地震烈度概率分布的实际情况. 极大值的极值Ⅲ型分布可表达为：

$$F_{\text{Ⅲ}}(i) = \exp\left[-\left(\frac{\omega-i}{\omega-\varepsilon}\right)^k\right] \quad (i \leqslant \omega) \tag{1}$$

式中，ω 为上限值，对于地震烈度，一般取 $\omega=12$ 度；ε 为众值烈度；k 为形状参数.

由于在地震危险性分析的结果（即《中国地震烈度区划图（1990）》）中给出了超越概率10%对应的基本烈度 I_0 值，为方便起见，可以利用烈度 I_0 及其超越概率值代入式（1）推导出烈度危险性曲线公式[5]：

$$\lg\{-\ln[1-P(I \geqslant i)]\} + 0.9773 = k\lg\left(\frac{\omega-i}{\omega-I_0}\right) \tag{2}$$

式中，$P(I \geqslant i)$ 为烈度 i 相应的超越概率，其他符号同上.

可见，对于给定的一个场地，若已知基本烈度 I_0 和形状参数 k 的值，即可求出任意给定烈度 i 所对应的超越概率 P；同理，也可以求出任意给定超越概率 P 所对应的烈度 i.

3　中国地震危险性特征分区

在我国现有规范中，对于每一基本烈度，形状参数 k 均取为常量[8]. 事实上，即使基本烈度相同，由于不同地区的地震活动性不同，其地震危险性（即形状参数 k）也会大不相同，每一基本烈度对应同一形状参数值实际上忽略了不同地区地震危险性的差异.

为了考虑不同地区地震危险性特征的差异，文献［5］以形状参数 k 作为表征不同地区地震危险性差异的特征参数，通过对全国及邻区6376个点的 k 值的分析将全国分为Ⅰ区（$k=6$）、Ⅱ区（$k=10$）、Ⅲ区（$k=20$）三个区，并编制了《中国地震危险性特征区划图（草图）》.

用形状参数 k 的三个不同取值将我国划分成三个地震危险性特征区以后，每一基本烈度可对应三个不同的 k 值，而不是像现有规范那样取同一值，这说明用形状参数 k 可以反映不同地区地震危险性的差异. 在进行抗震设防时，k 值的不同，意味着任意烈度所对应的超越概率和发生概率的不同，也意味着"小震"、"大震"所对应的烈度、地震影响系数和地面最大加速度的不同. 以基本烈度为6度的地区为例，当位于危险性特征区Ⅰ区、Ⅱ区、Ⅲ区时，其对应的形状参数 k 均可取6、10、20三个不同的值，用公式（2）计算出的危险性曲线也有三条（见图1），其"小震"、"大震"烈度、地震影响系数和地面最大加速度也分别可取三个不同的值，从而满足了在抗震设防时考虑不同地区地震危险性差异的需要.

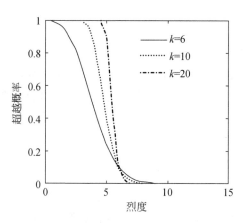

图 1　基本烈度 6 度的地区地震危险性曲线

Fig. 1　Earthquake hazard curve in zone of basic intensity 6

4　考虑地震环境的设计常遇地震和罕遇地震烈度的取值

对于小震（常遇地震）、中震（偶遇地震）、大震（罕遇地震），规范采用设计基准期内不同的超越概率来体现．与现有规范相统一，对小震取其设计基准期 50 年内的超越概率为 63%；对中震取其设计基准期 50 年内的超越概率为 10%；对大震取其设计基准期 50 年内的超越概率为 2% 或 3%．本节将利用全国 1905 个城市的地震危险性特征（基本烈度 I_0 值、特征参数 k 的实际计算值）和公式（2），研究三个不同的危险性特征分区中小震、大震所对应烈度的取值情况．

分析中采用的 1905 个城镇的数据是从 1990 年烈度区划图上采集，并由 GIS 软件转化得来的，基本包括了全国县以上的城镇．其中，属于 Ⅰ 区的仅有 53 个城镇，基本烈度取值范围为 6 度 ~ 9 度；属于 Ⅱ 区的有 1438 个，基本烈度取值范围为 5 度 ~ 9 度；属于 Ⅲ 区的有 414 个，基本烈度的取值范围为 4 度 ~ 7 度．

利用公式（2）计算 Ⅰ 区 53 个城镇、Ⅱ 区 1438 个城镇、Ⅲ 区 414 个城镇超越概率为 10% 的烈度与所对应的"小震"、"大震"烈度差的平均值和标准差见表 1．其中，形状参数分别采用实际计算值 k_d 和分区平均值 $k = 6$、10、20．

表 1　中国不同地震危险性特征区内建筑物"小震"、"大震"与"中震"烈度差的取值

Table 1　Intensity differences between "small" or "major" and "medium" earthquakes in various seismic hazard characteristic zones

单位：度

地震危险性分区 烈度差		Ⅰ区（$k=6$）		Ⅱ区（$k=10$）		Ⅲ区（$k=20$）		规范值
		实际计算值 k_d	分区平均值 k	实际计算值 k_d	分区平均值 k	实际计算值 k_d	分区平均值 k	
中、小震（63%）	平均值	-1.78	-1.96	-1.28	-1.32	-0.82	-0.79	-1.55
	标准差	0.25	0.26	0.20	0.18	0.22	0.06	

续表

地震危险性分区 烈度差		Ⅰ区（k=6）		Ⅱ区（k=10）		Ⅲ区（k=20）		规范值
		实际计算值 k_d	分区平均值 k	实际计算值 k_d	分区平均值 k	实际计算值 k_d	分区平均值 k	
中、大震（2%）	平均值	+0.97	+1.04	+0.77	+0.80	+0.54	+0.52	+1.0
	标准差	0.13	0.14	0.10	0.11	0.13	0.04	
中、大震（3%）	平均值	+0.75	+0.80	+0.59	+0.61	+0.41	+0.40	+1.0
	标准差	0.10	0.10	0.08	0.08	0.10	0.03	
中、大震（5%）	平均值	+0.45	+0.49	+0.35	+0.37	+0.24	+0.23	
	标准差	0.06	0.07	0.05	0.05	0.06	0.02	

由表1可见：

（1）"中、小震"和"中、大震"烈度差随着危险性特征分区的不同而不同，并不是一个固定值，这说明在抗震设防中考虑地震危险性差异是十分必要的，分区可以将规范中忽略了的地震危险性特征的差异考虑进来.

（2）从危险性特征Ⅰ区到Ⅲ区，"中、小震"烈度差（63%）和"中、大震"烈度差（2%、3%、5%）均逐渐变小. 也就是说，在Ⅰ、Ⅱ、Ⅲ区内"中震"烈度相同的条件下，Ⅰ区的烈度差最大，其"小震"烈度最小，"大震"烈度最大；而Ⅲ区的烈度差最小，其"小震"烈度最大，"大震"烈度最小.

（3）我国现有规范的规定值（1.55度和1度）与各分区内的"中、小震"和"中、大震"烈度差的平均值相差较大，对于根据实际计算值 k_d 所求得的结果来说：规范规定值1.55度与"中、小震"烈度差（63%）的标准方差为0.47度，规范规定值1度与"中、大震"烈度差（2%、3%、5%）的标准方差分别为0.29度、0.45度、0.67度，即规范值与实际计算结果偏差较大，这说明对属于不同分区的城镇采用现有规范的规定值进行"小震"下的强度验算和"大震"下的变形验算会产生一定的偏差，有时过于保守，有时偏于不安全. 因此我们建议对不同的危险性分区采用不同的"小震"和"大震"烈度值.

（4）比较由形状参数的实际计算值 k_d 和分区平均值k所求得的"小震"、"大震"烈度差可以发现：在各危险性特征区内，二者的烈度差的平均值均相差很小. 这说明，为了简便起见，在以后的分析中采用形状参数分区平均值k代替实际计算值 k_d 是合适的.

表1中规定的"中、小震"和"中、大震"烈度差均为小数烈度，虽然在实际工程应用中小数烈度的物理意义无法解释清楚，但是进行"小震"作用下的强度验算和"大震"作用下的变形验算时需要的是地震影响系数最大值 α_{max}，该值的物理意义十分明确，因而有必要研究在不同危险性分区内"小震"、"大震"所对应 α_{max} 的取值情况.

5 考虑地震环境的设计常遇地震和罕遇地震影响系数 α_{max} 的取值

我国抗震设计规范中用地震影响系数 α 来表征地震作用. α 由两个特征量标定——最

大值 α_{max} 和特征周期 T_g. 特征周期 T_g 由场地条件等确定，不在此讨论. α_{max} 的值由地震烈度确定，利用地震影响系数 α_{max} 与 I 的数量关系可推导出 α_{max} 的危险性曲线公式[5]

$$\lg\left[-\ln(1-P)\right]+0.9773=k\lg\left(\frac{0.85-\lg\alpha_{max}}{0.85-\lg\alpha_{max}^{10}}\right) \tag{3}$$

式中，α_{max}^{10} 为 50 年超越概率 10% 对应的地震影响系数最大值，其他符号同前.

与上节类似，本节利用全国 1905 个主要城市的地震危险性特征和公式（3），计算了所划分的三个不同的危险性特征分区中小震、大震所对应的地震影响系数 α_{max} 的值，见表 2. 其中，为精确起见，计算中形状参数采用的是实际计算值 k_d.

表 2　中国不同地震危险性特征区内"小震"、"大震"所对应的地震影响系数 α_{max}

Table 2　Seismic influence factors α_{max} for "small" and "major" earthquakes in different seismic hazard characteristic zones

烈度 α_{max}		6 度			7 度			8 度			9 度		
		I 区	II 区	III 区	I 区	II 区	III 区	I 区	II 区	III 区	I 区	II 区	III 区
小震	（63%）平均值	0.024	0.049	0.064	0.058	0.097	0.128	0.144	0.202	—	0.40	0.466	—
	规范值（GBJ11-89）	0.04			0.08			0.16			0.32		
大震	（2%）平均值	0.29	0.21	0.18	0.49	0.39	0.33	0.84	0.72	—	1.41	1.32	—
	（3%）平均值	0.24	0.18	0.16	0.41	0.34	0.31	0.73	0.65	—	1.28	1.21	—
	（5%）平均值	0.182	0.154	0.144	0.327	0.292	0.272	0.602	0.560	—	1.110	1.073	—
	规范值（GBJ11-89）	0.25			0.50			0.90			1.40		

分析表 2 可以发现：

（1）三个区内 63%、2%、3%、5% 超越概率下不同烈度对应的地震影响系数 α_{max} 值随着危险性特征分区的不同而有很大的差别，这再次说明了在抗震设防中考虑地震危险性差异的必要性.

（2）在相同烈度下，从危险性特征 I 区到 III 区，"小震（$P=63\%$）"对应的 α_{max} 值逐渐增大，而"大震（$P=2\%$、3%、5%）"对应的 α_{max} 值则均逐渐减小. 例如，在烈度为 6 度时，从 I 区到 III 区，"小震（63%）"对应的 α_{max} 分别等于 0.024、0.049、0.064；而"大震（2%）"对应的 α_{max} 则分别等于 0.29、0.21、0.18.

（3）我国现有抗震规范（GBJ11-89）的 α_{max} 规定值与各危险性特征区的 α_{max} 值差别较大，有的偏大，有的偏小. 就占全国大多数的 II、III 区来说，规范规定的 63% 超越概率（"小震"）下 6 度、7 度、8 度、9 度对应的 α_{max} 值均比本节计算的 α_{max} 要小得多，也就是说规范规定值进行抗震设防时会产生较大的风险；而规范规定 2%、3% 超越概率（"大震"）下 6 度、7 度、8 度、9 度所对应的 α_{max} 值均比本节计算的 α_{max} 值要大，即按规范规定值进行抗震设防时会偏于保守，因此我们建议对不同的危险性分区采用不同的地震影响系数 α_{max}，具体取值情况参见表 2.

由以上分析可见，在实际应用过程中，由烈度区划图和危险性特征区划图可分别查出基本烈度 I_0 和形状参数 k 的值，然后就可以利用表 2 直接查得"小震"、"大震"所对应地震影响系数 α_{max} 的值，并直接用于抗震设计中.

6 考虑地震环境的常遇地震和罕遇地震地面最大加速度 A_{max} 的取值

地面运动加速度值是抗震设计规范中的一项重要基本参数, 在工程设计中其取值的高低直接影响抗震设防的标准和基本建设投资. 我国抗震设计规范将 50 年设计基准期超越概率 10% 的地震加速度的设计取值定义为设计基本地震加速度值, 见表 3. 根据设计基本地震加速度 A_{max} 与烈度的数量关系, 采用与烈度和地震影响系数危险性曲线公式类似的推导方法, 可推导出地面最大加速度 A_{max} 的危险性曲线公式[9]:

$$\lg\{-\ln[1-P]\}+0.9773 = k\lg\left(\frac{1.5-\lg A_{max}}{1.5-\lg A_{max}^{10}}\right) \qquad (4)$$

其中, P 为对应的超越概率值; k 为形状参数; A_{max}^{10} 为相应于 50 年超越概率 10% 的地震地面最大加速度, 由建筑场地基本烈度按表 3 取值.

表 3 50 年超越概率 10% 的地震地面最大加速度 A_{max}^{10}

Table 3 Maximum ground acceleration A_{max}^{10} for the earthquake of the exceeding probability 10% in 50 years

设防烈度	VI	VII	VIII	IX
设计基本地震加速度 A_{max}^{10}	0.05g	0.10g	0.20g	0.40g

众所周知, 当采用时程分析法对结构进行地震反应分析时, 地面最大加速度的合理取值是十分重要的. 为了方便抗震计算, 仍通过分析全国 1905 个主要城市的地震危险性特征, 研究所划分的三个不同危险性特征分区中小震 ($P=63\%$)、大震 ($P=2\%$、3% 及 5%) 所对应的地面最大加速度的取值情况, 计算结果见表 4. 为精确起见, 计算中形状参数采用的是实际计算值 k_d.

表 4 中国不同地震危险性特征区内 "小震"、"大震" 所对应的地面最大加速度 A_{max}

Table 4 Maximum ground acceleration for "small" and "major" earthquakes in different seismic hazard characteristic zones

单位: m/s²

烈度 A_{max}		6 度			7 度			8 度			9 度		
		I 区	II 区	III 区	I 区	II 区	III 区	I 区	II 区	III 区	I 区	II 区	III 区
小震	(63%) 平均值	0.096	0.203	0.265	0.248	0.420	0.555	0.637	0.895	—	1.758	2.069	—
大震	(2%) 平均值	1.236	0.880	0.757	2.145	1.701	1.460	3.728	3.220	—	6.284	5.857	—
	(3%) 平均值	1.008	0.770	0.686	1.805	1.502	1.334	3.240	2.884	—	5.674	5.365	—
	(5%) 平均值	0.763	0.646	0.602	1.428	1.274	1.186	2.676	2.489	—	4.938	4.769	—

分析表 4 可见: 地面最大加速度 A_{max} 随着危险性特征分区的不同而有很大的差别: 在烈度相同的条件下, 从危险性特征 I 区到 III 区, "小震" 对应的地面最大加速度 A_{max} 值逐渐增大, 而 "大震" 对应的 A_{max} 值则逐渐减小. 因此我们建议对不同的危险性分区采用不同的地面最大加速度 A_{max}, 见表 4. 在实际工程应用中, 由烈度区划图和危险性特征区划图可分别查出基本烈度 I_0 和形状参数 k 的值, 然后就可以利用表 4 直接查得 "小震"、

"大震"所对应地面最大加速度 A_{max} 的值，便于抗震设计时采用时程分析法对结构进行地震反应分析.

为了验证"对不同的危险性分区采用不同的"常遇地震"和"罕遇地震"烈度，不同的地震影响系数和地面最大加速度"这一建议的合理性，本文以基本烈度为 7 度、分别位于特征区Ⅰ区、Ⅱ区、Ⅲ区的蓝田、上海和江宁三个城市为例来进行说明. 三个城市常遇和罕遇地震动参数（烈度、地震影响系数及地面最大加速度）建议值和规范值比较结果见表 5. 由表可见，三个城市由于位于不同的危险性特征区，其"小震"和"大震"烈度、地震影响系数和地面最大加速度均与规范值相差较大. 以上海市为例，其"小震"地震影响系数规范值比本节计算值要小，也就是说按规范值进行抗震设防时会产生较大的风险；而"大震"规范值比本节计算值要大，即按规范规定值进行抗震设防时会偏于保守. 为了克服现有规范的缺点，更好地反映不同地区地震危险性的差异，即考虑地震环境的影响，本文提出"对不同的危险性分区采用不同的"常遇地震"和"罕遇地震"烈度，不同的地震影响系数和地面最大加速度"这一建议是合理的.

表 5　基本烈度（7 度）相同的三个城市的常遇和罕遇地震动参数建议值和规范值比较

Table 5　Comparing between the code values and the suggested values for the seismic ground motion parameters of "frequently occurred earthquake" and "seldomly occurred earthquake" in three same basic intensity（7）cities

地震动参数	城市	小震（63%）			大震（3%）		
		蓝田（Ⅰ区）	上海（Ⅱ区）	江宁（Ⅲ区）	蓝田（Ⅰ区）	上海（Ⅱ区）	江宁（Ⅲ区）
烈度/度	计算值	5.22	5.72	6.18	7.75	7.59	7.41
	规范值	5.45			8		
地震影响系数	计算值	0.058	0.097	0.128	0.41	0.34	0.31
	规范值	0.08			0.5		
地面最大加速度 /(m/s²)	计算值	0.248	0.420	0.555	1.805	1.502	1.334
	规范值	0.5			2.0		

7　小结

本文通过对全国不同地震危险性特征区内的 1905 个城镇危险性特征的分析，计算了三个不同危险性特征区内"小震"、"大震"所对应烈度、地震影响系数及地面最大加速度的值，进而对不同的危险性分区提出相应的"常遇地震"和"罕遇地震"的烈度值，不同的地震影响系数和地面最大加速度的建议. 这种做法考虑了不同地区的地震危险性差异，消除了在全国范围内采用增减相同烈度的方式来定义"大震"、"小震"烈度所导致的不同地区设防标准不协调这一矛盾，因此该法不仅科学合理，而且能平息我国工程抗震设计界近二十年来对此引起的各种争议，从而一方面避免了抗震投资的巨大浪费，另一方面消除了不安全因素，为设计人员提供了极大的方便，提高了效率.

应该指出，本文给出的三个特征区内"小震"与"大震"所对应的烈度 I、地震影响系数 α_{max} 和地面最大加速度的值（分别见表1、表2、表4）可直接用于二阶段设计："小震"下的强度验算和"大震"下的变形验算，从而为更好地贯彻"小震不坏，中震可修，大震不倒"的抗震设计原则提供了新的依据.

参 考 文 献

[1] 谢礼立，张晓志. 论工程抗震设防标准 [J]. 地震工程与工程振动，1996，16（1）：1-18.

[2] 国家地震局. 中国地震烈度区划图 [M]. 北京：地震出版社，1990.

[3] 龚思礼. 建筑抗震设计手册（按《建筑抗震设计规范》（GBJ11-89）编写）[M]. 北京：中国建筑工业出版社，1994.

[4] 高小旺，鲍霭斌. 地震作用的概率模型及其统计参数 [J]. 地震工程与工程振动，1985，5（1）：13-22.

[5] 李亚琦. 中国地震危险性特征区划 [D]. 哈尔滨：中国地震局工程力学研究所硕士学位论文，1999.

[6] 高小旺，鲍霭斌. 抗震设防标准及各类建筑物抗震设计中"小震"与"大震"的取值 [J]. 地震工程与工程振动，1989，9（1）：58-66.

[7] 高小旺，鲍霭斌. 用概率方法确定抗震设防标准 [J]. 建筑结构学报，1986，7（2）：55-63.

[8] 吕大刚. 基于最优设防荷载和性能的抗灾结构智能优化设计研究 [D]. 哈尔滨：哈尔滨建筑大学博士学位论文，1999.

[9] 马玉宏. 基于性态的抗震设防标准研究 [D]. 哈尔滨：中国地震局工程力学研究所博士学位论文，2000.

Determining of frequently occurred and seldomly occurred earthquakes in consideration of earthquake environment

Ma Yu-Hong[1], Xie Li-Li[1,2]

(1. School of Civil Engineering and Architecture, Harbin Institute of Technology, Harbin 150090, China;

2. Institute of Engineering Mechanics, China Seismological Bureau, Harbin 150080, China)

Abstract　Based on the Seismic Hazard Characteristic Zoning Map[5] and the seismic hazard characters of 1905 cities, the rational values of seismic intensity as well as seismic influence factors α_{max} and seismic coefficient K for frequently occurred and seldomly occurred earthquakes in consideration of earthquake environment are investigated. At the same time, the necessity to consider the investigation of seismic hazard characteristic between different zones in seismic design is discussed. As a result, it provides a new foundation for seismic design of structures.

基于抗震性态的设防标准研究[*]

谢礼立[1,2]，马玉宏[1]

(1. 中国哈尔滨 150090 哈尔滨工业大学　土木工程学院；2. 中国哈尔滨 150080 中国地震局工程力学研究所)

摘要　以基于性态的抗震设计为出发点，并以我国为例，针对目前国内外抗震设防标准的若干问题和不足，提出了基于性态抗震设计的三环节抗震设防方法，将现有的设防内容改为确定结构的抗震设计类别、确定设计烈度或设计地震动参数、确定建筑的重要性等级 3 个方面，并分别在每一方面进行具体深入的研究，从而形成了一套完整的基于性态的抗震设防标准确定的原则、方法和框架，可以直接用来编制规范供抗震设计使用．

引言

目前，国内外公认的减轻地震灾害的最有效措施是对工程结构进行合理而又经济的抗震设防，从广义来说，工程抗震设防应该包含下列 7 个方面的内容：①确立设防的原则；②确定设防的目标；③确定设防参数（烈度或地震动）及其具体的数值；④确定工程的重要性类别和相应的重要性系数；⑤确定工程抗震设计方法；⑥确定适当的抗震措施；⑦确定恰当的施工质量保证规定．一套完备的抗震设计规范恰恰就是从这几个方面对抗震设防给出具体的规定，以确保所设计的结构既经济而又具有一定的抗震能力．而其中的前 4 项内容，称为狭义的设防，是整个抗震设防的基础，一般均在规范的总则或前几章中给以阐述并做出具体的规定．本文也主要从这 4 个方面对我国现有的抗震设计规范的规定、存在的问题和改进的方法进行研究．20 世纪 70 年代以来，在全球大中城市发生了一系列的破坏性地震，为全世界开展这方面的研究提供了重要的启示．基于性态的抗震设计理论就是在这样的背景下，综合考虑近年来社会经济发展和工程实践而对地震工程研究人员所提出的新课题．由于工程抗震的效果很大程度上取决于所制定的抗震设防标准，制定的设防标准不同，工程建筑在地震中的表现及所造成的损失会截然不同（谢礼立等，1996），因此，制定"基于性态的抗震设防标准"就成为性态抗震设计中迫切需要研究的问题，对抗震设计以及规范的改进和发展具有重要的意义．

1　基于性态的三环节抗震设防方法

我国建筑结构的抗震设计原则是"经济和安全，特别是确保人的生命安全"，相应的设防目标则为"大震不倒，中震可修，小震不坏"，反映在规范中的抗震设计思想是：

---

* 本文发表于《地震学报》，2002 年，第 24 卷，第 2 期，200-209 页．

"经抗震设计的绝大多数建筑物在遇到破坏性地震时，容许其出现一定的破坏，但应确保生命安全"。根据这样的思想，我国抗震设计规范的主要设防内容包括确定设计烈度（或地震动参数）及确定建筑重要性类别两个环节。这样规定的原则、目标和设计思想在我国抗震设计历史上，特别是在人们对地震破坏现象认识还很不充分和我国经济发展水平较低年代曾经发挥过重要的作用。从现代科学技术发展水平和社会经济发展现状来看，传统的抗震设防思想和方法已暴露出许多缺点，不能适应需要。例如：

（1）设防烈度（地震动）单纯依据地震区划的结果以及部分工程抗震经验来确定，很少或没有考虑设防烈度的取值对经济损失或人员伤亡的定量或半定量影响，从而难以通过设防烈度（地震动）的取值来控制未来地震的经济损失和人员伤亡。

（2）确定设防的"大震"和"小震"全国采用统一的规定，未能考虑我国各地地震危险性客观存在的巨大差异，从而在有的地区会造成抗震投资的浪费，而在另外一些地区则可能存在不安全的隐患。

（3）目前抗震规范的设计思想主要考虑使结构在"大震"时不倒塌、确保人身安全，但没有考虑确保有些建筑物的功能在地震时仍需正常发挥的要求。近20年来的大地震已经表明许多结构虽然没有倒塌，甚至还不到严重破坏的程度，但由于地震损坏使结构的使用功能无法正常发挥，而导致不可接受的严重经济损失。这种过于简单的确保安全的设计思想，显然已不能满足社会和公众对结构抗震设计的需求。

（4）对于具有不同重要性类别的建筑物，主要采用增减设计地震荷载或相应的抗震措施来保证。而反映这种设计地震荷载增减的重要性系数的确定主要是凭经验得到的，无法定量说明考虑了这种地震荷载的增减或相应的措施后结构到底提高或降低了多少安全性，另外，在确定建筑物重要性系数时，也只考虑建筑物的重要性类别，而没有考虑结构所在地区的地震危险性差异，从而同样重要性类别的结构在不同地震危险程度的地区都采用相同的增减地震荷载的重要性系数，导致建筑物实际抗震能力的增减差别很大。

为了改变传统的抗震设计思想，并改进现有抗震设防中存在的缺点，从而使所制定的设防标准既能有效地控制经济损失和人员伤亡，又能保障结构在地震作用下的使用功能，本文提出了基于性态的三环节抗震设防方法，即将现有的设防内容改为：确定结构的抗震设计类别；确定设计烈度或设计地震动参数；确定建筑的重要性等级。

有关性态和基于性态的抗震设计概念可参阅谢礼立（2000）文章，这里不再赘述。

2 结构的抗震设计类别

结构的抗震设计类别是指根据设计地震动参数和建筑物使用功能不同的要求，所确定的结构在设计时应采用的防御标准的度量，包括需采用的抗震设计方法和相应的构造措施。表1对4类不同使用功能的结构，针对偶遇地震的使用功能目标提出了设计类别具体的建议（谢礼立，2000）。抗震设计类别由A到E，需要采取的抗震设计规定和方法由低到高，设计类别E要求提供最高的抗震设防方法。有关A，B，C，D和E的具体规定属广义抗震设防的内容，已超出本文研究的范围，这里不予讨论。

表1　抗震设计类别的建议

设防地震动水平（50年10%）	使用功能分类			
	（四）	（三）	（二）	（一）
0.05	B	A	A	A
0.10	C	B	B	A
0.15	D	C	B	A
0.25	E	D	C	B
≥0.40	E	E	D	B

3　设防烈度或设计地震动参数

　　设防水准是指工程设计中如何根据客观的地震环境和已定的设防目标，并考虑具体的社会经济条件来确定采用多大的设防参数，或者说，应选择多大强度的地震作为防御的对象（谢礼立等，1996），它直接关系到未来结构物的抗震能力．确定设防地震动参数时需要研究的主要内容见图1．

3.1　考虑地震环境的设计常遇地震和罕遇地震的确定

　　目前我国现行抗震设计规范 GBJ11-89 和即将实施的新抗震规范 GB50011，以"小震不坏，中震可修，大震不倒"作为抗震设计目标，并采用三水准二阶段的抗震设计思想来进行抗震设计；同时统一规定了"小震（常遇地震）"、"大震（罕遇地震）"的烈度与基本烈度之间的差值固定为 1.55 和 1 度．由于这两个值是在对我国华北、西北和西南地区 45 个城镇的地震危险性分析基础上统计计算出来的平均值（高小旺，鲍霭斌，1989），因此有一定的局限性．此外，采用 1.55 和 1 度这两个固定值对结构进行抗震验算，实际上是忽略了全国各地地震危险性的差异．事实上，我国地域辽阔，每个地区的地震活动性都很不相同，因此，在抗震设防中考虑地震危险性的差异是十分必要的．本节在考虑地震环境的基础上对这两个差值作了进一步的研究．

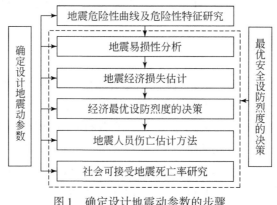

图1　确定设计地震动参数的步骤

以烈度概率分布曲线的形状参数 k 作为表征不同地区地震危险性差异的特征参数，通过对遍及全国和周边地区的 6376 个点的地震危险性特征参数 k 值的分析，可将全国分为 Ⅰ，Ⅱ，Ⅲ 3 个区，并编制了中国地震危险性特征区划图（草图）（李亚琦，1999）.

烈度 i、地震影响系数 α_{max} 及地震系数 K 的危险性曲线分别如下：

$$\lg[-\ln(1-P)]+0.9773=k\lg\left(\frac{12-i}{12-I_0}\right) \tag{1}$$

$$\lg[-\ln(1-P)]+0.9773=k\lg\left(\frac{0.85-\lg\alpha_{max}}{0.85-\lg\alpha_{max}^{10}}\right) \tag{2}$$

$$\lg[-\ln(1-P)]+0.9773=k\lg\left(\frac{0.50-\lg K}{0.50-\lg K_{10}}\right) \tag{3}$$

式中，P 为相应的超越概率值；k 为形状参数，根据对上述 6376 个地点的地震危险性分析结果给出，再经过统计和归类后分别得到 Ⅰ，Ⅱ，Ⅲ 区的形状参数 $k=6$，10，20；I_0，α_{max}^{10}，K_{10} 分别为与超越概率 10% 对应的基本烈度、地震影响系数及地震系数.

根据这个结果再对我国现有的全部 1905 个城镇计算它们的常遇地震和罕遇地震的地震烈度、地震影响系数和地震系数值，再按这些城镇所在的地震危险特征区，统计这些区内的常遇地震和罕遇地震烈度、地震影响系数和地震系数值的平均值. 以烈度为例，其计算结果见表 2，表 2a，b 分别给出了相应的大、小地震与中震的平均烈度差和地震影响系数和地震系数的结果.

表 2a　不同地震危险性特征区内"小震"、"大震"与"中震"的烈度差

烈度差		地震危险性分区			规范值
		Ⅰ区 ($k=6$)	Ⅱ区 ($k=10$)	Ⅲ区 ($k=20$)	（GBJ11—89，GB50011）
中、小震（63%）烈度差	平均值	−1.78°	−1.28°	−0.82°	−1.55°
	标准差	0.25°	0.20°	0.22°	
中、大震（2%）烈度差	平均值	+0.97°	+0.77°	+0.54°	+1.0°
	标准差	0.13°	0.10°	0.13°	

表 2b　不同地震危险性特征区内"小震"、"大震"地震影响系数 α_{max} 及地震系数 K 平均值

参数			6°			7°			8°			9°		
			Ⅰ区	Ⅱ区	Ⅲ区	Ⅰ区	Ⅱ区	Ⅲ区	Ⅰ区	Ⅱ区	Ⅲ区	Ⅰ区	Ⅱ区	Ⅲ区
α_{max}	小震（63%）	本文计算值	0.024	0.049	0.064	0.058	0.097	0.128	0.144	0.202	—	0.40	0.466	—
		规范值（GBJ 11—89）	0.04			0.08			0.16			0.32		
		新规范（GB 50011）	0.04			0.08 (0.12)			0.16 (0.24)			0.32		
	大震（2%）	本文计算值	0.29	0.21	0.18	0.49	0.39	0.33	0.84	0.72	—	1.41	1.32	—
		规范值（GBJ 11—89）	0.25			0.50			0.90			1.40		
		新规范（GB 50011）	—			0.50 (0.72)			0.90 (1.20)			1.40		
K	小震（63%）		0.010	0.020	0.027	0.025	0.042	0.056	0.064	0.092	—	0.176	0.207	—
	大震（2%）		0.124	0.088	0.076	0.214	0.170	0.146	0.373	0.322	—	0.628	0.586	—

由表 2 可见，现行规范 GBJ 11—89 和即将执行的新规范 GB 50011 对地震烈度及地震
影响系数的规定值与各分区内的实际计算平均值相差较大，这说明对属于不同分区的城镇
采用现行规范的规定值进行"小震"下的强度验算和"大震"下的变形验算会产生一定
的偏差，有时过于保守，有时偏于不安全. 新规范 GB 50011 虽然在 7°和 8°又细化了地震
影响区域，但只是使基本烈度为 7°、8°时小震的结果比较接近本文按分区计算的结果，而
当基本烈度为 6°、9°时的小震及所有烈度对应的大震结果均与实际计算结果有较大差异.
因此，我们建议对不同的危险性分区采用不同的"常遇地震"和"罕遇地震"烈度、地
震影响系数及地震系数，以便考虑不同地区地震环境的实际差异.

3.2　最优经济设防烈度的确定

合理设防烈度的决策是一个多变量、多目标、多约束的动态最优决策问题（谢礼立
等，1996），决策过程中如何考虑人员伤亡因素是十分复杂的，因此，本文提出了"最优
经济设防烈度"（地震动，下同）和"最优安全设防烈度"（地震动，下同）的概念. 所
谓"最优经济设防烈度"是指不考虑人员伤亡问题，仅满足抗震投入与经济损失之和为最
小所求得的烈度；而"最优安全设防烈度"是指一方面满足投入与经济损失之和为最小，
另一方面满足"人员伤亡人数≤社会可接受的水平"这一约束条件时所确定的设防烈度.
本节先讨论最优经济设防烈度的确定问题.

以"抗震投入+地震损失→最小"为目标函数进行决策分析就可确定"最优经济设防
烈度"值，从而可以消除设防标准制定中的主观因素，给基本烈度（50 年超越概率 10%
对应的烈度）找出合理依据，同时还可以考虑设防烈度的取值对未来可能的地震经济损失
的定量影响，以达到通过对设防烈度的调整来控制未来地震经济损失的目的. 决策分析的
目标函数为：

$$S(I_d) = C(I_d) + LP(I_d) \tag{4}$$

$$LP(I_d) = \tau \cdot (L_1(I_d) + L_2(I_d)) \tag{5}$$

$$L_1(I_d) = \sum_{I_i=6°}^{10°} \sum_{j=1}^{5} P(D_j \mid I_d, I_i) \cdot l_1(D_j) \cdot W \cdot P(I_i) \tag{6}$$

$$L_2(I_d) = \sum_{I_i=6°}^{10°} \sum_{j=1}^{5} P(D_j \mid I_d, I_i) \cdot l_2(D_j) \cdot Y \cdot P(I_i) \tag{7}$$

其中，I_d 为设防烈度；$C(I_d)$ 为抗震投入；τ 为损失修正系数；$L_1(I_d)$、$L_2(I_d)$、$LP(I_d)$
分别为建筑物或构筑物的直接经济损失、室内资产损失及总损失期望值；$P(D_j \mid I_d, I_i)$
为震害矩阵；$l_1(D_j)$、$l_2(D_j)$ 分别为各级破坏对应的直接经济损失比和室内物资损失比；
D_j 为结构破坏等级，$j=1$，2，3，4，5 分别代表基本完好、轻微破坏、中等破坏、严重破
坏、倒塌；$P(I_i)$ 为烈度发生概率；W，Y 分别为结构的工程造价和室内资产总值（马玉
宏，2000）.

以北京市为例，其最优经济设防烈度的决策结果见图 2. 可见，投入损失和曲线最低
点所对应的烈度 8°是北京的最优经济设防烈度.

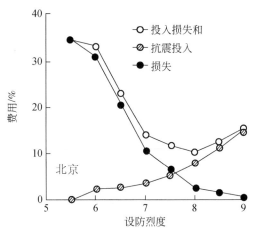

图 2　北京市最优经济设防烈度的决策

3.3　最优安全设防烈度的确定

对"最优安全设防烈度"进行决策需要解决的关键问题是在决策模型中如何建立目标函数或约束条件的问题. 也就是如何处理控制人员伤亡和确定设防标准两者之间的关系,以便通过设防烈度的取值定量或半定量地控制未来地震的人员伤亡数, 为此, 本文提出了社会可接受地震死亡率的概念. 所谓社会可接受地震死亡率是指某个城市或地区, 由将来可能发生的某次地震所引起的可以被社会接受的人员死亡率的最大允许值. 它是某个地区地震死亡率的控制值, 而不是该地区一次地震中人员死亡率的实际值.

抗震设防就其实质而言, 是一种风险管理, 确定可接受的风险水平是风险管理科学的基础工作之一, 制约于许多复杂的因素. 社会可接受地震死亡率就是一种风险水平. 考虑到不同的人群和社会对可接受地震死亡率可能有不同的观点, 可接受死亡率的确定最终需要由当地政府或灾害管理部门甚至立法部门的批准, 为了给人们更大的选择余地, 以便在制定基于性态的抗震设防标准时最大限度地满足业主和社会的需求, 本研究统计了国内外多年的各类交通事故、火灾以及各种自然灾害等造成的社会非正常死亡率数值, 并进行了社会问卷调查, 在此基础上, 提出了社会可接受地震死亡率的不同等级 (马玉宏, 2000) (表3). 表3 中的数字表示可接受的死亡率, 即由于地震灾害引起的社会可接受的非正常死亡人数和一个地区或城市的总人口数之比.

表3　社会可接受地震死亡率等级

遭遇烈度	6	7	8	9	10	遭遇烈度	6	7	8	9	10
等级①	1×10^{-8}	2×10^{-8}	1×10^{-7}	5×10^{-7}	2×10^{-6}	等级⑥	2×10^{-5}	5×10^{-5}	2×10^{-4}	1×10^{-3}	5×10^{-3}
等级②	2×10^{-8}	5×10^{-8}	2×10^{-7}	1×10^{-6}	5×10^{-6}	等级⑦	1×10^{-4}	2×10^{-4}	1×10^{-3}	5×10^{-3}	2×10^{-2}
等级③	4×10^{-8}	1×10^{-7}	4×10^{-7}	2×10^{-6}	1×10^{-5}	等级⑧	2×10^{-4}	5×10^{-4}	2×10^{-3}	1×10^{-2}	5×10^{-2}
等级④	2×10^{-7}	5×10^{-7}	2×10^{-6}	1×10^{-5}	5×10^{-5}	等级⑨	1×10^{-3}	1×10^{-2}	2×10^{-2}	1×10^{-1}	2×10^{-1}
等级⑤	6×10^{-6}	1×10^{-5}	2×10^{-5}	4×10^{-4}	3×10^{-3}	等级⑩	2×10^{-3}	5×10^{-3}	2×10^{-2}	1×10^{-1}	5×10^{-1}

在表 3 中，从等级①→等级⑩，可接受死亡率越来越大，即允许死亡的人数越来越多. 当然，表 3 中给出的数值并不一定能被所有人接受，若在表 3 中还不能发现自己认为合适的可接受死亡率等级，人们可以直接给出自己认为合适的可接受死亡率数值，来确定较高或较低的抗震设防标准. 一般来说，社会可接受地震死亡率等级还应与遭遇的地震烈度有关，烈度越高，死亡率也相应地提高，这一点在表 3 中也得到了体现.

在确定"最优安全设防烈度"时，决策分析的目标函数与公式（4）～（7）相同，但增加了"人员伤亡人数≤社会可接受的水平"这一约束条件，其表达式如下：

$$\begin{cases} RD_{I_d,I_{63}} \le RD_{acc,I_{63}} \\ RD_{I_d,I_{10}} \le RD_{acc,I_{10}} \\ RD_{I_d,I_2} \le RD_{acc,I_2} \end{cases} \tag{8}$$

其中，$RD_{I_d,J}$（$J = I_{63}$，I_{10} 或 I_2）为按烈度 I_d 设防的某类建筑在遭遇到一次 J 烈度（即对应 50 年内超越概率分别为 63%、10% 或 2% 时的烈度值）的地震时的死亡率；$RD_{acc,J}$（$J = I_{63}$，I_{10} 或 I_2）为遭遇一次 J 烈度地震时所对应的社会可接受死亡率，其取值见表 3.

公式（8）的意义是按烈度 I_d 设防的某类建筑，在遭遇小震 I_{63}、中震 I_{10} 及大震 I_2 烈度时都保证其死亡率在社会可接受的水平之内.

在制定抗震设防标准时，首先根据目标函数为最小得到最优经济烈度，然后将其代入式（8），看其是否满足不等式，若满足，则此烈度值即为最终确定的最优安全设防烈度值（这一点在表 4 的结果中可以清楚地看出，如南京、大连、上海、北京等城市中，当可接受人员死亡率等级大于等级⑤时，它们的最优安全设防烈度基本是由最优经济设防烈度决定的）；若不满足，则选择使目标函数为次小时所对应的烈度代入式（8），判断是否满足条件. 依此类推，最终可以得到目标函数较小且满足约束条件的最佳设防标准，其决策过程见图 3.

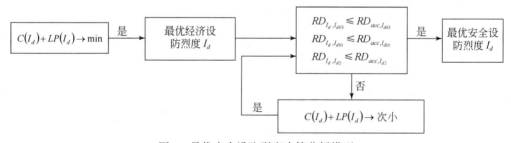

图 3　最优安全设防烈度决策分析模型

按烈度 I_d 设防的某类建筑在遭遇到 J 烈度地震时的死亡率 $RD_{I_d,J}$ 的计算公式为：

$$RD_{I_d,J} = f_t \cdot f_\rho \cdot \sum_{j=1}^{5} P(D_j \mid I_d, J) \cdot l_5(D_j) \cdot P(J) \tag{9}$$

式中，$l_5(D_j)$ 为不同破坏状态对应的人员死亡率；f_ρ，f_t 分别为人口密度修正系数和发震时间修正系数；$P(J)$ 为烈度 J 发生的概率（马玉宏，2000）；其他符号同前.

以哈尔滨、北京、南京、西昌等 9 个城市为例，其最优安全设防烈度的决策结果见表 4. 可见，对同一城市，采用的可接受死亡率等级不同，最优安全设防烈度也会不同，基本的趋势是从等级①→等级⑩，最优安全设防烈度越来越小. 这说明人员伤亡数对最优设防烈度的确定具有决定作用，最优设防标准的确定仅考虑经济效益是不全面的．在实际抗震设防中，每个城市可以根据自己的经济条件和发展水平选择适合的可接受死亡率等级，从而确定适合的最优安全设防烈度．

4　建筑的重要性等级

建筑物按其重要性进行分类，并确定其相应的设防等级是工程抗震设防工作的另一项重要内容，国际上以及国内的通行做法是对不同重要性类别的建筑确定相应的重要性系数，并将重要性系数直接乘以设防地震动值，以提高或降低相应的设防地震荷载和相应的抗震措施，由于重要性系数的确定主要是凭借经验，因此，很难定量说明考虑了重要性差别后结构到底提高了多少安全性，也没有考虑结构所在地区的地震危险性差异，从而体现不出真正的重要性含义．为此，本研究提出了对不同重要性类别的建筑采用调整设计基准期的方法来提高或降低其设防标准值的思想，并探讨不同重要性建筑在不同危险性特征分区内、不同设防概率水准（常遇、偶遇、罕遇地震）下的设防烈度、地震影响系数及地震系数的合理取值问题．

表4　9个城市的最优安全设防烈度　　　　　　　　　单位：度

	城市名称	哈尔滨	杭州	南京	大连	上海	北京	西安	西昌	天津
	基本烈度	6	6	7	7	7	8	8	9	7
	最优经济设防烈度	5.5	5.5	7	7	7	8	8	9	7
最优安全设防烈度	可接受死亡率等级①	8	8	9	9	9	9	9	10	9
	可接受死亡率等级②	8	8	8	8	8	9	9	9	8
	可接受死亡率等级③	8	8	8	8	8	9	9	9	8
	可接受死亡率等级④	8	7	8	8	8	8	9	9	8
	可接受死亡率等级⑤	7	7	7	7	7	8	8	9	7
	可接受死亡率等级⑥	6.5	6.5	7	7	7	8	8	9	7
	可接受死亡率等级⑦	6.5	6.5	7	7	7	8	8	9	7
	可接受死亡率等级⑧	5.5	5.5	7	7	7	8	8	9	7
	可接受死亡率等级⑨	5.5	5.5	7	7	7	8	8	9	7
	可接受死亡率等级⑩	5.5	5.5	7	7	7	8	8	9	7

4.1　不同重要性建筑的设计基准期

从某种意义上讲，设计基准期不同，意味着工程建筑的使用寿命期不同．由于设防烈度或设防地震动是在一定的设计基准期内按一定的超越概率来取值的，因此，只要设计基准期或超越概率这两个参数中有一个发生变化都会引起设防烈度或设防地震动的变化．而且这两者之间存在一定的关系，改变设计基准期也意味着在基准期不变的情况下改变超越概率．设防度或地震动值也自然随着变化，而且设计基准期越长，设防烈度或设地震动值也随着增大．由于设计基准期、超越概率与设计烈度（地震动）之间存在这样的关系，使我们可以采用不同的设计基准期来标度建筑物的重要性. 较重要的建筑物可以赋予较长的设计基准期.

为了与现有抗震规范很好地衔接, 本研究仍将建筑物划分为甲、乙、丙、丁 4 类, 并通过分析给出了不同重要性建筑的设计基准期 (或设计使用寿命期) TL (马玉宏, 2000), 见表 5.

表 5　建筑物使用寿命期的建议值

建筑重要性类别	使用寿命期 TL/a	重要性系数 φ	建筑重要性类别	使用寿命期 TL/a	重要性系数 φ
甲	200	4	丙	50	1
乙	100	2	丁	40	0.8

由表 5 可见, 用建筑物的设计基准期或使用寿命期来定义重要性类别可以定量反映各类建筑重要性的差别, 其重要性含义也能够很直观地体现, 物理概念十分清楚. 需要指出的是, 表 5 中给出的设计基准期仅是为了说明如何应用它来标度建筑的重要性. 在实际应用中, 取多长的设计基准期或寿命期还应根据结构的类型和具体情况进行专门的研究.

应该指出的是, 设计基准期是由国家建设行政部门统一规定的, 一般不能随意改变, 这里提出的改变设计基准期仅是用来标度结构的重要性, 而不是真正的改变结构的实际设计基准期, 下面的分析将会清楚地表明这一点. 为方便计算和理解, 我们将发生在 TL 年内复发周期为 $N \cdot TL$ 年地震的超越概率 P^φ 转换为在 $T_标$ (50) 年内发生同样复发周期 $N \cdot TL$ 地震的超越概率 P 值, 二者间的关系为:

$$P = 1 - (1 - P^\varphi)^{1/\varphi} \tag{10}$$

其中, φ 为结构重要性调整系数, 等于设计基准期 TL 与 $T_标$ 之比, 即 $\varphi = TL/T_标$.

各类建筑在 $T_标$ (50) 年内发生常遇地震 (TL 年超越概率 63%)、偶遇地震 (TL 年超越概率 10%) 和罕遇地震 (TL 年超越概率 2%) 的相当超越概率 P 值见表 6. 如甲类建筑在 200 年内发生 63% 超越概率的常遇地震, 则在 50 年内发生同样大小地震的概率为 22%. 其他则可类推. 表中对应丙类重要性的数值也就是目前规范中对一般建筑物 (丙类) 规定的设防超越概率.

表 6　不同设计基准期的设防地震相当于 50 年内的超越概率 P

设防水准	重要性类别			
	甲	乙	丙	丁
常遇地震 (TL 年 $P^\varphi = 63\%$)	22%	39%	63%	71%
偶遇地震 (TL 年 $P^\varphi = 10\%$)	3%	5%	10%	12%
罕遇地震 (TL 年 $P^\varphi = 2\%$)	0.5%	1%	2%	2.5%

对甲、乙、丙和丁 4 种不同重要性类别的结构, 表 6 的结果表示其相应常遇地震、偶遇地震和罕遇地震在 50 年内的超越概率值.

4.2　考虑地震环境的不同重要性结构抗震设防水准的确定

由于对不同重要性类别的结构, 只是通过调整它们的设计基准期来确定相应的设防地震的超越概率，而不是直接规定它们的设计荷载．因此，同一重要性类别的结构，它们的设防地震的超越概率是相同的，但设防地震值则不一定相同，具体的数值要由结构所处的地震环境，也就是所在地区的地震危险性特征来确定．一旦建筑的重要性类别一旦确定，则相应的设防地震的超越概率 P 可从表 6 获得，再将 P 代入危险性曲线公式（1）~（3）即能求得给定重要性类别的建筑在 $T_{标}$（50）年内各种设防水准下的烈度、地震影响系数和地震系数的值．现以甲类建筑为例，其计算结果见表 7．可见，所确定的各类结构的抗震设防水准考虑了结构所在地区的地震危险性差异，克服了现行规范存在弊端．同时，在对各类建筑进行抗震设计时，可直接利用该表的计算值，从而很好地与规范相衔接，方便了设计．

表 7　甲类建筑不同概率水准的设防烈度和设防地震动参数

地震危险性特征分区及 k 值	基本烈度 i	常遇地震（$P=0.22$）			偶遇地震（$P=0.03$）			罕遇地震（$P=0.005$）		
		设防烈度	地震影响系数	地震系数 K	设防烈度	地震影响系数	地震系数 K	设防烈度	地震影响系数	地震系数 K
Ⅰ区 $k=6$	6°	5.1°	0.064	0.026	7.1°	0.257	0.109	8.4°	0.608	0.261
	7°	6.2°	0.136	0.059	7.9°	0.436	0.191	9.0°	0.900	0.395
	8°	7.4°	0.295	0.131	8.7°	0.753	0.335	9.6°	1.348	0.600
	9°	8.5°	0.656	0.291	9.6°	1.323	0.589	10.2°	2.046	0.911
Ⅱ区 $k=10$	6°	5.5°	0.083	0.035	6.7°	0.193	0.081	7.6°	0.350	0.149
	7°	6.6°	0.169	0.073	7.6°	0.343	0.150	8.3°	0.566	0.248
	8°	7.6°	0.352	0.156	8.5°	0.621	0.276	9.1°	0.928	0.413
	9°	8.7°	0.748	0.332	9.4°	1.145	0.509	9.8°	1.547	0.688
Ⅲ区 $k=20$	6°	5.7°	0.100	0.042	6.4°	0.153	0.064	6.8°	0.214	0.090
	7°	6.8°	0.198	0.086	7.3°	0.283	0.123	7.7°	0.373	0.163
	8°	7.8°	0.399	0.177	8.2°	0.531	0.236	8.6°	0.664	0.295
	9°	8.9°	0.822	0.365	9.2°	1.019	0.453	9.4°	1.204	0.536

5　结论

以我国为例，针对目前国内外抗震设防标准制定中存在的问题和不足，本研究提出了基于性态的三环节抗震设防方法，得到以下结论：

（1）提出了结构抗震设计类别的思想和方法，可以根据结构使用功能的要求确定相应的设防目标，从而改进了过去抗震设计中以经济和安全为主要内容的设防原则和目标的做法，有利于基于性态的抗震设计实现．

（2）在确定小震、大震的设防烈度或地震动参数时充分考虑了不同地区的地震危险性差异，对不同的危险性特征分区提出相应的常遇地震和罕遇地震动参数的建议，这种做法更为科学合理，可以平息近 20 年来我国抗震设计界对此引起的各种争议，从而一方面避免了抗震投资的不必要浪费，另一方面也消除了可能出现的不安全因素．

（3）综合考虑地震经济损失和人员伤亡因素，并采用决策分析的方法来确定设防地震，既能确保经济效益最优，又能控制地震死亡率在社会可接受的范围内，从而可以通过对设防烈度的调整来实现对未来地震经济损失和人员伤亡数量的控制．提出的采用社会可接受地震死亡率等级来进行决策分析的方法，可以使政府或有关决策部门能根据社会和经济发展的水平，选择合适的可接受死亡率等级来确定本地区的最低抗震设防标准．

（4）提出了确定重要性系数的一种新方法，即通过改变结构设计基准期的长短来决定其重要性系数，这种方法物理概念明确，工程应用合理．此外，研究了不同重要性建筑在不同危险性特征分区、不同设防水准下的设防烈度及地震动参数的取值，方便工程设计使用．

综上所述，本文提出了一套完整的有关性态抗震设防的原则、方法和框架，并给出了具体参数，而且已经配套，可以直接用来编制规范供设计人员使用．

参 考 文 献

高小旺，鲍霭斌，1989. 抗震设防标准及各类建筑物抗震设计中"小震"与"大震"的取值. 地震工程与工程振动，9（1）：58-66.

李亚琦，1999. 中国地震危险性特征区划. 哈尔滨：中国地震局工程力学研究所硕士学位论文，18-29.

马玉宏，2000. 基于性态的抗震设防标准研究. 哈尔滨：中国地震局工程力学研究所博士学位论文，78-127.

谢礼立，张晓志，周雍年，1996. 论工程抗震设防标准. 地震工程与工程振动，16（1）：1-18.

谢礼立，2000. 基于抗震性态设计思想的抗震设防标准. 世界地震工程，16（1）：97-105.

Studies on performance-based seismic design criterion

Xie Li-Li[1,2] and Ma Yu-Hong[1]

（1. School of Civil Engineering and Architecture, Harbin Institute of Technology, Harbin 150090, China；

2. Institute of Engineering Mechanics, China Seismological Bureau, Harbin 150080, China）

Abstract　The seismic design criterion adopted in the existing seismic design codes is reviewed. It is pointed out that the safe-economy based seismic design criterion is no longer adequate to the requirements of nowadays social and economic development. A new performance-based seismic design criterion composed of three components is presented in this paper, which can not only effectively control the economic losses and casualty, but also ensure the building's function in proper operation during earthquakes. The three components are：classification of seismic design for buildings, determination of seismic design intensity and/or design ground motion for controlling seismic economic losses and casualties, and determination of the importance factors in terms of buildings service period. For controlling the seismic economic losses and life losses, the idea of social acceptable casualty level is presented and the "Optimal Economy Decision Model" and "Optimal Safe Decision Model" are established. Finally, a new method is recommended for calculating the importance factors of structures by adjusting structures service period on the base of more important structure with longer service period.

估计和比较地震动潜在破坏势的综合评述[*]

翟长海[1]，谢礼立[1,2]

（1. 哈尔滨工业大学土木工程学院，哈尔滨 150090；2. 中国地震局工程力学研究所，哈尔滨 150090）

摘要　如何估计和比较地震动对结构的破坏作用，一直是国内外抗震研究中一个至关重要的问题. 本文主要篇幅用于介绍这一领域迄今所取得的成果并作了简单的评述，并在此基础上，提出了一种可用来比较地震动潜在破坏势的综合评估法. 提出该方法的目的并不在意去确定什么量更能代表地震动的潜在破坏势，而只是在考察现有的各种被认为能代表地震动的潜在破坏势的各种参数基础上，考虑采用什么方法才能更合理地判定和比较地震动的潜在破坏势. 为此本文将通常被作为地震动潜在破坏势的地震动参数分成两类：一类为直接由地震动本身得到的参数，另一类为地震动通过结构反应得到的参数，并分别对此进行了讨论和分析，在此基础上得出了一种在目前可认为是研究地震动潜在破坏势较为合理的方法——地震动潜在破坏势综合评价法.

1　引言

地震实践证明，破坏性地震对结构的破坏，以及由此引起的人员伤亡、财产损失和功能的破坏是十分巨大的. 因此，如何估计和比较地震动对结构的破坏作用，也就是地震动的潜在破坏势问题一直是国内外抗震研究和设计中引人关注的重要问题. 本文旨在研究确定表征地震动潜在破坏势的特征参数，并给出相应的定量指标，并以此为基础发展了一种比较和估计地震动潜在破坏势的综合评价法.

目前，用来估计和比较地震动潜在破坏势的参数很多，如震级、烈度、峰值加速度、峰值速度、峰值位移、最大增量速度、最大增量位移、有效峰值加速度、有效峰值速度、位移延性、输入能量、滞回能量等，究竟用哪个参数更能确切的表征地震动潜在破坏势，很多文献[1-6]对此问题进行了研究，但迄今未能取得完全一致的意见.

震级可用来测量地震中所释放的能量，但是不能用来估计和比较远离震中的破坏. 烈度是人们试图用一个描述给定场地上工程和地表的破坏现象以及人的主观感觉的物理量来度量该地点地面震动的强烈程度，是对该地点周围一定范围内平均水平而言的，这是在还没有地震仪器之前，地震动的强弱不得不以宏观现象为依据的情况下产生的. 由于地震烈度不仅取决于地震动本身的大小，同时还受震源处岩层错动的方向、震源深度、震中距、地震波的传播介质、表土性质、地下水埋藏深度等各种因素的影响，而且结构所遭受的地震破坏还受到建筑物的动力特性、设计方法、建筑材料、建筑方法、施工质量和维护情况

* 本文发表于《地震工程与工程振动》，2002 年，第 22 卷，第 5 期，1-7 页.

等许多条件的综合影响. 虽然烈度在一定程度上也反映了地震动的潜在破坏势, 但如果不加区别地用烈度来表示地震动的强弱则可能引起误解, 甚至得到错误的结论.

自从上世纪 30 年代加速度记录仪问世以来, 迄今已收集到了大量的地震动记录. 根据这些仪器记录, 研究者提出了不同的参数来表达地震动的潜在破坏势, 这些参数既包括简单的仪器记录峰值, 又包括经过复杂的数学推导才能得出的参数. 本文将分两类分别介绍地震动参数:

（1）直接由地震动本身得到的参数.

（2）通过结构反应得到的参数.

分类的详细情况见表 1.

表 1　地震动参数分类表

地震动参数	直接由地震动本身得到的参数		峰值加速度（PA）
			峰值速度（PV）
			峰值位移（PD）
			持时（括号持时、能量持时）
			最大增量速度（IV）
			最大增量位移（ID）
			Arias 烈度（Arias Intensity）
	通过结构反应得到的参数	通过结构弹性反应得到的参数	有效峰值加速度（EPA）
			有效峰值速度（EPV）
			谱烈度（Spectrum Intensity）
		通过结构非弹性反应得到的参数	位移延性
			输入能量
			滞回能量
			屈服循环次数

本文在充分分析和讨论地震动的上述参数的基础上, 得出了一种在目前可认为是研究地震动潜在破坏势较为合理的方法—地震动潜在破坏势综合评价法.

2　直接由记录本身得到的参数

这里所说的直接由地震动本身得到的参数, 主要包括: 峰值加速度、峰值速度、峰值位移、持时（括号持时、能量持时）、最大增量速度（IV）、最大增量位移（ID）、Arias 烈度（Arias Intensity）等参数.

2.1　峰值加速度、峰值速度、峰值位移

这类参数因为具有简单、直观的物理意义及计算简便等优点, 所以被人较早地认识和接受.

人们从静力的观点看待地震动, 直观地认为最大加速度可以作为地震动强弱的标志,

因为由此产生的侧向惯性力可代表地震动对结构的破坏作用；这以后又发展用地震动的峰值速度和峰值位移作为地震动强弱的标志，认为地震动的峰值速度与地震动的能量有关，峰值位移与变形有关．其中峰值加速度在实际中得到了最广泛的应用，并常用峰值加速度表征地震动潜在破坏势．

峰值加速度在工程设计中被广泛应用，是因为它和质量相乘可以直接得到惯性力，即地震力，然而峰值加速度与其频率含量有关，特别当这些分量的频率远远超过大多数结构的自振频率时，加速度的峰值虽然很大，但如果持时不大，在弹性阶段不会引起很大的共振，或很大的弹性反应，在塑性阶段也不会引发大的破坏．另外，地震后结构的破坏常与附近所记录到的地面峰值加速度不相符也支持了这种观点．1985 年 Mexico 地震时，距震中 400km 的墨西哥城中最大水平加速度分量的峰值只有 $0.17g$，但在这个城市中结构的破坏却比峰值加速度高达 $0.6g$ 的 1986 年 San Salvador 地震中结构的破坏严重得多．

无论用峰值加速度、峰值速度还是用峰值位移作为地震动强弱的标志，其思想主要在于简单和便于工程应用，在于将地震动的破坏作用看成一种简单物理量的作用．但随着认识的深入，特别是随着强地震动记录的积累，人们明确了地震动频谱特性及持时的重要性，因此认识到不能将地震动的破坏作用看成一个简单的物理量在起作用[6]．

2.2 持时（括号持时、能量持时）

无论是人的感觉或仪器记录，地震动的持续时间有长有短．大多数地震工程学家也都认为地震动持续时间是地震动特性的三要素之一，对结构的破坏有重要的影响．强震动持时对结构物破坏的积累效应不能从弹性振动来解释，必须从足以产生非弹性变形的地震动强度来分析[6]．

地震动持续时间的重要性是绝大多数人承认的，虽然现有的各种持时定义很不一致，但对以下三点的认识是比较一致的[7]：第一，持时要与震动幅值相联系，这样从工程意义讲才较为合理；第二，持时应定义为地震动中对结构反应起决定作用的时段，即主震段或强震段的持续时间，而不是震动的全过程；第三，震级是影响持时的关键因素．

尽管目前存在多种持时的定义，但被广泛应用的有两大类，即括号持时和相对能量持时．由于本文的主要工作不是研究持时，所以对持时的讨论仅限于从应用的角度出发．

Bolt 的括号持时是以记录的加速度绝对值第一次和最后一次达到或超过规定值所经历的时间作为持时定义．这一定义无法考虑地震记录中地震动强度的相对分布，且持时的长短与所规定的值有很大的关系，带有很大的主观性．另外，当例如以 $0.1g$ 作为定义持时的规定值时，则在离震中较远处，就可能因记录的加速度幅值未超过 $0.1g$ 而使持时为零．这表明该定义在这种情况下很可能使人误解为没有震动．而实际震害表明当地震动的峰值小于 $0.5g$，甚至小于 $0.05g$ 时，也有可能导致结构的破坏，如 1962 年 5 月 19 日的墨西哥地震[7]．

Kawashima 等的括号持时是以记录加速度绝对值达到或超过某个相对限值所经历的时间定义持时，其超越限值的选取同样带有较强的主观性．此外，当记录的加速度峰值很大时，作为超越界限的加速度也会相对很大．这就无法排除当地面运动尚未进入定义的持时阶段时，结构已经进入非线性阶段，甚至可能发生严重损伤或破坏．

除上面提到的几个持时定义外，还有现在广泛应用的 Trifunac-Brady 所给出的相对能量持时[6]. 相对能量持时之所以受到广泛应用，原因有二[6]：①持时只是地震动的参数之一，它可以与地震动的其他参数（如加速度峰值或反应谱）一并使用，因此地震动的振幅已有反映，而不必在持时中再包括它；②能量持时突出了大震动振幅的影响. 因而采用相对能量持时可以比较客观地反映地震动的强震时间.

2.3　最大增量速度、最大增量位移

随着人们认识水平的不断提高，现在越来越认识到用峰值加速度反映地震动破坏潜势并不是一个好的选择，例如，一个很大的峰值加速度往往伴随着一个持时很短的高频加速度脉冲，当作用到结构上时，只需要一个很小的结构变形便能把脉冲的大部分能量吸收掉. 而另一方面，一个中等量值的峰值加速度且伴有相当长持续时间的低频加速度脉冲就足以使结构产生严重的变形. 由于这个原因，Anderson 和 Bertero（1987）建议采用最大增量速度（Incremental velocity，IV）和最大增量位移（Incremental displacement，ID）来刻画近断层区域的地震动破坏势，增量速度代表加速度脉冲下的面积，实际上代表速度变化的增量，它与质量的乘积代表结构的动量或者相当于地震荷载的冲量作用，因此速度变化越大，加速度脉冲下的面积也就越大；类似地，速度脉冲下的面积等于增量位移.

2.4　阿里亚斯烈度

阿里亚斯（Arias，1969）建议用地震动过程中单质点体系所消耗的单位质量的能量：

$$I_A = \frac{\pi}{2g} \int_0^{T_d} a^2(t)\,\mathrm{d}t \tag{1}$$

作为地震动强度的概念，常称为阿里亚斯烈度（Arias Intensity）. 式中，T_d 为震动持时；$a(t)$ 为地震加速度时程.

虽然阿里亚斯烈度是标度弹性系统平均输入能量的一个工具，但它过高地估计和比较了具有长持时、大幅值并且频段很宽的地震动的破坏能力[2].

上面讲到的直接由地震动本身得到的参数虽然可以表示地震动强弱，但并没有与结构的反应结合起来，特别是没有与结构的非弹性反应结合起来，因此，仅用这些参数表征地震动的潜在破坏势是非常不可靠的.

3　通过结构反应得到的参数

所谓地震动的潜在破坏势是指对工程结构的潜在破坏作用，因此在选择表征地震动潜在破坏势的参数时，必须要考虑结构反应的影响，特别是结构非弹性反应的影响. 地震动通过结构反应得到的参数可分为由结构弹性反应得到的参数和由结构非弹性反应得到的参数两类，下面就这些参数进行一些简单的讨论.

3.1　通过结构弹性反应得到的参数

这部分参数主要包括有效峰值加速度（EPA）、有效峰值速度（EPV）、谱烈度（Spectrum Intensity）等.

3.1.1　有效峰值加速度、有效峰值速度

由于加速度峰值往往不能很好地反映地震动的破坏作用，特别在高频分量较多时，可使加速度峰值很大，可是高频分量对大多数结构物的反应或破坏并不起关键的作用，为了克服以上缺点，人们提出了有效峰值的概念，认为从抗震结构观点看，只有对结构反应有明显影响的量才是重要的，其中最常用的参数有：有效峰值加速度（EPA）、有效峰值速度（EPV）.

ATC 定义的有效峰值加速度、有效峰值速度的概念如下：将阻尼比为 5% 的加速度反应谱在周期 $0.1 \sim 0.5$ s 之间平均为一常值 S_a，将阻尼比为 5% 的速度反应谱在周期 1s 附近平均为一常值 S_v，则有效峰值加速度、有效峰值速度的定义如下：

$$EPA = S_a/2.5, \quad EPV = S_v/2.5 \tag{2}$$

这样定义的有效峰值与真实峰值相关，但一般来说，并不等于、甚至不比例于真实的峰值. 若地震动中包含有很高的频率分量，则有效峰值加速度明显小于真实的峰值加速度. 这里的常数 2.5 是一个经验系数，其物理意义相当于大量地震动加速度反应谱的平均放大倍数.

峰值加速度与地震动过程中结构的最大内力无法直接联系，而有效峰值加速度则弥补了这个缺点，但对于有效峰值加速度、有效峰值速度的定义却没有统一的标准[6].

3.1.2　谱烈度

豪斯纳（Housner，1952）定义谱烈度（Spectrum Intensity）为：

$$SI_\zeta = \int_{0.1}^{2.5} S_v(T, \zeta) \mathrm{d}T \tag{3}$$

式中，S_v 是阻尼为 ζ 时的单质点体系的相对速度反应谱；T 为周期；ζ 常取为 0 或 0.2，相应的谱烈度为 SI_0 或 $SI_{0.2}$，它与阿里亚斯烈度一样，是一个客观的物理量，并不涉及任何宏观现象.

谱烈度也是一个从能量的角度表征地震动潜在破坏势的参数，因为 S_v 反映了弹性单自由度体系的能量需要，但谱烈度一个明显的缺点就是它没有考虑持时的影响，而持时对结构的累积损伤是很重要的.

Housner 在比较了 1966 年 Parkfield 地震和 1940 年 El Centro 地震后的地震破坏和地震记录后，得到的结论是谱烈度和谱速度都不是表证地震动潜在破坏势的可靠参数[2]，因而认为只考虑地震动本身或只考察受此地震动的弹性系统得出的参数来估计和比较地震动的潜在破坏势是不充分的.

3.2　通过结构非弹性反应得到的参数

一般结构的破坏意味着进入了非弹性阶段，因此估计和比较地震动潜在破坏势必须考虑地震动经过结构非弹性反应得到的参数，并且这些参数要考虑地震动的幅值、持时和频率特性以及结构的动力特性. 这部分参数主要包括位移延性、输入能量、滞回能量、屈服循环次数等参数.

在结构的抗震设计中，一个重要的方面就是要规定结构在强度、延性和能量耗散方面具有足够的能力来抵抗结构可能遇到最危险的地震动. 由于设计规范所规定的抗力比结构

在弹性范围内所需要的抗力小得多，所以结构在设防地震水平下，要发生较大的非弹性变形，使结构在地震动重复循环荷载的作用下消耗一定的能量．

目前，位移延性可能是限定结构破坏应用最广泛的参数，同时也常用位移延性表征地震动的潜在破坏势．控制结构的位移延性可以[10]：①控制非结构构件的破坏；②减小因结构侧移引起的 P–Δ 效应所带来的耦连作用；③防止对毗邻结构的破坏；④满足指定的位移限制．然而用位移延性作为表征地震动潜在破坏势的唯一指标是很不充分的，因为它隐含着这样的假定就是结构的破坏仅仅是因为结构的变形过大所引起的，由这个单一指标表征地震动的潜在破坏势基本上没有能够反映地震动持续时间对结构破坏的影响，亦不能反映地震力这种反复作用荷载而引起的累积疲劳损伤．

近年来，各国研究者都广泛应用能量耗散来描述结构的塑性累积损伤，普遍认为结构能量反应及其谱形式具有形式简单、计算方便且又能较好地反映了地震动的强度、频谱特性及持续时间对结构破坏的影响[9]．地震动引起工程结构的地震反应至产生破坏的过程是结构通过运动转化并通过阻尼和结构的弹塑性变形耗散地震能量的过程．强烈地震输给结构的能量一部分通过结构的非弹性变形来耗散，称之为滞回耗能；另一部分通过阻尼耗散，称之为阻尼耗能．由于塑性变形的不可恢复性，所以将滞回耗能视为引起结构破坏的耗能，它是最具有工程意义的能量指标，是衡量结构塑性累积损伤的重要指标．

还有人用屈服循环次数等概念来描述地震动对结构的累积损伤作用[2]．

近来的一些研究[2][11][12][13]提出用地震动的输入能量作为表征地震动潜在破坏势的参数，认为输入能量是比滞回耗能更稳定的参数，这是因为滞回耗能的大小直接受到阻尼耗能的影响，而黏滞阻尼对输入能量的耗散方式影响很大，同时黏滞阻尼特别是在非线性系统中很难定量，从而也影响了滞回耗能的定量，所以输入能量被选为表征地震动潜在破坏势的参数．但是，对结构（特别是长周期结构）来说，最大输入能量的一部分是将以动能和弹性应变能的形式存在，而这部分能量对结构的累积破坏影响不大，因而用地震动的输入能量作为表征地震动潜在破坏势的参数也有不尽合理的地方．

随着结构抗震理论研究的深入，目前人们对地震作用下结构破坏比较一致的看法是，基于位移延性和塑性累积损伤的双重破坏准则比较符合震害和实际实验．根据这种人们普遍认可的双重结构破坏准则，本文认为位移延性与滞回耗能（可以表达累积损伤的参数）相结合，可以可靠地表示结构非弹性反应对地震动潜在破坏势的影响．

4　各参数之间的相关性

上面对可以表征地震动潜在破坏势的各种参数分别进行了分析讨论，那么这些参数之间到底有没有某种关联，还是彼此之间互相独立的？

在文献［1］中，Farzad Naeim 等从现有的 5000 多条记录中去掉了震级小于 5 级或峰值加速度小于 $0.05g$ 的记录，挑选出了 1157 条水平记录，然后按以下的地震动参数，即：地震动峰值加速度（PA）、地震动峰值速度（PV）、地震动峰值位移（PD）、最大增量速度（IV）和最大增量位移（ID）和基本谱参数（有效峰值加速度（EPA）和有效峰值速度（EPV））分类排队得到的表中，将位于前 30 名的记录选出来．将这样得到的记录合在一起，一共得到一组由 84 条记录组成的记录子库．另外，又在这 84 条记录以外的记录中，根据它们的持时长短，选择了 36 条记录，这样就得到了一组由 120 条记录组成的记录库．Farzad Naeim 等以所挑选出来的 1157 条记录和 120 条记录为基础，研究了可以表征地震动潜在破坏势的各种参数之间相关性（表 2 所示），并得到了一些有意义的结论：地震动的某些参数之间的相关性是相当强的，如：PV 与 IV（相关系数为 0.95）、PD 与 ID（相关系数为 0.97）、PA 与 EPA（相关系数为 0.97）等，所以在应用地震动的这些参数表征其潜在破坏势时，可以用与其相关性强的参数代替．另外，相关性最差的是 ID 和 EPA，相关系数为 0.30；次差的是 PA 和 ID，相关系数为 0.33；第三差的是 PD 和 EPA，相关系数为 0.35．

表 2　参数 PA、PV、PD、IV、ID 、EPA、EPV

参数	1157 条水平分量各参数之间的相关性，显著性系数 $P<0.05$						
	PA	PV	PD	IV	ID	EPA	EPV
PA	1.00	0.69	0.37	0.67	0.33	0.95	0.72
PV	0.69	1.00	0.82	0.95	0.81	0.66	0.83
PD	0.37	0.82	1.00	0.75	0.97	0.35	0.56
IV	0.67	0.95	0.75	1.00	0.73	0.63	0.85
ID	0.33	0.81	0.97	0.73	1.00	0.30	0.51
EPA	0.95	0.66	0.35	0.63	0.30	1.00	0.69
EPV	0.72	0.83	0.56	0.85	0.51	0.69	1.00

5　估计和比较地震动潜在破坏势的综合评价法

从以上地震动参数的分析和论述中可以看出，虽然峰值加速度、峰值速度、峰值位移、最大增量速度、最大增量位移等地震动参数具有简单、直观及计算简便等优点，且在一定条件下具有表征潜在破坏势的特征和能力，如峰值加速度在一定条件下，对以强度破坏为主的较为刚性和较为脆性的结构来说是一种表征地震动潜在破坏势的参数，但在其他条件下（如地震中高频成分较为丰富，而且结构较为柔软的情况下）就未必能较好地代表地震动的潜在破坏势．理论上讲，涉及地震动的破坏势时，最好应能结合具体的结构来分析，不同的结构具有不同的破坏机理，也就需要分析地震动相应的破坏势能力．可是在实际情况下往往需要对某几类或某地震动的破坏作用做出评估，因此在这种情况下估计和比较地震动潜在破坏势时，必须全面地评价现有的各种地震动参数，采用综合评价地震动潜在破坏势的方法，而且要同时综合考虑强度、变形、滞回能量、双参数准则等各种地震破坏准则，以期能全面地反映地震动的幅值、持时和频率特性以及结构的动力特性．本文认为在研究地震动潜在破坏势时，应采用如下的方法可能较为合理：即在充分考虑直接由地震动本身得到的参数以及地震动经过结构弹性反应得到的参数，全面地估计和比较地震动的潜在破坏势的基础上，再综合考虑位移延性与滞回耗能（可以表达累积损伤的参数）两个结构非弹性反应参数的影响，这就是本文提出的估计和比较地震动潜在破坏势的综合评价法.

对于直接由地震动本身得到的参数以及地震动经过结构弹性反应得到的参数，虽然各国研究者根据峰值加速度及弹性反应谱的谱值等基本参数推导出了很多形式上比较复杂的参数，如阿里亚斯烈度、豪斯纳定义的谱烈度等，但这些参数各有其不完善的地方. 所以本文认为在应用由地震动本身得到的参数及地震动经过结构弹性反应得到的参数估计和比较其潜在破坏势时，仅考虑峰值加速度（PA）、峰值速度（PV）、峰值位移（PD）、有效峰值加速度（EPA）、有效峰值速度（EPV）、最大增量速度（IV）、最大增量位移（ID）及能量持时（DURA）这八个地震动常用参数即可. 另外，由本文的第四部分可知参数 PV 和 IV（相关系数为0.95）、PD 和 ID（相关系数为0.97）、PA 和 EPA（相关系数为0.97）的相关性相当强，因此在应用参数 PV、IV、PD、ID、PA、EPA 估计和比较地震动的潜在破坏势时，只考虑参数 PV、PD、PA 就可以了. 最后可以得出结论，上面提到的这八个常见的表征地震动潜在破坏势的参数，只需考虑其中的五个，即：峰值加速度（PA）、峰值速度（PV）、地震动峰值位移（PD）、有效峰值速度（EPV）、能量持时（DURA）.

综上所述，在应用本文提出的综合评价法估计和比较地震动的潜在破坏势时，只需考虑以下参数即可：峰值加速度、地震动峰值速度、峰值位移、有效峰值速度、能量持时、位移延性和滞回能量.

对于这种估计和比较地震动潜在破坏势的综合评价法，虽然只考虑了参数峰值加速度、峰值速度、峰值位移、有效峰值速度、能量持时、位移延性及滞回能量这七个地震动参数，但实际考虑了峰值加速度、峰值速度、峰值位移、有效峰值加速度、有效峰值速度、最大增量速度、最大增量位移、能量持时、位移延性及滞回能量十个地震动参数，这样在估计和比较地震动的潜在破坏势时，既承认各种参数在一定条件下具有表征潜在破坏势的特征和能力，但也考虑到在其他条件下就未必代表地震动潜在破坏势的这一特点，采用了潜在破坏势的综合评价方法. 这种潜在破坏势的综合评价方法也同时综合考虑了强度、变形、滞回能量、双参数准则等各种地震破坏准则，全面地反映了地震动的幅值、持时和频率特性以及结构的动力特性. 实践证明，这种方法是行之有效的，作者曾按照这种综合方法对国内外5000余强震记录评估了它们的潜在破坏势，并在此基础上挑选出了结构抗震设计、研究和试验中可供实际应用的最不利设计地震动，已经在五种结构的抗震设计和分析中得到了验证[14].

最后还应该指出，评价地震动的潜在破坏势必须要与其所作用的结构特性相结合，这样得出的结论才是有意义的，如果脱离结构特性的影响估计和比较地震动的潜在破坏势，则是不全面的，也是不合理的.

6　结语

如何估计和比较地震动的潜在破坏势，确定表征地震动潜在破坏势的特征参数，并给出相应的定量指标，一直是抗震研究和设计中一个十分重要的问题.

本文将地震动参数分为由地震动本身得到的参数和地震动通过结构反应得到的参数两部分分别作了讨论，最后得出结论：虽然峰值加速度、峰值速度、峰值位移等地震动参数在特定的条件下可以代表地震动的潜在破坏势，但这些参数都不总是表征地震动潜在破坏势的可靠参数．估计和比较地震动潜在破坏势时，必须全面地评价现有的各种地震动参数，采用综合评价地震动潜在破坏势的方法，而且要同时综合考虑强度、变形、滞回能量、双参数准则等各种地震破坏准则，这样才能全面地反映地震动的幅值、持时和频率特性以及结构的动力特性，因此，本文提出了估计和比较地震动潜在破坏势的综合评价法，这种方法目前可认为是估计和比较地震动潜在破坏势较为全面合理的方法．

本文得出结论，在应用综合评价法估计和比较地震动潜在破坏势时，只需考虑以下参数即可：峰值加速度、地震动峰值速度、峰值位移、有效峰值速度、能量持时及位移延性和滞回能量．

参 考 文 献

［1］ Naeim F，Anderson J C. Classification and Evaluation of Earthquake Records for Design ［R］. The Nehrp Professional Fellowship Report to EERI and FEMA，1993.

［2］ Uang C M，Bertero V V. Implications of Recorded Earthquake Ground Motions on Seismic Design of Building Structures ［R］. EERC，88（13）.

［3］ Chai Y H，Fajfar P. Formulation of Duration-Dependent Inelastic Seismic Design Spectrum ［J］. Journal of Structural Engineering，1998，124（8）：913-921.

［4］ W. Yayong and C. Minxian. Dependence of Structure Damage on the Parameters of Earthquake Strong Motion ［J］. European Earthquake Engineering，1990（1）.

［5］ Rodriguez M. A Measure of the Capacity Earthquake Ground Motions to Damage Structure ［J］. EESD，1994（23）.

［6］ 胡聿贤. 地震工程学 ［M］. 北京：地震出版社，1988.

［7］ 尹保江，黄宗明，白绍良. 对地震地面运动持续时间定义的对比分析及改进意见 ［J］. 工程抗震，1999（1）：43-46.

［8］ Mahin S A，Lin J. Construction of Inelastic Response Spectrum for SDOF ［R］. EERE，83（7）.

［9］ 肖明葵，严涛，王耀伟，赖明. 弹塑性反应谱研究综述 ［J］. 重庆建筑大学学报，1999，（10）.

［10］ Sucuolu H，Nurtu A. Earthquake Ground Motion Characteristic and Seismic Energy Dissipation ［J］. EESD，1995，24（9）：1195-1213.

［11］ Zahrah T F，Hall W J. Seismic energy absorption in SDOF structure ［J］. Journal of Structural Engineering，1984（8）.

［12］ Akiyama H. Earthquake-resistant limit state design for buildings ［J］. Tokyo：University of Tokyo Press，1985.

［13］ Fajfar P，Fischinger M. Earthquake design spectra considering duration of ground motion ［A］. Proc. 4 th U. S. Nat. Conf. On Earthquake Engrg ［C］，1990.

［14］ 谢礼立，马玉宏，翟长海. 基于抗震性态的设防标准 ［R］. 国家自然科学基金"九五"重大项目专题年度研究报告（2000—2001 年），2002.

［15］ 翟长海. 最不利设计地震动的研究 ［D］. 哈尔滨：中国地震局工程力学研究所硕士学位论文，2002.

A comprehensive method for estimating and comparing the damage potential of strong ground motion

Zhai Chang-Hai[1] and Xie Li-Li[1,2]

(1. School of Civil Engineering and Architecture, Harbin Institute of Technology, Harbin 150090, China;

2. Institute of Engineering Mechanics, China Seismological Bureau, Harbin 150080, China)

Abstract　How to evaluate the damage potential of the ground motion is one of the significant problems in the area of earthquake engineering. In this paper an investigation on damage potential of strong ground motion is presented. For this purpose, various ground motion parameters are used and classified into two parts: the parameters directly readout from the ground motion records of their own and the parameters, which are calculated from the response of structure. As a result, a comprehensive method for estimating the damage potential of strong ground motion is recommended and that can be considered as one of the possible ways in estimating the damage potential of strong ground motion at present.

最不利设计地震动研究[*]

谢礼立[1,2]，翟长海[1]

（1. 哈尔滨工业大学土木工程学院，中国哈尔滨　150090；2. 中国地震局
工程力学研究所，中国哈尔滨　150080）

摘要　实际记录到的真实地震动在工程结构的抗震研究、分析和设计中往往作为一种施加到结构上使结构振动，直至破坏的地震荷载．如何合理选择真实的地震动记录作为研究结构地震反应的输入，一直是国内外抗震研究和设计中引人关注的重要问题．本文首先提出了最不利设计地震动的概念；然后在收集到的国内外5000 余条被认为有重要意义的地震动记录基础上，利用综合估计地震动潜在破坏势的方法，对4 种场地类型分别给出了长周期、短周期和中周期结构的国内外最不利设计地震动；最后通过几类不同结构的地震反应分析，初步验证了本文所确定的最不利设计地震动的可靠性和合理性．

引言

　　地震动作为一种输入荷载，是导致工程结构地震破坏的根本原因．在工程抗震设计、研究和分析中，往往需要选择真实的地震动代表地震对结构的作用，或者说代表施加于结构的一种地震荷载．目前我们所使用的地震荷载，无论是按照烈度转换成的地震动峰值加速度，还是直接取自地震动区划图上给出的峰值加速度值，或者在现有各类抗震设计规范中由各类场地设计谱给出的加速度值，都是按照统计结果给出的平均值．因此，对于重大结构来说，仅按照设计规范给出的峰值加速度值和场地反应谱值来进行设计是远远不够的，还必须采用恰当的实际观测到的地震动进行复核．事实上，现有抗震设计规范几乎无一例外地都规定：重要的工程结构，例如：大跨桥梁，特别不规则建筑、甲类建筑，高度超出规定范围的高层建筑应采用时程分析法进行补充计算；采用时程分析法时，应按建筑场地和设计地震分组选用不少于两组的实际强震记录和一组人工模拟的加速度时程曲线．那么，应该采用什么样的实际地震动来进行复核呢？这是广大抗震设计者和研究者所关心的问题．另外在对结构进行试验研究时，无论是模拟振动台试验或伪动力试验，也会遇到同样的问题，即应该选择什么样的地震动作为试验结构的输入地震动呢？笔者认为，在考虑采用什么样的实际地震动来进行设计、分析或进行试验研究时，应该在现行规范规定的前提下，选择最不利的设计地震动．也就是说，应在地震动的峰值加速度和场地类别均符合规范规定的前提下，选取能使结构的地震反应或结构的地震性态趋于最危险或最不利状态的地震动．

---

* 本文发表于《地震学报》，2003 年，第25 卷，第3 期，250-261 页。

目前，无论在设计或在研究中各国科学家均把 1940 年的 El Centro（NS）记录或 1952 年的 Taft 记录作为首选记录，那么选择这样的地震动记录的根据是什么？这些记录是不是最不利的地震动记录？当前什么记录可算作是最不利的设计地震动？这是本文试图要解决的问题．已有的研究表明（Naeim，Anderson，1993），考察世界上现有的 5000 多条有重要意义的地震动记录，如果按峰值加速度、峰值速度、峰值位移、有效峰值加速度、有效峰值速度和持续时间来排序，那么 1940 年的 El Centro（NS）记录的相应值为 338cm/s^2，36.45cm/s，10.88cm，290cm/s^2，30.77cm/s 和 29.3s，只能分别排在第 81，87，49，99，62 和 58 位．显然，能否将其作为最不利设计地震动仍需慎重考虑．

本研究在提出最不利设计地震动概念的基础上，利用翟长海和谢礼立（2002）给出的估计地震动潜在破坏势的综合评价法，就常见的 4 类场地分别对长周期、中周期和短周期 3 类结构给出相应的国内外最不利设计地震动，并通过几类不同结构的地震反应分析和验算，对所确定的最不利设计地震动进行验证．

1　最不利设计地震动的概念

对于工程结构特别是大型复杂结构的抗震研究和设计来说，其最重要的任务之一是科学合理地选择设计地震动，所谓最不利设计地震动是指能使结构的反应在这样的地震动作用下处于最不利的状况，即处在最高的危险状态下的真实地震动．很显然，"最不利设计地震动"是相对于一定的环境条件而言的，即相对于结构所在场所的地震危险性和场地条件而言的．

迄今为止，尚未见到国内外有关最不利设计地震动研究的报道．国外虽然已经开展了一些相关的研究，但尚未取得有意义的进展．在 Naeim 和 Anderson（1993）的研究中，从 1933～1992 年的 5000 多条记录中去掉了震级小于 5 级或峰值加速度小于 0.05g 的记录，挑选出 1157 条水平记录，然后按以下的地震动参数，即地震动峰值加速度（PA）、地震动峰值速度（PV）、地震动峰值位移（PD）、最大增量速度（incremental velocity，IV）和最大增量位移（incremental displacement，ID）和基本谱参数（有效峰值加速度（EPA）和有效峰值速度（EPV））分类排队得到的表中，将位于前 30 位的记录选出来．将这样得到的记录合在一起，一共得到一组由 84 条记录组成的记录子库．另外，又在这 84 条记录以外的记录中，根据它们括号持时的长短，选择了 36 条记录，这样就得到一组由 120 条记录组成的记录库．Naeim 等的工作虽然没有提供最不利设计地震动，但却为最不利设计地震动概念的形成和最不利设计地震动的选择提供了重要的基础资料．可是，Naeim 等所选择的这 120 条记录既没有按场地条件分类，没有给出场地条件的资料，更没有给出判别最不利设计地震动的潜在破坏势或其他准则，给实际应用这些记录造成了困难．

本文的主要目的：一是给出最不利设计地震动的概念；二是根据估计地震动潜在破坏势的综合评价法，对所掌握的地震动记录进行挑选分类，从而能根据设计的要求去确定相应的最不利设计地震动．

2 选择最不利设计地震动所用的记录库

本文所研究的最不利设计地震动是按国内记录、国外记录两部分分别确定的.

以 Naeim 和 Anderson (1993) 挑选出的 120 条记录为基础, 查阅相关资料, 共得到经过校正并具有明确场地资料的记录 52 条, 然后又增加了 1994 年 Northridge 地震的 4 条自由场的地面运动记录, 共 56 条记录, 这就得到了本文研究所用的国外强震记录库. 另外, 本文从中国地震局工程力学研究所的强震数据库中得到了峰值加速度大于 $80 \times 10^{-2} \, \text{m/s}^2$, 且具有明确场地资料的中国强震记录 36 条, 得到了本文研究所用的国内强震记录库.

这两类强震数据库具有下列几个特点: ①由这 56 条国外强震记录组成的国外数据库, 应该是汇聚了到 1992 年为止的所有国外记录中, 无论从哪种潜在破坏势来衡量都是排在最前面位置上的强震数据; 同样, 由 36 条国内强震记录组成的数据库, 应该是汇聚了到 2001 年为止的具有类似特点的国内强震数据; ②这些记录都是分别经过了统一的数据处理和按照相应的潜在破坏势参数排队后获得的; ③这些记录都具有比较可靠的场地资料.

3 确定最不利设计地震动的原则

本研究在确定最不利设计地震动时采用了翟长海和谢礼立 (2002) 给出的估计地震动潜在破坏势的综合评定法, 即: ①按目前被认为可能反映地震动潜在破坏势的各种参数 (峰值加速度、峰值速度、峰值位移、有效峰值加速度、有效峰值速度、强震持续时间、最大速度增量和最大位移增量以及各种谱烈度值), 对所有的收集到的强震记录分别进行排队, 将所有排名在最前面的记录汇集在一起, 组成最不利地震动的备选数据库 (即前面所论述的国内、外强震数据库); ②将所收集到的备选强震记录进一步做第二次排队比较. 在做第二次比较分析时, 主要是基于位移延性和累积损伤的双参数破坏准则, 着重考虑和比较这些强震记录的位移延性和滞回耗能 (可以表达累积损伤的参数), 将备选强震记录中的位移延性最高的同时又是滞回耗能最高的记录挑选出来, 进一步考虑场地条件、结构周期及规范有关规定等因素的影响, 最后得到了给定场地条件及结构周期下的最不利设计地震动.

本研究在挑选最不利设计地震动的过程中, 综合考虑了峰值加速度、峰值速度、峰值位移、有效峰值速度、能量持时、位移延性及滞回耗能等多种地震动参数, 这些参数是在综合考虑地震动各种参数 (直接由地震动本身得到的参数以及地震动经过结构弹性反应、非弹性反应得到的参数) 及各种地震破坏准则 (强度、变形、滞回能量、双参数准则等) 的基础上确定的. 这样, 在估计和比较地震动的潜在破坏势时, 既承认各种参数在一定条件下具有潜在破坏势的特征和能力, 又考虑到了在其他条件下这些参数未必总能较好地反映地震动潜在破坏势的特点, 同时, 这种综合估计地震动潜在破坏势的方法, 可以全面地反映地震动的幅值、持时和频率特性以及结构的动力特性 (翟长海, 谢礼立, 2002).

要在众多的实际地震动记录中选择最不利设计地震动是一个十分复杂的过程, 因为其中掺和了众多因素的影响, 比如, 对于不同的地震动特征参数或不同的结构参数 (周期、阻尼、延性、恢复力模型等), 所对应的最不利设计地震动可能不同, 因此, 既不可能对每一种可能的参数组合选择一种最不利设计地震动，也不能在选择最不利设计地震动时不考虑这种参数差异的影响，为此，在对地震动进行第二次排队比较分析时，考虑了多方面的因素的影响．这里首先介绍几个基本的概念，然后概述各种因素的影响分析．

3.1　基本概念

（1）位移延性

$$\mu = \frac{V_{max}}{V_y} \tag{1}$$

式中，V_{max} 为弹塑性单自由度体系在地震动作用下的最大反应位移，V_y 为体系的屈服位移．

（2）屈服强度系数（或称地震抗力系数）

$$c_y = \frac{F_y}{mg} \tag{2}$$

式中，F_y 为体系的屈服力，mg 为体系的有效重量．

（3）滞回耗能

滞回耗能可自总应变能 $\int_0^t f(t)\mathrm{d}V$ 中扣除弹性应变能 $(1/2k)[f(t)]^2$ 来计算，即

$$E_p(t) = \int_0^t f(t)\mathrm{d}V - \frac{1}{2k}[f(t)]^2 \tag{3}$$

式中，E_p 表示滞回耗能，$f(t)$ 为体系计算时刻的恢复力，k 为体系的刚度，V 体系的相对位移．

（4）滞回耗能的等效速度

$$E_p = \frac{1}{2}mv_p^2 \tag{4}$$

式中，m 为体系的质量，v_p 称为对应滞回耗能的等效速度．

3.2　利用位移延性和滞回耗能比较地震动潜在破坏势时所考虑的因素

基于位移延性和累积损伤的双重结构破坏准则，翟长海和谢礼立（2002）认为参数位移延性与滞回耗能（可以表达累积损伤的参数）相结合，可以可靠地表示结构在进入非弹性反应阶段时，地震动对结构的破坏作用，也即可以可靠地表示结构进入弹塑性情况下地震动的潜在破坏势．由于在计算位移延性和滞回耗能时，结构要进入弹塑性阶段，因此，在对地震动计算和比较这两种参数时所涉及的问题就复杂起来，需要做如下的假定和考虑，要涉及众多参数的影响，如结构的自振周期、阻尼比、恢复力模型、场地条件、地震动模型等，为此，须分别研究这些因素的影响，并作出相应的假定．

3.2.1　基本假定

由于实际结构或构件在地震动作用下的耗能特性很不相同，因此，地震动反应分析中采用的恢复力模型也是多样的，其中常用的有双折线恢复力模型、三折线恢复力模型、Clough 恢复力模型等几种．因双线性恢复力模型形式简单、计算方便，同时又能反映结构弹塑性滞回本质特征，因而得到了最为广泛的应用，是研究结构弹塑性地震反应规律的基

本模型. 鉴于双线性恢复力模型具有以上特点，本研究在计算滞回耗能和位移延性时，假定结构的恢复力特性为双线性恢复力模型. 除此以外，影响地震动滞回耗能和延性位移的因素还有结构的自振周期、阻尼、屈服强度、延性和双线性恢复力模型中的第二刚度的取值等，为此，本研究特地选择了两条地震动记录（如表1所示），对这些影响因素进行了分析研究. 所选的两条记录代表了两类典型的记录类型：一类为持时较短的脉冲型记录（B_2），另一类为持时较长的稳态谐和型记录（B_1）.

表1　两条地震动记录详表

地震动编号	时间	地震名称	台站名称及分量	M_L	震中距/km
B_1	1940 年	El Centro	El Centro-lmp Vall lrr. Dist，N00E	7.7	12
B_2	1966 年	Parkfield	Cholame Shandon Array 2，N65E	5.6	6

3.2.2　在何条件（等延性或等强度）下进行地震动滞回耗能和位移延性的比较

在地震动反应分析中，结构的动力特征参数主要包括4个，阻尼、延性系数（或屈服强度）、恢复力特性（模型）及结构周期. 对于滞回耗能来讲，当给定系统的恢复力滞回特性（本研究假定结构具有双线性的恢复力特性）后，决定地震动滞回能量的基本结构参数主要有3个：结构周期 T、阻尼 ξ、延性系数 μ（求等延性谱时），或结构周期 T、阻尼 ξ、屈服强度 c_y（求等强度谱时）. 因而，单自由度体系在地震动作用下的滞回耗能一般可以表达为：

$$S=S(D, T, \xi, \mu)，\quad 或 \quad S=S(D, T, \xi, c_y) \tag{5}$$

式中，S 表示滞回耗能，D 表示结构的滞回特性.

在对滞回耗能这个参数比较地震动的潜在破坏势时，一般可以采用两种方法：即在等强度或等延性条件下进行比较. 从理论上来说这两种方法是完全等价的. 但在比较地震动的潜在破坏势时，究竟采用什么方法更为方便呢，本文对此进行了研究. 图1和图2分别给出了上述两条地震动的等强度滞回耗能谱（屈服强度系数 c_y = 0.05，0.10，0.20，0.40）和等延性滞回耗能谱（延性系数 μ=2.0，3.0，4.0，5.0）. 图中，横坐标 T 表示单自由度体系的周期，纵坐标 v_p 表示滞回耗能的等效速度. 从图中可以看出，地震动的等强度谱离散性很大，无明显的规律可循；而等延性滞回耗能谱则相对规律性较强，离散性不大，便于比较分析. 因此，本研究均采用等延性滞回能量谱来进行比较.

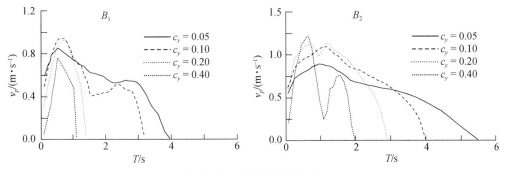

图1　等强度滞回能量谱

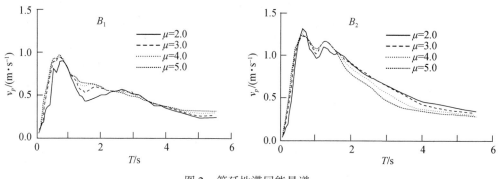

图 2　等延性滞回能量谱

在用位移延性比较不同地震动之间的潜在破坏势时, 与比较地震动的滞回能量一样, 也有两种方法可供选择: 既可以比较等延性条件下结构所需要的地震抗力系数 (或屈服强度系数), 也可以比较等强度条件下结构的延性, 两个方法是等价的. 因为对于具有相同自振周期的结构, 地震抗力系数增大时, 结构的反应减小, 从而延性也减小; 地震抗力系数减小时, 结构的反应增大, 从而延性也增大. 给定地震抗力系数后, 有一个位移延性与之对应; 反过来, 给定结构的延性, 也能大致确定与之对应的一个结构的地震抗力系数. 因此, 无论是等延性的条件下比较结构所需要的地震抗力系数, 还是在等强度的条件下比较结构的延性, 两者都是等价的. 但是考虑到计算方便以及与滞回耗能保持一致的缘故, 本研究是在等延性条件下通过比较结构在不同地震动作用下所需要的地震抗力系数来考虑位移延性破坏原则的. 综上所述, 本研究在利用位移延性和滞回耗能这两个参数挑选最不利设计地震动时, 最后归结为在阻尼、延性和恢复力模型相同的条件下, 计算比较结构所需要的地震抗力系数及滞回耗能.

3.2.3　结构参数对地震动滞回能量影响分析

(1) 恢复力模型 (主要指双线性恢复力模型的第二刚度) 对滞回耗能的影响, 图 3 给出了双线性恢复力模型第二刚度对地震动滞回能量 (延性系数 μ 为 4) 的影响示意图. 图中, T 表示单自由度体系的周期, v_p 表示滞回耗能的等效速度, α 为双折线恢复力模型第二刚度的折减系数, 它的变化范围为 $0.0 \sim 0.4$. 当 $\alpha = 0.0$ 时, 双折线恢复力模型就退

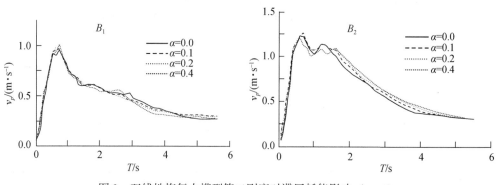

图 3　双线性恢复力模型第二刚度对滞回耗能影响 ($\mu = 4$)

化为理想弹塑性恢复力模型. 从图中可以看出, 双线性恢复力模型的第二刚度对滞回耗能的影响是不大的, 地震动在给出的 α 变化范围内, 其滞回耗能谱的峰值变化保持在10%以内. 因此, 本研究在计算和分析参数滞回耗能时, 假定结构为理想弹塑性恢复力模型（理想弹塑性恢复力模型为双线性恢复力模型的特殊形式）, 对计算的结果影响不大.

（2）延性对滞回耗能的影响. 结构延性对地震动滞回耗能的影响也可以用图2来表示. 图中给出了延性系数 μ 分别取为2, 3, 4, 5时地震动滞回耗能的变化情况. 从中可以清楚地看到滞回耗能基本上不随延性系数而改变. 在给出的延性系数变化的范围内, 地震动的滞回耗能谱峰值的变化也只在10%以内. 因此, 在确定最不利设计地震动时, 原则上只考虑某一种延性系数下的结果即可.

（3）阻尼对滞回耗能的影响. 图4中给出了延性系数为4, 阻尼比 ξ 分别取 0.02, 0.05, 0.10时地震动滞回耗能的变化情况. 图中, T 表示单自由度体系的周期, v_p 表示滞回耗能的等效速度, 计算结果表明, 阻尼对地震动滞回耗能的影响比较大, 较大的阻尼比给出的滞回耗能较小. 当阻尼比分别取2%和10%时, 地震动滞回耗能峰值相差达20%~30%, 但从图中可以看出, 地震动的等延性滞回耗能谱在不同阻尼下的变化趋势是相同的. 因此本文在计算地震动参数时, 假定结构的阻尼比为5%.

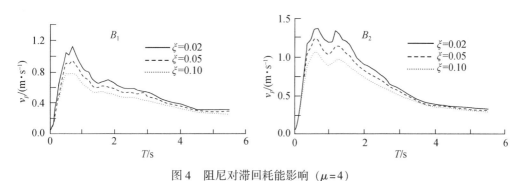

图 4　阻尼对滞回耗能影响（$\mu=4$）

3.2.4　结构自振周期的影响

在计算一定延性水平下（给定的延性系数为固定值时）结构所需要的地震抗力系数及滞回耗能时, 考虑到它们都与单自由度系统的自振周期有关, 应该是周期的函数, 因此它们在不同的周期范围内, 其值会很不相同. 与此同时, 考虑到对每一种周期的结构都选择对应的最不利设计地震动既不可能也无必要. 本研究在考察大量的非弹性反应谱及地震动能量反应谱的基础上, 发现地震动的等延性反应谱（即地震抗力谱）和滞回能量谱分别在频段 0~0.5s、0.5~1.5s 和 1.5~5.5s 之间, 谱值大体上保持一种相对稳定的形状, 因此, 将结构按其自振周期分为 3 个频段: 短周期频段（0~0.5s）、中周期频段（0.5~1.5s）和长周期频段（1.5~5.5s）. 本研究对这 3 个周期频段上的结构, 按不同的场地分别给出了相应的最不利设计地震动. 图5、图6是对收集到的 56 条国外地震动所计算得到的平均等延性反应谱和平均滞回耗能谱（图5中 c_y 表示结构的屈服强度系数, 图6中滞回耗能谱用其等效速度 v_p 表示）. 该图再次清楚地表明, 对上面提到的 3 种周期范围上的结构的等延性反应谱和滞回耗能谱的形状是十分稳定的.

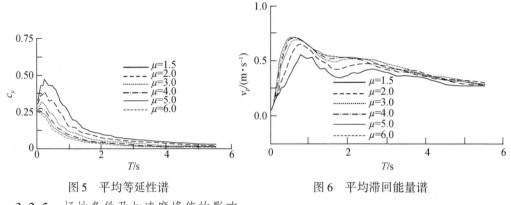

图 5　平均等延性谱　　　　　　　　　图 6　平均滞回能量谱

3.2.5　场地条件及加速度峰值的影响

　　考虑到在实际应用地震记录进行结构验算时，还应考虑下列几个条件：选用的强震记录应和所设计结构的场地条件一致，并且峰值加速度与规范规定的设防标准值也要一致．因此，在选择最不利设计地震动时，一是要按不同的场地条件来选择，二是要将地震动的峰值调整到规范规定的设计加速度峰值．因此，在应用地震动参数比较不同地震动记录的潜在危险势时，必须将地震动的加速度峰值都调整到同一水平后再进行计算比较．

4　确定最不利设计地震动的过程

　　首先根据前文所述，将结构按其自振周期分为 3 个频段：短周期频段（0 ~ 0.5s）、中周期频段（0.5 ~ 1.5s）和长周期频段（1.5 ~ 5.5s），并根据规范（GB0011-2001）规定，将地震动按其场地条件分为四类（Ⅰ，Ⅱ，Ⅲ，Ⅳ）；然后对应不同周期频段、不同场地类型，分别计算在不同地震动作用下结构所需要的地震抗力系数（即屈服强度系数）及滞回耗能的数值，并根据参数值的大小排队（由于篇幅所限，关于排名的详细情况可参看翟长海（2002）文章；最后根据结构在不同地震动作用下所需要的地震抗力系数及滞回耗能的排名情况，将排在国外备选记录库最前面的两组国外记录（若两条记录为同一地震动的两个分量，则按一条考虑）和排在国内备选记录库最前面的一组国内记录（3 组记录要求不同地震、不同的台站），作为对应周期频段和场地类型的最不利设计地震动，共计 18 条，并进一步对此补充进相应的其他分量，共得到 15 组（国外 11 组，国内 4 组）最不利设计地震动记录，结果如表 2 所示．这里需要说明的是，本研究所确定的国内的最不利设计地震动只是对国内现有的记录来说是最不利的．由于我国取得的强震记录极少，主震近场记录更少，因此，在世界强震记录库中远不是最不利的．

5　算例分析

　　在下面几类具体的算例中，通过比较结构在本研究推荐的最不利设计地震动和常用地震动作用下的反应，来验证本文所推荐的最不利设计地震动的正确性和可靠性．

5.1　算例1

　　福州正大广场地处福州市中心，主楼为地上 44 层，总高为 162m 的钢筋混凝土-剪力墙超高层结构. 福州地区的地震基本烈度为Ⅶ度, 工程建筑场地属Ⅲ类. 本算例采用国内外广泛应用的平面非线性地震反应分析程序 DRAIN-2D, 输入相应于福州地区场地的大震加速度时程, 进行弹塑性地震反应时程分析.

为简化起见, 本算例只对结构的南北向 (Y 方向) 进行分析计算, 南北向 (Y 方向) 第一、二周期 $T_{Y1}=2.694\text{s}$, $T_{Y2}=0.732\text{s}$.

计算中分别采用了 4 个输入地震动, 前 3 个地震动均为"福州正大工程场地设计地震动参数研究报告"提供, 第四个地震动采用本研究推荐的最不利设计地震动. 它们的加速度峰值均调整到与大震对应的值 $a_{\max}=230\times10^{-2}\,\text{m}/\text{s}^2$.

1) 人造地震动 (简称 A 地震动).

2) 1940 年 El Centro 地震动 (南北向) (简称 E 地震动).

3) 1961 年 Hollister 地震动 (简称 H 地震动).

4) 1940 年 El Centro 地震动 (东西向) (简称 EE 地震动).

采用上述平面结构分析模型, 分别输入 4 条地震动计算求得主楼在南北向 (Y 方向) 的顶层最大水平位移. 现将南北向主楼顶层绝对最大位移及顶点位移角比较列于表 3. 由表 3 的结果可以看出, 结构在本研究所推荐的最不利设计地震动作用下的反应, 均比结构在常用记录作用下的反应大.

表 2　Ⅰ，Ⅱ，Ⅲ，Ⅳ类场地的最不利设计地震动

场地类型	短周期结构输入 (0.0~0.5s)			中周期结构输入 (0.5~1.5s)			长周期结构输入 (1.5~5.5s)		
	组号	记录名称	分量	组号	记录名称	分量	组号	记录名称	分量
Ⅰ	F_1	1985，LaUnion，Michoacan Mexico	N90E ★ N00E ★ Vert	F_1	1985，La Union，Michoacan Mexico	N90E N00E ★ Vert	F_1	1985，La Union，Michoacan Mexico	N90E N00E ★ Vert
	F_2	1994，Los Angeles Griffith Observation，Northridge	360 ★ 270 Vert	F_2	1994，Los Angeles Griffith Observation，Northridge	360 ★ 270 Vert	F_2	1994，Los Angeles Griffith Observation，Northridge	360 ★ 270 Vert
	N_1	1988，Zhutang A，Langcang	S00E ★ S90E Vert	N_1	1988，Zhutang A，Langcang	S00E ★ S90E Vert	N_1	1988，Zhutang A，Langcang，	S00E ★ S90E Vert
Ⅱ	F_3	1971，Castaic Oldbridge Route，San Fernando	N69W ★ N21E Vert	F_4	1979，El Centro，Array #10，Imperial Valley	N69W ★ N21E Vert	F_4	1979，El Centro，Array #10，Imperial Valley	N69W ★ N21E Vert
	F_4	1979，El Centro，Array #10，Imperial Valley	N69W ★ N21E Vert	F_5	1952，Taft，Kern County	N21E ★ N69W Vert	F_5	1952，Taft，Kern County	N21E ★ N69W Vert
	N_2	1988，Gengma，Gengma1	S00E ★ S90E Vert	N_2	1988，Gengma，Gengma1	S00E ★ S90E Vert	N_2	1988，Gengma，Gengma1	S00E ★ S90E Vert

续表

场地类型	短周期结构输入 (0.0~0.5s)			中周期结构输入 (0.5~1.5s)			长周期结构输入 (1.5~5.5s)		
	组号	记录名称	分量	组号	记录名称	分量	组号	记录名称	分量
III	F_6	1984, Coyote Lake Dam, Morgan Hill	285★ 195 Vert	F_7	1940, El Centrolmp Vall lrr Dist, El Centro	180 270★ Vert	F_7	1940, El Centrolmp Vall lrr Dist, El Centro	180 270★ Vert
III	F_7	1940, El Centrolmp Vall lrr Dist, El Centro	180 270★ Vert	F_{12}	1966, Cholame Shandon Array 2, Parkfield	N65E★ ≠≠ Vert	F_5	1952, Taft, Kern County	N21E★ N69W Vert
III	N_3	1988, Gengma, Gengma2	S00E★ S90E Vert	N_3	1988, Gengma, Gengma2	S00E★ S90E Vert	N_3	1988, Gengma, Gengma2	S00E★ S90E Vert
IV	F_8	1949, Olympia Hwy Test Lab, Western Washington	356★ 86 Vert	F_8	1949, Olympia Hwy Test Lab, Western Washington	356★ 86 Vert	F_8	1949, Olympia Hwy Test Lab, Western Washington	356★ 86 Vert
IV	F_9	1981, Westmor and, Westmoreland	90★ 0 Vert	F_{10}	1984, Parkfield Fault Zone 14, Coalinga	90★ 0 Vert	F_{11}	1979, El Centro Array #6, Imperial Valley	230★ 140 Vert
IV	N_4	1976, Tianjin Hospital, Tangshan	WE★ SN Vert	N_4	1976, Tianjin Hospital, Tangshan	WE★ SN★ Vert	N_4	1976, Tianjin Hospital, Tangshan	WE★ SN Vert

注：①符号"★"表示所选中的最不利设计地震动分量，不带"★"的表示同一地点记录到的其他分量.

②组号中符号"F"代表国外的记录，"N"代表国内的记录.

③符号"≠≠"表示没有查阅到相应的分量.

表3　顶层绝对最大位移及顶点位移角比较

项目	常用地震动记录			本研究推荐的最不利设计地震动
	A 地震动	E 地震动（南北向）	H 地震动	EE 地震动（东西向）
顶点绝对最大位移/m	0.283	0.224	0.162	0.402
顶点位移角	1/570	1/720	1/996	1/398

5.2　算例2

东京新市府大厦，地上48层，高243m，结构采用巨型钢结构框架体系，自振周期为5.234s. 验算结构在强震作用下的弹塑性地震反应时，最大加速度均调幅为$745\times10^{-2}\,\mathrm{m/s^2}$，阻尼比为0.02. 计算中分别采用了9个输入地震动，前两个地震动为当前常用的两个地震动（1940年EI Centro（SN）地震动和1952年Taft地震动），由于结构的场地条件不详，本研究推荐了不同场地条件下的后7个最不利设计地震动，即：

（1）1940 年 El Centro（SN）地震动（简称 40EL1）.

（2）1952 年 Taft 地震动（简称 Taft）.

（3）1988 年 Gengma（S00E）地震动（简称 Gengma）（Ⅲ类场地）.

（4）1940 年 El Centro（EW）地震动（简称 40EL2）（Ⅲ类场地）.

（5）1979 年 El Centro Array #10，Imperial Valley CA 地震动（简称 79EL1）（Ⅱ类场地）.

（6）1985 年 La Union，Michoacan Mexico 地震动（简称 Mex）（Ⅰ类场地）.

（7）1994 年 Los Angeles，Griffith Observation，Northridge 地震动（简称 Northridge）（Ⅰ类场地）.

（8）1979 年 El Centro Array #6，Imperial Valley CA 地震动（简称 79El2）（Ⅳ类场地）.

（9）1949 年 Olympia Hwy Test Lab，Western Washington 地震动（简称 Olympia）（Ⅳ类场地）.

分别将上述 9 条地震动输入到结构中，求得各地震动作用下结构的最大层间位移及顶层最大水平位移，其结果比较见表 4.

表 4　结构在各地震动作用下顶层最大位移及层间最大位移比较

项目	常用记录		本研究推荐的最不利设计地震动						
			Ⅰ类场地		Ⅱ类场地	Ⅲ类场地		Ⅳ类场地	
	40EL1	Taft	Mex	Northridge	79EL1	Gengma	40EL2	79El2	Olympia
顶层最大位移/m	0.60	0.61	1.01	0.936	3.76	0.78	1.99	2.87	1.01
最大层间位移/m	0.015	0.016	0.027	0.027	0.096	0.020	0.055	0.072	0.038

由表 4 可以看出，结构在本研究推荐的最不利设计地震动作用下的顶层最大位移和层间最大位移，都比结构在几个常用的地震动作用下的相应量要大.

5.3　小结

在以上两个具体的工程实例中，分别对高层钢筋混凝土结构、巨型钢框架结构的地震反应进行了分析比较. 可以看出，本研究推荐的最不利设计地震动与常用地震动相比，其结构的地震反应都是较大的（从稍大到相差几倍），初步验证了本研究所推荐的最不利设计地震动的正确性和可靠性.

另外，翟长海（2002）还利用本研究确定的最不利设计地震动和常用的地震动，对中低层砖结构、钢网架结构等的地震反应做了分析比较，结果也是比较理想的.

6　结语

本研究首先提出了最不利设计地震动的概念，然后利用翟长海和谢礼立（2002）得出的估计地震动潜在破坏势的综合评价法，对 4 类场地分别给出了长周期（1.5 ~ 5.5s）、短周期（0 ~ 0.5s）和中周期（0.5 ~ 1.5s）结构的国内外最不利设计地震动，并通过几个不同结构的试算和试设计，初步验证了本研究所确定的最不利设计地震动的可靠性和正确性. 本研究所确定的最不利设计地震动为抗震研究和设计中的地震动输入问题提供了依据,可直接应用于工程结构的抗震试验、分析和设计.

另外, 通过本研究可以看出, 在抗震设计、分析和实验中一直被广泛应用的强震记录, 如 1940 年 El Centro (南北向) 地震记录, 与某些强震记录 (例如本研究所确定的最不利设计地震动) 相比, 其地震破坏势是极为有限的.

值得指出的是, 最不利设计地震动是一个复杂的概念, 它既和地震动特性有关, 又与结构所在场地, 结构自振特征以及结构的破坏机理有关. 本研究给出的最不利设计地震动也只是一个在相对概念上的最不利设计地震动, 即: 在一定场地条件下, 按照规范规定的设计加速度值作为地震动加速度峰值, 且仅考虑一个水平地震动分量作用情况下, 在现有强震记录中选出的最不利设计地震动. 随着人们对地震动破坏作用以及结构破坏机理认识的进一步加深、强地震动资料积累的增多, 肯定会得到更新的和更不利的设计地震动.

致谢　中国地震局工程力学研究所的于海英副研究员为本研究提供了所用的强震记录, 孙景江研究员为本研究提供了算例 1, 哈尔滨工业大学的张文元博士为本研究提供了算例 2, 在此一并表示感谢.

参 考 文 献

翟长海, 谢礼立, 2002. 估计和比较地震动潜在破坏势的综合评述. 地震工程与工程振动, 22 (5): 1-7.

翟长海, 2002. 最不利设计地震动研究. 哈尔滨: 中国地震局工程力学研究所硕士学位论文, 1-50.

Naeim F, Anderson J C, 1993. Classification and Evaluation of Earthquake Records for Design. The Nehrp Professional Fellowship Report to EERI and FEMA: 84-106.

Study on the severest real ground motion for seismic design and analysis

Xie Li-Li[1,2] and Zhai Chang-Hai[1]

(1. School of Civil Engineering and Architecture, Harbin Institute of Technology, Harbin 150090, China;

2. Institute of Engineering Mechanics, China Seismological Bureau, Harbin 150080, China)

Abstract   How to select the adequate real strong earthquake ground motion for seismic analysis and design of structures is an essential problem in earthquake engineering research and practice. In the paper the concept of the severest design ground motion is proposed and a method is developed for comparing the severity of the recorded strong ground motions. By using this method the severest earthquake ground motions are selected out as seismic inputs to the structures to be designed from a database that consists of more than five thousand significant strong ground motion records collected at home and abroad. The selected severest ground motions are most likely to be able to drive the structures to their critical response and thereby result in the highest damage potential. It is noted that for different structures with different predominant natural periods and at different sites where structures are located the severest design ground motions are usually different. Finally, two examples are illustrated to demonstrate the rationality of the concept and the reliability of the selected design motion.

双规准化地震动加速度反应谱研究[*]

徐龙军[1]，谢礼立[1,2]

(1. 哈尔滨工业大学　土木工程学院，黑龙江　哈尔滨　150090；2. 中国地震局工程力学研究所，黑龙江　哈尔滨　150080)

摘要　本文提出了双规准反应谱的概念. 在统计了美国西部大量强震记录的基础上，分别研究了规准反应谱和双规准反应谱的特性，并进行了详细的对比分析. 研究结果表明，双规准反应谱比通常的规准反应谱有更好的规律性，这不仅有利于认识地震动的特性，还可使基于场地的抗震设计反应谱大大简化，更便于广大工程设计人员应用.

1　引言

目前，结构的抗震设计基本上仍然是基于强度理论，一般来说，工程结构进行抗震设计时，首先要求确定由地震动引起的作用于结构上的地震力，再进行结构的强度和变形验算，因此，加速度反应谱仍然是现阶段抗震设计规范用以设计地震作用的最主要依据. 作为抗震设计依据的设计反应谱需要尽可能地反映实际地震动反应谱的特性，通常，为了消除不同地震动强度对反应谱谱值的影响，需要对反应谱的纵坐标进行规准化处理，即：用地震动加速度的峰值去除单质点体系对地震动的最大绝对反应加速度，一般用 β 表示，从而得到纵坐标为无量纲的规准反应谱，因此，规准反应谱就成为确定地震作用的重要工具，也一直是地震工程中研究的焦点. 众所周知，场地条件是影响反应谱形状的主要因素之一，于是，对规准反应谱的研究都是按场地分类进行的[1-4]，但国内外场地类别的划分指标极不一致. 即使同一国家或地区，不同时期场地类别的评定方法也不相同，再加上所选取强震记录的不同以及受强震记录数量的限制，使得研究结果差别很大，如文献 [5] 用 35 条地震动记录水平分量进行统计，得到平均规准反应谱的 β_{max} 为 3.3；文献 [10] 的研究结果得到 β_{max} 为 3.04；文献 [6-8] 则建议 β_{max} 取 2.25；而国外 Newmark 等[9]认为规准反应谱最大值为 2.6；目前我国现行规范[11]按 2.25 取用；美国 1997NEHRP[12] 取 2.5. 究其原因，研究结果的差异主要与场地划分方法以及所选用的地震记录有关. 一般来讲，场地划分越细，每类场地的范围就越窄，如果所用的记录数量较少，且主要来自于少数几次地震的相同场地上时，就会导致统计的 β_{max} 较大；相反，若场地范围较宽，记录选取的范围也广，则统计结果偏小. 除此以外，场地的影响还反映在反应谱的特征周期上，由于场地分类的方法和原则各国差异极大，甚至同一个国家在不同时期也有所不同，那么就使得所规定的反应谱的特征周期也有所差别. 因此，在对地震动加速度反应谱特性的研究

* 本文发表于《地震工程与工程振动》，2004 年，第 24 卷，第 2 期，1-7 页.

中，若能避开场地的影响，认识不同场地反应谱的共同特征并以此作为抗震设计的依据才更有实用意义．本文在搜集大量强震记录的基础上，首先研究了不同场地的规准化反应谱特性．为了消除卓越周期对规准化反应谱形状的影响，给出了双规准化反应谱的定义并研究了其特性，为建立双规准化抗震设计反应谱提供了理论基础．

2 记录的选取与场地分类

上个世纪 50 年代以来，美国西部地区获取了大量的强震记录资料，这为深入研究地震动反应谱的特性创造了条件．本文共从美国西部 20 次比较大的地震中选取了 360 条地震记录，这些地震的震级分布在 4 ~ 8 级之间，其中绝大部分地震记录包括两个相互垂直的水平分量，每条记录分量的最大地面加速度峰值都不小于 50Gal，共 669 条水平分量，所用记录都是按统一的方法校正过的．处理和校正这些地震记录的部门和机构主要有：California Division of Mines and Geology（CDMG）、U. S. Geological Survey（USGS）、University of Southern California（USC）等[13]．

表 1　场地分类

场地类别	场地描述	剪切波速 $V_s/(\mathrm{m/s})$	所选记录的数量
A	硬基岩	$V_s > 1500$	53
B	基岩	$1500 \geqslant V_s > 760$	
C	非常坚硬土/软基岩	$760 \geqslant V_s > 360$	140
D	硬土	$360 \geqslant V_s \geqslant 180$	186
E	软土	$180 > V_s$	290
F	特殊土，需专门评定	$180 > V_s$	

众所周知，影响反应谱的因素主要有震级、震中距、震源机制、传播途径、场地条件等，一般认为，以场地对反应谱形状的影响最为明显，因此，在认识地震动的频谱特性时，对场地条件应予以充分的考虑．不同的研究者所采用的场地分类方法不同，国内外的分类方法也有区别，研究结果也存在差异．本文的研究为了突出场地条件对反应谱的影响，没有考虑震级、震中距等其他因素．同时为了与强震记录的来源相统一，场地的分类参照美国 1997NEHRP[12] 的规定将 669 条记录分量分成四类，见表 1. 其中 AB 类场地（硬基岩和基岩）记录 53 条，占 7.92%；C 类场地（非常坚硬土或软基岩）记录 140 条，占 20.93%；D 类场地（硬土）记录 186 条，占 27.8%；EF 类场地（软土）记录 290 条，占 43.35%．

3 规准反应谱和双规准反应谱

3.1 两个概念

规准反应谱（或称为标准反应谱）就是将地震动加速度反应谱分别除以对应地震动的

最大值，使纵坐标谱值无量纲化，它反映了单质点系在地震作用下的最大反应对地震动峰值的放大情况．反应谱与规准反应谱只是在纵轴上的数值不同，而曲线的形状是相似的．将反应谱规准化是为了消除地震动强度对反应谱纵轴坐标值的影响，是用于比较不同地震波频谱特性的工具．双规准反应谱就是在规准化反应谱的基础上，再将横坐标（即周期）无量纲化：将地震动反应谱的峰值对应周期去除相应反应谱的横坐标所得到的结果，为了与规准化反应谱相区别，双规准化反应谱的纵轴用 β_0 表示．这样，地震动加速度反应谱的双规准化就包括纵坐标的规准化和横坐标的规准化，纵坐标的规准化是为了消除不同地震动强度对反应谱谱值的影响，横坐标的规准化则主要是消除不同卓越周期对反应谱形状的影响．图2是几个地震记录的规准化反应谱，可以看出：规准化后的反应谱与未规准化反应谱图1相比表现出较好的规律性．图3是在规准化反应谱的基础上，再对每条地震动反应谱的横坐标规准化，经这样两次规准化后得到的双规准化反应谱消除了不同卓越周期对反应谱的影响，从中可以看出：不同地震动记录之间的双规准化反应谱的谱形状更为类似，比规准化反应谱有着更好的规律性．

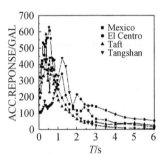
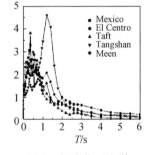
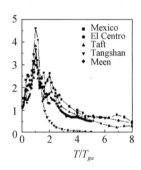

图1　地震动加速度反应谱　　　图2　规准化反应谱　　　图3　双规准化反应谱

3.2　规准化反应谱

为了观察规准化反应谱的平均特性，我们将四个场地类别的各加速度反应谱进行了规准化处理（见图4~图7），加速度谱的周期范围为 0~6s，假定离散化加速度在采样点之间是线性变化的，对于单质点微分方程的求解采用 Duhamel 积分．计算反应谱的周期步长 ΔT 为：在 0~2s 之间，取 $\Delta T=0.05\mathrm{s}$，在 2~6s 之间，取 $\Delta T=0.1\mathrm{s}$．以下的研究中都按阻尼比 $\xi=0.05$．图8是四种场地上规准化反应谱的平均曲线．从图中可以看出：

（1）四种场地上的平均规准反应谱有较为明显的差别，其中 EF 类场地在 0.25s 以前的谱值低于其他三种类别．

（2）四种场地的平均规准反应谱在大于 0.5s 以后的长周期部分，随场地的变软，谱值有明显增大的特征．

（3）AB 类场地的平均规准反应谱的 $\beta_{\max}$ 为 2.189，C 类为 2.586，D 类为 2.498，EF 类为 2.258．可见 C 类场地的 $\beta_{\max}$ 值最大，D 类和 E 类场地的 $\beta_{\max}$ 稍低，AB 类场地的 $\beta_{\max}$ 值最小．

（4）四种场地的平均规准反应谱对应的峰值周期分别为 0.1s，0.2s，0.3s 和 0.5s，随场地变软，峰值周期有明显增大的趋势．

（5）四类场地的平均规准反应谱在长周期段大致相互平行.

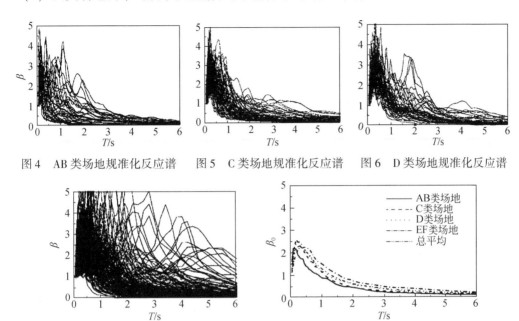

图 4 AB 类场地规准化反应谱　图 5　C 类场地规准化反应谱　图 6　D 类场地规准化反应谱

图 7 EF 类场地规准化反应谱　　图 8　四类场地上的平均规准谱与总平均规准谱

3.3　双规准反应谱

3.3.1　双规准反应谱特性

为了给出双规准化加速度平均反应谱，我们将四种场地类别上的每条地震动加速度反应谱在规准化基础上再对横坐标进行双规准化处理，即将每条地震动规准化反应谱的横坐标分别除以其加速度谱卓越周期 T_{ga}，再计算它们的平均值（见图 9～图 12）. 本研究中将双规准化加速度反应谱的横坐标范围统一定为 0.5～12. 图 13 是四种场地上平均双规准反应谱曲线的比较. 从图 13 中可以看出：

（1）双规准化反应谱横坐标值小于 1 的部分，四种场地的平均双规准反应谱十分接近.

（2）横坐标值大于 1 的部分，AB 类、C 类和 D 类场地的平均双规准反应谱基本相同，EF 类场地的谱值在横坐标 1.5～6 的范围内明显小于其他三类，但谱值随横坐标的变化趋势是一致的.

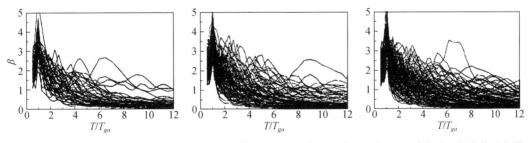

图 9 AB 类场地双规准化反应谱　图 10　C 类场地双规准化反应谱　图 11　D 类场地双规准化反应谱

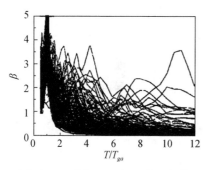
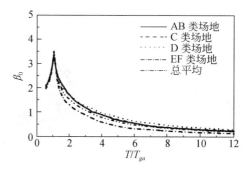

图 12　EF 类场地双规准化反应谱　　　图 13　四类场地上的双规准谱与总的平均谱

（3）四种场地上的平均双规准反应谱峰值分别为：AB 类 3.261，C 类 3.362，D 类 3.400，EF 类 3.512. 可见 EF 类场地最高，AB 类场地最小.

总的来看，四种场地的双规准化平均反应谱是基本接近的，这为我们进一步研究四种场地上反应谱的共性带来了方便.

3.3.2　双规准反应谱曲线的分段拟合

本文对不同场地上的双规准化反应谱的统计结果表明，四类场地的平均双规准反应谱在形状和谱值上都比较接近，这样，我们就可以对不同场地的双规准化反应谱做统一的处理，以进一步寻求其共同的规律性. 为了更能反映一般的情况，我们将四种场地上 669 条双规准化后的加速度反应谱作了总平均，见图 13，从图中可以看出，总平均曲线峰值两侧的部分都很光滑，且表现出良好的数学关系，为了准确地描述这一数学关系，我们将总平均曲线以峰值为界划分为两部分，分别对两部分进行拟合.

（1）横坐标为 0.5 ~ 1 段的拟合

为了确定双规准化反应谱总平均曲线峰值以前部分满足的数学关系，采用最小二乘法对其进行数据拟合. 图 14 中拟合曲线是按二次多项式拟合的结果，二次多项式拟合公式为：

$$y = 3.4904 - 5.5713x + 5.512x^2 \tag{1}$$

其拟合最大误差为 0.0665.

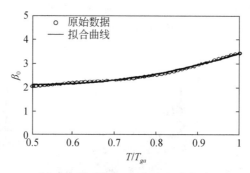

图 14　横坐标 0.5 ~ 1 段拟合曲线

（2）横坐标为 1 ~ 12 段的拟合

同样，为了确定双规准化反应谱总平均曲线峰值以后部分的谱特征，也采用最小二乘

法对其进行数据拟合. 图 15 中按双曲线拟合的数学公式为:

$$y = 3.43x^{-1.097} \tag{2}$$

其最大拟合误差为 0.3076.

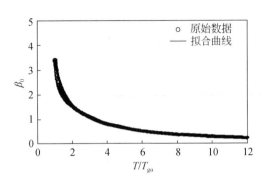

图 15　横坐标 1 ～ 12 段拟合曲线

4　规准反应谱与双规准反应谱的比较

　　为了对不同场地上的规准反应谱和双规准反应谱进行比较, 我们对收集到的地震动记录均计算了它们的这两种谱, 并按场地类别分别计算了相应的平均双规准化反应谱 (见图 13) 和平均规准化反应谱 (见图 8). 下面是对两种平均反应谱之间的比较.

4.1　谱值比较

　　由前面提到的定义可知, 规准反应谱和双规准反应谱都反映了地震动反应谱的特性, 首先是反映了不同场地上单质点体系最大绝对加速度反应对地震动最大加速度幅值的动力放大倍数, 但是从平均反应谱来看它们峰值的含义有所不同, 对规准化反应谱来讲, 受不同地震动中卓越分量差异的影响, 其峰值对应周期未必相同, 因此对同一个周期谱值的平均, 是峰值与非峰值之间的平均, 这样得到的平均峰值势必要低于峰值的平均值, 即其平均规准反应谱的峰值要普遍小于各样本的峰值的平均值. 而双规准化反应谱的横坐标不再是周期, T/T_{ga} 处理之后, 变为无量纲量, 各样本的峰值对应横坐标都为 1, 因此不仅每条地震动的双规准反应谱, 而且它们的平均谱都是在横坐标为 1 处给出了最大的峰值, 所以它们的平均值是各反应谱峰值之间的平均值, 这就说明了为什么平均双规准反应谱的峰值要比平均规准反应谱的峰值高, 应该说这种 “高” 是对客观现象的真实描述. 此外, 地震动双规准反应谱还反映了地震动不同简谐分量之间的相对关系和不同卓越周期反应谱共同的变化趋势, 这样, 双规准化地震动加速度反应谱之间的平均, 要比地震动规准化反应谱之间简单意义上的平均更具有实用意义. 表 2 给出了平均规准反应谱与平均双规准反应谱峰值的对比结果, 可以看出:

　　(1) 不同场地上的平均规准反应谱的峰值之间差别较大, C 类场地的峰值最大, D 类和 EF 类场地的峰值次之, AB 类场地的峰值最小.

　　(2) 四种场地上, 各平均双规准反应谱的峰值随场地的变软, 峰值略有提高, 但它们之间的最大差值明显小于规准反应谱之间的最大差值.

（3）双规准化反应谱的峰值明显高于规准化反应谱，大约是规准化反应谱的 1.5 倍左右，其中 EF 类场地的倍数最大，AB 类和 D 类次之，C 类最小.

4.2　谱形比较

在谱形上，各场地上的平均规准反应谱与平均双规准反应谱有着十分明显的差异，主要表现在：

（1）平均双规准反应谱的峰值对应横坐标都为 1，在峰值处比较尖锐. 而平均规准反应谱的峰值对应坐标随场地的不同而变化.

（2）平均双规准反应谱曲线在峰值两侧比平均规准反应谱光滑，不同场地的平均双规准反应谱有相同的变化趋势，而平均规准反应谱的情况明显较差.

（3）双规准化反应谱的总平均曲线与各场地上的平均双规准反应谱曲线在谱值上差别很小，而规准化反应谱的总平均曲线与各场地上的平均规准反应谱曲线在谱值上差别明显，即前者比后者的离散性程度要小.

表 2　双规准反应谱与规准反应谱峰值比较

场地类别	比较项目				β_{0max}/β_{max}
	平均双规准反应谱峰值		平均规准反应谱峰值		
	β_{0max}	对应横坐标	β_{max}	对应横坐标/s	
AB 类	3.261		2.189	0.10	1.49
C 类	3.362		2.586	0.20	1.30
D 类	3.400	1	2.498	0.30	1.36
EF 类	3.512		2.259	0.50	1.56
669 条总平均	3.430		2.299	0.35	1.49

4.3　关于研究双规准反应谱的潜在意义的讨论

众所周知，目前在抗震设计规范中采用的设计反应谱一般是基于规准反应谱计算得来的，而这种谱未对卓越周期作过规准，因此不同场地上的谱有着明显的差异，由于场地特性千变万化，因此这种反应谱就隐含着巨大的不确定性，再加上不同大小的地震，不同的震中距都会对地震动、进而对反应谱的卓越周期和特征周期产生不确定的影响. 因此在这种影响未搞清之前，可以用双规准谱来统一具有不同卓越周期和特征周期的反应谱，以便于工程应用；在此基础上可以进一步分别研究场地、震级、距离等对卓越周期和特征周期的影响，或者在未进一步搞清这种影响之前可以直接沿用目前正在采用的场地特征周期，只要有了能确切反映场地、震级以及距离影响的特征周期，就可以立即从本文提到的双规准反应谱得到可以应用的各类场地的设计反应谱，关于这方面的内容作者将另有专文介绍.

5 结语

本文研究了地震动加速度规准反应谱和双规准反应谱的特性，并将二者进行了详细的对比分析，研究结果表明，双规准反应谱相对一般地震动反应谱来讲不仅消除了地震动强度的影响，而且消除了不同卓越周期对反应谱形状的影响，比规准反应谱表现出更好的规律性．现行的抗震设计谱的建立都是以规准反应谱为基础的，受场地类别划分指标以及强震记录选取的影响，不同抗震规范的设计谱差别较大，其根本原因在于规准反应谱仍没有充分反映地震动反应谱的共同特性，通过对双规准反应谱的研究发现，不同场地上平均双规准反应谱的谱值、谱形都比较接近，而且表现出良好的规律性，这为我们研究基于不同场地条件下地震动共同特性的抗震设计谱开辟了一种新的思路．

参 考 文 献

[1] Kuribayashi E, Iwasaki T, Iida Y, Tuji K. Effects of seismic and subsoil conditions on earthquake response spectra [A]. Proc. International Conf. Microzonation, Seattle [C]. Wash., 1972: 499-512.

[2] Seed H B, Ugas C, Lysmer J. Site-dependent spectra for earthquake resistance design [J]. BSSA, 1976, 66 (1): 221-243.

[3] Mohraz B. A study of earthquake response spectra for different geological conditions [J]. BSSA, 1976, 66 (3): 915-935.

[4] Crouse C B, McGuire J W. Site response studies for purpose of revising NEHRP seismic provisions [J]. Earthquake Spectra, 1996, 12 (3): 407-439.

[5] 章在墉，居荣初，等. 关于标准加速度反应谱问题 [A]. 中国科学院土木建筑研究所地震工程报告集（第一集）[C]. 北京：科学出版社，1965，17-35.

[6] 陈达生，卢荣俭，谢礼立. 抗震建筑的反应谱[A]. 中国科学院工程力学研究所地震工程研究报告，1983，73-94.

[7] 周锡元，王广军，等. 场地分类和平均反应谱 [J]. 岩土工程学报，1984，6(5)：59-68.

[8] 郭玉学，王治山. 随场地指数连续变化的标准反应谱 [J]. 地震工程与工程振动，1991，11(4)：39-50.

[9] Newmark M N, Hall W J. Procedures and criteria for earthquake resistant design [R]. National Bureau of Standards, U. S. Department of Commerce, Building Research Series 46, 1973: 209-236.

[10] 陈达生. 关于地面运动最大加速度与加速度反应谱的若干资料 [A]. 中国科学院土木建筑研究所地震工程报告集（第二集）[C]. 北京：科学出版社，1965，53-84.

[11] 建筑抗震设计规范（GB 50011−2001）[S]. 北京：中国建筑工业出版社，2001.

[12] William T H. The 1997 NEHRP recommended provisions for seismic regulations for new buildings and other structures [J]. Earthquake Spectra, 2000, 16 (1): 101-114.

[13] 公茂盛. 地震动能量衰减规律的研究 [D]. 哈尔滨：中国地震局工程力学研究所硕士学位论文，2002.

Study on bi-normalized earthquake acceleration response spectra

Xu Long-Jun[1] and Xie Li-Li[1,2]

(1. School of Civil Engineering, Harbin Institute of Technology, Harbin 150090, China;

2. Institute of Engineering Mechanics, China Earthquake Administration, Harbin 150080, China)

Abstract　　A concept of bi-normalized response spectra was presented in this paper. Based on the statistical analysis of a large number of earthquake records collected from the western America, the conventionally normalized response spectra and bi-normalized response spectra were studied and compared respectively. It is concluded that the bi-normalized response spectra have better consistency among all strong motion records than the conventionally normalized response spectra. It implies that the bi-normalized response spectra can be used not only in revealing the characteristics of strong ground motions but also in simplifying the site specific design spectra for engineering design purpose.

抗震性态设计和基于性态的抗震设防[*]

谢礼立

（中国地震局工程力学研究所　哈尔滨工业大学　哈尔滨，150001）

摘要　本文简扼地介绍了抗震性态设计的基本思想，着重讨论了基于性态设计的设防标准如何确定；指出了建筑功能和建筑性态这两个概念的差别和联系，提出了性态目标，性态水平，抗震设计分类的思想，并对制定我国相应的设防标准框架提出了构想.

1　引言

抗震设计规范是工程界与地震灾害进行斗争的主要依据，抗震设计规范的不断发展与改进也反映了人类在与地震灾害的斗争中所取得的进步. 世界上最早出现的抗震设计规范要推 1923 年日本的《市街地建筑物法》和 1927 年美国的统一建筑规范"UBC". 迄今世界上已有约五十多个国家和地区制定了本国或本地区的抗震设计规范. 所有这些规范几乎无一例外的都是以减轻建筑物破坏和减少人员伤亡为主要宗旨和目标. 经过约半个世纪的努力，特别是由于地震危险性分析、结构动力分析和计算科学硬软件技术领域的重大进展，可以说这个目标已基本上能实现，人们有理由相信只要严格按照规范的规定进行抗震设计和施工，是可以有效地减轻地震造成的人员伤亡，把它控制在可以接受的水平内. 这一点已为世界上许多国家的抗震经验所证明.

（1）传统的抗震设计思想

在建筑物的寿命期内，破坏性地震通常不经常发生. 在技术上要把建筑物设计成能抵御这种极端的地震使之不发生破坏是完全可以做得到的，但一般认为这样做是极不经济而又不必要的. 因此抗震设计的思想经多年的演变就形成一种共识：经抗震设计的绝大多数建筑物在遇到破坏性地震时，容许其出现一定的破坏，但应确保生命安全，这就成为工程抗震设计的一个主要任务，而且已经作为一种传统的设计思想承袭下来. 多年来的震害经验也表明，对大多数经过抗震设计的结构来讲，其震害可以控制在一定范围内以致能有效地减少生命损失，这一点已为广大结构工程师所接受.

（2）新的教训、新的启示和新的认识

但是在总结现代大城市的地震震害，特别是八十年代中期到九十年代以来的震害经验和教训时，人们又惊讶地发现：近十多年来，在许多现代化大城市发生了并不算太大的地震，如：发生在现代化都市区罗马普里塔（Loma Prieta）$M_S6.8$、北岭（Northridge）$M_S7.1$、阪神（Hanshin）$M_S6.9$ 的诸地震灾害中，人员伤亡确实很少，但经济损失却异常

---

* 本文发表于《工程建设标准化》，2004 年，第 5 期，9-15 页.

的大而使人们无法接受．于是就对过去长期视为正确的设计思想进行反思，认为过去的抗震设计只以生命安全为目标是远远不够的，抗震设计不仅应考虑人身安全，而且应考虑因建筑破坏所造成的经济损失能得以控制．经过进一步分析，发现在地震破坏不久的情况下之所以会造成巨大的经济损失，主要是由于建筑结构的功能因结构破坏受到了影响，因此抗震设计还应使结构的功能（functions）在地震发生时能得到某种程度的保障．抗震设计如何能既经济又可靠地保证建筑结构的功能在地震的作用下不致丧失乃至不受影响，这是社会经济发展和工程实践对地震工程师和地震工程科研人员又一次提出来的新课题．基于性态的设计和基于性态的工程便应运而生——这将是工程抗震发展史上的又一个重要的里程碑．

2　抗震性态设计的目的——性态目标和性态水平

基于性态抗震设计的目的是，在建筑物的整个寿命期内，在"一定的条件"下，花在抗震上的费用最少．这里的费用是指：增加抗震能力的投资和因地震破坏造成的损失，包括人员伤亡、经营中断、修复重建等；"一定的条件"是指所谓的性态目标．

（1）性态目标（performance objectives）是对所设计的建筑物在每一个设计地震水平下所要求达到的性态水平（performance level）的总和．性态目标应根据建筑物使用要求、功能要求的重要性．经济考虑（伤亡、财产损失、业务中断、震后修复）和其他因数（如文化历史遗迹）等综合确定．

$$性态目标 = \sum [性态水平]$$

（2）性态水平（performance levels）是对所设计的建筑物，在可能遇到的特定设计地震作用下所规定的最大的容许破坏，或容许的极限破坏．这里的建筑物包括整体结构、结构构件、非结构构件、室内物件和设施以及对建筑物功能有影响的场地设施等，也就是说对这些因数的破坏程度也要作出规定．性态水平的表述方法有两种，但彼此互相关联：

1）针对一般人员包括非专业人员，如业主、用户和管理人员，也包括对专业人员的定性的表述方法：如破坏程度：完好、轻微、中等和严重破坏、倒塌等，以及可继续运行、继续住人、暂时不能住人等有关建筑物功能性的描述；

2）针对专业人员用于设计、维修、评估的表述方法，这样会出现大量的专业术语，如：结构构件、非结构构件、强度、刚度以及结构整体性能以及残余变形、塑性铰、能量消耗、损伤、层间位移、延性系数等．

我们这里采用了五级水平，即：所有功能不受影响（完好），主要功能不受影响（轻微破坏），主要功能有待修复后才能恢复（中等破坏），主要功能几乎不值得修复（严重破坏）和功能不可能恢复（倒塌）．显然最后一级功能不可能恢复（倒塌）是不须进行设计的，也不必确定其性态水平，所以实际只有四级性态水平，见表1．

表1　性态描述

破坏描述	使用功能描述	专业描述（全部有待细化）
10　0.0 完好 09　0.2	功能不受影响	无破坏，可连续运行 连续运行，震后设备继续实现功能，结构构件与非结构构件可能有极轻微的破坏

破坏描述	使用功能描述	专业描述（全部有待细化）
08　0.3 轻微破坏 07　0.4	主要功能不受影响	轻度破坏，大部分功能（functions）可立即恢复，一些次要的部件也许需要少量修复 结构安全，震后可立即使用，主体部位可继续运行，非主要部位可能要中断
06　0.5 中等破坏 05　0.6	主要功能修复后才能恢复	中等破坏，结构的个别关键和重要部位可能出现塑性铰，室内物品可能免遭破坏 生命安全能保障，主要的抗侧力构件可能会出现裂缝，结构虽遭破坏但仍稳定，不大可能发生坠落现象
04　0.7 严重破坏 03　0.8	主要功能几乎不值得修复	主体结构中可能出现塑性铰，但不致倒塌，非结构部件可能坠落 主体结构破坏严重但仍不倒塌，非结构构件坠落
02　0.9 倒塌 01　1.0	功能丧失	部分主体结构倒塌 结构全部倒塌

为了实现这四级性态水平，就必须控制组成建筑结构的各类体系的破坏程度，表 2 对此进行了描述．这里要注意：在表 2 中采用了侧移量来控制各个性态水平，而且把侧移分为短期的（地震应急期用的）和永久的（震后评估用）两种；容许的侧移水平要视结构体系和非结构体系性能而异．有些结构体系和其他体系相比能抵御较大的侧移而不发生明显破坏，类似的，有些非结构部件能比其他部件承受较大的层间位移，因此很难采用一种侧移标准来要求不同的体系和构件，在使用表 2 时对这一点要特别注意，应该加以区分和判断．

表 2　对体系性态水平总体破坏的描述

体系描述	性态水平				
	（10）功能不受影响（9）	（8）主要功能不受影响（7）	（6）主要功能修复后才能恢复（5）	（4）主要功能几乎不值得修复（3）	（2）（1）
房屋（发生）总体破坏	可以忽略不计（几乎不发生）	轻微	中等程度	严重	全部
短期容许的侧移	< ±0.2%	< ±0.5%，且≥ ±0.2%	< ±1.5%，且≥ ±0.5%	<±2.5%，且≥ ±1.5%	>±2.5%
容许的永久侧移	可以忽略不计	可以忽略不计	< ±0.5%	<±2.5%	> ±2.5%
承受竖载构件的破坏	可以忽略不计	可以忽略不计	轻度到中等，但仍能充分承受重力荷载	中等到严重，但构件可继续支持重力荷载	支持重力荷载的能力部分或全部丧失
承受侧载构件的破坏	可以忽略不计，总体上在弹性反应阶段，强度和刚度均无显著降低	轻度破坏–接近弹性反应；基本保持原来的初强度和初刚度；结构构件有微小裂缝；容许在适当时候修复	中等破坏—残余强度和残余刚度降低，但仍向体系可保持工作	残余强度和残余刚度几乎不存；无层间倒塌但出现大的永久侧移，次要的结构构件可能完全失效	部分或全部倒塌；主要构件可能要求马上拆除

续表

体系描述	性态水平				
	(10) 功能不受影响 (9)	(8) 主要功能不受影响 (7)	(6) 主要功能修复后才能恢复 (5)	(4) 主要功能几乎不值得修复 (3)	(2) (1)
建筑体系的破坏	外包物, 玻璃, 隔墙, 天花板, 油漆, 粉刷会有 (可忽略不计的) 微小破坏	建筑体系会发生轻度到中等的破坏; 重要的或经保护的物品不发生破坏; 危险物品不外溢	建筑体系会发生中等到严重的破坏, 但不会发生大量坠落的危险; 危险物品不会大量外溢	建筑体系严重破坏, 某些部件可能移位或坠落	大量坠落; 部件毁坏
进出部位的破坏	未受损伤	出口通道上无大的障碍; 电梯也许要经过少量维修才能重新启动	电梯要有一段时间不能使用	出口通道可能被堵	出口通道大部或全部被堵
机械/电气/管道/公用设施体系的破坏	保证功能 (Functional)	保障功能的主要设备、消防和生命安全体系能运行; 其他体系可能要修复; 要根据需要提供临时公用服务设施	某些设备要移位或倾覆; 许多体系不能工作, 煤气和上下水管线要破坏	体系发生严重破坏, 体系永久停止使用	体系部分或全部毁坏; 永久停止使用
室内物品的破坏	室内物品可能发生轻微破坏; 危险物品不会溢出或不发生破坏	轻微到中等破坏; 重要物品和危险物品不会外溢或移位	室内物品中等到严重破坏; 危险物品不会大量外溢	室内物品严重破坏; 危险物品可能要外泄	室内物品部分或全部损失
对修复的要求	无要求	视业主/承租人的意愿进行维修	有可能房屋要关闭	实际上可能无修复价值	不可能修复
对使用的影响	无影响	可以继续使用	短期或不定期地停止使用	基本上永久无法使用	永远不能使用

为了在设计中实现预期性态水平, 仅控制体系的破坏和反应还是不够的, 因为体系的破坏取决于构件和部件的破坏. 因此还需要进一步描述各种部件和构件的破坏与结构抗震性态的关系. 为了区分结构破坏还把结构构件区别为主要构件和次要构件. 所谓主要构件是指结构基本抗侧力体系中的构件和构成结构总体侧向强度的主要构件; 所谓次要构件是指这些构件的强度或刚度的退化或降低基本上不会改变结构的地震反应. 次要构件在建筑物中可能是主要的竖向荷载承受者. 一般地讲, 在较低的性态水平下, 次要构件比主要构件可容许遭受更严重的破坏, 因为前者对结构的总体侧向反应影响较小, 但是对那些主要承受重力的次要构件来说, 其承受竖向荷载的能力不应下降太多.

类似地, 还应对建筑物抗侧力体系中的典型水平构件的变形和破坏作出相应的规定, 同一理由也要对建筑物的建筑体系和部件, 机电管道体系以及室内的典型物品和设施在不同性态水平下的容许的变形和破坏水平分别做出具体规定. 当然这不是本文研究的内容, 这里不予讨论.

3 功能设计耶？性能设计耶？性态设计耶？

（1）功能、性能和性态

建筑物功能的定义应该是十分明确的，主要是指建筑师根据用户的要求进行布局和设计的建筑物的性能，定义也应该是十分明确的，主要是指它的物理（如声学、光学、热学等）、力学（强度、刚度、阻尼等）、化学（防腐蚀等）等性能．什么是建筑物的性态呢？英语中叫"performance"，没有恰当的中文译名，在众多的"performance based design"文献中也未发现相应的定义．因此有必要给性态下一个定义，在地震工程领域不妨作如下定义："性态"——构件、结构或体系对外界作用反应的总称．在工程抗震中则是指结构和构件的各种地表反应量，如：加速度，速度，位移，变形，剪力，弯矩等；当然也包括建筑物在地震作用下遭遇到的破坏程度，如完好、轻微破坏、中等破坏、严重破坏、倒塌等，这些都是建筑物在地震作用下表现出来的一种性态；理论上"性态"与"性能"两者应该是一致的，或者可以说"性态者性能的外在表现也，性能者性态的内在依据也"．然而，在设计过程中主要是靠控制建筑物的破坏和反应，或者说靠控制它的性态来最终确定性能，进而实现对建筑物功能上的要求．而要直接通过设计"建筑物的性能"来保证其功能，如果不是做不到，恐怕也是很不容易做到．因此称此为基于性态的抗震设计或抗震性态设计似乎是顺理成章的．也许有人认为：从因果关系上来说，这种抗震设计最终是为了确保建筑预期的功能，应该称之为功能设计或基于功能的设计．这恐怕也有点勉强，因为结构工程师一般不会去设计建筑物的功能，一切设计从某种程度上说都是为了使已经确定了的功能得以实现，岂不是结构工程师的一切设计都是"基于功能"的设计了，这反过来岂不又抹杀了"性态设计"的特点．

（2）抗震性态设计

抗震性态设计或基于性态的抗震设计是指，旨在使所设计和建造的工程结构能在各种可能遇到的地震作用下，其反应和破坏性态均在设计预期的范围内，从而在最经济的条件下，设计出在最不利的极限荷载下能继续确保工程结构的功能；不仅能保证生命安全，而且能确保经济损失最少．就其实质来讲，基于性态的设计是一种企图对地震破坏进行半定量控制的设计．如果想用一句话来概括性态设计，那就是：设计建筑物性态的设计或设计建筑物反应的设计．为什么要强调设计性态或性态的设计呢？因为只有通过控制结构（包括它的构件和部件）的性态，即其破坏或反应，才能最终确定结构的性能或抗震能力，并最终实现确保功能之目的．

4 性态目标的另一重要因数——设防地震水平

前面在讲到性态目标和性态水平时，都曾提到要在"一定的地震条件"下．什么是"一定的地震条件"呢？基于性态的设计要求能对建筑物寿命期间可能发生的地震所造成的破坏进行控制，理论上讲对这些地震都应该考虑设防．实际上，一方面建筑物在其寿命期内可能根本经历不到这种地震，另外也完全没有这种可能和必要．因此性态水平是针对一定的设防（地震）水平（或者说具有一定代表性的地震）而提出来的要求．

　　设防地震是一个统称．它包含由地震引发的、对建筑物的性态可能会有影响的全部因数，包括：地震动、地表断层破坏、土壤液化和横向扩张（lateral spreading）、滑坡、不均匀沉降等．这些因数都会造成建筑物破坏、影响建筑物的抗震性态．不管是哪种因数他们又都取决于震级、震源距、断层破裂方向、区域地质构造、场地条件诸因数，在进行抗震性态设计时都应考虑，有条件时还应作专门的研究（见表3）．

表3　地震危险性参数

地震危险性类别	参数
地面震动	有效峰值地震动（如：EPA，EPV 等） 弹性反应谱 非弹性反应谱 地面加速度、速度和位移的时程曲线组
土壤液化	容许的基础承载力 可能的竖向不均匀沉陷 地基土可能产生的侧向位移
滑坡	可能的竖向和横向土位移
沉降	可能的不均匀沉降
断层破裂	可能的竖向和水平向运动差异

　　如何规定设防地震呢？

　　一般用一定时间段内的超越概率来表示，如50年内10%超越概率的地震，也可用相当的重现期来表示．我们建议用重现期来表示，这种表示法能使非专业人员更容易理解而且能和其他自然灾害的表示法取得一致．重现期的定义是：发生具有相当某种强度或更强的地震之间的平均间隔时间（以年为单位），称为对应该强度地震的重现期．表4列出了美国和我国规定的设防地震．从表4可见，中国规范规定的设防地震要比美国的高．

表4　不同等级的设防地震

设防等级	美国规定的超越概率	对应于50年的超越概率值	相当的重现期（年）	中国规范规定的设防地震
常遇地震	30 年，50%	83%	43 年	50 年，63%
偶遇地震	50 年，50%	50%	72 年	475 年，10%
罕遇地震	50 年，10%	10%	475 年	1583–2375 年，2%–3%
极罕遇地震	100 年，10%	5%	970 年	

5　性态目标选择

　　我们已讨论了性态目标、性态水平和设防地震等级．下面就要进一步讨论怎样来确定设计性态目标，也就是说如何根据功能要求、使用情况以及设防地震水平来确定相应的最低性态目标．在考虑确定性态目标和性态水平时，不仅要考虑对建筑物功能的要求，更要考虑如何来实现所确定的性态目标和性态水平．在当前尚无完善的结构抗震性态分析和设计方法的状况下，结合我国抗震设计实践，提出了用控制破坏状态的方法来达到控制性态的要求．因为我国在实现"大震不倒、中震可修、小震不坏"的设防目标时已经积累了许多经验．表 5 对三种常见的不同功能要求的最低性态目标（水平）提出了建议．不难看出，在应用表 5 时，需要先确定建筑物的使用功能类别，这一点也恰恰反映了功能与性态之间的关系，建筑物的使用功能是通过性态的控制来实现的．

表5 各级设防地震动水平不下的最低抗震性态要求

设防地震动水平	使用功能类别			
	Ⅳ	Ⅲ	Ⅱ	Ⅰ
常遇地震 50 年一遇 （T_g 年 63%）	功能不 受影响 （完好）	功能不 受影响 （完好）	功能不 受影响 （完好）	主要功能 可以修复 （中等破坏）
偶遇地震 475 年一遇 （T_g 年 10%）	功能不 受影响 （完好）	主要功能 不受影响 （轻微破坏）	主要功能 可以修复 （中等破坏）	局部功能可能丧失， 生命安全（严重破坏）
罕遇地震 975 年一遇 （T_g 年 5%）	主要功能不受影响 （轻微破坏）	主要功能可以修复 （中等破坏）	局部功能可能丧失， 生命安全（严重破坏）	丧失功能接近倒塌

注：表中 T_g 为建筑设计基准期，取为 50 年．

（1）使用功能分类

建议对所设计的建筑，根据其使用功能分为四个类别：

Ⅳ类是指地震时或地震后其使用功能不能中断或存放大量危险物品或有毒物品的建筑．一旦因地震破坏而导致这些物品的释放和外逸会给公众造成不可接受的危害．这些物品包括有毒的气体、爆炸物、放射性物品等．至于一些放有少量这样物品的实验室，可不必列入此类．

Ⅲ类是指在地震后其使用功能必须在短期内恢复或对震后运行起关键作用的建筑或用于人口稠密的建筑场所，如：医院、消防站、警察局、通信中心、应急控制中心、救灾中心、发电厂、自来水厂等．有些放有危险物品的设施，其外释范围能得到控制而且对公众的危害不大，也可列入这一类，如炼油厂、芯片制造基地等．

Ⅱ类除了Ⅳ类、Ⅲ类和Ⅰ类以外的建筑和设施均属此类．

Ⅰ类是指地震时其破坏对人无生命危害和不造成严重财产损失的建筑．如一般仓库等．

不同使用功能类别建筑在各种设防地震水平下的最低抗震性态要求如表 5 所列．

建筑性态水平，定义如下：

功能不受影响（完好）：可连续运行，震后设备继续实现功能，建筑构件与非建筑构件可能有轻微的破坏，建筑结构完好．

主要功能不受影响（轻微破坏）：主要功能可继续保持，一些次要的构件可能轻微破坏．建筑结构基本完好．

主要功能可以修复（中等破坏）：结构的关键和重要部件以及室内物品能免遭破坏．

结构可能损坏, 但经一般修理或不需修理仍可继续使用.

局部功能可能丧失 (严重破坏): 主体结构有较重损坏但不影响承重, 非结构部件可能坠落, 但不致伤人, 生命安全仍能保障.

丧失功能 (接近倒塌): 主体结构有严重损坏, 但不致倒塌.

表 5 中与第 Ⅱ 类使用功能对应的性态目标, 实际上就是我国现行抗震设计规范中规定的设防原则: 大震不倒、中震可修、小震不坏. 这一类主要是针对量大、面广, 除了要保证生命安全外, 基本上没有其他特别功能要求的结构而言的. 第 Ⅲ 类和第 Ⅳ 类就分别代表对具有较高功能要求和最高功能要求的结构提出的性态目标, 如: 对具有第 Ⅲ 类使用功能的结构要求的性态目标是: 中震完好 (或小修)、大震可修; 对第 Ⅳ 类使用功能的性态目标则是: 大震完好 (或小修). 由此可见我国一直沿用的设防原则实际上也是一种基于性态的设防目标, 只不过仅考虑了一种性态目标, 即主要为了确保生命安全的性态目标而已.

(2) 抗震设计分类

抗震设计类别是根据设计地震动参数和建筑使用功能类别的要求, 在设计时应采用的相应的方法和措施. 表 6 对属于不同抗震设计类别的结构针对偶遇地震的性态目标提出了具体的设计建议. 抗震设计类别由 A 到 E, 需要采取的抗震设计标准由低到高, 由简到繁. 抗震设计类别 E 要求提供最高的抗震设计标准.

6　基于性态的抗震设防

如何设防是抗震设计规范中最核心的内容. 在我国现行规范中最主要的设防内容包含两个方面, 即确定设防烈度或设防地震动参数, 以及确定建筑物的重要性等级. 但在考虑基于性态的抗震设计时, 除了这两条以外还需要根据结构使用功能的要求和地震危险性来确定结构的抗震设计类别, 并根据设计类别规定的方法来进行性态设计.

要注意设计类别与建筑物的重要性类别是有区别的. 抗震设计类别主要根据建筑物的使用功能和地震危险性确定的, 不管属于哪种设计类别, 相应的设防标准 (烈度或地震动) 都不会增减, 但由于不同的使用功能对性态的要求也不相同, 这必然会导致其最终抗震性能的不同. 例如, 在同一地震环境下的两座完全相同的结构, 其中一座的设计类别为 Ⅳ, 另一座的设计类别为 Ⅱ, 前者对应的性态目标是 "大震不坏", 而后者对应的性态目标是 "小震不坏、中震可修、大震不倒", 尽管在这两种情况下, 基本烈度 (与 50 年内 10% 超越概率对应的烈度) 和设防烈度都是一样的, 但具有设计类别 Ⅳ 的结构的期望抗震性能一定会比设计类别 Ⅱ 的结构高许多. 由此可见, 为结构选择不同的设计类别可以使结构具有不同的抗震性能. 然而, 抗震设计类别是通过实现不同的性态目标而不是通过提高设防标准 (烈度或地震动) 来增强或降低结构的抗震能力; 建筑物的重要性类别主要是根据它的政治、经济和社会意义的不同, 通过调整设防标准的高低来调整结构的抗震能力的, 与设计类别的作用是有本质上的差异.

表6 抗震设计类别的建议

设防地震动水平 （50年超越概率10％）	建筑使用功能分类			
	Ⅳ	Ⅲ	Ⅱ	Ⅰ
0.05	B	A	A	A
0.10	C	B	B	A
0.15	D	C	B	A
0.25	E	D	C	B
≥0.40	E	E	D	B

7 结语

本文讨论了抗震性态设计和基于性态的抗震设防的一般理论和方法，并针对当前基于性态的抗震设计和分析方法尚未完全成熟这一情况和考虑到我国实际条件提出了一套较完整的性态目标、性态水平和基于性态设计的抗震设防原则、框架和方法．所建议的方法具有较大的开放性，不仅可用于当今抗震性态设计理论尚未成熟的情况下，即使将来出现更成熟、更先进的抗震设计理论和方法，只需对目前的性态目标和性态水平相应地修改和补充，本文所提出的框架仍可以继续应用．

从理论上讲，确定了抗震设计类别就可根据类别来进行确保功能的性态设计，正像前面所说的那样，性态设计是属于一种企图控制结构的变形、破坏和反应的设计．要真正做到控制性态，哪怕是半定量的也是十分困难的，因为抗震设计中的不确定因素太多了．目前国内外已开始了对这方面问题的大量研究，而且已经提出了若干种比较有效的基于性态的抗震设计方法．针对这一情况，目前我们提出的以宏观破坏状态作为描述性态目标的方法，相对来说是比较容易实现的，随着设计方法的发展可以不断改进性态目标的表述方法使之进一步细化和定量化．

本文涉及的研究工作得到了国家自然科学基金（项目号为59895410-1-3），地震学联合基金（编号95-07-444）和中国地震局95'重点项目（编号99-01-52）的支持，作者对此表示谢意．在研究工作中，我的同事刘增武、尹之潜、江近仁、谢君斐、张敏政、洪峰、张耀春、张克绪等教授在多次讨论中提出的启发性意见和各种帮助，在此一并表示感谢．

参 考 文 献

［1］谢礼立，张晓智，周雍年．论工程抗震设防标准．地震工程与工程振动，1996，16（1）．

［2］SEAOC VISION 2000 Committee，Performance-Based Seismic Engineering，Sacramento，California，US，1995．

［3］Bertero V V. Overview of Seismic Risk Reduction in Urban Areas：Role，Importance，and Reliability of Current US Seismic Codes—Performance Based Seismic Engineering. Proceedings of the China-US Bilateral Workshop on Seismic Codes，Guangzhou，China，December 1-7，1996．

［4］ ATC Report, ATC-34: A Critical Review of Current Approaches to Earthquake-Resistant Design, Applied Technology Council, 1995.

［5］ Building Seismic Safety Council, NEHRP Recommended Provisions for Seismic Regulations for New Buildings, Part I & Part II, 1994 Edition (1994), 1997 Edition (1997), Building Seismic Safety Council, Washington, D. C.

《建筑工程抗震性态设计通则》的特点[*]

谢礼立

(中国地震局工程力学研究所　哈尔滨工业大学　150001)

摘要　《建筑工程抗震性态设计通则》CECS 160：2004 是一部带有模式规范性质的建筑抗震设计试用标准．本文就《通则》的编制目的、编制思想及其对今后编制国家、行业和地方标准可能产生的影响进行了探讨．

1　前言

《建筑工程抗震性态设计通则》（以下简称《通则》）CECS 160：2004 是由中国地震局工程力学研究所、中国建筑科学研究院工程抗震研究所和哈尔滨工业大学共同主编，由同济大学、中国建筑东北设计研究院和中国轻工业北京设计院参编的，经中国工程建设标准化协会批准发布的自愿采用的试用标准．这本标准在技术上是先进的、成熟的，其表述符合国家技术标准的要求，可供设计单位直接使用．编制模式规范（MODEL CODE）在国外十分普遍，往往成为国家或国际标准的前身．

《通则》适用于工业与民用建筑和部分构筑物基于性态的抗震设计．编制目的有二：①采用当前先进的、成熟的抗震设计理念、理论和方法，编制一本在技术上先进的标准，以供编制或修订国家的、行业的或地方的抗震设计标准参考应用；②也可为现行标准中尚没有具体规定而工程设计中又急需解决的工程抗震问题提供参考意见．

编制我国的《通则》酝酿于 1996 年，经过两年的调查研究，使我们对欧美的，特别是美国的抗震设计模式规范的历史，及其发展过程和特点，以及它与正式的标准之间的关系有了一个比较全面的了解．《通则》的正式编制工作是从 1998 年开始的．在编制过程中，先后举办过 11 次专题研讨会，包括一次大型的国际学术研讨会，召开过 34 次编制组会议．在编制工作中充分吸收了近二十年来的大震经验教训和多年来国内外地震工程科研成果，特别是有关抗震性态设计方面的科研成果以及我国"八五"和"九五"期间取得的最新科研成果．2002 年经过中国工程建设标准化协会批准正式立项，2003 年春完成征求意见稿，2003 年秋完成送审稿，2004 年 2 月完成报批稿，2004 年 5 月经批准于 2004 年 8 月正式颁布试用．

2　《通则》的内容

《通则》是按照抗震性态设计的要求编制的．它包括条文和说明两大部分，共设 12 章

---

* 本文发表于《工程建设标准化》，2004 年，第 6 期，24-29+16 页．

57 节 . 12 章的内容分别为：

第 1 章　总则

第 2 章　术语和符号

第 3 章　抗震设计基本要求

第 4 章　场地类别评定和地震影响系数

第 5 章　地基基础

第 6 章　地震作用和结构抗震验算

第 7 章　钢结构

第 8 章　钢筋混凝土结构

第 9 章　钢-钢筋混凝土组合结构

第 10 章　砌体结构

第 11 章　隔震房屋

第 12 章　非结构构件

在条文部分还设有 5 个附录：附录 A 列出了遍布我国 2000 多个城镇的抗震设防烈度、设计地震基本加速度、特征周期分区和地震危险性特征分区，从中可以方便地查出对应不同重要性分类的结构物在多遇地震、抗震设防地震（偶遇地震）和罕遇地震作用下的设计地震动值；附录 B 给出了场地分类方法和相应的场地特征周期值；附录 C 给出了确定土层剪切波速度的方法；附录 D、E 和 F 分别给出了场地设计谱的阻尼修正方法，用于时程分析的推荐设计地震动曲线和叠层橡胶隔震支座的等效失稳临界应力值．

3　《通则》的主要特点

3.1　兼顾经济和安全，实现建筑物预定的使用功能

抗震设计旨在使所设计的结构在承受地震作用时保持稳定．考虑到地震是一种破坏性极强但又是罕见的，与此对应的地震输入荷载具有极强不确定性的自然现象，结构设计应具有适当的安全储备．有鉴于此，《通则》规定的抗震设防的指导思想是，在兼顾经济和安全的原则下，实现建筑物预定的使用功能和性态目标．并据此提出了抗震设防的基本要求：当所设计的建筑物遭受本地区多遇地震、抗震设防地震或罕遇地震（分别相当于由建筑重要性类别规定的年限 T_{MJ} 上给定的超越概率63%、10%、5%，见表 1 注）时，能按设计要求保证安全，基本实现预定的功能目标．例如，以一般建筑结构（重要性为丙类，使用功能为 II 类）来说，当遭遇多遇地震时，建筑应保持完好无损；当遭遇抗震设防地震时，结构的非主要受力构件可能出现轻微非线性破坏，主要受力构件控制在轻微破坏，即只需经一般修理即可恢复其使用功能的范围；当遭遇罕遇地震时，结构主要受力构件进入塑性工作阶段，结构变形较大，但还在规定的控制范围之内，尚未失去承载能力，不致出现危及生命的严重破坏或倒塌．

3.2　采用以抗震设防地震为基础的二级设计方法

为了实现上述设防要求，《通则》采用了二级设计[1]．第一级设计是按建筑场地所在

地点，由建筑重要性类别规定年限 T_{MJ} 上给定的超越概率为 10% 的抗震设防地震动进行设计，对大多数建筑结构，可通过抗震设计的基本要求和抗震构造措施来达到设计目标．第二级设计则是对抗震设计类别较高的建筑，除符合第一级设计要求外，还要按罕遇地震进行弹塑性变形验算，以满足相应的设防要求．

3.3 采用三环节抗震设防思想替代传统的两环节抗震设防思想

自我国实施抗震设计规范以来，抗震设防主要包括两大环节：一是确定抗震设防地震动（或基本烈度）以及相应的大震和小震值，二是对设计的建筑物按其重要性进行分类，并按分类的结果调整设计地震动或措施．《通则》在沿用并发展了这两个设防环节的同时，提出了一个新的环节，即：对建筑物进行使用功能分类和抗震设计分类，以体现不同使用功能的建筑物可以采用不同的抗震性态作为设防目标．众所周知，我国历来采用的建筑物抗震设计目标是："大震不倒，中震可修，小震不坏."这主要是为了确保地震安全，减少地震时的人员伤亡．然而，总结近二十年来大城市震害的教训以及我们的研究成果表明：①这样的设防目标虽然可以在一定程度上减少地震人员伤亡，但还远不能使地震时人员伤亡数量减少到发达国家的水平[2,3,7]．②在地震中虽然有不少建筑物遭遇的震害并不严重，但由于其功能遭到破坏，生产中断，导致不可接受的巨大经济损失．因此，在建筑抗震设计中，不能简单地只设定"大震不倒，中震可修，小震不坏"一种设防目标，还应视建筑物的使用功能和建筑中的人员密度和特点来控制建筑物的破坏程度或它的性态水平[3,7]，以确保地震时建筑物的使用功能正常．《通则》规定所有建筑物应根据其使用功能分为Ⅰ类、Ⅱ类、Ⅲ类、Ⅳ类四个类别，Ⅳ类为使用功能类别的最高类别；同时又规定了四类功能在不同设防地震下应达到的最低抗震性态水平．性态水平是对所设计的建筑在可能遭遇的特定设计地震作用下所规定的最低性态要求或容许的最大破坏．从表1中不难看出，经抗震设计的、使用功能为Ⅱ类的建筑的性态要求，就是现行建筑抗震设计规范中规定的"大震不倒，中震可修和小震不坏"．而对于其他使用功能类别的建筑物，设防目标就不限于"大震不倒，中震可修，小震不坏"，如对于使用功能类别为Ⅲ类的建筑物，其设防目标相当于"中震不坏，大震轻微破坏"．在《通则》中，如学校、医院等，由于建筑物内人员密度较大且自卫能力相对较弱，都要按使用功能Ⅲ类的建筑物进行设计，充分体现了以人为本的设计思想．这里提到的建筑物应包括结构构件、非结构构件、室内物件和设施，以及对建筑使用功能有影响的场地设施等．在表1中，为了便于专业人员和非专业人员都能理解和应用，对建筑性态水平的描述既采用了通俗语言，如：充分运行、运行、基本运行、确保生命安全，又采用了相当的专业术语来描述，如：建筑构件与非建筑构件……，结构……，主体结构……等．《通则》中为了体现不同使用功能的建筑物应该采用不同的设防目标，提出了有关建筑使用功能分类和在各级地震作用下的抗震设防要求，以及为了满足这些要求而制定的相应抗震设计分类的规定（见表1）．

表1　各级地震动水平下的最低抗震性态要求

地震动水平	抗震建筑使用功能类别			
	I	II	III	IV
多遇地震 （T_{MJ}年超越概率为63%）	基本运行	充分运行	充分运行	充分运行
抗震设防地震 （T_{MJ}年超越概率为10%）	生命安全	基本运行	运行	充分运行
罕遇地震 （T_{MJ}年超越概率为5%）	接近倒塌	生命安全	基本运行	运行

注：1. 表中T_{MJ}是由建筑重要性类别规定的年限. 根据这个年限和给定的超越概率，可确定相应重要性类别的设计地震动参数. 对重要性类别为丙类的建筑，$T_{MJ}=50$年；甲类的建筑，$T_{MJ}=200$年；乙类的建筑，$T_{MJ}=100$年.

2. 充分运行指建筑和设备的功能在地震时或震后能继续保持，结构构件与非结构构件可能有轻微的破坏，建筑结构完好.

3. 运行指建筑基本功能可继续保持，一些次要的构件可能轻微破坏，建筑结构基本完好.

4. 基本运行指建筑的基本功能不受影响，结构的关键和重要部件以及室内物品未遭破坏. 结构可能损坏，但经一般修理或不需修理仍可继续使用.

5. 生命安全指建筑的基本功能受到影响，主体结构有较重破坏但不影响承重，非结构部件可能坠落，但不致伤人，生命安全能得到保障.

6. 接近倒塌指建筑的基本功能不复存在，主体结构有严重破坏，但不致倒塌.

所谓抗震设计分类就是根据建筑物的使用功能和相应规定的性态水平给出不同的设计和措施要求，以确保建筑物在设防的地震作用下的性态能够满足预定的要求，关于抗震设计分类的具体内容[3]，因限于篇幅，本文不再介绍.

3.4　罕遇地震（大震）和多遇地震（小震）直接根据地区地震危险性分析结果给出，充分体现了地区性特点，可有效增加建筑物的地震安全性，避免不必要的抗震设防费用

我国现行的抗震设防要求是，一般情况下采用地震动参数区划图提供的地震动作为设防的参数；在一定条件下，也可采用抗震设防区划或地震安全性评价提供的设防烈度和地震动参数. 我国的地震动参数区划图给出的是相当于50年超越概率为10%的以II类场地为标准场地的地震动峰值加速度A_{10}分区图和按地震环境分类给出的反应谱特征周期T_g分区图. 由于在抗震设计中，需要相应于不同超越概率水准下的地震动参数，而我国的地震动参数区划图又没有给出其他概率水准时的地震动参数值，为了满足抗震设计的需要，我国建筑抗震设计规范中对全国各地的多遇地震（50年超越概率为63%）和罕遇地震（50年超越概率为2%～3%）与设防烈度之差统一的规定了一个简单的数值. 由于这种规定过于粗糙，在很大程度上抹杀了各地区本身具有的地震危险性特征，与实际资料的统计结果也不相符合.《通则》根据近期对中国地震设防标准和全国6000多个地点地震危险性特征的研究成果[4,5]，在地震动参数区划图A_{10}（相应于50年超越概率为10%的地震动峰值加速度）的基础上，对全国两千多个城镇给出了不同超越概率设防水准下的$A(g)$值. 同时，考虑到现行建筑抗震设计规范对罕遇地震超越概率取值偏低（2%～3%）而使大震抗

震设防地震动（烈度）比许多国家的抗震设计规范取值要高，因此在《通则》中，罕遇地震的超越概率取由建筑重要性类别规定年限 T_{MJ} 上给定的 5%（对一般重要性的建筑，就是 50 年超越概率为 5%）地震动.

3.5 采用新的方法诠释建筑重要性类别和确定重要性系数

抗震设计中的建筑重要性类别，主要是从抗震角度对建筑重要性进行的一种分类. 它是根据建筑的地震损坏对社会各方面可能造成的影响来进行分类的，影响大的就认为该建筑物的重要性类别较高，反之则较低. 这里可说的影响，从性质看有社会影响（包括政治影响、环境影响、人员伤亡等）、经济影响和文化影响；从范围看，可以是国际的、全国的、地区的、行业的；此外还考虑了对抗震救灾的影响，对引发次生灾害的影响，对震后恢复重建的影响. 这些都要对具体的对象作实际的分析研究后才能确定，如综合考虑城市的大小、地位（直辖市、省会或地县级城市）、行业的特点（如能源交通、通信信息、原材料、加工业等）、工矿企业的规模、在地震破坏后功能失效对全局影响的大小，并在实际划分中判定. 本《通则》将建筑重要性类别分为甲、乙、丙、丁四个类别. 具体分类参照中华人民共和国国家标准《建筑抗震设防分类标准》GB50223（以下简称《分类标准》）或其他有关规定进行. 虽然本《通则》的建筑重要性类别与《分类标准》中的建筑抗震设防类别名称（甲类、乙类、丙类、丁类）和划分原则是一样的，但它们在抗震设计中的具体规定不同. 在《分类标准》中，按照建筑抗震重要性确定了各类建筑的抗震设防标准，具体规定如下：

"甲类建筑"应按设防烈度提高 1 度设计（包括地震作用和抗震措施）.

"乙类建筑"地震作用应按本地区抗震设防烈度计算. 抗震措施，当设防烈度为 6~8 度时应提高 1 度设计；当为 9 度时，应加强抗震措施. 对较小的乙类建筑，可采用抗震性能好、经济合理的结构体系，并按本地区的抗震设防烈度采取抗震措施. 乙类建筑的地基基础可不提高抗震措施.

"丙类建筑"地震作用的抗震措施应按本地区设防烈度采用.

"丁类建筑"在一般情况下，地震作用可不降低；当设防烈度为 7~9 度时，抗震措施可按本地区设防烈度降低 1 度采用；当为 6 度时可不降低.

可以看出，在《分类标准》中由建筑重要性确定的抗震设防类别决定了建筑抗震设计的地震作用的大小和应采用的抗震措施的等级，并且地震作用随抗震设防类别的不同可在设防烈度的基础上成倍增大（如甲类）. 在《通则》中，对于重要性类别不同的建筑，发生某一概率水准的地震是采用改变计算地震危险性时使用的基础年限来确定相应的设计地震加速度值[3,6]. 也就是说，对具有较高重要性等级的建筑物考虑发生同一概率水准地震的基础年限应该取得更长一些，因此相应的设计地震加速度值也要高一些. 例如，对于一般重要性类别的建筑物（即丙类）来说，其设防地震往往取 50 年超越概率为 10% 的地震或地震动，那么对于较为重要的乙类建筑，就取 100 年超越概率为 10% 的地震或地震动，同样对最重要的甲类建筑来说，其设防地震动就要取相当 200 年 10% 的地震或地震动. 用这种方法来调整不同重要性等级建筑的设防标准，显然比简单地增减抗震设防烈度（设计地震加速度值）或凭经验采取不同抗震措施更为合理.

抗震建筑的重要性分类和抗震建筑的使用功能分类是属性不同的两种分类. 不同使用功能类别的建筑物进行抗震设计时, 都只要求其在同一个设防水平下确保建筑物的使用功能要求, 并不要求提高设防烈度或设计地震动水平. 而重要性分类, 主要是根据建筑物的社会、政治、经济影响来调整设防水平 (提高或减少设计烈度或设计地震动). 这可用电视台为例加以说明. 从使用功能上来说, 无论县市级电视台, 省 (直辖市) 级电视台或中央电视台都应属于一类, 都要确保地震时或地震后电视台能正常工作, 但是从重要性来说, 很明显, 无论从影响的性质还是范围来讲中央电视台都是重要得多, 因此对中央电视台进行抗震设计时, 其设防地震动标准就得比省或县市的相应要高. 一般来讲, 相对同一个设防水平而言, 抗震设计分类主要是对失效标准的分类, IV 类的失效标准最高, I 类的最低, 可是它并不能提高建筑物的可靠度; 重要性分类并不改变失效的标准, 但是要根据重要性类别改变相应的设防标准, 因此一般来讲, 重要性分类能相应地改变建筑物的可靠度, 重要性类别较高的建筑物有较高的可靠性.

3.6　提出了抗震场地分类和确定场地特征周期的梯形方法[1]

自 20 世纪 80 年代以来, 我国《建筑抗震设计规范》GBJ11-89 和《构筑物抗震设计规范》GB50191-93 分别采用了两种不同的场地分类方法以及确定相应的场地特征周期方法, 导致了在同一个建设场区既要建造结构物又要建造构筑物时, 即使是在同一类场地上, 也不得不采用两种不同的方法, 造成了工程设计界的一些混乱, 十多年来难以合理解决.《通则》在分析了这两种方法的长处和不足后, 认为这两种方法的基础是一致的, 精度也是相当的, 但是在处理场地分类和确定场地特征周期时各有优点, 在充分考虑两种方法优点的基础上,《通则》将目前采用的场地分类矩形方法, 改变为梯形方法 (见图 1), 这样就可以兼具两种方法的长处. 由于本方法基本上承传了原来两种方法的精髓, 形式上和原方法变化不大, 能容易地被广大设计人员所接受和应用, 从而能较好地弥合当前我国《建筑抗震设计规范》和《构筑物抗震设计规范》在这一问题上的严重分歧.

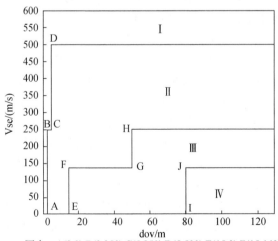

图中: A(3,0) B(3,250) C(5,250) D(5,500) E(15,0) F(15,140)
G(50,140) H(50,250) I(80,0) J(80,140)

(a) 原方法

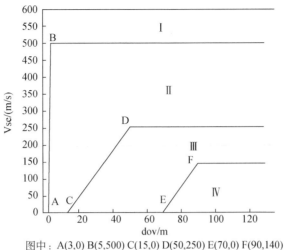

图中：A(3,0) B(5,500) C(15,0) D(50,250) E(70,0) F(90,140)

(b) 《通则》方法

图 1 两种场地分类方法的比较

3.7 充分注意到提高条文的透明度

由于客观事物的复杂性，在编制任何设计规范或规程时，总会引入一定的经验方法和数据，而采用这些经验方法和数据往往难免会有一定的局限性．本《通则》对于这类设计技术问题，一般会直接指出其局限性，并给出多种方法供设计人员参考应用，同时建议设计人员要根据具体情况来选用最合适的方法．例如，关于液化判别、沉陷和水平位移的计算，虽有各种经验方法可供使用，但是严格来说，都很不成熟，现有规范都直接给出了所推荐的经验公式并将之变成必须执行的刚性条文．《通则》在遇到这类情况时，则尽量避免给出刚性的条文，而是在给出多种可供选用的方法的同时，分别指明各种方法的适用性，提出解决问题的建议和途径．

3.8 首次在设计中引入工程设计和施工的质量保证体系

几乎每次震害调查都表明，经过抗震设计建筑的破坏往往都归因于施工质量不好，而好的施工质量则可以大大减轻地震破坏的程度．为了使建筑能实现抗震设防的目标，不仅要有好的抗震设计，而且还要有好的施工质量．因此，将设计和施工质量控制纳入到设计规定中，通过必要的程序实施对建设质量的监督、检查和管理，以保证建筑抗震目标的实现已成为现代抗震设计的一个趋势，具有非常重要的意义．《通则》中对质量控制这一环节十分重视，除了在第 3 章《抗震设计一般要求》中强调了对设计和施工质量控制的总体要求外，并在各章中还根据具体的建筑结构及其构件给出了质量控制的详细规定．

《通则》中规定设计人员应明确质量控制要求，由承建人实行控制以达到要求的质量，而业主则通过专门检查和试验来监督施工过程，以检验承建人是否按质量控制要求施工并达到规定的要求．《通则》中还明确，其所规定的对质量控制的要求是最低要求，而且不限制设计人员对整个建筑工程的施工提出更全面的质量控制计划．达到质量控制要求的关键，在于选择合格的专职质量检查员，他们将在建筑的全部施工过程中，根据质量控制要求承担监督、检验的职责．质量检查员的人数取决于建筑的规模、复杂性和功能．

3.9 充分注意工程抗震设计发展的需要，关切当前抗震设计遇到的热点、难点和关键问题，尽可能将其纳入规定中

根据当前抗震设计中存在的关键和热点问题，例如：组合结构的抗震设计问题；结构平面不规则性和竖向不规则性的定义和相应的设计处理方法；有关非结构构件，特别是包括玻璃幕墙在内的抗震设计问题；隔震结构抗震设计，特别是隔震结构在罕遇地震作用下的抗震设计问题；为重要结构进行非弹性抗震时程分析选择合理设计地震动问题；以及工程抗震设计中被普遍关心而现行规范尚无规定或规定不详细的内容，诸如：装配式框架结构、带构造柱墙体的抗震设计、扭转力矩和 P–$\triangle$ 效应以及细部设计和要求等，在《通则》中都给出了较详细的规定．

4 结束语

《通则》作为我国建筑抗震设计的一部带有模式规范性质的试用标准，从酝酿编制到正式批准发布，前后经过了八年的时间．我们希望它能够实现预定的编制目标，为制定下一代基于性态要求的抗震设计标准提供一个统一的准则和模式，促进我国抗震设计理论的进步，也推动我国标准化事业的发展．

编制模式规范性质的试用标准可为编制国家、行业和地方的技术标准打好基础，可作为今后标准化工作的一个发展方式．我国从事工程技术研究、设计和建造的专业人员应努力将自己的研究成果、设计和建造经验及时地反映到这些文件中，进而纳入标准，这样才能真正取得社会效益和价值．

《通则》的成功编制得益于长期从事这项工作的编制组单位和专家的通力合作，得益于国家自然科学基金委、国家科技部、中国地震局的课题立项和经费支持，且在编制工作中得到了中国工程建设标准化协会邵卓民常务副理事长、周锡元院士等的支持和帮助，也得到了前后多次参与审查并提出了许多宝贵意见的专家的支持，对此我们表示深切的谢意．

参 考 文 献

［1］建筑工程抗震性态设计通则（CECS 160：2004）．北京：中国计划出版社，2004.

［2］Xie L L, Ma Y H. A conception of casualty control based seismic design（Keynote Lecture）. Proceedings of International Conference on Advances in Building Technologies. December 2002. HongKong China.

［3］谢礼立，马玉宏．基于抗震性态设计的设防标准研究．地震学报，2002, 24（2）.

［4］李亚琪，陶夏新，谢礼立．中国地震危险性典型特征分析及分区．见：国家自然科学基金"九五"重大项目《大型复杂结构体系的关键科学问题及设计理论研究》论文集．上海：同济大学出版社，1999.

［5］马玉宏，谢礼立．考虑地震环境的设计常遇地震和罕遇地震的确定．建筑结构学报，2002, 23（1）：43-47.

［6］谢礼立，张晓志．论工程抗震设防标准．地震工程与工程振动．1996, 16（1）.

［7］谢礼立．基于抗震性态设计的抗震设防标准．世界地震工程．2000, 16（1）.

工程结构等强度位移比谱研究[*]

翟长海[1]，谢礼立[1,2]，张敏政[2]

(1. 哈尔滨工业大学 土木工程学院，黑龙江 哈尔滨 150090；
2. 中国地震局工程力学研究所，黑龙江 哈尔滨 150080)

摘要 在估计已知强度的现有结构在不同地震动强度下的最大弹塑性位移时，等强度位移比谱是十分准确有效的. 本文利用大量的单自由度体系在不同强震记录作用下的弹塑性动力时程分析结果，对等强度位移比谱进行了较为详尽的研究，给出了四类场地条件（基岩、硬土、一般土和软土）上的平均等强度位移比谱，总结了对工程结构的抗震设计和研究具有重要意义的特征和规律，分析了场地条件、地震烈度、结构的屈服强度系数及周期等因素对等强度位移比谱的影响规律，得到了一些重要的结论，最后提出了新的拟合公式，其成果对抗震研究和设计具有较大的参考价值.

反应谱理论是结构抗震设计的基础理论之一，并在世界各国规范中得到了广泛的应用. 近年来，基于位移的抗震设计理论一直是地震工程中研究的热点问题之一，基于位移的抗震设计理论将位移作为基本的设计参数，进而进行结构的抗震设计、评估和加固. 要把基于位移的抗震设计理论真正应用于抗震实践中，必须寻找简单实用的方法估计结构在地震动作用下的非弹性位移反应. 通过研究非弹性体系的最大位移与弹性体系的最大位移的关系（位移比）来估计非弹性体系最大位移的方法是一种非常有效实用的途径[1]，因此，深入研究表示非弹性体系的最大位移与弹性体系的最大位移关系（位移比）的等强度位移比谱是很必要的. 等强度位移比谱不但可以为结构弹塑性变形的简化计算提供依据，而且也可以为基于位移的抗震设计提供一些基础性的数据和资料，另外，等强度位移比谱的研究对于了解复杂地面运动特性与结构动力特性之间的关系也具有重要意义.

本文在众多研究者工作的基础上[1-14]，对等强度位移比谱作了系统的研究：利用各类场地上的地震动记录对单自由度体系进行弹塑性分析，在统计平均的基础上，得到了平均等强度位移比谱，然后总结了等强度位移比谱对抗震设计和研究具有重要意义的特征和规律，分析了场地条件、地震烈度、结构参数等对等强度位移比谱的影响规律，得到了一些重要的结论，提出了新的拟合公式.

---

* 本文发表于《哈尔滨工业大学学报》，2005 年，第 37 卷，第 1 期，45-48+73 页.

1　等强度位移比谱的几个基本问题

1.1　输入地震动的选择

本文共收集到了 1949 年至 1994 年 19 次破坏性地震中的 544 条水平向地震动记录[15]，这些记录是在自由场地表面或低于两层的建筑物的一层地面取得的. 按场地条件将记录分为 4 类，即：基岩类（70 条）、硬土类（188 条）、一般土类（274 条）、软土类（12 条）.

1.2　两个基本概念

（1）弹塑性位移比

弹塑性位移比 X_p/X_e 表示非弹性结构在地震动作用下的最大相对位移反应 x_{pmax} 与相应弹性结构（具有相同初始周期）在同一地震作用下的最大相对位移反应 x_{emax} 之比，即：

$$X_p/X_e = x_{pmax}/x_{emax}$$

（2）屈服强度系数

关于屈服强度系数 C_y 的定义有多种[14]，本文定义的屈服强度系数 C_y 为结构在地震动作用下达到给定的延性所需要的屈服强度 $F_y(\mu=\mu_i)$，与相同地震动作用下结构保持完全弹性所需要的最低强度 F_e 之比，即：

$$C_y = \frac{F_y(\mu=\mu_i)}{F_y(\mu=1)} = \frac{F_y}{F_e}$$

1.3　关于地震烈度（地震动强度）的考虑

在计算弹性反应谱时，如果两条加速度记录的波形完全相似，而幅值都按同一比例变化，则这两条记录的加速度反应谱的形状也完全相似，只是幅值也按同一比例变化，但具有非弹性性质的等强度位移比谱也具有同样的特性吗？为此，取波形完全相似、幅值都按同一比例变化的两条加速度记录，计算屈服强度为 F_y 的单自由度结构在两加速度记录作用下的等强度位移比谱. 设它们的加速度峰值分别为 a_1 和 a_2，且 $a_2=ka_1$（k 为比例系数）. 若假定结构在峰值为 a_1 的加速度记录作用下保持弹性所需要的最低强度为 F_{e1}，于是，结构在峰值为 a_1 的加速度记录作用下对应的等强度位移比谱的屈服强度系数为 $C_{y1}=\dfrac{F_y}{F_{e1}}$，同理，结构在峰值为 a_2 的加速度记录作用下保持弹性所需要的最低强度为 F_{e2}，由于 $a_2=ka_1$，于是 $F_{e2}=kF_{e1}$. 如果此时也将单自由度体系的屈服强度提高 k 倍，那么，屈服强度为 kF_y 的单自由度体系在峰值为 a_2 的加速度记录作用下对应的等强度位移比谱的屈服强度系数为 $C_{y2}=\dfrac{kF_y}{F_{e2}}=\dfrac{kF_y}{kF_{e1}}=C_{y1}$，也就是说，只要保持屈服度系数相等，那么两条记录所对应的等强度位移比谱就相同.

由此可以得到更为一般的结论：幅值不同但波形完全相似的若干记录，只要它们的屈服强度系数相等，则对应的等强度位移比谱都是相同的. 这个结论对抗震设计来讲具有十分重要的意义，在进行抗震设计、分析或抗震试验中，经常要遇到对不同设防烈度下的同一加速度记录进行研究的情况. 上述结论的意义就在于：一个高烈度记录对应屈服强度系数为 C_y 的等强度位移比谱，与一个低烈度对应屈服强度系数为 C_y 时的等强度位移比谱完全相同，也即对不同烈度下记录的等强度位移比谱的研究，可以转化为同一烈度下不同屈服强度系数对应的等强度位移比谱研究.

1.4　结构动力参数的选择

影响结构动力特性的主要结构参数一般有下列 4 个，即：恢复力特性（模型）、结构周期、延性系数（或屈服强度）及阻尼.

鉴于双线性恢复力模型具有形式简单、计算方便但同时又能反映结构弹塑性滞回本质的特点，本文在计算等强度位移比谱时，假定结构的恢复力特性为双线性恢复力模型. 在计算等强度位移比谱时，单自由度系统的自振周期从 0.05~5s 不均等的取值（短周期范围取值较密，长周期范围取值较稀疏），并考虑了屈服强度系数分别等于 0.2，0.3，0.4，0.5，0.6 时的等强度位移比谱；结构的阻尼比取为 0.05，双折线恢复力模型的第二刚度取为 0（即理想恢复力模型）.

1.5　等强度位移比谱的分析方法

对一给定的地面运动，一个非弹性单自由度体系的时程反应可通过求解

$$m\ddot{x}+c\dot{x}+f_s=-m\ddot{v}_g$$

方程得到，其中，f_s 为结构的恢复力，c 为阻尼系数，x 为结构的相对位移，$\ddot{v}_g$ 为地面运动加速度时程.

对等强度位移比谱来讲，由指定周期、阻尼比、屈服强度系数以及恢复力模型的弹塑性单自由度体系，通过数值分析的方法，对每一条输入的地震动，都能计算出各种情况下的最大相对位移反应 x_{pmax} 及与弹塑性体系具有相同周期的弹性体系的最大相对位移反应 x_{emax}，则位移比值就可以由 x_{pmax}/x_{emax} 得到.

2　统计平均的等强度位移比谱

2.1　平均等强度位移比谱及其基本特征

图 1 为所得到的一般土场地上平均等强度位移比谱及其相应的变异系数（COV），从这个图中可以总结出等强度位移比谱的一些基本特征.

（1）一般地，对同一周期来讲，等强度位移比谱的谱值随屈服强度系数的增加而减小，屈服强度系数越大，谱值越接近，或者说，屈服强度系数越大，谱值的差异相对越小.

（2）同一屈服强度系数下，在短周期频段（大约<1s），谱值变化剧烈，在长周期频段，则趋向于平缓，谱值基本保持在同一水平. 谱值从变化相当剧烈到趋向于平缓，中间有一个比较明显的拐点周期，对同一类场地，不同的屈服强度系数，拐点周期及其谱值也不相同，一般来讲，随屈服强度系数的增加，拐点周期及其谱值都相应的减小. 对不同的场地条件，拐点周期也有所不同.

　　这里得出的等强度位移比谱拐点周期不仅随场地条件的变化而变化，而且屈服强度系数对拐点周期影响也较大的结论，与文献［13］中的结论是不同的．

　　(3) 对指定场地、屈服强度系数的等强度位移比谱来讲，在短周期范围内，平均谱的变异系数比较大，且随周期变化剧烈，而在长周期范围内，平均谱的变异系数较小，并且随周期的变化平缓；对指定的周期来讲，屈服强度系数越大，变异系数越小．另外，由于软土类场地上收集的地震动记录比较少，所以其平均谱（特别是周期在 0.5～3.5s 时）变异系数较其他 3 类都大，而且随周期变化剧烈．

　　(4) 为比较场地条件对等强度位移比谱的影响，本文做了在相同的屈服强度系数下，以基岩类场地上的平均谱为标准，其他场地的平均谱与之相比的比值谱（图 2），在各个屈服强度系数下，3 类场地上的平均谱在整个周期范围内，差异并不大，最大不超过 20%，且随屈服强度系数增大而减小．这个结论在以前的文献中未见有报道．由于所比较的这 3 类场地都是较坚硬的场地类型，所以差别不是很大也是正常的，如果将软土类场地上的反应谱也拿来做比较的话，其差别还是很大的．

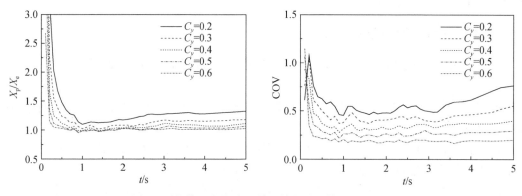

图 1　平均等强度位移比谱及其变异系数（一般土）

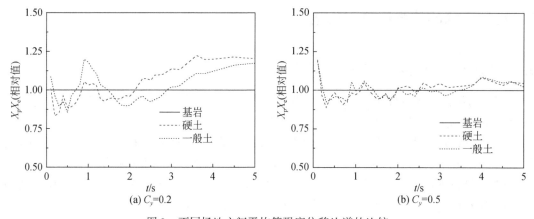

(a) $C_y=0.2$　　　　　　　　　　　　　　(b) $C_y=0.5$

图 2　不同场地之间平均等强度位移比谱的比较

2.2　平均等强度位移比谱的拟合公式

影响等强度位移比谱的因素很多，如震级、震中距、地震波的传播途径、场地条件、恢复力模型、阻尼比、屈服强度系数、系统的自振周期等．在这些因素中，屈服强度系数、系统的自振周期和场地条件是影响等强度位移比谱的最重要因素，因此在回归分析中主要考虑这 3 个因素；对于恢复力模型、阻尼比这两个因素的影响，由于篇幅所限，将在另文中详细讨论．

由图 1 所示的平均等强度位移比谱，不难看出各谱曲线具有比较接近的变化趋势和形状，本文拟通过式（1）所示的双曲线模型来拟合所得到的平均等强度位移比谱：

$$T^a (S-b)^c = d \tag{1}$$

式中，S 为曲线的谱值，T 为结构的周期，a、b、c、d 为拟合参数，且为屈服强度系数 C_y 的函数．这里需要指出的是，在对软土类场地的平均等强度位移比谱进行拟合时，由于此类场地上的记录较少，用式（1）进行拟合时效果不是很好，故指定 b 值为 1，然后再进行拟合．

对式（1）中的拟合参数 a、b、c、d，本文以三次多项式进行拟合，其统一的数学表达式为：

$$F（C_y）= b_1 C_y^3 + b_2 C_y^2 + b_3 C_y + b_4$$

其中，$F（C_y）$ 表示参数 a、b、c、d，b_1、b_2、b_3、b_4 为多项式的系数，其回归的结果用表格表示．表 1 表示一般土场地上平均等强度位移比谱的回归结果，图 3 为平均等强度位移比谱的拟合曲线与统计平均曲线的比较，从图中可以看出，拟合的效果还是比较好的．

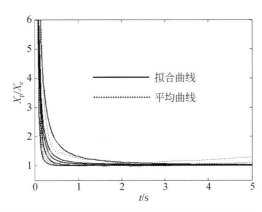

图 3　等强度位移比谱的拟合曲线与平均曲线的比较图（一般土）

表 1　等强度位移比谱拟合公式中的有关参数

场地条件	系数	b_1	b_2	b_3	b_4
基岩	a	21.66	−23.48	7.53	−0.37
	b	2.77	−3.49	1.29	0.89
	c	7.85	−7.82	1.84	0.16
	d	−30.68	35.45	−13.16	2.20

续表

场地条件	系数	b_1	b_2	b_3	b_4
硬土	a	15.02	-15.16	4.21	0.07
	b	-1.48	2.82	-1.79	1.38
	c	2.50	-1.35	-0.57	0.42
	d	-22.86	25.12	-8.67	1.54
一般土	a	36.01	-39.69	12.97	0.90
	b	5.81	-7.69	3.15	0.62
	c	11.18	-11.06	2.64	0.12
	d	-51.86	59.89	-21.61	3.06
软土	a	29.93	-35.10	12.61	-1.20
	c	32.84	-38.82	13.93	-1.30
	d	10.96	-13.45	4.44	0.77

3 结论

本文针对等强度位移比谱进行了系统的研究，利用 544 条地震动记录得到了 4 类场地条件（基岩、硬土、一般土和软土）下的平均等强度位移比谱，总结了对抗震设计和研究具有重要意义的规律和特征，并给出了相应的拟合公式，可得到以下结论：

（1）采用本文的等强度位移比谱的形式，幅值不同但波形完全相似的若干记录，只要它们的屈服强度系数相等，则对应的等强度位移比谱都是相同的；不同烈度对应的等强度位移比谱，可以转化为同一烈度下不同屈服强度系数对应的等强度位移比谱.

（2）一般地，对所有场地来说，同一周期情况下，等强度位移比谱的谱值随屈服强度系数的增加而减小，而且谱值差异随屈服强度系数的增大而减小.

（3）同一屈服强度系数下，在短周期范围内（大约<1s），谱值随周期变化而剧烈变化，在长周期范围内，则趋向于平缓，基本保持在同一水平. 谱值从变化相当剧烈到趋向于平缓，中间有一个比较明显的拐点周期，对同一类场地，不同的屈服强度系数，拐点周期及其谱值也不相同，一般来讲，随屈服强度系数的增加，拐点周期及其谱值都相应的减小. 对不同的场地条件，拐点周期也有所不同.

（4）场地条件对等强度位移比谱的影响明显，但这种影响随屈服强度系数的增大而减小.

（5）屈服强度系数、系统的自振周期和场地条件是影响反应谱的最重要因素，因此在回归分析中主要考虑这三个因素的影响. 利用本文得到的计算等强度位移比谱的近似计算公式可供抗震设计和研究分析参考应用.

参 考 文 献

［1］ Jorge Ruiz-García, Miranda E. Inelastic displacement ratios for evaluation of existing structures ［J］. Earthquake Engineering and Structural Dynamics, 2003, 32 (12): 1237-1258.

［2］ Veletsos A S, Newmark N M, Chelapati C V. Deformation spectra for elastic and elastoplastic systems subjected to ground shock and earthquake motions ［C］. Proceedings of the 3rd World Conference on Earthquake Engineering, New Zealand, vol. II, 1965: 663-682.

［3］ Qi X, Moehle J P. Displacement design approach for reinforced concrete structures subjected to earthquakes ［R］. Report No. EERC 91/02, Earthquake Engineering Research Center, University of California at Berkeley, Berkeley, CA, 1991.

［4］ Miranda E. Seismic evaluation and upgrading of existing structures ［D］. Ph. D. Thesis, University of California, Berkeley, CA, 1991.

［5］ Miranda E. Evaluation of site-dependent inelastic seismic design spectra ［J］. Journal of Structural Engineering (ASCE), 1993, 119 (5): 1319-1338.

［6］ Miranda E. Inelastic displacement ratios for structures on firm sites ［J］. Journal of structural engineering, 2000, 126 (10): 1150-1159.

［7］ Miranda E. Estimation of inelastic deformation demands of SDOF systems ［J］. Journal of Structural Engineering, 2001, 127 (9): 1005-1012.

［8］ Miranda E, Jorge Ruiz-Garcia. Evaluation of approximate methods to estimate maximum inelastic displacement demands ［J］. Earthquake Engineering and Structural Dynamics, 2002, 31 (12): 539-560.

［9］ Shimazaki K, Sozen M A. Seismic drift of reinforced concrete structures ［R］. Technical Research Reports of Hazama-Gumi Ltd. Tokyo, Japan, 1984: 145-166.

［10］ Whittaker A S, Constantinou M, Tsopelas P. Displacement estimates for performance-based seismic design ［J］. Journal of Structural Engineering (ASCE), 1998, 124 (8): 905-912.

［11］ 王前信. 弹塑性反应谱 ［R］. 地震工程研究报告集（第二集）［M］. 北京：科学出版社, 1965.

［12］ 韦承基. 弹塑性结构的位移比谱 ［J］. 建筑结构学报, 1983, 4 (1): 40-48.

［13］ 肖明葵, 王耀伟, 严涛, 等. 抗震结构的弹塑性位移谱 ［J］. 重庆建筑大学学报, 2000 (Sup.): 34-40.

［14］ 黄宗明, 孙勇. 决定单自由度体系弹塑性地震反应的结构参数分析 ［J］. 重庆建筑大学学报, 1996, 18 (3): 42-48.

［15］ 杨松涛, 叶列平, 钱稼茹. 地震位移反应谱特性的研究 ［J］. 建筑结构, 2002, 32 (5): 47-50.

［16］ 翟长海, 公茂盛, 张茂花, 等. 工程结构等延性地震抗力谱研究 ［J］. 地震工程与工程振动, 2004, 24 (1): 22-29.

A study on constant-relative-strength inelastic displacement ratio spectra for evaluation of existing structures

Zhai Chang-Hai[1], Xie Li-Li[1,2] and Zhang Min-Zheng[2]

(1. School of Civil Engineering, Harbin Institute of Technology, Harbin 150090, China;

2. Institute of Engineering Mechanics, China Earthquake Administration, Harbin 150080, China)

Abstract　In the evaluation of existing structures with known lateral strength, the displacement ratio spectra of constant yielding strength that provide inelastic displacement ratios to estimate maximum lateral inelastic displacement demands on existing structures from maximum elastic displacement demands are particularly useful. A statistical study are performed of inelastic displacement ratio computed for SDOF systems with different levels of lateral yielding strength normalized to strength required to remain elastic when subjected to a large number earthquake accelerations. The constant-relative-strength inelastic displacement ratio spectra corresponding to rock, stiff soil, medium soil, soft soil site conditions are presented and the influences of record intensity, site conditions, period of vibration, level of lateral strength on the spectra are discussed. It is concluded that whether the intensity of a record is high or low, as long as the relative lateral yielding strength is equivalent, the constant-relative-strength inelastic displacement ratio spectra of the record are the same. And it also reveals that site conditions, yield strength level and period of structures have important effects on the inelastic spectra and for different relative lateral yielding strength, the effects of site conditions on spectra are different. In addition, the limiting period that divides the short-period spectral region where spectra are strongly dependent on period and the long-period spectral region where spectra tend to be constant is not only the function of site conditions but also depends on the relative lateral yielding strength. Finally, an new experimental expression of constant-relative-strength inelastic displacement ratio spectra from non-linear regression is developed, which permits the estimation of maximum inelastic displacement demands of the existing structures with known lateral strength built on different site conditions from maximum elastic displacement demands and has been recommended to adopt in seismic design code.

绝对和相对输入能量谱对比及延性系数的影响研究[*]

公茂盛[1]，谢礼立[1,2]

（1. 中国地震局工程力学研究所，中国哈尔滨 150080；2. 哈尔滨工业大学，中国哈尔滨 150090 ）

摘要　本文利用 266 条强震记录，在研究绝对输入能量谱和相对输入能量谱衰减规律的基础上，对由衰减关系所确立的两种输入能量谱进行对比分析，讨论了延性系数对这两种输入能量谱的影响. 研究发现，在弹性情况下，两种输入能量谱在周期 0.5～1.0s 范围内相差不大，在非弹性情况下，两种输入能量谱在周期 0.5s 处相差不大. 周期较小时，绝对输入能量谱要大于相对输入能量谱，周期较大时，绝对输入能量谱小于相对输入能量谱. 延性系数对这两种输入能量谱影响均比较大，对绝对输入能量谱而言，周期小于 0.3s 时，随着延性系数的增大，能量谱升高，周期大于 0.3s 时，随着延性系数的增大能量谱降低，不同延性系数的绝对输入能量谱在分界点 0.3s 左右相等. 相对输入能量谱受延性系数影响与绝对输入能量谱相似，但分界点在 0.5s 左右. 与绝对输入能量谱相比，相对输入能量谱在短周期段受延性系数的影响较大，特别是当场地较软时更为明显.

引言

地震动参数衰减规律对于工程场地安全性评价、地震小区划以及重大结构物地震危险性评估有着十分重要的意义，目前所利用的地震动参数主要为峰值加速度、峰值速度以及弹性反应谱等，这些参数有一个共同的缺陷就是没有充分考虑地震动的持时对结构破坏的影响，而地震动的持时是引起结构塑性累积破坏的一个重要因素. 由 Uang 和 Bertero（1990）提出的能量谱很好地反映了地震动的三要素特性，特别是地震动的持时对结构非弹性反应的影响得到了充分的考虑. 实际上，结构物在强地面运动作用下是一个连续的能量输入与耗散过程，因此，能量才是对结构物进行抗震设计或对结构物进行地震危险性评估的最合理参数. 利用能量这个参数进行工程分析，要解决的一个首要问题是必须了解结构物在未来地震中遭遇到的地震动能量大小，即由地震动输入到结构的能量情况，解决这一问题的重要途径是研究其衰减规律，给出地震动能量谱的衰减关系. Chapman（1999）利用 304 条地震记录，对弹性情况下的绝对输入能量谱进行了研究，得到了弹性情况下绝对输入能量谱的衰减关系，而实际震害调查显示，结构物在强地面运动作用下，一般会进入非弹性工作状态（王前信，王孝信，1979），因此，只考虑弹性情况是远远不够的，必须了解结构物在强地面运动作用下进入非弹性状态时的能量输入情况，这也是本文研究的一个出发点. 另外，绝对输入能量谱和相对输入能量谱在周期较短或较长时有较大的差别

---

* 本文发表于《地震学报》，2005 年，第 27 卷，第 6 期，666-676 页.

（Uang，Bertero，1990），应该考虑这两种输入能量谱衰减规律之间的差别，以便选择合适的能量参数进行工程应用分析．鉴于此，作者利用 266 条强震记录，对弹性和非弹性情况下的绝对和相对输入能量谱衰减规律进行了研究，本文主要对由衰减规律所确立的两种输入能量谱进行了对比分析，并重点讨论了非弹性情况下的两种输入能量谱的差别以及延性系数对这两种输入能量谱的影响．

1　绝对和相对输入能量谱

对于基底受水平地震动作用的单自由度阻尼体系，其运动方程如为

$$m\ddot{u}_t + c\dot{u} + f_s = 0 \tag{1}$$

式中，f_s 为恢复力；$u_t = u + u_g$ 为质点绝对位移，u 为质点相对基底的反应位移，u_g 为地面位移．将 $u_t = u + u_g$ 代入式（1），则

$$m\ddot{u} + c\dot{u} + f_s = -m\ddot{u}_g \tag{2}$$

即：地面运动作用下体系反应可用具有固定基底，且受等效水平侧力 $-m\ddot{u}_g$ 作用的等效体系来代替．这两种体系在具有相同的相对位移意义上来说是等效的，但在利用式（1）和式（2）建立能量方程时，可分别得出绝对输入能量和相对输入能量两种不同形式的能量反应的定义（Uang，Bertero，1990），其表达式如下：

绝对输入能量：
$$E_a = \int m\ddot{u}_t \mathrm{d}u_g \tag{3}$$

相对输入能量：
$$E_r = -\int m\ddot{u}_g \mathrm{d}u \tag{4}$$

式（3）中绝对输入能量的物理意义很明确，$m\ddot{u}_t$ 代表施加在结构上的惯性力，这个力等于恢复力与阻尼力之和，即相当于体系的基底剪力，E_a 代表整个基底剪力在基底位移 u_g 上所做的功；式（4）中相对输入能量物理意义则代表作用在体系质点上的等效水平侧力 $-m\ddot{u}_g$ 在体系对地面相对位移 u 上所做的功．

为了消除结构质量的影响以及分析上的方便，采用单位质量能量反应的等效速度形式，如式（5）、式（6）所示：

$$V_{E_a} = \sqrt{2E_a/m} \tag{5}$$

$$V_{E_r} = \sqrt{2E_r/m} \tag{6}$$

这样，对于不同周期的单自由度体系，通过求解体系的反应便可以计算绝对和相对输入能量谱．在计算体系的反应过程中，本文采用的恢复力模型为理想弹塑性模型，其计算方法为 Newmark-β 法，采用等延性形式的能量谱．这两种输入能量谱在中等周期阶段是相等的，当周期较小或较大时，有较大的差别．理论分析可知，当周期 $T \rightarrow 0$ 时，$V_{E_a} \rightarrow \dot{u}_{g\max}$，$V_{E_r} \rightarrow 0$；当周期 $T \rightarrow \infty$ 时，$V_{E_a} \rightarrow 0$，$V_{E_r} \rightarrow \dot{u}_{g\max}$．图 1 为由 1979 年 10 月 15 日 Imperial Valley 地震中，El Centro 台阵 4 号测点一条地震记录的 230 度水平分量所计算的不同延性系数下的两种输入能量谱对比，可以更清晰地看出这种差别．

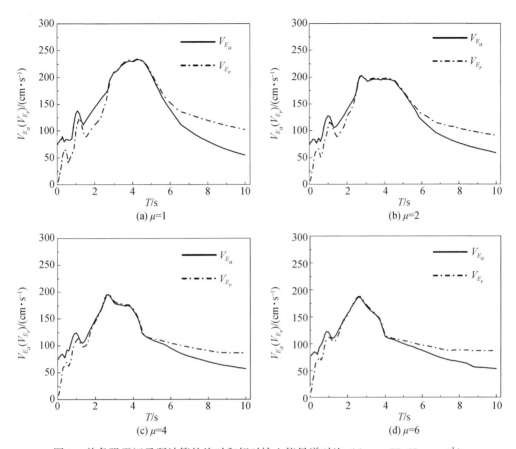

图 1 单条强震记录所计算的绝对和相对输入能量谱对比 ($\dot{u}_{g\max}=77.65$ cm·s^{-1})

2 强震记录数据

本文从美国西部 California 州 15 次比较大的地震中选取了 266 条强震记录（公茂盛，2002），并将记录按照地表以下 30m 内土层的平均剪切波速 V_s 进行场地分类（Chou，Uang，2000a，b），见表 1，各个场地上记录的震级–距离分布情况见图 2，由于硬基岩和基岩这两类场地记录较少，本文合为一类场地（A+B）类考虑. 另外，本文所使用的每一条记录都包含两个水平分量和一个竖向分量，在分析过程中所采用的是由两个水平分量所计算能量谱的几何平均值.

表 1 场地分类

NEHERP 分类	场地描述	剪切波速 V_s/(m·s^{-1})	本文分类
A	硬基岩	$V_s>1500$	A+B
B	基岩	$1500 \geqslant V_s>760$	A+B
C	非常密实土和软基岩	$760 \geqslant V_s>360$	C

续表

NEHERP 分类	场地描述	剪切波速 $V_s/(\mathrm{m \cdot s^{-1}})$	本文分类
D	坚硬土	$360 \geqslant V_s \geqslant 180$	D
E	软土	$V_s < 180$	/
F	特殊土（液化、湿陷性土等）	$V_s < 180$	/

　　震级是衡量一次地震中震源释放能量大小的物理量，研究地震动参数衰减规律时，往往将其看作震源参数. 震级有很多种定义，有地方震级、面波震级、体波震级、持续时间震级和矩震级等，这几种震级除了矩震级外，都有一个共同的特点，就是大到一定程度会饱和（胡聿贤，1988）. 因此，在研究地震动参数衰减规律时，特别是在近场地，宜取矩震级，本文所取的震级参数为矩震级.

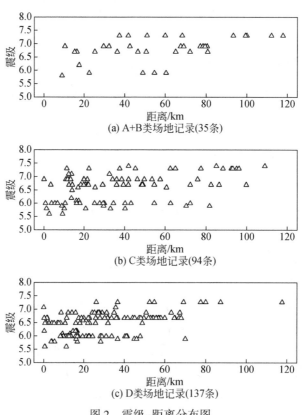

图 2　震级–距离分布图

　　传播介质对地震动衰减的影响主要有 3 个方面——几何扩散、阻尼吸收和非弹性衰减（Campbell，1985），研究地震动参数衰减规律时，往往将这 3 个因素归结为震源到台站或场地距离的大小. 震源到台站或场地的距离定义有很多种，如震中距、震源距和断层距等等，对浅源地震来说，当距离参数远大于几倍震源体尺寸时，这几个距离参数差别则不大，但当距离较小时，即在近场区，不同的距离参数差别较大. 目前大多数研究者在对地震动参数进行衰减规律分析时，倾向于使用断层距，本文也是如此，在分析过程中采用的距离参数为断层距.

3 衰减模型

选择合理的地震动参数衰减模型，是研究地震动参数衰减规律中一项十分重要的工作，所选取的模型不仅要有一定的物理意义，还应保证回归所得结果有较小的误差. 本文在分析几种模型后，采用了 Boore（1993）在研究反应谱衰减规律时所使用的衰减模型，即

$$\lg Y_i = a + b(M_i-6) + c(M_i-6)^2 + d\lg(D_i^2+h^2)^{1/2} + eG_{ci} + fG_{di} + \varepsilon_{ri} + \varepsilon_{ei} \tag{7}$$

式中，Y_i 为针对某一固定周期待回归的能量谱数值，本文取第 i 条记录两个水平分量所计算能量等效速度的几何平均值；M_i 为第 i 条地震记录对应的矩震级；D_i 为取得第 i 条记录的断层距；G_{ci} 和 G_{di} 是为考虑场地影响而引入的已知参数，若第 i 条地震记录的场地条件为 C 类，则 $G_{ci}=1$，若为其他类别场地，则 $G_{ci}=0$；若第 i 条记录的场地条件为 D 类，则 $G_{di}=1$，若为其他类别场地，则 $G_{di}=0$. 这样，对于已知每一个周期的一组能量谱数值，未知参数 a，b，c，d，e，f，h 和随机误差 ε_r 与 ε_e 的方差 $\sigma_{\lg y}^2$ 就可以由两步回归法分析得出.

在确定衰减模型中的未知系数时，最常用方法是 Joyner 和 Boore（1981，1993，1994）提出的两步回归法，之所以提出这种方法，是因为所取得的强震记录的震级和距离具有一定的相关性，其具体表现就是强震记录的震级和距离参数在分布上有这样一种倾向，震级大、距离远和震级小、距离近的记录偏多，而震级大、距离近或震级小、距离远的记录偏少（图2）. 若将模型中的未知系数一次解出，则这种相关性往往给回归结果带来一定的不合理性，而两步回归法通过引入虚拟变量把震级和距离解耦，将震级和距离对应的未知系数分别来求解，避免了震级距离相关性给回归结果带来的不良影响. 本文在求解衰减模型中的未知系数时，采用的是两步回归法，回归所得到的系数及标准差见附表 1 和附表 2（本文只给出了 μ 为 1 和 4 时的回归系数，为了使用及理解上的方便，给出的是标准差）.

4 结果分析

本文共计算了 3 种场地条件（A+B，C，D）、4 种延性系数（$\mu=1$，2，4，6）、阻尼比为 0.05（$\xi=5\%$）的绝对和相对输入能量谱，利用两步回归法作了衰减规律回归分析，得出了地震动绝对和相对输入能量谱的衰减规律，由于笔者曾经讨论过这两种输入能量谱的衰减规律（公茂盛等，2003），这里主要对由衰减关系所建立的两种输入能量谱进行分析对比，并重点讨论延性系数对这两种输入能量谱的影响. 在进行分析时，主要以震级为7.0、距离为 10km 处的结果为例，并简单给出了距离为 40km 处的对比结果，其他震级、距离条件下的对比情况与此类似.

4.1 绝对和相对输入能量谱对比

（1）弹性情况

图 3 给出的是延性系数为 1、震级取 7.0、距离分别为 10km 和 40km 处的结果，其中

图 3（c）为 10km 处的绝对输入能量谱和相对输入能量谱的比值．可以得出，这两种能量谱在周期 0.5~1.0s 范围内相差不大，当周期小于 0.5s 时，绝对输入能量大于相对输入能量，当周期大于 1.0s 时，绝对输入能量小于相对输入能量，由图 3（c）可以更清晰地看出这种差别，特别是在周期较小时，对应于 A+B，C 以及 D 三类场地而言，其绝对和相对输入能量谱最大比值分别为 1.88，2.39 和 2.75.

（2）非弹性情况

非弹性情况下的两种输入能量谱对比结果如图 4 所示，本文以延性系数 4 时为例．可以看出，两种输入能量谱在周期 0.5s 处相差不大，当周期小于 0.5s 时，绝对输入能量大于相对输入能量，当周期大于 0.5s 时，绝对输入能量小于相对输入能量．但在短周期段，绝对输入能量谱与相对输入能量谱的比值要比弹性情况下小，对应于 A+B、C 以及 D 三类场地而言，最大比值分别为 1.60，1.82 和 1.99. 可见，非弹性情况下在较短周期处两种输入能量谱的差别比弹性情况下要小，而在较长周期段的结果和弹性情况相似.

另外，无论是弹性还是非弹性情况，在较短周期段，D 类场地上两种输入能量谱差别最大，在较长周期段，D 类场地上两种输入能量差别最小．在短周期段两种输入能量谱差别之所以如此大，本文分析是因为当周期趋向于 0 时，绝对输入能量趋向于定值，而相对输入能量趋向于 0 所致．另外，由图 3（a），（b）和图 4（a），（b）可以得出，场地条件对两种输入能量谱的影响非常大，场地越软，输入能量谱越大.

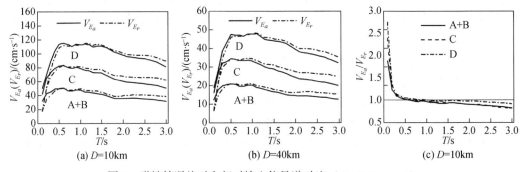

图 3　弹性情况绝对和相对输入能量谱对比（$M=7.0$，$\mu=1$）

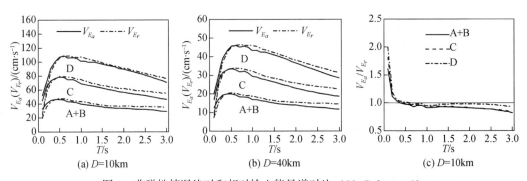

图 4　非弹性情况绝对和相对输入能量谱对比（$M=7.0$，$\mu=4$）

4.2 延性系数影响分析

本文分析得出，延性系数对这两种输入能量谱影响较大，无论利用哪一种输入能量谱进行工程分析，结构物延性必须给予充分的考虑，仅仅考虑弹性情况是远远不够的. 图 5 与图 6 分别给出了震级取 7.0、距离为 10km 处的绝对输入能量谱和相对输入能量谱对延性系数归一化结果，即震级为 7.0、距离为 10km 处的不同延性系数下的能量谱与图 3（a）中的弹性情况下的能量谱比值结果，其他距离、震级条件结果与此相似. 可以得出：

（1）对绝对输入能量谱而言，3 类场地上不同延性系数的能量谱在周期 0.3s 处相等，当周期小于 0.3s 时，随着延性系数的增大，绝对输入能量谱增大，当周期大于 0.3s 时，随着延性系数的增大，绝对输入能量谱降低（图 5）. 而 3 类场地上不同延性系数的相对能量谱则在周期 0.5s 处相等（图 6）.

（2）周期较小时，两种输入能量谱都随着延性系数的增大而增大，与 $\mu=1$ 时相比，3 类场地上 $\mu=6$ 时绝对输入能量谱的放大倍数分别为 1.04，1.1 和 1.1，而相对输入能量谱对应的放大倍数依次为 1.27，1.57 和 1.63. 可见，在较小周期段，延性系数对相对输入能量的影响要大于对绝对输入能量的影响.

（3）较长周期段（绝对输入能量谱为大于 0.3s，相对输入能量谱为大于 0.5s），两种输入能量随着延性系数的增大而降低，与弹性情况相比，延性系数为 6 时降低最多，不同延性系数下的能量谱最大降低幅度见表 2. 由表 2 可知，对同一类场地而言，不同延性系数下的绝对和相对输入能量谱最大降低幅度相差不大，并且随着场地的变软，最大降低幅度出现的周期有增大的趋势.

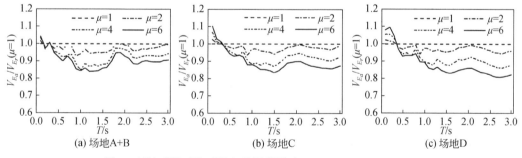

图 5　延性系数对绝对输入能量谱影响（$M=7.0$，$D=10.0$km）

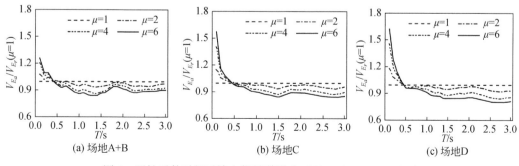

图 6　延性系数对相对输入能量谱影响（$M=7.0$，$D=10.0$km）

表2　随延性系数增加两种输入能量谱最大降低幅度及对应周期

场地条件	延性系数	最大降低幅度/%		对应周期/s	
		V_{E_a}	V_{E_r}	V_{E_a}	V_{E_r}
A+B	2	7.2	6.0	0.9	1.4
	4	15.2	13.6	1.0	1.4
	6	16.1	16.0	1.2	1.4
C	2	6.3	6.6	0.9	2.8
	4	12.7	12.7	1.5	2.8
	6	16.3	16.2	1.5	2.8
D	2	5.7	7.7	0.9	2.8
	4	13.6	16.5	2.8	2.7
	6	19.2	20.0	2.7	2.7

5　讨论与结论

能量谱很好地反映了地震动的三要素特性，特别是持时对结构非弹性反应的影响得到了充分的考虑，但如何利用能量谱进行工程分析，一直是地震工程中研究的一个热点和难点问题．本文在对地震动绝对和相对输入能量谱衰减规律进行研究的基础上，对由衰减关系所建立的绝对和相对输入能量谱进行了对比分析，并重点讨论了延性系数对这两种输入能量谱的影响，结果可供参考．

（1）两种输入能量谱在中等周期范围内（0.5s左右）相差不大，当周期较小时，绝对输入能量谱大于相对输入能量谱，当周期较大时，绝对输入能量谱小于相对输入能量谱，其周期的分界点在0.5s左右．

（2）延性系数对两种输入能量谱影响较大，周期较小时，随着延性系数的增大，两种输入能量谱增大，周期较大时，随着延性系数的增大，两种输入能量谱降低．但在周期较小时，延性系数对相对输入能量谱的影响要大于对绝对输入能量谱的影响，周期较大时，延性系数对两种输入能量谱的影响相似．

（3）两种输入能量谱对延性系数的变化比较敏感，不同周期处受延性系数影响不同，并且与弹性情况相差较大，无论理论研究还是工程应用，仅考虑弹性情况是远远不够的．相对输入能量谱在短周期段对延性系数的变化更为敏感．

另外，至于如何利用输入能量谱及其衰减规律进行工程场地安全性评价、地震小区划以及重大结构物地震危险性评估等工作，都在本文的进一步研究当中．

致谢　感谢 Chia-Ming Uang 教授（University Of California, San Diego）为本文提供强震记录及提出宝贵建议．

参 考 文 献

公茂盛，2002. 地震动能量衰减规律的研究．哈尔滨：中国地震局工程力学研究所硕士学位论文，23-24.

公茂盛，谢礼立，章文波，2003. 地震动输入能量衰减规律研究．地震工程与工程振动，23（3）：15-24.

胡聿贤, 1988. 地震工程学. 北京: 地震出版社, 177-178.

王前信, 王孝信, 1979. 工程结构地震力理论. 北京: 地震出版社, 118.

Boore D M, Joyner W B, Fumal T E, 1993. Estimation of response spectra and peak acceleration from western North American earthquakes: An interim report. US Geo. Survey Open File Report: 93-509.

Campbell K W, 1985. Strong motion attenuation relations: A ten-year perspective. Earthquake Spectra, 1 (4): 759-803.

Chapman M C. 1999. On the use of elastic input energy for seismic hazard analysis. Earthquake Spectral, 15 (4): 607-634.

Chou C C, Uang C M, 2000a. An Evaluation of Seismic Energy Demand: An Attenuation Approach. PEER Report, 2000-04, 3-5.

Chou C C, Uang C M, 2000b. Establishing absorbed energy spectral an attenuation approach. Earthquake Engineering and Structural Dynamics, 29: 1441-1455.

Joyner W B, Boore D M. 1981. Peak horizontal acceleration and velocity from strong-motion records including records from 1979 Imperial Valley, California Earthquake. Bulletin of the Seismological Society of America, 71 (6): 2011-2038.

Joyner W B, Boore D M. 1993. Method for regression of strong-motion data. Bulletin of the Seismological Society of America, 83 (2): 469-487.

Joyner W B, Boore D M. 1994. Errata. Bulletin of the Seismological Society of America, 84 (3): 955-956.

Uang C M, Bertero V V. 1990. Evaluation of seismic energy in structures. Earthquake Engineering and Structural Dynamics, 19: 77-90.

附表1　绝对输入能量谱回归系数及标准差

μ	T/s	a	b	c	d	e	f	h/km	$\sigma_{\lg Y}$
1	0.1	1.8894	0.4323	−0.0412	−0.7477	0.1204	0.1915	4.7102	0.1884
	0.2	2.0082	0.4785	−0.1359	−0.6890	0.1818	0.2065	5.3232	0.1836
	0.3	1.9459	0.5232	−0.1746	−0.6259	0.2141	0.2960	3.9860	0.1858
	0.4	1.9780	0.5099	−0.1112	−0.6668	0.2077	0.3267	3.9418	0.1985
	0.5	1.9556	0.5051	−0.0898	−0.6586	0.2217	0.3630	3.8311	0.2057
	0.6	1.9571	0.5112	−0.0961	−0.6628	0.2208	0.3636	3.1048	0.2117
	0.7	1.8707	0.3857	0.0607	−0.6453	0.2387	0.3908	2.4755	0.2207
	0.8	1.8604	0.3920	0.0485	−0.6331	0.2347	0.3808	2.3248	0.2218
	0.9	1.8819	0.3475	0.1038	−0.6459	0.2287	0.3810	2.8790	0.2269
	1.0	1.8822	0.3566	0.0905	−0.6426	0.2199	0.3791	3.3940	0.2267
	1.1	1.8612	0.3598	0.0917	−0.6493	0.2349	0.4088	3.6552	0.2307
	1.2	1.8450	0.3876	0.0883	−0.6626	0.2334	0.4107	3.4391	0.2358
	1.3	1.8165	0.3839	0.1154	−0.6701	0.2324	0.4096	3.4173	0.2392
	1.4	1.8033	0.3891	0.1368	−0.6870	0.2366	0.4203	3.7269	0.2419
	1.5	1.7895	0.4062	0.1393	−0.7004	0.2470	0.4328	4.1294	0.2445
	1.6	1.7748	0.3869	0.1666	−0.7021	0.2416	0.4391	4.5471	0.2550
	1.7	1.7229	0.3905	0.1721	−0.6854	0.2473	0.4519	4.5373	0.2631
	1.8	1.6585	0.4056	0.1701	−0.6673	0.2544	0.4656	4.1651	0.2689
	1.9	1.6382	0.4069	0.1846	−0.6711	0.2479	0.4607	3.8179	0.2731
	2.0	1.6363	0.4266	0.1800	−0.6809	0.2335	0.4458	3.6147	0.2762
	2.1	1.6248	0.4654	0.1581	−0.6874	0.2234	0.4362	3.5273	0.2771
	2.2	1.6246	0.4973	0.1411	−0.6938	0.2128	0.4254	3.5848	0.2832
	2.3	1.6117	0.5163	0.1301	−0.6928	0.2121	0.4242	3.5638	0.2912
	2.4	1.5944	0.5318	0.1227	−0.6924	0.2151	0.4289	3.5211	0.2975
	2.5	1.5894	0.5426	0.1226	−0.7005	0.2140	0.4289	3.6176	0.3017
	2.6	1.5792	0.5499	0.1265	−0.7058	0.2125	0.4288	3.6843	0.3040
	2.7	1.5649	0.5622	0.1246	−0.7069	0.2125	0.4273	3.7185	0.3045
	2.8	1.5521	0.5747	0.1158	−0.7078	0.2144	0.4255	3.7724	0.3064
	2.9	1.5343	0.5914	0.0981	−0.7034	0.2128	0.4239	3.7696	0.3081
	3.0	1.5169	0.6017	0.0880	−0.6978	0.2089	0.4199	3.8063	0.3085

μ	T/s	a	b	c	d	e	f	h/km	$\sigma_{\lg Y}$
4	0.1	1.9152	0.4462	-0.0647	-0.7465	0.1342	0.2008	4.9279	0.1841
	0.2	1.9422	0.4835	-0.1278	-0.6599	0.2017	0.2448	4.6164	0.1766
	0.3	1.9343	0.511	-0.1355	-0.6379	0.2140	0.3077	3.8836	0.1761
	0.4	1.9191	0.4955	-0.0881	-0.6401	0.2174	0.3338	3.6221	0.1873
	0.5	1.8952	0.4728	-0.0473	-0.6365	0.2271	0.3602	3.3301	0.1944
	0.6	1.8681	0.4449	-0.0013	-0.6381	0.2317	0.3764	3.1199	0.2010
	0.7	1.8198	0.3943	0.0615	-0.6304	0.2385	0.3888	2.8669	0.2063
	0.8	1.8199	0.3953	0.0607	-0.6317	0.2451	0.3969	3.0044	0.2088
	0.9	1.7922	0.3929	0.0799	-0.6290	0.2394	0.3989	3.1320	0.2098
	1.0	1.7672	0.3858	0.0942	-0.6331	0.2389	0.4050	3.3158	0.2121
	1.1	1.7442	0.3895	0.1047	-0.6311	0.2377	0.4114	3.2889	0.2156
	1.2	1.7201	0.3893	0.1216	-0.6354	0.2395	0.4166	3.3808	0.2207
	1.3	1.7200	0.3909	0.1203	-0.6409	0.2395	0.4256	3.5066	0.2241
	1.4	1.7037	0.3990	0.1285	-0.6496	0.2421	0.4314	3.6572	0.2278
	1.5	1.6896	0.4011	0.1390	-0.6543	0.2422	0.4320	3.8021	0.2315
	1.6	1.6670	0.4067	0.1450	-0.6551	0.2440	0.4368	3.8440	0.2369
	1.7	1.6474	0.4244	0.1428	-0.6579	0.2412	0.4374	3.7581	0.2408
	1.8	1.6297	0.4437	0.1403	-0.6622	0.2368	0.4368	3.7352	0.2427
	1.9	1.6235	0.4526	0.1380	-0.6673	0.2308	0.4308	3.8093	0.2470
	2.0	1.6232	0.4655	0.1397	-0.6780	0.2231	0.4236	3.8852	0.2516
	2.1	1.6121	0.4838	0.1332	-0.6828	0.2192	0.4210	3.8946	0.2573
	2.2	1.5979	0.5011	0.1225	-0.6842	0.2190	0.4205	3.9179	0.2629
	2.3	1.5898	0.5129	0.1176	-0.6883	0.2167	0.4176	3.9338	0.2674
	2.4	1.5835	0.5253	0.1143	-0.6935	0.2136	0.4125	3.9931	0.2707
	2.5	1.5797	0.5371	0.1100	-0.6984	0.2075	0.4045	4.0196	0.2742
	2.6	1.5662	0.5448	0.1100	-0.6978	0.2035	0.3997	4.0150	0.2771
	2.7	1.5529	0.5548	0.1061	-0.6972	0.2011	0.3951	4.0186	0.2796
	2.8	1.5395	0.5627	0.1023	-0.6979	0.2025	0.3932	4.0644	0.2805
	2.9	1.5210	0.5724	0.0957	-0.6954	0.2039	0.3942	4.0685	0.2814
	3.0	1.5066	0.5829	0.0888	-0.6917	0.2014	0.3892	4.0779	0.2818

附表2　相对输入能量谱回归系数及标准差

μ	T/s	a	b	c	d	e	f	h/km	$\sigma_{\lg Y}$
1	0.1	1.9622	0.5165	-0.2255	-0.9111	0.0163	0.026	8.9075	0.3063
	0.2	2.0804	0.4575	-0.1693	-0.7504	0.1769	0.1709	8.2458	0.2135
	0.3	1.9371	0.4823	-0.1591	-0.6274	0.2215	0.2871	4.9365	0.1921
	0.4	1.9705	0.4868	-0.1121	-0.6524	0.2050	0.3102	4.3421	0.1952
	0.5	1.9725	0.4863	-0.0894	-0.6571	0.2166	0.3480	4.2501	0.2010
	0.6	1.9556	0.4461	-0.0331	-0.6564	0.2177	0.3510	3.3863	0.2071
	0.7	1.8916	0.3679	0.0615	-0.6391	0.2313	0.3718	2.6105	0.2112
	0.8	1.8909	0.3849	0.0422	-0.6333	0.2308	0.3649	2.5099	0.2093
	0.9	1.9024	0.3291	0.1037	-0.6381	0.2266	0.3640	2.9337	0.2152
	1.0	1.9158	0.3499	0.0832	-0.6430	0.2190	0.3613	3.5579	0.2126
	1.1	1.9093	0.3494	0.0844	-0.6536	0.2289	0.3883	3.8871	0.2152
	1.2	1.9003	0.3678	0.0862	-0.6665	0.2261	0.3907	3.7706	0.2170
	1.3	1.8806	0.3757	0.0986	-0.6738	0.2223	0.3856	3.5783	0.2175
	1.4	1.8631	0.3933	0.1067	-0.6844	0.2283	0.3953	3.6971	0.2191
	1.5	1.8437	0.3983	0.1120	-0.6913	0.2451	0.4106	3.9762	0.2193
	1.6	1.8299	0.3693	0.1391	-0.6879	0.2426	0.4158	4.3145	0.2252
	1.7	1.7901	0.3685	0.1431	-0.6730	0.2458	0.4262	4.3774	0.2298
	1.8	1.7428	0.3748	0.1453	-0.6603	0.2534	0.4385	4.0316	0.2326
	1.9	1.7369	0.3718	0.1575	-0.6652	0.2480	0.4303	3.7104	0.2322
	2.0	1.7435	0.3780	0.1568	-0.6721	0.2363	0.4131	3.5278	0.2330
	2.1	1.7400	0.4028	0.1411	-0.6747	0.2244	0.4000	3.3744	0.2315
	2.2	1.7374	0.4316	0.1220	-0.6742	0.2143	0.3890	3.3210	0.2330
	2.3	1.7307	0.4509	0.1078	-0.6710	0.2109	0.3848	3.2778	0.2373
	2.4	1.7266	0.4665	0.0965	-0.6738	0.2123	0.3879	3.2433	0.2412
	2.5	1.7271	0.4760	0.0934	-0.6832	0.2162	0.3909	3.2833	0.2439
	2.6	1.7260	0.4846	0.0919	-0.6894	0.2169	0.3893	3.3370	0.2445
	2.7	1.7208	0.4969	0.0849	-0.6915	0.2192	0.3868	3.4137	0.2449
	2.8	1.7142	0.5094	0.0720	-0.6912	0.2218	0.3846	3.4392	0.2458
	2.9	1.7114	0.5182	0.0576	-0.6898	0.2182	0.3791	3.4515	0.2462
	3.0	1.7120	0.5227	0.0510	-0.6909	0.2125	0.3719	3.5244	0.2464

μ	T/s	a	b	c	d	e	f	h/km	σ_{lgY}
4	0.1	1.9858	0.5064	-0.2153	-0.8716	0.0807	0.1079	8.1373	0.2672
	0.2	1.9800	0.4703	-0.1549	-0.6879	0.1951	0.2209	6.0491	0.1913
	0.3	1.9502	0.4816	-0.1271	-0.6436	0.2134	0.2973	4.3676	0.1778
	0.4	1.9399	0.4805	-0.0897	-0.6394	0.2115	0.3186	3.8905	0.1830
	0.5	1.9234	0.4603	-0.0490	-0.6377	0.2203	0.3442	3.5735	0.1884
	0.6	1.8955	0.4354	-0.0055	-0.6364	0.2248	0.3596	3.2669	0.1934
	0.7	1.8623	0.4169	0.0246	-0.6284	0.2325	0.3725	3.0005	0.1967
	0.8	1.8517	0.3880	0.0553	-0.6306	0.2399	0.3811	3.1474	0.1980
	0.9	1.8349	0.3812	0.0704	-0.6280	0.2367	0.3846	3.2860	0.1997
	1.0	1.8314	0.3901	0.0702	-0.6349	0.2358	0.3901	3.5127	0.1990
	1.1	1.8134	0.3855	0.0816	-0.6344	0.2335	0.3950	3.5006	0.2005
	1.2	1.7967	0.3851	0.0922	-0.6386	0.2345	0.3982	3.5662	0.2035
	1.3	1.7738	0.3849	0.1044	-0.6404	0.2346	0.4054	3.6187	0.2049
	1.4	1.7586	0.3911	0.1096	-0.6452	0.2375	0.4096	3.7080	0.2074
	1.5	1.746	0.3874	0.1197	-0.6465	0.2383	0.4092	3.7950	0.2090
	1.6	1.7279	0.3886	0.1235	-0.6445	0.2402	0.4115	3.7782	0.2121
	1.7	1.7148	0.3990	0.1213	-0.6453	0.2377	0.4099	3.6419	0.2140
	1.8	1.7028	0.4135	0.1171	-0.6473	0.2339	0.4077	3.5831	0.2138
	1.9	1.7019	0.4188	0.1134	-0.6508	0.2295	0.4006	3.6286	0.2149
	2.0	1.7053	0.4246	0.1143	-0.6573	0.2229	0.3921	3.6561	0.2163
	2.1	1.7017	0.4356	0.1085	-0.6597	0.2180	0.3867	3.6331	0.2184
	2.2	1.6916	0.4450	0.0999	-0.6577	0.2179	0.3844	3.6026	0.2205
	2.3	1.6866	0.4520	0.0940	-0.6576	0.2153	0.3797	3.5683	0.2216
	2.4	1.6853	0.4611	0.0886	-0.6600	0.2115	0.3730	3.5871	0.2223
	2.5	1.6885	0.4697	0.0826	-0.6643	0.2060	0.3643	3.6202	0.2229
	2.6	1.6850	0.4760	0.0794	-0.6647	0.2019	0.3585	3.6305	0.2232
	2.7	1.6825	0.4822	0.0747	-0.6653	0.1988	0.3524	3.6485	0.2232
	2.8	1.6804	0.4863	0.0703	-0.6671	0.1987	0.3478	3.6767	0.2218
	2.9	1.6786	0.4910	0.0647	-0.6694	0.1985	0.3457	3.7034	0.2209
	3.0	1.6810	0.4955	0.0598	-0.6709	0.1939	0.3370	3.7318	0.2198

Study on comparison between absolute and relative input energy spectra and effects of ductility factor

Gong Mao-Sheng[1] and Xie Li-Li[1,2]

(1. Institute of Engineering Mechanics China Earthquake Administration, Harbin 150080, China;

2. Harbin Institute of Technology, Harbin 150090, China)

Abstract　Based on 266 strong ground motion records, an attenuation relationship was developed for both absolute and relative input energy spectra. The comparison of the two kinds of input energy spectra constructed from the attenuation relationship was made in this paper. The results show that there is little difference between the absolute input energy spectra and relative ones at the periods of 0.5 ~ 1.0s for elastic systems and at the period of 0.5s for inelastic systems. The absolute input energy spectra are much larger than relative ones in very short period range but some less than relative ones in long period range. It is also found that the ductility factor has a significant effect on both absolute and relative input energy spectra. The absolute input energy spectra increase with the increasing of ductility factor for the periods less than 0.3s but decrease for the periods larger than 0.3s. The absolute input energy spectra for different ductility factor are almost equivalent at the period about 0.3s, but for relative input energy spectra, the period is about 0.5s. The effect of ductility on the relative input energy spectra in the short period range is much larger than that on the absolute input energy spectra, especially on the softer site class.

抗震结构最不利设计地震动研究[*]

翟长海[1]，谢礼立[1,2]

(1. 哈尔滨工业大学；2. 中国地震局工程力学研究所)

摘要 在结构的抗震研究和设计中，如何选择实际的地震动记录作为输入一直是地震工程中至关重要的问题之一．本文首先给出了最不利设计地震动的概念、确定原则及方法，然后利用估计地震动潜在破坏势的综合评价法，对四种场地类型分别给出了长周期、短周期和中周期结构的国外、我国台湾地区及大陆地区的最不利设计地震动，本文给出的最不利设计地震动适用于特别重要的结构或地震危险性较高地区结构的抗震分析和研究．另外，根据地震动的潜在破坏势，还给出了适用于一般重要性结构（或地震危险性较低地区）抗震验算的输入地震动；最后，通过工程结构的地震反应分析，初步验证了本文所确定的最不利设计地震动的可靠性和正确性．本文所确定的最不利设计地震动及适用于一般重要性结构（或地震危险性一般地区）抗震验算的输入地震动为工程结构的抗震输入提供了新思路，可供工程结构的抗震研究、试验和分析参考应用．

1 引言

现行抗震设计规范几乎无一例外地规定：重要的工程结构，例如大跨桥梁、特别不规则建筑、甲类建筑、高度超出规定范围的高层建筑应采用时程分析法进行补充计算，那么，应该采用什么样的实际地震动进行复核呢？另外，在对结构进行试验研究时，无论是模拟振动台试验或伪动力试验，也会遇到同样的问题．如何合理选择真实的地震动记录作为研究结构地震反应的输入一直是国内外地震工程领域内至关重要的问题之一．

我国《建筑抗震设计规范（GB5001–2001）》[1]明确规定特别不规则建筑、甲类建筑、高度超出规定范围的高层建筑应采用时程分析法进行补充计算。采用时程分析法时，应按建筑场地和设计地震分组选用不少于两组的实际强震记录和一组人工模拟的加速度时程曲线，并且规定其平均的地震影响系数曲线应与振型分解反应谱法所采用的地震影响曲线在统计意义上相符，在弹性分析时程分析时，每条时程曲线计算所得结构基底剪力不应小于振型分解反应谱法计算结果的65%，多条时程曲线计算所得的结构底部剪力的平均值不应小于振型分解反应谱法的80%．这种笼统的规定虽然给予工程设计人员极大的灵活性，但同时也使其可操作性很差，国外的很多抗震规范（如美国[2]、欧洲[3]等）也有类似的规定．王亚勇等[4]对形成抗震设计反应谱的国内外重要地震动记录进行分析，研究各种不同的记录分组方法对标定设计反应谱所产生的影响，最后得出结

---

[*] 本文发表于《土木工程学报》，2005 年，第38 卷，第12 期，51-58 页．

论：采用以设计反应谱为标准的、按近震、远震和反应谱特征周期分类的方法对实际地震动进行分组，具有很好的规律性并适合规范应用，同时建议在建筑结构时程分析法中采用一组四条实际地震动记录和一条拟合目标谱的人工合成地震动作为输入．杨浦等[5]以结构基底剪力、顶点位移和最大层间位移为主要反应统计量，对比分析几种选波方案，提出了基于规范设计反应谱平台段和结构基本自振周期段的两频段控制选波方案．邓军、唐家祥[6]从场地条件、设防烈度、持时及地震记录的反应谱与规范反应谱拟合程度等方面考虑，提出了一种为时程分析法选择实际地震记录的方法．Lee[7]等通过调整基准期给出各种概率水准的弹性设计反应谱，然后利用设计反应谱标定实际地震动的反应谱，从而挑选出实际的设计地震动．

上面所述研究，基本的思路都是通过拟合设计反应谱给出设计地震动，但由于设计反应谱只是代表平均意义上的地震作用，因此，这样给出的地震动对那些重要性一般的结构或地震危险性不是很高地区的抗震验算可能是合适的，对特别重要的结构或高地震危险区的抗震验算可能就不合适了．虽然对于时程分析中如何选择地震动输入问题进行了诸多的研究，但仍没有一致的认识，目前的情况是，或者不采用时程分析法进行计算，或是采用，而输入地震动的选择却无视建筑场地的差别而采用为数不多的几条典型记录（如：1940 年的 El Centro（NS）记录或 1952 年的 Taft 记录）[5]．

作者认为，在考虑采用什么样的实际地震动来进行设计、分析或进行试验研究时，不能一概而论，应该根据结构的重要性或结构所在地区所遭受的地震危险性确定，对那些特别重要的结构（如核电站等）或高地震危险区，应该在现行规范规定（在地震动的峰值加速度和场地类别均符合规范规定）的前提下，选取能使结构的地震反应或结构的地震性态趋于最危险或最不利状态的地震动；对那些重要性一般的结构或地震危险性较低的地区，则无须输入这种最不利的设计地震动，只需输入潜在破坏势（破坏性）中等的地震动，因为地震是一种十分罕遇的荷载，如用最不利的抗震设计换取结构的极大安全，将造成资源的浪费，但如果输入潜在破坏势（破坏性）太差的地震动，则达不到输入地震动进行时程分析的目的．

本文在概述最不利设计地震动概念的基础上，利用文献［8］给出的估计地震动潜在破坏势的综合评价法，对应于四种场地类型，分别给出了长周期、中周期和短周期三类结构的最不利设计地震动（适用于特别重要的结构或地震危险性较高地区的结构进行抗震分析和研究），另外，根据地震动的潜在破坏势，还给出了适合于一般重要性结构（或地震危险性较低地区）抗震验算的输入地震动；最后通过结构的地震反应分析，对所确定的最不利设计地震动进行了验证，本文的研究进一步完善了最不利设计地震动的研究，将为抗震研究和设计中如何选择真实的地震动记录作为输入提供了新思路．

2　最不利设计地震动的概念及发展现状

所谓最不利设计地震动[9,10]是指能使结构的反应在这样的地震动作用下处于最不利的状况，即处在最高的危险状态下的真实地震动．最不利设计地震动是相对于一定的环境条件而言的，即相对于结构所在场地的地震危险性和场地条件而言的．

已有的研究[11]表明，考察世界上现有的五千多条有重要意义的地震动记录，如果按峰值加速度、峰值速度、峰值位移、有效峰值加速度、有效峰值速度和持续时间来排序，那么 1940 年的 El Centro（NS）记录的相应值为 $338cm/s^2$、$36.45cm/s$、$10.88cm$、$290cm/s^2$、$30.77cm/s$ 和 $29.3s$，只能分别排在第 81、87、49、99、62 和 58 位，显然能否将其作为最不利设计地震动仍需慎重考虑.

在文献［11］中，Naeim 等从 1933 至 1992 年的 5000 多条记录中去掉了震级小于 5 级或峰值加速度小于 $0.05g$ 的记录，挑选出了 1157 条水平记录，然后按以下的地震动参数，即：地震动峰值加速度、峰值速度、峰值位移、最大增量速度和最大增量位移、有效峰值加速度和有效峰值速度分类排队得到的表中，将位于前 30 位的记录选出来，将这样得到的记录合在一起，一共得到一组由 84 条记录组成的记录子库. 另外，又在这 84 条记录以外的记录中，根据它们括号持时的长短选择了 36 条记录，这样就得到了一组由 120 条记录组成的记录库. Naeim 等的工作虽然没有提供最不利设计地震动，但却为最不利设计地震动概念的形成和最不利设计地震动的选择提供了重要的基础资料；同时，Naeim 等所选择的 120 条记录既没有给出场地条件的资料，更没有给出判别最不利设计地震动的潜在破坏势或其他准则，给实际应用这些记录造成了困难.

对于最不利设计地震动的研究，笔者[9,10]首次提出了其概念，然后对应四类场地类型分别给出了三个周期频段结构的国内外最不利设计地震动. 由于资料缺乏等原因，上述结果存在一定的不足，主要表现在两个方面：一是上述方法获得的最不利设计地震动具有"绝对"意义上的最不利设计地震动，当工程结构的重要性一般或工程场地遭受的地震危险性不是很大时，仍输入上述最不利设计地震动进行抗震验算将造成不必要的投资浪费，因此有必要进行最不利设计地震动的进一步研究，以期使确定的最不利设计地震动能广泛应用到具有不同地震危险性水平的地区；其次，在前段工作中笔者使用的记录绝大部分是在 1990 年以前获得的数据，近期我们又补充和更新了大量的地震动记录（1995 年的阪神地震记录、1999 年集集地震记录和国内近几年发生的地震记录），因此有必要对已经给出的最不利设计地震动进行更新.

笔者给出的最不利设计地震动的初步成果目前已被中国标准化协会推荐的标准《建筑工程抗震性态设计通则导则（试用)》[12]采用，并被广泛应用于国内多家高校和科研院所进行科学研究，如文献［13～15］.

3 选择输入地震动所用的记录库

本文在选择抗震结构的输入地震动时，是分国外、我国台湾地区（1999 年集集地震）和大陆地区三部分分别进行的，这些记录是在自由场地表面或低于两层的建筑物的一层地面取得的. 场地条件是影响地震动特性的一个重要因素，这一点早就被众多的研究者所承认. 由于收集记录所在台站的场地情况一方面描述不是很清楚，另一方面，其原资料的分类方法与我国的建筑抗震设计规范（GB0011-2001）分类方法不尽一致，因此，本文根据台站的土层描述情况，同时尽量参照我国规范的分类方法对地震动记录进行了分类，最后将地震动记录的场地分为 I、II、III、IV 类场地，由于篇幅所限，本文未给出记录的详细情况.

3.1　国外记录

根据文献［11］挑选出的 120 条记录为基础，查阅相关资料，共得到经过校正的记录 87 条（其他记录没有查到），然后又增加了 1994 年 Northridge 地震和 1995 年 Kobe 地震中 30 条自由场地的记录，这 30 条记录的峰值加速度、地震动峰值速度、地震动峰值位移、最大增量速度、最大增量位移、有效峰值加速度、有效峰值速度及持时值中，至少有一个排在文献［11］给出的记录的前 30 名中，这就是本文所用的 117 条国外强震记录.

3.2　台湾记录

1999 年 9 月 21 日，我国台湾地区发生的 7.6 级集集地震，一方面给人类造成了巨大的灾难，另一方面也为我们深入研究地震及减轻地震灾害提供了宝贵的资料. 地震前，台湾的科研单位、大学和地震观测部门在全岛设立了 650 多个自由场地强震仪台站和 55 个建筑结构及桥梁上的台阵. 地震时，有 400 多个自由场地台站和 35 个建筑结构台阵获得了记录，本次地震中所获取的强震记录，不论在数量上还是在质量上均属一流，具有极高的研究价值[16]，因此，本文将 1999 年集集地震记录作为单独一类进行研究.

3.3　国内大陆地区记录

本文从中国地震局工程力学研究所的强震数据库中得到了峰值加速度大于 40gal 且具有明确场地条件的中国强震记录 217 条，这些记录主要是我国近几年发生的几次地震的余震，如澜沧余震、耿马余震、施甸余震等，这就是本文所用的国内大陆地区的地震动记录.

4　确定最不利设计地震的原则

本文在确定最不利设计地震动时采用了文献［8］给出的估计地震动潜在破坏势的综合评定法，即：①首先以直接由地震动本身得到的参数及经过结构弹性反应得到的参数（峰值加速度、峰值速度、峰值位移、有效峰值加速度、有效峰值速度、最大增量速度、最大增量位移及能量持时）对所有收集到的强震记录分别进行排队，将所有排名在最前面的记录汇集在一起，组成最不利地震动的备选数据库，前面所讲的 117 国外记录库即是国外记录的最不利设计地震动的备选数据库；②将所收集到的备选强震记录进一步做第二次排队比较. 在做第二次比较分析时，着重考虑和比较这些强震记录的位移延性和滞回耗能（可以表达累积损伤的参数），将备选强震记录中位移延性最高同时又是滞回耗能最高的记录挑选出来，进一步考虑场地条件、结构周期及规范有关规定等因素的影响，最后得到了给定场地条件及结构周期对应的最不利设计地震动.

本文在挑选最不利设计地震动的过程中，综合考虑了峰值加速度、峰值速度、峰值位移、有效峰值速度、能量持时、位移延性及滞回耗能等多种地震动参数，这些参数是在综合考虑地震动各种参数（直接由地震动本身得到的参数以及地震动经过结构弹性反应、非弹性反应得到的参数）及各种地震破坏准则（强度、变形、滞回能量、双参数准则等）的基础上确定的. 这样在估计和比较地震动的潜在破坏势时，既承认各种参数在一定条件下具有潜在破坏势的特征和能力，但也考虑到了在其他条件下这些参数未必总能较好地反映地震动潜在破坏势的特点，同时这种综合估计地震动潜在破坏势的方法可以全面地反映地震动的幅值、持时和频率特性以及结构的动力特性[8].

要在众多的实际地震动记录中选择最不利设计地震动是一个十分复杂的过程，因为其中掺和了众多因素的影响，比如对于不同的地震动特征参数或不同的结构参数所对应的最不利设计地震动可能不同，但既不可能对每一种可能的参数组合选择一种最不利设计地震动，也不可能在选择最不利设计地震动时不考虑这种参数差异的影响. 另外，在对地震动进行第二次排队比较分析时，要计算位移延性和滞回耗能两个非弹性参数，此时结构要进入弹塑性阶段，因此在计算和比较这两种参数时所涉及的问题就复杂起来，要涉及众多参数的影响，如结构的自振周期、延性、阻尼比、恢复力模型、场地条件等，为此需详细研究这些因素的影响.

4.1 基本概念

（1）屈服强度系数

关于屈服强度系数 C_y 的定义有多种[17]，本文定义的屈服强度系数 C_y 为结构的屈服强度 F_y 与结构的重力 mg 之比，即：

$$C_y = F_y / mg \tag{1}$$

（2）滞回耗能

滞回耗能 E_p 可自总应变能 $\int_0^t f(t)\,dv$ 中扣除弹性应变能 $\frac{1}{2k}[f(t)]^2$ 来计算

$$E_p(t) = \int_0^t f(t)\,dv - \frac{1}{2k}[f(t)]^2 \tag{2}$$

式中，$f(t)$ 为体系计算时刻的恢复力，k 为体系的刚度，v 为体系的相对位移.

4.2 基本假定

鉴于双线型恢复力模型具有形式简单、计算方便但同时又能反映结构弹塑性滞回本质特征的特点，本文在计算滞回耗能和位移延性时，假定结构的恢复力特性为双线型恢复力模型. 除此以外，影响地震动滞回耗能和位移延性的因素还有结构的自振周期、阻尼、延性和双线型恢复力模型中的第二刚度的取值等. 文献 ［9，10］ 通过两类具有代表性的地震动考察了上述因素对地震动滞回耗能和位移延性的影响规律.

4.3 在何条件（等延性或等强度）下进行地震动滞回耗能和位移延性的比较

在地震反应分析中，结构的动力特征参数主要包括 4 个，即：结构周期、延性系数（或屈服强度）、恢复力模型及阻尼. 对滞回耗能来讲，当给定系统的恢复力模型后，决定地震动滞回能量的基本结构参数主要有 3 个：结构周期、延性系数（屈服强度）、阻尼.

在用滞回耗能这个参数比较地震动的潜在破坏势时，一般可以采用两种方法：即在等强度或等延性条件下进行比较，从理论上来说这两种方法是完全等价的. 但在比较地震动的潜在破坏势时，究竟采用什么方法更为合理呢，文献 ［9，10］ 对此进行了研究，得出结论：由于地震动的等强度滞回耗能谱离散性很大，无明显的规律可循，而等延性滞回耗

能谱则相对规律性较强, 离散性不大, 便于比较分析, 因此本文采用等延性滞回能量谱来进行比较.

在用位移延性比较不同地震动之间的潜在破坏势时, 和比较地震动的滞回能量一样, 也有两种方法可供选择: 既可以比较等延性条件下结构所需要的屈服强度系数, 也可以比较等强度条件下结构的延性, 两个方法都是等价的[9,10]. 但是考虑到计算方便以及与计算滞回耗能保持一致, 本文是在等延性条件下通过比较结构在不同地震动作用下所需要的屈服强度系数来考虑位移延性破坏原则的.

综上所述, 本文在利用位移延性和滞回耗能这两个参数挑选最不利设计地震动时, 最后归结为在延性、阻尼和恢复力模型相同的条件下, 计算比较等延性条件下结构所需要的屈服强度系数及滞回耗能来体现.

4.4　结构参数的影响分析

上面已论述过, 影响地震动滞回耗能的主要有自振周期、延性系数、阻尼比、恢复力模型等因素. 那么这些因素该如何考虑呢? 文献 [9, 10] 分别对此进行了研究. 最后得出结论, 在确定最不利设计地震动时, 可遵循以下原则: ①将结构周期分为 0 ~ 0.5s、0.5 ~ 1.5s 和 1.5 ~ 5.5s 三个周期频段确定最不利设计地震动较为合理; ②在确定最不利设计地震动时原则上只考虑某一种延性系数下的结果即可; ③假定结构为理想弹塑性恢复力模型 (理想弹塑性恢复力模型为双线型恢复力模型的特殊形式) 以及阻尼比为 5% 是合理的.

4.5　场地条件及加速度峰值的影响

在实际应用地震记录进行结构验算时, 还应考虑下列几个条件: 选用的强震记录应和所设计结构的场地条件一致并且峰值加速度与规范规定的设防标准值也要一致, 因此在确定最不利设计地震动时, 一是要按不同的场地条件来选择, 二是要将地震动的峰值调整到规范规定的设计加速度峰值. 因此在应用地震动参数比较不同地震动记录的潜在危险势时, 必须将地震动的加速度峰值都调整到同一水平后再进行计算比较.

5　确定最不利设计地震动的过程

前文已讲过本文在确定最不利设计地震动时, 是分两步进行的, 即首先确定最不利设计地震动的备选数据库, 然后将所收集到的备选强震记录进一步考虑和比较这些强震记录在等延性条件下结构所需要的屈服强度系数、滞回耗能, 及考虑场地条件、结构周期、规范有关规定等因素的影响, 最后得到给定场地条件及结构周期对应的最不利设计地震动及适合于重要性一般的结构或地震危险性较低地区抗震验算的地震动输入.

国外记录的最不利设计地震动的备选数据库在前文中已经给出, 用同样的方法可以确定我国台湾地区和大陆地区的最不利设计地震动备选数据库.

将结构按其自振周期分为 3 个频段: 短周期频段 (0 ~ 0.5s)、中周期频段 (0.5 ~ 1.5s) 和长周期频段 (1.5 ~ 5.5s), 并规定将地震动按其场地条件分为 4 类 (Ⅰ、Ⅱ、Ⅲ、Ⅳ类); 然后对应不同周期频段、不同场地类型, 分别计算在不同地震动作用下结构所需要的屈服强度系数及滞回耗能的数值，并根据参数值的大小排队；最后根据结构在不同地震动作用下所需要的屈服强度系数及滞回耗能的排名情况，将排在国外备选记录库比较前面的两组记录、我国台湾地区备选记录库比较前面的两组记录和排在我国大陆地区备选记录库比较前面的一组记录作为对应周期频段和场地类型的最不利设计地震动，并且要求这些记录的波形较好、峰值加速度不能太小，若两条记录为同一地震、同一台站的两个分量，则按一条考虑. 为使记录名称更具有意义，特将记录用包含地震时间、地震名称、台站名称、记录分量的名称表示，并补充进相应的其他分量，本文确定的最不利设计地震动见表1. 表中：符号"#"表示所选中的最不利设计地震动分量，不带"#"的表示同一地点记录到的其他分量；组号中符号"F"代表国外的记录，"T"表示我国台湾地区地震记录，"N"代表我国大陆地区的记录.

前面论述过，那些特别重要的结构或高地震危险性地震区，应该在现行规范规定（在地震动的峰值加速度和场地类别均符合规范规定）的前提下选取最不利设计地震动进行抗震验算；而对那些重要性一般的结构或地震危险性较低的地区，则无须输入这种最不利的设计地震动，只需输入潜在破坏势（破坏性）中等的地震动. 为此，对应不同场地、不同周期频段，本文还给出了一组破坏性一般的地震动，以满足一般重要性结构或地震危险性较低地区的抗震验算的输入地震动，确定的地震动见表2，表中的符号意义与表1中的符号相同.

6 算例

某实际结构地上48层，高243m，场地类型不详，结构采用巨型钢结构框架体系，自振周期为5.234s，验算结构在强震作用下的弹塑性地震反应时，最大加速度均调幅为745gal，阻尼比为0.02. 计算中分别采用了6条输入地震动，前两个地震动为当前常用的两个地震动1940年El Centro（SN）（简称40EL1）地震动和1952年Taft地震动（简称Taft）（也是本文给出的适合于地震危险性较低地区的地震动），后4个地震动采用本文推荐的最不利设计地震动，即：①1979年El Centro Array #10，Imperial Valley CA 地震动（简称79EL1）；②1985年La Union，Michoacan Mexico 地震动（简称Mex）；③1979年El Centro Array #6，Imperial Valley CA 地震动（简称79El2）；④1949年Olympia Test Lab，Western Washington 地震动（简称Olympia）.

分别将上述6条地震动输入到结构中，求得各地震动作用下结构的最大层间位移及顶层最大水平位移，结果比较见表3. 由表3可以看出，结构在本文推荐的最不利设计地震动作用下的顶层最大位移和层间最大位移均比结构在几个常用地震动作用下的相应量要大，初步验证了本文给出的最不利设计地震动的正确性.

7 结语

本文首先概述了地震工程领域内研究工程结构地震反应的地震动输入的现状及不足，然后给出了最不利设计地震动的概念、确定原则和方法，利用估计地震动潜在破坏势的综合评价法，对四类场地分别给出了长周期（1.5~5.5s）、短周期（0~0.5s）和中周期

（0.5～1.5s）结构的国外、我国台湾地区及大陆地区的最不利设计地震动（适用于特别重要的结构或地震危险性较高地区的结构进行抗震分析和研究），以及适合于一般重要性结构（或地震危险性较低地区）抗震验算的输入地震动，并通过工程结构的地震反应分析，初步验证了本文所确定的最不利设计地震动的可靠性和正确性. 本文所确定的最不利设计地震动及适合于一般重要性结构（或地震危险性较低地区）的输入地震动为抗震研究和设计中的地震动输入问题提供了依据，进一步完善了最不利设计地震动的研究，其成果可供工程结构的抗震研究、试验、分析和设计参考应用. 另外，通过本文的研究可以看出，在抗震设计、分析和实验中一直被广泛应用的强震记录，如 1940 年 El Centro（NS）地震记录和 1952 年 Taft 地震记录，与某些强震记录（例如本文所确定的最不利设计地震动）相比，其地震破坏势是极为有限的，因此，这些记录只适合重要性一般的工程结构的抗震验算和分析，对特别重要的结构和地震危险性较高地区的结构进行抗震验算是不合适的.

表 1　最不利设计地震动输入
Table 1　The severest design ground motions

场地类型	短周期结构输入（0.0～0.5s）			中周期结构输入（0.5～1.5s）			长周期结构输入（1.5～5.5s）		
	组号	记录名称	分量	组号	记录名称	分量	组号	记录名称	分量
I	FS01	1985，Michoacan，Mexico，La Union	90 # 180 # Vert	FS01	1985，Michoacan，Mexico，La Union	90 180 # Vert	FS01	1985，Michoacan，Mexico，La Union	90 180 # Vert
	FS02	1992，Landers-June 28，Amboy	0 90# Vert	FS02	1992，Landers-June 28，Amboy	0 90 # Vert	FS02	1992，Landers-June 28，Amboy	0 90 # Vert
	TS01	1999，Chi-Chi earthquake，TTN041	Nort # West Vert	TS02	1999，Chi-Chi earthquake，TAP075	Nort # West Vert	TS03	1999，Chi-Chi earthquake，TCU046	Nort West # Vert
	TS04	1999，Chi-Chi earthquake，HWA046	Nort West # Vert	TS05	1999，Chi-Chi earthquake，TAP051	Nort # West Vert	TS05	1999，Chi-Chi earthquake，TAP051	Nort # West Vert
	NS01	1976，龙陵余震，龙陵	NS WE # Vert	NS02	1988，澜沧余震，竹塘 A	NS # WE Vert	NS02	1988，澜沧余震，竹塘 A	NS # WE Vert
II	FS03	1979，Imperial Valley，CA，Cerro Prieto	147 237 # Vert	FS04	1992，Petrolia-April 25，Fortuna 701 S. Fortuna Blv.	0 # 90 Vert	FS05	1979，Imperial Valley，CA，El Centro，Array #10	50 # 320 Vert
	FS05	1979，Imperial Valley，CA，El Centro，Array #10	50 # 320 Vert	FS06	1992，Landers-June 28，Joshua Tree-Fire Station	0 90 # Vert	FS07	1979，Imperial Valley，CA，El Centro，Array #5	140 230 # Vert

续表

场地类型	短周期结构输入（0.0~0.5s）			中周期结构输入（0.5~1.5s）			长周期结构输入（1.5~5.5s）		
	组号	记录名称	分量	组号	记录名称	分量	组号	记录名称	分量
II	TS06	1999，Chi-Chi earthquake，TCU057	Nort # West Vert	TS07	1999，Chi-Chi earthquake，TCU070	Nort # West Vert	TS06	1999，Chi-Chi earthquake，TCU057	Nort # West Vert
	TS07	1999，Chi-Chi earthquake，TCU070	Nort # West Vert	TS08	1999，Chi-Chi earthquake，TCU104	Nort West # Vert	TS07	1999，Chi-Chi earthquake，TCU070	Nort # West Vert
	NS03	2001，永胜，期纳	NS # WE Vert	NS03	2001，永胜，期纳	NS # WE Vert	NS03	2001，永胜，期纳	NS WE # Vert
III	FS08	1973，Michoacan Mexico，Infiernillo Dam	0 # 90 Vert	FS09	1979，Imperial Valley，Meloland Overpass FF	0 270 # Vert	FS09	1979，Imperial Valley，Meloland Overpass FF	0 270 # Vert
	FS10	1994，Northridge，Canoga Park	116 196 # Vert	FS11	1992，Landers-June 28，Yermo-Fire Station	270 360 # Vert	FS11	1992，Landers-June 28，Yermo-Fire Station	270 # 360 Vert
	TS09	1999，Chi-Chi earthquake，TCU138	Nort West # Vert	TS10	1999，Chi-Chi earthquake，TCU102	Nort West # Vert	TS11	1999，Chi-Chi earthquake，TCU052	Nort West # Vert
	TS12	1999，Chi-Chi earthquake，TCU103	Nort West # Vert	TS11	1999，Chi-Chi earthquake，TCU052	Nort West # Vert	TS12	1999，Chi-Chi earthquake，TCU103	Nort West # Vert
	NS04	1976，唐山，呼家楼	NS WE # Vert	NS05	1996，阿图什，西科尔	NS # WE Vert	NS05	1996，阿图什，西科尔	NS EW # Vert
IV	FS12	1949，Western Washington，Olympia Hwy Test Lab	86 356 # Vert	FS13	1995，Kobe，Osaka	0 # 90 Vert	FS13	1995，Kobe，Osaka	0 90 # Vert
	FS13	1995，Kobe，Osaka，	0 # 90 Vert	FS14	1995，Kobe，Takarazuka	0 # 90 Vert	FS15	1979，Imperial Valley，CA，El Centro，Array #6	140 230 # Vert
	TS13	1999，Chi-Chi earthquake，TCU140	Nort West # Vert	TS14	1999，Chi-Chi earthquake，TCU117	Nort # West Vert	TS14	1999，Chi-Chi earthquake，TCU117	Nort # West Vert
	TS15	1999，Chi-Chi earthquake，TCU116	Nort # West Vert	TS16	1999，Chi-Chi earthquake，TAP017	Nort # West Vert	TS17	1999，Chi-Chi earthquake，TCU141	Nort West # Vert
	NS06	1976，唐山余震，天津医院	NS # WE Vert	NS06	1976，唐山余震，天津医院	NS # WE Vert	NS06	1976，唐山余震，天津医院	NS WE # Vert

表2　适合于一般重要性结构（或地震危险性较低地区）抗震验算的输入地震动

Table 2　The input ground motions adequate for seismic analysis of generally important structures or structures located in areas of low and middle seismicity

场地类型	短周期结构输入（0.0~0.5s） 组号	记录名称	分量	中周期结构输入（0.5~1.5s） 组号	记录名称	分量	长周期结构输入（1.5~5.5s） 组号	记录名称	分量
I	FM01	1989, Loma Prieta-Oct. 1, Gilroy # 1-Gavilan College	0 / 90 # / Vert	FM02	1980, Mammoth Lakes, CA, Long Valley dam	0 # / 90 / Vert	FM03	1985, Michoacan, Mexico, La Union	90 # / 180 / Vert
	FM04	1985, Michoacan, Mexico, Caleta de Campos	90 / 180 # / Vert	FM03	1985, Michoacan, Mexico, La Union	90 # / 180 / Vert	FM04	1985, Michoacan, Mexico, Caleta de Campos	90 / 180 # / Vert
	TM01	1999, Chi-Chi earthquake, ILA050	Nort # / West / Vert	TM02	1999, Chi-Chi earthquake, TCU085	Nort / West # / Vert	TM03	1999, Chi-Chi earthquake, ILA063	Nort / West # / Vert
	TM04	1999, Chi-Chi earthquake, HWA026	Nort / West # / Vert	TM05	1999, Chi-Chi earthquake, TAP034	Nort / West # / Vert	TM01	1999, Chi-Chi earthquake, ILA050	Nort # / West / Vert
	NM01	1976, 唐山余震, 迁安滦河桥	NS # / WE / Vert	NM01	1976, 唐山余震, 迁安滦河桥	NS # / WE / Vert	NM01	1976, 唐山余震, 迁安滦河桥	NS # / WE / Vert
II	FM05	1952, Kern County, Taft	21 # / 111 / Vert	FM06	1940, El Centro, El Centro-lmp Vall lrr Dist	180 # / 270 / Vert	FM05	1940, El Centro, El Centro-lmp Vall lrr Dist	180 # / 270 / Vert
	FM07	1994, Northridge, TaTzana Cedar Hill Nur. A	90 / 360 # / Vert	FM08	1992, Landers-June Barstow-Vineyard & Hst.	0 # / 90 / Vert	FM05	1952, Kern County, Taft	21 # / 111 / Vert
	TM06	1999, Chi-Chi earthquake, CHY029	Nort # / West / Vert	TM07	1999, Chi-Chi earthquake, TCU136	Nort # / West / Vert	TM07	1999, Chi-Chi earthquake, TCU136	Nort # / West / Vert
	TM08	1999, Chi-Chi earthquake, TAP087	Nort / West # / Vert	TM09	1999, Chi-Chi earthquake, TCU015	Nort / West # / Vert	TM10	1999, Chi-Chi earthquake, TCU087	Nort / West # / Vert
	NM02	2001, 施甸余震, 太平	NS # / WE / Vert	NM02	2001, 施甸余震, 太平	NS # / WE / Vert	NM02	2001, 施甸余震, 太平	NS # / WE / Vert

续表

场地类型	短周期结构输入（0.0~0.5s）			中周期结构输入（0.5~1.5s）			长周期结构输入（1.5~5.5s）		
	组号	记录名称	分量	组号	记录名称	分量	组号	记录名称	分量
Ⅲ	FM05	1952，Kern County，Taft	21 # 111 Vert	FM06	1940，El Centro，El Centro-lmp Vall lrr Dist	180 # 270 Vert	FM06	1940，El Centro，El Centro-lmp Vall lrr Dist	180 # 270 Vert
	FM09	1983，Coalinga，Pleasant Valley P. P. -swtchy	45 135 # Vert	FM10	1994，Northridge，Port Hueneme-NavalLab	90 # 180 Vert	FM05	1952，Kern County，Taft	21 # 111 Vert
	TM11	1999，Chi-Chi earthquake，CHY101	Nort # West Vert	TM12	1999，Chi-Chi earthquake，TCU068	Nort West # Vert	TM13	1999，Chi-Chi earthquake，HWA009	Nort # West Vert
	TM14	1999，Chi-Chi earthquake，TCU052	Nort # West Vert	TM15	1999，Chi-Chi earthquake，HWA045	Nort # West Vert	TM16	1999，Chi-Chi earthquake，TTN001	Nort West # Vert
	NM03	1985，乌恰余震，种羊场	NS # WE Vert	NM03	1985，乌恰余震，种羊场	NS # WE Vert	NM03	1985，乌恰余震，种羊场	NS # WE Vert
Ⅳ	FM11	1995，Kobe；Nishi-Akashi	0 # 90 Vert	FM12	1981，Westmoreland，CA，Westmoreland	0 90 # Vert	FM13	1995，Kobe，Takatori	0 # 90 Vert
	FM14	1975，Island of Hawaii，Hilo，Univ. of Hawaii	74 344 # Vert	FM13	1995，Kobe，Takatori	0 # 90 Vert	FM15	1949，Western Washington，Olympia Test Lab	86 # 356 Vert
	TM17	1999，Chi-Chi earthquake，TAP003	Nort West # Vert	TM18	1999，Chi-Chi earthquake，TCU118	Nort # West Vert	TM19	1999，Chi-Chi earthquake，TCU040	Nort # West Vert
	TM20	1999，Chi-Chi earthquake，TAP090	Nort West # Vert	TM21	1999，Chi-Chi earthquake，TAP007	Nort West # Vert	TM22	1999，Chi-Chi earthquake，TCU116	Nort # West Vert
	NM04	1976，肃南余震，文县一中	S60E # N30E Vert	NM04	1976，肃南余震，文县一中	S60E # N30E Vert	NM05	1975，海城余震，海城县政府	NS WE # Vert

表3　结构在各地震动作用下顶层最大位移及层间最大位移比较表

Table 3　Comparisons of maximum roof drift and the maximum interstory drift
of structure under different ground motions

	常用记录		本文推荐的最不利设计地震动				
	40El1	Taft	Mex	79El1	40El2	79El2	Olympia
顶点最大位移/m	0.600	0.610	1.010	3.760	1.990	2.870	1.010
层间最大位移/m	0.015	0.016	0.027	0.096	0.055	0.072	0.038

　　值得指出的是，最不利设计地震动是一个复杂的概念，它既和地震动特性有关，又和结构所在场地、结构自振特征以及结构的破坏机理有关，随着人们对地震动破坏作用以及结构破坏机理认识的进一步加深，强地震动资料积累的增多，肯定会得到更新的和更不利的设计地震动.

参 考 文 献

[1] 建筑抗震设计规范（GB5001-2001）[S]. 北京：中国建筑工业出版社，2001.

[2] UBC1997. Uniform Building Code [S]. International Conference of Building official, 1997.

[3] Eurocode 8, Design provisions for earthquake resistance of structure [S]. ENV 1998-1, CEN, 1994.

[4] 王亚勇，刘小弟，程民宪. 建筑结构时程分析法输入地震波的研究 [J]. 建筑结构学报，1991，12（2）：51-60.

[5] 杨浦，李英民，赖明. 结构时程分析法输入地震波的选择控制指标 [J]. 土木工程学报，2000，33（6）：33-37.

[6] 邓军，唐家祥. 时程分析法输入地震记录的选择和实例 [J]. 工业建筑，2000，8（6）：9-12.

[7] Lee L H, Lee H H, Han S W. Method of selecting design earthquake ground motions for tall buildings [J]. The Structural Design of Tall Buildings, 2000, 9（3）：201-213.

[8] 翟长海，谢礼立. 估计和比较地震动潜在破坏势的综合评述 [J]. 地震工程与工程振动，2002，22（5）：1-7.

[9] 谢礼立，翟长海. 最不利设计地震动研究 [J]. 地震学报，2003，16（3）：250-261.

[10] Xie L L, Zhai C H. Study on the severest real ground motion for seismic design and analysis [J]. Acta Seismologica Sinica, 2003, 16（3）：260-271.

[11] Naeim F, James C. Anderson. Classification and Evaluation of Earthquake Records for Design [R]. The Nehrp Professional Fellowship Report to EERI and FEMA, 1993.

[12] 建筑工程抗震性态设计通则（试用）（CECS 160：2004）[S]. 北京：中国计划出版社，2004.

[13] 范峰，钱洪亮，谢礼立. 最不利地震动在网壳结构抗震设计中的应用 [J]. 世界地震工程，2003，19（3）：17-21.

[14] 于德湖，王焕定. 偏心配筋砌体结构弹塑性反应的影响参数分析 [J]. 哈尔滨工业大学学报，2003，35（6）：733-738.

[15] 张文元，张耀春. 若干典型巨型钢框架结构的罕遇地震反应分析 [J]. 世界地震工程，2003，19（4）：93-98.

[16] 王亚勇，皮声援. 台湾9·21大地震特点及震害经验 [J]. 工程抗震，2000，（2）：32-46.

[17] 黄宗明，孙勇. 决定单自由度体系弹塑性地震反应的结构参数分析 [J]. 重庆建筑大学学报，1996，18（3）：42-48.

The severest design ground motions for seismic design and analysis of structures

Zhai Chang-Hai[1] and Xie Li-Li[1,2]

(1. School of Civil Engineering, Harbin Institute of Technology;

2. Institute of Engineering Mechanics, China Earthquake Administration)

Abstract   How to select the adequate real strong ground motions for seismic analysis and design of structures is an essential problem in earthquake engineering field. In the paper a new approach for solving the problem is proposed. Firstly, the concept of the severest design ground motions is presented and a method is developed for assessing the damage potential of the recorded strong ground motions. By using this method the severest design ground motions corresponding to rock, stiff soil, medium soil and soft soil site conditions and in terms of three period ranges of structures are selected out. The selected real strong-motion records are assumed most suitable for seismic analysis of very important structures or structures located in the very high seismic areas. The selected severest design ground motions are very likely to be able to drive the structures to their critical response and thereby result in the highest damage potential. In addition, according to the damage potential levels of ground motions, the design real ground motions with middle hazard levels and low hazard levels are also presented so as to be adequate for seismic analysis of structures located in areas with low and middle seismicity. Finally, an example is illustrated to demonstrate the rationality of the concept and the reliability of the selected design motions.

城市防震减灾能力的定义及评估方法[*]

谢礼立[1,2]

(1. 中国地震局工程力学研究所，黑龙江 哈尔滨 150080；

2. 哈尔滨工业大学 土木工程学院，黑龙江 哈尔滨 150090)

摘要 城市防震减灾能力本身是一个涉及因素众多的复杂体系，对它的评估也是涉及地震科学、社会科学和经济科学的交叉学科问题．本文首先提出了城市防震减灾能力的概念，把人员伤亡、经济损失和震后恢复时间 3 方面作为衡量城市防震减灾能力的准则；围绕这三个准则，从影响城市防震减灾能力的众多复杂因素中归纳出 6 大因素，并用一些简单、可测量的指标来代表这 6 大因素，建立起城市防震减灾能力指标体系；然后再分别建立这些指标体系中的各种因素或其子因素与评价三准则中的人员伤亡、经济损失和恢复时间的联系；最后，用灰色关联分析方法将 3 个评价准则综合成一个防震减灾能力指数．从而为城市防震减灾能力评估提供了一个较系统、完整的理论体系框架．城市防震减灾能力评价体系的建立能够对城市的防震减灾能力进行定量的评价，从而指导城市进行防震减灾努力的决策．

引言

20 世纪末，联合国国际减灾十年委员会曾呼吁要对现有大中城市的防震减灾能力进行评估，但由于没有现成的有效方法而使呼吁成为泡影．1994 年我国政府以国务院办公厅的名义曾发出通知，要在各级政府和全社会的共同努力下，争取用 10 年左右的时间，使我国大中城市和人口稠密、经济发达地区具备抗御 6 级左右地震的能力．2004 年我国政府再次提出要在 2020 年使我国基本具备综合抗御 6 级左右的、相当于各地区地震基本烈度地震，大中城市、经济发达地区的防震减灾能力力争达到中等发达国家的水平．这无疑又对全社会提出了如何评估城市防震减灾能力的要求．因此，城市防震减灾能力评价是当今社会对地震工程和地震科学提出的一个需要迫切解决的极具挑战性的课题．它不仅可以使城市灾害损失定量化评价成为可能，而且将为评价城市防震减灾能力提供客观的度量标准，从而指导城市进行有效的防震减灾决策．本文在充分利用目前关于防震减灾研究成果的基础上，结合经济学领域中的方法来建立城市的防震减灾能力评估模型．以下将从城市防震减灾能力的概念；指标体系的建立；由指标体系确定造成的人员伤亡、经济损失和震后恢复时间；城市防震减灾能力综合指数的确定四个方面来介绍城市防震减灾能力的评估模型．

---

* 本文发表于《地震工程与工程振动》，2006 年，第 26 卷，第 3 期，1-10 页．

1 城市防震减灾能力的概念

所谓防震减灾能力是指一个城市确保其地震安全的能力. 根据地震灾害对一个城市造成破坏和损失的特点, 用以下三个方面来判断一个城市对地震的安全性:

(1) 一次地震中人员伤亡的数量;

(2) 一次地震中的经济损失的多少;

(3) 震后为了恢复社会正常的生产和生活秩序所必需的恢复时间的长短.

一般来说, 地震是一种具有极大破坏力的灾象, 但它发生的概率极小, 因此不能为了片面追求高的防震减灾能力而不顾经济投入, 两者之间应有一个适当的平衡. 另一方面, 一个城市即使有了足够的防震减灾能力, 也不能保证地震时无人员伤亡、无任何经济损失、震后不需要任何恢复时间, 而是指这三个要素能够被控制在一定的程度内, 这个程度就是社会可接受水平. 因此防震减灾能力的强弱是相对于社会可接受水平而言的. 还应该强调的是, 城市防震减灾能力的强弱也是相对于一个城市可能会遭遇到的地震的烈度来说的.

2 指标体系的具体内容

围绕三个评价准则, 提出影响城市防震减灾能力的社会、经济、工程和非工程的具体内容, 这些内容可概括为以下六大因素: 地震危险性评价能力、地震监测预报能力、城市工程抗震能力、城市社会经济防灾能力、非工程减灾能力及震后应急和恢复能力. 详细列出这六大因素的具体子因素, 即发展了评价城市防震减灾能力的框架体系 (图 1). 可用一些简单、可测量的指标来代表这些因素和子因素, 建立起指标体系的具体内容.

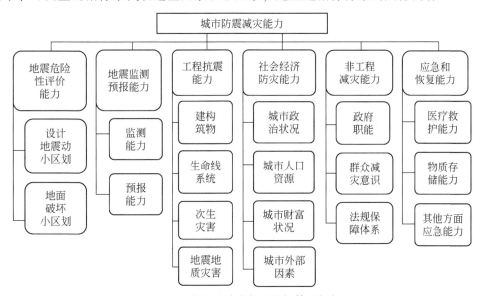

图 1 城市防震减灾能力指标体系框架

Fig. 1 The framework of index system of cities' ability for seismic disasters reduction

在指标体系具体内容的建立过程中，利用层次分析法[1]求出了三个评价准则和六大系统的权数，并采取相应的方法，确定了六大系统各分项内容的权数，具体的权值参见文献[2]. 根据震害实例和经验，制定了每个指标的评价标准，最后形成了整个城市防震减灾能力指标体系的具体内容. 关于指标体系的具体内容在此不一一列举.

3　由指标体系确定造成的人员伤亡、经济损失和震后恢复时间

根据指标体系来确定地震灾害损失的过程可概括为图 2：

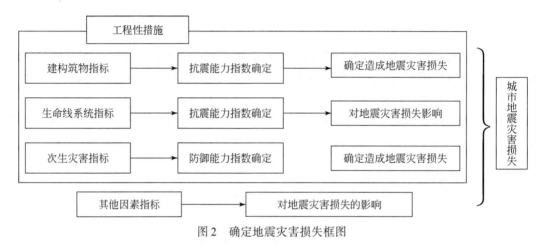

图 2　确定地震灾害损失框图

Fig. 2　The framework for determining seismic losses

3.1　工程性措施造成的地震灾害损失

3.1.1　建构筑物造成的地震灾害损失

3.1.1.1　确定抗震能力指数

城市建构筑物抗震能力主要与设防情况、建筑年代、建筑结构类型三个子因素有关. 本文采用一定的方法将它们结合成一个建构筑物抗震能力指数.

根据谢礼立等[3]提出的各类设防结构的按Ⅵ ~ Ⅸ度设防的建筑物在遭遇不同烈度地震时的破坏概率矩阵和本文定义的房屋的抗震能力指数：对应于建构筑物在地震作用下保持基本完好、轻微破坏、中等破坏、严重破坏和毁坏取其抗震能力指数为 1、0.8、0.6、0.4 和 0.2.

可以得到设防等级不同的建构筑物在不同烈度下的抗震能力指数，具体计算方法如下：

$$IL_1(J,I) = K * P(D_i/J,I) \tag{1}$$

式中，$IL_1(J, I)$ 表明设防烈度为 J（J = Ⅵ、Ⅶ、Ⅷ、Ⅸ）的建构筑物遭遇 I（I = Ⅵ、Ⅶ、Ⅷ、Ⅸ、Ⅹ）烈度时的抗震能力指数；K 为抗震能力等级矩阵：{1, 0.8, 0.6, 0.4, 0.2}；$P(D_i/J, I)$ 表明设防烈度为 J（J = Ⅵ、Ⅶ、Ⅷ、Ⅸ）的建构筑物遭遇 I（I = Ⅵ、Ⅶ、Ⅷ、Ⅸ、Ⅹ）烈度时的破坏概率矩阵[3].

将计算结果综合成如下矩阵（表1）：

表1 设防等级不同的建构筑物在不同烈度情况下的抗震能力指数

Table 1 The seismic ability indexes of structures against earthquakes of various intensities

设防烈度	遭遇烈度				
	Ⅵ	Ⅶ	Ⅷ	Ⅸ	Ⅹ
Ⅵ	0.884	0.724	0.534	0.424	0.392
Ⅶ	0.97	0.884	0.724	0.534	0.424
Ⅷ	1	0.97	0.884	0.724	0.534
Ⅸ	1	1	0.97	0.884	0.724

对上述抗震能力指数进行建筑结构类型和建筑年代修正，从而得到设防结构的建筑物在不同烈度下的抗震能力指数．

对于未设防的建构筑物，抗震能力指数根据六度的抗震能力指数确定，具体如表2所示。

表2 未设防的建构筑物在不同烈度情况下的抗震能力指数

Table 2 The seismic ability indexes of structures without the seismic design against earthquakes of various intensities

遭遇烈度	Ⅵ	Ⅶ	Ⅷ	Ⅸ	Ⅹ
抗震能力指数	0.85	0.7	0.5	0.4	0.35

对上述抗震能力指数进行建筑结构类型和建筑年代修正，从而得到未设防结构的建筑物在不同烈度下的抗震能力指数．

根据以上分析，得到城市建构筑物的抗震能力指数公式，如公式（2）：

$$IL = IL_1 \times a\% (1 \times b_1\% + 0.9 \times b_2\% + 0.8 \times b_3\%)(1 \times c_1\% + 0.95 \times (1 - c_1\%)$$
$$IL_2 \times (1 - a\%)(0.8 \times d_1\% + 0.75 \times d_2\%) \times (1 \times f_1\% + 0.95 \times (1 - f_1\%)) \quad (2)$$

式中，IL——建构筑物的抗震能力指数；

IL_1——设防建构筑物的抗震能力指数；

$a\%$——抗震设防的建构筑物面积占城市总建筑面积的百分比；

$b_1\%$——20世纪90年代建造的设防建构筑物面积占所有设防建构筑物面积百分比；

$b_2\%$——75～90年代建造的设防建构筑物面积占所有设防建构筑物面积百分比；

$b_3\%$——1975年以前建造的设防建构筑物面积占所有设防建构筑物面积百分比；

$c_1\%$——钢和钢混凝土结构建构筑物面积占所有设防建构筑物面积百分比；

IL_2——未设防建构筑物的抗震能力指数；

$d_1\%$——20世纪50～70年代建造的未设防建构筑物面积占所有未设防建构筑物面积百分比；

$d_2\%$——20世纪50年代以前建造的未设防建构筑物面积占所有未设防建构筑物面积百分比；

$f_1\%$——钢和钢混凝土结构建构筑物面积占所有未设防建构筑物面积百分比。

3.1.1.2　确定建构筑物造成的地震灾害损失①

（1）确定人员伤亡

本文统计了在"九五"期间作过震害预测城市的建构筑物抗震能力指数和它们所对应的人员死亡率，考虑到人员伤亡率在数值上跨越较大，而且这些震害预测城市对人员伤亡的预测只能说准确到量级上，而不是绝对意义的准确，所以把取负对数后的人员伤亡率为纵坐标，房屋抗震能力指数为横坐标，进行回归统计．如图3[10~16]所示。

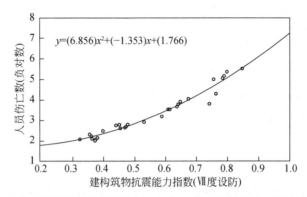

图3　建构筑物抗震能力指数与人员伤亡率的对应关系（Ⅶ度设防）

Fig. 3　The relationship between the ratios of casualty and the seismic capacity indexes of structures with the seismic design for intensity Ⅶ

由以上的统计回归得出建构筑物抗震能力指数与人员伤亡率之间的对应关系如式（3）所示：

$$Y = 6.856X^2 - 1.353X + 1.7 \qquad (3)$$

式中，X 为建构筑物抗震能力指数；Y 为人员伤亡率的负对数．

（2）确定经济损失

建构筑物破坏造成的经济损失，主要包括建构筑物本身破坏所造成的结构损失和室内财产破坏造成的损失．

1）确定结构损失

类似于人员伤亡的确定，本文统计了在"九五"期间作过震害预测城市的建构筑物抗震能力指数和它们所对应的结构损失，取对数后的结构损失为纵坐标，取房屋抗震能力指数为横坐标，进行回归统计，统计结果如图4[10~16]所示。

根据上述分析，得到建构筑物抗震能力指数与结构损失之间的对应关系（式（4））：

$$Y = -4.11X^2 + 1.67X + 2.6 \qquad (4)$$

式中，X 为建构筑物抗震能力指数；Y 为结构损失（万元/万平方米）对数值．

2）确定室内财产损失

财产损失与建构筑物的抗震能力和城市的财富积累状况（用城市近十年的人均

---

①　本文下面所建立的建构筑物抗震能力指数与人员伤亡率、经济损失之间的关系式都是针对Ⅶ度设防的城市所得到的结果．关于其他烈度设防的城市建构筑物抗震能力指数与人员伤亡率、经济损失之间的关系还需要在以后的工作中进行进一步的研究．

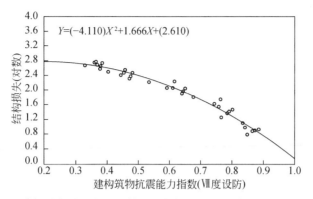

图4 建构筑物抗震能力指数与结构损失的对应关系 （Ⅶ度设防）

Fig. 4 The relationship between structural losses and the seismic capacity indicates of structures with the seismic design for intensity Ⅶ

"GDP"来代表）有关．类似于人员伤亡的确定，本文统计了在"九五"期间作过震害预测的城市建构筑物抗震能力指数和它们所对应的室内财产损失及城市近十年的人均"GDP"，取房屋抗震能力指数和取对数后的人均"GDP"为 X、Y 坐标，取对数后的室内财产损失作为 Z 坐标，进行回归统计，统计结果如图5[10~16]所示。

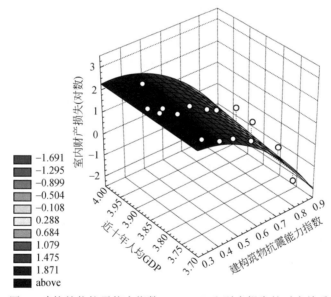

图5 建构筑物抗震能力指数、"GDP"和财产损失的对应关系

Fig. 5 The relationship of Property losses versus the seismic capacity indexes of structures and "GDP" values

城市中建构筑物抗震能力指数、近十年人均"GDP"与室内财产损失之间的对应关系如式（5）：

$$Z=(1.24)\times(-2.97X+0.71Y)^2+4.55\times(-2.97X+0.71Y)-1.91 \tag{5}$$

式中，X 为建构筑物抗震能力指数；Y 为近十年人均"GDP"对数值；Z 为室内财产损失

（单位：万元/万平方米）对数值．

（3）确定震后恢复时间

本文根据 ATC –13 报告[4]统计得出了城市 35 种社会功能类别的建构筑物在不同破坏状态下所需要的平均恢复时间．并相应于我国的震害等级划分标准，得到各级破坏状态所需要的恢复时间，具体如表 3 所示。

本文定义的震后恢复时间是指恢复城市基础设施和工程正常运行，恢复生命线，恢复生产，清除废墟，给居民提供半永久性的生活条件，居民生活得以正常化．根据此定义，认为中等破坏和严重破坏状态下功能恢复 50% 以上（因为功能在修复过程中，可以部分利用）和毁坏状态下取完全恢复天数三分之二（相应的替代建筑完成部分功能）城市功能能够基本恢复．则定义出本文在不同破坏状态下的震后恢复时间如表 4 所示。

由表 4 和本文所定义的建构筑物抗震能力指数可知，相应于不同的建构筑物抗震能力指数所需要的恢复时间不同，具体如表 5 所示。

表 3　恢复建构筑物功能所需要的时间（天）（中国分级标准）
Table 3　The average recovery time of structures under various damage levels（day）（in Chinese grade）

破坏程度	恢复功能/%		
	30%	60%	100%
中等破坏	28	52	88
严重破坏	98	159	239
毁坏			437

表 4　本文定义的震后恢复时间
Table 4　The recovery time defined the paper

震害等级	轻微破坏	中等破坏	严重破坏	毁坏
震后恢复时间	1 周	1 个半月	5 个月	10 个月

表 5　建构筑物抗震能力对应的震后恢复时间
Table 5　The recovery time corresponding to the seismic capacity index of structure

震害能力指数	0.8	0.6	0.4	0.2
震后恢复时间	1 周	1 个半月	5 个月	10 个月

首先根据第 2 节中所示的方法确定城市建构筑物的抗震能力指数，然后利用线性插值法在表 5 中查出不同破坏状态的建构筑物恢复功能所需要的时间．

3.1.2　生命线系统对地震灾害损失的影响

利用线性加权法确定了生命线系统的抗震能力指数，把生命线系统对城市防震减灾能力的作用体现在它作为一个影响因子在次生灾害防御能力指标体系和震后应急救灾能力指标体系中，来最终实现它对城市防震减灾能力的影响作用．本文根据生命线系统的抗震能力指数把其抗震能力分为好、中等、差三个等级，并由此确定它在指标体系中的取值[6]．

3.1.3　次生灾害（含地震地质灾害）造成的地震灾害损失

本文首先用线性加权法确定了城市抗御地震次生灾害的能力指数．并根据文献［5］

统计的本世纪以来已经发生造成人员死亡的 1100 起地震中，次生灾害所造成的人员伤亡大约占所造成人员伤亡总数的 15%．本文取次生灾害所造成的地震灾害损失为建构筑物所造成损失的 0%～30%．

根据城市抗御地震次生灾害的能力指数将城市抗御次生灾害的能力分为好、中等、差三个等级，不同的抗震能力等级造成灾害损失不同，表现为对建构筑物灾害损失的修正取值不同，如表 6 所示．

表 6　次生灾害对直接经济损失、人员伤亡和震后恢复时间的修正取值
Table 6　The modification coefficients of economic lose, casualty and recovery time caused by secondary disasters

遭遇烈度	抗震能力等级		
	好	中等	差
VI	1	1	1
VII	1	1	1.05
VIII	1	1.05	1.1
IX	1.05	1.1	1.2
X	1.1	1.15	1.3

3.2　其他因素对地震灾害损失的影响

本文确定城市地震中工程性设施破坏所造成地震灾害损失的方法和关系式都是根据以往的震害经验统计分析得到的．毋庸置疑，这种方法和关系产生于一定的社会经济背景条件（即指标体系中工程性措施以外的其他五项因素）．在作统计的地震地区中，有的震区社会经济背景条件有利于减小地震灾害损失，有的地区则相反．总体来说，计算方法所依赖的社会经济背景条件应该表示一种平均的趋势．基于以上这种情况，在确定其他五项因素对人员伤亡、经济损失和震后恢复时间的影响时可以这样考虑，假如这五项措施中的防御能力指数（由每项措施中的指标线性加权而得）处于一种平均状态，则它们对由工程性设施破坏造成的地震灾害损失不产生影响．假如这五项措施的防御能力有利于城市抗震能力，将起到减小损失的作用，否则将增加城市地震损失．可以把这种影响看作对城市工程性设施所造成损失的一个修正，具体修正数值计算如下：

$$\lambda_{人员伤亡} = 1 - \sum_{i=1}^{5} (a_i - \overline{a_i}) \varphi_i \tag{6}$$

$$\lambda_{经济损失} = 1 - \sum_{i=1}^{5} (a_i - \overline{a_i}) \eta_i \tag{7}$$

$$\lambda_{震后恢复时间} = 1 - \sum_{i=1}^{5} (a_i - \overline{a_i}) \pi_i \tag{8}$$

式中，$\lambda_{人员伤亡}$——对工程性设施破坏造成人员伤亡的修正系数；

$\lambda_{经济损失}$——对工程性设施破坏造成经济损失的修正系数；

$\lambda_{震后恢复时间}$——对工程性设施破坏所需震后恢复时间的修正系数；

a_i——城市指标体系中五项因素中每项因素防御能力指数数值；

$\overline{a_i}$——城市指标体系中五项因素中设定的每项因素防御能力指数的平均值；

φ_i——相对于人员伤亡，城市五项因素中每项因素归一化后的权数[6]；

η_i——相对于经济损失，城市五项因素中每项因素归一化后的权数[6]；

π_i——相对于震后恢复时间，城市五项因素中每项因素归一化后的权数[6].

3.3 地震间接经济损失的确定

上述分析阐明了根据指标体系确定人员伤亡、直接经济损失和震后恢复时间的计算方法. 对于地震造成的间接经济损失，本文通过目前关于间接经济损失的分析，取"间接经济损失为直接经济损失的 0.4 ~ 2 倍"，并认为间接经济损失可以被表达为直接经济损失、灾区的社会经济结构和修复损坏的物理设施所需要的时间三者的函数[7]. 即与城市建构筑物的抗震能力和社会经济结构的防御能力有关.

最后，由城市地震后的直接经济损失与间接经济损失之和构成了城市震后的总体经济损失.

通过上述分析可知，根据城市防震减灾能力指标体系，可以得到城市在不同烈度地震下可能造成的地震灾害损失——人员伤亡、经济损失和震后恢复时间.

4 城市防震减灾能力综合指数的确定

城市防震减灾能力评价是一个多目标的评价过程，用城市在地震中的人员伤亡率、经济损失率和震后恢复时间三方面共同评价. 本文中，用灰色关联分析方法将这三方面结合成城市的防震减灾能力综合指数来评价城市的防震减灾能力，参考数列为城市地震损失社会可接受水平. 具体方法如下所述.

4.1 城市地震损失可接受水平确定

根据以往的工作和其他自然灾害的统计资料[8]提出了建议的社会可接受水平数值，并考虑下列两个因素：①区分不同城市和地区的经济发展水平；②区分不同烈度的影响. 具体数值见表 7.

在进行城市防震减灾能力评估时，可以根据不同的城市情况在上表中选取，当然也可以提出自己认为合适的地震损失可接受水平.

表 7　建议的社会可接受损失水平

Table 7　The recommended acceptable seismic loss levels

遭遇烈度	一般的城市或地区（指经济中等发达地区）				
	VI	VII	VIII	IX	X
可接受死亡率	8×10^{-6}	2×10^{-5}	5×10^{-5}	2×10^{-4}	1×10^{-3}
可接受经济损失率	2%	4%	5%	8%	10%
可接受震后恢复时间	一周	两周	一个月	一个半月	两个月

遭遇烈度	重要的大城市和经济发达地区				
	Ⅵ	Ⅶ	Ⅷ	Ⅸ	Ⅹ
可接受死亡率	8×10^{-7}	6×10^{-6}	1×10^{-5}	2×10^{-5}	4×10^{-4}
可接受经济损失率	1%	2%	3%	4%	5%
可接受震后恢复时间	一周	两周	三周	一个月	六周

4.2　确定城市防震减灾能力综合指数[9]

（1）各项评价准则的函数转换

为了达到不同评价准则的标准统一，引入相应的转换函数，下面以一般城市抗御Ⅵ度地震为例进行说明。

对人员伤亡率引入转换函数

$$U(x)=\begin{cases}1 & x<8\times10^{-6}\\[2mm]\dfrac{\lg x}{\lg\left(8\times10^{-6}\right)} & x\geqslant8\times10^{-6}\end{cases}\tag{9}$$

对经济损失率引入转换函数

$$U(x)=\begin{cases}1 & x<2\%\\[2mm]\dfrac{\lg x}{\lg\left(2\%\right)} & x\geqslant2\%\end{cases}\tag{10}$$

对震后恢复时间引入转换函数

$$U(x)=\begin{cases}1 & x<7\\[2mm]\dfrac{\lg7}{\lg x} & x\geqslant7\end{cases}\tag{11}$$

式中，"8×10^{-6}"代表社会可接受的人员伤亡率，"2%"代表社会可接受的经济损失率，"7"为7天，代表社会可接受的恢复时间（表8所示）.

表8　城市防震减灾能力综合指数的等级分类
Table 8　The grading of seismic abilities of cities for seismic disaster reduction

防震减灾能力等级分类	强	中等	差
Ⅵ～Ⅹ	0.94～1	0.82～0.94	<0.82

（2）确定城市防震减灾能力指数模型

参照灰色关联分析方法，设城市地震社会可接受水平为参考序列：$U_0(u_{0j})$，（$u_{0j}=1$，$j=1,2,\cdots,m$），并将其转化为标准值1；具体城市地震中的灾害损失为比较序列 U_i （u_{ij}），（$i=1,2,3,\cdots,n$，$j=1,2,\cdots,m$）；利用转换函数将其转化为相应的数值.

模仿灰色关联系数定义方法，引入比较序列与参考序列各项准则间的关联系数为

$$\zeta_{0i}(j)=\frac{1}{1+\Delta_{0j}(j)}\tag{12}$$

式中，$\Delta_{0j}(j) = | U_0(u_{0j}) - U_i(u_{ij}) |$，$(i=1, 2, 3, \cdots, n, j=1, 2, \cdots, m)$ 表示参考序列 U_0 与比较序列 U_i 的第 j 项准则绝对差值，由于 $\Delta_{0j}(j)$ 的取值区间为 $[0, 1]$，故关联系数的取值区间为 $[0.5, 1]$.

从式（12）得到了各比较序列与参考序列的各项准则的关联系数值. 并将各项准则的关联系数集中体现在一个值上（关联度），采用加权法进行处理，如式（13）：

$$r_{0i} = \sum_{j=1}^{m} a_i \zeta_{0i}(j) \tag{13}$$

式中，a_i 为各项评价准则的权重，关联度 r_{0i} 的含义为比较序列与参考序列中各项准则关联系数之加权和，集中反映了比较序列与参考序列的关联（接近）程度. 显然，r_{0i} 的值域为 $[0.5, 1]$. 关联度越大，城市抗御地震的能力愈强；反之，关联度越小，城市抗御地震的能力愈弱. 由于关联度的大小反映城市抗御地震能力的强弱，故将关联度定义为城市防震减灾能力指数. 而且此方法确定的城市防震减灾能力指数可以定量地表示出城市防震减灾能力的现状距我们可以接受的城市防震减灾能力水平有多大的差距，本文根据差距的大小把城市的防震减灾能力分为强、中等、差三个级别，并提出了建议值（表8）.

5　算例分析[17~25]

现将上述建立的城市防震减灾能力评估模型应用于以下 10 个具体城市进行防震减灾能力评价分析（表9）.

表9　10 个城市基础数据
Table 9　Basic data of ten cities

城市	简称	国家	地域	人口/万人	人均 GDP/ $	面积 /km²	基本烈度或设定地震
塔什干	TSGN	乌兹别克	亚洲	208	6100	326	Ⅶ~Ⅷ
亚的斯亚贝巴	ASNY	埃塞俄比亚	非洲	263	530	540	Ⅶ~Ⅷ
瓜亚基尔	GYJR	厄瓜多尔	南美洲	210	5000	340	Ⅷ
万隆	WLON	印度尼西亚	亚洲	240	1000	19	Ⅷ
斯科普里	SKPL	南斯拉夫	欧洲	44.5	2200	338	Ⅶ
提华纳	THNA	墨西哥	北美洲	115	21000	230	Ⅶ
安托法加斯塔	ATFJ	智利	南美洲	228	49000	90	Ⅷ
伊兹密尔	YZMR	土耳其	欧洲	217	7000	650	Ⅵ~Ⅷ
厦门	XMEN	中国	亚洲	152	2500	450	Ⅶ
泉州（部分）	QNZH	中国	亚洲	25	2150	52	Ⅶ

关于具体城市的指标取值在此不一一详述，下面将列出这 10 个具体城市的评价分析结果.

5.1 工程性因素抗震能力指数确定

（1）各个城市建构筑物的抗震能力指数

各个城市建构筑物的抗震能力指数，具体结果如图6所示.

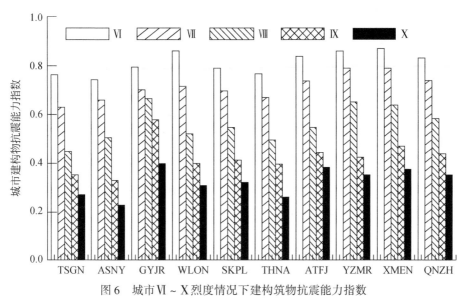

图6 城市Ⅵ～Ⅹ烈度情况下建构筑物抗震能力指数

Fig. 6 The seismic ability indexes of structures against earthquake of intensity Ⅵ ~ Ⅹ

（2）生命线系统的功能满意度和次生灾害防御能力

表10 城市生命线系统功能满意度评价结果
Table 10 The seismic ability of life lines in the ten cities

城市	塔什干	亚的斯亚贝巴	瓜亚基尔	万隆	斯科普里	提华纳	安托法加斯塔	伊兹密尔	厦门	泉州
评价等级	中等	中等	差	中等	好	中等	好	好	中等	中等

表11 城市抗御次生灾害能力评价结果
Table 11 The seismic ability for preventing secondary disasters in the ten cities

城市	塔什干	亚的斯亚贝巴	瓜亚基尔	万隆	斯科普里	提华纳	安托法加斯塔	伊兹密尔	厦门	泉州
评价等级	中等	中等	差	差	中等	差	中等	中等	中等	中等

5.2 其他五项因素抗震能力评价结果

其他五项因素对工程性设施造成的人员伤亡、经济损失和震后恢复时间的修正系数结果如图7所示。

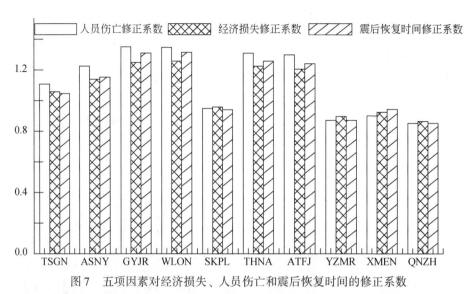

图 7　五项因素对经济损失、人员伤亡和震后恢复时间的修正系数

Fig. 7　The modification coefficients of casualty, economic loss and recovery time due to the other five factors

5.3　城市防震减灾能力指数确定

由 10 个城市防震减灾能力指标体系中各因素，根据本文前面所叙述的方法可以计算城市在不同地震烈度下的人员伤亡率、经济损失率和震后恢复时间．从而计算出城市防震减灾能力指数（社会可接受水平用的是"一般城市和经济中等发达地区"的防震减灾能力等级标准，具体见表 8），绘制成柱状图 8.

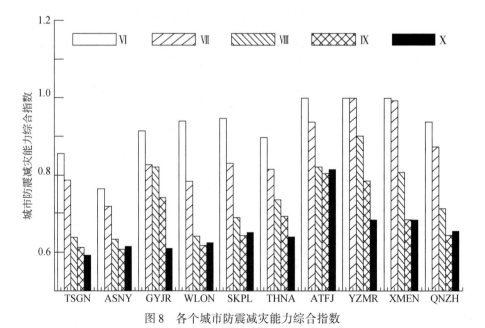

图 8　各个城市防震减灾能力综合指数

Fig. 8　Seismic capacity ranks of the ten cities

根据本文所建议的防震减灾能力指数抗震能力等级划分标准（表8），得到以上十个城市的防震减灾能力等级如表12.

表12　各个城市防震减灾能力等级
Table 12　The seismic capacity rank of each city

城市	遭遇烈度				
	Ⅵ	Ⅶ	Ⅷ	Ⅸ	Ⅹ
塔什干	中等	差	差	差	差
亚的斯亚贝巴	差	差	差	差	差
瓜亚基尔	中等	中等	中等	差	差
万隆	中等	差	差	差	差
斯科普里	强	中等	差	差	差
提华纳	中等	差	差	差	差
安托法加斯塔	强	中等	差	差	差
伊兹密尔	强	强	中等	差	差
厦门	强	强	差	差	差
泉州	中等	中等	差	差	差

6　结论

（1）本文所建立的城市防震减灾能力评估模型是绝对的，也就是能从绝对意义上来评价城市防震减灾能力，从而可以直观、清楚地了解城市抗御不同烈度地震的能力，而且它能够在定量上评价城市的地震灾害损失和防御地震的能力；同时它又是相对的，相对于不同的地震烈度，相对于不同的社会可接受水平. 即一个城市的防震减灾能力强弱是以一定的目标烈度，一定的社会可接受水平为前提下提出来的.

（2）在本文中所建立的损失评估方法与目前普遍使用的城市震害损失评估方法相比，本文方法具有考虑因素全面、基础资料收集简单、易于计算等优点. 而且更有意义的是防震减灾能力指数结果可以定量地表示出城市防震减灾能力的现状距我们可以接受的城市防震减灾能力水平有多大的差距，从而为我们的防震减灾工作提供有益的理论依据.

（3）关于城市防震减灾能力评估模型的精度问题：评估模型是在现有地震工程发展水平的基础上建立起来的，如其中一些数据和公式是在"九五"震害预测结果的基础上取得的，模型的精度和可靠性是与目前地震工程的发展水平一致的. 但应该认识到[6]此评估模型是一种开放的模型，为人们提供了一个评估框架，无论是该模型或相应的框架体系以及它们的精度都能随着地震工程科学水平的不断发展和人们抗震减灾经验的积累，随时得到改善和提高.

（4）目前离我国政府提出来的要在2020年实现的防震减灾目标还有十五年的时间，希望本文提出的方法能有利于对城市防震减灾能力的评价，有利于推动我国政府防震减灾目标的实施和实现，有利于增强城市防震减灾能力建设，有利于我国防震减灾工作进一步落实科学发展观，避免盲目性，使我国防震减灾工作出现一个新的局面．

参 考 文 献

［1］ 赵焕臣，许树柏，和金生．层次分析法：一种简易的新决策方法［M］．北京：科学出版社，1986．

［2］ 张风华，谢礼立．城市防震减灾能力指标权数确定研究［J］．自然灾害学报，2002，11（4）：23-29．

［3］ 谢礼立，张晓志，周雍年．论工程抗震设防标准［J］．地震工程与工程振动，1996，16（1）：1-18．

［4］ 应用技术委员会［美］．加利福尼亚未来地震的损失估计［M］．曹新玲等译．北京：地震出版社，1991．

［5］ Coburn A W, Spense R J S, Pomonis A. Factors determining human casualty levels in earthquakes：Mortality prediction in building collapse. Earthquake Engineering. Tenth World Conference［C］. Balkema. Rotterdam，1992．

［6］ 张风华．城市防震减灾能力评估研究［D］．哈尔滨：中国地震局工程力学研究所博士学位论文，2002．

［7］ Hitoshi Taniguchi United Nations Centre for Regional Development National Expert，Nagono，1- 47- 1，Nakamura-ku，Nagoya，Japan，Economic Impact of an Earthquake Japanese Experiences—Estimation of the amount of direct damage［R］．

［8］ 马玉宏．基于性态的抗震设防标准研究［D］．哈尔滨：中国地震局工程力学研究所博士学位论文，2000．

［9］ 杨仕升．自然灾害等级划分及灾情比较模型探讨［J］．自然灾害学报，1997，6（1）：8-13．

［10］ 福建省地震局．中国地震局"95-06"项目——"大中城市防震减灾对策示范研究"［R］．泉州市区震害预测及减灾对策，2000．

［11］ 福建省地震局．中国地震局"95-06"项目——"大中城市防震减灾对策示范研究"［R］．漳州市区震害预测及减灾对策，2000．

［12］ 海口市地震局，中国地震局工程力学研究所，海南地学工程研究中心．"海口市防震减灾规划基础研究"［R］．1999．

［13］ 四川省地震局．中国地震局"95-06"项目——"大中城市防震减灾对策示范研究"：自贡市防震减灾示范研究与应用［R］．1999．

［14］ 福建省地震局，厦门市地震局，中国地震局地质研究所，中国地震局工程力学研究所．中国地震局"95-06"项目——"大中城市防震减灾对策示范研究"：厦门市震害预测及减灾对策研究［R］．2001．

［15］ 中国地震局工程力学研究所．中国地震局"95-06"项目——"大中城市防震减灾对策示范研究"：泰安市防震减灾示范研究与应用［R］．2000．

［16］ 中国地震局工程力学研究所，胜利石油管理局地震台．中国地震局"95-06"项目——"大中城市防震减灾对策示范研究"：东营市、胜利石油管理局防震减灾师范研究与应用［R］．2000．

［17］ Municipality of Tashkent IDNDR RADIUS Project—Tashkent RADIUS Project Case Study Final Report［R］. 1999．

［18］ Addis Ababa City Government. Addis Ababa RADIUS Group Foreign Relation and Development Cooperation Bureau. IDNDR RADIUS Project—Add is Ababa Case Study Final Report［R］．1999．

［19］ Municipality of Guayaquil IDNDR RAD IUS Project- Guayaquil RADIUS Project Case Study Final Report［R］．1999．

［20］ Municipality of Bandung and International Decade for Natural Disaster Reduction—United Nations IDNDR

RADIUS Project-Bandung RADIUS Project Case Study Final Report ［R］. 1999.

［21］ Municipality of Skopie. IDNDR RADIUS Project—Skopie. RADIUS Project Case Study Final Report ［R］. 1999.

［22］ Municipality of Tijuana. IDNDR RADIUS Project—Tijuana. RADIUS Project Case Study Final Report ［R］. 1999.

［23］ Antofagasta RADIUS Group. DNDR RADIUS Project—Antofagasta. RADIUS Project Case Study Final Report ［R］. 1999.

［24］ Municipality of Izmir. IDNDR RADIUS Project—Izmir. RADIUS Project Case Study Final Report ［R］. 1999.

［25］ 福建省地震局. 中国地震局"95-06"项目——"大中城市防震减灾对策示范研究"：泉州市区震害预测及减灾对策 ［R］. 2000.

A method for evaluating cities' ability of reducing earthquake disasters

Xie Li-Li[1,2]

（1. Institute of Engineering Mechanics, China Earthquake Administration, Harbin 150080, China;

2. School of Civil Engineering, Harbin in Institute of Technology, Harbin 150090, China）

Abstract Cities' ability of reducing earthquake disasters is a complex system involving numerous factors. Moreover, the research on evaluating the cities' ability of reducing earthquake disasters relates to multi-subject, such as earthquake science, social science, economical science and so on. In this paper, firstly, the conception of the cities' ability of reducing earthquake disasters is presented, and the ability could be evaluated by three basic elements, the possible seismic casualty and the economic loss during the future earthquakes that are likely to occur in the city and its surroundings and the time required for recovery after earthquake. Based upon these three basic elements, a framework, which consists of six main components, for evaluating the city's ability of reducing earthquake disasters is proposed; then the statistical relations between the index system and the ratio of seismic casualty, the ratio of economic loss and the recovery time are gained by utilizing the existing methods for assessing earthquake losses; at last, the method defining the comprehensive index of the cities' ability of reducing earthquake disasters is presented. Thus the relatively comprehensive theory frame is setup. The frame can be used to evaluate the cities' ability of reducing earthquake disasters quantitatively and the results will throw light on the decision-making in efforts for reducing cities' earthquake disasters.

近场地震学中 3 个术语译名的商榷[*]

谢礼立[1,2]，王海云[1,3]

(1. 哈尔滨工业大学土木工程学院，黑龙江　哈尔滨 150001；

2. 中国地震局工程力学研究所，黑龙江　哈尔滨 150080；

3. 大庆石油学院石油工程学院，黑龙江 大庆 163318)

摘要　Asperities，Barriers 和 Fling step 是近场地震学中三个重要的术语．但到目前为止，这三个术语还没有贴切、统一的中文译名．为了便于学术交流和读者对近场地震学的学习和理解，规范统一它们的中文译名具有重要意义．本文基于 3 个术语产生的物理背景及其意义，建议这三个术语的中文译名分别为：Asperities-高强体，Barriers-止裂体，Fling step-滑冲．

　　Asperity 和 Barrier 是近场强地震动模拟或预测中非常重要的两个术语，反映断层面上破裂过程和滑动的不均匀性，它们是产生高频波的原因．Fling step 是近场强地震动的重要特征之一，是地震过程中由于静力学位移的影响，在滑动方向的位移时程上产生的永久位移．长期以来，相关文献中除了直接使用这些英文术语外，Asperity 的中文译名比较混乱，多数研究人员使用凹凸体，少数使用凸起或凸起体，极个别使用凸凹体，黏块等等；Barrier 的中文译名在查到的文献中均使用障碍体；对于 Fling step，目前绝大多数文献使用该英文术语，只查到两篇文献的研究人员给出了其中文译名，一个是突跳，另一个是突发的永久位移．

　　上述 Asperity 和 Barrier 的译名来自英汉词典．例如，Asperity 在现代英汉综合大词典中有"凹凸不平"的意思，而在英汉地质词典中有"凸起体"的意思；Barrier 在现代英汉综合大词典中有"障碍物"的意思；而 Fling step 是根据位移时程图上由动力学弹性振动突然抬高或者降低形成"台阶"一样的静力学永久位移的现象而确定的译名．

　　每一个术语都有严格规定的意义，是科学概念的语言符号，或者说是专门学科领域内有专门意义的词项．译名的确定和使用，取决于它所代表的概念及其自身的语言结构．译名不统一，将会造成许多混乱，引起不必要的误解，影响近场地震学的研究和发展．所以，有必要对这 3 个术语的译名进行统一，以便于学术交流和读者对近场地震学的学习和理解．

　　本文根据这 3 个术语的物理背景及其意义，探讨并建议了新的中文译名．

1　三个术语的物理意义

1.1　Asperity 和 Barrier

　　地震断层的破裂过程是非常复杂的，而且是极其不规则的．为了描述地震断层作用的

＊ 本文发表于《地震工程与工程振动》，2005 年，第 25 卷，第 6 期，198-200 页．

不规则性，地震学家们先后提出了 Barrier 模型[1] 和 Asperity 模型[2]. Asperity 和 Barrier 这两个术语均表示断层面上阻止破裂的高强度区域（strong patches），但是二者在地震发生的过程中所起的作用是完全不同的[3,4]. Barrier 是断层上主震期间没有破裂的区域，在随后的断层破裂过程中，当震后的构造应力经过演变和发展大于或者接近于 Barrier 的破裂强度时，就导致 Barrier 的进一步破裂；如果发展后的构造应力仍小于 Barrier 的破裂强度，Barrier 则保持不变. 一般来说 Barrier 的破裂往往被用来解释产生余震的原因. 而 Asperity 往往被用来解释前震后发生主震的原因，当地震的构造应力发育的并不很强烈，但是却也能使边缘的一部分强度较低的岩石破裂，形成了前震，这时的 Asperity 是指断层上由已被前震释放后所剩下的应力的薄弱带包围的岩石强度极高的区域，当被削弱的构造应力经过一定的调整和发展到足以使这个高强度的 Asperity 发生破裂时，就会进一步导致大的滑动，最终发生主震. 由此而导致了二者在很多方面的不同，例如表 1.

表 1　**Asperity 模型和 Barrier 模型的比较**[5]

比较项目	Asperity 模型	Barrier 模型
主震发生前的应力状态	不均匀	均匀
主震发生后的应力状态	均匀	不均匀
产生高频波的原因	Asperity 的破坏	由 Barrier 引起破坏的不均匀性
可以解释的现象	前震群、空区、前震、主震系列	主震、余震序列
可以适用的地震	板块边缘大地震	板块内地震

事实上，对于任何一次地震，Barrier 和 Asperity 各自所描述的情形应该都是实际存在的，只不过两种情形所占的比重不同而已[6].

Somerville 等人[7]（1999）定量研究了浅源地震的滑动模型特征，将 Asperity 定义为滑动量大于断层破裂面上平均滑动 1.5 倍或以上的区域. 突出了 Asperity 滑动量大的特点.

1.2　Fling step

地震中近断层某一方向的位移时程中含有的永久位移（图 1 下图）被称为 "Fling step" 效应. 它是由地震时断层两盘发生相对错动，或滑动的一刹那造成的. "Fling step" 效应一般都发生在沿断层滑动的方向，在走滑破裂中，发生在平行断层走向的分量上；而在倾滑断层中，则发生在垂直走向的分量上.

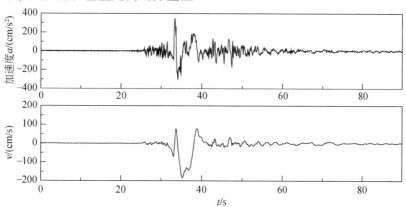

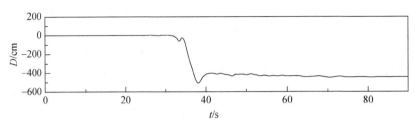

图 1　1999 年台湾集集地震 TCU052 台站记录的 EW 向静力学永久位移–"Fling step"效应（下图）及其引起的单向速度脉冲（中图）（据王海云等人[8]，2006）

2　本文建议使用的译名

2.1　Asperity 和 Barrier

从其物理意义来看，二者均是断层面上阻止破裂的高强度区域，只有当应力超过它们的破裂极限时才会进一步破裂，这是二者的共性．但在破裂次序上，Asperities 先于 Barriers. 前者导致主震和大滑动，使得断层破裂上的应力状态由不均匀变为均匀；后者是否破裂取决于构造应力是否大于或接近于它们的破裂强度，Barrier 的破裂对应的是余震序列，使得断层上的应力状态由均匀变为不均匀．Asperity 的主要特点是大滑动，而 Barriers 的主要特点是阻止断层的破裂．所以，本文建议将 Asperity 的中文译名定为"高强（度）体"；Barrier 的中文译名定为"止裂体"．

2.2　Fling step

Fling step 是地震期间在断层两盘相对滑动过程中，在滑动方向的位移时程上产生的一种永久变形的现象，即位移时程由于动力滑动突然抬高或者降低形成"台阶"一样的形状，并形成了永久位移．本文建议其中文译名使用"滑冲"，既反映了该术语与滑动过程有关，也反映了位移时程中最终会出现永久变形这一突发的现象．

3　结语

术语是在特定学科领域用来表示概念的称谓集合，准确地说，是通过语音或文字来表达或定义科学概念的约定性符号．为了统一、规范外来术语的中文译名，需要对外来术语进行甄别和校正，以提高学术研究的精密性和准确性，保证学术交流的正常进行．本文作者对近场地震学中出现频率甚高的 3 个术语的中文译名提出建议，仅是为了抛砖引玉，希望各界不吝指正．

致谢　本文得到中国博士后科学基金资助项目（2005037650）和中国地震局"十五"重点项目"近断层强地面运动影响场"的资助，在此深表感谢．

参 考 文 献

[1] Das S, Aki K. Fault plane with barriers: A versatile earthquake model [J]. J. Geophys. Res., 1977, 82: 5648-5670.

[2] Kanamori H, Stewart G S. Seismological aspects of the Guatemala earthquake of February 4, 1976 [J]. J. Geophys. Res., 1978, 83: 3427-3434.

[3] Aki K. Characterization of barriers on an earthquake fault [J]. J. Geophys. Res., 1979, 84: 6140-6156.

[4] Aki K. Asperities, barriers, characteristic earthquakes and strong motion prediction [J]. J. Geophys. Res., 1984, 89: 5867-5872.

[5] 笠原庆一. 防灾工程学中的地震学 [S]. 郑斯华, 庄灿涛译. 北京: 地震出版社, 1992.

[6] 吴忠良. 由宽频带辐射能量目录和地震矩目录给出的视应力及其地震学意义 [J]. 中国地震, 2001, 17 (1): 8-15.

[7] Somerville P, Irikura K, Graves R, et al. Characterizing crustal earthquake slip models for the prediction of strong ground motion [J]. Seismological Research Letters, 1999, 70 (1): 59-80.

[8] 王海云, 谢礼立. 近断层强地震动的特点 [J]. 哈尔滨工业大学学报, 2006, 38 (12): 2070-2072+2076.

A proposal of Chinese translation of three technical terms in near-field seismology

Xie Lili[1,2] and Wang Haiyun[1,3]

(1. School of Civil Engineering, Harbin Institute of Technology, Harbin 150001, China;

2. Institute of Engineering Mechanics, China Earthquake Administration, Harbin 150080, China;

3. School of Petroleum Engineering, Daqing Petroleum Institute, Daqing 163318, China)

Abstract　Asperity, Barrier and Fling step are three important and frequently appeared technical terms in near-field seismology. However, up to now, Chinese translation of the three terms are not yet well recognized and unanimously accepted. For the convenience in exchanging of academic idea and understanding of knowledge in near source seismology, it is necessary to unify the Chinese translations of these three technical terms and a preliminary proposal is presented for these terms in Chinese.

近断层强地震动的特点[*]

王海云[1,2]，谢礼立[1,3]

(1. 哈尔滨工业大学土木工程学院，黑龙江　哈尔滨 150001；2. 大庆石油学院，黑龙江　大庆 163318；
3. 中国地震局工程力学研究所，黑龙江　哈尔滨 150080)

摘要　本文全面地总结和解释了近断层地震动的主要特点．近断层地震动与远场地震动不同，显著地受到下列因素的影响：断层破裂机制，相对于场地的破裂传播方向，以及由断层滑动产生的、可能的永久地面位移．这些因素导致破裂方向效应和"Fling step"效应．对于倾滑断层，还导致上盘效应．而且破裂方向效应和"Fling step"效应分别引起了双向和单向长周期速度脉冲．上盘效应导致上盘场地的地震动大于下盘相同断层距场地的地震动．对于垂直走滑断层，在给定的距断层最近的范围内，破裂方向效应使地震动产生强烈的空间变化．对于倾滑断层，有两个显著的效应，即破裂方向效应和上盘效应．上盘效应主要是由断层的大部分接近于上盘之上的场地引起的．破裂方向效应是由破裂传播和辐射图效应引起的．长周期速度脉冲产生于垂直断层面的方向上，使得垂直断层走向的地震动大于平行断层方向的地震动．而"Fling step"效应是由地震时断层两盘的相对运动造成的，且发生在断层错动的方向上．

　　近断层是工程地震学家们为了区别台站至断层之间距离的粗略划分．近断层地震动强烈地受到震源破裂过程的影响，其范围与地震大小、断层尺度密切相关．目前，近断层一般表示断层距小于 20～60km 的范围．一般来说，一次强烈地震中位于近断层区的建（构）筑物遭受的破坏是最为严重的．近断层地震动巨大的破坏潜力在 1994 年的北岭地震和 1995 年的神户地震中得到了验证[1]．在这两个地震中，都记录到了高达 175cm/s 的峰地速度，近断层脉冲的周期位于 1～2s 的范围内，可以和某些结构（例如桥梁和中等高度的建筑物）的固有周期相比较，许多桥梁和中等高度的建筑物都受到了严重的破坏．

　　随着近断层强震记录的不断增多，使得全面揭示近断层强地震动的特点成为可能．近断层地震动显著地不同于远离断层的地震动．上盘效应，破裂方向效应，"Fling step"效应，由后两种效应引起的不同长周期脉冲以及由破裂传播和辐射图导致的垂直断层走向的地震动大于平行断层走向的地震动是近断层地震动的重要特点．一些研究人员，对近断层强地震动的特点进行了深入的分析和研究[1-5]，但分散于不同的文献之中，本文在前人工作的基础之上，全面地总结了上述近断层强地震动的特点，并对其概念及形成机理进行了解释．

---

　　[*] 本文发表于《哈尔滨工业大学学报》，2006 年，第 38 卷，第 12 期，2070-2072+2076 页．

1 上盘效应

上盘效应是由于位于倾滑断层上盘之上的场地总体上要比位于下盘相同断层距的场地更接近于断层，从而在上盘产生了比下盘更强的短周期地震动.

图1为台湾集集地震加速度峰值的分布图. 图中的粗黑线为断层线，该断层走向近南北向分布，断层线以东为上盘，以西为下盘. 从这些图中可见，断层上盘的峰值加速度要比下盘相同断层距的峰值加速度值高得多. 而且上盘的加速度峰值衰减较缓慢，下盘则衰减很快.

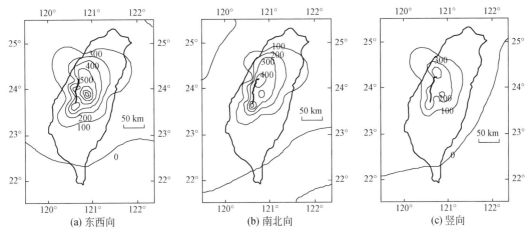

图1 1999 台湾集集地震近断层地面峰值加速度等值线图

Fig. 1 The contour map of near-fault peak ground acceleration, 1999 Chichi earthquake, Taiwan, China.

（据 Iwata 修改，http://sms. dpri. kyoto-u. ac. jp/iwata/chichi_e. html）

2 破裂方向效应

在给定的距断层最近的距离内，破裂方向效应使地震动产生强烈的空间变化. 众所周知，沿着破裂传播方向，地震动振幅增加；逆破裂传播方向，地震动振幅减小. 而且地震动的两个水平分量具有系统差异：在长周期，垂直断层走向的分量大于平行断层走向的分量.

产生正向破裂方向效应的场地需要满足两个条件：①破裂向场地传播；②断层面上的滑动方向指向场地. 走滑地震容易满足上述条件，破裂沿着走向单侧或双侧水平地传播，断层滑动的方向水平地沿着断层走向的方向. 然而，在一个给定的地震中，并非所有的近断层位置都经历了正向破裂方向效应. 如果破裂逆场地方向传播就会发生逆向破裂方向效应，并产生相反的效果：长持时地震动在长周期有低振幅.

在倾滑破裂（包括正断层和逆断层）中，产生正向破裂方向效应也要满足上面两个条件. 在断层面的上倾方向，破裂方向和滑动方向一致产生破裂方向效应，而且破裂方向效应大多数集中在从震源到断层的地表露头附近的上倾方向上（如果断层没有破到地表，即是其上倾投影方向）．

3　"Fling step" 效应

　　近断层某一方向的位移时程由于地震的静力形变场而含有永久地面位移（图 2 下图）．这些静力位移，被称为"Fling step"效应．近断层地震动中的静力地面位移是由地震时断层两盘的相对运动造成的．"Fling step"效应发生在断层滑动的方向，在走滑破裂中，发生在平行断层走向的分量上；而在倾滑断层中，则发生在垂直走向的分量上．

　　"Fling step"地震动对建筑物结构性态的影响比破裂方向效应受到更少的关注．近来在土耳其和中国台湾的地震已经突出了与地表破裂有关的永久地面变形对横穿或位置接近活断层线的建筑物和生命线的性态的重要性．

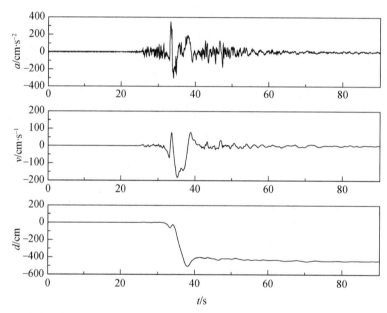

图 2　1999 年台湾集集地震 TCU052 台站记录的 EW 向静力学永久位移——"Fling step"
效应及其引起的单向速度脉冲

Fig. 2　The static permanent ground displacement, i. e. "fling step" (lower), and one-sided velocity pulse (middle) due to the former in EW component of strong ground motions recorded at TCU052 station, 1999 Chichi earthquake, Taiwan, China

4　长周期速度脉冲

　　长周期速度大脉冲产生的原因主要有两个：破裂方向效应和"Fling step"效应．破裂方向效应产生动力学的双向速度脉冲，且对于走滑断层出现在近断层远离震中的场地；而与构造变形有关的静力学永久位移—"Fling step"效应产生单向速度脉冲，且出现在近断层的场地上，与震中位置无关．

由正向破裂方向效应产生的双向速度脉冲是由于断层破裂以几乎和剪切破裂速度一样大的速度向场地传播,使得由破裂释放的大多数地震能量以一双向长周期速度脉冲清晰地到达场地,并出现在记录的开始(图3中图). 这种速度脉冲是断层上大多数地震辐射的累计效果.

而由"Fling step"产生的速度脉冲是由于地震时断层两盘的相对运动造成的永久地面变形引起的. 这种速度脉冲与破裂方向效应引起的速度脉冲不同,是单向的(图2中图).

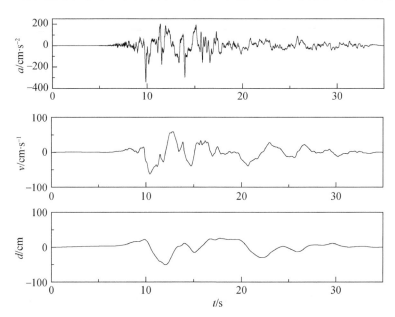

图 3   1999 年土耳其 Kocaeli 地震 YPT 台站记录的 NS 向的双向速度脉冲

Fig. 3   Two sided velocity pulse(middle)due to the rupture directivity effect in NS component of strong ground motions recorded at YPT station, 1999 Kocaeli earthquake, Turkey

5   近断层地震动的方向性

断层上剪切位错的辐射图使双向长周期速度脉冲产生于垂直断层面的方向,并使得垂直断层走向的峰值速度大于平行断层走向的峰值速度. 而"Fling step"效应发生于断层滑动的方向.

图 4 为双向速度脉冲和"Fling step"效应产生方向的示意图. 对于走滑地震,双向速度脉冲方向垂直断层走向方向;静力学地面位移(Fling step)则平行于断层走向. 对于倾滑地震,双向速度脉冲方向垂直断层面的方向,有铅直方向分量和垂直断层走向的水平方向分量;静力学地面位移则平行于断层面,且与断层滑动方向一致,有铅直方向分量和垂直断层走向的水平方向分量.

单向速度脉冲方向与"Fling Step"效应发生的方向一致,即发生在断层滑动的方向上.

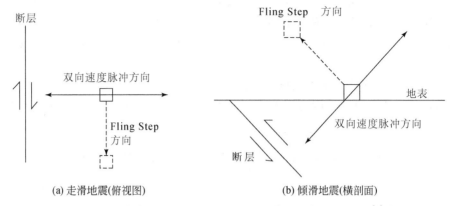

图 4 双向速度脉冲和 "Fling step" 的方向示意图 （据 Somerville[1]修改）

Fig. 4 Schematic orientation of two sided velocity pulse and "Fling Step" for strike-slip （left） and dip-slip （right） faulting

6 结语

近断层地震动强烈地受到震源破裂过程的影响，与远离断层的地震动有着显著的不同．上盘效应、破裂方向效应、"Fling step" 效应、由后两者引起的不同速度脉冲以及地震动的方向性等是近断层地震动最重要的特点．研究近断层地震动的特点，对于近断层强地震动模拟或者预测、近断层地震危险性分析，以及近断层建（构）筑物的动力学试验及抗震设计具有重要的理论和实践意义．

参 考 文 献

[1] Somerville P G. Characterizing near fault ground motion for the design and evaluation of bridges [A]. Proceedings of the Third National Seismic Conference and Workshop on Bridges and Highways Held in Portland [C]. Oregon, April 28-May 1, 2002.

[2] Somerville P G, Smith N F, Graves R W, et al. Modification of empirical strong ground motion attenuation relations to include the amplitude and duration effects of rupture directivity [J]. Seismological Res. Letter, 1997, 68: 199-222.

[3] Somerville P G. Emerging art: Earthquake ground motion. Geotechnical earthquake engineering and soil dynamics III [A]. Proceedings of a specialty conference held in Seattle [C], Washington, August 3-6, 1998. Geotechnical special publication No. 75, 1-38.

[4] Abrahamson N. Incorporating effects of near fault tectonic deformation into design ground motions [A]. A presentation sponsored by EERI Visiting Professional Program, hosted by the University at Buffalo, October 26, 2001.

[5] Abrahamson N. Ground motion: Lessons from recent earthquakes [EB/OL]. 2002. http://www.pge.com/docs/pdfs/education_training/about_energy/ diablo_canyon/docs/ground_motion. pdf.

Characteristics of near-fault strong ground motions

Wang Hai-Yun[1,2], Xie Li-Li[1,3]

(1. School of Civil Engineering, Harbin Institute of Technology, Harbin 150001, China;

2. Daqing Petroleum Institute, Daqing 163318, China;

3. Institute of Engineering Mechanics, China Earthquake Administration, Harbin 150080, China)

Abstract Main characteristics of near-fault strong ground motions are summarized and explained. Near-fault ground motions can be significantly different from those further away from the seismic source. And they are significantly influenced by the rupture mechanism, the direction of rupture propagation relative to the site, and possible permanent ground displacements resulting from the fault slip. These factors result in effects referred to as "rupture-directivity" and "fling step", and also result in effects referred to as "hanging wall". The effects, i. e., "rupture-directivity" and "fling step" result respectively in different velocity pulses: two sided and one sided. The hanging-wall effect causes larger ground motions on the hanging wall than on the foot wall at the same closest distance. For vertical strike-slip faults, the rupture directivity effect causes as strong spatial variation in ground motions for a given closest distance to the fault. For dip-slip faults, there are two prominent effects: the rupture directivity effect and hanging wall effect. The hanging wall effect is due mainly to the proximity of much of the fault to hanging wall sites. The rupture directivity effect is due to rupture propagation and radiation pattern effects. The radiation pattern of the shear dislocation on the fault causes length-period velocity pulse is oriented in the direction perpendicular to the fault plane, causing the strike-normal component of ground motions to be larger than the strike-parallel component at periods longer than 0.5 seconds. The fling step effect in near-fault strong ground motions is caused by the relative movement of the two sides of the fault on which the earthquake occurs, and oriented in the direction parallel to the fault dislocation.

抗震设计谱的发展及相关问题综述*

徐龙军[1,2]，谢礼立[1,3]，胡进军[3]

（1. 哈尔滨工业大学　土木工程学院，黑龙江　哈尔滨 150090；2. 中国海洋大学　工程学院，
山东　青岛 266100；3. 中国地震局工程力学研究所　黑龙江　哈尔滨 150080）

摘要　抗震设计谱是地震荷载的表征和工程抗震设计的基础．首先对国内外抗震设计反应谱的发展、演变进行了阐述，指出现今反应谱理论以及在此基础上建立的抗震设计谱所取得的进展；总结了被广泛使用的各种抗震设计谱所存在的问题，指出了解决问题的可能途径，简要介绍了双规准反应谱的概念和统一设计谱的思想；探讨了抗震设计谱的发展趋势以及所涉及的新课题．

引言

抗震设计谱是地震荷载的表征和工程抗震设计的基础，涉及地震工程中的一些传统和前沿性问题，影响到工程抗震设计的安全性和经济性．发展科学的抗震设计谱理论，建立准确、合理的抗震设计反应谱将为工程抗震理论的发展和该领域的研究奠定坚实的基础．

抗震设计谱是以地震动加速度反应谱特性为依据，经统计分析和平滑化处理并结合经验判断确定的[1-3]．然而，由于影响地震动反应谱的因素既多且又十分复杂，要针对每一种具体的情况给出适用的设计谱就变得十分困难，以至世界各国采用的抗震设计谱之间不仅存在明显的差异，而且普遍存在大量的不确定性[4]，我国新规范 GB50011-2001[5] 也还存在许多值得进一步探讨的问题[6-8]．目前各国科学家都指望能在一个较长的时期内，依靠强震观测取得尽量多的地震动记录，同时能够将影响设计谱的各种因素分类的更细，以期能在此基础上得到较为稳定的设计谱．但是也有学者[9]认为目前所出现在设计谱中的这些问题绝不是能够靠等待地震的发生和增加观测记录的数量所能解决的，必须另辟蹊径，特别是要研究不同地震动反应谱的统一性才能有望取得较好的结果．因此，揭示地震动的普遍规律，认识地震动反应谱的新特性，解决这一领域面临的诸多问题仍然是地震工程界的重要课题．

1　反应谱影响因素研究

自 1941 年 Biot[10] 提出反应谱概念，1958 年刘恢先[11] 在我国最早引入反应谱理论进行抗震设计，1959 年 Housner[12] 给出世界上第一条设计谱以来，地震反应谱理论开始得到了全世界地震工程界的广泛认同，也因此吸引了众多的全世界地震工程科学家和工程师对此

---

* 本文发表于《世界地震工程》，2007 年，第 23 卷，第 2 期，46-57 页．

进行了深入的研究. 随着震害经验和强震记录资料的积累, 人们逐渐发现反应谱的平均特征与许多因素有关, 如场地条件、震级大小、震中距离、传播途径以及震源机制等[13]. 在这些因素中, 有证据表明场地条件、震级大小和震中距离对反应谱的影响更为重要. 1965年, 我国学者周锡元[14]、陈达生[15]和章在墉等[16]通过对地震动记录反应谱的分析和讨论指出不同场地条件的反应谱形状不同. 上世纪七十年代日、美学者深入开展了场地条件对反应谱的影响研究[17-20], 明确了场地条件对反应谱的影响特征, 即硬土和软土场地分别对规准反应谱的短周期和中长周期段的放大作用明显. 随后, 陈达生等[21]在充分分析了国内外不同场地上地震动规准反应谱的基础上, 建议了我国设计谱的高度、特征周期, 提出将场地分为三类的思想. 1984年周锡元等[22]提出了改进的场地分类原则和方法, 建议将场地以土层厚度为主要指标, 考虑土层刚度和分层结构进行分类, 并给出了四类场地的平均反应谱. 近年来, 有关场地条件及场地土非线性作用对地震动反应谱的研究引起关注. 国内一些学者利用强震观测资料和场地模型计算分析了场地条件对地震动的影响问题, 给出了有价值的结论[23-27].

随着地震动记录的迅速积累, 研究人员发现震级、距离等对反应谱也确有影响. 文献 [28-29]按场地分类之后分析了震级和震中距对反应谱的影响特征, 认为同类场地上随震级的增大或震中距的变远规准反应谱的中长周期段有明显的放大趋向. 国外学者通过对地震动反应谱的研究[30-32]也分别得到了类似的结论.

随着减震耗能机构的应用推广和超高层钢结构的增多, 研究阻尼比对反应谱的影响以及反应谱长周期段的特性具有重要的现实意义. 王亚勇等学者[33-34]研究了阻尼比影响下反应谱的特征, 指出不同阻尼比反应谱可以通过对阻尼比为5%的谱调整得到, 并给出了不同阻尼比反应谱的修正公式. 谢礼立等学者[35-40]深入探讨了反应谱长周期段的变化规律, 为长周期设计谱的修订提供了重要参考.

随着工程建设的发展需要, 对设计谱的应用范围和精度提出了更广更高的要求, 也使得对设计谱的种类研究更多, 考虑因素更细. 在竖向设计谱的研究中, 许多学者[41-45]指出, 竖向地震动与水平向地震动之间的关系比较复杂, 不同周期段反应谱的竖向/水平向谱比受震级和震中距的影响不同, 用水平向设计谱按简单的系数折算成竖向设计谱的做法应慎重. 文献[46]利用近年来的地震安全性评价和地震小区划资料, 研究了场地相关反应谱的特征周期, 比较发现规范特征周期的取值不同程度上小于实际场地的卓越周期值. 近期, 不少学者还对地震动不同分量反应谱之间的关系、地下地震动的幅值和频谱特征、场地对设计谱特征周期的影响等诸多问题进行了探讨, 取得了一些有价值的结论[47-52].

近年来大地震的发生及其造成的近场震区的严重破坏引起人们对近场地震动的极大关注. 近场地震动的主要特征是断层破裂的方向性效应和逆冲断层地震中的上下盘效应. 上下盘效应多见于逆冲断层地震, 它主要是由于断层上盘的场地更靠近断裂面引起的. 上盘效应主要表现为上盘地震动的幅值大于下盘地震动[53-57]. 破裂的方向性效应是由断层破裂方向的传播和剪切位错辐射模式引起的. 当破裂的朝向与断层的滑动方向一线时, 在断层破裂朝向的前端产生向前的方向性效应, 使位于方向性效应前端的工程结构遭受更为剧烈的破坏作用[58-59]. 受方向性效应的影响, 不同分量地震动（垂直、平行断层方向）之间也存在一定的关系[59-60]. 在对近场地震动反应谱的研究中, Somerville[58]分析了近断层地震动反应谱与平均地震动反应谱的比率, 给出了考虑方向性效应影响的近断层设计谱模型.

最近，国内也有学者[61]开展了对近场地区设计谱的研究工作．本文作者[62]考虑近断层方向性效应地震动的参数关系式以及脉冲模型的结合，探讨了场地条件、断层距影响下的反应谱特征，对近断层地区设计谱的建立提出了建议．

尽管国内外学者对近场地震动的研究投入了较大的精力，但苦于近场地震动记录数量的限制，加之近场地区受震源机制，断层距以及场地条件等复杂性因素的影响，使得对该地区地震动特性的认识和规律把握还不够全面、彻底，对其地震动的估计还不可避免地存在偏差．因此，未来一段时间内，对近场地区的地震动地面运动特征及其影响因素、设计地震动参数及其选取、工程结构抗震设计方法的研究等仍将是地震工程领域的热点课题．

2 设计谱的演变

反应谱理论在我国的发展与应用经历了约半个世纪的历程．1955 年中国科学院土木建筑研究所翻译出版了苏联《地震区建筑规范 ПСП–101–51》作为我国工程抗震工作的参考依据．1959 年，我国第一本抗震设计规范《地震区建筑规范（草案）》问世，采用绝对加速度谱作为计算地震作用的依据（图 1a），规定按场地烈度进行设防，但未考虑场地条件对设计谱的影响[63]．当时，我国是世界上极少数采用反应谱理论进行抗震设计的国家之一．

1964 年的《地震区建筑设计规范（草案）》采纳了刘恢先教授提出的按场地分类给出设计谱的思想[64]，也是我国第一个自行编制并实施的建筑抗震设计规范．该规范中给出规准设计谱的平台高度为 3，规定最小规准谱谱值不小于 0.6（图 1b）．将场地按物理指标和土层特征描述分为四类，给出了四类场地的设计谱特征周期．考虑场地条件对设计谱的影响这一方法的引入要早于欧、美、日规范十余年．

我国于 1974 年颁布《工业与民用建筑抗震设计规范 TJ11–74（试行）》，这是我国第一个正式批准的抗震规范．由于受强震观测地震资料的限制，74 规范将 64 规范的四类场地调整为三类，场地的划分指标只依据宏观的土性描述，反应谱的特征周期也相应进行了调整（图 1c）．唐山地震后，在对 74 规范进行局部修改和补充的基础上又颁发了《工业与民用建筑抗震设计规范 TJ11–78》．

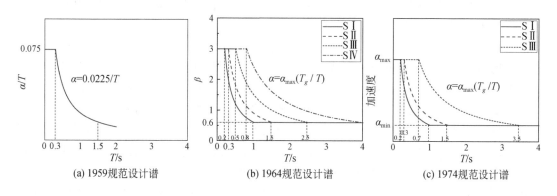

(a) 1959规范设计谱   (b) 1964规范设计谱   (c) 1974规范设计谱

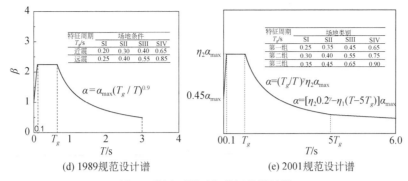

(d) 1989规范设计谱　　　　　(e) 2001规范设计谱

图1　我国不同时期的规范设计谱

Fig. 1　Seismic design spectra adopted in Chinese Code in different periods

我国《建筑抗震设计规范 GBJ11-89》是在充分总结 1975 年海城地震与 1976 年唐山地震震害教训并借鉴国外抗震规范的经验后修订的. 89 规范中场地的划分指标增加了覆盖层厚度和剪切波速,以场地土综合特征将场地类别改为四类. 考虑到场地地震环境对反应谱的影响,规范中增加了按近震、远震进行设计的内容,反应谱的特征周期按场地类别和近远震给出,反应谱的高频段由原来的平台改为在 0~0.1s 周期范围内的上升斜直线段,平台高度改为 2.25,不再限制反应谱的最小值,而是给出了设计谱的最大适用周期 3s (见图 1d).

新规范《建筑抗震设计规范 GB50011-2001》将 89 规范的周期范围延至 6s, 长周期位移控制段按斜直线段处理,不仅考虑近、远震,而且考虑了大震和小震,在场地条件的基础上,分三组设计地震选取特征周期,新规范增加了阻尼比对设计谱影响的内容. 场地分类依覆盖层厚度和剪切波速并适当调整了 89 规范中四类场地的范围大小 (图 1e).

在国外,Housner[12] 最早提出的设计谱使用了四次地震 (1934 年 El Centro, 1940 年 Olympia, 1949 年 Washington, 1952 年 Taft) 中的八条地震动水平分量,他用 0.2g 分别对八条地震动反应谱进行规准化再平均得来,但设计谱是用曲线形式表示的 (图 2a). 20 世纪 60 年代末期,Newmark[65] 建议用直线段描述设计谱,他认为反应谱分别与地震动的三个峰值 (加速度,速度和位移) 在反应谱的高频,中频和低频段相关,设计谱应该用规准谱分别乘以相应的地震动幅值用直线段来表示 (如图 2b 所示),值得注意的是当时建议的设计谱尚未考虑场地条件的影响. 1978 年美国应用技术委员会接受 Seed 等[19] 的建议考虑了场地条件对规准设计谱的影响,将场地分为三类,但只考虑了场地条件对设计谱特征周期的影响. 之后美国的 1985、1988、1991 和 1994 版统一抗震规范 (UBC) 都沿用了规准设计谱形式,给定场地的设计谱用规准设计谱乘以地震系数得到. 美国 1985、1988、1991 NEHRP 建议的抗震规范都是用有效峰值加速度 A_a 和有效速度相关加速度 A_v 定义的双参数设计谱,这两个参数都依地震区划图选取. 1985 年墨西哥地震以后,1988NEHRP 和 1988UBC 都增加了含软弱土层的四类场地 S4.

美国 1991NEHRP 提供了新的设计谱确定方法,该方法依据加速度区划图上按场地类别给定的周期为 0.3s 和 1s 的谱加速度建立设计谱. 1991NEHRP 给出了二类场地 (S2) 的谱区划图,并建议 1s 处 S1 类场地的谱值为 S2 场地谱值的 0.8 倍, S3、S4 类场地的谱值分别为 S2 场地谱值的 1.3 和 1.7 倍,该规范考虑了软弱土场地对反应谱中长周期段的影响. 1992 年,为进一步考虑场地对反应谱的放大作用,美国三大机构 (NCEER、SEAOC、

BSSC）联合召开场地反应地震工程会议，会议建议设计谱不同周期段的场地放大效应不仅与场地条件有关，还与场地土的非线性作用引起的振动强度有关，并提出了双参数标定设计谱的方法．这种方法根据 A_a 和 A_v 分别引入了新的地震系数 C_a 与 C_v 和场地放大系数 F_a 与 F_v，F_a 和 F_v 的取值主要参照了 Borcherdt[66] 与 Seed 等[67] 的研究结果．1994 年的 NEHRP 规范引入了这一双参数设计谱．1997UBC 的设计谱根据 C_a 和 C_v 来定义，并且考虑了近场影响系数[68]，见图 2c．1997NEHRP 设计谱根据发生最大地震时反应谱周期分别为 0.2s 和 1s 处的区划图加速度值建立[69]．由于区划图依 SB 类场地得来，其他场地的加速度值要相应地用 SB 类场地的加速度乘以各周期段对应的 F_a，F_v 得到，工程设计中以最大考虑地震动加速度谱值再乘以 2/3 进行折减取值．

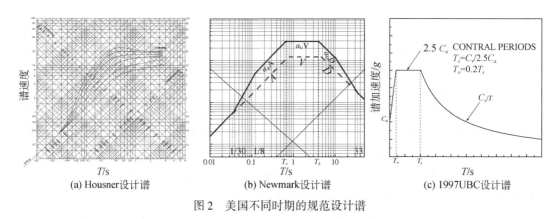

(a) Housner设计谱　　　　　　(b) Newmark设计谱　　　　　　(c) 1997UBC设计谱

图 2　美国不同时期的规范设计谱

Fig. 2　Seismic design spectra adopted in America in different periods

　　从中美两国抗震规范设计谱的演变过程看，它是一个随着震害经验的积累，强震记录的丰富，和对地震动反应谱特性认识的深入而不断发展和修整的过程，同时也表明设计谱的不确定和不完善性．对设计谱的调整主要集中在对工程场地地震环境相关设计谱形状的不断修订上．随着对工程场地地震环境分类的细化和考虑因素的增多，对各种影响因素作用下设计谱形状参数的调整仍将是抗震设计谱研究工作的重点．

3　抗震设计谱的表达

　　伴随着设计谱的研究过程，设计谱的表达形式也经历了很大的变化．Housner 提出的设计谱是用平均曲线的形式表达的[12,70]（如图 2a）．Newmark 建议的三联设计谱是在对数坐标系下采用直线段分段进行描述的，其表达形式如图 2b 所示．Newmark 认为反应谱的高、中和低频段分别与地震动的加速度、速度和位移的峰值（A、V、D）以及它们对应的放大系数（a_A、a_V、a_D）是相关的[12]．值得注意的是，三联设计谱的形状与四个人为定义的控制周期和六个统计参数（a_A、a_V、a_D、A、V、D）有关，其复杂性和不确定性不言而喻．另一方面，从场地的影响角度来看，当时尚未考虑场地条件对六个参数的影响，因此它并不能充分反映设计特征周期随场地变化的特点．

　　世界上绝大部分国家或地区抗震设计规范中的设计谱采用的是自然坐标下的分段表达形式．加速度控制段一般由上升斜直线段和平台段组成（如图 3a），也有完全用平台段表达的（如图 3f）；设计谱的速度控制段主要由指数衰减曲线表达（如图 3b），也有用斜直线下降段表达的（如图 3h）；对于位移控制段的表达主要由指数衰减曲线（负二次幂指数衰减如图 3c）、平台段（如图 3e）或斜直线下降段（如图 3a）几种形式．值得注意的是图 3d 和 3g 的表达，由于墨西哥城场地土的特殊性，其规准设计谱的谱值与特征周期都明显大于其他设计谱；日本规范设计谱从加速度向速度段的过渡采取了曲线的形式．

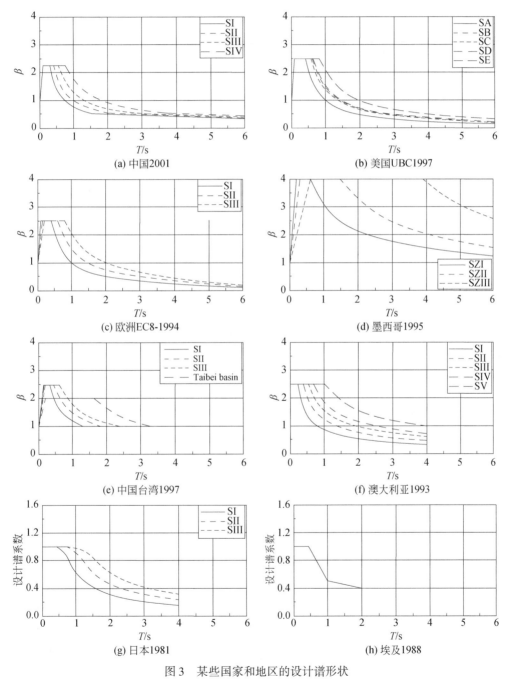

图 3　某些国家和地区的设计谱形状

Fig. 3　Design spectral shapes for some country and regions

工程实用的设计谱有规准设计谱（标准设计谱，或 β 谱）表达和绝对设计谱表达两种形式，用规准谱表达的设计谱由规准谱谱值乘以地震影响系数最大值或峰值加速度得到；用绝对谱表达的设计谱可直接应用于工程设计中. 常见的设计谱有斜直线上升段、平台段和指数衰减曲线段组成，可表示为：

$$S_a(T) = \begin{cases} a_m + a_m(\beta_m - 1.0)(T/T_0) & 0 < T \leqslant T_0 \\ a_m\beta_m & T_0 < T \leqslant T_g \\ a_m\beta_m(T_g/T)^\gamma & T_g < T \leqslant T_m \end{cases} \qquad (1)$$

其中，a_m、β_m、T_0、T_g 和 γ 分别表示地震动的峰值加速度、规准设计谱平台高度、第一拐点周期、第二拐点周期（特征周期）、下降段下降速度控制参数. 地震动峰值加速度 a_m 依据地震区划图进行选取. 设计谱的其他参数（β_m、T_0、T_g、γ）则是根据地震动平均谱的特征确定的. 因此，对设计谱的主要研究内容是如何科学、合理地确定设计谱的形状参数. 然而，影响地震动反应谱的因素众多，地震动记录的选取、分类，甚至对国情的考虑都有会造成不同规范中设计谱的巨大差异，在分析传统的设计谱建立方法对设计谱的影响时，有必要对抗震设计谱的形成过程进行讨论，对不同国家或地区规范设计反应谱的谱形进行详细的比较和分析.

4　抗震设计谱的确定

抗震设计谱的建立程序可以简单地归结为"四化"，即规准化、平均化、平滑化和经验化. 规准化是指将地震动记录的绝对加速度反应谱简单处理为规准化反应谱或放大系数谱的过程；平均化是设计谱建立过程中的主要工作，需要在地震动记录的选取分类基础上进行，地震动记录的数量，其选取是否具有代表性，记录分类指标和分类方法的选择，分类程度的粗细等都会对平均结果产生较大的影响，也是不同研究结果之间存在差异的最主要原因；平滑化指按照一定的表达形式将平均结果简单处理为光滑线条或简单形状的过程；经验化则是根据专家的经验考虑最终确定设计谱的过程，一般需要结合经济状况、安全度以及数据的离散情况而定. 设计谱的确定方法在不同的时期和不同的国家都存在一定程度的差别，但设计谱的标定都是以地震动区划图为依据的. 我国规范《建筑抗震设计规范（GB50011-2001）》[5] 中的设计谱主要是参照《中国地震动参数区划图（GB18306-2001）》[71] 中的双参数标定方法确定的.

我国同世界上许多国家和地区的抗震设计规范一样，设计谱的形式可大致用表达式（1）表示. 这样对设计谱特征的完整描述至少需要五个参数：a_m、β_m、T_0、T_g 和 γ，其中特征周期 T_g 被认为是确定设计谱形的最关键参数，T_g 的计算是与有效峰值加速度 EPA 和有效峰值速度 EPV 相关的. 根据 1978 年美国 ATC3-06 抗震设计样板规范的定义，EPA 指 5% 阻尼比绝对加速度反应谱高频段 0.1~0.5s 的平均谱值除以 2.5，EPV 为相应速度反应谱在 0.5~2.0s 段的平均谱值除以 2.5. 我国规范在计算 EPA 和 EPV 时不将频段固定，而是在对数坐标系中同时做出绝对加速度谱和伪速度谱，分别确定加速度谱平台段的起始周期 T_0 和结束周期 T_1；在伪速度谱中选定起始周期为 T_1 和结束周期为 T_2 的平台段. 再求得加速度谱 T_0~T_1 段的平均谱值 S_a 和伪速度谱 T_1~T_2 段的平均谱值 S_v. 于是《中国地震动参数区划图（GB18306–2001）》[71]定义了 EPA、EPV 和 T_g 分别为：

$$EPA = S_a/2.5$$
$$EPV = S_v/2.5$$
$$T_g = 2\pi \cdot EPV/EPA \qquad (2)$$

对基岩场地上 T_g 的统计分析认为，特征周期一般随震级的增大或距离的加大而增大. 我国的抗震规范在确定设计谱时，在相同烈度的条件下考虑远近震对特征周期的影响，也隐含了震级对它的影响. 在统计用于区划图衰减关系的过程中，先计算了 EPA 和 EPV，再确定加速度反应谱平台段的 $a_m b_m$ 和 T_g.

中国地震动参数区划图采用上述的方法确定设计谱和设计谱参数[72]. 地震动区划图是制订抗震设计规范的依据，在具体确定规范中采用的设计谱时，还考虑到了其他设计谱的确定方法和研究结果[21,22,73,74]. 因此，规范设计谱与地震动区划的设计谱参数取值并非完全一致，加上不同国家或地区，不同类别的抗震规范考虑问题的方式和因素不同，不同的规范设计谱之间可能会存在明显的差异.

5　不同规范设计谱的比较

为了探讨近些年来一些国家或地区抗震规范中设计谱的发展状况以及它们之间的差异，本文搜集了 38 个国家或地区的规范设计谱，其中大部分规范是 1996 年以前颁布的[4,62,75]. 这些规范中的设计谱大多数是按公式（1）的形式表示的. 对于 12 个用绝对设计谱形式表示的设计谱，均将其按 $\beta_m = 2.5$ 的规准谱形式进行了转换并表达出来. 由于不同国家或地区的规范对于场地的划分指标和划分标准不同，为了尽量减小存在差别的场地条件对设计谱的影响，本文仅将不同规范中给出的岩石场地设计谱与软土场地设计谱的谱形分别进行比较. 一般来说，无论规范中场地的分类方法与场地种类多少，都有岩石场地（最硬场地）和软土场地（最软场地）两类. 对于大部分规范设计谱，其规定的岩石场地的范围之间的差别相对较小，因此，不同规范中岩石场地的设计谱形也最有可比性. 但不同规范软土场地的范围之间的差别会比较大，相应地，不同规范软土场地的设计谱形之间的差别也会比较大.

图 4 分别给出了岩石场地与土层场地上不同规范中规准设计谱的比较结果，其中粗线所示为我国规范[5]中的规准设计谱. 可以看出，我国规范谱总体上小于多数国家的规准谱取值，尤其是岩石场地上中短周期段的谱值；尽管同属岩石场地，不同国家设计谱的谱值相差十分明显，同一周期对应谱值之间的差值可能高达十几倍；而软弱土场地规准谱之间的差别更为显著.

针对这 38 个国家和地区的规范设计谱的统计分析，发现不同规范设计谱之间主要存在以下差别和特点：①场地类别从 2 类到 6 类不等，其中将场地分为 3 类的占 55%，分为 4 类的占 29%，分为 2 类的占 7.9%，分为 5 类的占 5.3%，只有美国将场地分为 6 类（如图 5a），对场地类别划分的指标、方法与粗细程度基本上反映了不同国家或地区对设计谱的研究深度与认识水平；②有 17 个规范考虑了场地条件对设计地震峰值 a_m 的影响，其中除法国和欧洲规范考虑软土场地对 a_m 的减小作用外，其他规范均考虑软土场地对 a_m 的

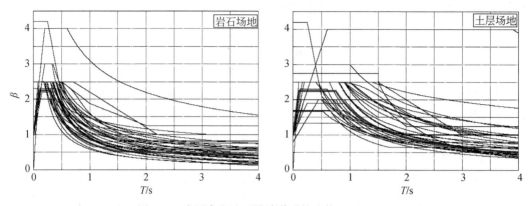

图 4　38 个国家和地区设计谱形的比较（$\xi = 0.05$）

Fig. 4　Comparison between design spectral shapes for 38 country and regions（$\xi = 0.05$）

放大作用，K_A（软土层场地与岩石场地的 a_m 之比）的统计值从 0.8 ~ 3.17 不等，平均值为 1.27（见图 5c）；③除加拿大、埃及、德国和印度 4 个国家外，其他国家均考虑采用增大 T_g 值来反映软土场地对设计谱中长周期段的放大作用，岩石场地与软弱土场地上 T_g 的平均值分别为 0.35s 和 0.934s（见图 5b），稍高于中国规范对应场地的 T_g 值；设计谱中 T_0 的确定一般是经验考虑，不同规范分别采用不同的值，其取值范围为 0 ~ 0.6s，T_0 的取值会显著影响到高频结构的抗震能力；④大多数规范不考虑场地对谱高度 β_m 的影响，在 12 个考虑场地影响的规范中，仅智利规范规定软土场地对 β_m 有放大作用，有 4 个规范的 $\beta_m <$

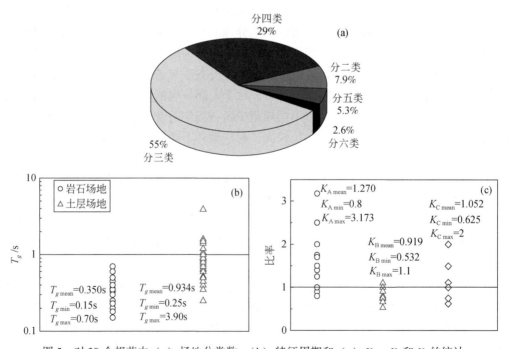

图 5　对 38 个规范中（a）场地分类数、（b）特征周期和（c）K_A、K_B 和 K_C 的统计

Fig. 5　Statistical analysis on（a）classified site types，（b）characteristic periods of 38 and

（c）K_A，K_B，（γ_S / γ_R）of 38 codes

2，但墨西哥和加拿大规范中β_m达到了4；K_B（软土层场地与岩石场地的β_m之比）的平均值为0.919，其最小值仅0.532（见图5c）；5）智利、古巴、中国台湾和墨西哥规范考虑了场地对设计谱参数γ的影响，不同规范中γ的差别很大，其取值范围为0.33~2，K_C（软土层场地与岩石场地的γ之比）也从0.625到2不等（如图5c），γ的的确定对设计谱长周期段的影响明显.

6 对我国规范设计谱的讨论

我国抗震设计规范大致经历了1959、1964、1974、1989和2001新规范五次大的演变过程[76]. 然而，在经过几次演变之后，仍然不能说我国的设计谱已经准确到令人满意的程度. 除上文讨论的设计谱存在的共性问题之外，我国的设计谱至少还存在几个问题：①在考虑阻尼影响的时候造成了不同阻尼比的设计谱在长周期段出现交叉且不收敛[7]，如图6所示，阻尼比为0.2的设计谱与阻尼比为0.1、0.05和0.02的设计谱分别在3.5s、4.5s和6s处出现了交叉，更无收敛性可言；②缺少对近场地震动设计谱的具体规定，按2001规范的规定，近场设计谱的T_g小于中、远场设计谱对应的T_g，这与考虑方向性效应影响的近断层地震动的频谱特征显然相矛盾；③对竖向地震作用和地下地震作用设计地震动参数的研究还不完善. 这些都是十分重要而又未能较好解决的问题.

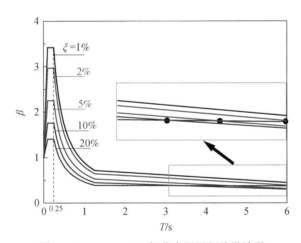

图6 GB50011-2001规范中阻尼相关设计谱

Fig. 6 Design spectra for different damping in China building code（2001）

7 影响设计谱的因素分析

众所周知，影响地震动反应谱谱值S_a的因素有震源机制SM；震中距ED；震源深度FD；地质条件GC；震级M；场地条件SC；阻尼比ξ和周期T等，可表示为[13]：

$$S_a = S_a(SM, ED, FD, GC, M, SC, \xi, T) \tag{3}$$

震源机制、震源深度和地质条件对反应谱的影响仍在研究中，它们对反应谱的影响尚未在规范中得到体现. 而场地条件、震级、震中距和阻尼比对反应谱的影响较为明显，许多的设计谱已考虑了这些因素的影响. 现行的各种规范设计谱都是按场地类别给出的, 而不同国家和地区的场地分类方法和指标存在很大差异, 相应设计谱的特征周期之间也差别显著. 另外, 不同的学者在研究地震动规准反应谱特征的统计过程中选取的记录及数量不同也会造成研究结果的差异, 如文献 [19] 的研究结果表明软土场地对反应谱长周期段的谱值有明显的放大作用, 且软土场地上规准反应谱的峰值低于其他场地上的峰值, 而从文献 [77] 也可以看出岩石场地的反应谱值在长周期段具有明显的放大倾向, 从文献 [78] 的研究结果也看不出不同场地上平均规准反应谱的峰值有明显差别. 又如文献 [16] 用 35 条地震动记录进行统计, 得到平均规准谱的峰值为 3.3, 文献 [15] 的平均结果为 3.04, 文献 [21, 22] 则建议 $\beta_{\max}$ 取 2.25; 目前我国现行规范按 2.25 取用, 美国规范 1997UBC 取 2.5. 究其原因, 由于场地条件十分复杂, 千变万化, 不同的研究分类方法也会导致不同的研究结果. 一般来说, 当地震记录来自于大震级且远距离的场地时, 地震动中会包含较多的长周期分量, 不但使规准谱的峰值周期向长周期段推移, 而且使规准谱的谱值沿周期的衰减速度减慢. 对规准谱平台高度的影响从本质上讲是由于对地震动规准谱的简单平均方法引起的, 在将地震动规准化反应谱分类之后进行平均时, 一方面削平了规准谱的峰值, 使平均谱变的光滑; 另一方面, 这种平均结果得到的谱高度并不是实际场地地震动的最大放大系数, 因此, 也就忽略了具体场地的动力特性. 场地划分越细, 每类场地的范围就越窄, 如果所用的记录数量较少, 且主要来源于少数几次地震的相同场地上时, 就会导致统计结果较大, 相反, 若场地范围较宽, 记录选取的范围也广, 则统计结果偏小. 如果用这种方法简单地将地震动规准谱进行平均, 并根据统计结果确定规准设计谱必然会增大设计谱的不确定性. 由此可见, 设计谱的传统研究尚方法尚存在许多不足, 这也是制约地震动反应谱理论进一步发展的主要原因.

8 抗震设计谱问题的解决途径

综上所述, 抗震设计谱的存在问题可大致归结为: ①设计谱短周期上升段与第一拐角周期的取值问题; ②场地分类方法、分类标准的确定和设计谱第二拐角周期 T_g 的取值问题; ③设计谱中长周期段的下降速度与取值问题; ④设计谱平台高度的确定; ⑤竖向地震作用与地下地震作用设计谱取值; ⑥阻尼比影响的设计谱取值; ⑦近断层地区设计谱的预测问题等等.

实际地震动是十分复杂的, 每次大地震及其反应谱都表现出新的特征, 分析新的地震动反应谱特征, 比较不同地震反应谱之间的异同, 从而作为更新现行规范设计谱的依据是各国规范设计谱不断修改变革的一贯做法. 按照这一做法, 设计谱的发展完善只能依靠地震的发生和地震动记录数量的积累才有望取得比较理想的结果. 因此, 目前各国科学家都指望能在一个较长的时期内, 取得尽量多的强震观测记录, 同时将能够影响设计谱的各种因素分类的更细, 以期能在这样的基础上得到较为稳定的各种设计谱. 但是也有学者[9,62]认为目前所出现在设计谱中的这些问题一方面是因为设计谱的形状和大小受到了场地条件、震源参数以及场地相对震源的距离和方位的强烈影响, 而另一方面这些影响机理又十分的复杂, 虽然理论上可以但是实际上很难用简单的参数来代表和分类这些影响, 因此设计谱的存在问题绝不是能够靠等待地震的发生和增加强震观测记录的数量就能解决的, 必须另辟蹊径才能有望取得较好的结果.

　　强震观测是人们认识地震动特征和结构地震反应特性的主要手段,自美国 1932 年架设世界上第一个强震观测台站并于 1933 年获得第一条地震加速度记录以来迄今已历时七十余年,位于地震区的各国家和地区仍不惜重金建成或正在建设自己规模宏大的强震观测台网以不断获取新的强震数据. 如此以来,引发了三个迫待解决的问题:①什么样的抗震设计谱是我们所需要的? 为了得到这样的设计谱到底还需要多少和哪些强震记录? 为了得到所想要的观测资料还要作怎样的努力? ②对于没有强震记录或仅有少量强震记录的国家和地区来说应采用怎样的抗震设计谱? ③我国虽已获取一定数量的强震记录,但现行设计谱的建立主要使用了国外记录这是否合适?

　　事实上,自 1933 年到 1994 年世界各国获取的可用地震记录已达五千余条. 近几年内发生的日本 Kobe 地震、中国台湾集集地震和土耳其地震中又获取了一批资料相对完备的强震记录,这些记录为反应谱的研究和各国抗震规范的制定提供了宝贵的数据资料. 但即使如此也不能够建立一个既可以考虑许多影响因素,又能做到强震记录在各影响因素和世界各地区之间分配均匀,还可以分类细致的地震动数据库. 因此,对上述三个问题的回答只能从研究地震动反应谱的统一性入手. 这就有必要从新的认识角度出发,加强所有地震动统一特性的研究,也即首先不是去寻求不同类别地震动反应谱之间的差异,而是分析在众多影响因素作用下反应谱的一致性和普遍规律.

9　双规准反应谱的概念

　　针对反应谱的统一性研究,文献 [62,79,80] 提出了地震动双规准反应谱的概念: 双规准反应谱就是在规准反应谱的基础上,再将横坐标无量纲化,即用横坐标的坐标周期除以规准谱的峰值对应周期 T_p:

$$\beta_{bn}\left(\frac{T}{T_p}\right) = \frac{2\pi\omega'}{PGA\omega_p}\left|\int_0^t \ddot{x}(\tau)e^{-\frac{2\pi\xi\omega'(t-\tau)}{\omega_p}}\left[\left(1-\frac{\xi^2}{1-\xi^2}\right)\sin\frac{2\pi\omega'(t-\tau)}{\omega_p} + \frac{2\xi}{\sqrt{1-\xi^2}}\cos\frac{2\pi\omega'(t-\tau)}{\omega_p}\right]d\tau\right|_{\max}$$

$$(4)$$

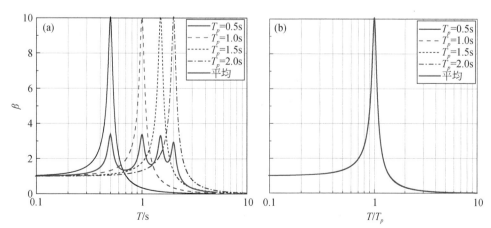

图 7　简谐地震动的 (a) 规准反应谱和 (b) 双规准反应谱 ($\xi=0.05$)

Fig. 7　Normalized and bi-normalized spectra of harmonic ground motions ($\xi=0.05$)

对于简谐加速度地震动, 只要给定谐波的作用循环数 i 和阻尼比 ξ, 任何简谐地震动的双规准反应谱的形状是完全一致的 (如图 7)[80]. 对于实际地震动, 从图 8 可以看出, 与地震动加速度反应谱和规准反应谱相比, 经两次规准化后得到的双规准反应谱不仅消除了地震动强度的影响, 还消除了谱卓越周期 T_p 对反应谱的影响. 因此, 不同地震动的双规准反应谱的谱形状也更为类似, 更为一致.

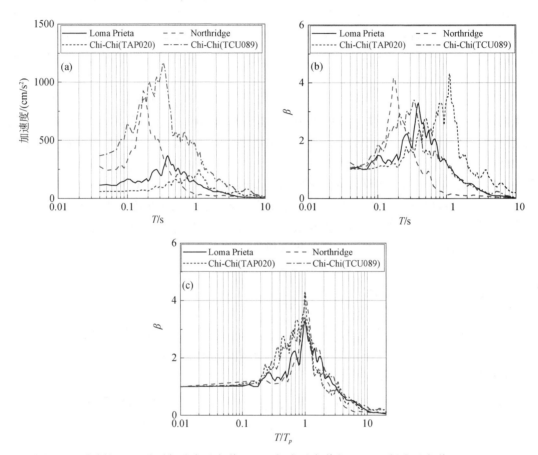

图 8　地震动的 (a) 绝对加速度反应谱、(b) 规准反应谱和 (c) 双规准反应谱 ($\xi=0.05$)
Fig. 8　Ground motion (a) acceleration response spectra, (b) normalized spectra and (c) bi-normalized spectra ($\xi=0.05$)

10　统一设计谱的发展前景及相关问题

如果不论什么样的地震地质环境、什么场地、多大震级, 多远距离得到的地震动反应谱的某种特征都十分的相似和接近, 那么就可以忽略这些因素的影响, 发展一种统一的设计谱模型. 既然地震动反应谱存在统一性, 这就无须再等待地震的发生, 任何地区都可以将其他地区获得的地震动应用于本地区, 只需根据本国的需要有选择地进行强震观测即可, 这就较好地解决了强震观测涉及的三个问题. 根据这一理论就可以发展一种统一的场地设计谱, 而且根据已有的强震记录, 就可以得到比较完备的设计谱了, 换言之, 即使再取得更多的记录也不会引起设计谱的明显变化，那么就可以比较精确地确定抗震设计谱了，进而可以使现有抗震设计规范以及设计反应谱得到进一步的发展和应用．

双规准反应谱是传统地震动反应谱和规准反应谱概念的发展和延伸，其物理意义具有新的内涵．要将双规准反应谱应用于工程结构的抗震设计，首先需要深入探讨地震环境影响下的地震动双规准反应谱的特性；其次，还须分析工程场地对应地震环境的地震动卓越周期 T_p 的特性及其与场地固有周期的关系，这是统一设计谱应用中必须考虑的新的课题．国内外已有学者对这两个方面的工作进行初步的探讨[60,62,81-83]．另外，这种新的概念和统一设计谱的应用方法还需认真研究，并接受工程实践的检验．

参 考 文 献

[1] 胡聿贤. 地震工程学 [M]. 北京：地震出版社，1988.

[2] 沈聚敏，周锡元，高小旺，等. 抗震工程学 [M]. 北京：中国建筑工业出版社，2000.

[3] 高小旺，龚思礼，苏经宇，等. 建筑抗震设计规范理解与应用 [M]. 北京：中国建筑工业出版社，2002.

[4] IAEE. Regulations for seismic design：A world list [M]. International Association for Earthquake Engineering，1996.

[5] 中华人民共和国标准. 建筑抗震设计规范（GB50011-2001）[S]. 北京：中国建筑工业出版社，2001.

[6] 郭明珠，陈厚群. 场地类别划分与抗震设计反应谱的讨论 [J]. 世界地震工程，2003，19（2）：108-111.

[7] 赵斌，王亚勇. 关于《建筑抗震设计规范》GB50011-2001 中设计反应谱的几点讨论 [J]. 工程抗震，2003，1：13-14，29.

[8] 耿淑伟. 抗震设计规范中地震作用的规定 [D]. 哈尔滨：中国地震局工程力学研究所博士学位论文，2005.

[9] 谢礼立. 地震工程研究的基本任务及其传统与非传统的研究领域 [R]. 2005 年国家自然科学基金委工程与材料学部十一五战略研究研讨会报告，2005.

[10] Biot M A. A Mechanical Analyzer for Prediction of Earthquake Stress [J]. Bull. Seism. Soc. Am.，1941，31：151-171.

[11] 刘恢先. 论地震力 [A]. 刘恢先地震工程学论文选集 [C]. 北京：地震出版社，1992：3-22.

[12] Housner G W. Behaviour of Structures During Earthquakes [J]. ASCE，1959，85 (EM4)，1959：109-129.

[13] Clough R，Pension J. Dynamics of Structures [M]. New York：McGraw Hill，1993.

[14] 周锡元. 土质条件对建筑物所受地震荷载的影响 [A]. 中国科学院工程力学研究所地震工程研究报告集（第二集）[C]. 北京：科学出版社，1965.

[15] 陈达生. 关于地面运动最大加速度与加速度反应谱的若干资料 [A]. 中国科学院工程力学研究所地震工程研究报告集（第二集）[C]. 北京：科学出版社，1965.

[16] 章在墉，居荣初. 关于标准加速度反应谱问题 [A]. 中国科学院土木建筑研究所地震工程报告集（第一集）[C]. 北京：科学出版社，1965.

[17] Hayashi S，Tsuchida H，Kurata E. Average Response Spectra for Various Subsoil Conditions [A]. Third Joint Meeting，US-Japan Panel on Wind and Seismic Effects [C]，UJNR，Tokyo，1971.

[18] Kuribayashi E，Iwasaki T，Iida Y，et al. Effects of Seismic and Subsoil Conditions on Earthquake Response Spectra [A]. Proc. International Conf. Microzonation [C]，Seattle，Wash.，1972：499-512.

［19］ Seed H B, Ugas C, Lysmer J. Site- Dependent Spectra for Earthquake Resistance Design ［J］. Bull. Seism. Soc. Am., 1976, 66（1）: 221-243.

［20］ Mohraz B. A Study of Earthquake Response Spectra for Different Geological Conditions ［J］. Bull. Seism. Soc. Am., 1976, 66（3）: 915-935.

［21］ 陈达生, 卢荣俭, 谢礼立. 抗震建筑的设计反应谱 ［A］. 中国科学院工程力学研究所地震工程研究报告集（第三集）［C］. 北京: 科学出版社, 1977.

［22］ 周锡元, 王广军, 苏经宇. 场地分类和平均反应谱 ［J］. 岩土工程学报, 1984（5）: 59-68.

［23］ 郭玉学, 王治山. 随场地指数连续变化的标准反应谱 ［J］. 地震工程与工程振动, 1991, 11（4）: 39-50.

［24］ 薄景山. 场地分类和设计反应谱调整方法研究 ［D］. 哈尔滨: 中国地震局工程力学研究所博士学位论文, 1998.

［25］ 孙平善, 于吉泰, 刘艺林. 场地分类和地震动参数调整研究 ［A］. 第五届全国地震工程会议论文集 ［C］. 1998: 157-161.

［26］ 窦立军, 杨柏坡. 场地分类新方法的研究 ［J］. 地震工程与工程振动, 2001, 21（4）: 10-17.

［27］ 李小军, 彭青. 不同类别场地地震动参数的计算分析 ［J］. 地震工程与工程振动, 2001, 21（1）: 29-36.

［28］ 周雍年. 震级、震中距和场地条件对地面运动反应谱的影响 ［J］. 地震工程与工程振动, 1984, 4（4）: 14-21.

［29］ 周锡元, 苏经宇. 烈度、震中距和场地条件对地面运动反应谱的影响 ［J］. 地震工程与工程动, 1983, 3（2）: 29-43.

［30］ Boore D M, Joyner W B, Fumal T E. Equations for Estimating Horizontal Response Spectra and Peak Acceleration from Western North American Earthquakes: A Summary of Recent Work ［J］. Seismological Research Letters, 1997, 68: 128-153.

［31］ Joyner W B, Boore D M. Prediction of Earthquake Response Spectra ［R］. US Geol. Surv. Open File Report, 1982, 82-977.

［32］ Mohraz B. Influences of the Magnitude of the Earthquake and the Duration of Strong Motion on Earthquake Response Spectra ［A］. Proc. Central Am. Conf. on Earthquake Eng. ［C］. San Salvador, El Salvador, 1978.

［33］ 王亚勇, 王理, 刘小弟. 不同阻尼比长周期抗震设计反应谱研究 ［J］. 工程抗震, 1990, 1: 38-41.

［34］ 马东辉, 李虹, 苏经宇, 等. 阻尼比对设计反应谱的影响分析 ［J］. 工程抗震, 1995, 4: 35-40.

［35］ 谢礼立, 周雍年, 胡成祥, 等. 地震动反应谱的长周期特性 ［J］. 地震工程与工程振动, 1990, 10（1）: 1-19.

［36］ 江近仁, 陆钦年, 孙景江. 强震运动加速度反应谱的统计特性 ［J］. 地震工程与工程振动, 1991, 11（2）: 19-27.

［37］ 翁大根, 徐植信. 上海地区抗震设计反应谱研究 ［J］. 同济大学学报, 1993, 21（1）: 9-21.

［38］ 俞言祥, 胡聿贤. 关于上海市《建筑抗震设计规程》中长周期设计反应谱的讨论 ［J］. 地震工程与工程振动, 2000, 20（1）: 27-34.

［39］ 于海英, 周雍年. SMART-1 台站记录的长周期反应谱特性 ［J］. 地震工程与工程振动, 2002, 22（6）: 8-11.

［40］ 王君杰, 范立础. 规范反应谱长周期部分修正方法的探讨 ［J］. 土木工程学报, 1998, 31（6）: 49-55.

［41］ Bozorgnia Y, Niazi M, Campbell K W. Observed Spectral Characteristics of Vertical Ground Motion Recorded during Worldwide Earthquakes from 1957 to 1995 ［A］. Proceedings of the 12th WCEE ［C］. New

Zealand，2000，No. 2671.

[42] Bozorgnia Y，Campbell K W. The Vertical-to-Horizontal Response Spectral Ratio and Tentative Procedures for Developing Simplified V/H and Vertical Design Spectra [J]. Earthquake Engineering，2004，8（2）：175-207.

[43] 石树中，沈建文，楼梦麟. 基岩场地地面运动加速度反应谱统计特性 [J]. 同济大学学报，2002，30（11）：1300-1304.

[44] 周雍年，周正华，于海英. 设计反应谱长周期区段的研究 [J]. 地震工程与工程振动，2004，24（2）：15-18.

[45] 耿淑伟，陶夏新. 地震动加速度反应谱竖向分量与水平向分量的比值 [J]. 地震工程与工程振动，2004，24（5）：33-38.

[46] 吴健，高孟潭. 场地相关设计反应谱特征周期的统计分析 [J]. 中国地震，2004，20（3）：263-268.

[47] 李英民，赖明，白绍良. 基于三参数模型的双向水平地震动相关设计反应谱研究 [J]. 世界地震工程，2002，18（4）：5-10.

[48] 胡进军，谢礼立. 地震动幅值沿深度变化研究 [J]. 地震学报，2005，27（1）：68-78.

[49] 胡进军，谢礼立. 地下地震动频谱特点研究 [J]. 地震工程与工程振动，2004，24（6）：1-8.

[50] 薄景山，李秀领，刘德东，等. 土层结构对反应谱特征周期的影响 [J]. 地震工程与工程振动，2003，23（5）：42-45.

[51] 孙锐，袁晓铭. 砂土液化对设计反应谱和场地分类的影响 [J]. 地震工程与工程振动，2003，23（5）：46-52.

[52] 朱东生，虞庐松，陈兴冲. 地震动强度对场地地震反应的影响 [J]. 世界地震工程，2005，21（2）：115-119.

[53] 俞言祥，高孟潭. 台湾集集地震近场地震动的上盘效应 [J]. 地震学报，2001，23（6）：615-621.

[54] Abrahamson N A，Somerville P G. Effects of the Hanging Wall and Footwall on Ground Motions Recorded during the Northridge Earthquake [J]. Bull. Seismol. Soc. Am.，86（1B）：93-99.

[55] Loh C H，Lee Z K，Wu T C，et al. Ground Motion Characteristics of the Chi-Chi Earthquake of 21 September 1999 [J]. Earthquake Engineering and Structural Dynamics. 2000，29：867-897.

[56] Wang G Q，Zhou X Y，Zhang P Z，et al. Characteristics of Amplitude and During for Near Fault Strong Ground Motion from the 1999 Chi-Chi，Taiwan Earthquake [J]. Soil Dynamics and Earthquake Engineering，2002，22：73-96.

[57] Shabestari K T，Yamazaki F. Near-Fault Spatial Variation in Strong Ground Motion due to Rupture Directivity and Hanging Wall Effects from the Chi-Chi，Taiwan Earthquake [J]. Earthquake Engineering and Structural Dynamics，2003，32：2197-2219.

[58] Somerville P G，Smith N F W，Graves R. Modification of Empirical Strong Ground Motion Attenuation Relations to Include the Amplitude and Duration Effects of Rupture Directivity [J]. Seis. Res. Lett.，1997，68（1）：199-222.

[59] Rodriguez-Marek A. Near Fault Seismic Site Response [D]. Ph. D. Thesis，Civil Engineering，University of California，Berkeley，2000.

[60] Xu L J，Xie L L. Characteristics of Frequency Content of Near-Fault Ground Motions during the Chi-Chi Earthquake [J]. Acta Seismologica Sinica，2005，18（6）：707-716.

[61] 李新乐，朱晞. 抗震设计规范之近断层中小地震影响 [J]. 工程抗震，2004，4：43-46.

[62] 徐龙军. 统一抗震设计谱理论及其应用 [D]. 哈尔滨：哈尔滨工业大学土木工程学院博士学位论文，2006.

[63] 龚思礼，王广军. 中国建筑抗震设计规范发展回顾 [A]. 中国工程抗震研究四十年 [C]. 北京：

地震出版社, 1989: 121-126.

[64] 尹之潜, 王开顺. 抗震规范中地震作用计算方法的演变 [A]. 中国工程抗震研究四十年 [C]. 北京: 地震出版社, 1989: 132-137.

[65] Newmark N M, Blume J A, Kapur K K. Seismic Design Criteria for Nuclear Power Plants [J]. J. Power Div., ASCE, 1973, 99 (PO2): 287-303.

[66] Borcherdt R D. Estimates of Site-Dependent Response Spectra for Design [J]. Earthquake Spectra, 1994, 10: 617-653.

[67] Seed R B, Dickenson S E, Mok C M. Recent Lessons Regarding Seismic Response Analyses of Soft and Deep Clay Sites [A]. Proc. 4th Japan-US Workshop on Earthquake Resistant Design of Lifeline Facilities and Countermeasures for Soil Liquefaction [C]. 1992, I: 131-145.

[68] Robert E B, David R B. The Seismic Provisions of the 1997 Uniform Building Code [J]. Earthquake Spectra, 2000, 16: 85-100.

[69] William T H. The 1997 NEHRP Recommended Provisions for Seismic Regulations for New Buildings and Other Structures [J]. Earthquake Spectra, 2000, 16: 101-114.

[70] Chopra A K. Dynamics of structures: Theory and Application to Earthquake Engineering [M]. Prentice-Hall, NJ, 1995: 197-204.

[71] 中华人民共和国标准. 中国地震动参数区划图 (GB18306-2001) [S]. 北京: 中国建筑工业出版社, 2001.

[72] 胡聿贤. 《中国地震动参数区划图》宣贯教材 [M]. 北京: 中国标准出版社, 2001.

[73] 廖振鹏, 李大华. 设计地震动反应谱的标定 [R]. 地震区划专题研究阶段报告, No. 1, 1987.

[74] 王国新, 陶夏新, 姜海燕. 反应谱特征参数的提取及其变化规律研究 [J]. 世界地震工程, 2001, 17 (2): 73-78.

[75] 李小军, 彭青, 刘文忠. 设计地震动参数确定中的场地影响考虑 [J]. 世界地震工程, 2000, 17 (4): 34-41.

[76] 陈国兴. 中国建筑抗震设计规范的演变与展望 [J]. 防灾减灾工程学报, 2003, 23 (1): 102-113.

[77] Mohraz B. Recent Studies of Earthquake Ground Motion and Amplification [A]. Proc. 10th World Conf. Earthquake Eng. [C]. Madrid, Spain, 1992: 6695-6704.

[78] Mohsen T, Farzaneh H. Influence of Earthquake Source Parameters and Damping on Elastic Response Spectra for Iranian Earthquakes [J]. Engineering Structures, 2002, 24: 933-943.

[79] Xu L J, Xie L L. Bi-Normalized Response Spectral Characteristics of the Chi-Chi Earthquake [J]. Earthquake Engineering and Engineering Vibration, 2004, 3 (2): 147-155.

[80] 徐龙军, 谢礼立, 郝敏. 简谐波地震动反应谱研究 [J]. 工程力学, 2005, 22 (5): 7-13.

[81] 马宁. 地震动频谱周期参数研究 [D]. 哈尔滨: 哈尔滨工业大学硕士学位论文, 2005.

[82] Rathje E M, Abrahamon N A, Bray J D. Simplified Frequency Content Estimates of Earthquake Ground Motions [J]. J. Geotech. Eng. Div., ASCE, 1998, 124 (2): 150-159.

[83] Rathje E M, Faraj F, Russell S, et al. Empirical Relationships for Frequency Content Parameters of Earthquake Ground Motions [J]. Earthquake Spectra, 2004, 20 (1): 119-144.

The review of development and certain problems in seismic design spectra

Xu Long-Jun[1,2], Xie Li-Li[1,3] and Hu Jin-Jun[3]

(1. School of Civil Engineering, Harbin Institute of Technology, Harbin 150090, China; 2. College of Engineering, Ocean University of China, Qingdao 266071, China; 3. Institute of Engineering Mechanics, China Earthquake Administration, Harbin 150080, China)

Abstract Seismic design spectra, which can represent the ground motion load, are the basis of engineering aseismatic design of structures. Firstly, the evolution of the seismic design spectra in China and of abroad are reviewed, achievement on the theory of response spectrum and on seismic design of structures are pointed out; Secondly, questions involved in design spectra of earthquake action provisions in main country and regions are analyzed, concept of bi-normalized response spectrum and the theory of uniform design spectrum are introduced; Lastly, suggestions on development of guidelines and on future research, as well as limitations of this work are put forward.

基于双规准反应谱的抗震设计谱[*]

徐龙军[1,2]，谢礼立[1,3]

(1. 哈尔滨工业大学土木工程学院，哈尔滨 150090；2. 中国海洋大学工程学院，青岛 266100；
3. 中国地震局工程力学研究所，哈尔滨 150080)

摘要 以千余条水平分量地震动记录为数据基础，考虑场地条件，距离和震级的影响，对地震动的加速度规准反应谱和双规准反应谱进行了研究．结果表明，规准反应谱明显受到场地条件，距离和震级的影响，但场地、距离和震级地震动的平均双规准反应谱之间却表现出良好的一致性，在此基础上建议了统一的双规准设计谱模型．考虑阻尼比的影响和与现行规范设计谱相衔接，建议了可供工程设计参考使用的基于双规准反应谱的抗震设计谱，并与现行规范设计谱进行了比较．

引言

目前，世界各国的抗震设计谱仍然存在一些问题，这些问题主要表现在：设计谱很不统一，不同国家或地区的设计谱之间差异很大[2]，甚至同一个国家在不同时期的抗震设计谱之间也有较大差别．同样，我国现行规范设计谱也存在许多有待进一步研究的问题[3-5]．设计谱的现状一方面导致了场地设计谱的巨大差异和巨大的不确定性；另一方面也说明对地震动特性认识的不足．这就迫切需要对地震动的特性进行更为深入的研究，用以确定更为科学合理的抗震设计谱，从而推动反应谱理论的进一步发展和完善．

本文从结构动力学的基本理论出发，介绍了地震动双规准反应谱的概念．通过对大量地震动数据资料的统计分析，证明了地震动参数影响下双规准反应谱的统一特性，建议了基于地震动双规准反应谱特征的统一抗震设计谱，探讨了统一设计谱的应用问题，可以为工程抗震设计和规范设计谱的修订提供参考．

1 双规准反应谱

简谐地震动是一种最简单的地震动，对简谐地震动反应谱的研究有助于认识一般地震动反应谱的特性．图 1 (a) 给出了不同振动周期简谐地震动的加速度规准反应谱（或标准反应谱、放大系数谱）．可以看出，不同谐波规准谱的平均谱与每条样本谱都存在显著差异，其峰值远远低于样本谱的峰值，当谐波反应谱的数量越多，它们的峰值周期离散性越大时，平均谱与样本谱之间的差别越大．对于每条不同的规准谱，均将其横坐标除以各自的谱峰值对应周期 T_p，即用谱峰值周期再将规准谱的横坐标规准化，这样经两次规准化

---

[*] 本文发表于《哈尔滨工业大学学报》，2007 年，第 39 卷，第 12 期，1859-1863 页．

的反应谱叫作双规准化反应谱[6]. 我们发现简谐地震动的双规准反应谱十分的近似,只要谐波作用循环周期数相同,不论其幅值和振动频率为多少,其双规准反应谱都完全相同[7](图1(b)). 由此可见,简谐地震动的规准反应谱并不能反映简谐地震动的普遍特征,其规准谱的平均谱由于受到谐波数量和每条谐波卓越频率的影响而表现出巨大的不确定性;而简谐地震动的双规准反应谱才是对简谐地震动本质规律的把握.

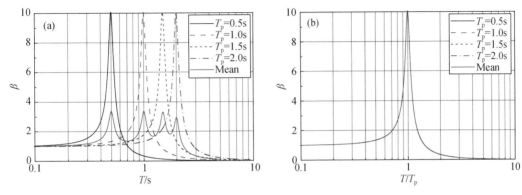

图1 简谐地震动的规准反应谱和双规准反应谱($\xi=0.05$)

对于实际地震动,用加速度反应谱的纵坐标除以对应地震动的加速度幅值 PGA 可以得到加速度规准反应谱,规准反应谱反映了单质点体系在地震作用下的最大反应对地震动峰值的放大情况. 双规准反应谱就是在规准反应谱的基础上,再将横坐标无量纲化:用规准反应谱的峰值对应周期 T_p 去除相应反应谱的横坐标所得到的结果[6,8]. 这样,地震动加速度反应谱的双规准化就包括纵坐标的规准化和横坐标的规准化,纵坐标的规准化是为了消除不同地震动强度对反应谱谱值的影响,横坐标的规准化则主要是消除不同的地震动卓越周期对反应谱形状的影响,双规准反应谱的横坐标为无量纲的相对周期 T/T_p. 表1列出了四条实际地震动,这四条地震动的加速度规准反应谱和双规准反应谱分别示于图2(a),(b). 可以看出,不同震级、不同距离、不同场地类别地震动的规准反应谱之间差别十分明显;而它们的双规准反应谱却表现出较好的一致性. 因此,双规准反应谱比传统的规准反应谱更能反映实际地震动的特性.

表1 四条地震动记录

地震	台站	M_W	震中距/km	PGA/cm·s^{-2}	场地类别
Loma Prieta (1989)	San Fran Diamond H.	7.0	98.4	110.8	SC
Northridge (1994)	Lake Hughes#9	6.7	43.7	221.2	SB
Chi-Chi (1999)	TAP020	7.6	149.9	58.9	SE
	TCU089		7.5	343.4	SC

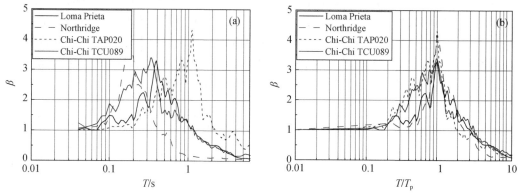

图2　四条地震动的规准反应谱和双规准反应谱（$\xi=0.05$）

2　地震动数据资料

本文共收集到1952至1999年间33次地震中531个自由场地台站的地震动记录，其中每个台站包含两个相互垂直的水平地震动分量．地震名称与选取的记录数量见表2（附后）．这些地震动记录分别出自美国太平洋地震工程研究中心强震数据库（http://peer. berkeley. edu/smcat）和中国地震局工程力学研究所强震数据库（http://www. iem. cn/eeev）．为了使选取的地震动记录具有较强的代表性，本文在记录的选取过程中主要考虑了三条原则：①地震动的数量尽可能地均匀分布于各类场地、各距离和震级范围上，先考虑不同场地的均匀分布；②避免一次地震中使用过多的记录可能对统计结果带来的影响；③地震动记录的高、低频通透率分别不得大于0.3Hz和不小于20Hz.

表2　选取的地震动记录

地震名称	地震位置	地震日期	震级	记录数量
Kern County	California	1952 0721	7.4	5
Parkfield	California	1966 0628	6.1	4
San Fernando	California	1971 0209	6.6	4
Oroville	California	1975 0808	4.7	9
Tangshan After Shock	China	1976 0831	4.3	3
Coyote Lake	California	1979 0806	5.8	4
Imperial Valley	California	1979 1015	6.5	37
Livermore Valley	California	1980 0224	5.8	5
Livermore Valley	California	1980 0227	5.8	6
Anza	California	1980 0225	4.9	5
Mammoth Lakes	California	1980 0527	4.9	13
Westmoreland	California	1981 0426	5.6	5
Coalinga	California	1983 0502	6.4	40

续表

地震名称	地震位置	地震日期	震级	记录数量
Coalinga	California	1983 0502	5.3	5
Coalinga	California	1983 0709	5.2	13
Coalinga	California	1983 0722	4.9	2
Morgan Hill	California	1984 0424	6.2	16
Palm Springs	California	1986 0708	5.9	13
Whittier	California	1987 1001	6.0	38
Lancag	China	1988 1111	4.5	2
Gengma	China	1988 1111	5.0	1
Gengma	China	1988 1118	4.2	2
Gengma	China	1988 1120	4.6	1
Lancag	China	1988 1127	6.3	1
Lancag	China	1988 1129	4.0	2
Loma Prieta	California	1989 1018	6.9	42
Petrolia	California	1992 0425	7.2	5
Landers	California	1992 0628	7.3	31
Northridge	California	1994 0117	6.7	70
Kobe	Japan	1995 0116	6.9	11
Kocaeli	Turkey	1999 0817	7.4	14
Chi-Chi，Taiwan	China	1999 0921	7.6	110
Duzce	Turkey	1999 1112	7.1	12

表3 记录场地类别划分

场地	场地描述	数量/%
I	基岩	131/24.7
II	坚硬土/软基岩	128/24.1
III	硬土	130/24.5
IV	软土	142/26.7

表4 记录按震中距分类

距离	范围/km	数量/%
近场	$D \leqslant 20$	142/26.7
中场	$20 < D \leqslant 50$	183/34.5
远场	$50 < D$	206/38.8

表 5　记录按震级分类

震级	范围/M_W	数量/%
小震级	$M_W \leqslant 5$	40/7.5
中震级	$5 < M_W \leqslant 6.5$	187/35.2
大震级	$6.5 < M_W$	304/57.3

　　参照美国 1997UBC 的场地分类方法，将场地划分为四类，按震中距的大小分为近场、中场和远场三类，按震级大小分为小震级、中震级和大震级三类，表 3、表 4、表 5 分别给出了选取记录的场地、距离和震级的分类范围、数量及百分比．图 3 分别给出了选取记录的震级/距离分布和记录数量/震级的分布情况．

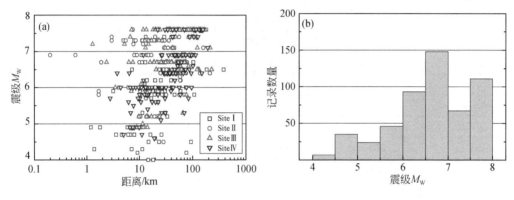

图 3　地震动记录的分布

3　规准反应谱和双规准反应谱

3.1　场地条件的影响

　　本文选取的四类场地上的记录样本容量基本相同（表 3）．将每类场地上地震动的规准反应谱和双规准反应谱分别进行了平均．图 4（a）和（b）分别给出了不同场地记录的平均规准谱和平均双规准谱．图 5 和图 6 还分别给出了两种谱相应的标准差 σ 和变异系数 μ．从图中可以看出场地影响下两种谱具有以下特征：

　　（1）不同场地的平均规准谱之间存在明显的差别，随场地土的变软，规准谱的峰值对应周期增大；在高频段，规准谱的谱值随场地土的变软而减小，而中低频段的谱值变化规律却相反．

　　（2）不同场地的平均双规准谱在小于横坐标 1 的部分十分接近，在大于 1 的部分随场地土的变软其谱值略有增大的趋势，但差别甚小．

　　（3）不同类别场地上规准谱的标准差之间差别明显，而双规准谱标准差之间的差别明显小于规准谱之间的差别，规准谱标准差的最大值接近 1，而双规准谱标准差的最大值仅为 0.8.

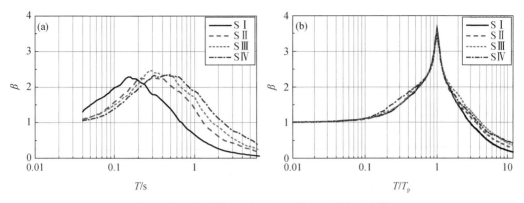

图 4　场地条件影响的规准反应谱和双规准反应谱

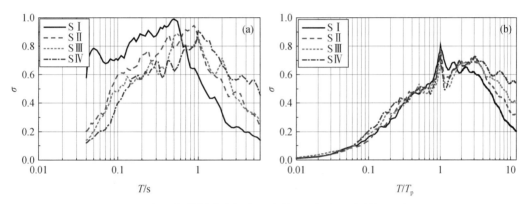

图 5　场地条件影响的规准反应谱和双规准反应谱标准差

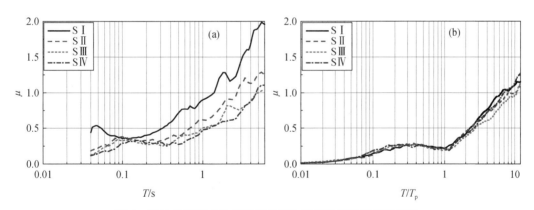

图 6　场地条件影响的规准反应谱和双规准反应谱变异系数

（4）两种谱的变异系数都随着横坐标的增大而增大；不同场地上规准谱的变异系数之间差别明显，场地土越软变异系数越小；不同场地上双规准谱变异系数曲线之间的差别很小且光滑平缓．

3.2　距离的影响

对规准反应谱的研究表明震中距是影响反应谱的因素之一，规范设计谱也考虑了这一因素的影响．从图 7 来看，震中距对规准谱和双规准谱的影响有以下特点：

（1）震中距对规准谱的影响表现为，高频段部分的谱值随距离的增大而减小，中低频段部分的谱值随距离的增大而增大；随震中距的增大，平均规准谱的峰值对应周期增大．

（2）不同震中距情况下的双规准反应谱之间十分接近．

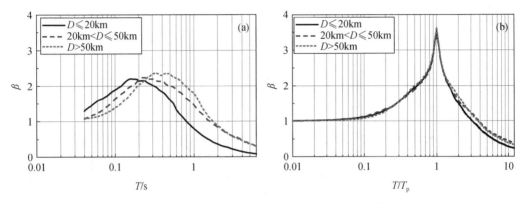

图 7　距离影响下的规准反应谱和双规准反应谱

3.3　震级的影响

图 8 给出了震级影响下的平均规准谱和平均双规准谱，可以看出两种谱的特征如下：

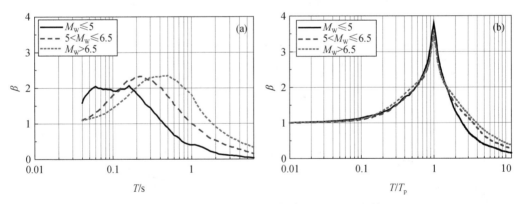

图 8　震级影响下的规准反应谱和双规准反应谱

（1）震级对平均规准反应谱的影响显著．在短周期段，平均规准反应谱的谱值随震级的增大而减小，在中长周期段，随震级的增大而增大；平均规准谱的峰值周期随震级的加大向长周期段偏移．

（2）震级对双规准反应谱的影响较小．在横坐标小于 2 的区段，不同震级的平均双规准谱十分接近，在相对长周期段，大震级地震动的平均双规准谱也略高于小震级地震动的平均双规准谱．

4 统一设计谱的应用

4.1 统一设计谱

以上分析表明，与地震动规准反应谱不同，不同场地、距离和震级的平均双规准谱之间的差别都很小，说明双规准谱比通常的规准谱有着良好的统一性．这样就可以不考虑场地条件、距离和震级的影响，将各种场地，各震级和各距离范围上的双规准谱进行总平均．图 9（a）所示为本文选取的全部地震分量的平均双规准谱及其+1 倍的标准差曲线．根据平均双规准谱的特征，本文建议统一的双规准设计谱为：

$$\beta_u = \begin{cases} 2.5 \cdot X+1 & 0<X<1 \\ 3.5 \cdot X^{-1} & X \geqslant 1 \end{cases} \tag{1}$$

其中，$X=T/T_p$，T 为体系的自振周期，T_p 是工程场地地震动卓越周期．图 9（b）将建议的统一设计谱与平均双规准谱进行了比较，可以看出，在横坐标小于 3 的范围，建议谱略高于平均谱，在相对长周期段建议谱与平均谱基本吻合．考虑到震级对双规准谱的影响不可忽略，本文建议当设计地震加速度 $A \geqslant 0.2g$ 时，可以适当放慢统一设计谱相对长周期下降段的下降速度，下降段衰减指数可以取 −0.9.

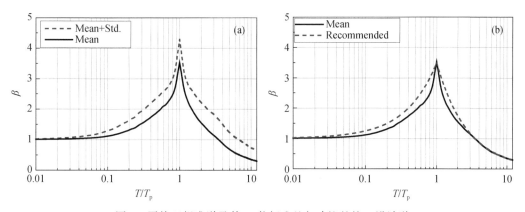

图 9 平均双规准谱及其+1 倍标准差与建议的统一设计谱

4.2 阻尼比的影响

阻尼比是影响反应谱谱值的主要因素之一．对阻尼比影响的规准谱的研究方法主要是以阻尼比 $\xi=0.05$ 的谱曲线为基准，再将其他阻尼比反应谱的谱值进行调整．目前，世界上绝大多数国家的抗震规范给出的设计反应谱都是临界阻尼比 $\xi=0.05$ 的规准设计谱．这一阻尼对广泛应用的钢筋混凝土和砖混结构是适宜的，但对钢结构则明显偏大，对附有耗能减震机构的结构则明显偏小．现行规范[12]给出了阻尼比范围为 0.01 ~ 0.2 的设计谱调整方法，但双规准反应谱与传统的规准反应谱有许多不同之处，因此，规范中有关不同阻尼比设计谱的调整方法已不适用于双规准反应谱．

为观察阻尼比对双规准反应谱的影响，本文从集集地震地震动中选取了 60 条谱形较规整的地震动记录，忽略场地和距离的影响，计算了阻尼比分别为 0.01、0.02、0.05、0.07、0.10、0.15 和 0.20 的平均双规准谱[8]，见图 10 (a). 以阻尼比为 0.05 的平均谱为基准，得到了各阻尼平均谱与基准谱的谱比曲线 C_d，并对谱比曲线（图 10 (b)）按线性公式 (3) 进行了线性拟合：

$$C_d = \frac{S_{u\xi}}{S_{u0.05}} \qquad (2)$$

$$C_d = aX + b \qquad (3)$$

其中，a 和 b 为线性拟合系数. 公式 (3) 中系数 a 和 b 如表 6 所示. 再将系数 a 和 b 分别进行拟合（见图 11 (a) 和 (b)），并令阻尼比之比：

$$\eta = \frac{0.05}{\xi} \qquad (4)$$

可得到近似关系式：

$$a = 1 - \eta^{0.015}$$
$$b = \eta^{0.3} \qquad (5)$$

将公式 (1)、公式 (2) ~ (5) 联立，可得到阻尼比为 ξ 的统一设计谱的表达式：

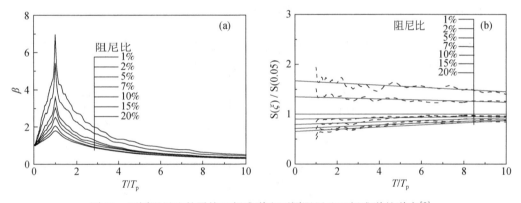

图 10　不同阻尼比的平均双规准谱和不同阻尼比双规准谱的谱率[8]

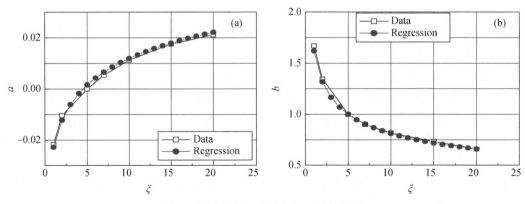

图 11　拟合系数 a 和 b 与阻尼比的关系

$$S_{u\xi}=\begin{cases}(3.5\eta^{0.3}-3.5\eta^{0.015}+2.5)\cdot X+1 & 0<X<1\\ 3.5(\eta^{0.3}\cdot X^{-1}-\eta^{0.015}+1) & X\geqslant1\end{cases} \quad (6)$$

表6 谱比曲线拟合系数[8]

拟合系数	阻尼比 ξ						
	0.01	0.02	0.05	0.07	0.10	0.15	0.20
a	−0.0216	−0.0104	0	0.0054	0.0113	0.0176	0.0211
b	1.6701	1.3465	1	0.9007	0.8171	0.7340	0.6596

4.3 场地地震动卓越周期 T_p 的确定

由于统一设计谱的横坐标是无量纲的相对周期，要将统一设计谱横坐标乘以反映地震环境影响的工程场地地震动卓越周期 T_p 才可以为工程设计使用．确定工程场地设计卓越周期的方法有多种，如地脉动法，钻孔法，经验估计法等[9-11]．为保持与现行建筑规范GB50011-2001[12]的衔接，也可以直接参考规范给出的设计特征周期 T_g，将现行规范中的设计特征周期 T_g 转换为场地地震动卓越周期 T_p，转换的原则是使：

$$T_p\cdot T_2=T_g \quad (7)$$

其中，T_p 为统一设计谱卓越周期，T_2 为5%阻尼比的统一设计谱被高度 $\beta_{max}=2.25$ 的直线截得的第二相对拐角周期（$T_2=1.56$，第一相对拐角周期 $T_1=0.50$），T_g 为规范设计谱特征周期．按公式（7）可以求得不同场地、不同地震分组的设计卓越周期 T_p（见表7所示），用统一设计谱的横坐标乘以某一场地地震动卓越周期 T_p，就可以得到工程应用的抗震设计谱了．

表7 设计卓越周期 $T_p(s)$

设计地震分组	场地类别（$\beta_{max}=2.25$）			
	I	II	III	IV
第一组	0.160	0.224	0.289	0.417
第二组	0.192	0.256	0.353	0.481
第三组	0.224	0.289	0.417	0.577

4.4 与规范设计谱的比较

本文将最终确定的5%阻尼比时不同场地上的基于统一设计谱的抗震设计谱与规范中对应的设计谱进行了比较，比较结果见图12（a）．图12（b）为SII类场地上不同阻尼比（$\xi=0.01$、0.02、0.05、0.10和0.20）的设计谱与规范中对应设计谱的比较．从图中可以看出，本文建议的设计谱有以下特点：

（1）建议谱短、长周期段的设计谱值低于规范设计谱的谱值．

（2）建议谱的第一拐角周期随设计卓越周期的变化而有所调整，这符合地震动反应谱的基本变化规律．

（3）建议谱的第二拐角周期可以看成是不随阻尼变化的，第二拐角周期的对应谱值也就是相应阻尼比的统一设计谱的平台高度．

（4）在短周期和较长周期段，不同阻尼比的建议谱低于相应的规范谱；在平台段，除 $\xi=0.02\,\mathrm{s}$ 和 $0.05\,\mathrm{s}$ 外，其他阻尼比的建议谱略高于规范设计谱．

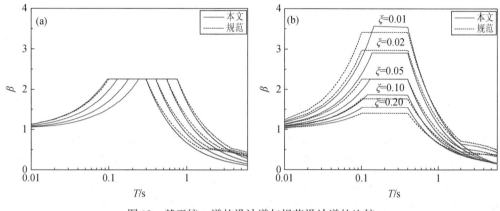

图 12　基于统一谱的设计谱与规范设计谱的比较

5　结论

（1）场地条件、距离和震级对规准反应谱的影响都十分明显，对双规准反应谱的影响都较小，尽管震级对双规准反应谱相对长周期段的影响不可忽略，但双规准谱比传统的规准谱表现出良好的统一性．

（2）阻尼比对双规准反应谱峰值的影响最为明显，考虑阻尼比的影响，给出了统一的设计谱模型．

（3）考虑与现行抗震规范的衔接，将 5% 阻尼比的统一谱的高度降低到 2.25，按一定的关系，把设计特征周期转换为可供统一设计谱使用的场地地震动卓越周期．

（4）用设计卓越周期乘以统一设计谱的横坐标得到了建议的抗震设计反应谱，与规范设计谱的比较表明，建议谱在短周期和长周期段的谱值略小于规范设计谱的谱值；在平台段，总的来看不同阻尼比的建议谱略高于规范设计谱．

本研究不仅进一步揭示了地震动的普遍规律，还为基于地震动统一特性的抗震设计谱的预测开辟了一种新的思路．但不论是双规准反应谱的概念，还是统一设计谱的预测及应用方法都与传统的设计谱不同，将这种新的方法应用于工程实际并为广大工程人员所接收尚须经过工程实践的检验过程，也有待于进一步的研究和完善．

参 考 文 献

［1］ Housner G W. Behavior of structures during earthquakes ［J］. Mech Div ASCE，1959，85（EM4）：109-129.

［2］ IAEE. Regulations for seismic design：A world list—1996 ［M］. International Association for Earthquake Engineering，1996.

［3］ 郭明珠，陈厚群. 场地类别划分与抗震设计反应谱的讨论 ［J］. 世界地震工程，2003，19（2）：108-111.

［4］ 赵斌，王亚勇. 关于《建筑抗震设计规范》GB50011-2001 中设计反应谱的几点讨论 ［J］. 工程抗震，2003，（1）：13-14，29.

［5］ 耿淑伟. 抗震设计规范中地震作用的规定 ［D］. 哈尔滨：中国地震局工程力学研究所博士学位论文，2005.

［6］ 徐龙军，谢礼立. 双规准化地震动加速度反应谱研究 ［J］. 地震工程与工程振动，2004，24（2）：1-7.

［7］ 徐龙军，谢礼立. 简谐波地震动反应谱研究 ［J］. 工程力学，2005，22（5）：7-13.

［8］ Xu L J，Xie L L. Bi-Normalized response spectral characteristics of the Chi-Chi earthquake ［J］. Earthquake Engineering and Engineering Vibration，2004，3（2）：147-155.

［9］ Nakamura Y. A method for dynamic characteristics estimation of subsurface using microtremor on the ground surface ［R］. Quarterly Report of Railway Technical Research Institute （RTRI），1989，30（1）.

［10］ Lam N T K，Wilson J L. Estimation of the site natural period from borehole records ［J］. Structural Engineering，1999，3：179-199.

［11］ Rathje E M，Faraj F，Russell S，et al. Empirical relationships for frequency content parameters of earthquake ground motions ［J］. Earthquake Spectra，2004，20（1）：119-144.

［12］ 中华人民共和国标准. 建筑抗震设计规范（GB50011—2001）［S］. 北京：中国建筑工业出版社，2001.

Seismic design spectra derived from bi-normalized response spectra

Xu Long-Jun[1,2]，Xie Li-Li[1,3]

（1. School of Civil Engineering，Harbin Institute of Technology，Harbin 150090，China；2. College of Engineering，Ocean University of China，Qingdao 266071，China；3. Institute of Engineering Mechanics，China Seismological Bureau，Harbin 150080，China）

Abstract Aiming at the uniform characteristics of earthquake response spectra and to obtain more accurate design spectra, the influence of site condition, distance and magnitude on normalized response spectra （NRS） and bi-normalized response spectra （BNRS） are investigated. Around 1000 horizontal acceleration components of strong motion recordings are included in the analysis. Analytical results show that the influence of site condition, distance and magnitude on NRS is significant, while the influence of these factors on BNRS is much slighter. Thus, the BNRS of all the selected records are calculated and averaged disregarding the effect of these factors and a uniform design spectrum model is proposed. Based on features of BNRS of earthquake ground motions, considering the influence of damping ratio and the results used in current provisions, seismic design spectra are constructed and compared with design spectra of code provision.

断层倾角对上/下盘效应的影响[*]

王　栋[1]，谢礼立[1,2]

（1. 中国地震局　工程力学研究所，黑龙江　哈尔滨　150080；
2. 哈尔滨工业大学　土木工程学院，黑龙江　哈尔滨　150090）

摘要　上/下盘效应是近断层地震动的显著特征之一．上/下盘效应的影响因素很多，由于靠近断层，与震源相关的因素成为主导因素，尤其是断层倾角的影响最为明显．本文采用二维有限元数值模拟的方法模拟了近断层地震动，定量地考查了断层倾角对上/下盘效应的影响．结果表明：无论是走滑型断层还是倾滑型断层，随着断层倾角从0°～90°的增大过程中，上/下盘效应先迅速增大然后缓慢减小．

引言

美国北岭 M_W6.8 级地震和我国台湾集集 M_W7.6 级地震中我们得到的很多有价值的近断层强震观测记录，对这些强震记录的统计分析以及相关的震源过程反演和近断层强地震动数值模拟都表明[1-3]：位于断层上盘地表的加速度峰值较高，而下盘地表加速度峰值较低，从地震的加速度峰值分布等值线图上可以看出，加速度峰值分布相对于断层呈现明显的不对称分布性，上盘衰减较慢而下盘较快[3,6,7]，这就是典型的上/下盘效应．Abrahamson 和 Somerville（1996）研究了 1994 年美国加利福尼亚州北岭地震的近场地震记录，并且对这次地震的加速度峰值数据进行了回归分析，得出了水平和竖直向的加速度峰值的衰减关系，对比了断层上盘上和下盘上加速度峰值相对于衰减关系的残差，结果表明，与下盘地表上距离断层地表迹线 10～20km 的范围之内的观测点的水平加速度峰值相比，位于上盘地表上的相同距离范围内的观测点的水平加速度峰值要大 50%[6]．Tsui-Yu Chang 和 Fabrice Cotton（2004）利用相同的方法对台湾集集地震的上/下盘效应进行研究，结果表明[7]：距断层地表迹线小于 20km 的上盘上的观测点的加速度峰值与其衰减关系得到的平均水平之间的对数残差为 0.64±0.4；距断层地表迹线 5～50km 范围之内，下盘上的观测点的加速度峰值与其衰减关系得到的平均水平之间的对数残差接近 0；通过上下盘加速度反应谱的研究发现，距断层地表迹线 5～20km 的范围之内的观测点的水平向和竖直向短周期（0.02～0.5s）加速度的上/下盘效应最为显著；在所有的周期段上，水平向的上/下盘效应要比竖直向明显；长周期（大于 1s）加速度的上/下盘效应也同样存在，但不如短周期的情况明显．

---

[*] 本文发表于《地震工程与工程振动》，2007 年，第 27 卷，第 5 期，1-6 页．

对于上/下盘效应产生的原因，比较公认的一种解释是由于倾斜断层的不对称分布引起的几何效应即：到断层在地表的迹线距离相等的两点，上盘的观测点到断层面的距离要小于下盘的观测点到断层面的距离，所以上盘地震动要大于下盘地震动；另外对于上盘，由断层面上辐射出去的地震波到达地表面以后会反射回断层面，再从断层面反射到地表，因此地震波在断层和地表之间的多次反射也放大了上盘上的某些周期段上（短周期比较显著）的地震动[8,10]；最后一种解释是：上盘楔体小于下盘楔体，因此在近地表处的上盘的质量小于下盘，因此对于同样大小的惯性力分别作用在上下盘上，上盘加速度自然大于下盘[8].

以往对于上/下盘效应的研究主要集中在加速度的上/下盘效应，对于速度和位移上/下盘效应的研究很少；其次，由于近场强震记录的匮乏，再加上近断层地震动影响因素繁多，针对某个影响因素的记录就显得更不足了，因此目前对于上/下盘效应影响因素的研究较少；再次，以往对上/下盘效应的研究没有区分不同的断层类型.针对以上几点，本文拟利用最简单的二维有限单元模型和基于有限断层假定的震源运动学模型[1,11,13]，采用集中质量显式有限元数值模拟的方法[12]，研究断层倾角对上/下盘效应的影响，系统地比较了随着断层倾角由 0°~90° 变大的过程中，位于上下盘地表上的地震动峰值比的变化趋势，从而得出了断层倾角对位移、速度以及加速度的上/下盘效应的影响.研究过程中，针对走滑断层和倾滑断层的上/下盘效应分别进行研究.

1 研究方法

利用有限元方法可以将实际结构的动力反应用以下的离散化动力方程的初值问题解表示：

$$M\ddot{u}(t) + C\dot{u}(t) + Ku(t) = F(t) \tag{1}$$

式中，$\ddot{u}(t)$、$\dot{u}(t)$、$u(t)$ 及 $F(t)$ 分别表示单元节点处介质的运动加速度、速度、位移及节点荷载.M、C 及 K 分别表示结构体系的质量、阻尼和刚度矩阵.

建立结构体系反应的计算动力方程以后，要计算结构的动力反应值，还要求解动力方程.关于动力方程的求解分为内节点的计算和人工边界的处理.内节点的计算采用中心差分方法与 Newmark 常平均加速度方法相结合推导出来的一种新的显式的逐步积分方法[12,14]；人工边界的处理采用二阶透射人工边界[12].关于计算方法在此不作具体介绍，参看有关文献.

为了清楚地研究上/下盘效应随断层倾角的变化趋势，采用上下盘关于地表断裂点 A（如图 1 所示）对称的 6 对对应点（如图 1 所示的 B_1-B_1'，B_2-B_2'，B_3-B_3'，B_4-B_4'，B_5-B_5' 以及 B_6-B_6'，这些点与 A 点的距离分别为 $d_1 = 3\text{km}$，$d_2 = 5\text{km}$，$d_3 = 7\text{km}$，$d_4 = 9\text{km}$，$d_5 = 11\text{km}$，$d_6 = 13\text{km}$）的地震动峰值比的平均值来衡量上/下盘效应的大小，这个比值越大说明上/下盘效应越明显，即上下盘地震动差别越大.

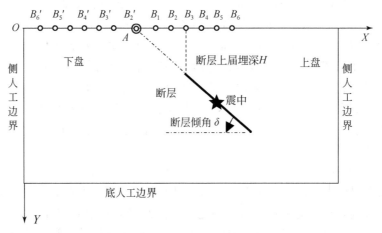

图 1　计算区域示意图

Fig. 1　Schematic of the computational zone

2　计算模型简介

2.1　介质模型

为了更加方便地研究断层倾角的影响，整个计算区域取均匀线弹性介质，不分层，计算区域示意图如图 1 所示．剪切波速取 $C_s = 3700 \mathrm{m/s}$，压缩波速取 $C_p = 6400 \mathrm{m/s}$，介质密度取 $\rho = 2.7 \mathrm{kg/m}$，泊松比取 $v = 0.25$，阻尼系数 $\beta = 0.01$（与刚度矩阵 K 成正比的阻尼常数）．平均位错 $D = 1.0 \mathrm{m}$，断层的平均破裂传播速度 C_r 取相应介质剪切波速 C_s 的 0.8 倍，即 $2960 \mathrm{m/s}$．断层破裂从震中开始，向两侧逐渐破裂．如图 2（b）所示．

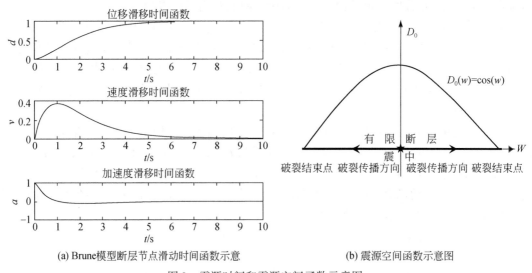

(a) Brune模型断层节点滑动时间函数示意　　　　　　(b) 震源空间函数示意图

图 2　震源时间和震源空间函数示意图

Fig. 2　Schematics of both the source temporal and spatial functions

2.2 基于有限断层假定的震源运动学模型[1,11,13]

本文以 Brune 模型[13]描述震源时间函数,该模型比通常采用的单位数值脉冲、三角形时间函数、余弦时间函数和 erf 时间函数更符合地震发生的实际情况[11,13]. 该模型的具体表达形式如下:

$$D(t) = D(\infty) \left[1 - \left(1 + \frac{t}{\tau} \right) e^{-t/\tau} \right] \tag{2}$$

式中,$D(t)$ 表示震源时间函数,$D(\infty)$ 是指 $T \to \infty$ 时断层的平均位错量 $\overline{D}$,t 是地震波传播时间,τ 表示上升时间. 分别对式(2)求一次和两次导数可以得到断层上质点的速度和加速度震源时间函数. 如图 2(a)所示为滑动时间函数的示意图(由上到下分别为位移、速度和加速度震源时间函数).

本文计算过程中采用最简单的余弦函数 $D_0(w) = \cos(w)$ 作为断层的震源空间函数,其中 w 是断层的宽度. 如图 2(b)所示.

结合震源时间函数和震源空间函数,我们得到最终的震源时空函数:

$$d(w, t) = D_0(w) * D(t) \tag{3}$$

式中,$D_0(w)$ 表示震源空间函数,$D(t)$ 表示节点的滑移时间函数. 然后对式(3)进行时间变量的求导,可以得到离散地震断层节点速度的时空分布函数 $v(w, t)$ 和加速度时空分布函数 $a(w, t)$.

3 模拟结果

图 3(a)给出了断层倾角为 45°的走滑断层上盘 B_6 点和下盘 B_6' 点(这两点关于地表迹线对称)的地震动时程对比,图 3(b)给出了断层倾角为 60°的倾滑断层上盘 B_6 点和下盘 B_6' 点的水平地震动时程对比. 从图中我们可以清楚看出:

(1)由于位移的震源时间函数中存在台阶状的永久位移,因此在位移时程中出现明显的滑冲效应(fling-step).

(2)速度时程中出现明显的长周期速度大脉冲效应,是由于地面的滑冲效应引起的.

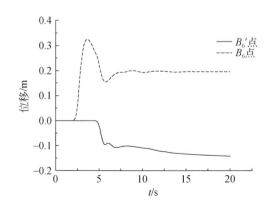
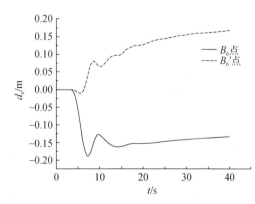

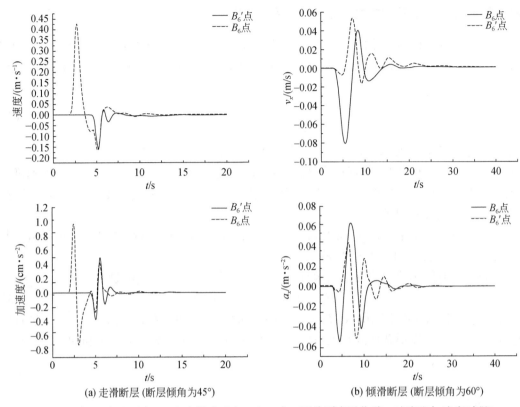

(a) 走滑断层 (断层倾角为45°)   (b) 倾滑断层 (断层倾角为60°)

图 3　上盘 B_6 点和下盘 B'_6 点地震动对比（上、中、下分别表示位移、速度和加速度时程）

Fig. 3　Comparison between ground motions of the B_6 point on the hanging wall / footwall and the

B'_6 point on the footwall

（3）加速度、速度以及位移时程中，上盘 B_6 点的地震动峰值明显大于下盘 B'_6 点的地震动峰值.

4　断层倾角对上/下盘效应的影响

4.1　走滑断层的情况

如图 4 所示为上下盘 6 对指定点地震动峰值比的平均值随断层倾角的变化曲线（走滑型地震）. 从这张图中我们可以看出以下几点：

（1）断层倾角在 10° 和 40° 之间时，上下盘 6 对指定点加速度峰值比的平均值很大（>2.5），说明上/下盘效应非常明显；断层倾角在 50° 和 90° 之间时，这个平均值较小（在 1.0 ~ 2.0 之间），上/下盘效应有所减轻；这个平均值的最大值出现在断层倾角为 20° 左右的情况，此时上/下盘效应最为明显.

（2）断层倾角在 10° 和 60° 之间时，上下盘指定点速度峰值比的平均值很大（>2.0），说明上/下盘效应非常明显；断层倾角在 60° 和 90° 之间时，这个平均值较小（在 1.0 ~ 2.0

之间），上/下盘效应有所减轻；这个平均值的最大值出现在断层倾角为20°左右的情况，此时上/下盘效应最为明显．

（3）断层倾角在15°和50°之间时，上下盘指定点位移峰值比的平均值很大（>2.0），说明上/下盘效应非常明显；断层倾角在其他区间时，这个平均值较小（在1.0～2.0之间），上/下盘效应有所减轻；这个平均值的最大值出现在断层倾角为20°左右的情况，此时上/下盘效应最为明显．

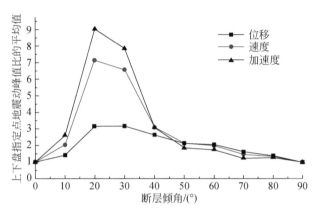

图4　上下盘指定点地震动峰值比的平均值随断层倾角的变化曲线（走滑型断层）

Fig. 4　Changing curves of mean values of ratios of ground motion amplitudes for specified points on hangingwall/footwall and the footwall with changing of fault-dip（for strike-slip fault）

因此，对于走滑断层，上下盘指定点的地震动峰值比的平均值（包括位移、速度以及加速度），即上/下盘效应随着断层倾角的变化趋势大致是：断层倾角在0°～20°之间增加时，上/下盘效应迅速加重，在20°左右上/下盘效应最为明显；当断层倾角在20°～50°之间继续增加时，上/下盘效应迅速减轻；当倾角在50°～90°之间增加时，上/下盘效应缓慢减轻．

4.2　倾滑断层的情况

如图5所示为上下盘指定点水平地震动峰值比的平均值随断层倾角的变化曲线（倾滑型断层）．从这张图中我们可以看出以下几点：

（1）断层倾角在5°～50°之间时，上下盘指定点水平加速度峰值比的平均值很大（>2.0），说明上/下盘效应非常明显；断层倾角在50°～90°之间时，这个平均值较小（在1.0～2.0之间），上/下盘效应有所减轻；这个平均值的最大值出现在断层倾角为10°～20°之间，此时上/下盘效应最为明显．

（2）断层倾角在5°～40°之间时，上下盘指定点水平速度峰值比的平均值很大（>2.0），说明上/下盘效应非常明显；断层倾角在40°～90°之间时，这个平均值较小（在1.0～2.0之间），上/下盘效应有所减轻；这个平均值的最大值出现在断层倾角为10°左右的情况，此时上/下盘效应最为明显．

（3）断层倾角在5°～20°之间时，上下盘指定点水平位移峰值比的平均值很大（>2.0），说明上/下盘效应非常明显；断层倾角在20°～50°之间时，这个平均值较小（在

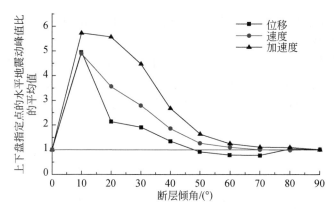

图 5 上下盘指定点水平地震动峰值比的平均值随断层倾角的变化曲线（倾滑型断层）

Fig. 5 Changing curves of mean values of ratios of horizontal ground motion amplitudes for specified points on hanging wall/footwall and footwall with changing of fault-dip（for dip-slip fault）

1.0 ~ 2.0 之间），上/下盘效应有所减轻；断层倾角大于 50°时，这个平均值较小（<1.0），不存在上/下盘效应. 这个平均值的最大值出现在断层倾角为 20°左右的情况，此时上/下盘效应最为明显.

图 6 所示为上下盘指定点竖向地震动峰值比的平均值随断层倾角的变化曲线（倾滑型地震）. 从这张图中我们也可以看出竖向地震动上/下盘效应随断层倾角的变化趋势，与水平地震动的变化趋势相类似，在此不再赘述.

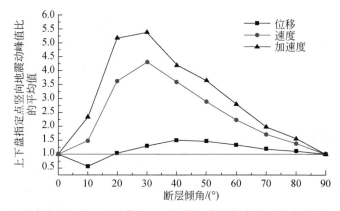

图 6 上下盘指定点竖向地震动峰值比的平均值随断层倾角的变化曲线（倾滑型地震）

Fig. 6 Changing curves of mean values of ratios of vertical ground motion amplitudes for specified points on the hanging wall/footwall and footwall with changing of fault-dip（for dip-slip fault）

因此，对于倾滑型断层，上下盘指定点的水平地震动峰值比的平均值（包括位移、速度以及加速度），即上/下盘效应随着断层倾角的变化趋势大致是：断层倾角在 0° ~ 10°之间增加时，上/下盘效应迅速加重，在 10°左右上/下盘效应最为明显；当断层倾角在 10° ~ 50°之间继续增加时，上/下盘效应迅速减轻；当倾角在 50° ~ 90°之间增加时，上/下盘效应缓慢减轻. 对于竖向地震动也有相似的规律，在此不再赘述. 出现这种变化趋势的原因主要是，在断层的上界埋深和断层尺寸相同的情况下，断层倾角越小，上盘的点与整个断层破裂面之间的距离越小，上盘上的点受到震源的影响越大，因此上盘上的点的地震动自然越大.

另外，对比图5和图6可知：对于倾滑型断层，水平和竖直向加速度的上/下盘效应基本相当，但是水平速度和位移的上/下盘效应要比竖直向稍微明显一些，特别是位移. 同样的，我们对比图4和图5可知，对于震级和断层面平均位错量相当的走滑型和倾滑型断层，走滑型断层水平向加速度和速度的上/下盘效应比倾滑型断层明显，水平位移的上/下盘效应不如倾滑断层明显.

5 结论

通过上述近断层地震动的数值模拟，得到以下结论：

（1）位于上盘的地震动峰值明显大于下盘，而且地震动峰值的高值主要集中在上盘上断层与地表所夹的这一区域，断层倾角越大这一区域越大.

（2）断层倾角是上/下盘效应的重要影响因素，随着断层倾角的增大，上/下盘效应先迅速加重，然后迅速减轻，最后缓慢减轻，在断层倾角为90°时上/下盘效应不存在.

（3）对于走滑型断层，上/下盘效应在断层倾角为20°左右时最为明显；对于倾滑型断层，上/下盘效应在断层倾角为10°左右时最为明显.

（4）对于倾滑型断层，水平和竖直向加速度的上/下盘效应基本相当，但是水平向速度和位移的上/下盘效应要比竖直向的上/下盘效应明显，特别是位移.

（5）对比走滑型断层和倾滑型断层，走滑断层的水平加速度和速度的上/下盘效应比倾滑型断层明显，但是水平位移的上/下盘效应较倾滑型断层要轻一些.

以上所得出的结论有待今后近断层强震数据的证实.

参 考 文 献

[1] 张晓志. 近断层强地面运动数值模拟研究 [R]. 哈尔滨：中国地震局工程力学研究所，2005.

[2] 刘启方，袁一凡，金星，等. 近断层地震动的基本特征 [J]. 地震工程与工程振动，2006，26（1）：1-10.

[3] 俞言祥，高孟谭. 台湾集集地震近场地震动的上/下盘效应 [J]. 地震学报，2004，23（6）：615-621.

[4] Aagaard B T. Finite-Element Simulation of Earthquakes [D]. California：California Institute of Technology，Pasadena，1999.

[5] Inoue T，Miyatake T. 3D simulation of near-field strong ground motion based on dynamic modeling [J]. Bulletin of the Seismological Society of America，1998，88（6）：1445-1456.

[6] Abrahamson N A，Somerville P G. Effects of the hanging wall and footwall on ground motions recorded during the North ridge earthquake [J]. Bulletin of the Seismological Society of America，86（1B）：S93-S99.

[7] Chang T Y，Cotton F，Tsai Y B，et al. Quantification of hanging wall/footwall effects on ground motion：some insights from the 1999 Chi-Chi earthquake [J]. Bulletin of the Seismological Society of America，2004，94（6）：2186-2197.

[8] Ogles D D，Archuleta R J，Nielen S B. The Three-Dimensional Dynamics of Dipping Faults [J]. Bulletin of the Seismological Society of America，2000，90（3）：616-628.

[9] Somerville P G. Characterized of near fault ground motions [C]//U. S. -Japan Work shop: Effects of Near-Field Earthquake Shaking, PEER and ATC, 2000, 5: 1-8.

[10] Aagaad B T, Hall J F, Heaton T H. Characterization of Near-Source Ground Motions with Earthquake Simulations [J]. Earthquake Spectra, 2001, 17 (2): 177-207.

[11] 张冬丽, 陶夏新, 周正华. 关于有限断层计算模型的研究——考虑位错时、空不均匀分布的滑动时间函数 [J]. 西北地震学报, 2005, 27 (3): 193-198.

[12] 廖振鹏. 工程波动理论导论 [M]. 北京: 科学出版社, 2002.

[13] Brune J N. Tectonic stress and the spectra of seismic shear waves from earthquakes [J]. Journal of Geophysical Research, 1970, 75 (26): 4997-5009.

[14] 李小军. 非线性场地地震反应分析方法的研究 [D]. 哈尔滨: 中国地震局工程力学研究所博士学位论文, 1993.

The influence of the fault dip angle on the hanging wall/footwall effect

Wang Dong[1], Xie Li-Li[1,2]

(1. Institute of the Engineering Mechanics, China Earthquake Administration, Harbin150080, China;

2. School of Civil Engineering, Harbin Institute of Technology, Harbin 150090, China)

Abstract   The hanging wall/footwall effect is one of the important characteristics of the near-fault ground motion. There are many factors that affect the hanging wall/footwall effect, however, in the near-fault zone, the factor related to the source mechanism is the most important one, especially the fault dip angle. In this article, the authors make use of the 2D finite element method to simulate the near-fault ground motion, then quantitatively investigate the influence of the fault-dip on the hanging wall/footwall effect. The result shows that for both the buried strike-slip faults and dip-slip faults, as the fault dip increases from 0° to 90°, the hanging wall/footwall effect immediately gets obvious first and then obscure gradually.

近场问题的研究现状与发展方向[*]

李　爽[1]，谢礼立[1,2]

(1. 中国哈尔滨　150090　哈尔滨工业大学土木工程学院；
2. 中国哈尔滨　150080　中国地震局工程力学研究所)

摘要　在过去的二十年里，近场问题受到了地震学家和土木工程师的共同关注，一方面原因旨在阐明地震本身的机理，解释新现象；另一方面是由于地震动作为一种主要的输入荷载在某些情况下将对整个结构设计的最终结果起到控制作用，同时试验和评估等其他领域的相关研究也均以指定的荷载形式为前提，荷载形式的变化直接影响了土木工程中的诸多方面，所以希望研究这种荷载的规律并获得其与结构反应之间的关系．本文回顾了近场问题研究的历史，介绍了近年来国内外针对近场地震动所展开的相关研究工作，其中包括近场地震动本身的特性与近场地震动对土木工程结构的影响等方面，指出了目前存在的问题和进一步应该研究的方向．对于近场问题的深入研究具有一定的参考价值．

引言

从距断层较近的区域获得的地震动与从较远的区域获得的地震动具有许多显著不同的特征，地震学家和土木工程师第一次认识到它们之间的差别始于 1957 年的美国 Port Hueneme 地震，在随后几十年的多次地震中，很多建筑物、构筑物在这种近场地震动的作用下产生了超出人们意识的破坏．究其原因，是因为人们尚未对这种特殊的荷载形式有足够的认识，而将其与常见的远场地震动等同视之．一次地震中，极震区（近场）破坏是最严重的，相关的破坏资料也最为丰富，所以应该研究极震区内地震动的性质，找出其作为一种输入荷载对结构的影响特点；另外，一个好的抗震设计方法也应首先具有可以保护极震区内结构的特点．然而目前的情况与此相差甚远，我们比较熟知的地域恰恰在极震区之外．因此一直以来，近场地震动的特性及其对工程结构的影响成为许多学者所思考和焦虑的问题．近年来几次著名的大地震，尤其是 1994 年美国 Northridge、1995 年日本 Kobe、1999 年土耳其 Izmit 和 1999 年我国台湾 Chi-Chi 地震均取得了相对丰富的近场地震动资料，这为研究近场问题提供了前所未有的条件.

本文根据所掌握的资料对近场问题研究的进展进行了系统的回顾和总结，包括两个方面：即关于近场地震动这种荷载形式本身特性的研究和近场地震动对工程结构影响的研究，并指出目前存在的问题和进一步应该研究的方向.

---

* 本文发表于《地震学报》，2007 年，第 29 卷，第 1 期，102-111 页.

1　近场地震动的定义及特点

近场地震动，通常指到断层距离不超过 20km 场地上的地震动．但关于近场地震动的定义并不统一，原因在于近场效应在距离断层一定距离后已经有所减弱，此时受震级和场地条件等因素的影响逐渐明显，给出一个固定的界限值用以区分近场和远场并不符合实际情况，而给出一个区间是比较合理的，Stewart 等（2001）认为断层距的界限值应取在 20～60km 之间，目前从大量文献研究的结果来看这一界限值范围是被趋于认同的．对于近场的名称也不确定，目前有 3 种提法：近场（near field）、近断层（near fault）和近源（near source），本文统一称作近场，至于究竟如何称呼合适，是件值得讨论的事情．

震源机制、断层破裂方向与场地的关系和断裂面相对滑动方向等因素使近场地震动表现出与一般的从远场获得的地震动明显不同的性质．近场地震动最显著的特点是方向性效应和滑冲效应引起的脉冲型地面运动，并以速度脉冲型运动最为常见，这种速度脉冲型地震动具有类似脉冲的波形、较长的脉冲周期和丰富的中长周期分量，峰值地面速度与峰值地面加速度的比值（PGV/PGA）较大，可能引起大尺度永久地面位移．另外，上盘效应和竖向效应的影响也使近场地震动具有许多新特点．

2　近场效应

虽然早在 1957 年人们就已经对近场地震动有所认识，但一直以来对这一问题的研究进展缓慢，在这段时期内，应该说 Housner，Hudson（1958）、Bolt（1971）和 Bertero 等（1978）的工作是开创性的，通过对 1957 年美国 Port Hueneme 地震记录的研究，Housner，Hudson 指出近场地震动中包含有能量脉冲，这种地震动即使在里氏震级较小（$M4.7$）、加速度峰值较低（$PGA = 0.78 \text{m/s}^2$）的情况下仍具有较强的破坏性．通过对 1971 年美国 San Fernando 地震记录的研究，Bolt 首先认识到速度脉冲可能产生于快速的断层滑动；Bertero 等指出近场地震动具有破坏作用的主要原因是记录中包含有 1～1.5s 的长周期脉冲．这段进展缓慢的时期一直延续到 1994 年美国 Northridge 地震和 1995 年日本 Kobe 地震的发生，由于地震发生在人口众多的城市附近，导致此后大量的地震学家和土木工程师关注近场问题，近场地震动的特性和其对土木工程结构的影响成为地震学和工程学共同关注的话题（Loh et al，2002）．

2.1　上盘效应

上盘效应出现在斜断层地震中，由位于上盘的场地要比下盘距断层延伸至地表处相同距离（L）的场地更接近于断层引起，见图 1（$R_2 < R_1$）．上盘效应的影响具有以下特点：①上盘地震动和下盘地震动加速度峰值之间存在着系统差异，上盘明显高于下盘，并且上盘地震动加速度峰值衰减比下盘缓慢（Abrahamson，Somerville，1996）；②上盘效应对加速度反应谱短周期段谱值有明显的增大作用（Somerville，2000）.1999 年台湾 Chi-Chi 地震吸引了众多研究者（俞言祥，高孟谭，2001；Shabestari，Yamazaki，2003），同时此次地震进一步证实了上盘效应对地震动的影响．针对我国的具体情况，目前所采用的地震动参

数衰减关系还没有考虑断层的上盘效应，在某些情况下不可避免地会给近场地面运动预测、地震危险性分析和震害预测等工作带来很大的误差（俞言祥，高孟谭，2001），而这些工作会进一步影响到工程设计中地震动参数的取值，因此在未来的地震动参数衰减关系修正中将此因素考虑进去是十分必要的.

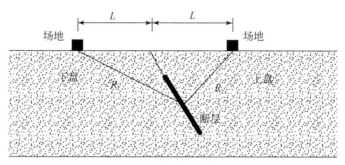

图1　上盘效应示意图

2.2　方向性效应

方向性效应可根据断层破裂方向与场地的关系分为前方向性效应、后方向性效应和中性方向性效应，见图2. 因为一般认为地震动受前方向性效应影响时将加重工程结构的破坏，并且是脉冲型地震动产生的主要原因之一，所以通常所提及的方向性效应均指前方向性效应. 本文也将只针对前方向性效应的研究进行讨论.

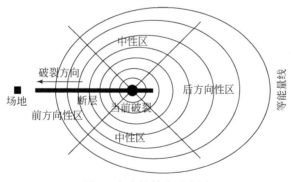

图2　方向性效应示意图

很多学者研究过前方向性效应的产生条件（Somerville et al.，1997；Stewart et al.，2001；Bray，Rodriguez-Marek，2004），这些条件可归纳为两点：①断层破裂方向朝向场地（或夹角较小）；②断层破裂速度接近场地剪切波速. 以上原因同声学中的"多普勒效应"，将破裂断层视为移动震源，当破裂达到场地时，由前期断层破裂释放出来能量的一部分与场地处断层当前破裂释放的能量累积在一起，当断层破裂速度接近场地剪切波速时，累积效应非常明显. 事实上，这种能量累积效应并未改变通过各点的总能量，只是改变了通过各点的总能量在时间上的分布，即能量密度，它使破裂传播方向上的点的能量密度增大. 当地震动受到方向性效应影响时，能量密度可能是反映这种效应的一个重要参数（李爽，2005）.

　　方向性效应引起的影响具有以下特点：①从场地处来看，方向性效应使能量在短时间内累积，进而引起冲击型的地面运动，反映在时程上表现为大的幅值、明显的脉冲波形和短的地震动持时．时程中脉冲的个数与结构的反应直接相关，同时是将近场地震动简化成简单脉冲的基本依据之一．理论上的研究表明，受方向性效应影响的地震动速度时程中将出现两个相反方向的连续半脉冲，但实际上由于断层面的不规则和不连续等原因，记录到的地震动速度时程中包含的半脉冲个数是不确定的，出现两个半脉冲只在统计意义上成立（Bray，Rodriguez-Marek，2004；李新乐，朱晞，2004a）．②由于高频波不太可能以连续一致的方式传播，所以方向性效应对地面位移和速度的影响相对较大，对加速度的影响相对较小（Singh，1985；邬鑫，朱晞，2003）．此现象是导致近场地震动 PGV/PGA 较大的原因之一，而 PGV/PGA 的大小又会直接影响到反应谱加速度敏感区和速度敏感区的界限周期（T_c）．③受断层剪切错位辐射模式影响使方向性效应在垂直断层走向方向更显著．垂直断层走向地震动速度分量的峰值明显比平行断层走向大（Archuleta，Hartzell，1981；Somerville，Graves，1993），垂直断层走向地震动的反应谱在中长周期段的谱值明显比平行断层走向大（Somerville，Graves，1993；Somerville et al，1997）．抗震规范中一些参数的取值是根据地震动衰减关系得出的，这意味着应该改变传统的地震动衰减关系以反应方向性效应对地震动参数的影响，或者直接提出适合于工程应用的反应谱放大系数模型．④以往对于方向性效应的研究多限于大地震，然而对于中小震级地震，由于其距离断层很近方向性效应也是存在的，并且由于中小震级地震产生的脉冲周期相对小，对刚性结构可能更具破坏性（Bray，Rodriguez-Marek，2004；李新乐，朱晞，2004b）．

　　目前，普遍认为方向性效应在断层距20km范围内，对周期大于1s的反应谱谱值有较大影响，与地震震级及断层和场地之间的几何关系有关，并且由于反应谱加速度敏感区和速度敏感区的界限周期（T_c）的变化，不能通过同步调整固定形状反应谱的谱值来适当描述．与其他影响地震动的效应相比，方向性效应更具普遍性和主导性，对受到影响的区域应该给予足够的重视．

2.3　滑冲效应

　　从1999年土耳其 Izmit 和台湾 Chi-Chi 地震的 SKR、YPT、TCU052 和 TCU068 等台站获得的记录使人们有了新的认识，在台湾 Chi-Chi 地震中接近9m的地面最大水平位移可以摧毁几乎所有的土木工程结构，这两次地震已经突出了与地表破裂有关的永久地面位移对横穿或位置接近活断层的工程结构的重要性．滑冲效应的产生原因是断层两盘的相对运动，其使地震动的速度时程中出现单方向半脉冲，地面出现阶跃式的不可恢复位移，这种位移又被形象地称为"fling step"．滑冲效应可能出现在走滑断层地震的平行断层走向方向或倾滑断层地震中的断层滑动方向．在倾滑断层地震中，滑冲效应与方向性效应对垂直断层走向的地震动分量都有贡献，两种效应可能出现耦合．当这种大的阶跃式位移和地面震动过程中出现的动力位移最大值同时出现时，由于相当于"一致"的荷载将使地震动的破坏势增加（Somerville，2002）．

　　尽管已获得一定数量的近场地震动，但受滑冲效应影响的地震动记录还相对很少，目前对滑冲效应的研究并不深入，仅仅是从定性的角度出发，还无法从定量或统计的角度给出规律，这方面还需进一步的积累资料，才能获得更多的认识．

2. 4 竖向效应

近场竖向地震动具有以下特点：①与远场地震动相比，竖向分量与水平分量的加速度峰值比（PVA/PHA）增大，此比值在某些情况下远超过目前规范中常采用的2/3，并且值得注意的一点是软土场地上的比值明显较其他场地大（Wang et al, 2002；Li, Zhu, 2004；倪永军，朱晞，2004）；②与远场地震动相比，竖向分量与水平分量的反应谱比值（SV/SH）随结构基本周期和场地到断层距离变化，对于普遍认为的比值2/3，当场地离断层较近、短周期段将远超过此值，长周期段用此值估计又显得保守（Bozorgnia et al, 1995）；③与远场竖向地震动相比，近场竖向地震动包含更多的高频成分. 虽然从荷载角度上讲，近场地震动的竖向作用增强，但实际中按现有规范设计的结构往往在竖向有较大的冗余度，所以近场地震动的竖向作用是否对目前的结构构成威胁仍是件需要检验的事情，遗憾的是目前这方面的工作很少. Kikuchi 等（2000）曾针对一个实际的钢筋混凝土框架结构进行研究，得到结论：虽然近场的竖向地震动相对远场竖向地震动较大，但竖向地震动对结构破坏的影响很小，破坏的主要原因仍是来自于垂直断层走向的水平向地震动. 但此文的结论是根据两条地震动和一个结构得到的，需要更多的验证，并且文中仅考虑了构件的弯曲破坏，没有考虑因为大的竖向地震作用引起的柱中轴力变化，而轴力的变化极可能使柱首先出现剪切破坏.

3 近场地震动对工程结构的影响

由于近场地震动所表现出的与远场地震动显著不同的性质，人们开始反思这种由于荷载形式的变化所带来的影响，近场地震动作用下的结构反应也因此逐渐受到人们重视. 目前，关于近场地震动对工程结构的影响主要是考虑近场经常出现的脉冲型地震动对结构的影响.

3. 1 工程结构在近场地震动作用下的反应

大部分研究者认为近场地震动对结构的破坏作用与其速度脉冲有关，但也存在不同的意见. Hall 等（1995）认为与近场地震动中大的速度脉冲相比，在速度脉冲的时间段内所发生的地面位移更能表现地震动的破坏势. Makris, Black（2003）认为与速度脉冲相比更应该重视近场地震动中包含的加速度脉冲，而一般情况下速度脉冲只对周期大于4s的结构才有影响. Iwan（1997）认为结构在受到脉冲型地震动作用时，地震动将会以波动的形式在结构中扩散，所以基于传统反应谱的方法可能无法合理的描述脉冲对结构的影响，而基于剪切梁模型的层间位移谱方法会更好的解决这个问题，但从已有的研究（Chopra, Chintanapakdee, 1998）来看值得庆幸的是反应谱方法用于工程的准确性还是可以接受的，这意味着虽然将现有规范直接用于近场区可能会不保守，但反应谱作为一种已被广泛使用的方法在近场区仍然适用.

近场地震动对结构反应的影响具有以下特点：①PGV/PGA 值较远场地震动大，这使得反应谱的加速度敏感区较远场地震动宽，进而使更多的结构呈刚性，增大了短周期结构受到的作用力（Malhotra, 1999）；②位移反应谱长周期谱值的增长使长周期结构位移反应增大（Bertero et al，1978；Anderson，Bertero，1987）；③在结构周期远大于脉冲周期时高频模态在反应中的贡献增加，使用基频模态近似多模态的方法来估计结构的反应在某些情况下不准确（Huang，2003；Roberts，Lutes，2003）；④近场地震动作用下结构的非弹性反应有明显增大的趋势，某些情况下用平方和开平方组合（SRSS）和绝对值组合（SAV）等方法估计结构的非弹性位移不保守（Baez，Miranda，2000；MacRae，Mattheis，2000；MacRae et al，2001；黄建文，朱晞，2003），所以仅通过改变规范设计反应谱考虑近场效应的方法有一定的局限性，因为其不能考虑到近场地震动对结构非弹性反应的影响；⑤对于强度折减系数，同一延性条件下近场地震动给出的强度折减系数在反应谱的加速度敏感区往往小于由远场地震动给出的强度折减系数，但在相同的频段其对应的强度折减系数谱的形状是相同的，此现象是由于两类地震动的加速度敏感区与速度敏感区的界限周期（T_c）不同造成的，只要给出各频段合适的界限周期，那么近场和远场地震动所对应的强度折减系数可以使用同一公式表达（Chopra，Chintanapakdee，2001；Mavroeidis，2004）；⑥对于耗能减振结构，大的 PGV/PGA 将使结构附加阻尼的作用减弱，与每个往复作用内消耗的总能量相比耗能机制与结构反应的关系更密切（Makris，Chang，1998；Malhotra，1999）. 对于使用隔震支座的结构，支座位移主要是由垂直断层走向地震动引起的，增大支座阻尼仍可起到减小支座位移的作用，但阻尼增加到一定程度后位移减少的同时会导致上部结构产生大的加速度，存在一个特定的支座阻尼值使上部结构的加速度达到得最小（Jangid，Kelly，2001）.

3.2　简单脉冲模型的发展与应用

近场地震动在方向性效应、滑冲效应的影响下，速度时程往往表现为包含单个或多个脉冲的简单波形，如果能在满足一定精度的条件下给出一种脉冲表达式来近似代替实际的近场地震动，因为此时脉冲的峰值和周期等参数很容易确定，所以将会给理论研究和工程应用带来很大的方便，同时也可以得到一些定量的结论. 从当前的应用来看，简单脉冲模型的用途表现在以下几个方面：进行结构反应分析的理论研究；通过控制参数的回归，代替实际地震动进行结构抗震分析、加固和试验；修正现有规范设计反应谱，弥补近场地震动用于统计分析时数量不足的问题.

简单脉冲模型的出发点都是从波形上对原始地震动给予近似，所以近似的方法很多，可以用三角形、矩形和简谐函数等. 一般的，模型包含以下 3 个基本参数：脉冲周期、脉冲幅值和脉冲形状，其中脉冲形状根据具体建立模型方法的不同可以预先指定或据其他相关的条件求出. 表 1 中给出了文献中出现的几种简单脉冲形式.

由于近场地震动本身所具有的简单波形的特点，这种使用简单脉冲代替实际近场地震动的方法已被多数的研究者认可. 然而应该指出，虽然将上述模型称为简单脉冲模型，但事实上不同模型之间数学表达式的繁简程度差异较大，对实际地震动的近似能力也不尽相同，在分析具体问题时，应在简单性与精确性两者之间合理地进行选择. 再者，采用简单脉冲模型进行分析时还存在着一些问题，如不能反映实际地震动中的频谱分布，尤其是高频部分.

表1 主要简单脉冲模型小结

近似实际近场地震动中脉冲的方式	代表性文献
用三角形、矩形等近似（分段直线形式）	Hall 等（1995）；Alavi（2000）
用简谐函数或其组合形式近似	Makris 和 Chang（1998）；李新乐，朱晞（2004a）
用简谐函数乘包络函数近似	Agrawal 和 He（2002）；Menun 和 Fu（2002）；Fu 和 Menun（2004）
用小波函数近似	Mavroeidis（2004）

3.3 现有规范对近场问题的考虑

美国 UBC-97 规范（International Conference of Building Officials，1997）是第一部从设计理论上考虑近场效应的设计规范，其中引入了近场设计反应谱放大因子，并将设计反应谱的长周期段设置成等谱值的平台，这对没有考虑近场效应的抗震规范而言有较好的借鉴意义．UBC-97 规范对近场效应考虑的合理性表现为同时考虑了近场地震动对刚性结构和柔性结构的影响．但 UBC-97 规范对于近场问题的规定并不完善，存在以下问题：①近场因子是根据矩震级小于 7.0 的地震记录得到的，并且采用的记录较少．近几年来，在土耳其 Izmit 和我国台湾集集地震等矩震级大于 7.0 的地震中获得了许多近场记录，近场因子需要用这些资料检验其适用性．②没有考虑矩震级小于 6.5 时的近场效应，认为近场效应只有在大震级地震中才会出现，然而对于近场中小矩震级情况很多的研究者提出了不同的观点（Bray，Rodriguez-Marek，2004；Li，Zhu，2004；李新乐，朱晞，2004b）．③近场设计反应谱在速度敏感区略显不保守，而在位移敏感区的等谱值平台段反而过于保守，所以设计中等周期结构可能不安全，设计长周期结构不经济（Malhotra，1999）．④不能考虑近场地震动对结构非弹性反应的影响．另外，在 1995 年 Kobe 和 1999 年集集地震发生后，日本和台湾分别修订了本地区抗震设计规范，加强了近场区设防的措施．

比较而言，我国建筑抗震设计规范对近场区的规定较弱，规范（GB 50011—2001）（国家质量监督检验检疫总局，中华人民共和国建设部，2001）中是通过避让距离来对建于近场区的结构进行设防的．目前还没有形成完善的可应用于近场的设计反应谱，也就是说不能从设计理论上加以考虑．

4 存在的问题和今后的发展方向

本文对与近场地震动有关的主要研究做了尽可能详细的介绍和总结．总的来说，国外已经进行了一定的研究，但在一些方面仍需加强，国内关于近场问题的研究起步较晚，针对结构反应展开的研究不多．我国一些重要的城市如成都、乌鲁木齐、兰州和西宁等均处于断层型地震的威胁之下；另外，国家"十五"重大工程项目《城市活断层探测与地震危险性评价》结束后，在已获得的近场区资料基础上对近场地震动本身的性质做进一步了解以及如何合理进行近场区结构的抗震设防已成为突出的问题．

笔者认为，近场问题在地震学和工程学方面需要研究的工作还很多，许多问题有待进一步仔细商榷和探讨．

由于目前获得的质量较好的近场记录有限，所以在进行统计分析时，经常采用断层距一个参数来区分近场和远场，而相对忽略了各种近场效应对地震动的影响情况．事实上，台站位置与断层关系的不同，即使各种效应本身对地震动的影响结果也可能是完全相反的，这种不加区分的做法将导致统计出的结果意义不大．

　　普遍认为近场地震动主要受震源影响，场地成为相对次要的因素，而场地条件对近场地震动的特性究竟有何影响、影响有多大，不经过具体的研究还难以给出定论．另外，现在前方向性效应的研究较多，对上盘、下盘效应和后方向性效应研究的较少，它们对工程结构的影响，特别是对非弹性反应的影响是否有自身的独特之处，还不是很清楚．目前对地震时出现的水平向大尺度永久位移已经有所认识，而对竖向产生的大尺度永久位移还未给予足够的重视．对地表破裂与地震震源、传播效应及场地之间的关系认识的还不够．如何用数值的方法来模拟断层破裂过程以及近场强地面运动影响场，进而为大跨度结构和高层结构的地震动反应分析提供输入地震动也是需解决的．

　　已有的研究表明近场地震动的水平和竖向分量均与远场地震动有所区别．但还不了解地震动的转动分量是否也存在着某些差异，所以应对近场地震动的转动分量进行研究，并与远场地震动进行比较，考察近场地震动的转动分量是否有一些不同于以往的性质．

　　关于近场问题研究的主要成果集中在地震动本身性质方面，虽然针对结构的研究也一直在进行，但未取得实用性的进展．近场地震动对耗能减振和隔震结构的影响还需进一步深入的研究．由于近场地震动的特殊性，将针对单自由度体系得到的一些研究成果直接推广到多自由度体系可能不合适，这方面需要在研究方法上加以考虑．

　　由于荷载形式的变化，对已有的结构加固方法和性能评估方法的可靠性应进行检验，并可以与试验结合起来，全面研究近场地震动对材料、构件和结构的影响．从前文中可以看出对近场地震动中加速度、速度还是位移脉冲起控制作用还存在争议，因此近场地震动破坏势的物理标准也是值得研究的，这可为以后近场区抗震规范的修订中某些参数的确定提供参考．此外，到目前为止没有形成一套完整、可靠的适用于近场区的结构抗震设计方法，所以研究适用于近场区的抗震设计方法有着很大的实用意义．

参 考 文 献

国家质量监督检验检疫总局，中华人民共和国建设部．2001．建筑抗震设计规范（GB 50011—2001）．北京：中国建筑工程出版社．
黄建文，朱晞，2003．近震作用下单自由度结构的非弹性响应分析研究．中国安全科学学报，13（11）：59-65．
李新乐，朱晞，2004a．近断层地震动等效速度脉冲研究．地震学报，26（6）：634-643．
李新乐，朱晞，2004b．抗震设计规范之近断层中小地震影响．工程抗震，4：43-46．
李爽，2005．近场脉冲型地震动对钢筋混凝土框架结构影响．哈尔滨：哈尔滨工业大学硕士学位论文．
倪永军，朱晞，2004．近断层地震动的加速度峰值比和反应谱分析．北方交通大学学报，28（4）：1-5．
邬鑫，朱晞，2003．近场地震动的脉冲效应及简化冲击回归公式的检验．北方交通大学学报，27（1）：36-39．
俞言祥，高孟谭，2001．台湾集集地震近场地震动的上盘效应．地震学报，23（6）：615-621．
Abrahamson N A, Somerville P G, 1996. Effects of the hanging wall and foot wall on ground motions recorded during the Northridge earthquake. Bulletin of the Seismological Society of America, 86 (1B)：93-99.
Agrawal A K, He W L, 2002. A close- form approximation of near- fault ground motion pulses for flexible

structures. In: Smyth A eds. Proceedings of the 15th ASCE Engineering Mechanics Conference. New York: Columbia University, Paper No. 367.

Alavi B, 2000. Effects of near-fault ground motions on frame structure. [PhD disertation]. California: University of California, Berkeley, 69-72.

Anderson J C, Bertero V V, 1987. Uncertainties in establishing design earthquakes. Journal of Structural Engineering, 113 (8): 1709-1724.

Archuleta R J, Hartzell S H, 1981. Effects of fault finiteness on near- source ground motion. Bulletin of the Ssmological Society of America, 71 (4): 939-957.

Baez J I, Miranda E, 2000. Amplification factors to estimate inelastic displacement demands for the design of structures in the near field. Proceedings of the 12th Word Conference on Earthquake Engineering. Auckland, New Zealand: New Zealand Society for Earthquake Engineering, Paper No. 1561.

Bertero V V, Mahin S A, Herrera R A. 1978. Aseismic design implications of near-fault San Fernando earthquake records. Earthquake Engineering and Structural Dynamics, 6 (1): 31-42.

Bolt B A, 1971. The San Fernando Valley earthquake of February 9, 1971-data on seismic hazards. Bulletin of the Ssmological Society of America, 61 (2): 501-510.

Bozorgnia Y, Niazi M, Campbell K W, 1995. Characteristics of free- field vertical ground motion during the Northridge earthquake. Earthquake Spectra, 11 (4): 515-525.

Bray J D, Rodriguez- Marek A, 2004. Characterization of forward- directivity ground motions in the near- fault region. Soil Dynamics and Earthquake Engineering, 24 (11): 815-828.

Chopra A K, Chintanapakdee C, 1998. Accuracy of response spectrum estimates of structural response to near- field earthquake ground motions: preliminary results. Proceedings of the ASCE Structures World Conference. San Francisco, California, Paper No. T136-1.

Chopra A K, Chintanapakdee C, 2001. Comparing response of SDF systems to near-fault and far-fault earthquake motions in the context of spectral regions. Earthquake Engineering and Structural Dynamics, 30 (12): 1769-1789.

Fu Q, Menun C, 2004. Seismic- environment- based simulation of near- fault ground motions. Proceedings of the 13th Word Conference on Earthquake Engineering. Vancouver, B C, Canada: Mira Digital Publishing, Paper No. 322.

Hall J F, Heaton T H, Halling M W, et al, 1995. Near- source ground motion and its effects on flexible buildings. Earthquake Spectra, 11 (4): 569-604.

Housner G W, Hudson D E, 1958. The Port Hueneme [California] earthquake of March 18, 1957. Bulletin of the Ssmological Society of America, 48 (2): 163-168.

Huang C T, 2003. Considerations of multimode structural response for near- field earthquakes. Journal of Engineering Mechanics, 129 (4): 458-467.

Iwan W D, 1997. Drift spectrum: measure of demand for earthquake ground motions. Journal of Structural Engineering, 123 (4): 397-404.

JangidR S, Kelly J M, 2001. Base isolation for near- fault motions. Earthquake Engineering and Structural Dynamics, 30 (5): 691-707.

Kikuchi M, Dan K, Yashiro K, 2000. Seismic behavior of a reinforced concrete building due to large vertical ground motions in near- source regions. Proceedings of the 12th Word Conference on Earthquake Engineering. Auckland, New Zealand: New Zealand Society for Earthquake Engineering, Paper No. 1876.

Li X L, Zhu X, 2004. Study on near- fault design spectra of seismic design code. In: Liu W Q, Yuan F G, Chang P C eds. 3th International Conference on Earthquake Engineering: New Frontier and Research

Transformation. Beijing: Intellectual Property Publishing House and China Water Power Press: 147-152.

Loh C H, Wan S, Liao W I, 2002. Effects of hysteretic model on seismic demands: consideration of near-fault ground motions. The Structural Design of Tall Buildings, 11 (3): 155-169.

MacRae G A, Mattheis J, 2000. Three-dimensional steel building response to near-fault motions. Journal of Structural Engineering, 126 (1): 117-126.

MacRae G A, Morrow D V, Roeder C W. 2001. Near-fault ground motion effects on simple structures. Journal of Structural Engineering, 127 (9): 996-1004.

Makris N, Black C, 2003. Dimensional analysis of inelastic structures subjected to near fault ground motions. California: Earthquake Engineering Research Center, University of California, Berkeley, Report No. 03-05, 89-91.

Makris N, Chang S P, 1998. Effect of damping mechanisms on the response of seismically isolated structures. California: Pacific Earthquake Engineering Research Center, University of California, Berkeley, Report No. 98-06, 56-57.

Malhotra P K, 1999. Response of buildings to near-field pulse-like ground motions. Earthquake Engineering and Structural Dynamics, 28 (11): 1309-1326.

Mavroeidis G P, 2004. Modeling and simulation of near-fault strong ground motions for earthquake engineering applications. New York: State University of New York at Buffalo, 44-46.

Menun C, Fu Q, 2002. An analytical model for near-fault ground motions and the response of SDOF systems. In: Earthquake Engineering Research Institute eds. 7th U. S. National Conference on Earthquake Engineering. Boston, Massachusetts: Mira Digital Publishing, Paper No. 00011.

Roberts M W, Lutes L D, 2003. Potential for structural failure in the seismic near field. Journal of Engineering Mechanics, 29, (8): 927-934.

Shabestari K T, Yamazaki F, 2003. Near-fault spatial variation in strong ground motion due to rupture directivity and hanging wall effects from the Chi-Chi, Taiwan earthquake. Earthquake Engineering and Structural Dynamics, 32 (14): 2197-2219.

Singh J P, 1985. Earthquake ground motions: implications for designing structures and reconciling structural damage. Earthquake Spectra, 1 (2): 239-270.

Somerville P G, 2000. Seismic hazard evaluation. Proceedings of the 12th Word Conference on Earthquake Engineering, Auckland, New Zealand: New Zealand Society for Earthquake Engineering, Paper No. 2833.

Somerville P G, 2002. Characterizing near fault ground motion for the design and evaluation of bridges. Proceedings of the 3th National Seismic Conference and Workshop on Bridges and Highways. Portland, Oregon, 137-148.

Somerville P G, Graves R, 1993. Conditions that give rise to unusually large long period ground motions. The Structural Design of Tall Buildings, 2: 211-232.

Somerville P G, Smith N F, Graves R W, et al, 1997. Modification of empirical strong ground motion attenuation relations to include amplitude and duration effects of rupture directivity. Seismological Research Letters, 68 (1): 199-222.

Stewart J P, Chiou S J, Bray J D, et al, 2001. Ground motion evaluation procedures for performance-based design. California: Pacific Earthquake Engineering Research Center, University of California, Berkeley, Report No. 01-09, 63-67.

Uniform Building Code. 1997. Whittier, California: International Conference of Building Official, 2: 34-35.

Wang G Q, Zhou X Y, Zhang P Z, et al, 2002. Characteristics of amplitude and duration for near fault strong ground motion from the 1999 Chi-Chi Taiwan Earthquake. Soil Dynamics and Earthquake Engineering, 22 (1): 73-96.

Progress and trend on near-field problems in civil engineering

Li Shuang[1] and Xie Li-Li[1,2]

(1. School of Civil Engineering, Harbin Institute of Technology, Harbin 150090, China;

2. Institute of Engineering Mechanics, China Earthquake Administration, Harbin 150080, China)

Abstract　In the last twenty years, near-field problems became an important topic for both seismologists and civil engineers. The one aspect is to illuminate mechanisms of earthquakes and explain new phenomena. The another aspect is the ground motions, which are usually assigned by engineers as a type of input load for seismic design of structures, sometimes can control the final design results. The experiments, performance evaluations and other related aspects are all based on the specified type of load. As a result, many aspects related to civil engineering will be influenced by changes of the type of load. Hence, the characteristics of the load and the corresponding response of structures are desired for studying. In this paper, the state-of-the-art of near-field problems in civil engineering is comprehensively reviewed, which include inherent characteristics of near-field ground motions and influences of these ground motions on civil structures. The existing problems are pointed out and work need to be further investigated in the future is suggested. It is believed that the information in this paper can be useful to advance the state of investigation on near-field problems.

近断层地震动区域的划分[*]

李 明[1,2]，谢礼立[1,3]，翟长海[3]，杨永强[1]

(1. 中国地震局工程力学研究所，黑龙江 哈尔滨 150080；2. 沈阳建筑大学土木学院 辽宁 沈阳 110168；3. 哈尔滨工业大学土木工程学院，黑龙江 哈尔滨 150090)

摘要 与远场地震动相比，近断层（也称为近场或近源）地震动呈现了更复杂的破坏特性，但迄今，对该区域却没有明确划分，只是依主观选择. 为解决这一问题，本文详细比较了近断层与远场地震动特征参数的差别，结果表明，近断层地震动的峰值加速度、峰值速度、峰值位移、能量密度以及竖向与水平向峰值加速度的比值同远场差别较明显，而水平向峰值速度与峰值加速度比和竖向峰值速度与峰值加速度比的差别不大. 依据近断层与远场存在差别的这些地震动特征参数，划分了近断层地震动区域.

引言

近断层（near-fault）地震动，也称为近场（near-field）或近源（near-source）地震动，它是指当震源距较小时，震源辐射地震波中的近场和中场项不能忽略的区域的地震动. 对近断层地震动，虽然早在 1957 年人们就已经有所认识，大多数研究人员也认同近断层地震动是强烈依赖于断层破裂机制、包含明显的破裂方向性效应和滑冲效应的地震动，并针对近断层地震动自身的特点以及对结构的破坏机理展开了大量的研究[1-3]. 但令人遗憾的是，迄今各国学者对于近断层地震动区域的划分仍没有明确认识，只是依主观选择，如 A. K. Chopra 等将近断层地震动区域取为断层距小于 10km，李新乐等取小于 15km，而 G. -Q. Wang 等取为 55km 以内等[1,4,5]. 近断层地震动区域划分的不同，必然会导致在研究与近断层地震动相关的问题时，选择地震记录的范围不同，由此得出的结论也就可能存在较大差别. 这些有差别的结论，不便应用于指导结构抗震设计和地震危险性分析. 另外，在制定有关近断层地震动区域的抗震设防标准和措施时，也必须明确这一区域的范围. 因此，划分近断层地震动区域的研究具有重要意义.

1 地震记录的选取

本文所采用的地震记录均来自美国太平洋抗震研究中心（PEER）强震数据库[6]. 在选取地震记录时，考虑到当加速度峰值过小（<0.05g）时，地震仪器的测量误差可能增大，并且在绝大部分情况下对结构的破坏作用也不明显，我国建筑抗震设计规范[7]（GB

---

* 本文发表于《地震工程与工程振动》，2009 年，第 29 卷，第 5 期，20-25 页.

50011—2001）在规定抗震设防烈度和设计基本地震加速度取值的对应关系时，也是以 $0.05g$（6度）为下限，因此所选择的地震记录，加速度峰值均不小于 $0.05g$. 震级采用矩震级（M_W）. 断层类型在数据库中共分5类：走滑断层、逆断层、逆与走滑混合断层（以下简称混合断层）、正断层、正与走滑混合断层，但后两者 PGA 超过 $0.05g$ 的地震记录很少，无法进行统计分析，因此仅考虑了前三种断层类型. 关于场地分类，世界各国划分并不一致，如 USGS 依据30m的平均剪切波速将场地分为四类，NEHRP 分为5类，UBC 分为5类等，如何将各国场地的划分统一到同一标准尚有待于研究. 另外，这种场地划分给地震记录的选取造成了一定的困难，如果场地划分过细，必然会使搜集到的地震记录数量有限，使统计结果可信度降低，而如果粗略划分场地类型，或不加以区分，必然会导致统计结果有失准确. 综合考虑以上因素，本文采用 NEHRP 的场地分类方法，将场地分为5类，在划分近断层地震动区域时，将 A 和 B 类合为一类，相当于基岩，C 和 D 类合为一类，相当于土层土，E 类场地因记录数量较少没有考虑. 断层距采用到发震断层破裂面的最短距离（d_r）[8-10]. 地震记录随各参数的分布情况如表1所示.

表1　地震记录的分布情况
Table 1　Distribution of record

场地类型	走滑断层断层距/km			逆断层断层距/km			混合断层断层距/km			合计
	0～30	30～60	60～90	0～30	30～60	60～90	0～30	30～60	60～90	
A	39	27	3	66	30	12	39	48	42	306
B	63	12	21	66	51	12	30	42	9	306
C	24	12	3	72	48	18	30	36	0	243
D	171	54	24	249	219	36	57	72	36	918
E	18	3	3	0	3	0	0	0	3	30
合计	315	108	54	453	351	78	156	198	90	1803

2　近断层地震动区域的划分

2.1　划分参数的选择

近断层地震动之所以引起地震学家和土木工程师的共同关注，其根本原因在于近断层地震动较以往地震动呈现出了更复杂的地震动特性，对工程结构造成了更严重的破坏. 因此本文拟选择的划分近断层地震动区域的参数，就是能够反应近断层地震动基本特征的参数. 这些参数包括水平向峰值加速度（A_PH）、峰值速度（V_PH）、峰值位移（D_PH）；竖向峰值加速度（A_PV）、峰值速度（V_PV）、峰值位移（D_PV）；水平向峰值速度与峰值加速度比（$V_\mathrm{PH}/A_\mathrm{PH}$）、竖向峰值速度与峰值加速度比（$V_\mathrm{PV}/A_\mathrm{PV}$）；水平向能量密度（$\rho_\mathrm{HE}$）和竖向能量密度（$\rho_\mathrm{VE}$）[11, 12]；竖向与水平向峰值加速度比（$A_\mathrm{PV}/A_\mathrm{PH}$）. 在地震动衰减关系的研究中，震级（$M_W$）和距离（$d$）均作为独立参数，这样构建的衰减关系至少是三维的，如考虑震级和距离的水平峰值加速度衰减关系，在数学上实际是一个以（M_W，d，A_{PH}）为坐标的三维曲面，这种三维关系不能直观地反映上述各参数随震级和距离的变化，无法应用于近断层地震动区域的划分．为此，本文将断层距与震级的比值（$D_{eq} = d_r/M_W$）作为一个参数，化原来的三维关系为二维，来解决上述问题，并称这一参数为等效震级距（D_{eq}），物理意义是用震级标准化的距离（km/级），该参数可以反映地震动基本特征的参数随距离和震级的变化规律，即震级越大，距离越小，这些参数越大．为检验这些参数是否适用于近断层区域的划分，分别依据 3 种断层类型的地震记录，计算了这些参数，其随等效震级距的变化如图 1 所示（由于篇幅所限，图 1 仅为部分结果）．

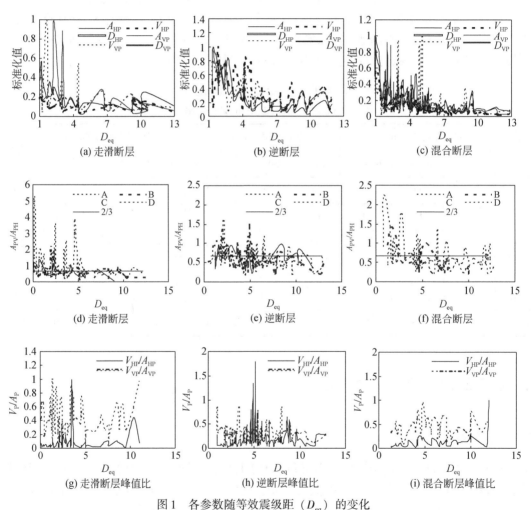

图 1　各参数随等效震级距（D_{eq}）的变化

Fig. 1　Change of parameters with D_{eq}

图 1（a）~（c）为标准化的水平和竖向峰值加速度、峰值速度和峰值位移．标准化就是用每组数据除以这组数据中的最大值，从而消除量纲的影响，使不同的峰值参数具有可比性．从图 1 中可以看出，各标准化的峰值参数随等效震级距的增加而减小，并且存在一个临

界等效震级距值,在这个值之前,各参数较大,且变化不稳定,当超出这个值时,各参数逐渐趋于平稳,说明这些参数近断层与远场不同,可以用来划分近断层地震动区域. 图 1 (d)~(f) 为 A~D 类场地,竖向与水平向峰值加速度比,在远场,这一比值接近 2/3,而在近断层,比值常常大于 2/3,同样也可以看出,当等效震级距为某一值时,在这个值之前,A_{PV}/A_{PH} 高于 2/3,且变化不稳定,而在这一值之后,均较接近 2/3,说明该参数也可用来划分近断层地震动区域. 与图 1 (a)~(f) 类似的适合划分近断层地震动的参数还有竖向能量密度和水平向能量密度. 而图 1 (g)~(i),V_{PH}/A_{PH} 和 V_{PV}/A_{PV} 随等效震级距的变化均不明显,说明这两个参数近断层与远场没有明显差别,不能用来划分近断层地震动区域.

采用上述方法,最终确定在划分近断层地震动区域时采用如下参数:竖向和水平向峰值加速度、峰值速度、峰值位移;竖向与水平向峰值加速度比、竖向和水平向的能量密度. 这些参数在本质上全面体现了地震动的三要素,其中峰值加速度、峰值速度、峰值位移和竖向与水平向峰值加速度比体现了地震动的幅值特性;能量密度综合反映了地震动的幅值、频谱和持时特性. 另外还有一些反应地震动基本特征的参数,如均方根加速度、均方根速度、均方根位移、阿里亚斯烈度、豪斯纳定义谱烈度等. 这些参数虽然在表达形式和物理意义上与本文所选择的参数不同,但在本质上却是相似的. 因此在划分近断层地震动区域时,没有考虑这些参数.

2.2 区域的划分

图 2 和图 4 分别为 A+B 类场地和 C+D 类场地,三种断层类型,各标准化参数及其均值(Mean)随等效震级距的变化. 从图中可以明显看出,各标准化参数在等效震级距为某一临界值时,发生类似于阶越函数式的衰减,在这个临界值前,各标准化参数值较大,且不稳定,在这个临界值之后,各标准化参数随等效震级距的变化基本趋于稳定. 本文将这个临界值作为划分近断层地震动区域的阀值,即认为在这个值之前为近断层地震动区域. 为找出这个临界值,图 3 和图 5 分别绘出了对应于图 2 和图 4 的各参数的平均值(Mean)及其经过平滑处理的值(Smooth)随等效震级距的变化. 平滑采用汉宁窗,其目的是为了便于找出划分近断层地震动区域的临界值. 从图 3 和图 5 中可以更明显地看出,在震级距为某个临界值之后,各参数变化趋于平稳.

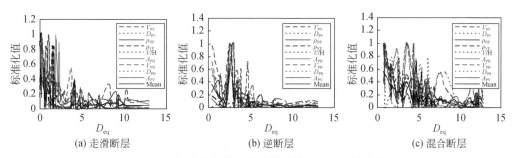

图 2　各标准化参数及其均值随等效震级距的变化

Fig. 2　Change of normalized parameters and their mean value with D_{eq} (site A+B)

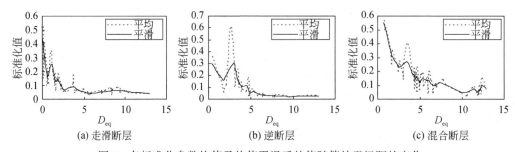

图3　各标准化参数均值及均值平滑后的值随等效震级距的变化

Fig. 3　Change of smooth and without smooth mean value with D_{eq}（site A+B）

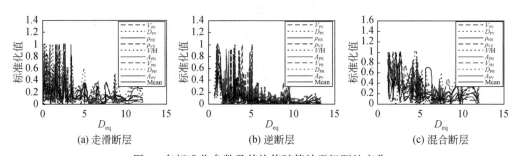

图4　各标准化参数及其均值随等效震级距的变化

Fig. 4　Change of normalized parameters and their mean value with D_{eq}（site C+D）

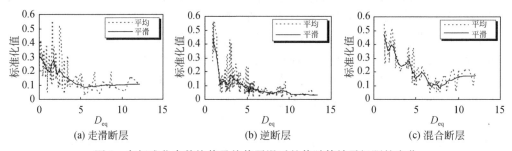

图5　各标准化参数均值及均值平滑后的值随等效震级距的变化

Fig. 5　Change of smooth and without smooth mean value with D_{eq}（site C+D）

　　虽然平滑后的均值曲线，较平滑前能更加明显地反映出等效震级距超过某一值后，各参数变化趋于平稳这一规律，但仍没有明显拐点，因此划分近断层区域临界值的确定就十分困难．本文采用试算和观察比较的方法来解决这一问题．从图中可以看出，这个临界值应介于 3～6 之间，即在 3 之前各参数随等效震级距的变化明显不平稳，在 6 以后趋于平稳．以等效震级距大于 6 的平滑曲线最大值的 k 倍做一水平直线，定义该直线与平滑化曲线的交点对应的等效震级距为临界等效震级距，将小于这个值的区间定义为近断层地震动区域．表 2 为 k 取 1.1～1.5 时，对应的临界等效震级距．观察发现，当 $k=1.3$ 时，这个临界值与图 3~图 5 反应的近断层地震动区域较接近，因此取 $k=1.3$. 从表 2 可以看出，A+B 类场地的近断层区域大于 C+D 类场地，这一点也是可以理解的，因为 A+B 类场地较坚硬，地震动由于介质耗能损失的能量较小，衰减较慢，C+D 类场地则相反，但这种差别不大，因此近似认为各类场地的临界等效震级矩相同，最终取值列于表 2. 为了更直观的描述近断层地震动区域，本文又计算了 5~9 级地震的以断层距（$d_r = D_{eq} * M_W$）划分的近断层地震动区域，并称这个断层距为临界断层距，如表 3.

表 2　近断层区域划分的临界等效震级距
Table 2　Critical D_{eq} for near-fault ground motion division

k	走滑断层（A+B）	走滑断层（C+D）	逆断层（A+B）	逆断层（C+D）	混合断层（A+B）	混合断层（C+D）
1.1	4.08	3.92	5.89	5.34	5.69	4.67
1.2	4.02	3.92	5.89	5.34	4.39	4.33
1.3	3.74	3.64	5.33	5.34	4.39	4.07
1.4	3.74	3.41	5.33	4.48	4.17	3.51
1.5	2.22	2.8	5.33	4.33	4.17	3.51
最终取值	3.8	3.8	5.4	5.4	4.4	4.4

表 3　近断层区域划分的临界断层距/km
Table 3　Critical d_r for near-fault ground motion division

震级/M_W	5.0	5.5	6.0	6.5	7.0	7.5	8.0	8.5	9.0
走滑断层	19	20	22	24	26	28	29	31	33
逆断层	26	29	31	34	37	40	42	45	48
混合断层	22	23	25	28	30	32	34	36	39

3　结语

本文基于能够反应近断层地震动基本特征的参数，详细比较了这些参数在近断层和远场的差别，结果表明，近断层与远场地震动相比：峰值加速度、峰值速度、峰值位移、能量密度以及竖向与水平向峰值加速度比存在比较明显的差别；而水平向峰值速度与竖向峰值加速度比和竖向峰值速度与峰值加速度比的差别不大.

以上述差别比较明显的参数和等效震级距为参数，采用标准化、求均值、平滑化的方法，通过计算平滑化以后的均值拐点，划分了近断层地震动区域的范围. 从划分结果可以看出，近断层地震动区域与断层类型、震级和场地均有关系，但受场地的影响相对较弱.

近断层地震动区域的范围也随断层类型和震级发生变化，从断层距十几千米至四十余千米.

需要说明的是，本文虽然划分了近断层地震动区域，初步分析了近断层地震动区域与烈度的关系，为解决近断层地震动区域问题提供了新思路，但同时也应该看到，这种划分的方法还相对较粗糙，如 k 值的选择存在一定的主观因素，另外对近断层地震动区域与烈度关系的讨论也仅限于汶川地震. 因此，对于近断层地震动区域的划分仍需要深入研究，最终才能得到可被广泛接受的划分标准.

参 考 文 献

[1] 李爽, 谢礼立. 近场问题的研究现状与发展方向 [J]. 地震学报, 2007, 29 (1): 102-111.

[2] 谢礼立, 王海云. 近场地震学中 3 个术语译名的商榷 [J]. 地震工程与工程振动, 2005, 25 (6): 198-200.

[3] 刘启方, 袁一凡, 金星, 等. 近断层地震动的基本特征 [J]. 地震工程与工程振动, 2006, 26 (1): 1-10.

[4] Bray J D, Rodriguez-Marek A. Characterization of forward-directivity ground motions in the near-fault region [J]. Soil Dynamic Earthquake Eng, 2004, 24: 815-828.

[5] Mavroeidis G P. A Mathematical Representation of Near- Fault Ground Motions [J]. Bulletin of the Seismological Society of America, 2003, 93 (3): 1099-1131.

[6] Peer Strong Motion Database. http://peer. berkeley. edu/smcat/search. html.

[7] 建筑抗震设计规范 (GB 50011—2001) [S]. 北京: 中国建筑工业出版社, 2001.

[8] Joyner W B, Boore D M. Peak horizontal acceleration and velocity from strong- motion records including records from the 1979 Imperial Valley, California, earthquake [J]. Bulletin of the Seismological Society of America, 1981, 71 (6): 2011-2038.

[9] Campbell K W. Near- source attenuation of peak horizontal acceleration [J]. Bulletin of the Seismological Society of America, 1981, 71 (6): 2039-2070.

[10] 冯启民, 邵广彪. 近断层地震动速度、位移峰值衰减规律的研究 [J]. 地震工程与工程振动, 2004, 24 (4): 14-22.

[11] Pan S C, Lin C C, Tseng D H. Reusing sewage sludge ash as adsorbent for copper removal from wastewater [J]. Resources, Conservation and Recycling, 2003, 39 (1): 79-90.

[12] 翟长海. 最不利设计地震动及强度折减系数研究 [D]. 哈尔滨: 哈尔滨工业大学博士学位论文, 2004.

Scope division of near-fault ground motion

Li Ming[1,2] , Xie Li-Li[1,3] , Zhai Chang-Hai[3] and Yang Yong-Qiang[1]

(1. Institute of Engineering Mechanics, China Earthquake Administration, Harbin 150080, China;

2. School of Civil Engineering, Shenyang Jianzhu University, Shenyang 110168, China;

3. School of Civil Engineering, Harbin Institute of Technology, Harbin, 150090, China)

Abstract　Compared with far-field ground motion, more complicated characteristics appeared in near-fault (near-field or near source). In order to include these effects in seismic codes, it's necessary to determine the scope of near-fault ground motion. However, there is no clear definition to divide this scope and it is decided with subjective assessment until now. In this study, characteristic parameters that can describe near-fault and far-field ground motion are compared. It is showed there is relatively significant difference between these ground motions for the following parameters: peak ground acceleration, peak ground velocity, peak ground displacement, energy density and ratio of peak vertical acceleration to horizontal acceleration. But for ratio of peak horizontal velocity to peak horizontal acceleration and peak vertical velocity to peak vertical acceleration, the difference is small. The scope of near-fault ground motion is divided by the former parameters.

2008 年汶川特大地震的教训*

谢礼立[1,2]

(1. 中国地震局工程力学研究所，哈尔滨　150080；2. 哈尔滨工业大学土木工程学院，哈尔滨　150090)

摘要　总结了汶川地震灾害以及建国 60 年来发生的地震灾害教训，针对我国长期以来执行的预防为主的方针和防震减灾工作的具体实践，评价了预防为主方针在我国防震减灾工作中的执行情况和存在的问题，认为从建国 60 年以来的地震灾害特别是汶川地震灾害的实际后果看，预防为主方针没有收到应有的效果；并讨论了众多的防震减灾重大科学问题，如地震危险性评价和地震区划的局限性和不确定性，地震诱发的地质灾害的评价和防御，地震预报研究和应用等一时还难以彻底解决的前提下如何贯彻防震减灾工作中的预防为主方针；强调要彻底解决减轻和预防地震灾害的问题，必须依靠土木工程的方法并辅之以其他灾前和灾后的防震减灾措施；指出防震减灾工作的最重要的教训是没有将预防放在防震减灾工作之首，没有将土木工程防灾放在预防工作之首；对于列为防震减灾工作的三大体系之一的地震预报主要工作应该加强研究工作，还远没到实际应用的阶段.

1　前言

2008 年 5 月 12 日在我国四川省汶川县发生里氏震级 8 级的强烈地震，受灾地区（地震烈度 VI 度及以上的地区）面积接近 50 万 km²[1]。据国家汶川地震抗震救灾指挥部的最终报告，认定这次四川汶川特大地震是新中国成立以来破坏性最强、波及范围最广、救灾难度最大的一次地震. 它的主要特点如下[1].

震级大、烈度高、余震频繁. 这次地震的里氏震级为 8 级，地震时释放的能量大致为 1976 年唐山地震的 2 倍，最高地震烈度为 XI 度. 截至 2008 年 10 月 10 日中午 12 时，累计发生余震 33125 次，其中 5.0 ~ 5.9 级 32 次，6 级以上 8 次.

影响范围大、受灾地区广. 受灾地区波及四川、甘肃、陕西、重庆、云南等 10 个省市的 417 个县（市、区），4667 个乡镇，48810 个村庄，受灾总面积接近 50 万 km²，其中极灾区和重灾区面积达 13.2km²（图 1）.

次生灾害特别是伴生的地质灾害严重，救灾难度大. 重灾区大多位于交通不便的高山峡谷地区，震后四川、甘肃、陕西灾区排查出的崩塌、滑坡、泥石流等地质灾害及其隐患点 13000 余处，较大的堰塞湖 35 处. 这次地震还造成了大范围的交通、电力、通讯中断，加重了灾后救援工作的难度.

（1）在这次地震中受灾人口多达 4625.7 万人，其中一半以上人口灾后无房可住，因

---

* 本文发表于《中国工程科学》，2009 年，第 11 卷，第 6 期，28-35+88 页.

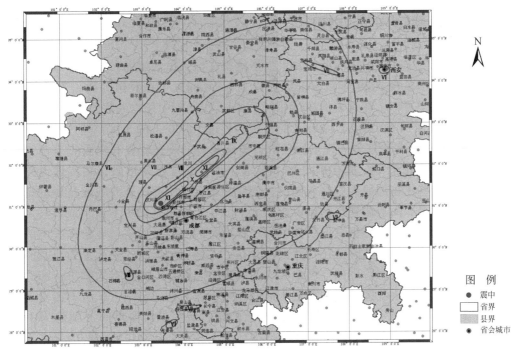

图 1　2008 年 5 月 12 日汶川地震烈度分布图[4]

灾害影响需要紧急转移的人口多达 1510.6 万人，截至 2008 年 10 月 10 日经确认因地震灾害遇难的人数为 69227 人，失踪人数为 17923 人，因地震灾害受伤的人数达到 37.46 万人.

（2）在这次地震中，共有 796.7 万间房屋倒塌，2454.3 万间房屋损坏. 北川县城、汶川县映秀镇等部分城镇和大量村庄几乎被夷为平地；位于重灾区的城镇也有相当多的建筑物进行过抗震设计，震后虽仍挺立，但因破坏严重有随时倒塌之虞.

（3）基础设施大面积损坏. 据统计在这次地震中共有 24 条高速公路、163 条国道和省道公路和 7 条铁路干线、3 条铁路支线受损中断，成都等 22 个机场受到不同程度的损坏，电力、通讯、广播电视、水利等基础设施和文物损坏严重，地震发生后计有 6 个县区、125 个乡镇停电、3 万多个通讯基站、1096 个广播电视台站、2473 座水库、822 座水电站、1105 处堤防、20769 处供水管道受损.

（4）经济损失巨大. 据民政部会同有关部门和地区汇总核定，这次地震共造成四川、甘肃、陕西三省直接经济损失 8451.36 亿元，其中四川一个省的经济损失就达 7717.7 亿元.

地震发生后，我国广大工程单位、研究部门的科研设计人员和高等院校土木工程以及其他相关专业的师生都深入灾区对地震现场，特别是对土木工程建筑在地震中的表现进行了考察，有的单位的考察研究工作至今仍在继续，并相继发表了大量的论文，就汶川地震中的各类工程结构在地震中的表现进行了详尽的分析和总结[2,3]. 本文仅就这次地震在宏观层面上带给我们的一些重要的经验和教训进行思考和总结，以期能引发我国广大防震减灾工作者其中包括政府行政管理部门、立法机构以及从事地震工程的科研和设计的专业工作者认真思考.

2　如何贯彻预防为主的方针

新中国成立以来在我国境内多次发生强烈地震，给人民的生命和财产带来了严重的创伤，表 1 中列出了自 1949 年新中国成立以来 60 年间发生在我国的死亡人数超过 50 人的地震．从表中可知：在过去的 59 年间，我国一次地震中死亡人数超过 50 人的有 17 次，超过 100 人的 14 次，超过 1000 人的 8 次，超过 10000 人的 3 次，超过 50000 人的 2 次．值得一提的是尽管在地震现场所见的各类建筑物的震害现象和地震灾害惨象虽然有的在时间上相差几十年，地点相距几千千米，但竟都是如此相似．其实这也并不奇怪，因为产生这些灾害的原因都是相同的：遭受地震袭击的那些地方的建筑物的抗震能力低下或根本不足．而造成建筑物抗震能力低下的主要原因是设防不当，或者甚至根本就没有设防，除此以外当然也有设防技术和工程质量的问题；而这一现象在我国的许多地区，特别是在许多强震危险区还仍然大量存在．尤其应该指出的是迄今为止我们的农村基本上还属于抗震设防管理的空白地区．如果这个问题得不到根本的解决，那么就很难指望能从根本上解决我国地震灾害重、地震死亡人数高这一全国人民所不愿看到的现象．在我国的《防震减灾法》中明确规定我国的防震减灾工作要贯彻"预防为主"的指导思想，但是从新中国成立以来发生的地震后果，特别是从汶川地震的后果来看，很难说我们已经真正地重视和贯彻了这个方针．

"预防为主"的宗旨是要将一切可以减轻灾害的有效措施做在灾害发生之前，一旦发生灾害性的自然现象时能尽量减少、甚至杜绝损失，特别是人民的生命和健康的损失．防灾措施一般有灾前的措施和灾后的措施两类，前者如进行有效抗震设防、加固抗震能力薄弱的建筑、普及大众的科学知识，做好应急预案和应急准备等等，后者如开展震后的有效生命救援，安置和援助受灾民众以及各种救灾和恢复重建等工作．要防止、减轻和杜绝灾害损失就是要强调做好灾前的措施，灾前的措施做好了，自然灾害的损失就会大大地降低，甚至可以不用或少用灾后的措施．灾后的减灾措施无疑是十分必要的，但灾后的措施应该只是一种补充的措施，一种因万一没有实施好灾前措施或灾前措施未能收到应有效果时才无奈采取的措施．绝对不能将灾后的措施替代灾前的措施，这样就本末倒置了．如果我们不能首先做好灾前的措施，就很难能减轻灾害带来的损失，任何好的灾后措施也无法挽回已经造成的损失．有没有贯彻好"预防为主"的方针关键要看效果，也就是说当我们真正做到了预防为主，一旦发生突发的灾害性自然现象，也不会造成重大的损失．新中国成立以来发生过的一系列地震灾害包括汶川地震灾害，唐山地震灾害等，都无不在警示我们：尽管我们十分重视灾害预防的工作，也早已提出了"预防为主"的方针，可是实际效果并不如人们预期的那样好，甚至是远远偏离了人们的预期．问题到底出在哪里？如何才能防止这些人间惨象再次重演？下一个"汶川"在哪里？下一个"唐山"在哪里？我们能不能将防震减灾的措施，有效地做在下一次大地震发生之前？这是新中国成立以来的历次大地震灾害带给我们的最大的教训，更是付出了极其沉重代价的汶川地震的再次告诫．

表1 1950 年以来发生的一次地震中死亡超过 50 人的地震

日期	震中位置	震级	震中烈度	受伤人数	死亡与失踪人数
1950 年 8 月 15 日	西藏察隅	8.5	XI		近 4000
1966 年 3 月 8 日	河北邢台地区	6.8, 7.2	IX		8064
1970 年 12 月 3 日	宁夏西吉县	5.5	VII	525	117
1970 年 1 月 5 日	云南通海县	7.7	X	35466	15621
1973 年 2 月 6 日	四川炉霍县	7.6	X	4931	2175
1974 年 5 月 11 日	云南大关县	7.1	IX	3023	1641
1975 年 2 月 4 日	辽宁海城市	7.3	IX	18308	2041
1976 年 5 月 29 日	云南龙陵县	7.3	IX	2540	98
1976 年 7 月 28 日	河北唐山市	7.8	XI	406000	242000
1981 年 1 月 24 日	四川道孚县	6.9	VIII	612	123
1985 年 8 月 23 日	新疆乌恰县	7.4	VIII	267	64
1988 年 11 月 6 日	云南耿马、澜沧县	7.2	IX	8448	748
1990 年 4 月 26 日	青海共和县	7	IX		119
1995 年 10 月 24 日	云南武定县	6.5	IX	13956	59
1996 年 2 月 3 日	云南丽江县	7	IX	17366	309
1998 年 1 月 10 日	河北张北县	6.2	VIII	705	49
2003 年 2 月 24 日	新疆巴楚、伽师县	6.8	IX	4853	268
2008 年 5 月 12 日	四川汶川县	8.0	XI	374640	87150

汶川特大地震再次向我们揭示了要做到"预防为主",必须提高现有建筑物特别是广大农村建筑物的抗震能力,除此以外没有其他途径可以替代.

地震灾害的本质说到底是一种土木工程灾害,造成土木工程灾害的主要原因是:在土木工程(小到包括农居在内)的规划或建设中由于不当的知识和技术或不当的选址、设计、施工以及对建筑物的不当使用和维护导致所建造的工程不能抵御突发的载荷,进而失效和破坏乃至倒塌,造成了生命财产的损失,也就是说酿成了灾害.这些土木工程包括所有的建筑,地上和地下的、重大和一般的土木设施,如水库、铁路、公路、桥梁、隧道以及各种港口、矿山、电站和工厂等.

包括河北唐山、四川汶川等在内的地震灾害就是一种最典型的土木工程灾害.此外,风灾、滑坡、泥石流、煤气管线爆炸、地下水管爆裂、煤矿塌陷、溃坝等也都属于土木工程灾害的范畴.而减轻这种灾害的主要手段和方法应该是科学的土木工程方法,即要注意对工程进行正确的选址、设计、施工、使用、维护、加固和保养等.

人们经常会问,为什么在欧美甚至在地震多发的日本等这些国家中,几乎不注重地震预报,或根本不依靠地震预报,但当遇到相当强度的地震时也不会酿成太严重的灾害,对应的人员伤亡数也远比我们要少?其实这里并没有深奥的原因,就是因为这些国家认识到,造成地震灾害和损失的根本原因是建筑物的抗震能力不足,因此都普遍重视提高和增强建筑物的抗震能力.也许有人还会问欧美日等发达国家的经验能适合中国吗?中国地震区域这么大，贫穷落后的地方这么多，能在短期内像这些经济发达国家那样使我们的建筑抗震能力提高吗？其实汶川地震本身已经给出了明确的回答.

　　就在这次汶川地震中，我们见到了在地震烈度Ⅷ度区的甘肃省陇南市文县境内的临江镇东风新村，民居建筑均未出现震害（图2）. 由于在 2006 年当地发生了一个震级仅 5 级的地震，全村 90% 以上的房屋倒塌或严重毁坏（图3）. 地震后这个村按照恢复重建规划，将整个村落搬迁到紧靠 212 国道的白龙江边进行重建. 在重建中，该村根据《甘肃省政府办公厅批转省地震局等 6 部门关于实施地震安全农居示范工程意见的通知》（甘政办发〔2006〕68 号）要求，完全按照农居地震安全工程标准进行规划、设计和施工. 全村重建地震安全农居 73 户，户均 6 间住房，县乡政府从重建经费中给每户平均补助 10500 元（人民币，下同），借款 2500 元，以及经政府协调由农行给每户贷款 2000 元以及通过世界银行项目给每户贷款 5500 元. 所有农居均本着经济实用、抗震安全的原则，按照地震部门提供的当地抗震设防要求 0.20g（Ⅷ度）设防. 根据每户经济情况，由临江镇政府委托具有设计资质的勘察设计单位进行设计，为每户提供不同的房屋户型及庭院布局设计供选择. 总体要求房屋平面、立面尽量规则对称，基础采用水泥毛石砌筑，以砖混和框架结构为主，按标准设置上下圈梁、过梁和构造柱等抗震措施，确保纵横墙体之间有必要的拉结，房屋结构具有较强的抗震能力.

图2　甘肃省文县临江镇东风新村居民　　　　图3　甘肃省贺家坪村 90% 以上房屋倒毁
　　　建筑物在汶川地震中丝毫无损

　　按照同一抗震要求进行建设的还有邻近的武都区外纳乡的李亭村和稻畦村. 这三个村距汶川 8.0 级地震震中的平均距离约 260km，经地震后现场考察确定当地地震烈度为Ⅷ度（在附近基岩上测到的主震强震加速度峰值为水平向 180 gal 和竖向 168 gal），附近其他未考虑抗震要求的农村民居破坏十分严重. 武都区桔柑乡贺家坪村距稻畦村 15km，距李亭村 16km，距文县临江镇东风新村 25km，贺家坪村 80% 的民房倒塌或严重毁坏，但武都区外纳乡李亭村和稻畦村、文县临江镇东风新村农居却完好无损，甚至连墙皮都没有开裂[5].

　　注意在上面提到的例子中，为了建成比较抗震的居住建筑，国家给农民提供的补助并不高，提供每户的经费包括政府补贴、借款和银行贷款在内也仅 20000 元左右. 可是由此带来的经济效益，即减少的经济损失是十分明显的，而防止人员伤亡带来的社会效益更是难以估量. 反过来也足以说明, 即使在目前我国广大的经济并不富裕的农村地区也并不是完全没有经济能力来建造抗震住宅, 关键的是缺乏抗震意识和具体的技术指导.

中国政府继 1994 年提出要使我国大中城市具有抗御 6 级地震的能力后, 又在 2004 年再次提出要在 2020 年以前使我国大部分位于地震危险区的城镇要达到能抗御 6 级地震的能力, 甚至有的城市要达到中等发达国家的抗震水平, 这无疑是一项充分体现 "预防为主" 思想的重要举措. 但是如何实现这一目标, 目前还缺乏统一的认识, 更缺乏实施的细则, 因而在具体操作时, 还难以将一切防震减灾的努力落实到能加强和提高我国城镇的防震减灾能力上, 落实到把未来的地震灾害的损失切切实实地降下来. 值得庆幸的是甘肃省委、省政府已经做出决定, 计划再用 5 年左右的时间, 在全省农村全面实施农居地震安全工程, 计划建造 200 万户抗震农居. 这无疑为实现国务院提出的 2020 年防震减灾目标奠定了一个坚实的基础, 在防震减灾工作中真正体现和贯彻了 "预防为主" 的精神.

当前全球正在爆发一场罕见的金融大危机, "扩大内需" 和 "改善民生" 被认为是我国应对 "全球金融危机" 的举国一致共识. 毫无疑问加强城镇和基础设施的抗震能力是一项最急迫的民生需要, 也是我国防震减灾工作面临的最大的机遇, 是实现 "预防为主" 的难得良机, 不要等到家破人亡时再来重演一场悲壮的救灾悲剧.

3 地震危险性评估能力仍很低下

在我国地震区划图上, 辽宁省海城市在 1975 年海城地震以前以及河北省唐山市在 1976 年唐山地震以前都被划分为受地震影响不大的 VI 度区; 这次汶川地震中的重灾区 (包括汶川, 北川, 绵竹, 都江堰, 江油, 什邡等) 在我国国家标准《中国地震动参数区划图》(GB 18306—2001) 上被标志的有效加速度峰值为 0.10 ~ 0.15g, (大致相当于 VII 度), 也就是一个受地震影响中等偏弱的地区. 可是事实表明, 情况并不如此 (表2). 由于认识上的局限和不当知识的支配, 这些地区的地震危险要远比国家标准规定的高得多, 其后果就是: 对于 1975 年的 7.3 级地震和 1976 年的 7.8 级地震来说, 海城和唐山是两座不设防不抗震的城市, 而对于这次汶川地震来说, 这些重灾区都是抗震设防不足、抗震能力薄弱的地区.

表 2 汶川地震中受影响的实际烈度和全国地震动参数区划图的比较

地名	台站名	汶川地震中受影响的烈度[4]	实测地震加速度峰值/g			GB18036—2001 规定值
			东西向	南北向	竖向	
北川	江油含增	XI	0.52	0.35	0.44	0.10g (VII−)
汶川	理县桃坪 汶川卧龙	IX (含映秀镇 XI 度)	0.34 0.96	0.34 0.65	0.38 0.95	0.10g (VII−)
安县	安县塔水	IX	0.29	0.20	0.18	0.10g (VII−)
都江堰	郫县走石山	IX	0.12	0.14	0.10	0.10g (VII−)
茂县	茂县地办 茂县叠溪 茂县南新	IX	0.31 0.25 0.42	0.30 0.21 0.35	0.27 0.14 0.35	0.15g (VII+)

Continued

地名	台站名	汶川地震中受影响的烈度[4]	实测地震加速度峰值/g			GB18036—2001 规定值
			东西向	南北向	竖向	
绵竹	绵竹清平	IX	0.82	0.80	0.62	0.10g (VII-)
青川	平武木座	IX	0.27	0.29	0.18	0.10g (VII-)
广元	广元石井 广元曾家	VIII	0.32 0.42	0.27 0.41	0.14 0.18	0.05g (VI)
江油	江油地震台 江油重华 江油含增	VIII	0.51 0.30 0.52	0.46 0.28 0.35	0.20 0.18 0.44	0.10g (VII-)
理县	理县木卡 理县沙坝 理县桃平	VIII	0.32 0.22 0.34	0.28 0.26 0.34	0.36 0.21 0.38	0.10g (VII-)
宁强	广元曾家	VIII	0.42	0.41	0.18	0.05g (VI)
平武	平武木座	VIII	0.27	0.29	0.18	0.15g (VII+)
什邡	什邡八角	VIII	0.56	0.58	0.63	0.10g (VII-)

　　汶川地震发生在四川龙门山逆冲推覆构造带上，经历了长期的地质演变，具有十分复杂的结构和构造．晚新生代的构造变形主要集中在断裂带西南段的彭县-茂县，中段的灌县-江油断裂（前山断裂）、映秀-北川断裂（中央断裂）和汶川-茂县断裂（后山断裂）及其相关的褶皱上，断裂东北段第四纪早中更新世活动强烈，晚更新世活动不明显．这次8级强震发生在映秀-北川断裂上．更有意思的是映秀-北川断裂全新世（10000年）以来的长期地质滑动速率约每年1mm，一直被认为断层活动处于一种"闭锁"状态，是"属于地震活动频度低但具有发生超强地震潜在危险的特殊断裂"[6]．可是这个"超强地震潜在危险"究竟在哪个时段爆发，目前的科学水平还难以精确预料，再加上地质科学往往以数千、万年或甚至几十万年到上亿年来观察问题，因此该断层的地震活动性就一直被低估．

　　在国际上地震危险性被低估或被高估的情形时有发生，特别是低估的地震危险性其危害更大，而高估的危险性虽会导致过度的设防和过高的投资，但能给人们带来更大的安全．目前世界各国的地震危险性分析技术虽然有了许多的改进，但是从本质上来说主要还是遵循两条颇有争议的原则：即，在历史上发生过的最大地震有可能在原地（或原地质条带上）重演的原则和类同的地质构造可能会有类似地震活动性的原则．几十年来虽然在判断地质构造、地质活动和历史地震的技术上有了许多进步，但是这两条长期以来一直存有争议的"基本原则"似乎还难以替代．因此不能精确估计未来地震活动的情形，特别是低估地震活动性的可能在相当长的历史阶段还一定会继续发生，而这种错误的估计，特别是偏低的估计就会给未来隐伏严重的灾难．地震区划图是我们进行建设规划，开展防震减灾工作必不可少的重要技术资料，在我国建设的各个阶段都发挥了十分重要的作用，今后还会继续发挥重要的作用，但是土木工程师、防震减灾工作者以及灾害管理部门对此一定要有清醒的认识，不要以为有了区划图就必然会给我们的安全带来充分的保障，特别是在确定抗震设防水平，制定抗震设计规范，进行抗震设计和施工时更要充分估计到这一情况，防止侥幸心理.

说到底确定设防烈度是一种风险决策，理论和方法都不完善的地震危险性分析和据此编制出的区划图在某种程度上必然会无形地增加我们的决策风险. 经济发展了，生活水平提高了，人们对地震安全的可靠性也应该随之提高，设防水平和设防烈度也应适当提高，随着小康社会的建成，所有位于地震区的村镇都像上面提到的三个村落那样按 8 度设防也应该是可实现的，虽然可能由此增加了一些投资，但是人民的安全更有保障了，何况增加的投资直接提高了建筑物的抗震性，同时也增强了居民的安全性，因此一定会物有所值的.

4　城镇和工程抗震场址选择的新课题

汶川地震的另一个突出教训是，地震触发了大规模的地质灾害，滑坡、崩塌、滚石，并进而引发了更多的其他次生地质灾害，如堰塞湖、泥石流等，给已经经受了地震灾害的人们带来了新一轮的难以抗御的生命财产威胁，也给救灾工作带来了新的困难. 据不完全统计，在汶川地震中因地质灾害造成的人民生命损失约占这次地震总死亡人数的 1/10 左右. 表 3 列出了在这次地震中，死亡人数超过 30 人的滑坡和崩塌的地点、规模和相应的人员死亡和经济损失的统计数据.

表 3　汶川地震中（死亡数超过 30 人）的诱发地质灾害[6]

序号	灾害点位置	灾害类型	规模/万 m³	死亡人数	经济损失/万元
1	北川县曲山镇	滑坡	1000	1600	1600
2	北川县陈家坝乡	滑坡	188	906	1500
3	北川县曲山镇	滑坡	1000	700	1200
4	北川县陈家坝场镇	滑坡	1200	400	500
5	青川县红光乡	滑坡	1000	260	5000
6	北川县陈家坝乡	滑坡	480	141	120
7	都江堰市紫坪铺镇	滑坡	20	120	500
8	北川县陈家坝乡	滑坡	500	100	110
9	彭州市银厂沟景区	崩塌	5.4	100	8000
10	彭州市银厂沟景区	崩塌	10	100	8000
11	彭州市九峰村 7 社	滑坡	400	100	4000
12	都江堰市青城山镇	崩塌	120	62	800
13	平武县南坝镇	滑坡	1250	60	5000
14	北川县桂溪乡	滑坡	30	50	130

Continued

序号	灾害点位置	灾害类型	规模/万 m³	死亡人数	经济损失/万元
15	青川县曲河乡	崩塌	70	41	200
16	平武县水观乡	滑坡	400	34	8000
17	彭州市团山村	滑坡	40	30	800
总计				4804	

在这次地震中被列为重灾区的 44 个县（市）中，在震前早已发现的地质灾害隐患点就达 5184 处，其中滑坡 3300 处、崩塌 492 处、泥石流 604 处、不稳定斜坡 751 处，直接威胁到 291098 名群众的生命财产安全. 地震发生后截至 7 月 20 日，经实地排查，44 个重灾县（市），震后新增地质灾害隐患 9671 处. 在经过统计的 8627 处隐患中，滑坡 3627 处、崩塌 2383 处、泥石流 837 处、不稳定斜坡 1694 处，其他 86 处. 直接威胁 804945 名群众的生命财产安全[7].

我国有许多省份位于潜在的地震危险带，又往往是潜在的地质灾害频发的地区，如四川、甘肃、云南、广东、广西、山西、陕西、西藏等等. 汶川地震中因地震引发的大量地质灾害及其防御的经验和教训对我国乃至全世界的防震减灾工作具有十分重要的意义. 从目前科学技术发展水平来讲，要十分经济有效的防御地质灾害，特别是那些因地震引发的次生地质灾害，还是一件十分困难的事. 唯一有效的办法是躲避，也就是说要在建设以前先期做好场地的勘探和选择工作，要将城镇以及大型工程的场地选在地质上比较稳定和安全的地带. 为此在地质灾害多发的地区，必须事先进行详细的勘探、监测和防治，并在此基础上编出地质灾害区划图，供社会和工程部门使用. 一般来讲距发震断层越远，引发次生地质灾害可能性就越小，也就是说敏感性越差. 但是如何精确地判断潜在的地质灾害地点，和合理的确定避让的距离也是一个急需研究的课题.

5　必须提高学校、医院等建筑物的抗震能力

这次在汶川地震中得到的另一个重要的教训是，必须提高地震区学校，特别是中、小学建筑物的抗震能力. 据报道四川省常务副省长魏宏在 2008 年 11 月 21 日中国国务院新闻办公室例行记者会上表示，"目前我们已经公布的学生死亡人数为 19065 名，第一批的公布工作仍在进行之中." 也就是说在这次汶川地震中，因地震死亡的中、小学学生要占地震总死亡人数的 27.5% 甚至可能更高！我国在校的中、小学学生的数量大概占全国总人口的 15% ~ 16.5%，也就是说汶川地震中死亡的中、小学学生比例要超出全国中、小学生数量占全国总人口比例数的 11% ~ 12%，这是一个惊人的数字. 其中的原因一方面果然与中、小学学生缺乏生活知识，在紧急情况下保护自己的能力特别是逃生的能力比较低有关，同时也反映了面对这群弱势群体的学生们，我们的社会没有为学校提供足够的抗震能力，确保学校必要的地震安全性. 除此以外，考虑到在地震灾害中，学校可以作为临时的避难场所以及震后的学生复课也是震后恢复工作的重要内容等，我们的社会应该为我们的

学校提供更安全的校舍, 使我们的校舍比一般建筑物有更强的抗震能力. 除了学校还有医院, 一方面医院也是弱势群体治疗疾病的地方, 同时也是地震灾害中对受伤的群众进行生命抢救和救治的必不可缺的重要场所, 作为医院的建筑物也应该有比一般建筑物更高的抗震能力. 我们还应该从汶川大地震中的教训中懂得, 不仅是学校和医院, 还有幼儿园, 敬老院, 疗养院以及残疾人等弱势群体生活和工作的场所都应该有比一般建筑物更强的抗震能力.

提高学校、医院以及一般弱势群体工作和生活场所等建筑物的抗震能力一般有三种方法可供采用: 一是提高建筑物的设防水准 (标准), 二是提高建筑物的重要性类别并辅之以必要的抗震措施, 这两种方法都是国内外目前常用的方法. 但是这两种方法都存在一个缺点, 他们都只能在定性上增强建筑物的抗震能力, 无法确切 (定量地) 知道采用了相应的方法后, 建筑物的抗震能力到底能提高了多少, 建筑物的什么部位得到了提高, 什么部位可能没有提高. 为了弥补这个缺陷, 作者认为还可以采用提高设防建筑物的性态目标的方法来增强建筑物的抗震能力. 目前我国抗震设计规范依据的准则是: 经过抗震设计的建筑物能够经受设防地震, 但是容许建筑物发生中等程度的破坏, 容许在更大的地震下发生严重的破坏而不倒塌. 注意, 这里提到的一些指标, 如 "经受设防地震"、"发生严重的破坏而不倒塌" 等, 一方面都是定性的, 难以控制, 另一方面也难以判断所谓的 "经受设防地震" 以及 "发生严重的破坏而不倒塌" 还会不会对人民的生命产生威胁和多大的威胁? 唯有提高设防的性态目标不仅可以定量地控制建筑物在规定地震作用下的变形程度以及破坏的程度, 以致能比较有效地确保生命安全和控制财产损失的程度, 同时还能使除了主体结构以外的其他附属结构或构件的变形限制和连接得到有效和可靠的保证, 从而能更有效地确保建筑物的地震安全性. 这种方法的基础也就是当前国际上流行的基于性态的抗震设计方法. 目前我国已经编制并经审查批准颁布了相应的规程[7].

6　正确认识地震预报在防震减灾工作中的作用

尽管在这次汶川特大地震前地震预报专业人员没有发现值得注意的地震前兆, 未能做出相应的预报. 但是成功的地震预报在防震减灾中的作用是不容怀疑的. 1975 年海城地震的成功预报就是一个例子. 但是汶川地震又一次向我们提出了一个十分严肃的问题: 根据目前的技术, 我们能预报地震吗? 地震预报还应该成为我国防震减灾工作的重要体系吗? 或者我们还可以换一种提法: 到底还需要多久我们才可以相信地震预报会成为我们防震减灾工作的一个有效而又可靠的工作体系?

众所周知, 地震预报是一个世界科学难题, 中国政府和中国科学家在这个领域所做的努力是其他国家望尘莫及的. 地震预报之所以成为一个世界科学难题, 我认为主要是因为人类目前还不能通过直接的方法去观测它, 研究它. 一方面是因为绝大多数地震发生在人类目前还无法到达的地球深部, 以致我们所能观察到的有关地震的现象或测量到的信息, 几乎都是间接地经过层层介质传递得到的, 在获得的间接信息中既有与地震直接有关的信息, 也包含了大量的, 千变万化的与地震无关的信息. 人们对地震的研究都是通过这种间接地被 "污染" 了的千变万化的观测资料进行的. 另一方面, 一个破坏性的地震震源都是在地壳深部的一个达到几十甚至上百公里尺度的空间范围内, 当地震在地壳中孕育和发展过程中产生的信号传到地球表面上时，也会在一个非常大的范围内有所反应，而且在不同部位的反应都会有很大的差异，而我们目前观测的范围还是十分有限的，也就是说我们对地震的观测和研究不仅是间接的，而且是局部的，不完整的．如果再考虑在地球表部这么大的范围内收集和观测到的地震的信息更难免有时还会混入发生在地球内部的与地震无关的其他地壳活动信息，以及在地球外部的各种难以避免的干扰信息，就更会增加对所获得的资料分析的复杂性．因此要想能通过地震发生的真正物理过程来分析和预报地震绝对不是人类目前能做得到的．

地震预报从通常的意义上来讲，可以有解析预报（或称物理预报）和经验预报两种，前者是指在搞清地震发生的成因和机理的基础上通过对地震的物理过程的分析来进行的预报，这当然是极其困难的．从这个意义上来讲目前大概不会有人反对"地震是不可预报的"．

其实建立在经验基础上的经验性地震预报也同样是十分困难的．这不仅因为地震是一个小概率的自然现象，而且来得很突然，发生的过程也很短，稍纵即逝．其实概率小还不是最主要的困难，最主要的困难在于我们不能事先预知地震发生的时间和地点，即使这种珍贵的小概率事件一旦发生，我们也同样不能抓住机会对它进行观测和研究，以便逐步积累经验．天文学中也有许多小概率事件，可是天文学家能精确计算它们发生的时间和空间，就可以有机会对它们进行直接的观测和直接的研究．许多天文现象不就是这样发现的吗．可是对地震来说我们还无法做到．

基于经验的地震预报的另一个困难是人类在这方面所积累的经验实在太少了，迄今为止成熟的或者被公认的地震预报经验几乎还没有，国内如此，国外也同样如此．尽管我国学者从事地震预报的研究和实践已经有40多年的历史，尽管他们也成功预报过1975年7.3级的海城地震，尽管此后他们也同样成功预报过1976年7.2级的四川松潘地震，1994年5.8级的青海共和地震，1995年7.3级的孟连地震，1996年5.5级的巴塘–白玉地震，1999年5.4级的岫岩地震……等共21个$M_S \geqslant 5.0$的破坏地震[8,9]，但是这也丝毫改变不了我们几乎没有掌握，甚至也没有接近将来可能被公认的能用来成功预报地震的经验和方法这一实际情况．因此，目前我们的预报既不可能是基于地震发生机理的解析预报，也不可能是基于有效经验的经验预报，也更不可能是带有两者结合型的既有机理作为背景也有一定经验作为后盾的混合型预报，而是一种还多少带有一些初级博弈性质和随机性质的预报．也就是说这种预报会在相当长的一段时期内都处在一种十分粗浅的初级阶段，不应该对此寄予太高的厚望，更不应该将防震减灾的重任押在地震预报上．

地震预报是世界性的难题，再难也难不过聪敏智慧的人类，人类最终一定会登上这个世界难题的顶峰解决这个难题．不过我们目前还做不到．我们现在所说的"地震是不能预报的"，指的是在我们当前的知识水平、技术水平、经验水平和财富水平的条件下是不可能真正解决地震预报的难题的．尽管我们今后还会出现像海城地震预报成功那样的激动人心的事件，但这也丝毫不会改变人类目前还难以预报地震的这一根本现实．

根据这样的分析，我们应该理解：尽管我们的地震预报工作者吃尽了千辛万苦，白天和梦中都在思索如何能将地震预报出来，以挽救人民的生命和财产，但是这个任务对谁来说都是一个难以完成的任务，说要比"上天"、"登月"还难，也是一点也不夸张的．今后我们应该要给从事地震预报的科研人员、专业工作者创造一个宽松的环境,让他们可以潜心的研究.作为社会或者各级政府也应该理解这一客观的现实,不应该将地震预报作为任务指标,要求他们去完成.再说,在一个法制社会里,应该严格控制或限制那些还无法证明其安全性、可靠性、成熟性的技术和方法在社会中推广应用,医药和食品是这样,其他技术,包括地震预报也应该是这样的.

　　从防震减灾角度来看,我们的任务是要减轻地震灾害,特别是要减轻地震时的人员伤亡,这是一项刻不容缓的任务,同时我们也要讲减轻地震损失的社会成本、经济成本、机会成本以及时间成本.正像前面所分析的那样,造成地震灾害和损失的主要原因是由于土木工程建筑的抗震能力的不足或缺乏,而解决这个问题的科学技术问题已经基本成熟,在中国解决这个困难的经济条件也已经基本具备.再努一把力,我们一定会取得防震减灾的真正的成功,这样的成功也丝毫不亚于我们中国人有一天能登上月球,征服星球.

　　后记:本文是综合作者在多种学术讨论会发表的意见和应邀为南京工业大学学报(2009 年第 1 期)撰写的报告基础上编写的.作者也要感谢中国地震局陈章立教授、中国地震局兰州地震研究所王兰民教授和中国地震局工程力学研究所李小军、张敏政和孙景江等教授对本文提出的宝贵意见;作者特别要感谢胡进军博士对全文的校核.

参 考 文 献

[1] 国务院抗震救灾总指挥部.四川汶川特大地震抗震救灾总结报告.2008.
[2] 《汶川地震建筑震害调查与灾后重建分析报告》编委会.汶川地震建筑震害调查与灾后重建分析报告.北京:中国建筑工业出版社,2008.
[3] 中国地震工程联合会.汶川地震工程震害调查成果交流会 ppt 报告集.成都,2008.
[4] 甘肃地震局.2008 年 5 月 12 日四川汶县 8.0 级地震灾害评估报告_甘肃灾区(6 月 1 日评审会稿).2008.
[5] 全国地震区划图编制委员会.《汶川地震灾区地震动参数区划图》工作报告(送审稿).2008 年 5 月.
[6] 黄润秋.汶川大地震次生灾害及其对重建的影响(PPT).汶川大地震工程震害调查成果交流会,成都,2008.
[7] 中国工程建设标准化协会标准.建筑工程抗震性态设计通则(试用).北京:中国计划出版社,2004.
[8] 车用太,刘成龙.汶川地震后关于地震预测问题的再思考.国际地震动态,2008,10(358):1-6.
[9] 李志雄,陈章立,张国民.汶川地震引发的对监测预报工作的某些思考.政策研究,2008,2(31):8-16.

Lessons learnt from the great Sichuan Wenchuan Earthquake

Xie Li-Li[1,2]

（1. Institute of Engineering Mechanics, China Earthquake Administration;

2. Harbin Institute of Technology）

Abstract　This paper presents the key lessons learnt from the recently occurred devastating earthquake of May 12, 2008 in the Wenchuan County, Sichuan Province. It discussed some bottle-neck questions existing in the current earthquake disaster prevention work of the China, such as low quality construction in both rural and town area, seismic hazard assessment and seismic zoning, earthquake induced geological hazard, and earthquake prediction etc., and pointed out that the civil engineering prevention methods is the best choice for the solution of reducing earthquake losses and mitigating earthquake disasters.

地震破裂的方向性效应相关概念综述[*]

胡进军，谢礼立

(中国地震局　工程力学研究所，黑龙江　哈尔滨　150080)

摘要　地震断层破裂的方向性会造成在地震动记录和地震动分布场中出现一些典型的特征，分析方向性效应的特点以及方向性效应产生的原因对于揭示近场地震动的特征有重要的意义．本文以诸多研究文献为基础，从方向性效应的研究回顾开始，分析了方向性效应的概念，并重点论述了方向性效应对地震动影响的特点、方向性效应的产生原因及其影响因素．为了阐明与方向性相关的几个概念，本文还分析了破裂传播效应，有限移动源效应和多普勒效应等相关概念，以及方向性对震源时间函数的影响．通过这些概念的探讨和分析，使得这些相关概念的意义更加清晰，最后给出了地震动方向性效应研究中存在的问题和建议．

引言

地球物理学和地震学研究表明，地震断层的破裂一般是从断层上的某一点或者某一区域开始，而后而逐渐向外扩展，因而断层的破裂扩展具有一定的传播过程，当断层沿着某一优势方向以接近于震源区地壳介质剪切波速的速度破裂传播时，在地震观测数据中会出现明显的方向性特征．在地震学和地震工程学中涉及方向性效应的概念有许多，比如："方向性效应"、"破裂传播效应"、"有限移动源效应"以及"多普勒效应"等，这些是文献中常用来描述破裂方向性效应的几个概念[1]．

Benioff[2]在1952年的加利福尼亚州科恩县M_W7.5级地震的远场中长周期位移地震记录中，最早发现由于破裂传播方向引起的地震动辐射随方位角变化的现象，并称这一现象为"地震多普勒效应"．虽然由于断层破裂扩展的几何方位或者所谓的方向性引起的地震辐射能量随方位角的变化已被Benioff在大震的远场记录中证实，但是工程感兴趣的短周期波的方向性效应直到1978年才被Bakun等[3]证明．而后的一些研究者，如Hanks and McGuire[4]，Boatwright and Boore[5]，Archuleta[6]以及Abrahamson and Darragh[7]等，分别从1971年San Fernando地震、1979年Coyote Lake和Imperial Valley等地震的近断层强地震动加速度记录中发现地震动峰值加速度的空间分布也和破裂方向有关，有明显的方向性特征，而且在地震的破裂传播方向上的破坏经常是最严重的[2,8,9]．另外，我国的一些研究也认为：尽管造成地震动方向性分布的因素很多，但震源破裂方向的影响是不可忽视的；同时，宏观烈度调查结果也表明，断层破裂方向与烈度空间分布形状的长轴，特别是内圈等震线长轴相一致，这和加速度分布相似[10]．

---

[*]　本文发表于《地震工程与工程振动》，2011年，第31卷，第4期，1-8页．

1　方向性效应的特征和产生原因

对强地震动数据的研究发现，强地面运动的幅值并不完全遵从随着震中距的增加而逐渐衰减的规律，而是在某一方向，记录波形震相简单而幅值较高，而相反方向的记录波形却震相复杂而幅值相对较低，即使前者的震中距要大于后者时．同时对一些典型近断层强震记录的研究发现，某些近断层强震记录中存在一些特殊的与以往中远场记录不同的典型大脉冲型地震动[5,11]，这一现象被研究者称为地震动的方向性效应．地震动的方向性效应是与地震断层破裂过程中的传播效应、震源辐射等因素引起的，其在单个地震动时程中表现为相对较长周期的大脉冲，而在整个地震动的空间分布场可表现为随方位角变化的地震动参数，比如峰值、频谱和持时等．因此，它实际上包含了两个层面的意思，一是描述单个场点（场地）地震动的局部特征，二是描述地震动空间分布场的整体特征[1]．

研究发现，当断层以接近于剪切波速的速度破裂时（断层的破裂速度一般稍小于剪切波速，地震动数值模拟时断层破裂速度一般取 0.8 倍左右的剪切波速），在破裂的前方，地震波的能量在很短的时间内几乎同时到达某一场点，由于能量的积累效应，在速度时程的开始阶段形成一个持时相对较短、峰值较大的速度脉冲；而在背离破裂方向的场点，由于各子源破裂产生的地震波由于在相对较长的时间内到达，因此能量分布比较均匀，地震动的能量持时较长、峰值较小．这就是产生方向性效应的原因，如图 1 所示[2,9,11,12,13,14]．当破裂朝向场点传播并且断层面上的滑动方向也朝着场点时，前方向性效应出现．以简单的垂直走滑断层为例，如图 2[11] 所示，破裂从震源开始并且以 0.8 倍的剪切波速向前传播，断层破裂朝向场点传播，并且能量在破裂面处积累，最后地震波以一个大脉冲的形式到达场点．图 2 中显示了断层的破裂锋在破裂传播过程中的一个瞬间．

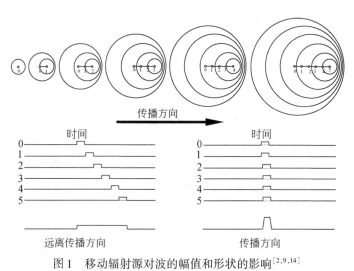

图 1　移动辐射源对波的幅值和形状的影响[2,9,14]

Fig. 1　Effect of finite moving source to the wave amplitude and shape[2,9,14]

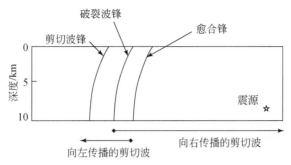

图 2　垂直走滑断层的破裂方向性效应[11,12]

Fig. 2　Directivity effect of vertical strike-slip fault[11,12]

2　方向性效应的影响因素

地震动方向性效应受到诸多因素的控制和影响，比如震源的破裂机制、断层的破裂方向与场点的夹角以及断层的破裂速度等，因而地震动的方向性效应在不同的震源机制上的特点不同．对于走滑断层，断层的能量辐射机制使得大脉冲出现在与断层走向垂直的方向上；对于倾滑断层，方向性效应出现在断层面的上倾投影处的场地的与走向垂直的分量上．如图 3 所示[11,12].

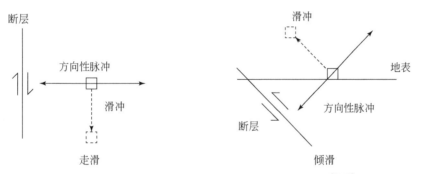

图 3　走滑和倾滑断层的方向性脉冲产生方位示意图[11,12]

Fig. 3　Schematic diagram of directivity effect in strike-slip fault and dip-slip fault[11,12]

Somerville[11] 基于实际地震动数据定义了两个方向性效应参数来考虑方向性效应对幅值和持时的影响，并将其应用到地震动衰减关系中．Somerville 定义的两个参数如图 4 所示．对于走滑断层，方位角 θ 和长度比 X 是在水平面上的震中到场点值来计算的；而倾滑断层的 φ 和宽度比 Y 是根据震源到场点距离在断层面上的投影值来计算的．远场条件下，对于断层的任何部分可假设 θ 和 φ 为常量．但是对于近断层时，断层的尺度可能比断层与场点之间的距离还要大，这就使得断层面与震源到场地方向的夹角以及相应的辐射模式的幅值连续变化．因而 Somerville 采用 $X\cos\theta$（走滑断层）和 $Y\cos\varphi$（倾滑断层）函数来模拟破裂的方向性效应引起的地震动的幅值和持时的变化．采用余弦函数的原因在于，余弦函数使得地震动参数随夹角增大而缓慢的减小．这个函数形式与远场方向性效应近似值一致[15]．

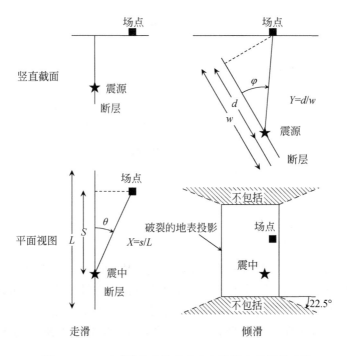

图 4　Somerville[11] 定义的考虑方向性效应的相关参数

Fig. 4　Parameters used to define rupture-directivity conditions by Somerville[11]

　　Somerville[11] 的研究表明方向性效应的大小受破裂传播方向与波传播方向之间夹角大小的影响，而且与位于场点和震源之间的破裂长度与整个破裂长度的比值有关．破裂传播方向与波的传播方向的夹角越小，地震动幅值越大；位于震源和场地之间的断层破裂部分越长，地震动幅值越大．虽然 Somerville[11] 的方法对于考虑方向性效应有很大的进步，但是其方法在实际应用和概念上有些难点．首先，在实际应用方面，Somerville[11] 的表达式是震级、断层倾角、滑动角和破裂距离的不连续（阶梯）函数．其表达式并不能预测倾滑断层的所谓中性区域[16]内的地震动，也不能应用于非平面断层．在概念方面，其表达式的理论根据也很弱，比如，对于长的走滑断层，其 X 因子表明，地震动沿着断层走向逐渐增大，但是 1906 年 San Francisco 地震的烈度分布图却与此预测的结果相矛盾[17]．另外，Abrahamson[18]对 Somerville[11] 的模型进行了改进，其通过在对 $X\cos(\theta)$ 的限值和引入震级和距离的削减来平滑不连续性．Rowshandel[19,20]灵活地常规化了 X 和 θ 两参数项，以此来平滑和扩大 Somerville[11] 基本模型的适用性范围，但是其方法需要在每个观测点处对整个断层进行面积分[16]．最近 Spudich 等[16]基于美国下一代地震动衰减关系（NGA）地震动数据库，通过等时线理论[21-24]建立了一个考虑物理（本质）的方向性效应预测因子，此预测因子可以用于修正 Abrahamson and Silva[25]、Boore and Atkinson[26]、Campbell and Bozorgnia[27] 以及 Chiou and Youngs[28]等新一代地震动衰减关系中对方向性效应的考虑，此因子可应用于具有任意倾角和滑动角的平面和非平面断层．Spudich[16] 的分析结果认为采用其定义的参数得到的方向性效应引起的走滑断层的加速度频谱的变化约为由 Somerville[11] 方法的一半.

3　破裂传播效应、有限移动源理论和多普勒效应

　　地震破裂传播的方向性对地震波（体波和面波）的影响可以用有限移动源模式下的地震波谱理论来表示. 所谓有限移动源模式实际上是指地震断层面上的各点不可能同时发生错动, 必定是首先从某一点（或部分）开始破裂, 然后以有限速度向断层的其他部分传播, 因而在地震记录中必定带有某些震源的相关信息, 比如震源破裂速度等其他参数的信息. 因此要研究地震记录特征并根据此特征提取震源破裂相关信息就需要考虑破裂以有限速度传播的震源模式[29,30].

　　Knopoff and Gilbert[31], Ben-Menahem [31] 和 Hirasawa and Stauder[29] 从理论上研究了有限移动源模式产生的地震波谱. Ben-Menahem 采用此有限移动源理论来解释破裂传播效应对远场地震波的影响, 一方面它使得在一定方向的波产生时间延迟, 另一方面它使得幅值谱降低并产生节点. 此理论被广泛应用于确定较大地震的断层长度和破裂速度[33]. 相关研究结果表明, 震源的有限性和有限的破裂速度对地震波的影响主要体现在两个方面. 一方面, 地震波的振幅在方位上受到有效的调制作用, 即地震波振幅在沿着破裂的传播方向上加强, 而在相反方向上减弱, 这种调制作用对 S 波比较明显, 并且随破裂速度增大而增强; 另一方面, 在地震波的位移振幅谱中引起一系列极小值, 这些极小值相对应的频率或周期与断层的尺度及破裂传播速度等参数有关[29-32]. 图 5 为单侧和双侧破裂的一维线源远场体波幅值图, 对于单侧破裂, P 波的幅值图为其径向分量, S 波的幅值图为其切向分量; 而对于双侧破裂, 选取两者幅值最大的模式. 图中实线为正值, 虚线为负值[29,30,34].

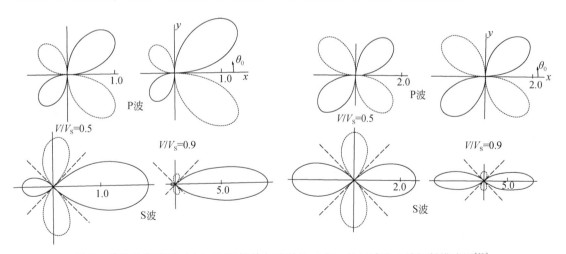

图 5　单侧单向破裂（左）和双侧单向破裂的（右）的 P 波和 S 波辐射模式图[29]

Fig. 5　Radiation pattern of unilaterial and bilaterial rupture[29]

　　另外, Ben-Menahem[32] 还采用有限移动源理论, 把震源简化成由一系列点构成的线, 以有限速度移过断层平面, 从而导出了各种震源模型（走滑、倾滑）下 Rayleigh 波和 Love 波的远场位移谱. 实际上有限移动源理论强调了断层的长度和破裂时间对波的辐射场的重

要性,特别是当它们与波长和周期是同一量级的时候. 由有限移动源理论可知,在接收端,一个走向滑动断层的面波位移谱在二维的柱坐标中表示为[35]

$$A(\omega) = \frac{1}{\sqrt{r}} \mid B(\theta) \mid e^{i\psi(\theta)} \frac{\sin X}{X} e^{-iX} \mid S(\omega) \mid e^{i\varphi_S(\omega)} \cdot M(\omega, r) \exp\left[i\omega\left(t - \frac{r}{c}\right) + \frac{(2m+1)\pi}{4}\right]$$

(1)

这样,Love 波具有分量 $A_\theta(\omega)$,而 Rayleigh 波具有 $A_r(\omega)$ 和 $A_z(\omega)$. 根据与震中对称的两个台站的振幅谱比可得到方向性函数 D[32]. 对于走向滑动断层,Rayleigh 波和 Love 波的方向性函数 D 有以下表达式

$$D = \left| \frac{A(\theta_0)}{A(\pi + \theta_0)} \right| = \left| \frac{Y\sin X}{X\sin Y} \right|$$

(2)

其中,$X = (\pi b/L) \cdot (c/V_R - \cos\theta_0)$,$X = (\pi b/L) \cdot (c/V_R + \cos\theta_0)$,$b$ 为断层长度,V_R 为破裂速度,θ_0 为相对于台站的破裂方向. 一般说来 D 的分子应取破裂方向上远离震源的波. 此文献[32]定义的方向性因数 D 只能用于走向滑动的断层(垂直或倾斜),对于垂直的倾滑断层 $D = 1$,而对于非垂直的倾滑断层,D 并没有明确的定义. 此外,理论研究表明地震波卓越周期随方位有类似于多普勒效应的变化. 通过方向性因子可以看出:对于单侧破裂 $\theta_0 = 0$ 时周期有极小值;$\theta_0 = \pi$ 时周期有极大值. 通过这一点可以用于地震学中确定断层的破裂方向,同样,已知破裂方向时也可以预测产生地震波的特点.

另外,物理学中的多普勒效应可以简单地表述为由于观测者与波源之间的相对运动引起的接收到的波的频率的改变. 这一物理现象是奥地利物理学家 J. C. 多普勒在 1842 年首先发现的. 多普勒效应引起的频率变化又称为多普勒频移. 最早的采用多普勒式效应来解释和模拟地震断层的破裂传播效应的文献始于 Knopoff 和 Gilbert[31],Ben-Menahe[32] 和 Hirasawa and Stauder[29]. 其从理论上分析了有限移动源产生的地震波谱,并证明了有限移动源模式对地震波谱的方位调制. 这种类似多普勒式效应使得地震波的振幅在破裂传播方向上加强,频率变高. 而在相反和垂直方向上减弱,频率降低,这便是有限移动源的多普勒效应. 而实际地震是由于断层错动引起的,破裂从断层上的一点开始,并向外扩展形成断层面,当破裂通过某一点时,断层面上的滑动开始,产生应力降并向外辐射地震波. 因此地震波可以理解成为由一系列移动的波源辐射引起的,将会产生类似"多普勒式效应". 这种破裂传播效应对地震波的振幅、周期(频率)和持时(长度)都会有影响[34,36,37].

4　破裂的方向性对震源时间函数的影响

震源时间函数是描述震源的破裂时间历史过程的函数或者说表示的是震源的时空变化,它可以是地震断层的滑动量或滑动率的时间历史也可以是地震矩或地震矩率的时间历史,因而震源时间函数与震源破裂的动力学过程有着密切的联系. 基于 Haskell[38] 和 Brune[39] 的理论模型,Savage[40] 在震源谱中引入了表示破裂的方向性效应的函数 F. 震源时间函数的位移幅值谱可表示为[40-42]

$$\mid D(\omega) \mid = \frac{2M_0 R_{\theta\varphi} C_p F}{4\pi\beta^3 \rho R (1 + \omega^2 T_c^2)^{1/2}} e^{-\omega R/2Q\beta}, \quad T_c = 1/(1.078\omega_c)$$

(3)

单侧破裂的方向性函数 F_1 表示如下:

$$F_1(\omega, \tau) = \frac{\sin(\omega\tau/2)}{\omega\tau/2} \tag{4}$$

其中，τ 为震源时间函数的持时.

根据均匀各向同性介质中单侧均匀破裂传播（Haskell 模型）得到的相对震源时间函数的持时可以表示为如下形式[15,32,44-46]

$$\tau(\theta) = \frac{L}{V_r} - \frac{L\cos\theta}{c} \tag{5}$$

$$r^2 = r_0^2 + L^2 - 2r_0 L\cos\theta \tag{6}$$

$$r \approx r_0 - L\cos\theta \tag{7}$$

其中，L，V_r，c 和 θ 分别是断层长度，破裂速度，地震波速和破裂方向和射线之间的夹角，如图6所示，另外，图7给出了式（5）的图示. 此震源时间函数的持时可以直接通过地震波形或者间接通过相对震源时间函数得到. 对于对称的双侧破裂，随到场点的射线与破裂方向之间的夹角变化的破裂持时为[47]

$$\tau(\theta) = \frac{L}{V_r} + \frac{L}{c} |\cos\theta| \tag{8}$$

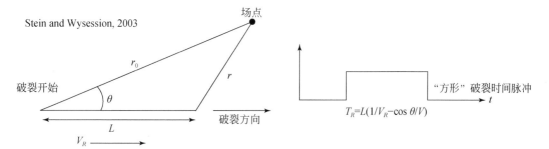

图6 方形破裂时间脉冲的推导[43]

Fig. 6 Derivation of rupture time of box car function[43]

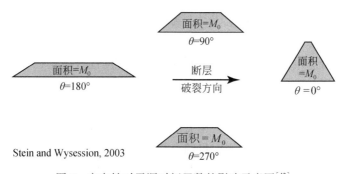

图7 方向性对震源时间函数的影响示意图[43]

Fig. 7 Effect of directivity to the source time function[43]

研究表明，单侧和双侧破裂时，随场点与破裂方向的夹角的不同，记录到的地震动不同[38]. 对于单侧破裂或地震以单侧破裂为主，在地震图上观测到的脉冲宽度取决于破裂方向和波射到场点方向的夹角[47]，也就是说位于破裂前方的震源时间函数的持续时间较短，但振幅较大；反之，位于破裂后方的震源时间函数的持续时间较长，但振幅较小[43,48]. 图 8（a）和（b）描述了单侧和双侧破裂时震源时间函数持时 τ 随夹角 θ 和破裂速度 V_r 的变化. 从图 8（a）和（b）可以看出，对于单侧破裂，震源时间函数持时在夹角 θ 为 π 时有极大值，在夹角 θ 为 0 和 2π 时有极小值；对于双侧破裂，震源时间函数持时在夹角 θ 为 0 和 π 时有极大值，在夹角 θ 为 $\pi/2$ 和 $3\pi/2$ 时有极小值. 因此这种相对震源时间函数的幅值和持时随方位角的不断变化体现了震源破裂的方向性[48].

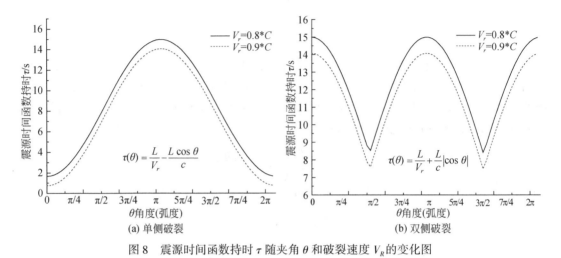

图 8　震源时间函数持时 τ 随夹角 θ 和破裂速度 V_R 的变化图

Fig. 8　Variation of duration τ with angle θ and rupture velocity V_R （a）Unilaterial rupture （b）Bilaterial rupture

5　结论和讨论

　　方向性效应是近场地震动的一个典型特征，其对地震动的本身和分布特征有重要影响. 目前对方向性效应的研究多集中对方向性效应的模拟，或者对单个地震脉冲记录或者脉冲型地震记录参数的模拟和分析上[49-54]. 为了从本质上了解方向性效应并分析方向性效应与破裂传播效应、有限移动源效应以及多普勒效应等概念之间的区别于联系，本文基于大量研究文献，综合分析几个相关概念. 研究表明，方向性效应是在一定的破裂速度条件和断层机制下，断层的破裂传播效应与震源辐射模式共同作用的结果，这种效应可以用简单的有限移动源传播效应或者多普勒效应来解释，而方向性效应的本质却与这些概念不完全一致，需要进一步的解释. 虽然这些相关概念有助于对方向性效应的理解，但是从本质上揭示方向性效应的原因还需要采用定量的分析方法.

　　通过对方向性效应相关概念的分析表明，目前虽然我们对方向性效应的产生原因和特征已经有了一定的了解，但是这些了解还不能够满足定量描述方向性效应. 比如：在影响方向性效应的因素中，Somerville[11]定义的参数还不能够完全考虑方向性效应的影响因素，还需要考虑其他的一些参数，比如破裂速度，震源深度等；另外，在地震动输入中如何合理的选取和考虑方向性效应的影响；还有破裂方向性效应对地震动的不同分量的和不同参数的影响是否一致，等，这些都是目前需要进一步研究的问题.

参 考 文 献

[1] 胡进军. 近断层地震动方向性效应及超剪切破裂研究 [D]. 哈尔滨：中国地震局工程力学研究所博士学位论文，2009.

[2] Benioff H. Mechanism and strain characteristics of the White Wolf Fault as indicated by the aftershock sequence：earthquakes in Kern County，California during 1955 [J]. California Division of Mines Bulletin，1955，171：199-202.

[3] Bakun W H，Stewart R M，Bufe C G. Directivity in the high-frequency radiation of small earthquakes [J]. Bull. Seism. Soc. Am.，1978，68：1253-1263.

[4] Hanks T C，McGuire R K. The character of high-frequency strong ground motion [J]. Bull. Seism. Soc. Am.，1981，71（6）：2071-2095.

[5] Boatwright J，Boore D M. Analysis of the ground accelerations radiated by the 1980 Livermore Valley earthquakes for directivity and dynamic source characteristics [J]. Bull. Seism. Soc. Am.，1982，（72）：1843-1865.

[6] Archuleta R J. A faulting model for the 1979 Imperial Valley earthquake [J]. Journal of Geophysical Research，1984，89：4559-4585.

[7] Abrahamson N A，Darragh R B. The Morgan Hill earthquake of April 24，1984 - the 1. 29 g acceleration at Coyote Lake dam：due to directivity，a double event，or both？ [J]. Earthquake Spectra，1985，1（3）：445-455.

[8] Frankel A D，Mueller C，Barnhard T，et al. National Seismic-Hazard Maps [R]. USGS Open-File Report，1996，96-532.

[9] Keller E A，Gurrola L D. Earthquake Hazard of the Santa Barbara Fold Belt，California [R]. Final Report，2000.

[10] 刘汉兴，汪素云，时振梁. 考虑震源破裂方向的地震动衰减模型 [J]. 地震学报，1989（1）：24-37.

[11] Somerville P G，Smith N F，Graves R W，et al. Modification of empirical strong ground motion attenuation relations to include the amplitude and duration effects of rupture directivity [J]. Seismological Research Letters，1997，68（1）：199-222.

[12] Stewart J P，Chiou S J，Bray J D，et al. Ground Motion Evaluation Procedures for Performance-Based Design [R]. PEER Report，2001，9.

[13] Orozco G，Ashford S. Effects of Large Velocity Pulses on Reinforced Concrete Bridge Columns [R]. PEER Report，2002，23.

[14] Singh J P. Earthquake ground motions：implications for designing structures and reconciling structural damage [J]. Earthquake Spectra，1985，1（2）：239-270.

[15] 安艺敬一，理查兹. 定量地震学 [M]. 北京：地震出版社，1986.

[16] Spudich P，Chiou B. Directivity in NGA earthquake ground motions：analysis using isochrone theory [J]. Earthquake Spectra，2008，24（1）：279-298.

[17] Boatwright J，Bundock H. The distribution of modified Mercalli intensity in the 18 April 1906 San Francisco earthquake [J]. Bull. Seismol. Soc. Am.，2008，98（2）：890-900.

[18] Abrahamson N A. Effects of rupture directivity on probabilistic seismic hazard analysis [R]. In：Proceedings of the 6th International Conference on Seismic Zonation，Earthquake Engineering Research Institute，Palm Springs，2000.

［19］ Rowshandel B. Incorporating source rupture characteristics into ground-motion hazard analysis models ［J］. Seismol. Res. Lett., 2006, 77: 708-722.

［20］ Rowshandel B. Directivity correction for the Next Generation Attenuation (NGA) relations ［J］. Earthquake Spectra, 2010, 26 (2): 525-559.

［21］ Bernard P, Madariaga R. A new asymptotic method for the modeling of near field accelerograms ［J］. Bull. Seism. Soc. Am., 1984, 74: 539-557.

［22］ Bernard P, Madariaga R. High frequency seismic radiation from a buried circular fault ［J］. Geophys. J. R. Astr. Soc., 1984, 78: 1-18.

［23］ Spudich P, Frazer N. Use of ray theory to calculate high-frequency radiation from earthquake sources having spatially variable rupture velocity and stress drop ［J］. Bull. Seism. Soc. Am., 1984, 74: 2061-2082.

［24］ Spudich P, Archuleta R. Techniques for earthquake ground motion calculation with applications to source parameterization of finite faults ［M］. Seismic strong motion synthetics: Orlando, Florida, Academic Press, 1987.

［25］ Abrahamson N A, Silva W J. Abrahamson & Silva NGA ground motion relations for the geometric mean horizontal component of peak and spectral ground motion parameters ［R］. Pacific Earthquake Engineering Research Center, University of California at Berkeley, Berkeley, California, 2007.

［26］ Boore D M, Atkinson G M. Ground-motion prediction equations for the average horizontal component of PGA, PGV, and 5%-damped PSA at spectral periods between 0.01s and 10.0s ［J］. Earthquake Spectra, 2008, 24: 99-138.

［27］ Campbell K W, Bozorgnia Y. Campbell-Bozorgnia NGA horizontal ground motion model for PGA, PGV, PGD and 5% damped linear elastic response spectra ［J］. Earthquake Spectra, 2008, 24: 139-171.

［28］ Chiou B, Youngs R R. An NGA model for the average horizontal component of peak ground motion and response spectra ［J］. Earthquake Spectra, 2008, 24: 173-215.

［29］ Hirasawa T, Stauder W. On the seismic body waves from a finite moving source ［J］. Bull. Seism. Soc. Am., 1965, 55: 237-262.

［30］ 郑治真. 波谱分析基础 ［M］. 北京: 地震出版社, 1979.

［31］ Knopoff L, Gilbert F. First motions from seismic sources ［J］. Bull. Seism. Soc. Am., 1960, 50: 117-134.

［32］ Ben-Menahem A. Radiation of seismic surface-waves from finite moving sources ［J］. Bulletin of the Ssmological Society of America, 1961, 51 (3): 401-435.

［33］ Hwang R D, Yu G K, Wang J H. Rupture directivity and source-process time of the September 20, 1999 Chi-Chi, Taiwan, earthquake estimated from Rayleigh-wave phase velocity ［J］. Earth Planets Space, 2001, 53: 1171-1176.

［34］ 笠原庆一 ［日］. 地震力学 ［M］. 赵忠和, 等译. 北京: 地震出版社, 1984.

［35］ Ben-Menahem A, Toksoz M N. Source-mechanism from spectrums of long-period surface-waves, 2. the alaska earthquake of november 4, 1952 ［J］. J. Geophys. Res., 1963, 68: 5207-5222.

［36］ Bollinger G A. Determination of earthquake fault parameters from long-period P-waves ［J］. J. Geophys. Res., 1968, 73: 785-807.

［37］ Douglas A, Hudson J A, Marshall P D. Earthquake seismograms that show Doppler effects due to crack propogation ［J］. Geophys. J. R. Astr. Soc., 1981, 64: 163-185.

［38］ Haskell N A. Total energy and energy spectral density of elastic wave radiation from propagating faults ［J］. Bull. Seism. Soc. Am., 1964, 54: 1811-1841.

[39] Brune J N. Tectonic stress and spectra of seismic shear waves from earthquakes [J]. Journal of Geophysical Research, 1970, 75 (26): 4997-5009.

[40] Savage J C. Relation of corner frequency to fault dimensions [J]. Journal of Geophysical Research, 1972, 77: 3788-3795.

[41] Ólafsson S. Estimation of Earthquake-Induced Response [D]. Trondheim: Department of Structural Engineering, Norwegian University of Science and Technology, 1999.

[42] Kasahara K. Earthquake Mechanics [M]. Cambridge: Cambridge University Press, 1981.

[43] Stein S, Wysession M. An Introduction to Seismology, Earthquakes, and Earth Structure [M]. Hoboken: Blackwell Publishing, 2003.

[44] Ben-Menahem A, Singh S J. Seismic Waves and Sources [M]. Berlin: Springer-Verlag, 1981.

[45] Hwang R D, Yu G K, Wang J H. Rupture directivity and source-process time of the September 20, 1999 Chi-Chi, Taiwan, earthquake estimated from Rayleigh-wave phase velocity [J]. Earth Planets Space, 2001, 53: 1171-1176.

[46] Caldeira B, Bezzeghoud M, Borges J. Seismic source directivity from Doppler effect analysis, part II: Applications [R]. XXIX General Assembly of the European Seismological Commission (ESC), 2004, 12-17 September, Potsdam.

[47] Warren L M, Silver P G. Measurement of differential rupture durations as constraints on the source finiteness of deep-focus earthquakes [J]. J. Geophys. Res., 2006, 111: B06304.

[48] Velasco A A, Ammon C J, Lay T. Empirical Green function deconvolution of broadband surface waves: rupture directivity of the 1992 Landers, California ($M_W = 7.3$), earthquake [J]. Bull. Seism. Soc. Am., 1994, 84: 735-750.

[49] 刘启方, 袁一凡, 金星, 等. 近断层地震动的基本特征 [J]. 地震工程与工程振动, 2006, 26 (1): 1-10.

[50] 刘启方, 金星, 袁一凡. 均匀弹性全空间中走滑断层产生的方向性速度脉冲研究 [J]. 地震工程与工程振动, 2007, 27 (2): 12-19.

[51] 徐龙军, 谢礼立. 近断层脉冲型地震动耦合效应特征 [J]. 防灾减灾工程学报, 2008, 28 (2): 135-142.

[52] 李新乐, 朱晞. 近断层地震动等效速度脉冲研究 [J]. 地震学报, 2004, 26 (6): 634-643.

[53] 李明, 谢礼立, 翟长海. 近断层脉冲型地震动重要参数的识别方法 [J]. 世界地震工程, 200, 25 (4): 1-6.

[54] 邬鑫. 近场地震速度脉冲特性及其模拟模型的研究 [D]. 北京: 北方交通大学硕士学位论文, 2003.

Review of rupture directivity related concepts in seismology

Hu Jin-Jun, XIE Li-Li

(Institute of Engineering Mechanics, China Earthquake Administration, Harbin 150080, China)

Abstract　The single ground motion and distribution of ground motion on the ground surface are affected by the rupture directivity effect. Based on amount studies, we discussed the concepts of directivity effect, the reason to cause it, the characteristics and factors which affect the directivity effect. We also discuss some related concepts, like the finite moving source effect, rupture propagation effect and Doppler effect. Through the comparison and discussion of these concepts, results indicate that the directivity effect can be simply explained by the finite moving source effect, or rupture propagation effect, or Doppler effect, but it is different in natural. Finally, some suggestions are given to further study of directivity effect in earthquake engineering.

核电工程中应用隔震技术的可行性探讨[*]

谢礼立[1,2]，翟长海[2]

(1. 中国地震局工程力学研究所，黑龙江　哈尔滨　150080;
2. 哈尔滨工业大学 土木工程学院，黑龙江　哈尔滨　150090)

摘要　本文旨在观察和分析有关基底隔震技术在核电工程中应用的相关问题，重点讨论如何将此类已经相当成熟的技术应用于核电这一类十分特殊，十分重要，十分敏感而又十分复杂的工程中．文中指出隔震技术有很多优点，可以整体改进核电工程的安全性和可靠性，有利于促进未来核电厂设计和建造的标准化，缩短建设时间，降低建厂的初始投资和生命周期中的运行成本．同时也指出要在核电工程中应用隔震技术还需要在隔震系统的设计、施工、采购、测试以及质量控制和质量保证等方面解决一系列科学和技术上的问题，更要注意改变目前尚缺乏将这一类技术应用于核电工程的各种规范和标准的局面．

引言

基底隔震是一项成熟的技术，在世界各地得到了广泛的应用，不仅在地震区的建筑与桥梁工程中得到了大量的应用，而且还在许多重要的基础设施和重大关键项目中得到了应用．据估计全世界已经有上万栋的各类结构使用了这类技术[1]，但是隔震技术要直接应用于核电工程目前还受到许多限制．从理论上讲，隔震技术的优点不仅可以在核电工程的抗震安全中得到充分的发挥，而且还能使核电工程获得许多潜在的好处，其中最重要的是可以改善核电厂的整体可靠性和安全性．这是因为采用了基底隔震技术可以使核电厂的主要结构和设备的抗震设计不必拘泥于设计地震动的大小而实施标准化的作业．也就是说，当设计地震加速度峰值发生变化时，只需通过选择相应的隔震系统来调整其抗震能力，无须改变核电结构本身．而标准化设计必将加速核电厂的设计和施工进度，进而降低设计和制造的成本．此外，由于采用了基底隔震措施，还可以在设计设备，管道，和各种连接件时实现真正的去耦化，从而使设计简化，因为这时只需要考虑在标准化厂房上生成的各种楼板谱．最后，即使将核电厂建在地震活动性较高的地区，由于采用了基底隔震技术仍可确保较好的抗震安全性．

可是迄今为止，在全世界所有已经商业运行的核电厂中，只有两座使用了基底隔震技术，这就是法国的 Cruas 核电厂和南非的 Koeberg 核电厂．此外正在兴建的核电厂中也只有两座采用了相应的隔震技术．看来隔震技术目前还没有在核电工程中得到广泛的应用，一个很重要的原因是世界上目前存在的核电厂绝大多数是建于上世纪 70 ~ 80 年代，且是

---
* 本文发表于《地震工程与工程振动》，2012 年，第 32 卷，第 1 期，1-10 页．

采用水冷技术的．这类反应堆的结构十分坚固，刚度大，鲁棒性高，再加上这些核电厂多数兴建在地震活动很低的非地震区，在这种情况下显然很难发挥隔震技术的优越性．但是近来随着核电技术的不断改进，即使仍然采用水冷式的，例如 IRIS（International Reactor Innovative and Secure）反应堆和 4S（Super Safe, Small and Simple）反应堆，由于它们的体量和刚度已明显减少，隔震技术的优越性才得以彰显，成为不二的选择．

与此截然相反的是，几乎在所有的快堆中，诸如：先进的液态金属反应堆（ALMR, Advanced Liquid Metal Reactor），新型的小模块反应堆（S-PRISM, Power Reactor Innovative Small Module），韩国的先进液态金属反应堆 KALIMER（Korea Advanced Liquid Metal Reactor），快中子增殖示范反应堆（DFBR, Demonstration Fast Breeder Reactor），可安全运输的自理式液态金属反应堆（STAR-LM, Secure Transportable Autonomous Reactor-Liquid Metal）和欧洲快堆（EFR, European Fast Reactor）都毫不例外的使用或计划使用隔震技术．究其原因，一方面也是因为这些新型的反应堆结构都采用了相对柔性的结构和部件，在地震作用下它们都会放大地震的破坏作用，另一方面也都希望新开发的反应堆能有朝一日被应用到高地震活动性地区，因此就不得不诉求于使用先进的隔震技术来减少地震的影响．遗憾的是上面提到的这一系列采用了隔震技术的核设施都仍在设计阶段，迄今尚未正式运行，因此仍然缺乏有关它们的详细设计或实验数据．

1　基底隔震技术的发展和优点

基底隔震又称基础隔震，是指在结构底部与基础面之间设置某种隔震装置，既能很好地承担结构的竖向荷载，又因它的侧向刚度较低，能够增大结构的自振周期和减少上部结构的地震反应，从而可确保上部结构的安全，使之免遭或少遭地震的破坏．目前，隔震装置通常是由橡胶支座和阻尼装置构成．

基础隔震的概念最早是由日本学者河合浩藏于 1881 年提出的，建议在搁置建筑物的混凝土基础下部放置几层圆木，以削弱地震通过混凝土基础向上传递的能量；之后 1909 年美国的 J. A. 卡兰特伦茨，1921 年的美国 F. L. 莱特，1924 年日本的鬼头健三郎都先后提出了在建筑物的柱脚与基础之间插入轴承的隔震方案．1927 年，日本的中村太郎提出了加装阻尼吸能装置的想法，以及上世纪六十年代我国的李立等都在这个领域进行了有益的探索．

作为现代意义上具有工程应用价值的隔震技术发轫于 20 世纪 60~70 年代，这是与叠层橡胶垫、铅芯叠层橡胶垫、高阻尼橡胶垫以及各种阻尼器的研发成功，并逐步发展成为主要的隔震装置密不可分的．新西兰于 1981 年建成的建筑总面积达 17,000m² 的 4 层威廉克雷顿大楼，是世界上第一个采用铅芯橡胶支座的结构；之后日本在 1982 年建成有 6 个叠层橡胶支承的 2 层民宅，美国于 1985~1986 年在 Foothill 地区利用具有 10% 阻尼的合成橡胶支座建成了总建筑面积也是 17,000m² 的 4 层办公楼等等．目前世界上已有 30 多个国家开展这方面的研究，这项技术已被应用在桥梁、建筑，甚至是核设施上．迄今为止世界上（包括我国在内）已建成了约 10,000 多个基底隔震工程[1]，其中 80% 以上采用叠层橡胶垫隔震垫．

我国对橡胶隔震支座的研究和应用起步较晚，但发展较快．上世纪 80 年代以后，基础隔震研究开始在我国得到重视，不少学者对国际上流行的基础隔震体系进行了研究和引进，取得了较大的进展. 1993 年在汕头建成第一幢叠层橡胶垫隔震房屋，1994 年在安阳建成无黏结叠层橡胶垫隔震房屋. 目前我国已建造了 4000 余幢各类基础隔震体系的建筑物，有叠层橡胶垫隔震体系、砂垫层滑移摩擦体系、石墨砂浆滑移体系、悬挂隔震结构体系等，其中绝大多数是采用粘结型叠层橡胶垫. 现代隔震技术经历了 30 年的历程，得到了广泛的应用，目前在日本等国家隔震技术已经成为主导的建筑技术；2008 年，我国应用隔震的建筑面积首次超过日本.

基底隔震技术之所以能快速发展，和它在地震时表现出来的优良性能分不开的. 具体来说，它有下列优点：

（1）能有效减轻结构的地震反应. 国内外大量建筑物的强震观测资料以及室内振动试验结果或数值分析的结论都一致表明采用隔震技术的结构在强震作用下的地震反应只有传统抗震结构的 1/6 ~ 1/3.

（2）能使结构在地震中有较好的抗震性态. 由于隔震层能有效地减少从地基上传的地震力，因此在强烈地震作用下，上部结构仍能处于弹性工作状态，可确保结构具有良好的性态和室内人员的安全，以及维持结构的正常功能.

（3）采用隔震技术的建筑造价一般来说仍处于相对合理的水平. 据初步估计，使用隔震装置需要增加造价约 5%，但是因为有了基底隔震技术可以降低抗震设防的费用，以致它的建筑总造价并没有明显提高，在高烈度区总造价有时还能降低.

（4）震后的修复工程量较小，也比较容易进行，有时根本不需修复即可正常使用.

2 基底隔震技术在核电工程中的潜在优势

由于核电工程要求高安全性，因此大大地增加了设计、施工和运行的难度，但却为隔震技术在核电工程中的应用提供了机遇，带来许多潜在的优点.

（1）可以改善核电工程的整体可靠性和安全性. 因为采用了隔震技术可使核电工程的结构设计不必受限于设计地震动的规定而进行标准化，也就是说，当设计地震加速度幅值发生变化时，可以通过选择隔震系统来满足要求，而不需改变结构的设计. 因为采用基底隔震的结构在遭遇设计地震或者超过设计地震时的地震反应值变化相对较小，这样就使隔震核电厂的比常规设计的非隔震的核电厂有更高的安全边际.

（2）可以在设计设备，管道，和各种组件时实现去耦化. 因为采用了基底隔震技术，在对核电厂的各种设备，管道和各类组合件进行抗震设计时，可以只考虑在标准化厂房上产生的各种楼层反应谱. 核电工程（厂）结构极其庞杂，不同构件，部件以及各类管道和电缆之间，乃至支撑它们的基础之间纵横交叉，相互影响. 采用了基底隔震技术不仅可以减少传输到上部结构的地震作用，而且不管上部结构构件或部件如何复杂，尺寸变化幅度如何巨大，它们之间的耦合影响也会随之降低，因此有利于核电工程设计标准化，促使核电工程的设计和施工成本降低，进度加快.

（3）可以为高烈度地区建设核电厂提供解决方案. 按照美国核管理委员会（核管会）导则 RG 1.165（NRC，1997）的要求，核电厂应该采用重复期为 100,000 年的地震动做抗震设计. 这对于许多拟建核电厂的厂址（这很可能是采用新一代核电设施的候选场地），特别是在美国中部和东部, 相关的设计地震动[2]是相当高的, 在这样的场地兴建核电厂的费用极其昂贵, 甚至有时是不可能的. 在我国虽然对核电厂只规定采用重复期为 10, 000 年地震动做抗震设计, 也同样会使我国广大地区建设核电厂受到许多难以逾越的技术和经济上的障碍, 而隔震技术就有可能成为解决这一棘手问题的有效方法.

(4) 易于应对核电厂抗震设计中产生的许多不确定性因素的影响. 采用基底隔震可以有利于解决许多不确定的因素给核电工程带来的地震安全方面的新问题; 如, 最近在美国中部和东部未来拟建核电厂的地区所开展的地震危险性研究表明, 在它们的场地相关设计谱的高频段 (有的地方还同时在中频段) 的谱值要比美国核管会编制的导则 RG1.60 规定[3]的值有所增加. 在我国也同样发生过类似的问题, 上世纪 90 年代我国地震专家在编制我国核电厂抗震设计规范时, 也发现按照中国地震危险性分析获得的设计谱在高频和中频段的谱值要高于美国规范规定的值. 虽然高频分量的增大对结构的地震反应可能意义不是很大, 可是对这一类问题终究还未做很充分的研究, 高频谱值的增大会带来多大的影响尚无最终的结论, 但是采用了基底隔震技术这些问题就能容易解决. 除此之外, 在考虑大型基础下可能存在的输入地震动的不均匀性影响时, 或要考虑地基-基础-结构相互作用中的参数不确定性的影响时, 都会给设计带来众多的麻烦. 但是如果能采用基底隔震技术, 这些麻烦都能迎刃而解, 使问题得到简化[4].

如上所述, 现代基底隔震技术已经是一门十分成熟的技术, 而且一旦核电工程应用了这类技术, 能获得比其他工程更多的优势. 可是世界核电工业, 尤其是美国的核电工业和核电监管机构对这项技术仍然持十分谨慎的态度, 长期以来一直停留在对总结以往使用基底隔震技术的经验, 小心翼翼地鉴别可用于核电厂的基本隔震技术 (包括经改进的技术), 认真的考察和论证一旦使用这项技术时可能需要的种种独特的维护和测试. 核电业界及其监管部门对使用现代隔震技术持如此谨慎的态度, 究其原因不外乎: ①核电工程要求的安全性和可靠性远远高于其他工程; ②核电工程面临的环境要比一般的工程更为复杂, 它不仅受到环境因素的严格制约, 更会担心造成环境潜在放射性污染危险; ③核电厂内部的结构和设施及其相互之间的联系和制约要比一般工程更为复杂. 本文旨在观察和研究各方面的专家针对隔震技术在核电厂应用的前景所持的观点和态度, 以期获得一个能反映各方面的比较全面和统一的意见, 促使隔震技术在核电工程中尽早得到应用.

3 世界上已经采用隔震技术的核电厂: 经验、教训和问题

迄今为止世界上已经完全建成并正式投入商业运行的核电厂中有两个电厂共计六个压水反应堆 (PWR) 采用了隔震技术: 这两个厂一个在法国, 另一个在南非[5,6].

法国的 Cruas 核电厂始建于 1978 年, 先后在 2003 年和 2011 年与我国秦山核电厂建立姐妹厂关系, 是世界上第一个使用基底隔震技术的核电厂. Cruas 核电厂于 1983~1984 年间建成并交付使用, 为整个法国提供约 4%~5% 的电力, 采用罗纳河中的水进行冷却, 全厂有 1, 200 个工人, 占地 148 公顷. 该厂设有 4 座 900MW 总共 3600MW 的压水反应堆, 每个反应堆都安放在 1, 800 个氯丁橡胶隔震垫上, 每个橡胶垫的尺寸为 500mm×500mm×65mm, 其中第 4 号反应堆已于 2009 年 12 月 1 日停止运行. 该核电厂采用隔震技术的初衷是因为负责该电厂设计的法国电力公司 (Electricité de France, EdF) 为了将已经用在另一

个地震活动性较低地区（设计地震动 SSE 为 0.2g）的反应堆结构的设计直接应用到地震活动性较高的 Cruas 地区（设计地震动 SSE 为 0.3g）所采用的应对措施.

在南非的 Koeberg 核电厂是非洲大陆唯一的一座核电厂，2010 年与我国大亚湾核电厂建立姐妹厂关系，该厂和法国 Cruas 核电厂（图 1）的情况基本相似，也是出于相同的原因才采用基底隔震技术，厂址的设计地震动 SSE 也为 0.30g. 它们将两个反应堆体安放在 2000 个氯丁橡胶垫上，每个橡胶垫的尺寸为 700×700×100mm，不过在 Koeberg 核电厂采用的隔震垫块的上下侧都安装了一个滑动面，下表面由铅–铜合金板组成，上表面由抛光的不锈钢板做成. 当上下层发生滑动时，可确保传递到反应堆压力容器上的侧向力不会超越滑动界面之间的摩擦力.

图 1　法国 Cruas 核电厂的 4 座压水型反应堆[6]

可是经长期使用后，这些隔震垫所表现出来的性能表明不适宜在核反应堆及其附属设施中继续应用. 法国 Cruas 核电厂的隔震垫是合成氯丁橡胶制成的，容易发生老化现象，随着使用年限的增加，橡胶会硬化从而改变隔震垫的性能. 而南非 Koeberg 使用的具有双金属界面的隔震垫也因为它们的机械性能不理想，被禁止使用.

此外，继法国的 Cruas 核电厂和南非的 Koeberg 核电厂之后，在法国的卡达拉其地区（Cadarache，France）还有两个正在建设的核电厂也使用了隔震技术，其中之一为遂尔思·呼拉威兹反应堆（Jules Horowitz Reactor，JHR），它采用了 195 个氯丁橡胶隔震垫，每个橡胶垫的尺寸为 900×900×181mm；另一个是国际热核实验堆（International Thermonuclear Experimental Reactor）也采用了类同的隔震技术.

前面已经提到由于压水型反应堆的外部结构坚固，刚度大，很难发挥隔震技术的优越性. 不过随着新的反应堆结构的出现，如 4S 超级安全小型反应堆（Super Safe，Small and Simple）和 IRIS 国际新型安全反应堆（International Reactor Innovative and Secure），虽然也仍然采用水冷式塔，也都无一例外地采用了基底隔震技术. 因为它们都具有体量小，质量和刚度都远小于现有的堆型，有利于发挥基底隔震技术降低地震反应，减少地震荷载，确保核电厂安全的功能.

其中，4S 超级安全小型反应堆是一个千兆瓦级的反应堆，由日本的东芝电器公司和美国的西屋电气公司共同研制开发，专门为美国阿拉斯加高地震活动性地区噶乐纳（Galena，Alaska，设计地震加速度峰值为 SSE：0.3g）建设核电厂量身设计的，它所采用的隔震系统是由 20 个大型铅芯橡胶垫构成，系统水平方向的自振频率为 0.5Hz. 整个系统是按照日本电力协会导则 JAEG 4614-2000 设计的，不过这个装置迄今尚未获得美国核管会的批准[5,6].

IRIS 国际新型安全反应堆（International Reactor Innovative and Secure）是由日本东芝电气与美国西屋电气共同牵头的一个多国合作项目. 反应堆的隔震系统由意大利电气公司、意大利米兰理工学院以及比萨大学联合建议并共同设计的. 在 2006 年到 2010 年的 5 年中，他们针对这种新型核反应堆研制出由 99 个高阻尼硬橡胶支座构成的基底隔震系统，每个支座的直径为 1～1.2m，橡胶的剪切弹性模量为 1.4MPa，整个隔震系统的横向自振频率为 0.7Hz，橡胶支座在极限地震 SSE＝0.3g 作用下的侧向变形为 10cm[7].

4　针对隔震技术应用于核电工程所开展的研究工作

尽管各国对隔震技术用于核电工程还存在众多的疑虑，但是环绕这个命题的研究工作始终没有停止过，其中包括：

（1）新型隔震系统与新型隔震垫材料的研发

在 1998～1999 年期间，加拿大原子能有限公司 AECL，也就是加拿大的核蒸汽发生系统供应商（NSSS，Nuclear Steam Supply System：核蒸汽供应系统），在土耳其的 Akkuyu 核电项目竞标中曾积极倡导使用基底隔震技术，他们采用聚四氟乙烯作为滑动式隔震垫的材料，可以承受较高的辐射剂量且照射后的性能没有明显的恶化. 除此之外，还开发了前面提到的高阻尼天然橡胶或人工橡胶的隔震垫，各种尺寸的铅芯橡胶垫以及硬质橡胶的隔振垫等等.

（2）将基底隔震技术应用于新一代核反应堆开展的研究工作

这里提到的新一代核反应堆主要是指快堆，也就是快中子反应堆. 目前，还没有一个实际运行的快堆使用了基底隔震技术，但是业界都看好基底隔震技术在快堆中具有很大的应用前景. 随着科技的发展，新一代的更加可靠更加安全的反应堆正在不断地出现，而它们的设计和建造要求也更为严格. 一般来说它们在构造上和传统的反应堆结构具有明显的不同，新一代的反应堆结构具有较大的柔性，因而反应堆在地震荷载作用下的安全问题就被更加关注，尤其是采用铅冷类反应堆的冷却介质具有较高的密度，因此它们在冷却池中的地震晃动效应备受关注.

美国能源部（DOE）在上世纪 80 年代曾支持美国通用电气和日本日立公司在一种先进的液态金属反应堆（ALMR）的核岛设施上采用基底隔震技术，以改善核岛的地震安全性，并进一步开发使之能用于不同地震强度的地区. 在这个反应堆的原型设计中采用 66 个高阻尼橡胶支座将整个系统包括反应堆容器，安全壳，反应堆的冷却系统以及所有的辅助系统作为一个整体隔离起来，被隔离的系统总重 23,000 t. 同时还对这些支座的原型进行了多项测试，目前已知其水平向的自振频率为 0.7Hz，竖向为 20Hz. 设计的极限地震 SSE 的水平和竖向地震加速度峰值都达到了 0.5g. 美国能源部也曾长期致力于开发另一个先进的钠冷快堆（SAFR），也同样采用了隔震技术，并在其原型设计中采用了 100 个人工橡胶隔震支座. 为验证其性能，已经对这类隔震器的小比例模型进行了测试[8].

早在上世纪 80 年代，美国通用电气公司就开发出一种小型快堆，称为新型的小模块反应堆（S-PRISM，Power Reactor Innovative Small Module），它的容量为 415MW，开发这类反应堆的主要目的在于搞出一个可以广泛应用于不同地区的具有标准设计的模块反应堆，这种模块式的反应堆被认为具有获取高额回报的巨大商机．但是从技术上来说，要使一个具有标准设计的反应堆工程能应用于不同地震活动性的地区，抗御不同强度的地震却是一项巨大挑战，要化解这一挑战目前唯一可选择的途径就是采用隔震技术．这个快堆的隔震系统采用 20 个高阻尼橡胶块，水平向的自振频率为 0.7Hz，竖向不采用隔震措施，自振频率为 21Hz．据初步研究，它可以使上传的水平地震力降低约 2/3．值得注意的是通用电气公司于 1994 年放弃了这个计划，转而去开发另一个要求更为严格的第 4 代核反应堆系统．新的系统，依然采用基底隔震技术，目前正在努力设法获得美国核管会的正式使用许可．

美国阿贡呐国家实验室（ANL，Argonne National Laboratory）时下正在研发一种可安全运输的自理式的液态金属反应堆（STAR-LM，Secure Transportable Autonomous Reactor-Liquid Metal），它的设计标准甚至超过前述的 S-PRISM 快堆．这类反应堆的设计地震 OBE 和 SSE 分别达到为 $0.2g$ 和 $0.3g$．隔震层是由直径为 1.2m、高度为 0.5m 圆柱型橡胶垫构成，隔震系统的水平向自振频率为 0.5Hz，竖向也未做隔震处理，自振频率也是 21Hz．此外，针对这个系统的竖向隔震系统也正在研发中，估计经竖向隔震后的系统竖向自振频率可降到 1.1Hz．

正在研发中的快中子增殖示范反应堆（DFBR，Demonstration Fast Breeder Reactor）和欧洲快堆（EFR，European Fast Reactor）也都毫不例外的使用或计划使用隔震技术．

由韩国原子能研究院开发的一种 KALIMER 反应堆（韩国先进液态金属反应堆，Korea Advanced Liquid Metal Reactor），是一类既经济又安全，且又环境友好，可防止核扩散（可防止转化为核武器）的反应堆，也同样采用了基底隔震技术．隔震层设置在地基和反应堆与燃料控制楼之间的底板上，隔震层共使用 164 个柱状高阻尼橡胶垫，每个橡胶垫的直径为 1.2m；被隔离的结构与周围的固定墙体之间的距离达到了 1.2m，可以确保一旦设计地震动加速度峰值超过 $1g$ 时，被隔震的结构不至于和固定墙体发生碰撞．

（3）应用于超设计地震动情况下的研究

美国西屋电气公司在上世纪的九十年代，也对其 AP600 核电反应堆开展了水平隔震的研究．这项研究主要是针对超出常规的 SSE 设计地震动标准 $0.20g$ 开展的，目的是想进一步使该反应堆应用于设计地震动标准 SSE 达到并超过 $0.3g$ 的日本核电厂．

在美国还有不少能提供先进轻水反应堆的供应商也都希望利用现代隔震技术来应对超限设计地震动．有些厂家还专门针对美国中、东部场地的相关设计谱可能会超出美国核管会指南 RG1.60[3] 规定的设计谱，研究使用隔震措施来解决．

（4）为在核电工程中应用隔震技术准备相应的技术文件

日本政府在过去 20 年中（1990~2009）曾对隔震技术用于核电工程的可行性研究中提供过多方面的支持．其中最重要的，也是最有别于其他国家做法的是组织各方面的专家为将基底隔震技术应用于核电工程制定各种相关标准（包括设计、施工、材料以及测试方面的标准），诸如前面曾提到的用以指导 4S 超级安全小型反应堆设计的日本电力协会制定的"保证结构安全和核电厂设计的基底隔震技术导则" JAEG 4614-2000[9]，以及在 1987～1996 年间，日本中央电力工业研究院制定和发布的可用于快中子堆和轻水反应堆的隔震技术的相关导则"用于快增殖反应堆的基底隔震导则草案"和"快中子增殖反应堆隔震技术的质量验证测试规定"[9]；此外日本东芝电器也依据上述的各类导则制定了"采用基底隔震技术的质量控制和管理控制指南". 虽然日本目前还没有在核电厂中使用隔震技术，但是他们所制订的各种导则、指南和规定是目前世界上有关核电工程中应用基底隔震的唯一技术标准系统. 也因为他们已经有了相应的标准，日本就具备了可以随时在反应堆设施上使用隔震技术的可能性. 此外，日本还曾正式提出过申请试图在一个"国际热核实验反应堆"上使用基底隔震技术[9].

5　核电工程应用隔震技术面临的挑战

要在核电厂中采用隔震技术尚需研究解决下列几方面的问题：

（1）确立明确的隔震技术使用准则

一般来说，核电厂要避开将厂址选择在地震活动性强烈的地区，这时地震荷载往往不是控制核电厂设计的主要因素（核电厂设计通常是由辐射屏蔽，偶发荷载等因素控制的），可是对核电厂中的许多主要设备，管道，以及其他与安全相关的物项来说，地震作用就成为首先要考虑的问题. 除此以外，一方面由于地震活动性存在极大的不确定性，许多被认为不会发生强烈地震的地区，都先后发生了"意想不到的地震"，另一方面，随着核电厂被广泛地应用，有时不得不将核电厂选择在地震活动性相对较高的地区. 在这种情况下，地震荷载就会上升到成为核电工程设计中起控制作用的因素，这时现代隔震技术就会成为首选的方案. 遗憾的是在这种情况下，许多核电工程管理部门以及核电厂设计人员往往会受困于传统习惯的束缚，出现一种"群体的惯性"，不去理会隔震技术能给核电工程带来的潜在好处，以致只能继续选择传统的设计方案. 要想使基底隔震技术能在核电厂设计中被早日接受，就需要依靠核管理部门，核电工程领域的科研和设计人员的通力合作，在核电厂抗震设计中尽快确立并制定明智的使用隔震技术的准则.

（2）开发和应用整体隔震技术

一旦在核电厂工程中采用了基底隔震技术，就需要尽量减少穿越在隔震系统与非隔震系统之间的柔性连接. 为此最好是能将整个核岛（即，将全部结构及其附属系统的设备）进行整体隔震. 这时就需要采用一个公共的整体隔震板（Isolation Diaphragm）来支撑隔震系统上的所有相关的结构和设施，以防止核岛上的不同上部结构之间产生过大的相对位移. 采用整体隔震技术的另一个好处是可以减少不同部位之间因不协调的震动带来的不良影响. 但是采用整体隔震方法也会引发新的问题，如，核岛上的各种部件的质量、刚度的分布参差不齐，以及核岛上的不同结构（包括其内部的附属结构）要求的底板厚度也不尽相同，因此会造成施工的困难，也会使各个系统承受的地震作用难以均匀一致，因此采用整体隔震的方案也可能会带来弊病. 可是，如对核岛上的各个结构都采用分离（分散）的隔震势必要增加造价，增加施工的复杂性. 因此在考虑要不要采用整体隔震时，需要对这些因素做全面的权衡. 还有，对于一个质量和刚度分布都不规则的整体隔震板，如不能采用适宜的隔震支座布局策略，也会引起隔震支座的不均匀运动，进而导致对隔震系统不利的上颠（uplift）运动和倾覆运动[5].

（3）隔震支座的寿命、终极分析和运行条件

新一代核电工程的使用寿命将要达到60年甚或更长．因此，要求用在核电工程中的隔震垫能在放射性辐照和高温的环境下（如遇到失去冷却液的事故［LOCA］，或动力蒸汽逸散的事故）具有长久的可靠性．如果出现老化迹象，就会使它的隔震能力有所降低，一旦出现这种情况就必须进行"终极分析"（"end of life" analysis），以评估其尚存的隔震能力．同样，还需要对所有的隔震系统进行严格的监测和精心的维护以确保其持续的可靠性．在任何情况下，一定要使设计的隔震垫具备针对出现寿命终止现象时的"缓冲"特性，以确保隔震垫的长期工作性能．

（4）隔震缝的设置以及隔震条件下的接头和连接件的采购或制造要求

核电厂的辅助设备系统包括动力蒸汽系统及锅炉给水系统等组成的大型系统，在这些系统中会有许多穿越不同隔震系统或隔震系统与非隔震系统之间的部件、管线或各类连接件，因此一方面要采取措施防止这些作相对运动的部件发生碰撞，使它们之间能保持一定的隔震距离或隔震缝，另一方面也要为它们配上柔性的可以自由伸缩的接头，使其能适应设备之间的相对运动．这些相对运动估计在30～70cm左右（尤其是在强烈地震区），设计这类部件的防撞接头也是一项重大的挑战．对这些特定物项的采购和设计需要事先计划周密，并要与相关的部门密切协调．从某种意义上说，地震隔震系统的可行性以及隔震垫的选用往往直接取决于是否具备能自由伸缩的接头．

（5）研发经济有效的竖向隔震技术和竖向隔震系统

对没有采用隔震系统的核电厂来说，结构和附属系统的竖向地震反应也是一项重要的设计内容．对于采用基底隔震的核电厂，就需要研究其在水平地震动和竖向地震动共同作用下的影响，以充分了解竖向地震动对隔震系统地震反应的影响．最期待的是能研发出可以同时隔离水平和竖向地震动的一体式隔震支座．很久以来隔震行业一直在这个方向尝试各种努力，但是，迄今为止尚未找到一种能令各方都普遍接受的一体式的隔震方案．

（6）超设计标准的设计准则

考虑到地震风险有可能增加（如出现更大的地震动，包括SSE的增大和设计谱值在局部频段上的提高）或性态目标需要提高（如，限制核电厂在遭遇安全停堆地震SSE时的允许变形），还应该出台"超设计标准"的设计准则．在当前核安全管理部门没有做出规定时，业主就应主动考虑并选择恰当的应对策略，如，可适当调整或提高防撞缝的大小，以及在隔震支座的滑动量程超过极限值时，可考虑采用弹簧/阻尼器来缓冲传递到隔震垫上的冲击力等．

（7）为核电工程中的隔震系统制定专门的质量保证、质量控制和测试的规范和标准

用于核电工程的隔震系统也必须遵照核电工程的严格规定，在设计、施工、采购、安装以及运行阶段实施严格的质量保证、质量控制制度，每一步都会涉及测试、验证及其相应的"标准"和"规定"的问题．

制造与供应：首先，在为核电工程中的隔震系统采购材料或提供服务时需要从质量保证，测试，规范和标准诸因素加以考虑．如在美国，要在核电厂使用隔震系统，必须首先要获得美国核管理委员会（NRC）的批准（按类别的或逐案的批准）和随之而来的监管．如要将隔震垫用于与核安全相关的物项上，必须按照10 CFR 50的QA／QC附录B的要求采购隔震垫．隔震垫生产商往往不习惯于那种在核工业中常见的严谨程序，他们关注的只

是根据需要的规模来调节他们的生产能力，而往往忽视核电厂对不同尺寸，不同承载能力和不同性能的隔震垫的供应数量和供应速度的需求．因此就有必要协助生产厂商懂得并适应他们面临的挑战．

测试问题：测试和检验是核电工程在建设和运行过程中保证和控制质量的重要举措，核电工程中的隔震设施和隔震系统自然也需要建立相应的测试和检验系统，其中需要关注和解决问题有如下几点：①测试的种类：对隔震垫的测试有的是带有针对性的（例如，对滑动隔震垫要做摩擦性质的测试，对橡胶隔震垫要做冲击载荷试验），而另一些是通用的，例如，长期运行的影响，高温和高辐射的影响等．②测试时间和测试频度：在设计与制造阶段，应确保测试者的资质和制造过程中的测试程序符合要求，特别是测试的时间点以及测试的频率．在隔震垫采购、安装、正式运行前以及运行过程中也需要有专门的标准进行定时的检查、测试和维护．③在进行监管时一般应按照惯例，需要由独立的第三方专家进行审查和评估以确保质量．

适用的规范/标准：对于应用在核电厂的隔震设施的测试必须制定针对性的规范或标准，以确保质量和安全．这里还是以美国为例，美国许多规范和标准都含有设计和测试隔震系统的技术要求，除了标准 ASCE4-98 以外，其余的都不是针对核电应用的．尽管如此，在不同的规范和标准中规定的许多条款仍然可以，或者经适当修改后可以用于核电厂的基底隔震系统．美国核管理部门也正在组织行业为制定隔震核电厂测试乃至设计和施工的适用标准或设计导则．以下列出了部分可供使用或参照的规范、标准和细则的目录：

• ASCE 4-98[10]：这是一份有关分析和评论核电结构抗震安全的文件：该文件的第 3.5.6 节对隔震结构提出了抗震分析的要求，但目前美国核管会并没有对此表示认同．最近 ASCE 4 标准委员会又对这一节做了重要的修订（包括对设计地震动时程曲线的要求）．预计 ASCE 4 的下一版本会以此作为平台，全面接受基底隔震的应用．

• ASCE 7-02[11]：这是一份与一般建筑结构安全有关的文件："建筑物和其他结构的最小设计荷载"．该文件在第 9.13 节中根据 NEHRP-2000 对隔震结构的规定制定了相应的条款．这些条款并不是针对核电设施的，但仍可以在核电工程中参考应用．

• FEMA 368 和 FEMA 369[12]，FEMA 450 和 FEMA 451[13]这几个文件都是根据美国国家地震减灾计划（NEHRP）编制的对一般结构的设计规定，其中都包含对基底隔震设计提出的要求．同样，这些规定也不是针对核电设施应用的．

• NIST 报告 NISTIR 5800 和新 ASCE 的隔震系统测试标准 1996 年由美国土木工程师学会（ASCE）组织编制的隔震系统的测试规范．他们利用美国国家标准与技术研究院（NIST）早期编制的测试导则（NIST Report NISTIR 5800）[14]作为源文件，内容包括人造橡胶支座和滑动隔震支座的基本性能测试，原型测试和质量控制测试．

随着业界的广泛参与，这些文件中的材料，最终都会逐渐演变为相应的专题报告或管理导则（其中包括测试指南，质量保证和质量控制要求，以及有关辅助设备连接件的规定）．所有这方面的进展必然能为核电厂成功使用隔震系统做出贡献．

（8）注意相关的施工问题

在核电工程中应用基底隔震技术，总体来说可减少工程的建设时间，因为这时的上部结构、主体设备以及管道大多已被标准化，有的甚至可以在工厂得到加工，但是仍有一些问题有待进一步研究解决．

整体隔震板（Isolation Diaphragm）的设计和施工问题：若要将核安全壳及其辅助设施采用整体隔震策略，这时就需要一个共同的大型隔震板，本文称之为整体隔震板，因为这个板的形状和构造十分复杂，甚至板的尺寸和厚度也会有很大的变化，势必造成施工的困难．板的厚度变化虽然可以通过优化使之最小化，但仍然会增加混凝土和钢筋的用量．成本效益分析以评估成本、施工难度、施工时间并取得相应的平衡．如果单从施工的角度来看，会更倾向于对核岛结构采用分块式的隔震板，进行分块式的基础隔震．但这样就要在隔震板和基础之间预留足够的空间，以便能对隔震支座进行检查，维护，监控，和更换，这样会导致增加工期和成本，也会因此需要增添大量隔震接头而进一步增加成本．

防撞槽或防撞沟的设置问题：为了适应隔震建筑在地震中可能发生的水平运动，需要在隔震基础的四周留有足够的净空，称之为防撞槽．有时安全壳辅助建筑会部分埋在地下，因此隔震系统也要跟着被安置到地下，这时就要将防撞槽设计成防撞沟．防撞沟和防撞槽的宽度应该大于按照"超设计地震动"计算得到的最大侧向位移．

防撞沟的特殊建筑要求：对于埋在地下或半地下的基底隔震核电厂来说，反应堆和它的附属结构往往要入地下数米量级的深度．这时就需要设计和建造挡土墙以保持防撞沟周边的土体稳定．对于埋置更深的安全壳及其附属设施，防撞沟的设计和施工更需要精心考虑．

电梯坑和污水坑的配置：电梯坑和污水坑的配置是另一类需要在建筑上考虑的问题．通常情况下，在隔震建筑中的电梯坑悬置在上部结构的底层下面，往往恰好位于隔震垫提供的空间中．因此也要保证在电梯坑和污水坑的周围有足够的净空，以防止隔震支座在最大地震侧向位移时与电梯坑或污水坑的墙壁发生碰撞和干扰．

6 结论

尽管现代隔震技术已经十分成熟而且早已经被广泛应用于其他各类工程中，也尽管核电业界早已看好隔震技术会给核电工程的发展带来潜在优势，诸如：可以简化设计，促进核电工程设计的标准化，降低建设成本，改善核电工程的抗震性能增加其抗震安全边际（margin），甚至可以突破许多重大的限制，例如可以在原本不宜建造核电厂的地震禁区提供新的解决方案．但是要在核电工程中真正使用隔震技术，还有许多科学和技术上的瓶颈问题有待解决，更重要的是还有许多行业监管方面的问题需要加以研究和评估．概括起来它还面临着如下几方面的挑战：

首先是地震环境方面的挑战．这里需要评估和解决的问题是：①采用隔震技术后可以在多大程度上降低核电工程的地震风险；或者说它的极限设计地震动 SSE 可以提高到多大的水平；②如果遭遇到近场地震动的袭击，特别是在那些被视为隔震系统主要克星的具有脉冲型、长周期特性的近场地震动以及能导致地表发生永久性残余位移的、长周期近场滑冲型地震动的作用下，会对采取隔震措施后的核电系统产生怎样的影响．毫无疑问这些问题的解决，必将大大降低核电工程的地震风险，降低兴建核电厂的地震门槛，乃至降低在地震区兴建核电厂的成本．

其次是面临隔震垫材料方面的挑战．这里包括要研发具有良好的抗热和抗辐照能力的隔震垫材料，制造适应核电厂隔震系统所需要的特种形状和尺寸的隔震垫，以及在开发、制造、购买、安装和运行过程中提高对它们的测试、质量保证和质量控制以及寿命终极分析和应对的能力.

三是有关隔震系统方面的挑战.在这方面最关注的是要研发新一代的隔震系统,特别是要研发既能在水平方向又能在竖直方向进行有效隔震的三维隔震支座和三维隔震系统.之外,也包括能设计和建造出符合核电工程要求的,用以连接穿越在隔震与非隔震系统上,或不同的隔震系统上的设施(特别是那些直径大,内部装有高温高压物质的管道)的接头或连接件的能力,以及对这些接头和连接件的测试和维护能力.除此之外,还包括有关整体隔震板以及与此相关的防撞槽和防撞沟的设计、施工和运行过程中的各种因素的优化和成本效益分析.作为一项基础性的工作目前还需要对新的一代核电隔震系统进行一定比例尺的模拟试验,以取得所需的科学数据.

四是有关制定核电工程隔震系统的各类标准和培养监管人才方面的挑战.核电厂属于高风险的行业,化解风险的主要措施是必须在每一个环节中严格遵照规定、规范和标准行事.这些环节包括设计、采购、建造、安装、运行、更换,拆除、应急等等.目前核电工程业界虽然对应用隔震技术充满了期待和热情,但在相关的标准制定上还远未到位,在没有标准的情况下再好的隔震技术也难以在核电厂中发挥作用.与执行和监管核电隔震系统标准密切相关的另一项挑战就是要加紧培养监管人才.应该说监管工作是消除核电工程风险的最后的一道关口,没有训练有素的监管人才就很难把好这道关口.

以上挑战中,最关键的无疑是能制造出核电隔震工程所需的各种特色器件和材料,制定出用以实施核电工程隔震技术的各项标准以及培养出高素质的监管人才.上述的各项挑战的顺利解决是保证隔震技术在核电工程中获得应用的必要前提,是制定核电隔震工程各项标准的科学支撑,是实现核电隔震工程安全的根本保证.

参 考 文 献

[1] Forni A M M. State of the Art on Application, R&D and design rules for seismic isolation, energy dissipation and vibration control for civil structures, industrial plants and cultural heritage in Italy and other countries [C]. Proceedings of the 11th World Conference on Seismic Isolation, Energy Dissipation and Active Vibration Control of Structures, Guangzhou, China, 2009.

[2] Carrato P J, Litehiser J J. Characterization of design ground motion for central and eastern United States [C]. Transactions of the 18th International Conference on Structural Mechanics in Reactor Technology (SMiRT 18), K02-4, 2005.

[3] US Nuclear Regulatory Commission Regulatory Guide 1.60, Revision 1. Design Response Spectra for Seismic Design of Nuclear Power Plants [S]. 1973.

[4] Ostadan F. Soil-structure interaction analysis including ground motion incoherency effects [C]. Transactions of the 18th International Conference on Structural Mechanics in Reactor Technology (SMiRT 18), K04-7, 2005.

[5] Malushte S R, Whittaker A S. Survey of past isolation applications in nuclear power plants and challenges to industry/regulatory acceptance [C]. Transactions of the 18th International Conference on Structural Mechanics in Reactor Technology (SMiRT 18), K10-7, 2005.

[6] Forni M. Seismic isolation of nuclear power plants [C]. Proceedings of the "Italy in Japan 2011" Initiative Science, Technology and Innovation, 2011.

[7] Forni M, Poggianti A, Bianchi F, et al. Seismic isolation of the Iris nuclear plant [C]. Proceedings of the 2009 ASME pressure Vessel and Piping Conference, PVP 2009, Prague, July 26-30, 2009.

[8] Aiken I D, Kelly J M, Tajirian F F. Mechanics of low shape factor elastomeric seismic isolation bearings [R]. Report No. UCB/EERC-89/13, University of California at Berkeley, 1989.

[9] Fujita T. Progress of applications, R&D and design guidelines for seismic isolation of civil buildings and industrial facilities in Japan [C]. International Post-SMiRT Conference Seminar on Seismic Isolation, Passive Energy Dissipation and Active Control of Seismic Vibrations of Structures, Taormina, Italy, 1997.

[10] ASCE Standard 4. Seismic analysis of safety-related nuclear structures and commentary [S]. Published by the American Society of Civil Engineers, 1998.

[11] ASCE Standard 7. Minimum design loads for buildings and other structures [S]. Published by the American Society of Civil Engineers, 2002.

[12] FEMA 368 and 369. NEHRP 2000 recommended provisions and commentary for seismic regulations for new buildings and other structures [S]. Published by the US Federal Emergency Management Agency (now part of the Department of Homeland Securities), 2001.

[13] FEMA 450 and 451. NEHRP 2003 recommended provisions and commentary for seismic regulations for new buildings and other structures [S]. Published by the US Federal Emergency Management Agency (now part of the Department of Homeland Securities), 2004.

[14] Shenton H W. Guidelines for pre-qualification, prototype and quality control testing of seismic isolation systems [R]. Report NISTIR 5800, Structures Division, Building and fire Research Laboratory, National Institute of Standards and Technology, Gaithersburg, MD, USA, 1996.

A prospective study on application of base isolation in nuclear power plants

Xie Li-Li [1,2] and Zhai Chang-hai [2]

(1. Institute of Engineering Mechanics, China Earthquake Administration, Harbin, 150080, China;

2. College of Civil Engineering, Harbin Institute of Technology, Harbin, 150090)

Abstract　This paper is to review the present-status of application of seismic base isolation in nuclear power plant (NPP), discuss the related issues of application of this technology to NNP structures characterized by the particular importance, special sensitivity and very complicated configuration, and look into the prospect of NPP provided with the seismic base isolation. It is pointed out that the base isolation is a mature technology that can benefit the NPP in resisting the potential severe earthquake and facilitating the standardization of NPP design and construction, as well as reducing the initial and life-cycle cost. It is also emphasized that there are still a number of bottle-neck problems in base-isolation to be solved to receive the acceptance from the NPP industry and regulatory for deployment in the NPPs.

双规准反应谱与统一设计谱理论[*]

谢礼立[1,2]，徐龙军[1,2]

(1. 中国地震局工程力学研究所 哈尔滨 150080；

2. 哈尔滨工业大学（威海）土木工程系 威海 264209)

摘要 双规准反应谱的概念和统一设计谱的理论是基于当前各类结构抗震规范设计谱普遍存在的不确定性和现有大量强震记录由于信息不完备而得不到有效利用的现实提出的．目的是为了发展一套既符合实际观测到的地震动特点和规律，又能满足各类工程结构抗震所需的新抗震设计谱理论和确定方法．本文首先给出了地震动双规准加速度反应谱的概念，分析了双规准加速度谱在表征地震动频谱特性方面与传统反应谱相比较所具有的新特点，探讨了双规准加速度谱用于建立抗震设计谱的构想和方法；其次，叙述了双规准拟速度反应谱的概念，通过对典型近断层地震动双规准拟速度谱的分析，将双规准拟速度谱应用于近断层设计谱的确定中；最后，针对双规准反应谱在表征地震动一致特性方面的突出优势，提出了基于双规准反应谱发展统一设计谱理论，并建立新一代抗震设计谱理论体系的设想．

强震观测是人们认识地震动特征和结构地震反应特性的主要手段，自美国 1932 年架设世界上第一个强震观测台站并于 1933 年获得第一条地震加速度记录以来迄今已历时 80 年，位于地震区的各国家和地区仍不惜重金建成或正在建设规模宏大的强震观测台网以不断获取新的强震数据．众所周知，强震记录的一个最重要的用途是构建结构抗震所需要的抗震设计谱，因此就自然会引发以下几个迫待解决的问题：①什么样的抗震设计谱是我们所需要的？②为了得到这样的设计谱目前已经取得的强震记录是否已经足够？③对于没有强震记录或仅有少量强震记录的国家和地区来说应采用怎样的抗震设计谱？④我国虽已获取一定数量的强震记录，但目前几乎所有的抗震设计规范中采用的设计谱主要都是使用国外的记录，这是否合适？回答这样的问题还须从地震动反应谱和抗震设计谱的理论发展谈起，针对所涉及的一些问题进行剖析和探索．

一般来说，工程结构抗震设计反应谱是基于对以往大量强震记录分析的结果，结合抗震理论和专家经验，按照预定的方法经简化处理得到的[1,2]．因此，随着新的强震记录的不断获取和积累，势必要不断地审视现有的设计谱是否需要随之更新或改进．随着近年来国内外多起大地震的发生，人们对地震动的特点有了进一步的认识，也取得了更为丰富的抗震经验，掌握了新的抗震理论和方法．在近期国内外大地震尤其是 5·12 汶

---

* 本文发表于《天津大学学报（自然科学与工程技术版）》，2013 年，第 46 卷，第 12 期，1045-1053 页．

川和日本 3·11 地震以后，目前世界上许多国家都在进行抗震规范的修订和设计反应谱的更新换代工作[3,4].

国外，最早的抗震设计谱由美国 Housner[5] 给出，采用的形式是基于 0.2g 的标准化加速度反应谱；Newmark 等提出的分别基于加速度、速度和位移及其对应放大系数的三联设计谱[6] 主要为后来核电站和其他一些工程结构抗震所采用；Seed 等[7] 通过对不同场地地震动反应谱的分析，提出了基于地震加速度谱值的场地相关标准设计谱，为目前建筑结构广泛采用的设计谱提供了蓝本. 此外，NEHRP[8] 还发展了基于地震动有效加速度（A_a）和有效速度（A_v）的双参数设计谱标定方法；1997Uniform Building Code[9] 设计谱考虑了近断层的影响，根据两个谱周期（0.2s、1.0s）进行定义，表现形式仍采用自然坐标下的加速度谱，这些设计谱目前主要应用于美国的各类抗震设计规程中. 为了适应基于位移的结构分析方法的发展，欧洲抗震规范（EC8）已经引入位移设计谱，但位移谱的建立主要借鉴了三联设计谱周期参数的取值和确定方法，其合理性仍值得探讨[10].

在我国，自 1959 年起草第一本建筑抗震规范（草案）以来，伴随规范的修订，至今设计谱已历经七次更迭，无论是绝对谱还是规准化谱形，均是采用加速度谱的形式给出. 规范设计谱的演变主要体现在对特征周期和谱值的不断修正上，朝着与场地地震环境相关设计谱的方向发展[11-13]. 目前，我国不同工程类别（或地方）抗震规范，如建筑抗震设计规范、公路工程抗震设计规范、核电厂抗震设计规范、地下铁道建筑结构抗震设计规范、上海市工程建设规范等等，给出的设计反应谱是不尽相同的. 既有诸如周期范围、概率水平等的不同，也有表现形式的差异. 最新的《建筑抗震设计规范》（GB 50011—2010）[14] 与 2001 规范相比基本未发生变化，仅对阻尼比影响的设计谱取值稍作调整. 目前我国《核电厂抗震设计规范》（GB 50267—97）[15] 的修订工作已经结束，核电设计谱采用的形式是三联谱，但考虑的内容和因素与 Newmark 谱不同.

近年来，国内外有关设计谱的研究工作多集中在三个方面：一是综合考虑地震环境以及工程场地环境对设计谱的影响，主要包括发震断层的类型、近断层效应、工程场地的性质和局部地形的影响等，并提出了不同的设计谱模型[16-20]；二是随着基于抗震性态设计理论和实践的发展，开始重视了对长周期段的设计谱的研究，特别是对长周期段的位移设计谱的研究[21-30]；三是考虑核电站抗震设计的需要，对一致概率设计谱的重视和研究[31-33]. 所开展的这些研究又大致具有两个特征：一是注重对设计谱确定方法的发展或创新，如国外 Ruiz 等[34] 倡导的土层场地双峰值设计谱方法；二是参考传统的反应谱研究方法，利用最新的强震记录或更完备的地震动数据对设计谱进行重新标定和分析并提出修改建议[35-39].

然而，当前一个不争的事实是：世界上不同国家和地区的抗震规范设计谱之间仍存在很大的差别，不同类别工程结构采用的设计谱也不尽相同，建立方法以及考虑的因素各异[13]. 设计谱普遍的、显著的差异除了与国情有关外，更主要的是反映出当前人们对地震动特性认识的不足和巨大不确定性，才使得设计谱历经半个多世纪的推广运用至今仍存在不少问题.

由于抗震设计谱是工程结构抗震设计的最基本依据，因此也是抗震规范屡次修订必须考虑的重点内容之一. 多年来，我国各类工程结构设计谱的建立主要是沿袭国外（如美国、欧洲）的做法，并结合我国的国情确定的．而随着我国土木工程建设和工程项目规模的发展，许多新型、重、特大工程的建设对抗震防灾工作提出了许许多多新的要求，这些要求在某些方面甚至已经超出欧美等国家对抗震技术标准和设计依据的需要．例如，超高层建筑的涌现、大跨度桥梁的落成、海上风电结构的发展、第四代核电站的相继规划建设等．显然，地震动设计谱的现有理论已不能够解决现实工程中的许多新问题，这就必须探索并发展新的反应谱理论和方法，针对性地提出问题的解决方案和途径．

本文首先给出了地震动双规准加速度反应谱的概念，分析了双规准加速度谱在表征地震动频谱特性方面与传统反应谱相比较所具有的新特点，探讨了双规准加速度谱用于建立抗震设计谱的构想和方法；其次，叙述了双规准拟速度反应谱的概念，通过对近断层地震动双规准拟速度谱的分析，将双规准谱应用于近断层设计谱的确定之中；最后，针对双规准反应谱在表征地震动一致特性方面的突出优势，明确了基于双规准反应谱发展统一设计谱理论，并建立新一代抗震设计谱理论体系的设想．

1 双规准加速度反应谱

1.1 双规准反应谱的概念

文献［40］首先提出了地震动双规准反应谱的概念．对于实际地震动，用加速度反应谱的纵坐标除以对应地震动的加速度峰值 PGA 可以得到加速度规准反应谱（经地震动峰值单规准的加速度反应谱），规准反应谱反映了单质点体系在地震作用下的最大反应对地震动峰值的放大情况．双规准反应谱就是在（单）规准反应谱的基础上，再将横坐标无量纲化：用规准反应谱的峰值对应周期 T_p（或某种特征周期）去除相应反应谱的横坐标所得到的结果．这样，地震动加速度反应谱的双规准化就包括纵坐标经地震动峰值规准的和横坐标经单规准反应谱峰值周期规准的反应谱，纵坐标的规准化是为了消除不同地震动强度对反应谱谱值的影响，横坐标的规准化则主要是消除不同的地震动卓越周期（或特征周期）对反应谱形状的影响．双规准反应谱的纵坐标是单自由度体系对输入地震动反应值相对于地震动幅值的放大倍数，是一个无量纲的数；横坐标为相对周期 T/T_p，也是一个无量纲的数．图 1 列出了 4 条在不同地震中和不同场地上获取的实际地震动的加速度反应谱、规准反应谱和双规准反应谱，其中 β 为放大系数．可以看出，不同地震动的加速度反应谱之间差别十分明显，它们的规准反应谱在中短周期段的差别明显减小，而它们的双规准反应谱却能整体上表现良好的一致性．因此，双规准反应谱比传统的规准反应谱更能反映实际地震动的统一特性．

地震动双规准反应谱的概念主要是基于简单的谐波地震动的基本特征提出的[41]．这是因为，对于简谐波地震动，只要给定谐波的作用循环数 i 和阻尼比 ξ，任何简谐地震动的双规准反应谱的形状是完全一致的（图 2）．

为了进一步说明双规准加速度反应谱的特点，收集了 1952 至 1999 年间 33 次地震 531 个自由场地台站的地震动记录，每个台站包含两个相互垂直的水平地震动分量，共 1062 条强震记录组成数据库．地震动反应谱特征的分析在地震动分类的基础上进行．参照美国

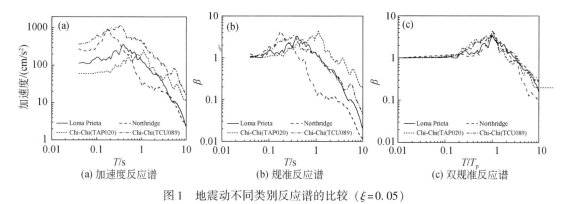

图1 地震动不同类别反应谱的比较（ξ=0.05）

Fig. 1 Comparisons of different types of ground motion response spectra（ξ=0.05）

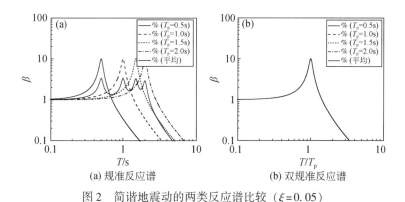

图2 简谐地震动的两类反应谱比较（ξ=0.05）

Fig. 2 Comparisons of two types of response spectra for harmonic ground motions（ξ=0.05）

1997 UBC 的场地分类方法，将地震动按场地划分为 4 类，按震中距的大小分为近场、中场和远场 3 类，按震级大小分为小震级、中震级和大震级 3 类．地震动反应谱的计算按阻尼比 0.05 考虑．

1.2 场地条件的影响

对于 4 种类别场地的地震动，分别计算了它们的规准反应谱和双规准反应谱并各自进行了平均．图 3（a）和 3（b）分别给出了不同场地记录的平均规准谱和平均双规准谱．图 4（a）和 4（b）分别给出了两种谱相应的统计变异系数（Coefficient of variation，Cov）曲线．可以看出场地条件影响下两种谱具有以下特征．

（1）不同场地的平均规准谱之间存在明显的差别，随场地土的变软，规准谱的峰值对应周期增大；在高频段，规准谱的谱值随场地土的变软而减小，而中低频段的谱值变化规律却相反．

（2）不同场地的平均双规准谱在小于横坐标 1 的部分十分接近，在横坐标值大于 1 的部分随场地土的变软其谱值有增大的趋势，但差别相对规准谱明显减小．

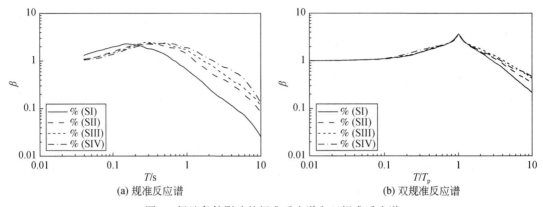

(a) 规准反应谱　　　　　　　　　　　(b) 双规准反应谱

图 3　场地条件影响的规准反应谱和双规准反应谱

Fig. 3　Normalized and bi-normalized response spectra influenced by site conditions

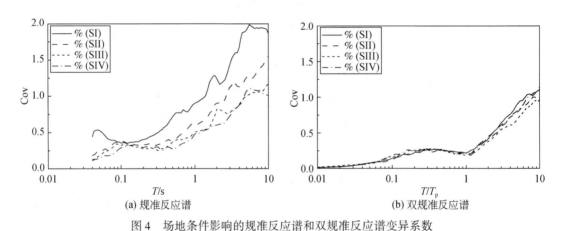

(a) 规准反应谱　　　　　　　　　　　(b) 双规准反应谱

图 4　场地条件影响的规准反应谱和双规准反应谱变异系数

Fig. 4　COV for normalized and bi-normalized response spectra influenced by site conditions

（3）两种谱的变异系数都随横坐标的增大而增大；不同场地上规准谱的变异系数之间差别明显，场地土越软变异系数越小；不同场地上双规准谱变异系数曲线之间的差别很小且光滑平缓.

1.3　距离的影响

对规准反应谱的研究表明震中距 D 是影响反应谱的因素之一，规范设计谱也考虑了这一因素的影响. 从图 5 来看，震中距对规准谱和双规准谱的影响有两个特点.

（1）震中距对规准谱的影响表现为，高频段部分的谱值随距离的增大而减小，中低频段部分的谱值随距离的增大而增大；随震中距的增大，平均规准谱的峰值对应周期增大.

（2）不同震中距情况下的双规准反应谱之间在相对中短周期段十分接近，相对长周期段的差别相对于规准谱明显减小.

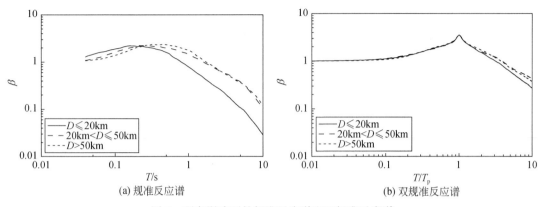

(a) 规准反应谱　　　　　　　　　　　　(b) 双规准反应谱

图 5　距离影响下的规准反应谱和双规准反应谱

Fig. 5　Normalized and bi-normalized response spectra influenced by distance

1.4　震级的影响

图 6 给出了震级 M 影响下的平均规准谱和平均双规准谱，可以看出两种谱的特征如下：

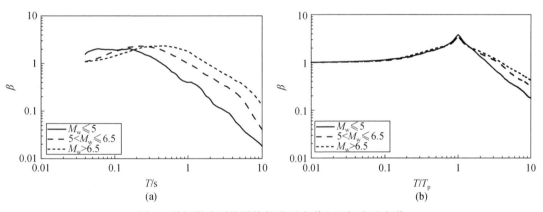

(a)　　　　　　　　　　　　　　　　　(b)

图 6　震级影响下的平均规准反应谱和双规准反应谱

Fig. 6　Normalized and bi-normalized response spectra influenced by magnitude

（1）震级对平均规准反应谱的影响显著．在短周期段，平均规准反应谱的谱值随震级的增大而减小，在中长周期段，随震级的增大而增大；平均规准谱的峰值周期随震级的加大向长周期段偏移．

（2）在横坐标小于 2 的区段，不同震级的平均双规准谱十分接近，在相对长周期段，大震级地震动的平均双规准谱高于小震级地震动的平均双规准谱，尽管其差异不可忽略，但相对规准化谱也已明显减小．

1.5　统一双规准反应谱

以上分析表明，与地震动规准反应谱不同，不同场地、距离和震级的平均双规准谱之间的差别都十分接近或明显减小，说明双规准谱比通常的规准谱有着良好的统一性．这样就可以不考虑场地条件、距离和震级的影响，将各种场地，各震级和各距离范围上的双规准谱进行总平均．图7（a）所示为所选取的全部地震动分量的平均双规准谱及其+1倍的标准差曲线．根据平均双规准谱的特征，建议统一的双规准反应谱模型为：

$$\beta_u = \begin{cases} 2.5X + 1 & 0 < X < 1 \\ 3.5/X & X \geqslant 1 \end{cases} \tag{1}$$

其中，$X = T/T_p$，T为体系的自振周期，T_p是工程场地地震动卓越周期．图7（b）将建议的统一反应谱与平均双规准谱进行了比较，可以看出，在横坐标小于3的范围，建议谱略高于平均谱，在相对长周期段建议谱与平均谱基本吻合．考虑到震级对双规准谱的影响不可忽略，建议当设计地震加速度$A \geqslant 0.2g$时，可以适当放慢统一设计谱相对长周期下降段的下降速度，下降段衰减指数可取-0.9．

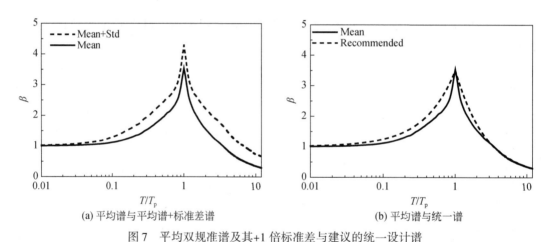

(a) 平均谱与平均谱+标准差谱　　　　　　　(b) 平均谱与统一谱

图7　平均双规准谱及其+1倍标准差与建议的统一设计谱

Fig. 7　Averaged bi-normalized spectrum, the mean+1std spectrum and the recommended uniform design spectrum

值得注意的是，基于地震动加速度反应谱的双规准反应谱尽管总体上较规准反应谱表现出明显的统一性，但其相对长周期段在影响因素（诸如场地条件、震级、距离）作用下仍然有差别，尤其震级对相对长周期段谱值的影响仍不可忽略．究其原因，地震动加速度反应谱的卓越周期T_p主要显现在反应谱的高频段，也即对大多数形状较规整且峰值出现在高频段的普通地震动而言，加速度双规准谱的整体一致性特点鲜明，而对于大地震地震地，其长周期分量一般较丰富，当加速度谱的峰值出现在中长周期短时，可能出现双规准谱谱值在大于1的相对长周期段迅速下降的问题，便可能引起统计结果在长周期段出现离散性大的情况．针对这种情况，有必要进一步选取更合适的双规准参数，用于规准反应谱的双规准化处理．也因此促使我们进一步提出了基于拟速度反应谱和双参数的双规准反应谱的概念．

2　双规准拟速度反应谱

针对规准化的拟速度反应谱（pseudo-velocity spectrum，PVS），将横坐标周期（T）分别除以周期 T_c 和 T_d，可以分别得到基于两种周期参数的双规准化拟速度反应谱．周期参数 T_c 和 T_d 的计算式为：

$$T_c = 2\pi \frac{a_V}{a_A} \frac{PGV}{PGA}$$

$$T_d = 2\pi \frac{a_D}{a_V} \frac{PGD}{PGV} \tag{2}$$

式中，T_c 和 T_d 可分别看作是反应谱加速度控制段和速度控制段，以及速度控制段和位移控制段的分界周期，a_A、a_V 和 a_D 分别为反应谱加速度、速度和位移控制段的平均放大系数值．由此来看，双规准周期参数 T_c 和 T_d 的确定主要受地震动幅值比和不同区段平均放大系数的影响．

为了分析基于双参数的双规准化拟速度反应谱的特征，从近年来发生的大地震中（震级 $M_w=6.1\sim7.4$），收集到15条岩石场地和39条土层场地的近断层（断层距 $R=0\sim20km$）地震动．这些近断层地震动均具有典型的方向性效应特征．有关地震动记录数据的详细信息可参见文献［16，32］．

图8分别给出了方向性效应记录的规准化拟速度谱、基于不同参数（T_c 和 T_d）的双规准拟速度谱．可以看出，较规准化谱（图8（a））而言，基于 T_c、T_d 的双规准谱（图8（a）、8（b））分别在 $T/T_c<1$ 和 $T/T_d>1$ 段表现出明显的离散程度低的特点．相应的平均谱、平均谱+1 标准差、变异系数分别示于图9中．观察发现，规准谱中的速度控制段的变异系数值是三控制段中最低的，而加速度控制段和位移控制段的变异系数值分别是基于 T_c 和 T_d 的双规准谱中最低且较稳定的部分．因此，采用周期 T_c 和 T_d 分别对规准谱的横坐标再规准化可以有效地减小地震动反应谱一定区段的统计离散型，从而表现良好统一性的特征．基于图9中双规准拟速度反应谱分别在不同控制段呈现出的良好统一性特点，可用以建立近断层方向性效应地震作用下，考虑震级和断层距影响的核电设计反应谱（图10）[32]．

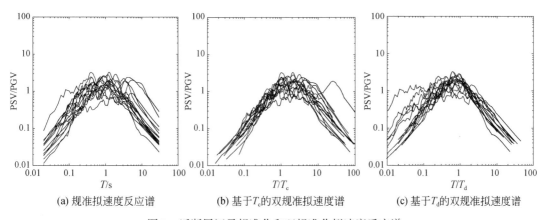

(a) 规准拟速度反应谱　　　　(b) 基于T_c的双规准拟速度谱　　　　(c) 基于T_d的双规准拟速度谱

图8　近断层记录规准化和双规准化拟速度反应谱

Fig. 8　Normalized and bi-normalized PVS of the near-fault records

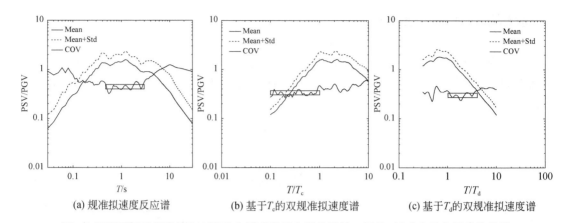

(a) 规准拟速度反应谱   (b) 基于T_c的双规准拟速度谱   (c) 基于T_d的双规准拟速度谱

图 9　近断层记录规准化和双规准化拟速度反应谱的平均、平均+标准差及变异系数曲线

Fig. 9　Mean，Mean+Std and COV spectra of thr normalized and bi-normalized PVS of the near-fault records

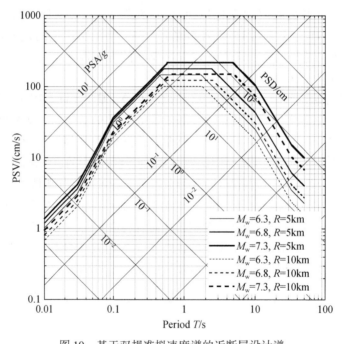

图 10　基于双规准拟速度谱的近断层设计谱

Fig. 10　Design spectra based on bi-normalized PVS

3　结语

　　双规准反应谱是传统地震动反应谱和规准反应谱概念的发展和延伸，其物理意义具有新的内涵. 既然双规准谱对所有的因素，如地震地质环境、工程场地类型、震级、震中或震源距离不很敏感，而且在各种不同环境下得到的地震动双规准反应谱的种种特征都十分

相似或接近，那么就可以忽略这些因素的影响，发展一种适用于各类环境下的，统一的设计谱模型．根据这一理论就可以发展一种统一的场地设计谱，而且根据已有的强震记录，就可以得到比较完备的设计谱了，换言之，即使再有更多的记录也不会引起设计谱的明显变化，那么就可以比较精确地确定设计谱了，进而可以使现有抗震规范以及设计谱得到进一步的发展和应用．

参 考 文 献

［1］ 胡聿贤. 地震工程学（第 2 版）［M］. 北京：地震出版社，2006.

［2］ Chopra A K. Dynamics of Structures: Theory and Application to Earthquake Engineering, 2nd ed［M］. Prentice-Hall, NJ, 2001.

［3］ Compbell K, Bozorgnia Y. NGA ground motion model for the geometric mean horizontal component of PGA, PGV, PGD and 5% damped linear elastic response spectra for periods ranging from 0.01 to 10s［J］. Earthquake Spectra, 2008, 24（1）: 139-171.

［4］ Giaralis A, Spanos P D. Wavelet-based response spectrum compatible synthesis of accelerograms-Eurocode application（EC8）［J］. Soil Dynamics and Earthquake Engineering, 2009, 29（1）: 219-235.

［5］ Housner G W. Behavior of structures during earthquakes［J］. Journal of Engineering Mechanics Division, 1959, 85（EM4）: 109-129.

［6］ Newmark N M, Hall W J. Seismic design criteria for nuclear rector facilities［C］. Proceedings of the 4th WCEE, Santiago, Chile, 1969: 37-50.

［7］ Seed H B, Ugas C, Lysmer J. Site-dependent spectra for earthquake-resistance design［J］. Bulletin of the Seismological Society of America, 1976, 66（1）: 221-243.

［8］ NEHRP. Recommended Provisions for the Development of Seismic Regulations for New Buildings［S］. Building Safety Council, Washington, D C, 1994.

［9］ Uniform Building Code. International Conference of Building Officials［S］. Whittier, California, 1997.

［10］ Faccioli E, Paolucci R, Rey J. Displacement Spectra for Long Periods［J］. Earthquake Spectra, 2004, 20（2）: 347-376.

［11］ 赵斌，王亚勇. 关于《建筑抗震设计规范》GB 50011—2001 中设计反应谱的几点讨论［J］. 工程抗震，2003（1）: 13-14, 29.

［12］ 陈国新. 中国建筑抗震设计规范的演变与展望［J］. 防震减灾工程学报，2003，23（1）: 102-113.

［13］ 徐龙军，谢礼立，胡进军. 抗震设计谱的发展及相关问题综述［J］. 世界地震工程，2007，23（2）: 46-57.

［14］ 中华人民共和国国家标准. 建筑抗震设计规范（GB 50011—2010）［S］. 北京：中国建筑工业出版社，2010.

［15］ 中华人民共和国国家标准. 核电厂抗震设计规范（GB 50267—97）［S］. 北京：中国建筑工业出版社，1997.

［16］ Bray J D, Rodriguez-Marek A. Characterization of Forward-Directivity Ground Motions in the Near-Fault Region［J］. Soil Dynamics and Earthquake Engineering, 2004, 24（11）: 815-828.

［17］ Mavroeidis G P, Dong G, Papageorgiou A S. Near-fault ground motions, and the response of elastic and inelastic single-degree-of-freedom（SDOF）systems［J］. Earthquake Engineering Structure Dynamics, 2004, 33: 1023-1049.

［18］ Xu L J, Rodriguez-Marek A, Xie L L. Design spectra including effect of rupture-directivity in near-fault region［J］. Earthquake Engineering and Engineering Vibration, 2006, 5（2）: 159-170.

[19] 李新乐，朱晞. 近断层地震动等效速度脉冲研究 [J]. 地震学报，2004，26（6）：634-643.

[20] 刘启方，袁一凡，金星，等. 近断层地震动的基本特征 [J]. 地震工程与工程振动，2006，26（1）：1-10.

[21] 俞言祥. 长周期地震动研究综述 [J]. 国际地震动态，2004，30（7）：1-5.

[22] 周雍年，周振华，于海英. 设计反应谱长周期区段的研究 [J]. 地震工程与工程振动，2004，24（2）：15-18.

[23] 李春锋，张旸，赵金宝，等. 台湾集集大地震及其余震的长周期地震动特性 [J]. 地震学报，2006，28（4）：417-428.

[24] 吴迪，罗奇峰，罗永峰. 长周期地震波的研究进展 [J]. 地震研究，2007，30（3）：296-302.

[25] 徐龙军，胡进军，谢礼立. 特殊长周期地震动的参数特征研究 [J]. 地震工程与工程振动，2008，28（6）：20-27.

[26] 杨松涛，叶列平，钱稼茹. 地震位移反应谱特性的研究 [J]. 建筑结构，2002，32（5）：47-50.

[27] 王东升，李宏男，王国新. 统一意义一致的弹塑性设计位移谱 [J]. 大连理工大学学报，2006，46（1）：87-92.

[28] 朱晞，江辉. 桥梁墩柱基于性能的抗震设计方法 [J]. 土木工程学报，2009，42（4）：85-92.

[29] Borzi B, Calvi G M, Elnashai A S, et al. Inelastic spectra for displacement-based seismic design [J]. Soil Dynamics and Earthquake Engineering, 2001, 21 (1): 47-61.

[30] Guan J, Hao H, Lu Y. Genetation of probabilistic displacement response spectra for displacement-based design [J]. Soil Dynamics and Earthquake Engineering, 2004, 24 (2): 149-166.

[31] Galal K, Ghobarah A. Effect of near-fault earthquakes on North American nuclear design spectra [J]. Nuclear Engineering and Design, 2006, 236 (18): 1928-1936.

[32] Xu L J, Yang S C, Xie L L. Response spectra for nuclear structures considering directivity effect on rock site [J]. Earthquake Engineering and Engineering Vibration, 2010, 9 (3): 357-366.

[33] Yushan Z, Fengxin Z. Artificial ground motion compatible with specified peak ground displacement and target multi-damping response spectra [J]. Nuclear Engineering and Design, 2010. doi: 10.1016/j.nucengdes.2010.05.041.

[34] Ruiz S, Saragoni G. Two peaks response spectra (2PRS) for subduction earthquakes considering soil and source effects [C]. The 14th World Conference on Earthquake Engineering, Beijing, China, 2008: 12-17.

[35] 耿淑伟. 抗震设计规范中地震作用的规定 [D]. 哈尔滨，中国地震局工程力学研究所博士学位论文，2005.

[36] 周锡元，齐微，徐平，等. 震级、震中距和场地条件对反应谱特性影响的统计分析 [J]. 北京工业大学学报，2006，32（2）：97-103.

[37] 于海英，王栋，杨永强，等. 汶川8.0级地震强震动加速度记录的初步分析 [J]. 地震工程与工程振动，2009，29（1）：1-13.

[38] Mohsen T, Farzaneh H. Influence of earthquake source parameters and damping on elastic response spectra for Iranian earthquakes [J]. Engineering Structures, 2002 (24): 933-943.

[39] Xu L J, Xie L L. Bi-normalized response spectral characteristics of the Chi-Chi Earthquake [J]. Earthquake Engineering and Engineering Vibration, 2004, 3 (2): 147-155.

[40] 徐龙军，谢礼立. 双规准化地震动加速度反应谱研究 [J]. 地震工程与工程振动，2004，24（2）：1-7.

[41] 徐龙军，谢礼立，郝敏. 简谐波地震动反应谱研究 [J]. 工程力学，2005，22（5）：7-13.

Ground motion bi-normalized response spectrum and uniform design spectral theory

Xie Li-Li[1,2], Xu long-Jun[1,2]

(1. Institute of Engineering Mechanics, China Earthquake Administration, Harbin 150080, China;

2. Department of Civil Engineering, Harbin Institute of Technology at Weihai, Weihai 264209, China)

Abstract　The bi-normalized response spectrum concept and the uniform design spectral theory are proposed based on the currently used design spectra with huge uncertainties in various provisions for structural design, and a great mount of strong ground motions could not be used effectively due to their insufficient record information. The objective of the paper does not intend to make a supplement or improvement to current code design spectra, but to develop a method on the estimation of response spectra through comprehensive researches on the nature and characterization of earthquake ground motion. For this aim, the definition of bi-normalized acceleration response spectrum is presented, the characteristics of bi-normalized acceleration spectrum is compared with those of traditional one. And finally, the idea and method of bi-normalized acceleration spectrum used in constructing seismic design spectra was considered. Then, the bi-normalized pseudo-velocity spectrum concept is also elaborated and is adopted in construction of design spectra for the near-fault region by through analysis of typical near-fault ground motions.

浅析传统结构抗震概念设计思想形成的一般规律[*]

赵 真，谢礼立

（中国地震局 工程力学研究所，黑龙江 哈尔滨 150080）

摘要 抗震概念设计是抗震设计规范的重要组成部分. 本文将抗震设计规范中基于工程实践经验和震害经验的设计内容称之为传统（狭义）的概念设计思想，并对其定义进行了讨论，使之更趋完善. 此外，还论述了它的特点，并运用辩证唯物主义方法，进一步探索了传统（狭义）的抗震概念设计思想发展和形成的一般规律，即内外结合、刚柔相济、强弱分明、权衡利弊和有备无患.

引言

强烈地震给人类造成无数惨重的灾难. 尤其是 20 世纪以来，世界范围内的大地震造成的巨大财产损失和人员伤亡触目惊心，严重危及社会的和谐与可持续发展. 这些重大的地震灾害不断挑战着人类对地震灾害的认知与防御能力. 地震为什么会给人类造成灾害，最根本的原因是生活在地震区的人类，他们赖以居住和活动的房屋没有或者缺乏抗震能力.

谢礼立[1]曾指出，地震之所以能造成大量人员伤亡和严重经济损失的主要原因是我们的土木工程不合格，不具备抗震能力. 具体来讲因为我们在设计和建造土木工程时由于不当的选址、不当的知识、不当的抗震设防、不当的设计、不当的施工、不当的材料、不当的使用和不及时的加固，一旦发生地震就必然会酿成一幕幕惨剧. 反过来如果我们采取了正确的抗震设防和抗震措施，地震灾害必然会大大地减轻.

积人类抗震防灾的经验于一点：凡是建筑物、基础设施以及其他土木工程抗震能力强，地震损失以至地震灾害一定会大大降低；相反，凡是建筑物、基础设施以及其他土木工程抗震能力低，地震损失以至地震灾害一定会大大升高. 因此，减轻地震灾害的最有效措施是增强土木工程的抗震能力，提高土木工程的地震安全性. 要做到这一点就必须严格按照抗震设计规范来设计和建造我们的建筑物和一切土木工程设施.

由此也不难理解：一本先进的、合理的抗震设计规范对人类战胜地震灾害的重要作用. 全世界有关建筑物的抗震研究成果无不旨在不断地改进我们的抗震设计规范，无不落实在提升我们的抗震设计规范. 这也是全世界当前面对并需努力解决的重大问题. 然而需要指出的是，目前我们对现有规范内容的研究极不平衡，几乎95%的研究都集中在对地震环境、建筑物构件、构件体系、结构或结构体系、地基和基础的受力分析，地震破坏原因和机制，减轻地震反应或破坏的物理层面上，或者说都只限于实体设计上. 而对构成抗震

---

* 本文发表于《地震工程与工程振动》，2014 年，第 34 卷，第 2 期，19-26 页.

设计规范中的另一部分十分重要的内容，即概念设计，相对来说，研究甚少．究其原因不外乎有以下两个方面：一方面土木工程是一门实体的以物理、力学和材料为基础的工程科学，科研、设计人员会自然地对这部分内容更有兴趣，更有偏好；另一方面概念设计更多的是基于工程经验，偏于定性，缺乏定量的物理基础，具有一定的模糊性，很难找到更多的创新和发展的可能．本文主要讨论和分析了我国抗震设计规范中的传统抗震概念设计的含义及其特点，并探究了传统抗震概念设计思想形成和发展的一般规律．然而，作者研究发现，在抗震设计规范中还存在另一类更重要的概念设计，即基于理性思考和分析概括出来的能实现抗震设计总目标、总要求的概念设计或者相对于从工程经验中总结出来的概念和概念设计，可称之为出自理性分析或人为设计出来的概念和概念设计，即"设计的概念"，称之为"广义的抗震概念设计"．针对此类广义抗震概念设计作者将另行作进一步的研究与讨论．

1 传统抗震概念设计的含义

无论在抗震设计早期的发展阶段，还是在现代的抗震设计方法和规范中，概念设计内容无处不在．一个典型的例子就如在我国 2010 年 12 月开始实施的《建筑抗震设计规范》（GB 50011—2010）[2]（简称《2010 规范》）中，对建筑抗震概念设计给出的如下定义：根据地震灾害和工程经验等所形成的基本设计原则和设计思想，进行建筑和结构总体布置并确定细部构造的过程．就在这本规范中作为概念设计的内容共有近 230 条，占整本规范条款的 37%．我们在这里将这一类抗震概念设计称之为传统的抗震概念设计，或狭义的抗震概念设计．

抗震设计的主要目的是为了建造经济、实用而又能确保地震安全的土木工程，为了实现这个目的，在设计规范中除了需要制定基于理性分析（如结构受力分析）的定量的设计条款，同时也离不开根据长期工程实践经验编制的设计条款，后者往往就是概念设计的主要形态．确定这些概念设计的工程经验，主要来源于工程实践，来源于工程实践中的感性认识．这类经验，也就是感性的认识经过实践反复的，甚至是无数次的证实和考验，实现了认识上的第一次飞跃凝练成"概念"，并用来指导设计，形成了所谓的"抗震概念设计"．传统的抗震概念设计的主要特征就是依赖长期积累的工程经验．此外，作者还需要强调的是除了长期的工程经验以外，工程技术人员对基本理论或专业常识的判断和分析有时也可能成为概念设计的另一个源头，例如基于体系、结构或构件受力路径分析，或者基于受力分配理论的判断，可以形成抗震建筑物应该设计成体型规整简单，尽量对称等的设计概念均属这一类．

为此，我们在这里要对这一类"传统的抗震概念设计"，或"狭义的抗震概念设计"下一个较为全面的定义[3]．传统（狭义）的抗震概念设计是指：工程专业人员根据工程结构的地震破坏现象和工程经验等所形成的符合专业基础理论和常识的基本设计原则和设计思想，对所要设计的建筑和结构进行总体布置并确定细部构造的过程．值得指出的，在实际应用中"概念设计"涵盖的内容远较其名词含义更为广泛，不只专指概念设计的过程，同样也包含了概念设计的内容（具体的条款）和思想．

2　传统抗震概念设计的特点

传统或狭义抗震概念设计具有以下特点：

（1）经验性

传统抗震概念设计与规范中规定的基于理性分析的定量的计算方法和技术不同．它是依据长期积累的工程地震破坏规律和工程建设的正反两方面的经验总结出来的，有的还甚至很难用定量方法或科学实验来证明，因此必然是带有明显的经验性；经验性的结果与理论推导和演算出来的结果两者的根本不同是，经验性的结论往往具有一定的局限性，是根据部分客观现象总结出来的概念，而理论的结果往往都是经过实践反复论证，带有一定的普遍性．因此概念设计的内容还需要不断地经受工程实践的考验，逐步上升到更具一般性的结论．

（2）客观性

传统的概念设计主要来源于工程经验以及专业理论和常识，而绝大部分经验都是在客观实践中不断积累、不断验证．凡是与震害经验或教训不相吻合，一定会得到及时的修正，因此必然会尽可能地反映客观实际和规律．

（3）包容性

抗震概念设计，主要是依据工程实践经验总结而来，并非依据理性的分析，或公式的推导，因此也决定了抗震概念设计一般都是定性的，不可能给出定量的结果．而根据规范中规定的理论分析或计算公式给出的结果一般来说是定量的，而且这些结果往往都是作为设计许可的限值（上限或下限）给出的，这样给出的限值往往是刚性的，都被赋有不得超越的法定性和严肃性．依据概念设计得到的结果尽管是定性的，但不会降低概念设计的重要性．反过来由于它不是严格的定量结果，反而给设计人员在符合概念设计的前提下提供更多、更大的发挥创造性的设计空间．

（4）可更新性

前面已经提到概念设计一般都是依据工程专业人员长期积累的专业经验总结而来的，必然具有先验性．因此被应用为概念设计的"概念"也必然会在以后实践中得到不断的验证和修正，甚至随着新型的结构或结构体系的出现，新的地震特点的出现，也会涌现出新的震害现象，从而发现新的抗震规律和概念，因此概念和概念设计也一定是不断发展的，不是一成不变的．比如，1976 年的唐山大地震中，有不少内框架砌体结构未倒，因此建议保留此类结构形式；而之后的震害经验表明，该类结构在强震下极易破坏．《建筑抗震设计规范》GBJ 11—89[4]（简称《89 规范》）在修订时删去了"底部内框架砖房的内容"；《建筑抗震设计规范》GB 50011—2001[5]（简称《2001 规范》）修订时删去了"混凝土中型砌块"和"粉煤灰中型砌块"的内容，并将"内框架砖房"限制于"多排柱内框架"；《2010 规范》在修订时，由于"内框架砖房"已很少使用且抗震性能较低，删除了这部分内容．

（5）地区性

抗震设计的主要任务是为建造抗震而又实用的工程结构，而工程结构无论在其形式、适用性、所在场地的环境、采用的建筑材料和施工方法以及拟抗御的目标地震都具有强烈的地区特点，因此在一个地区行之有效的概念设计未必在其他地区也能适用．也就是说概念设计既有适合所有地区使用的普遍性，同时也会具有只适用于某个特定地区的特征．比如说，在我国经济不发达的村镇地区，如云南的少数民族村镇地区，多采用木结构房屋．在对木结构房屋进行抗震设计时，要注重木骨架的稳定性、加强梁柱檩等的连接以及加强围护墙的抗震能力、与木骨架可靠拉结等[6]．

3 传统抗震概念设计形成的一般规律

辩证唯物主义是在总结自然科学、社会科学和思维科学的基础上发展创立的一系统科学的逻辑理论思维形式．唯物辩证法是关于联系和发展的科学，它的实质和核心是对立统一规律．规律是客观事物内部的本质联系和发展的必然趋势，换言之，事物的内部联系和发展都遵循着某种规律．循着规律，理清事物发展的趋势过程，便能更加清楚地认识事物．

本节中引经据典，通过对立统一的辩证关系，试图探寻结构抗震概念设计发展和形成的一般规律，使其线条更加清晰，更易于应用．本节论述了内因、外因，主要矛盾、次要矛盾，矛盾的主要方面、次要方面，物质与意识的辩证关系以及我国古老的哲学思想——阴阳学说；通过这些辩证关系和哲学原理，引出抗震概念设计思想，总结出传统（狭义）抗震概念设计思想形成的一般规律，即内外结合、刚柔相济、强弱分明、权衡利弊以及有备无患．

3.1 传统（狭义）抗震概念设计思想形成规律一：内外结合

对于一个建筑结构而言，结构所处的外部环境（如场地条件等），其所受的各种外部荷载（如地震动、风荷载等）是外因；而结构自身的刚度及其分布则是其内因．内因反映结构反应的趋势；外因通过内因而引起结构反应，并对结构反应的变化发展起着重大作用．

（1）重视外因的影响．如设防烈度、场地条件等．采取措施，避免共振、软土震陷、滑坡等．

当断层穿过建筑物时，建筑物不可避免发生破坏（图1、图2）．在选择建筑物场地时，首先应判断场地内是否存在发震断裂．当存在发震断裂时，应严格按照规范要求对断裂的工程影响进行评价．

强烈的地震运动会造成砂土液化、软土震陷，从而致使建筑物地基不均匀沉降、地基失效、房屋倒塌．严重的次生灾害，加剧了人员伤亡和经济损失．基岩在震动时把能量传给上面的土层，土层一般对地震波有放大的作用，而且地形越复杂，地震波传来后会形成反射和折射，会加剧放大的效果．北川县城属低山地貌，山地开挖平整的地质，岩性为碳酸岩坡积物，以黏性土为主，夹砂砾石，建筑物建在半山腰或山谷河岸边；2008年5月12日汶川地震中几乎整个城市震毁．软土场地震害严重的主要原因是：①软土能放大地震强度；②软土震陷一般深达20cm以上，导致建筑整体倾斜．鉴于软土震害的严重性，首先应在选址阶段回避；然后在设计阶段应适当考虑局部场地效应．

图 1　断裂带穿过北川县城，房屋倒塌

Fig. 1　Faults crossed Beichuan county where buildings collapsed

图 2　断层引发的地表错动

Fig. 2　Surface rupture caused by faults

　　砂土液化也是一种较为多见的地基失效形式，轻微的液化会降低地基土的强度，严重的液化会导致地基完全失效，表现为喷水冒砂、地面下沉、侧向扩展和流滑等. 建造在液化地基上的建筑物，有可能引发地下结构物上浮、房屋开裂甚至倾倒等. 1964 年日本新潟地震时引发砂土液化，导致地基土完全失效，致使建筑物整体倾斜（图 3）. 从此，人们开始重视砂土液化对建筑物破坏的影响.

　　（2）重视内因的影响. 应合理选择结构方案、控制结构的整体刚度和构件的相对刚度等. 如，抗侧力刚度在平面上应对称、均匀，以减小偏心；立面上应连续，避免刚度突变而产生薄弱层；外部的抗侧力刚度要足够大，以减小扭转振动周期，减轻平扭偶联效应.

　　①重视结构的规则性. ②不同结构体系，抗侧力刚度和承载能力不尽相同，其适用范围和适宜高度也是不同的. ③对于建筑物可能出现的薄弱部位、应采取措施提高其抗震能力，避免因局部削弱或突变形成薄弱部位. 图 4 中所示秘鲁皮斯科地区某建筑上下刚度和承载力变化不均匀，导致产生薄弱层，在 2007 秘鲁地震中受到严重破坏. ④进行抗震设计

图3　日本新潟地震砂土液化导致建筑物整体倾斜

Fig. 3　Overall tilt of buildings caused by sand liquefaction in 1964 Niigata Earthquake，Japan

时，要注重结构的整体性和整体稳定性．结构构件与楼板应正确连接，并具有足够的平面内刚度．

图4　薄弱层在地震中受损

Fig. 4　Weak story damaged during the earthquake

3.2　传统（狭义）抗震概念设计思想形成规律二：刚柔相济

我国古老的哲学思想——阴阳学说，讲的是阴阳结合、刚柔相济的道理．一般认为事物具有两个方面，两方面相互依赖、相互转化．这一理论同样适用于建筑设计中，对于一个结构而言，各个构件的刚度都是相对的，相对刚的构件与相对柔的构件共同作用，从而抵抗外部的各种作用力，确保结构的安全可靠．反之，刚柔失衡，则会导致结构在外力作用下损伤或破坏．换言之，结构设计的好坏，关键在于结构的整体刚度和各构件的相对刚度分布是否合理．

正如著名的"木桶理论"[7]，即一个木桶无论它有多高，它盛水的高度取决于其中最低的那块木板．由此衍生出木桶理论的两个推论：①只有桶壁上的所有木板都足够高，木桶才能盛满水；②只要这个木桶里有一块不够高，木桶里的水就不可能是满的．木桶理论所表达的核心内容可理解为：决定木桶盛水量多少的关键因素不是木桶最长的木板，而是最短的那根木板．该理论同样可应用于概念设计，构成结构的各个构件的强度、刚度是优劣不同的，而劣势部分往往影响着整个结构的强度或刚度水平．比如说，对于框架结构而言，同一楼层的框架柱，强度、刚度和延性应大致相同，反之，在地震作用下，很容易由于受力不同而被逐个击破；对于整个结构而言，如果各层的强度、刚度不同，则在地震作用下，强度、刚度相对较弱的薄弱层会率先发生破坏从而导致结构整体的破坏．

因此，首先应理清刚性连接、柔性连接；要有意识地设置薄弱环节，有意识地降低能够提高结构整体延性的构件截面强度．为了满足建筑结构中各构件的抗震设计需求，在进行设计时往往遵循着刚柔相济、相互妥协的原则，以便满足结构整体强度、刚度、延性的合理统一．

3.3　传统（狭义）抗震概念设计思想形成规律三：强弱分明

矛盾论是唯物辩证法的著名理论之一．其含义是：复杂事物发展过程中往往包含多个矛盾，其中在事物发展过程中处于支配地位，对事物发展起决定作用的矛盾是主要矛盾；在事物发展过程中处于从属地位，对事物的发展不起决定作用的矛盾是次要矛盾．然而，事物内部的矛盾双方，地位和作用也是不平衡的．在事物内部居于支配地位，起主导作用的矛盾方面，叫矛盾的主要方面；在事物内部处于被支配地位，不起主导作用的矛盾方面，叫矛盾的次要方面．在认识复杂事物的发展过程时，既要看到主要矛盾，又要看到次要矛盾；在认识某个矛盾时，既要看到矛盾的主要方面，又要看到矛盾的次要方面．即所谓的两点论．在认识复杂事物的发展过程中，要着重把握它的主要矛盾；在认识某个矛盾时，要着重把握矛盾的主要方面．即所谓的重点论．运用矛盾分析法要做到运用一分为二的观点，坚持两分法；对具体问题进行具体分析的方法；善于把握重点和主流，坚持两点论和重点论的统一．

在结构抗震概念设计中，同样遵循这个哲理．结构体系是由不同的构件组成的，构件因承担的作用不同，可分为主要构件和次要构件．为了保证主、次构件在地震作用下充分发挥各自的作用，要求在设计时做到强弱分明．比如：①钢筋混凝土框架结构，应做到"强节点弱构件、强柱弱梁、强剪弱弯、强压弱拉"；②剪力墙结构，应遵照"强墙弱梁"、"强剪弱弯"的设计理念；③钢构件，应做到"强节点弱构件、强焊接弱钢材"．图5给出了几种"强梁弱柱"、"强构件弱节点"、"强弯弱剪"的震害破坏形式．

(a) "强梁弱柱"　　　　　　　　　　　　　　(b) 节点先于构件破坏

(c) 框架柱被剪断

图 5　　"强梁弱柱""强构件弱节点""强弯弱剪"破坏形式

Fig. 5　Failure modes，e. g.，"strong beam weak column"，"strong element weak joint"

and "strong bending weak shear"

之所以要强弱分明，是因为结构体系内各个构件承担的角色不尽相同，对结构整体的重要性不同. 在强烈地震作用下，为避免主体结构损伤或破坏，在设计时往往应秉持着强弱分明的原则，让次要构件先于主要构件发生破坏.

3.4　传统（狭义）抗震概念设计思想形成规律四：权衡利弊

唯物辩证法认为，复杂事物之中的主要矛盾和次要矛盾相互联系、相互依存、相互影响. 没有主要矛盾，也就无所谓次要矛盾. 唯物辩证法还讲到，矛盾的主要方面和次要方面是对立统一的，它们相互排斥又相互依赖，矛盾的主要方面在事物内部居于支配地位起主导作用. 某种意义上来讲，事物的性质是由主要矛盾的主要方面决定的. 从上述哲学原理中，可以悟出，对待事物的发展，我们应当区分主次矛盾以及矛盾的主次两个方面，全面看待问题，权衡各方面的利弊关系，抓住重点、统筹兼顾.

对待结构抗震设计，同样应首先弄清影响结构在地震作用下保持安全可靠的主要原因，理清结构抗震能力的主次方面，权衡利弊. 震害调查显示，有些结构少量的构件破坏便有可能引发结构的倒塌；而有些结构较多构件发生屈服，但维修后结构可继续使用．在地震作用下，强度相对较弱的结构构件必然率先发生屈服破坏，如果这些破坏发生在对结构整体抗震性能相对影响较弱的位置，则结构仍可保持一定的抗震能力．由此看来，结构构件的破坏位置、破坏顺序等，对于保障结构安全性而言，至关重要．比较理想的破坏机制是：①从结构整体而言，塑性铰宜先出现在次要构件，然后是主要构件的次要部位，最后出现在主要构件上，从而耗散尽可能多的地震作用；②对于构件而言，塑性铰宜先出现在水平杆件的端部，最后出现在竖向杆件上；③选择合理的屈服机制，使得结构形成尽可能多的塑性铰，延长塑性发展过程．因此，要理清结构的薄弱部位、避免发生不利屈服、注意非结构构件的破坏，从而最大限度地保证结构的安全．

3.5　传统（狭义）抗震概念设计思想形成规律五：有备无患

唯物辩证法中关于物质与意识的辩证关系是这样理解的，物质决定意识，意识对物质具有能动作用．正确反映客观事物及其发展规律的意识，能够指导人们有效的开展实践活动，促进客观事物的发展；歪曲反映客观事物及其发展规律的意识，则会把人的活动引向歧途，阻碍客观事物的发展．有备无患一词，出自先秦·左丘明《左传·襄公十一年》："《书》曰：'居安思危．思则有备，有备无患．'"意思是说：人在生活安宁时一定要考虑未来可能会发生的危险，且要事先做准备，事先有准备，才能避免失败和灾祸的发生[8]．有备无患也是在进行结构抗震设计时应遵循的一条重要概念．

对于建筑结构而言，在进行抗震设计时[9-11]：

（1）应设置多道防线，当第一道防线的抗侧力构件在强烈地震作用下遭到破坏后，后备的第二道乃至第三道防线的抗侧力构件可立即接替，抵挡后续的地震作用，保证建筑物最低限度的安全，免于倒塌．单一结构体系只有一道防线，一旦破坏就会造成建筑物倒塌．比如说单跨框架结构，如图6所示台湾集集地震中倒塌的16层住宅楼，该楼为单跨钢筋混凝土结构．

图6　单跨住宅楼倒塌破坏

Fig. 6　Single span building collapsed

（2）结构应具有尽可能多的冗余度，如应选取分层分跨的框架结构、合理选取屈服机制，从而使结构产生更多的塑性铰，最大限度地吸收或耗散地震能量，从而确保结构的安全可靠．震害经验表明，框架结构的学校建筑在强烈地震作用下，采用单跨悬挑走廊的建筑物往往多数倒塌，而在走廊的外侧设置框架柱的建筑物则轻微损伤．对于框架结构而言，应通过综合分析得出一个有利的分层分跨框架，采用适宜的梁柱刚度比，这样既可以增加框架结构的刚度，又能提高其效能[12]．

4 结论

地震灾害的实质是土木工程灾害．大量研究表明，造成人员伤亡和经济损失的主要原因无不与房屋建筑，基础设施以及地球上的各类土木工程缺乏抗震能力密切相关，甚至可以说抗震不合格的土木工程是造成地震灾害的首要元凶．与地震灾害长期斗争的历史使人们深刻认识到要真正地减轻地震灾害，使人类免遭地震威胁，唯有把我们赖以生存和工作的土木建筑环境建造得更加抗震．为达此目的，世界上凡遭受地震侵袭的国家和地区无一不编制用以抗御地震作用的各种土木工程的抗震设计规范．

抗震概念设计是抗震设计规范的重要组成部分．但是长期以来，概念设计在工程界或者学术界得不到应有的重视，以致发展迟缓．另一方面，设计工程师往往由于设计经验和理论水平参差不齐，容易造成概念设计在实际应用中出现很大的差异，增加了抗震设计的不确定性．因此重视对概念设计的研究，是当前提升我国抗震设计规范水平的必不可少的举措之一．

参 考 文 献

[1] 谢礼立．地震灾害与建筑结构防震设计［EB/OL］．教育部：中国大学视频公开课，2012．
[2] 建筑抗震设计规范（GB 50011—2010）［S］．北京：中国建筑工业出版社，2010．
[3] 赵真，谢礼立．从欧洲抗震设计规范的一般规定浅谈结构抗震概念设计的重要性［J］．地震工程与工程振动，2011，31（5）：190-195．
[4] 建筑抗震设计规范（GBJ 11—89）［S］．北京：中国建筑工业出版社，1989．
[5] 建筑抗震设计规范（GB 50011—2001）［S］．北京：中国建筑工业出版社，2001．
[6] 谷军明，缪升，杨海名．云南地区穿斗木结构抗震研究［J］．工程抗震与加固改造，2005，27（增刊）：205-210．
[7] http://baike.baidu.com/link? url = VivCThfAZ9qV0o9sbLk3XD6fCdoN_gkJUiWty2p7KtEPLw2EDc_kKLV97Nh_xlcSHS-OTEA9ARFmo7nvel4W.
[8] http://baike.baidu.com/link? url = xBWGtKdBUgA_AVLiKJKB2fZYIpJ5NDu59huJVmQ_Puv0Dzr-FKtHTQ4_TWXjnbJ5.
[9] 清华大学，西南交通大学，北京交通大学土木工程结构专家组．汶川地震建筑震害分析［J］．建筑结构学报，2008，29（4）：1-9．
[10] 王亚勇．汶川地震建筑震害启示——抗震概念设计［J］．建筑结构学报，2008，29（4）：20-25
[11] 袁一凡．四川汶川8.0级地震损失评估［J］．地震工程与工程振动，2008，28（5）：10-19．
[12] 徐传亮．刚度理论在工程结构设计中的应用［D］．上海：同济大学硕士学位论文，2006．

A brief study on general rule of traditional seismic conceptual design

Zhao Zhen, Xie Li-Li

(Institute of Engineering Mechanics, China Earthquake Administration, Harbin 150080, China)

Abstract　　The seismic conceptual design is an essentially important part of codes for seismic design of buildings. In this paper, the basic design ideas in these codes created by the engineering practice experiences and seismic structural damages are called as traditional seismic conceptual design, and the more comprehensive definition is given. Then, the main characteristics of traditional seismic conceptual design are discussed. Finally, by using dialectical materialism method, the general rules of traditional seismic conceptual design are explored, i. e., combination of interior and exterior, rigid and soft, strong or weak, advantages and disadvantages, and preparedness averting peril.

论土木工程灾害及其防御[*]

谢礼立[1,2]，曲 哲[1]

(1. 中国地震局工程力学研究所，中国地震局地震工程与工程振动重点实验室，黑龙江 哈尔滨 150080；
2. 哈尔滨工业大学，黑龙江 哈尔滨 150090)

摘要 土木工程是人类文明的重要载体，往往也是众多灾害的温床．本文首先给出灾害的一般定义，并在此基础上提出土木工程灾害的概念，阐述其特点、分类、成因及其防御技术．土木工程灾害在本质上是由于土木工程抗灾能力不足导致的．不当的选址、不当的设防、不当的设计、不当的施工、不当的使用和维护都会造成土木工程抗灾能力的不足．许多所谓的自然灾害，包括伴随着地震、风、洪水、滑坡、泥石流等自然现象发生的灾害，本质上都是土木工程灾害．土木工程灾害在世界各地频繁发生，是众多灾害中与人类关系最密切的一类灾害．本文强调指出只有依靠土木工程方法，人类才能减轻和防御包括许多自然灾害在内的各种土木工程灾害，并论述了研究与防御土木工程灾害的主要目标和相关的科学技术问题．

1 灾害概论

自从地球上出现了人类，各种灾害就相伴而生．灾害对人类的生存与发展产生了深远的影响．从现代科学角度来观察，灾害是导致人类生命、财产、资源和生态环境损失并超越了承灾体承受能力的突发事件．本文对灾害的定义强调了灾害的 4 个重要属性．第一，灾害事件是针对人类及其聚居群落或社会来说的，没有人类就没有所谓的灾害．在地球上出现人类之前，尽管宇宙、天地之间存在剧烈的变化和运动，但是不会形成任何灾害．第二，灾害的表现是损失，主要是对人类及其社会造成的损失，一般来说包括人的生命（含肉体和精神）、财产，以及人类赖以生存和发展的资源和环境的损失．第三，存在损失的阈值区，即并非所有的损失都是灾害；只有当损失达到并超过一定程度（阈值区），亦即超过了承灾体的承受能力（包括物质和精神两方面的承受能力），才能形成灾害．比如，普通仓库的突然坍塌，道路翻浆沉陷，车辆剐蹭，家庭遭遇偷盗等等不幸事件，都会造成损失，但未必导致灾害．灾害的阈值区主要取决于承灾体的抗灾能力和承受能力．比如，一次车祸可能给若干家庭带来灾难，但在城市尺度上并不会构成城市的灾害；而另一方面，在一次破坏性地震中总会有幸免于难的个体或家庭，但在城市尺度上却往往会造成灾害．因为灾害阈值区的存在，防灾减灾工作的目标不一定需要完全避免损失，也可以考虑将损失降到承灾体可以承受的水平．第四，灾害事件的突发

---

* 本文发表于《自然灾害学报》，2016 年，第 25 卷，第 1 期，1-10 页．

性. 灾害事件有突发和缓发的区别. 前者犹如突发的破坏性大地震, 瞬发的大面积山体滑坡, 民航飞行器遭遇不明袭击或坠落, 犹如恐怖袭击等等; 后者如持久超量的碳排放导致的全球气候变暖, 大气污染导致的城市雾霾. 超量的森林砍伐或过度的草原放牧导致的荒漠化, 长期过量的废料排放导致下游湖泊藻类迅速繁殖等等最终形成的灾害. 突发与缓发是相对的. 所谓"突发"通常是指灾害事件出乎人们或社会的意料而突然爆发, 而"缓发"是指灾害事件的发生早在人们的预料之中. 突发性灾害爆发时间短, 造成的损失明显, 更由于其突发性给人们造成的心理打击难以承受, 导致的灾害后果更趋严重. 缓发灾害的发生一般来说是一个长期演变过程, 公众和社会舆论对其后果早有预料, 心理上也有所准备, 因此相对来说对人们正常生活秩序的冲击也较少. 突发和缓发的灾害, 在其发生的机理, 酿成的后果以及防治的手段、方法等诸方面都有明显的区别. 本文只讨论突发性灾害.

从哲学的观点来看, 灾害 (灾情, disaster) 是致灾体 (hazard) 和承灾体 (hazard bearing body) 这一对矛盾相互作用、相互角力的结果. 其中, 致灾体是矛盾的一方, 是形成灾害的外因. 它既可以是自然现象, 如地震、暴雨、洪水、干旱、瘟疫等, 也可以是人为因素, 如技术失误, 行为失当, 甚至战争、恐怖袭击等恶意行径. 承灾体是致灾体作用的对象, 是损失的载体. 在过去, 灾害的形成被简单地理解为致灾体对承灾体的单向作用, 没有致灾体就没有灾害[1], 甚至认为致灾体本身就是灾害. 沿袭这一逻辑, 灾害就经常被按照致灾体的不同进行分类. 比如, 将灾害分为自然灾害 (由自然致灾体引起的) 和人为灾害 (由人类行为引起的) 两大类. 这种观点片面地强调了致灾体在整个灾害系统中的作用, 忽视了承灾体的抗灾、减灾和避灾的能动作用.

灾害是致灾体和承灾体相互作用的结果. 当致灾体的作用超过承灾体的抗灾能力时, 就会演变成灾害; 反过来, 当承灾体的抗灾能力超过致灾体的作用时, 灾害就不会出现, 或被大大减轻. 在致灾体和承灾体这一对矛盾中, 致灾体固然是导致灾害的重要因素, 但是它的作用容易被夸大. 尤其在科技不发达的古代, 致灾体被认为是天意, 是人类无法抗拒的. 从现代科学的角度看, 致灾体是导致人类灾害的重要原因, 但绝不是决定性原因. 决定性原因是承灾体的抗灾的能力. 首先, 并非所有的致灾体都必然导致灾害, 比如荒岛上的火山喷发、沙漠无人区的特大地震, 由于那里没有人类及其社会, 没有承灾体, 并不会引发灾害; 其次, 人类可以利用自身的力量, 特别是现代科技发展的成果来抗灾、减灾. 比如, 可以通过提高建筑和土木工程设施的抗震能力来减轻地震灾害. 在日本、美国和智利等许多国家, 即使在人口密集区发生中等规模的, 甚至强烈的地震, 也不一定引发灾害. 可见, 灾害只是致灾体的一个子集, 是致灾体和承灾体的交集 (图1). 人类很难控制或者改变致灾体, 特别是自然界的致灾体, 但是人类可以对致灾体产生的原因和机制进行研究, 对其出现的风险做出科学的评估 (如地震断层活动性分析、台风的运行轨迹分析等), 并为工程建设提供与抗御致灾体作用相关的技术参数 (如设计地震动参数、海啸区划等).

图 1　灾害系统

Fig. 1　Disaster system

2 土木工程灾害

2.1 定义

长期以来, 一直按照致灾体将灾害分为自然灾害和人为灾害两大类, 并将自然灾害分为: ①地质灾害——由岩石圈产生的致灾体引起的灾害, 如地震、泥石流、滑坡、火山喷发; ②气象灾害——由大气圈、水圈中形成的致灾体引起的灾害, 如台风、龙卷风、干旱、蝗灾、森林火灾、暴雨、洪涝灾害等; ③生物灾害——由生物圈中形成的致灾体引起的灾害, 如瘟疫、虫害等. 人为灾害也同样可按致灾体进一步分为三类: ①技术原因致灾, 如核事故、危险品爆炸; ②行为过失致灾, 如恶性火灾、交通事故、燃气爆炸; ③恶意行径致灾, 如战争、动乱、恐怖袭击.

在灾害系统中, 人类扮演了一个特殊的角色. 有时候他是承灾体, 是灾害直接或间接的受害者; 有时候他成了致灾体, 是制造灾害的元凶; 更有时候他同时是承灾体和致灾体, 在灾害系统中扮演双重角色. 土木工程也是兼具致灾体和承灾体双重特征的典型例子. 在许多灾害中, 土木工程往往首先在外界 (如地震、风等荷载) 的作用下扮演承灾体的角色, 但是由于其自身的原因 (如缺乏抗力) 导致其结构失效或倒塌, 造成人员伤亡和财产损失, 进一步扩大了灾害的损失和范围, 从而扮演了致灾体的角色. 美国纽约世贸大厦遭遇 9·11 恐怖袭击突出地体现了土木工程的双重角色. 恐怖袭击显然是致灾体, 被袭击的相关人员和土木工程设施都是直接的承灾体, 然而当后者因缺乏抗御能力而倒塌时, 便演变为致灾体并造成更多的人员伤亡和财产损失 (图 2).

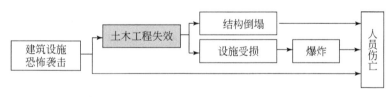

图 2 对建筑设施的恐怖袭击的灾害演化示意图

Fig. 2 Evolution of terrorist attack disasters

再如, 在破坏性地震中, 土木工程设施首先是地震作用的承灾体, 如果土木工程设施缺乏必要的抗震能力, 就会发生破坏甚至倒塌, 从而演变为致灾体, 进一步酿成人员伤亡以及更大的财产损失 (图 3). 土木工程的失效和倒塌, 是实际地震灾害中人员伤亡和财产损失的最主要原因. 如 1976 年 7 月 28 日凌晨发生的 7.8 级唐山地震将唐山市区夷为平地, 90% 的单层砌体房屋倒塌, 85% 的多层建筑倒塌[2], 直接造成了惨重的人员伤亡. 1995 年日本阪神地震造成 6434 人死亡, 其中约 80% 死于房屋倒塌. 神户市内约 2456 名死者中, 2221 人死于地震发生后 15 分钟之内[3]. 此外, 土木工程失效还会造成生命线系统的中断, 如交通系统的中断会阻碍救援, 清洁水源的中断会妨碍卫生防疫工作的开展, 从而可能造成疫病的流行, 使灾情进一步扩大. 2010 年发生在海地的 7.0 级地震直接造成大量人员伤亡. 地震发生 9 个月后爆发了霍乱疫情, 又夺走了超过 8000 人的生命. 土木工程失效还会造成各种设施的损坏. 建筑燃气管线的破坏可能引发严重的火灾. 阪神地震发生后, 神户市内木结构住宅密集的长田区爆发严重的火灾, 近 7000 栋建筑焚毁, 造成 400 多人死亡[3].

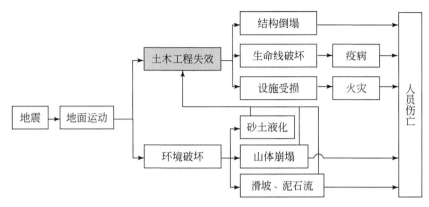

图 3　地震灾害演化示意图

Fig. 3　Evolution of earthquake disasters

　　可见, 在许多自然灾害和人为灾害中, 土木工程既是主要的承灾体, 其失效又会演变为重要的致灾体. 尤其是在地震灾害中, 土木工程失效是导致人员伤亡和财产损失的最主要原因. 然而在目前的灾害理论中, 土木工程因失效、失稳甚至倒塌成为致灾体, 成为地震灾害的真正元凶这一客观事实长期来没有得到应有的重视. 包括地震灾害在内的许多自然灾害并不是自然现象直接造成的, 而是土木工程原因造成的. 无视这一现实必将找不到正确的防灾和减灾方法.

　　基于以上的原因, 本文提出"土木工程灾害"的概念并揭示其本质. 众所周知, 土木工程是承载人类文明的重要设施, 但它也会破坏人类的文明, 甚至给人类带来灾难. 所谓土木工程灾害, 是指由土木工程原因导致工程失效、失稳而引发的灾害. "土木工程灾害理论"并不否定自然现象(如地震)和人类行为(如恐怖袭击)作为致灾体的属性. 但它们终究只是形成灾害的必要条件, 其未必一定是造成灾害的充分条件. 土木工程本身的弱点, 导致其本身失效并进而演变为更严重灾害的致灾体. 这是许多自然灾害和人为灾害发生的根本原因.

　　土木工程灾害有以下两个特点. 首先, 土木工程的失稳和失效使其演变为致灾体. 其次, 土木工程方法是防御和减轻土木工程灾害的主要手段. 关于第一点, 上文已作阐述. 关于第二点, 需要强调的是所谓减轻土木工程灾害, 其实质就是使土木工程具有足够的抗灾能力, 从而减少其演变成致灾体的可能性. 仍以地震灾害为例加以说明. 2008 年 5 月 12 日发生的 8.0 级汶川地震(矩震级 7.9, 震源深度 14km)是我国继唐山地震后又一次大规模破坏性地震. 地震造成 796.7 万间房屋倒塌, 2454.3 万间房屋损坏, 汶川映秀被夷为平地. 地震共造成 69226 人死亡, 17923 人失踪. 不到两年之后的 2010 年 2 月 27 日, 远在太平洋彼岸的智利中部近海发生 8.8 级地震, 震源深度 35 公里. 地震共造成 4 栋建筑倒塌, 50 余栋建筑损坏. 525 人在地震中死亡, 25 人失踪, 其中绝大多数死于海啸. 2010 年智利地震的震级更大, 造成的伤亡却远远小于汶川地震, 其原因是多方面的, 比如智利人口密度仅约为四川省的 1/7, 智利地震的震源深度也相对较深, 但最根本的原因在于房屋建筑抗震能力的差异. 这直接反映在倒塌房屋数量上悬殊的差距. 智利地震的经验充分说明, 通过土木工程方法, 提高土木工程的抗震能力, 就可避免土木工程演变为致灾体, 实现有效减轻地震灾害的目标.

　　需要指出的是, 有的灾害, 例如建筑火灾, 表面上看起来其造成的损失与建筑物的抗火能力密切相关, 但事实不尽如此. 建筑火灾导致生命财产损失的最重要原因是燃烧中形成的烟气和高温, 而往往与土木工程在大火中是否失效的关系并不大. 即使有时高温可能造成土木工程失效, 或者倒塌, 甚至引发爆炸, 造成人员伤亡. 但这并不是大多数火灾损失的主要因素. 高温可以直接造成人类烧伤甚至死亡, 烟气更是在火灾中造成人员伤亡的最主要因素 (图4). 1994年12月8日克拉玛依友谊馆发生大火, 造成325人死亡. 死亡原因均为毒气、灼烧和踩踏, 而友谊馆建筑结构并未在火灾中倒塌. 2000年12月25日洛阳市东都商厦发生特大火灾事故, 造成309人死亡. 调查显示, 所有309名死者均死于烟气中毒窒息[4]. 可见, 虽然提高房屋建筑的耐火性能有助于减轻火灾中由土木工程失效导致的人员伤亡, 但防止建筑结构在火灾中倒塌并非防御和减轻火灾的主要手段. 与之相比, 采用消防等非土木工程方法尽早地发现火情、报警火事、限制火灾的发展和蔓延直到扑灭火灾, 是更重要的减轻火灾的对策.

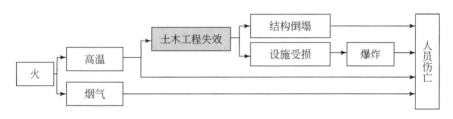

图4　火灾演化示意图

Fig. 4　Evolution of fire disaster

2.2　分类

　　根据造成土木工程失稳和失效的外部原因不同, 可将土木工程灾害划分为与自然环境相关的和与人为因素相关的两大类 (图5). 除了上文已经介绍的地震灾害中的土木工程灾

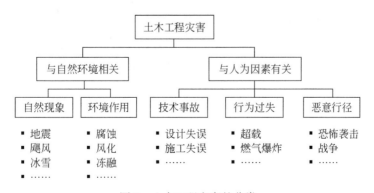

图5　土木工程灾害的分类

Fig. 5　Classification of civil engineering disasters

害之外，在其他许多自然致灾体作用的环境中也同样存在土木工程灾害．比如，在大风作用下输电塔的破坏导致电网供电中断，造成经济损失．2008 年我国南方出现极端严重的冰雪天气，造成许多厂房倒塌，造成人员伤亡和经济损失．人为灾害中的土木工程灾害则可以进一步分为由技术事故、行为过失和恶意行径导致的土木工程灾害．

2.3　土木工程抗灾能力不足的原因

　　土木工程是由人类设计、建造、使用和维护的．因此，不论是与自然环境相关的还是与人为因素相关的土木工程灾害，其成因总是由于土木工程自身抗灾能力的不足，是人类知识欠缺或行为疏忽的直接后果．土木工程抗灾能力不足的主要原因可大致归纳为以下 5 个方面．

　　（1）不当的选址

　　有地震活动断层穿过，或者易发生滑坡、泥石流等地质现象，易发生严重不均匀沉陷的场地等均不适于进行工程建设．对于建设在这样的场地上的工程，目前还缺乏有效的方法防止可能发生的灾害，或者防灾成本过高难以承受．为此，目前通常的做法是躲避或远离这类高危场址．汶川地震中的重灾区北川县城是潜在的滑坡与泥石流的高发地区，是典型的不利于进行工程建设的场地．在 2008 年汶川地震中，北川县死亡 15646 人，失踪 1023 人，约占汶川地震死亡与失踪人口总数的 1/5．位于大山深处的北川县城也在地震、滑坡、洪水、泥石流等多种灾害的影响下严重毁坏．地震后北川县城周边山体松动，更易遭受滑坡和泥石流的袭击．2008 年 9 月 24 日一场暴雨突袭北川，引发的大规模泥石流掩埋了北川县城废墟，包括正在筹建的北川地震博物馆，并造成临时安置的大量人员死亡（图 6）．2013 年 7 月 9 日一场 50 年一遇的洪水将北川县城原址完全淹没[5]．如果汶川地震后选择在北川县城原址开展恢复重建，其后果不堪设想．

图 6　2008 年 9 月泥石流过后的北川县城
Fig. 6　Beichuan County after debris flow in September 2008

　　某一场地是否适宜工程建设有时也非一成不变的．最近，2015 年 12 月 20 日 11 时 40 分深圳市光明新区恒泰裕工业园区发生滑坡，覆盖面积约 38 万 m²，造成 33 栋建筑物被掩埋或不同程度受损（图 7）．截至 12 月 21 日 18 时，滑坡造成 85 人失联．本文写作时救援工作仍在进行，最终的伤亡人数仍未确定．初步调查表明，此次滑坡并非原有山体造成，而是 2014 年 2 月设立的临时堆积的余泥渣土在长期的雨水浸泡和冲击下造成的．然而在恒泰裕工业园区建设之初，这些致命的堆土并不存在. 这一事件说明，人类的行为已经有可能极大地提高建设场地的灾害危险性，使原来安全的场址变为滋生灾害的不当选址.

图7　2015 年 12 月深圳市滑坡事故中被掩埋的建筑（来源：百度百科）

Fig. 7　Buried buildings in landslide in December 2015 in Shenzhen（Source：Baidu Baike）

（2）不当的设防

提高土木工程的设防水准是提高其抗灾能力，减轻土木工程灾害的有效手段. 受经济条件限制以及对地震危险水平的误判，1976 年唐山地震发生时，唐山市几乎覆灭，其根本原因是全城的所有土木工程设施和建构筑物对地震几乎完全不设防，唐山市被称为一座对地震不设防的城市. 2010 年造成数十万人死亡的海地地震发生时，震中所在地海地首都太子港同样是一座未进行抗震设防的城市. 在这两次地震灾害中，地震固然是致灾体，由不当的设防导致的大量土木工程的失效更是造成惨重灾难的直接原因（图8）.

(a) 被地震夷为平地的唐山市　　　　　　　　　　　　　(b) 地震过后的太子港

图8　未进行抗震设防的城市在地震中的破坏

Fig. 8　Damage to cities unprepared for earthquake hazards

即使进行了设防，但设防标准过低，也会因为土木工程抗灾能力不足而导致失效. 2005 年 12 月山东威海、烟台地区遭遇百年一遇的大雪，造成大量厂房垮塌（图9）. 根据我国现行《建筑结构荷载规范》[6]，威海和烟台的 50 年基准期的基本雪压分别为 0.45 kN/m² 和 0.40 kN/m². 而 12 月 3 日 20 时至 17 日 14 时，威海市累计降雪量达到

80.2mm，雪压达到0.8 kN/m²，远大于设计采用的基本雪压．遭遇超越设防标准的荷载作用，是造成大量轻钢门式厂房垮塌的直接原因．

(a) 被大雪覆盖的厂房　　　　　　　　　　　　(b) 轻钢门式厂房的破坏

图9　雪灾中的土木工程失效

Fig. 9　Failed steel structures under heavy snow

（3）不当的设计

适当的设防水准体现了对致灾体的认知水平和经济实力，合理的设计则体现了应对灾害荷载的技术水平．在2012年哈尔滨市阳明滩匝道桥侧翻事故中，虽然官方将其定性为由车辆严重超载而导致的特大道路交通事故，但该桥在结构设计上的缺陷也不容忽视．侧翻桥段共有三跨．将三跨的四个桥墩从1~4编号．四个桥墩均为独柱式，但1、4号墩和2、3号墩的柱头采用了截然不同的设计（图10a，b）．当四辆大货车同时行驶在匝道桥的外侧车道时，会对桥面板产生较大的偏心弯矩作用．1、4号墩的墩头设计比较稳定，可以通过桥墩自身的受弯能力抵抗这一弯矩（图10c）．但2、3号墩在柱头通过橡胶垫支撑桥面板，基本上不具备任何抗侧翻的能力（图10d）．侧翻桥段实际上就像扁担一样搭在比较稳定的1、4号桥墩上，中间另有2、3号墩两个不能抵抗侧翻的支点．除车辆严重超载外，桥梁整体抗侧翻能力不足也是导致事故的直接原因[7]．

除了设计质量问题之外，不当的设计更多地来自于人类知识的误区或不足．抗震工程正是在一次次地震灾害的教训中发展起来的．在1968年日本十胜冲地震中，大量钢筋混凝土框架结构中的框架柱发生脆性破坏[8]（图11），这使得人们认识到箍筋对于保证钢筋混凝土构件延性的重要作用．日本在1971年对抗震规范的紧急修订中，增加了对钢筋混凝土柱进行箍筋加密的条文．这一规定沿用至今，并为包括我国在内的许多国家的抗震规范普遍采用．1994年美国北岭地震暴露出了延性钢框架结构梁-柱连接节点脆性断裂的问题．随后工程界对此做了大量的研究，提出了形式多样的新型连接节点以解决这一问题[9]．2008年我国汶川地震中大量钢筋混凝土框架结构发生底部薄弱层破坏，再次引起了我国土木工程界对柔弱底层结构的抗震能力和确保框架结构"强柱弱梁"机制的重视[10]．人类的土木工程设计水平是逐步提高的．土木工程灾害既是对工程抗震能力的检验，也是提高设计能力的机会．

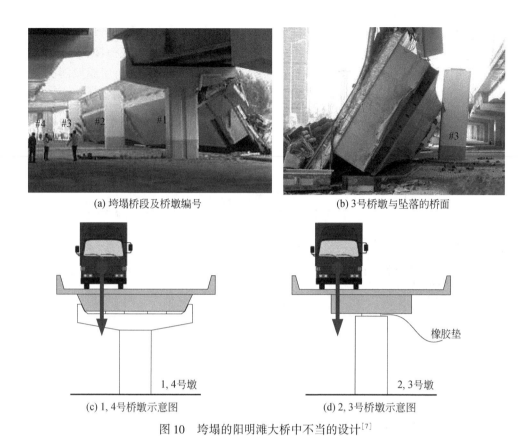

(a) 垮塌桥段及桥墩编号   (b) 3号桥墩与坠落的桥面

(c) 1, 4号桥墩示意图   (d) 2, 3号桥墩示意图

图 10　垮塌的阳明滩大桥中不当的设计[7]

Fig. 10　Design defects in collapsed segment of Yangmingtan Bridge[7]

(a) 建筑底层框架柱破坏严重   (b) 发生脆性破坏的柱头

图 11　八户市高等专业学校教学楼在 1968 年日本十胜冲地震中的破坏[8]

Fig. 11　Damage to school building in Hachinohe during 1968 Tokachi-Oki earthquake[8]

（4）不当的施工

合理的施工过程和合格的施工质量对于确保实现设计意图至关重要．违规施工经常会酿成安全事故．2009 年 6 月 27 日，上海闵行区莲花南路莲花河畔小区一幢在建的 13 层楼房突然发生整体倾倒，并导致 1 名施工人员死亡（图 12）．调查表明，房屋倾倒的主要原因是房屋南侧正在开挖车库基坑，而北侧在短期内堆土过高，房屋两侧土体压力差过大造成房屋桩基破坏，并导致房屋倾倒．

(a) 倒塌全景(来源：中新网)　　　　　　　　(b) 破坏的桩基(来源：东方IC)

图 12　不当施工造成的高层住宅倒塌

Fig. 12　Collapse of a high-rise apartment because of improper construction

施工质量差也会引发土木工程失效．2008 年 1 月 22 日，湘西凤凰县在建的堤溪沱江大桥突然坍塌（图 13），造成 64 人死亡，22 人受伤．大桥全长 328.45m，为连拱石拱桥．这种结构体系鲁棒性较差，对工程材料、施工工艺要求很高．事故调查表明，造成此次事故的直接原因是主拱圈砌筑材料不满足设计和规范要求，砌筑工艺也不符合规范规定．

图 13　坍塌的堤溪沱江大桥

Fig. 13　Collapsed bridge over Dixituo River

（5）不当的使用与维护管理

在土木工程建成投入使用之后，使用和维护上的疏忽也会造成土木工程失效.2007年6月15日凌晨，位于广东省西江干流下游的九江大桥遭受一艘2000吨级运沙船的撞击，约200m长的桥面垮塌，正在桥面上行驶的4车坠河，9人失踪，交通严重受阻（图14）. 调查表明，桥梁本身在设计和施工方面不存在质量问题，造成事故的主要原因是运沙船违规操作驶入非主航道.

图14　九江大桥在船舶撞击下垮塌（来源：CFP）

Fig. 14　Collapsed Jiujiang Bridge under ship impact（Photo by CFP）

土木工程灾害的成因是复杂而多方面的. 比如，上文图9所示的轻钢厂房在持续暴雪下的倒塌固然与过大的雪荷载有关，但轻钢厂房本身鲁棒性差，屋面系统刚度小且极易发生平面外失稳，也是造成此类结构大面积坍塌的原因. 因此这一土木工程灾害也可以部分地归咎于不当的结构设计. 土木工程灾害的成因有时也是相互关联的. 比如最近发生的深圳滑坡事故，堆土垮塌是直接的致灾体，但它并非不可抗拒的自然现象，而是人类行为造成的. 如果对渣土的垮塌风险进行科学合理的监测与评估并及早采取有效措施，滑坡本是可以避免的. 因此，这次事故中不当的选址在很大程度上是由不当的管理造成的.

需要强调的是，无论是哪种原因导致的土木工程失效、失稳以致形成灾害，都可以通过，或者说只能通过土木工程方法来减轻和防御. 减轻与防御土木工程灾害的方法，也就是与上面提到的导致土木工程灾害的成因反其道而行之的方法. 即，正确的选址，正确的设防，正确的设计，正确的施工，以及正确的使用与管理. 因此，能否通过土木工程方法减轻灾害，防止土木工程演变为致灾体，可以作为判断是否是土木工程灾害的依据. 再以前面提到的建筑火灾为例，一般来说建构筑物和土木工程，甚至它们的失效、失稳不是造成建筑火灾的致灾体，也不能单纯地依靠设计或建造坚固的土木工程来防止和减轻火灾，由此可以判断通常的建筑火灾不是严格意义上的土木工程灾害.

3　土木工程灾害的研究及其防御

3.1　目标

研究土木工程灾害及其防御的科学，不只涉及土木工程的各个学科，更与许多新兴的学科和领域紧密相关，是当今土木工程学科和灾害防御学科中十分重要、十分活跃且极具挑战性的科学，也是推动土木工程发展的最积极的动力．研究土木工程灾害及其防御的目标有二，一是搞清土木工程在灾害荷载作用下的损伤机理；二是搞清灾害演变机理，有效减轻城乡土木工程灾害．

搞清机理既可有效减轻灾害，一方面必须搞清灾害性荷载（致灾体）对土木工程的破坏作用；另一方面必须搞清土木工程在灾害性荷载作用下的破坏机理．实现这一目标的标志是能重演土木工程的破坏现象．

从服务社会的角度来讲，减轻灾害，保障人类生命和财产安全是研究土木工程灾害的终极目标．实现这一目标的标志是城乡土木工程抗灾能力的全面提高．这一目标的实现显然不完全是科学技术范畴内的任务，也会涉及社会经济发展、防灾教育、行政监管效能、法律法规乃至居民生活习俗等方方面面的内容．

3.2　关键科学问题

在科学技术的层面上，要实现土木工程灾害及其防御的最终目标，需要研究和解决以下 4 个方面的关键科学问题．

（1）灾害性荷载的破坏作用

以地震为例，灾害性荷载就是地震荷载．人类对地震荷载破坏作用的认识已经历了百余年的历史．20 世纪初将其视为等效的水平静力荷载，奠定了最初的工程抗震设计的基础．随后逐渐认识到它与工程结构动力特性的关系，发展并经历了反应谱理论，时程分析理论，非线性动力反应理论等等，并且已形成了目前抗震设计规范体系中的主流地震荷载表达方式．随着实际地震动数据的不断积累，关于地震动破坏作用的研究也不断进步．世界各国学者已提出数十种量化地震动破坏作用的指标，足以反映地震动破坏作用的复杂性和人们对地震动的破坏作用的认识正在不断加深．

（2）灾害性荷载的区划和危险性分析

对灾害性荷载进行区划的目的，在于研究其在时间和空间上的分布特征，以满足工程上的抗灾设计需要．但是对灾害性荷载进行区划依然是一个极具挑战性的任务．仍以地震为例，地震动参数区划是抗震设防的基础，合理制定区划图是减少土木工程灾害的基础．它涉及地震危险性的评估理论、地震动衰减模型以及局部场地影响等等科学问题．目前对这一问题的认识仍处于初级的阶段，仍以经验为主，得到的结果存在明显的不确定性和离散性．

（3）土木工程在灾害性荷载作用下的反应特征与破坏机理的研究

这既是增强土木工程抗灾能力以有效地避免其演变为致灾体的科学基础，又是实现上文提及的实现"重演或模拟土木工程的破坏现象"的目标所必须跨越的科学壁垒．人类对土木工程灾害反应特征的认识也经历了从线弹性到非线性的发展，并尝试从力、位移、能量，以及多种参数组成的综合参数来阐释其破坏机理和定量描述其地震反应性态. 在这一过程中，已发展了多种物理模拟和数值模拟方法. 在这方面数值模拟具有明显的优势和更好的发展前景. 目前，对土木工程损伤的模拟，特别是考虑其在强非线性阶段的多维地震动作用下的数值模拟正在起步研究，值得注意.

（4）提高土木工程抗灾能力的工程措施和设计规范研究

这是实现土木工程抗灾能力提升的最重要的保障，也是体现从防灾科学过渡到防灾工程和实践的重要环节. 与探索科学问题不同，工程性要求安全可靠，经济实用，简单有效，操作规范. 对于土木工程问题而言，不仅要提供基于定量计算的科学设计参数，更要考虑基于实际经济条件的合理技术措施. 从服务社会的角度来讲，针对上述各个问题的研究成果的最终归宿是编制科学合理的工程抗灾设计规范. 不言而喻，从形成规范到真正提高土木工程的抗灾能力之间还需要诸如体制、监督、管理等环节的协同努力，但已超出本文讨论的范围.

4 结语

土木工程灾害是与人类关系最密切的一种灾害，也是当今我国城镇化建设务须重视解决的问题，更是推动灾害防御科学和土木工程科学发展的最积极动力. 为了深化对土木工程灾害的认识并有效减轻其损失，尚有大量的科学、技术和工程问题有待解决.

土木工程灾害的发现和提出强调了土木工程因失稳、失效而从承灾体演变为致灾体的属性，土木工程方法之所以能减轻灾害的本质就在于它能有效阻断土木工程演变成致灾体的路径，从而突显了它在防御和减轻灾害方面的决定性的作用. 目前出现在自然界中的大量致灾体具有巨大的不确定性，人们还难以预测其发生的可能性. 相比之下，依靠土木工程的抗灾能力具有很强的可控性和可操作性，这使得土木工程方法对于以地震灾害为代表的许多自然和人为灾害都是最有效的标本兼治的减灾方法. 其重要性如何强调都不为过.

研究土木工程灾害的最终目标一是搞清损伤机理，推动科学技术的发展；二是搞清成灾机理，减轻灾害，保障人民的安全. 实现前一个目标的标志是土木工程的抗灾能力得到提升；实现后一个目标的标志是能够重现或模拟土木工程的破坏现象. 为达到这些目标，从事土木工程领域教学、研究、设计、施工和建造、使用、维护的科学家和工程技术人员责任重大. 本文同时也为政府灾害管理部门对减轻各种灾害，尤其是像地震灾害这一类的所谓自然灾害，提供了新的思路和有效的解决途径.

参 考 文 献

[1] Jovanovic, P. Modelling of relationship between natural and man-made hazards. Proceedings of the International Symposium on Natural and Man-Made Hazards, Quebec, Canada, 1986：9-17.

[2] 任爱珠，许镇，纪晓东，等. 防灾减灾工程与技术 [M]. 北京：清华大学出版社，2014：185-186.

[3] ウィキペデイア. 阪神·淡路大震災 [EB/OL]. https://ja. wikipedia. org.

[4] 任爱珠，许镇，纪晓东，等. 防灾减灾工程与技术 [M]. 北京：清华大学出版社，2014：267-268.

［5］ 曲哲. 结构札记［M］. 北京：中国建筑工业出版社，2014.

［6］ 中国工程建设标准化协会. 建筑结构荷载规范（GB 50009—2001）［S］. 北京：中国建筑工业出版社，2005.

［7］ 曲哲. 结构札记［M］. 北京：中国建筑工业出版社，2014.

［8］ 青山博之. 建築界に与えたせん断は破壊の衝撃［EB］. 東京：株式会社構造システム，2010.

［9］ Bruneau M，Uang C M，Sabelli R. Ductile design of steel structures（Second edition）. New York：McGraw Hill，2011.

［10］ 叶列平，曲哲，马千里，等. 从汶川地震中框架结构震害谈"强柱弱梁"屈服机制的实现. 建筑结构，38（11），2008：52-59.

On the civil engineering disaster and its mitigation

Xie Li-Li[1,2] and Qu Zhe[1]

(1. Key Laboratory of Earthquake Engineering and Engineering Vibration, Institute of Engineering Mechanics, CEA, Harbin 150080, China;

2. Harbin Institute of Technology Harbin 150090, China)

Abstract　Civil engineering is the carrier of human civilization. It is also the carrier of various kinds of disasters that are defined as the civil engineering disasters in this paper. The paper presents the concept of civil engineering disaster, its characteristics, classification, causes and mitigation technologies. The civil engineering disaster is caused primarily by civil engineering defects that can be attributed to improper selection of construction sites, improper assessment of hazards, improper design and construction as well as improper occupation and maintenance. From this point of view, many natural disasters such as earthquakes, winds, some floods, landslides and debris flows are substantially caused by various civil engineering defects rather than the respective natural hazards. Civil engineering disasters are taking place so frequently and widely in the world that they are the most closely related to human being among all disasters. It is emphasized that civil engineering approaches are essential in mitigating civil engineering disasters. The objectives and related scientific and technical problems in mitigating civil engineering disasters are also outlined.

城市抗震韧性评估研究进展[*]

翟长海[1,2]，刘　文[3]，谢礼立[3,4]

(1. 哈尔滨工业大学　结构工程灾变与控制教育部重点实验室，哈尔滨　150090；
2. 哈尔滨工业大学　土木工程智能防灾减灾工业和信息化部重点实验室，哈尔滨　150090；
3. 哈尔滨工业大学　土木工程学院，哈尔滨　150090；
4. 中国地震局工程力学研究所，哈尔滨　150080)

摘要　现阶段大城市与城市群地区基础设施林立，人员和社会财富高度密集，城市地震安全问题严重威胁着我国新型城镇化战略的实施．灾害脆弱性已经成为现阶段城镇化进程中制约城市可持续发展的核心问题，实现工程设施、城市乃至整个社会的韧性已经成为国际地震工程界的共识．抗震韧性城市的研究涉及地震学、土木工程、人工智能、遥感技术、社会学、经济学、管理学等多个学科，是一项极具挑战性的课题．本文阐明了城市韧性能力的科学定义，系统总结了城市抗震韧性能力评估的国内外研究现状，并提出了建设抗震韧性城市所涉及的科学技术问题及韧性能力提升策略．

1　引言

地震，是一种突发性强、破坏性大的自然灾害．我国位于世界两大地震带——环太平洋地震带与欧亚地震带之间，是世界上地震灾害最为严重的国家之一，汶川地震、玉树地震、雅安地震、鲁甸地震等一系列重特大地震灾害，给人民群众生命财产造成了严重损失．据统计资料显示，我国有23个省会城市、2/3的百万以上人口城市位于6度以上地震设防区，178个地级市位于7度以上的高烈度区[1]．改革开放以来我国的城镇化高速发展，根据国家统计局网站的消息，2016年末，我国常住人口城镇化率已经达到57.4%，比2012年末提高4.8个百分点[2]．目前我国城市抵御地震的能力还远远不能适应经济社会的发展，随着社会经济发展、城市化进程加快以及我国新型城镇化战略的实施，人口、财富和生产力将以更快的速度向大城市、城市群与经济带集中．大城市与城市群大型基础设施林立，呈现复杂、多样、密集的发展趋势，交通系统发达，人员和社会财富高度密集，地震灾害形态、灾情演化和社会影响将更为复杂，应急救灾更为困难，城市地震安全问题日益突出，严重威胁着我国"新型城镇化"战略的实施．大城市一旦遭受强烈地震的袭击，会在瞬间失去原来稳定的状态而丧失城市功能．灾害脆弱性已经成为现阶段城镇化进程中制约城市可持续发展的核心问题．

如何在保证地震安全的基础上，实现强震后工程结构、城市乃至整个社会维持功能或

---

* 本文发表于《建筑结构学报》，2018年，第39卷，第9期，1-9页．

快速恢复正常使用功能，也即实现抗震韧性（earthquake resilience），以避免现代城市遭受地震后出现重建难度大、时间长、社会代价巨大的问题，是现代社会高度发达的经济和可持续发展的客观需求．2011 年日本"311"大地震和新西兰基督城地震即是鲜明的例子．建设抗震韧性城市（earthquake resilient city）的实质是城市和社会能够承受住大地震的袭击而不会瞬间陷入混乱或受到永久性的损害．2011 年美国国家研究委员会提出了实现"国家震后韧性"的目标[3]，提高城市和社会的震后功能韧性能力已经成为国际工程界的共识，是地震工程领域的研究热点和前沿．2017 年，中国更是将"震后韧性功能城市"（韧性城乡）研究列为"国家地震科技创新工程"四大计划之一，以显著提升我国抵御地震风险能力，保障国家重大战略的实施和人民生命财产安全．

本文的主要内容是介绍城市抗震韧性概念的发展演变，给出抗震韧性城市的定义，概述抗震韧性城市的研究现状，并提出建设抗震韧性城市的关键科学问题及技术路线．

2 城市抗震韧性的定义

韧性（resilience），词源为拉丁词 resilio，意为"跳回（jump back）"[4]．在科学界，1973 年，Holling[5]将韧性的概念引入生态学，用来描述生态系统在受到外界扰动后继续保持平衡或平衡打破后恢复至平衡状态的能力．随后，韧性的概念被先后引入工程学[6]、社会科学[7]等领域．城市抗震韧性是指城市系统在受到地震影响时维持或迅速恢复其功能的能力，即一个城市在遭遇地震影响时，只要控制参数不超过一定的阈值，依赖城市本身的功能就可使城市的特性及其运行模式保持或快速恢复到地震前的状态，其中，控制参数是指控制系统特性和运行模式的参数；阈值是指使系统确保系统韧性的最大控制参数值．韧性是系统自身的一种能力和特性，是自然界的一种普遍的现象，在不同的场景中有不同的名称，如：弹性、恢复性、韧性、康复性、还原性、顺应性等等．例如，对于人体系统来说，人体有先天性和特异性的免疫系统，一旦遇到细菌或病毒的侵害，在一般情况下都能依靠免疫系统自行恢复正常的功能；对于海洋或湖泊等生态系统来说，氮磷等富营养污染会毒化湖泊或海岸带，刺激有害藻类繁殖，形成"赤潮"或"褐潮"，达到一定的阈值，生态系统就会失去韧性能力．

城市抗震韧性虽然是一个较新的概念，但是韧性的思想在土木工程领域可以说早已有之．材料层次上，如果将外力看作是一种扰动，材料受到外力作用后发生变形，只要变形没有超出弹性范围，撤去外力后材料又能恢复至初始状态，那么材料层次的弹性可以认为是一种韧性．城市韧性由结构、体系、社区等多层次韧性构成，其中城市工程及重大基础设施的韧性是保障城市系统基本功能的关键，是实现城市韧性的核心．工程韧性，有学者[8]称为工程可恢复性，可恢复功能结构（earthquake resilient structure）是指地震后不需修复或稍加修复即可恢复其使用功能的结构，主要通过摇摆墙或摇摆框架、自复位结构或可更换结构构件实现．可恢复性的建筑结构可以缩短震后恢复时间，降低地震造成的损失．城市是极其复杂的系统，城市内部的各个子系统之间不是相互独立的，而是相互依赖、相互制约，现代大都市遭受强烈地震的袭击时，会在瞬间失去稳定状态而丧失功能．破坏性地震大都伴随着火灾、爆炸、海啸等次生灾害，这些次生灾害不仅会增加人员伤亡和经济损失，还会阻碍震后的救援工作[9]，地震灾害形态、灾情演化和社会影响表现出高度复杂性与关联性．韧性城市的研究是一项困难、复杂的课题.

城市抗震韧性是基于性态抗震设计（performance-based seismic design）的进一步深化与发展，为城市抗震规划和设计提供了一种更新更全面的思路．基于性态抗震设计研究对象更多地考虑单体结构，而没有考虑该结构与其他结构或系统的相关作用．实际上，一个结构的功能不仅取决于他本身，而且与其他结构或系统密切相关，尤其是大城市更是如此．抗震韧性设计（resilience-based seismic design）则更多地考虑系统，它集合了地震学、工程学，乃至社会学和经济学的交叉融合．传统的抗震设防是一种静态的视角，通过控制地震发生后城市的破坏情况来避免人员伤亡和直接经济损失；抗震韧性的概念提供了一种动态的视角，人们不仅关注地震发生时这一时间点的破坏情况，更关注震后城市恢复过程这一时间段所需的时间和费用、城市停转造成的间接经济损失以及地震对城市居民造成的影响．以建筑为例，目前我国的建筑抗震技术基本能够满足"小震不坏、中震可修、大震不倒"的设防要求，但并没有关注震后结构的修复以及功能的恢复，导致地震发生后非结构构件破坏严重、建筑修复难、建筑功能长时间无法恢复，尤其是医院、应急指挥中心等关键建筑，其功能的缺失严重影响抗震救灾及震后恢复工作[10].

3 城市抗震韧性的研究现状

目前，关于城市抗震韧性的研究，许多学者根据各自的研究思路，给出了不同的抗震韧性的概念，也提出了一些评价城市抗震韧性的框架．2003 年，美国学者 Bruneau 等[11]首次提出了韧性社区（resilience community）的概念，将地震韧性定义为降低地震风险、减轻地震破坏和缩短震后恢复时间的能力，并用 4R，即鲁棒性（robustness）、冗余性（redundancy）、策略性（resourcefulness）、快速性（rapidity）来阐述韧性，同时提出应当从技术、组织、社会、经济四个维度来考察城市的韧性，还提出了一种定量评估社区韧性的方法（图 1），其数学表达式为

$$R = \int_{t_0}^{t_1} \left[100 - Q(t) \right] \mathrm{d}t \tag{1}$$

式中，R 表示韧性，$Q(t)$ 表示反映设施完整度的功能函数随时间的变化关系，t_0 和 t_1 分别是地震发生与结构修复完成的时刻．根据社区在遭受地震后的破坏情况和震后的恢复过程，按照式（1）即可给出韧性的量化评价值．Walker 等[12]提出韧性不仅包括系统恢复至初始状态的能力，还包括系统的改进（change）、适应（adapt）和转变（transform）的能力．Cimellaro 等[4]将韧性定义为对灾害的控制及消除灾害影响的能力．具有韧性的城市在遭受极端事件（自然灾害或人为事故）时，能够将损失控制在可接受水平并采取相应的减灾措施减轻灾害的影响，文中还改进了韧性的量化评价方法，指出韧性的评价应在一个较长的时间（如结构的全寿命周期）内综合考虑，如图 2 所示，韧性应当是功能函数在此时间内的平均值来度量，其数学表达式为

$$R = \int_{t_{\mathrm{OE}}}^{t_{\mathrm{OE}} + T_{\mathrm{LC}}} \left[Q(t) / T_{\mathrm{LC}} \right] \mathrm{d}t \tag{2}$$

此时，韧性 R 是一个无量纲值，$Q(t)$ 同样表示功能函数随时间的变化关系，t_{OE} 表示地震

发生的时刻，T_{LC} 表示控制时间，即进行韧性评价对应的时间．在另一项研究中，Cimellaro 等[13]将影响城市韧性的因素总结为人口、环境、政府、工程、社区、经济、社会等七个方面，并建立了评价社区韧性的框架．Bozza 等[14]将城市韧性归纳为城市承受外界扰动并达到动态平衡的能力．Gunderson 等[15]将韧性定义为扰动后回到稳定状态的速度，同时提出可以用系统所能承受的扰动大小来衡量系统的韧性．目前，学界还未有公认的城市抗震韧性的定义与评价框架．

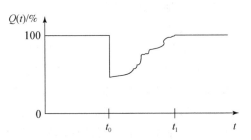
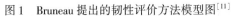
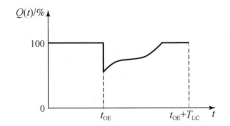

图 1　Bruneau 提出的韧性评价方法模型图[11]　　　图 2　Cimellaro 改进的韧性评价方法模型图[4]

　　由于城市系统的复杂性，在研究城市韧性的过程中，需要对城市的各个子系统进行深入细致的研究．建筑结构[16-19]、医疗系统[20-23]、生命线系统[24-30]等对于城市抗震韧性有重要影响，相应的研究也较多．另一方面，人员伤亡、经济损失和震后恢复时间作为衡量城市防震减灾能力的三大准则[31]，在评价城市抗震韧性时同样是重要的评价准则．Dong 等[16]研究了建筑结构的韧性，考虑经济、社会、环境三个方面，提出了一种评价结构耐久性和韧性的方法，并应用该方法比较了隔震和非隔震钢结构在地震作用下的韧性表现．Chang 等[24]从地震损失估计模型出发，建立了社区韧性的评价框架，并以孟菲斯的供水系统为例，通过蒙特卡洛模拟比较了两种加固手段和不加固的供水系统在地震下的表现．Cimellaro 等[25]根据 2011 年日本 311 地震后 12 个城市的供电系统、供水系统、供气系统等生命线系统修复过程的实际统计数据，定量研究了其韧性能力，并分析了各生命线系统之间的相互关系．Hofer 等[32]研究了地震导致工厂生产中断产生的经济损失，提出了基于公司资产负债数据量化经济损失的地震风险评估框架，并以此来评价震后重建改造的策略．

　　要评价城市的韧性，尽可能精确、全面地收集城市的各类信息至关重要．城市信息主要通过现场实测、航拍技术、遥感（RS）技术、城市地理信息系统（GIS）等途径获取．为了提高数据的准确性与全面性，在研究中往往采用多种途径相结合的方法．Sahar 等[33]利用航拍技术和 GIS 技术，开发了建筑物的投影自动提取和形状识别的方法，以此进行地震风险评估．龙立等[34]开发了基于 Android 的城市建筑物信息外业采集系统，结合 GIS、GPS、图形绘制等技术，可以对建筑物空间数据和属性信息进行快速采集，能够有效提高现场采集信息的速度．林旭川[35]研发了城市仿真系统，系统根据 GIS 数据自动建模，可以根据实测数据对模型进行更新．在大数据到来的今天，为了更准确地评价城市的韧性，应当结合不断发展的信息技术，进一步改进与完善城市信息的获取方式．

　　国内关于韧性城市的研究还较少，且集中于单体结构可恢复性新体系的开发上，对于工程结构的韧性评价研究基本处于空白．吕西林等[36]在可更换结构构件、摇摆结构以及自复位结构等结构体系的基础上,提出了"可恢复功能结构"的概念,这种结构在地震后不加修复或稍加修复就可以恢复其使用功能. 为实现结构功能的可恢复性,吕西林等提出了自复位钢筋混凝土框架[37-38]、可更换连梁[39-41]等新型构件和结构体系. 潘鹏等对自复位梁柱节点[42-43]、自复位连梁[44]和自复位防屈曲支撑[45]等进行了试验和有限元模拟研究. 何政等[46]定义了受损结构剩余抗震能力比,并采用增量动力分析(IDA)方法确定了结构抗震韧性指标,建议了结构抗震韧性概念设计框架. 本文作者领导的课题组对"城市防震减灾能力"进行了较为深入的研究[47-49],建立了城市防震减灾能力评价的评估的准则、框架以及指标体系,该研究对城市韧性能力的评价研究具有重要的借鉴作用. 陆新征等采用简化层模型建立城市的建筑分析模型[50-51],开发并行计算方法[52]对整个城市范围内的建筑结构进行动力弹塑性时程分析,预测城市层次的建筑震害. 近年来,国内开始关注韧性城市的概念[53-54]. 方东平等[55]将城市韧性定义为城市系统及其各类子系统在受到扰动时维持或迅速恢复其功能并通过适应来更好地应对未来不确定性的能力,提出城市韧性包含抵抗、恢复、适应等三个主要环节,并从物理、社会、信息三个角度出发,分析了城市基础设施、建筑、医疗、交通、政府管理、交通等六个子系统的韧性.

虽然城市抗震韧性概念提出的时间并不长,但是城市抗震韧性的研究发展迅速,已成为国内外地震工程领域的研究热点,各类灾害管理机构和社会组织也在韧性研究的基础上推出了多项研究报告与指导方案,尝试从灾害韧性的角度指导防灾减灾工作. 2003 年,美国地震工程学会(EERI)发布了防震减灾规划[56],其中将"增强社区的韧性"作为五项重要的工作之一. 2008 年,美国国家地震减灾计划(NEHRP)发布了 2009—2013 年的规划[57],将提高全国范围内的社区抗震韧性定为一项重要目标. 2009 年,旧金山规划与城市研究协会(SPUR)发布了题为"韧性城市:旧金山在防震减灾政策下的需求"(The resilient city: defining what San Francisco needs from its seismic mitigation policies)的报告,就震前准备、紧急响应、震后重建三方面对城市的建设与管理给出了建议,并对建筑、公路、机场等各类设施的震后恢复时间提出了具体的要求[58]. 2011 年,美国国家研究委员会(NRC)发布了《国家地震韧性》报告,提出了 2011—2031 年增强地震韧性的 18 项任务[3]. 2012 年,美国联邦应急管理署(FEMA)发布了《FEMA P-58 建筑抗震性能评估》(Seismic performance assessment of buildings),给出了建筑物震后人员伤亡、经济损失和恢复时间的计算方法,为建筑韧性评估提供了有效实用的工具,得到了广泛认可与应用[59]. 2013 年,奥雅纳(Arup)公司发布了《面向下一代建筑的基于韧性的抗震设计倡议》(Resilience-based earthquake design initiative for the next generation of buildings),以城市或建筑的停工时间(downtime)为评价指标,提出了具有韧性的城市与韧性建筑的设计建议[60]. 同年,世界银行组织也发布了《增强城市韧性》(Building urban resilience),提出了提高城市韧性的原则、方法和实践[61]. 2013 年 6 月,纽约市基于应对飓风桑迪(Sandy)及灾后重建的经验教训,发布了《一个更强大、更具韧性的纽约》(A stronger, more resilient New York)报告,为社区重建与增强工程设施和建筑物的韧性提供了建议[62]. 中国地震局已将"韧性城乡"作为地震科技创新项目计划的 4 个重点工程之一[63],中国地震学会地震工程专业委员会于 2017 年 7 月召开的年会也将"韧性城乡"作为会议主题. 值得关注的是,2017 年 1 月,第十六届世界地震工程大会(16WCEE)在智利圣地亚哥举行,大会以"韧性功能:土木工程的新挑战"为主题,就建筑设施、社区的韧性等课题展开了深入的研讨[10,64]. 16WCEE 会议发表的相关研究成果中,重点关注了建筑结构的韧性[17-19]、城市生命线系统的韧性(如通信系统[26]、交通系统[27-29]等)以及城市及社区的韧性评价方法[65-66]等方面,Cimellaro 和 Stephen 两位学者就城市韧性做了专题报告[67-68].

从以上的研究现状可以看出,国内外对于工程抗震韧性的研究尚处于起步阶段,对于工程韧性,其设计理论和方法还有待完善,也没有公认的大规模的韧性工程. 对于生命线系统,国内外现有研究多限于单一系统,未能很好地考虑各生命线系统之间相互作用、相互影响的关系. 对于城市抗震韧性的评价,国内外虽有了初步的研究,但提出的评价体系大多是理论框架,在信息获取、数据处理、参数确定、模型应用等方面还存在许多有待解决的问题;也有研究人员提出的评价体系可在震后基于实际震害的统计数据给出城市抗震韧性的评价结果,但无法在震前给出评价结果并对城市的建设与规划给出改进建议,难以普遍应用于城市的韧性评价. 国际上对该课题的研究多偏重于城市抗震韧性的某个特定方面,还不能全面地反映工程、社会、经济等多因素影响下的城市整体抗震韧性. 另外,工程设施或城市遭受多次地震袭击的情况时有发生,如何将城市抗震韧性能力的评估理论和方法从抵御一次地震扩展到抵御多次地震的情况具有重要意义和实际价值,但国内外的研究还未有涉及.

4 建设抗震韧性城市的关键科学问题

城市韧性能力的研究涉及地震学、土木工程、计算机科学、人工智能、遥感技术、社会学、经济学、管理学等多学科的相互交叉和综合运用,其中涉及的诸多关键科学问题亟待解决. 抗震韧性评估与设计更多的关注系统性和功能失效的后果,而大城市与城市群大型基础设施系统地震破坏机理更为复杂,功能丧失造成的后果更为严重,地震灾害形态、灾情演化和社会影响将也更为复杂,因此,从科学技术上讲,研究大城市的抗震韧性问题更为迫切. 大城市抗震韧性涉及的关键问题可概括为:①城市设计地震动参数及预测方法;②复杂地震环境下城市工程及重大基础设施系统破坏机理及灾害链;③城市工程及重大基础设施系统抗震韧性提升理论及方法;④城市地震灾害情景模拟与韧性评价及提升.

对于城市抗震韧性能力评估来讲,不同城市工程基础设施、人口密度、经济发展水平、地震风险水平差异较大,再加上城市系统本身的复杂性,如何评价城市的抗震韧性能力是一个极具挑战性的课题. 建立城市韧性评价体系,要满足定量化、可比性、科学性的要求. 定量化要求给出定量指标来反映城市的韧性表现;可比性要求不同城市进行韧性评价后,其表现可以进行比较排序;科学性要求评价结果与实际情况基本相符,城市抗震韧性评估的科学问题可包括:

(1)城市抗震韧性能力的科学定义及评价准则

评价城市的韧性,首先要确定城市抗震韧性的定义及评价准则,可考虑用人员伤亡、经济损失和震后恢复时间三项指标作为城市韧性能力的评价准则.

(2)城市抗震韧性能力评估模型建立

城市是一个复杂的系统,影响城市韧性能力的因素众多,既包括单体建筑,又包括医疗、交通、供水、供电等生命线系统等生命线系统,还包括城市的经济发展水平、城市地震预警能力、居民地震教育水平、应急预案完备程度、灾后紧急救助能力等非工程类因素. 如何全面考虑工程、社会、经济等各因素对城市抵御地震灾害的影响, 是建立城市抗震韧性评价体系的关键. 同时, 各子系统之间的相互作用以及各因素与人员伤亡、经济损失和震后恢复时间的定量关系也需要考虑.

（3）确定城市抗震韧性能力的阈值和安全空间

城市在遭遇地震后, 人员伤亡、经济损失和震后恢复时间要满足（小于）给定的阈值水平, 城市才具有较强的韧性. 如何科学地给出评价准则的阈值和安全空间至关重要. 另外, 城市的韧性能力的评定还是一个重要的风险评估问题, 其韧性能力与城市遭遇到的地震危险性水平有关, 根据城市遭受的地震危险水平, 可将城市的韧性水平分为完全韧性、基本韧性、一般韧性、基本无韧性、完全无韧性等多个层次.

（4）如何将研究得到的结果应用到实际城市中

完成城市抗震韧性评价体系后, 还需针对我国地震重点监视防御区中的典型城市, 收集城市的工程及非工程信息, 建立城市抗震韧性能力评价数据库, 对典型城市进行评估, 提出提升城市抗震韧性的建议.

5 城市抗震韧性能力提升策略

城市抗震韧性能力的提升离不开政府的主导作用和社会、经济层面的支持, 提高城市的韧性能力既需要在地震发生前做好各项预备措施, 同时也需要在震后快速反应.

提升城市抗震韧性能力的震前措施可概括为以下 4 项（4P）: ①规划（planning）: 在城市规划建设时按照韧性的要求, 合理划分城市分区, 并设置应急避难场所与急救场所; ②监测及预报（prediction）: 地震监测预报是防震减灾的基础, 政府应完善地震监测系统, 基于既往地震观测结果科学决策; ③预防（prevention, 包括工程和非工程因素）: 对于新建工程设施, 应严格按照防震减灾的法律法规进行设计与施工, 发展抗震韧性新体系, 提高工程设施的抗震韧性能力, 这是提高城市抗震韧性能力的根本; 对于不符合现行规范的既有工程设施, 应有计划地进行改造加固, 同时应当加强对民众的抗震教育; ④预警、应急准备、建立预案（pre-warning）: 建立和完善城市地震预警系统, 同时做好各项地震应急预备工作.

提升城市抗震韧性能力的震后措施可概括为以下 4 项（4R）: ①抢救生命（rescue）: 以人为本, 救援力量在震后快速响应, 最大限度地保护人民的生命安全; ②救济（relief）: 对于在地震中遭受财产损失、难以保障基本生活的人民群众, 政府应当给予救济, 同时应推广地震保险制度, 保障人民的财产安全; ③重新安置（re-settlement）: 对于在地震中失去住所的人民群众, 政府应当提供临时安置住所. 对于选址不当、破坏严重、灾害风险高的居民点, 应当引导居民异地安置; ④恢复、重建（recover/re-construction）: 重建不仅是对城市的修复, 重建的标准应当高于原先的标准, 使得城市的抗震韧性水平不断提高.

6 结论

文中阐明了城市抗震韧性的定义, 系统总结了城市抗震韧性的国内外研究现状, 并提出了建设抗震韧性城市所涉及的科学技术问题, 主要结论如下:

　　1）中国经济社会的发展对防震减灾工作提出了更高的要求，为保障城市的安全与"新型城镇化"战略的实施，建设抗震韧性城市势在必行．提高城市和社会的抗震韧性已经成为国际工程界的共识，是国际防震减灾领域的最新前沿．

　　2）抗震韧性城市的研究涉及多学科的交叉与应用，需要综合运用地震工程、土木工程、计算机科学、人工智能、遥感技术、社会学、经济学、管理学等多学科知识．未来必须继续深入研究抗震韧性城市的评价与建设，以保障我国经济社会的可持续发展．

　　3）城市抗震韧性评估与设计更多地关注系统和功能，而大城市与城市群因功能丧失造成的后果将更为严重，地震灾害形态、灾情演化和社会影响也将更为复杂，研究大城市的抗震韧性问题更为迫切，其涉及的诸多关键科学问题亟待解决．

　　4）城市抗震韧性评估涉及工程及非工程两方面因素，应全面考虑工程、社会、经济等各因素对城市抵御地震灾害的影响，建立城市抗震韧性能力评估理论和方法．

参 考 文 献

［1］徐伟，王静爱，史培军，等．中国城市地震灾害危险度评价［J］．自然灾害学报，2004，13（1）：9-15.

［2］国家统计局．城镇化水平持续提高 城市综合实力显著增强——党的十八大以来经济社会发展成就系列之二十五［EB/OL］．http://www.stats.gov.cn/ztjc/ztfx/18fzcj/201802/t20180212_1583133.html.

［3］National Research Council. National earthquake resilience：research，implementation and outreach［R］．Washington，DC：the National Academies Press，2011.

［4］Cimellaro G P，Reinhorn A M，Bruneau M. Framework for analytical quantification of disaster resilience［J］．Engineering Structures，2010，32（11）：3639-3649.

［5］Holling C S. Resilience and stability of ecological systems［J］．Ecology，Evolution，and Systematics，1973，4（4）：1-23.

［6］Wildavsky A B. Searching for Safety［M］．Transaction Publishers，1988.

［7］Adger W N. Social and ecological resilience：are they related?［J］．Progress in Human Geography，2000，24（3）：347-364.

［8］周颖，吕西林．摇摆结构及自复位结构研究综述［J］．建筑结构学报，2011，32（9）：1-10.

［9］赵振东，王桂萱，赵杰．地震次生灾害及其研究现状［J］．防灾减灾学报，2010，26（2）：9-14.

［10］宁晓晴，戴君武．地震可恢复性与非结构系统性态抗震研究略述［J］．地震工程与工程振动，2017（3）：85-92.

［11］Bruneau M，Chang S E，Eguchi R T，et al. A framework to quantitatively assess and enhance the seismic resilience of communities［J］．Earthquake Spectra，2003，19（4）：733-752.

［12］Walker B，Holling C S，Carpenter S R，et al. Resilience，adaptability and transformability in social-ecological systems［J］．Ecology & Society，2004，9（2）：3438-3447.

［13］Cimellaro G P，Renschler C，Reinhorn A M，et al. PEOPLES：a framework for evaluating resilience［J］．Journal of Structural Engineering，2016，142（10）：04016063.

［14］Bozza A，Asprone D，Manfredi G. Developing an integrated framework to quantify resilience of urban systems against disasters［J］．Natural Hazards，2015，78（3）：1729-1748.

［15］Gunderson L H，Holling C S，Pritchard L，et al. Resilience of large-scale resource systems［M］//Resilience and behaviour of large-scale systems，2002：3-20.

［16］Dong Y，Frangopol D M. Performance-based seismic assessment of conventional and baseisolated steel buildings including environmental impact and resilience ［J］. Earthquake Engineering and Structural Dynamics，2016，45（5）：739-756.

［17］ Murao O. Recovery curves for permanent houses after the 2011 great east Japan earthquake ［C］//16th World Conference on Earthquake Engineering. Santiago，2017，Paper No. 65.

［18］ Kosic M，Dolek M，Fajfar P. Pushover-based risk assessment method：a practical tool for risk assessment of building structures ［C］//16th World Conference on Earthquake Engineering. Santiago，2017，Paper No. 1523.

［19］ Snoj J，Dolek M. Expected economic losses due to earthquakes in the case of traditional and modern masonry buildings ［C］//16th World Conference on Earthquake Engineering. Santiago，2017，Paper No. 893.

［20］ Cimellaro G P，Reinhorn A，Bruneau M. Seismic resilience of a hospital system ［J］. Structure & Infrastructure Engineering，2010，6（1-2）：127-144.

［21］ Cimellaro G P，Pique M. Resilience of a hospital emergency department under seismic event ［J］. Advances in Structural Engineering，2016，19（5）：825-836.

［22］ Cimellaro G P，Malavisi M，Mahin S. Using discrete event simulation models to evaluate resilience of an emergency department ［J］. Journal of Earthquake Engineering，2016，21（2）：203-226.

［23］ Marasco S，Noori A Z，Cimellaro G P. Cascading hazard analysis of a hospital building ［J］. Journal of Structural Engineering，2017，143（9）：1-15.

［24］ Chang S E，Shinozuka M. Measuring improvements in the disaster resilience of communities ［J］. Earthquake Spectra，2004，20（3）：739-755.

［25］ Cimellaro G P，Solari D，Bruneau M. Physical infrastructure interdependency and regional resilience index after the 2011 Tohoku Earthquake in Japan ［J］. Earthquake Engineering & Structural Dynamics，2014，43（12）：1763-1784.

［26］ Tang A K. Establishing a universal telecom network seismic resilience performance：can it be done ［C］// 16th World Conference on Earthquake Engineering. Santiago，2017，Paper No. 47.

［27］ Sadashiva V K，King A B，Matcham I. Exploring a risk evaluation tool for New Zealand state highway network national resilience project ［C］//16th World Conference on Earthquake Engineering. Santiago，2017，Paper No. 57.

［28］ Domaneschi M，Martinelli L，Cimellaro G P，et al. Immediate seismic resilience of a controlled cable-stayed bridge ［C］//16th World Conference on Earthquake Engineering. Santiago，2017，Paper No. 2.

［29］ Biondini F，Capacci L，Titi A. Life-cycle resilience of deteriorating bridge networks under earthquake scenarios ［C］//16th World Conference on Earthquake Engineering. Santiago，2017，Paper No. 9.

［30］ Ouyang M，Dueñas-Osorio L. An approach to design interface topologies across interdependent urban infrastructure systems ［J］. Reliability Engineering & System Safety，2011，96（11）：1462-1473.

［31］ 谢礼立. 城市防震减灾能力的定义及评估方法 ［J］. 地震工程学报，2005，27（4）：296-304.

［32］ Hofer L，Zanini M A，Faleschini F，et al. Profitability analysis for assessing the optimal seismic retrofit strategy of industrial productive processes with business-interruption consequences ［J］. Journal of Structural Engineering，2018，144（2）：1-13.

［33］ Sahar L，Muthukumar S，French S P. Using aerial imagery and GIS in automated building footprint extraction and shape recognition for earthquake risk assessment of urban inventories ［J］. IEEE Transactions on Geoscience & Remote Sensing，2010，48（9）：3511-3520.

［34］ 龙立，孙龙飞，郑山锁，等. 基于 Android 的城市建筑物信息外业采集系统研究 ［J］. 震灾防御技术，2016，11（3）：682-691.

［35］ 林旭川. 城市建筑群地震灾害数值仿真与风险控制 ［J］. 城市与减灾，2017（3）：18-22.

[36] 吕西林，陈云，毛苑君. 结构抗震设计的新概念——可恢复功能结构 [J]. 同济大学学报（自然科学版），2011，39（7）：941-948.

[37] 吕西林，崔晔，刘兢兢. 自复位钢筋混凝土框架结构振动台试验研究 [J]. 建筑结构学报，2014，35（1）：19-26.

[38] 高文俊，吕西林. 自复位钢筋混凝土框架振动台试验的数值模拟 [J]. 结构工程师，2014，30（1）：13-19.

[39] 吕西林，陈云，蒋欢军. 可更换连梁保险丝抗震性能试验研究 [J]. 同济大学学报（自然科学版），2013，41（9）：1318-1325+1332.

[40] 吕西林，陈云，蒋欢军. 带可更换连梁的双肢剪力墙抗震性能试验研究 [J]. 同济大学学报（自然科学版），2014，42（2）：175-182.

[41] Chen Y, Lu X L. New replaceable coupling beams for shear wall structures [C]//15WCEE, Lisbon, Portugal, Paper-ID：2583, September 24-28, 2012.

[42] Pan P, Pan Z H, Cao H Y, et al. Experimental studies of full-scale self-centering beam-to-column exterior connection [C]//International Conference on Electric Technology and Civil Engineering. IEEE, 2011：5014-5017.

[43] Deng K L, Pan P, et al. Test and simulation of full-scale self-centering beam-to-column connection [J]. Earthquake Engineering & Engineering Vibration, 2013, 12（4）：599-607.

[44] Deng K, Pan P, Wu S. Experimental study on a self-centering coupling beam eliminating the beam elongation effect [J]. Structural Design of Tall & Special Buildings, 2016, 25（6）：265-277.

[45] Wang H, Nie X, Pan P. Development of a self-centering buckling restrained brace using cross-anchored pre-stressed steel strands [J]. Journal of Constructional Steel Research, 2017, 138：621-632.

[46] 何政，安宁，徐菁菁. 考虑损伤的结构抗震可恢复性 [J]. 工程力学，2017，34（05）：179-187.

[47] 马玉宏，谢礼立. 我国社会可接受地震人员死亡率的研究 [J]. 自然灾害学报，2001，10（3）：56-63.

[48] 张风华，谢礼立，范立础. 城市建构筑物地震损失预测研究 [J]. 地震工程与工程振动，2004，24（03）：12-20.

[49] 刘莉. 城市防震减灾能力标定及可接受风险研究 [D]. 中国地震局工程力学研究所博士学位论文，2009.

[50] Xiong C, Lu X, Lin X, et al. Parameter determination and damage assessment for THA-based regional seismic damage prediction of multi-story buildings [J]. Journal of Earthquake Engineering, 2016, 21（3）：461-485.

[51] Xiong C, Lu X, Hong G, et al. A nonlinear computational model for regional seismic simulation of tall buildings [J]. Bulletin of Earthquake Engineering, 2016, 14（4）：1047-1069.

[52] Lu X, Han B, Hori M, et al. A coarse-grained parallel approach for seismic damage simulations of urban areas based on refined models and GPU/CPU cooperative computing [J]. Advances in Engineering Software, 2014, 70（7）：90-103.

[53] 郑艳，王文军，潘家华. 低碳韧性城市：理念、途径与政策选择 [J]. 城市发展研究，2013，20（3）：10-14.

[54] 邵亦文，徐江. 城市韧性：基于国际文献综述的概念解析 [J]. 国际城市规划，2015，30（2）：48-54.

[55] 方东平，李在上，李楠，等. 城市韧性——基于"三度空间下系统的系统"的思考 [J]. 土木工程学报，2017（7）：1-7.

[56] EERI. Securing Society Against Catastrophic Earthquake Losses：A Research and Outreach Plan in

Earthquake Engineering [EB/OL]. https://www.eeri.org/products-page/eeri-position-papers/securing-society-against-catastrophic-earthquake-losses-a-research-and-outreach-plan-in-earthquake-engineering-3/.

[57] NEHRP. Strategic Plan for the National Earthquake Hazards Reduction Program [EB/OL]. http://www.nehrp.gov/pdf/strategic_plan_2008.pdf.

[58] SPUR. The Resilient City: Defining What San Francisco Needs from Its Seismic Mitigation Policies [EB/OL]. http://www.spur.org/featured-project/resilient-city.

[59] FEMA. Seismic Performance Assessment of Buildings [EB/OL]. https://www.fema.gov/media-library/assets/documents/90380.

[60] Almufti I, Willford M R. Resilience-based earthquake design (Redi) rating system, version 1.0 [EB/OL]. https://www.arup.com/publications/research/section/redi-rating-system.

[61] The World Bank. Building Urban Resilience [EB/OL]. https://elibrary.worldbank.org/doi/book/10.1596/978-0-8213-8865-5.

[62] NYCEDC. A Stronger, More Resilient New York [EB/OL]. https://www.nycedc.com/resource/stronger-more-resilient-new-york.

[63] 陆新征, 曾翔, 许镇, 等. 建设地震韧性城市所面临的挑战 [J]. 城市与减灾, 2017 (4): 29-34.

[64] 吕西林, 全柳萌, 蒋欢军. 从 16 届世界地震工程大会看可恢复功能抗震结构研究趋势 [J]. 地震工程与工程振动, 2017 (3): 1-9.

[65] Bozza A, Asprone D, Fiasconaro A, et al. A methodological approach to assess seismic resilience of city ecosystems through the complex networks theory [C]//16th World Conference on Earthquake Engineering. Santiago, 2017, Paper No. 14.

[66] Zhao X, Mitrani-Reiser J. Developing a multi-hazard weighting scheme for community resilience indicators [C]//16th World Conference on Earthquake Engineering. Santiago, 2017, Paper No. 12.

[67] Cimellaro G P. New trends on resiliency research [C]//16th World Conference on Earthquake Engineering. Santiago, 2017, Invited Talk.

[68] Stephen Mahin. Resilience by design: a structural engineering perspective [C]//16th World Conference on Earthquake Engineering. Santiago, 2017, Keynote Lecture.

Progress of research on city seismic resilience evaluation

Zhai Chang-Hai[1,2,3], Liu Wen[3], Xie Li-Li[3,4]

(1. Key Lab of Structures Dynamic Behavior and Control of the Ministry of Education, Harbin Institute of Technology, Harbin, 150090;

2. Key Lab of Smart Prevention and Mitigation of Civil Engineering Disaster of the Ministry of Industry and Information Technology, Harbin Institute of Technology, Harbin, 150090;

3. School of Civil Engineering, Harbin Institute of Technology, Harbin, 150090;

4. Institute of Engineering Mechanics, China Earthquake Administration, Harbin, 150080)

Abstract　Since population and social wealth are concentrated in large cities and urban areas, the seismic safety problem of cities threatens the implementation of the New-type Urbanization in China. Disaster vulnerability has become a critical issue that restricts the sustainable development of cities in the process of urbanization, and it has been the consensus in the field of earthquake engineering worldwide to build resilient engineering facilities, cities and society. The research of city earthquake resilience is a challenging project which involves multi-disciplines, such as seismology, civil engineering, artificial intelligence, remote sensing technology, sociology, economics, management and so on. This paper proposes the scientific definition of city earthquake resilience, summarizes the current research status of the estimation of city earthquake resilience at home and abroad systematically, and puts forward the scientific and technical issues related with building earthquake resilient cities and improving resilience strategies.

面对灾害，让城市更有"韧性"*

谢礼立

国际减轻自然灾害日是由联合国大会 1989 年定于每年十月的第二个星期三.2009 年，联合国大会通过决议改为每年 10 月 13 日国际减轻自然灾害日，简称"国际减灾日".今年 10 月 13 日是第 30 个国际减灾日，主题是"加强韧性能力建设，提高灾害防治水平".

上世纪 70 年代以来，"韧性"的概念被先后引入工程学、医学、经济学、社会科学等领域.如今，韧性理念和策略已被广泛地应用于灾害风险管理等领域，是当今世界城市发展的主流方向.到底何为城市韧性？建设韧性城市有何意义？在第 30 个国际减灾日来临之际，通过《中国应急管理报》这篇专访中国工程院院士谢礼立的报道，为你揭开韧性城市的面纱.

什么是韧性城市？

让城市在灾难面前"扛折腾"，能靠自己恢复功能.

从古至今，地震的危害不容小觑.中国陆地面积占世界陆地的 6.4%，根据 20 世纪以来的资料统计，世界陆地地震 33.3% 发生在中国，全国有 30 个省份发生过 6 级以上地震.地震灾害给国家带来严重损失，给人民带来巨大伤痛，同时也引发了地震科学家的深刻思考.

"凡是发生严重地震灾害的地方，都是抗震能力薄弱的地方，包括唐山、汶川等，这些地方面临的灾难是毁灭性的.究其原因，这些城乡由于自身抗震韧性差，因此没有足够的自我修复能力."谢礼立说，城市及其基础设施在地震灾害中韧性较差，是造成地震灾害的主要原因.

提到韧性（Resilience），人们可能首先想到的是力学中的材料韧性，或是人在面对压力困难时的意志品格，城市也有韧性么？城市的韧性到底是什么？谢礼立告诉记者，城市是一个复杂系统，可能随时发生各类突发事件，如地震、洪水、生产安全事故、恐怖袭击等.如果一个城市在各种灾难面前"扛折腾"，还能自己恢复功能，城市系统不会长期瘫痪、彻底毁灭，就说明这个城市的韧性强.城市的韧性是一种能力，它能面对众多威胁采取动态措施处理和降低风险，确保城市安全和正常运行.

"概念看似高深，其实韧性是自然界，特别是生态系统存在的普遍现象，森林、湖泊、土壤都有这种自我修复能力."谢礼立说.

据了解，上世纪 70 年代以来，韧性的概念被先后引入工程学、医学、经济学、社会科学等领域.如今，韧性理念和策略已被广泛地应用于灾害风险管理等领域，是当今世界

---

* 本文为《中国应急管理报》于 2018 年对谢礼立院士的专访，转自"陕西地震信息"微信公众号.

城市发展的主流方向. 2015 年通过的联合国《2015—2030 年仙台减轻灾害风险框架》强调从灾害管理到灾害风险管理,进而到灾害风险治理,将"韧性"作为减轻灾害风险的最终目标. 2016 年,第三届联合国住房与可持续城市发展大会将倡导"城市的生态与韧性"作为新城市议程的核心内容之一."近几年,我国韧性城市的发展迅速. 城市防灾减灾是城市可持续发展的重要内容和具体体现,过去我们不知道怎么做才算是可持续发展,现在,这些疑惑慢慢解开了,就是建设韧性城市." 谢礼立说.

城市韧性来自何方?

概括来说,设防等级越高韧性越高,易损性越小韧性越高,防灾资源越充分韧性越高.

由于房屋抗震等级不足,地震造成的房屋倒塌往往是致人死亡的主要原因. 为了让房屋更结实更抗震,我国近年来一直着力提高建筑工程基础设施抗震能力.

近年来,我国经济社会快速发展,人财物高度集中,基础设施与生命线工程越来越尖端、复杂,全社会对地震防灾减灾救灾提出了更高的要求,单一的工程抗震已经不能满足当下的发展需求,建设韧性城市的理念被广泛接受.

"过去大家把地震灾害归结于工程危害,现在看来,这虽然是主要因素,但还有很多其他因素不容小觑. 如城市规划、应急预案、上级决策等方面,任何环节都不能疏忽." 谢礼立说,城市抗震比工程抗震更具不确定性,难以预测因素较多. 工程抗震的目标是工程建筑不发生倒塌,但城市抗震的目标远不止于此,涉及物质因素、人为因素、社会因素,如果城市交通、电力、通信任何一个环节出了问题,城市功能就会停摆. 而且,大城市地震灾害形态、灾情演化和社会影响将更为复杂,应急救灾更为困难. 而后,谢礼立通过日本"3·11"大地震的事例作进一步阐释.

"众所周知,在此次大地震中,福岛核电站的工程建筑基本没有损坏,但却出了大事. 核电站系统在震后停止了运行,此时必须进行紧急冷却,否则系统就会慢慢加温乃至爆炸. 但此次日本的应急响应做得不好,没能及时冷却系统,最终导致了爆炸发生." 谢礼立说,由此可见,只做好工程抗震是远远不够的,只有增强系统的韧性,才能应对复杂的突发事件.

如何增强城市韧性,让城市做到"扛折腾"呢? 换言之,城市的韧性来自哪里?

谢礼立解释道:"从理论上讲,我们将城市的韧性来源总结为三个方面,一是设防等级,二是易损性,三是防灾资源,概括来说,设防等级越高韧性越高,易损性越小韧性越高,防灾资源越充分韧性越高."

如何从这三个方面提高城市韧性? 谢礼立说,和工程抗震的单一目标——房屋不倒塌不同,城市抗震包括 10 个考量维度,即系统防灾意志和决策能力、人居环境的安全、基础设施的地震安全性、灾害管理能力、生态环境、经济发展水平、防灾法规和标准、公共关系和媒体、信息安全和干扰的时空变化.

"这10个维度相互独立，缺一不可，不可相互替代．要根据城市的地位和作用，确定其韧性的水平和防震减灾能力的等级．比如城市位于地震发生危险性高的地区，那每个维度的权重就不一样，不可一概而论．"谢礼立说，"从工程抗震到城市抗震，防灾减灾理念在提升．抓住建设韧性城市这个核心工作，就一定能实现城市减灾的目标．"

建设韧性城市从哪里突破？

应加快推进韧性城市建设顶层设计，搞清楚各维度对城市抗震减灾的作用．

近年来，超高层建筑、高速铁路、大型水库、核电站等越来越多地出现在公众的生活中，这都让减轻地震灾害风险工作显得更为迫切，也为城市减灾带来更多挑战．

"我国韧性城市建设虽起步较早，但仍存在一定差距，因此成立城乡韧性与防灾减灾专业委员会意义重大．当务之急是搞清楚10个维度对城市抗震减灾的作用，事前做好顶层设计，设计好每一个防灾措施的路线图，最终形成制度再进行评价．"谢礼立说，"这是目前做好韧性城市建设的突破点．"

据了解，专业委员会成立后将推出以下几项具体举措：编制发布国家抗震韧性计划白皮书；设立制度化的"韧性城市减灾论坛"；积极向科技部和国家自然科学基金会提出设立抗震韧性城乡建设方面的重大研究计划；建立常态化的韧性城乡学术研讨会议制度，组织编制年度工作进展报告；推进韧性城乡示范建设，切实推动我国韧性城市建设工作．

关于民众在建设韧性城市中的作用，谢礼立说："没有民众的响应，政府的工作很难开展．"民众是个很大的群体，有文化水平高的人，也有'科盲'，需要相关部门加强全民抗震科普教育，增强抗震意识．

谢礼立说："新建城市已考虑到韧性问题，难点在于老城市的改造．老城市历史久远，当初没有按照韧性的要求布局，房子建设得密密麻麻，配套应急设施跟不上，所以要逐步按照要求改造，任务非常艰巨．"但目前我国开展韧性城市建设的相关条件已经具备，要抓住新型城镇化建设的契机，按部就班改造老旧城市，相信今后韧性城市建设会大踏步前进．

关于我国"地震科学实验场"的思考[*]

谢礼立

一、指导思想

要认真分析我国防震减灾工作的现实需要,抓准抓细相应的科学问题,确立实验的科学目标,做好顶层设计,要"有所为,有所不为",更要"有所进,有所退".明显做不到的,或者没有意义的,必须"有所不为",甚至要"有所退,有所撤".

二、若干具体问题

1. 关于地震预报问题的实验场

(1) 在"地震科学实验场"既要做"地震能预报"的实验,也要做"地震目前尚不能预报"的试验.为之,先要确定何谓"地震能预报"的指标,以及何谓"地震不能预报"的指标.前期地震试验场还有一个严重的教训,迄今还未被人们充分认识:就是只认定一种可能性:地震一定能预报,很少考虑,甚至不愿意考虑"地震暂时还不能预报"的可能性,说得具体点,就是"根据人类目前掌握的知识和技术,地震在相当长的一个时间段内,还不能预报"的这种可能性.能证明"地震暂时不能预报"也是对国家对人类对科学的重大贡献.

(2) 关于地震预报的手段也同样要确定相应的指标,即,什么样的手段是有效的手段,什么样的手段是无效的手段,都要有明确的指标.确定指标时,时间是一个重要的指标,是 5 年?还是 10 年?目前所谓的八大地震预报手段,哪些是有效的,哪些是微效的,哪些是无效的.中国已经开展了 50 年的地震预报试验和实践的工作,甚至还将它们作为公共产品向社会推广使用,对现有的八大手段有效性能不能做出明确的结论?还需不需要,该不该继续使用,或者还有必要再实验 5 年或 10 年才能得到明确结论?

(3) 对于使用"八大地震预报手段"之一的"利用前震预报大地震"手段的尝试,也要事先做好认真分析,既要关注和重视世界上 7 级以上的大地震存在 1 个前震的统计分析结果,和在中国对 6 级以上的地震分析得到的类似结果,更要做好世界上以及在中国发生了小地震,之后却不发生大地震的统计分析.换言之,任何一个地方都可能遇到成千上万次小震,后面却迟迟不来大震,这应该是大概率的事件.也就是对这类明显是大概率的不可能是大地震前震的小地震也要进行分析.七分之一大地震有前震这是其一,99% 的小地震往往不是大地震的前震这是其二,两者都重要,都要分析.

---

* 本文为谢礼立院士 2021 年作为中国地震局科技委委员所提的建议.

2. 关于"地震科学试验场"的其他实验

（1）同样要先做好顶层设计．不论有关工程抗震方面的"地震科学实验场"，还是"抗震韧性城乡"方面的，或者"应急响应"方面的，都要对所计划做的"科学实验"想解决什么样的科学问题有明确的认识和明确的目标．期待的目标是什么？例如，工程与建筑物设防与不设防的，地基结构相互作用的，地震动衰减规律的，场地条件或场地地形对震害的影响或对地震动强弱的影响的，强柱弱梁的，等等的实验，预期的目标与我们目前已经获得的知识会有多大的差距．如果只是简单地重复以往的实验，获取和已有的知识大致类似的实验结果，这样的实验恐怕就要重新设计，甚至必须放弃．其实，历史上发生的每次破坏性大地震的现场，都是世界上最最宝贵的，最最鲜活的"地震科学实验场"．充分挖掘和充分利用这样的实验场得到的结果，更是当务之急．

（2）除了要设计好实验项目和制定目标，更重要的是要选好实验场的地点．这个问题的重要性无须在这儿多说了．

3. 关于"地震科学试验场"与日常的防震减灾工作关系

理论上讲，两者的关系应该是相辅相成的．但是"地震科学实验场"是一项较为长期的观测研究项目，一时半时很难出成果，还难以指望它能直接用来提升当前的防震减灾工作水平．为之，抓好日常的防震减灾工作也是一项十分紧迫的任务．

全世界的地震灾害，特别是新中国成立以来的重大地震灾害，无不揭示出以下的重大的教训：所有的重大地震灾害无一不是发生在我国建筑以及基础设施抗震能力比较薄弱的地方，1966年的邢台地震，1976年唐山地震，2008年的汶川地震，等等之所以造成人员和财产重大损失的原因，无一不是因为工程建筑物抗震能力低下造成的，这些重灾区不是设防明显不足，或者就是根本不设防的地点．反过来，一旦加强了建筑物的抗震能力，即使遇到了较大的地震也几乎不会造成重大的灾害．这方面的成功经验在中国也是屡见不鲜的．

还有一点需要指出的是，地震的破坏作用大多是因为地震时地表激烈震动造成的，这方面的研究已经比较成熟，有许多有效的成果可以借鉴；但是地震的另一种破坏的作用是来自地震断层的作用，人们对此研究还不多，可资利用的成果更是罕见．当今我国大量的基础设施建设以及能源设施建设都集中于西南和西北，例如，川藏铁路建设以及大西南大西北的交通网络以及巨型水库的建设都会遇到大量的地震断层的破坏，所以这一类型的防震建设问题更值得我们的"地震科学实验场"予以密切关注．

《自然灾害学报》 发刊词*

谢礼立

随着人类对自然和其与自然间相互关系的认识不断加深，人类对自然灾害的认识也在不断深化. 在科学不发达的古代，人类还不能正确地解释自然现象，把自然灾害看作是神的意志，在科学（自然科学和社会科学）发达的今天，人类对自然和自然灾害已有了完全新的认识，并且已经能够运用所掌握的科学技术知识来防御自然灾害，减轻灾害造成的损失.

"自然灾害"是指发生在生态系统中的自然过程，可导致社会系统失去稳定和平衡的非常事件，其特点是使社会造成生命和财产损失或导致社会在各种原生的和有机的资源方面出现严重的供需不平衡.

一方面，造成自然灾害的直接原因——"意外事件"总是一种自然现象，或者说是一种可能导致社会破坏和损失的自然现象，可称为自然灾象或简称为"灾象". 另一方面，产生"自然灾害"的前提又往往和人类的生产和生活方式及其抗御自然力的能力有关，即产生"自然灾害"的结构原因又总是在于"社会"本身的弱点和人类活动中的失误. 一次地震灾害，除了地球物理现象本身的运动威力外，总是由于缺乏政治、经济、科学技术上的能力导致在场址选择、居住房屋和其他结构物在建造时未能合理地考虑这类地球物理现象会出现的可能性. 洪水之所以会酿成灾害，除了洪水本身的破坏力以外，也往往因为缺乏有效地治理洪水的能力，或者在居住中心缺乏防御这种严重事件的工程防护结构，缺乏甚至没有健全的应急管理功能. 从这个角度来观察问题，我们也可以把"自然灾害"看作是一种社会现象. 正是由于自然灾害的发生是由于人类社会的"缺陷"和"失误"，所以我们就再也不能把自然灾害仅仅看作完全是自然界独立造成而社会本身无法控制或者躲避的自然现象. 无数事实已经充分证明，只要充分运用人类已往掌握的科学技术并付诸实施，人类就能够主动有效地减轻自然灾害的损失.

人类为了战胜自然灾害，在力求减轻灾害损失的过程中，也促进了各种灾害科学的发展. 然而在以往，以至现今，世界各国（也包括我国）都习惯于将自然灾害的研究按灾种分散独立地开展，这样做从科学发展的过程来看是必然的，也是必要的. 因为导致灾害的各种灾象，无论是其成因、孕育、发展、发生的机理和过程，还是对各种灾象的研究方法和手段是互不相同的. 但随着人们对灾害科学，尤其对防灾科学技术研究的不断深化，发现尽管作为研究对象的灾种迥然不同，但在许多方面表现出共同的特点，面临着共同的任务. 概括说来，这些共性有如下几点：①威胁人类安全的各种自然灾象，几乎无一例外地是发生在地球表层，诸如岩石圈、生物圈、水圈、大气圈，而这些地球表层的物质圈正是人类赖以生存和发展的地球大环境，因此有可能，也有必要在对地球表层巨系统的综合统一研究中，去促进和指导对各灾种的研究；②一种自然灾害的发生往往会诱发或伴生其他

---

* 本文发表于《自然灾害学报》，1992 年，第 1 卷，第 1 期，2-3 页.

的自然灾害，例如地震会引起滑坡、火灾、海啸，滑坡会导致水灾，火山喷发会触发泥石流，水灾会导致饥荒和疫病，一个地区的水灾往往伴生另一地区的旱灾，旱灾又容易诱发虫灾等等，在考虑一种灾害的影响时，势必要同时考虑有关的其他灾害的影响；③不论是对哪一种灾种的研究，从灾害学的观点来看，目的只能是一个，即减轻灾害的损失，消除灾害对人类生存和发展的威胁．而这一目标的实现，不仅需要科学技术界的努力，更需要全社会的努力；④所有的自然灾害几乎都是概率很低，后果严重的突发事件，这就提出了共同的，众所关注的公共政策问题．怎样提高和保持公众的防灾意识和参与意识；怎样处理因灾害发生概率低，而难以取得短期投资效益的防灾投入问题；⑤从灾害减轻措施，或从灾害管理角度来看，对成因各异的自然灾害，又几乎是完全相同的．即从总体上可分为灾前和灾后两大类措施，前者可概括为4"P"（Planning规划，Prediction预报，Prevention预防，Preparedness应急准备），后者可概括为4"R"（Rescue搜索救人，Relief救济，Resettlement（Rehabilitation）安置（修复），Reconstruction重建）．而且，不论是灾前或灾后的措施都应该在平时做好充分的准备，才能真正做到"有备无患"．凡此种种共性已引起国际国内广大社会科学家、自然科学家、工程师以及灾害管理专家的关注，普遍感到为了有效地减轻自然灾害，有必要在目前分散、孤立地进行单种灾害研究的基础上，开展并强化综合灾害防御科学的研究．综合灾害防御科学是一门涉及自然科学、技术和工程科学、管理科学和社会科学的内容极为广泛的科学领域，也是一门涉及政府和社会各个部门、各个层次的应用性极强的社会实践科学．中国灾害防御协会和全国各地灾害防御协会的建立；近年来一系列探讨灾害问题的专业会议的召开；论述灾害问题的专著和刊物的出版，无疑地对推动这门科学在中国的形成和发展发挥了重要的作用．从事这个领域工作的科学家多次呼吁和倡议，要办一个国家级的灾害科学理论刊物，以促进我国灾害科学的发展，这是很具远见卓识的建议．中国灾害防御协会经过多次讨论，决定创办《自然灾害学报》，并委托国家地震局工程力学研究所筹备并联合主办．在各界人士和同行的关怀下，尤其是在国家自然科学基金会、国家地震局、国家科学技术委员会社会发展科技司等部门的大力支持下，经过一年多的筹备，作为国家一级的理论学术刊物——《自然灾害学报》今天终于诞生创刊了．她将为我国广大从事灾害科研工作的专家学者提供一个自由抒发学术见解，自由争论的学术论坛，更愿她能在大家的支持和关心下，为繁荣我国灾害科学，推动我国灾害科学的进步，为促进"国际减轻自然灾害十年"活动的开展，加强我国灾害学研究的同仁之间以及和国外同行之间的交流，为谋求人类的安全与幸福和促进社会经济的发展发挥她应有的作用．

谢礼立
1992年1月

《结构动力学：理论及其在地震工程中的应用》中文版序*

谢礼立

在 20 世纪的前四分之一世纪的年代里，在全世界几乎都很难找到有关结构动力学方面的教科书，当然更谈不上有关地震工程方面的教科书了．在那个连科学家和工程师都只能依靠计算尺来进行科学和工程计算的年代，怎么能指望在大学的课程表中出现结构动力学的字样呢．可是，20 世纪中叶以来，情况有了急剧的变化，对结构动力学的研究深度和应用广度有了飞速的进步．当然，这一方面得益于现代计算机和计算理念及技术的迅猛发展，另一方面也得益于地震工程科学的发展．结构动力学本身是地震工程学的基础，但是由于地震工程的发展，特别是地震工程中对迫切需要解决的重要课题的研究无不丰富了结构动力学的内容并积极地推动着结构动力学的发展．值得一提的是，20 世纪 30 年代初由于强地震动记录的取得，更使得结构动力学开始大踏步地从研究的深院大楼走向了广大的工程建设部门．也正是从这个时候开始，结构动力学与地震工程这两门学科结下了不解之缘，在各种书籍与学术期刊中犹如孪生兄弟似的，总是会同时出现．而本书《结构动力学：理论及其在地震工程中的应用》(*Dynamics of Structures*：*Theory and Application to Earthquake Engineering*) 真实地反映了这一实际情况．

本书著者 Anil K. Chopra 教授是当时的加州大学伯克利分校土木与环境工程（Civil and Environmental Engineering）专业的新生代教授和学科带头人．由于他对结构动力学和地震工程的重要贡献，自 1993 年到现今一直担任国际著名学术刊物《地震工程与结构动力学》(Earthquake Engineering and Structural Dynamics) 的副主编和主编．这本身就说明了他是当今结构动力学和地震工程学的一位大师，但是他的这个经历使他能最及时和充分地了解并融会世界上有关结构动力学和地震工程的最新的学术思想和进展，这为他能写出这本重要的著作提供了难得的机会．应该说 20 世纪下半世纪以来有关结构动力学的经典著作也时有问世，其中不乏著名的，如由两位美国科学院和工程院的两院院士克拉夫教授（R. W. Clough）和彭津教授（J. Penzien）编写的英文版《结构动力学》流传世界各国；其中文译本已于 20 世纪 80 年代初由我国著名学者王光远教授等翻译出版，在国内影响深远．但是，以地震工程作为切入点，并将地震工程与结构动力学如此密切结合，贴切地反映出这两门学科之间的血浓于水的关系，就要首推 Chopra 教授的这本著作了．

本人有幸曾与 Chopra 教授见过数面，也曾有过若干交谈．他给我的印象是风趣幽默，但又是十分严谨和细心，细心得甚至有点接近烦琐．本书是 Chopra 教授专门为大学高年级学生以及研究生们编写的一本教科书，他的性格特点在这本书中得到了充分的反映．众所周知，结构动力学是现代结构工程中一门比较难学和难掌握的课程，他为了使他的书能为

---

* 本文为《结构动力学：理论及其在地震工程中的应用》一书的中文版序言．

学生正确地理解，计划得非常周到，从章节的考虑，例题的选用，进度的安排，习题和题解的选择无不丝丝入扣，甚至语言的运用也都尽量避免使自学者产生歧义的可能．正像他在该书前言中所写的那样，这本教科书只需大学土木工程本科基础力学和数学的知识，就可以使初学者，甚至完全依赖自学的人都能将结构动力学学懂、学好，对此我深信不疑．这本书对中国学生来说，不仅能从中学到现代结构动力学和现代地震工程学的知识，而且更能从中学习许多治学的方法，诸如严谨的思考，缜密的洞察，甚至还可以从书本里的生动文字中学到不少在英语课堂上无法学到的英语知识和专业英语的写作能力．

《结构动力学：理论及其在地震工程中的应用》（*Dynamics of Structures：Theory and Applications to Earthquake Engineering*）是 Chopra 教授在第一版基础上修订、补充新的研究成果之后完成的．其中，有他自己的创造性贡献，更有经他汇总了的世界上其他学者的重要贡献．说它是当今结构动力学方面的一本权威著作或经典著作，是一点也不过分的．

本书对结构动力学的基本知识、基础理论给予了系统、全面的阐述，内容深入浅出、循序渐进，在系统介绍基本理论知识的同时，密切结合地震工程的实践，对理论研究和工程应用，乃至抗震设计规范中的一些重要的结构动力学问题都给予了重点介绍，充分体现了理论联系实际的风格．书中还配有相当数量的例题，对掌握和理解结构动力学，对掌握和理解地震工程学都会有很大帮助．

本书可以作为土木工程专业和地震工程专业的研究生或大学高年级本科生的教科书，也可以作为相关专业的教师和研究工作者，特别是那些想涉足结构动力学这门知识的工程设计人员的自学参考书．我高兴地得知，本书影印版已经作为清华大学土木工程专业研究生的教材．相信这仅仅是开始，今后一定会有更多的院校和更多的专业师生乃至科研工作者以及工程设计人员也都会毫不犹豫地选择 Chopra 的这一著作作为他们学习和掌握结构动力学的教材．

谢礼立

中国地震局工程力学研究所　研究员

哈尔滨工业大学 土木工程学院　教授

中国工程院　院士

2005 年 3 月 10 日

《来自汶川大地震亲历者的第一手资料——结构工程师的视界与思考》序一[*]

谢礼立

2008 年 5 月 12 日在我国四川汶川发生里氏震级 8 级的强烈地震,震中位于四川阿坝州汶川县映秀镇(北纬 31.0°,东经 103.4°),震源深度 13 ~ 14km. 受灾地区波及四川、甘肃、陕西、重庆、云南等 10 个省市的 417 个县(市、区),4667 个乡镇,48810 个村庄,受灾总面积接近 50 万 km²,其中极灾区和重灾区面积达 13.2km²;在这次地震中受灾人口多达 4625.7 万人,灾后无房可住的人口估计要达到一半以上,其中因灾害影响需要紧急转移的人口多达 1510.6 万人,截至 2008 年 10 月 10 日经确认因地震灾害遇难的人数为 69227 人,失踪人数 17923 人,两者相加超过 8 万人,因地震灾害受伤的人数达到 37.46 万人,地震造成的直接经济损失达 8000 亿元人民币. 这次地震给中国人民造成了近代史上罕见的损失,举国震惊、环球关注.

地震是人类无法掌控的自然现象,但是地震造成的损失和由此酿成的灾害并非一定不可避免. 要减轻或消除地震灾害首先要搞清造成地震灾害的根本原因. 地震灾害的本质说到底是一种土木工程灾害. 造成土木工程灾害的主要原因是:土木工程(大到一个城市,小到一个农舍)在从规划、建设到使用过程中由于应用不当的知识和技术,如:不当的选址,不当的抗震设防、设计、施工,以及不当的使用和维护导致所建造的包括房屋建筑在内的土木工程不能抵御突发的地震作用,以致造成土木工程的失效、破坏和倒塌,导致人民生命财产损失和社会经济发展停滞,也就是说酿成了灾害. 这里提到的土木工程包括所有的建筑,地上和地下的、重大和一般的土木工程设施,例如:水库、铁路、公路、桥梁、隧道以及各种港口、矿山和工厂等. 因此要减轻地震灾害,最重要、最有效的措施应该要首先确保土木工程在地震环境下的安全,也就是要依靠科学的工程抗震方法,其中包括确定适当的设防水平、合理的设防目标和科学的设防技术. 具体来说就是要注意对工程进行正确的选址、设计、施工、使用、维护、加固和保养等.

科学的工程抗震技术主要来源于经验,经验主要来源于大地震中的工程震害教训和总结. 这是由工程师们通过对工程震害的不断观察、分析、总结、再实践、再观察、再总结获得的. 从 1906 年美国旧金山地震开始,世界工程界经过百年来的努力,已经形成了一门专门研究和解决土木工程抗御地震破坏的学科——地震工程,并将百年来不断从工程震害资料中获得的经验和教训凝练成适于工程应用的抗震设计规范,成为人类能确保自己在地震环境下继续生存和持续发展的重要技术保障. 因此工程在地震中的破坏现象和震害资料历来为地震工程界所重视.

---

[*] 本文为 2009 年中国建筑工业出版社出版的《来自汶川大地震亲历者的第一手资料——结构工程师的视界与思考》一书的序言.

中国建筑西南设计研究院有限公司在我国是一个有重要影响的从事民用建筑设计和研究的单位，因为地处我国西南地震活动区，长期以来一直对建筑抗震十分重视，在建筑抗震设计方面积累了丰富经验和研究成果．汶川地震发生后，该院在第一时间组织了大量的专业技术人员奔赴灾区各地，进行建筑结构震害调查和评估，收集了大量的震害资料和其他相关的重要资料．为了使这些宝贵的资料能及时为国内外同行分享，他们在对这些震害现象进行认真分析和研究的同时，抓紧时间将收集到的资料整理、分类并计划立即出版，取名为《来自汶川大地震亲历者的第一手资料——结构工程师的视界与思考》．这一举措不仅对这个地区的灾后重建有十分重要的指导作用，而且必将会对今后的抗震研究、改进工程抗震设计，提高我国抗震设计规范的水平产生积极的影响．

由中国建筑西南设计研究院有限公司整理出版的这本集子除了具有一般震害资料出版物所具有的特点以外，它还有以下几点特别值得关注：

第一，汶川地震是一次世界上十分罕见的，发生在内陆的震级达到 8 级且又在人口稠密地区的板内特大地震．对这样特大地震的工程震害资料，在世界上更是绝无仅有、极其珍贵的，它能反映工程建筑在板内特大地震作用下的破坏性状和特点．众所周知，尽管世界上的大陆面积远比海洋的面积小，但是人类的生存环境以及发展的空间绝大部分都是在陆地上．世界上许多地方都发生过 8 级或 8 级以上的大地震，但大多数都是发生在板块边缘的非陆地地震（如 1960 年的智利地震，1964 年的阿拉斯加地震，1985 年的墨西哥地震等）．尽管这些地震也曾造成大量陆地上的建筑破坏，但是发生在内陆的板内特大地震与发生在非陆地的板缘地震在性质上有什么不同，它们对工程的破坏作用又有什么差异，一直是土木工程界十分关注的问题．因此这本集子所收集的资料无疑会引起全世界工程界的极大关注．

第二，这本集子收集了在这次地震中，从破坏极其严重的地震烈度达到 XI 度的极震区到破坏较轻的轻灾区的工程震害资料；更难能可贵的是这些资料中覆盖了大量的按照我国地震区划图无须进行抗震设防的建筑物和应按照 VI 度、VII（-）度、VII 度和 VII（+）度多种不同设防水平设计建造的建筑物，而在设防的建筑中又有根据不同版本的抗震设计规范进行设计的．汶川地震给我们提供了在不同地震烈度作用下，按照不同设防水准和不同抗震设计规范设计的建筑物在地震中表现出来的多种破坏形态的广谱震害资料；地震给人类带来了严重的灾害，但同时又是一个天然的实验室，给人类提供了如此丰富的依靠人类自己永远也无法获取的具有重要科学价值的海量资料．毋庸多说，这些资料是弥足珍贵的．

第三，这本集子的作者中国建筑西南设计研究院有限公司地处西南地震活动区，他们几十年来亲手在这个地区设计了大量的各类工程建筑．这些建筑物在这次地震中经历了各种不同程度的地震影响，造成了不同程度的破坏．他们不仅收集和掌握了震害资料，更难得的是他们还提供了大量的在地震中遭到不同程度破坏的建筑物的原始设计资料和建造资料．这就为分析各类建筑物产生不同程度的震害原因提供了十分难得的依据．他们按建筑结构型式分类收录了框架结构、框架-剪力墙结构、砌体结构、底框-抗震墙砖混结构、厂房、网架、高耸结构等各类建筑结构的破损情况，对楼梯、砌体填充墙等围护结构、防震缝、农村自建房等震害也进行了专章整理，除此之外，还专辟章节收录了成都五个城区的建筑震害以及他们在重灾区设计的各类建筑在这次地震中遭遇的各种震害．

　　第四，作为一部专门介绍建筑震害的出版物来说，当然首先应该要尽量客观地、全面地、详尽地介绍震害的本身，让各方面的专家和后人进行分析和思考，以便仁者见仁，智者见智，各自从中得到应有的结论．毫无疑问，本集的作者们已经做到了这一点；但是他们也不受此局限，在客观、全面、详尽展示震害资料的同时，也介绍了他们对于震害的分析和从中引出的结论．这就充分发挥了作者们曾经设计这些建筑物，熟悉这些建筑物，从而就有可能对这些建筑物的震害原因获得更接近实际的结论的优势．例如，他们曾在汶川、汉旺、都江堰、彭州、绵竹等重灾区设计了大量建筑物，所以在灾区考察时都是带着设计中的问题或疑惑进行考察和寻找答案的，在他们的著作中几乎处处都能见到这样的痕迹，例如，从第二章到第十三章，都是以"思考与建议"结尾．他们力图完成从感性认识到理性认识的飞跃，得出一些规律性的东西，并且提出了诸如实现"强柱弱梁"、"强剪弱弯"，提高极限承载能力、变形和耗能能力的途径或措施等等建议．不过这里也要提醒读者们在阅读这些章节内容时，一方面可以分享作者们的见解和观点，同时也要注意发挥独立思考精神，见仁见智，从中引出自己的结论．

　　除此以外，本书还有许多重要的特点，例如内容丰富，叙述生动具体、说理清晰细致，力求从多种视角展示各种震害．以楼梯（第九章）为例，他们通过 89 张照片展示了板式楼梯（又细分梯板、平台板、平台梁）、梁式楼梯、楼梯施工缝的震害；再如，作者们在介绍白鹿镇学校求知楼的震害时，对一至四层楼的 12 间教室，每层 3 间，共展示了78 张照片，对每面墙的开裂状况，以及楼梯间、走廊墙面的破坏都作了细致的介绍．尽管目前的水平还不足以对震害作出完美的解释，但是这类不可再得的原始资料，将来也许还会授人以启示．值得一提的是，全集采用了汉英两种文字，一方面可以让全世界分享他们的资源，同时也表达了中国灾区的工程师们对世界各国在汶川大地震中对灾区援助和关注的一种答谢．

　　逝者如斯夫！汶川地震过去已近一年，但它带给我们民族的伤痛仍历历在目．正像温家宝总理所指明的那样：一个民族在一场大的灾难之后必定会有一个大的进步．这本著作的出版标志着我们的中国建筑西南设计研究院有限公司的同行们正在向着这个大的进步迈出自己有力的步伐！

中国工程院院士

2009 年 2 月 1 日

《建筑抗震》序[*]

谢礼立

地震工程理论的发展和完善往往离不开实际大地震的启示，也同样离不开实际大地震的检验．在地震中，特别是大地震中人们从实际建筑物和土木基础设施的抗震表现和破坏中得到启示，再经过反复的思考和研究，一方面改进过去不正确的理论、方法和技术，同时也不断地获得新的发现，形成了新的认知；并将这些新的认知变成抗震设计规范中的新理论、新方法和新技术，最终通过新建的工程体现出来，接受新一轮地震袭击的考验和验证．地震工程的理论、方法和技术就是这样不断地发展起来的．

2008 年在我国四川省汶川县发生了新中国成立以来的最强烈的地震，给中国人民带来了巨大的灾难，却也同时对新中国成立以来发展起来的抗震设计规范提供了一个检验的绝好的机会．汶川地震后我国广大的工程抗震设计工作者，科研工作者以及教育工作者，深入地震现场，收集了大量珍贵的工程建筑的第一手震害资料，对这些资料进行整理分析和研究，并不失时机地对原来的抗震设计规范进行了修订，既将汶川大地震中获得的新经验和新认识纳入了新的规范，同时也将近期世界各国的新的成熟研究成果加了进来，这就是我国在 2010 年正式颁布的新版《建筑抗震设计规范》（GB 50011—2010）．

汶川大地震发生后，我国各行各业乃至全国人民无不对建筑抗震问题十分关注，表现出浓厚的兴趣，比如：什么房子抗震，怎样设防合理，怎样可使学校和医院的建筑更抗震，灾区应该怎样重建等等．《建筑抗震》就是面对这样的需要，结合刚刚颁布的新的抗震设计规范内容编写的，希望既能对本专业的广大工程设计人员，科研人员，特别是大学本科学生正确、全面理解和掌握规范的内容有所帮助，同时也使希望了解工程抗震的其他各行各业的专业人员有所帮助．为了实现这个目标，本书的编撰者独具匠心，在编写过程中既要防止将本书写成为一本难于啃懂的过于专业的理论书籍，又要防止将本书写成一本浅尝即止的科普书籍，而是刻意地将它写成了一本深入浅出，却又将有关工程抗震专业知识及其背景讲得清清楚楚的、十分实用的书籍．应该说本书的编撰者在科普书籍和专业书籍中间进行了一种新的可又是十分宝贵和成功尝试．

值《建筑抗震》付梓之际，谨以此简短序言祝愿本书的出版能对我国的防震减灾实践和教育的发展有所贡献．

2011 年 5 月 15 日

---

[*] 本文为清华大学出版社于 2012 年出版的《建筑抗震》一书的序言．

《自然灾害学报》新年寄语[*]

谢礼立

　　金蛇狂舞辞旧岁，骏马奔腾迎新春，值此甲午新春来临之际，我谨代表《自然灾害学报》编委会、编辑部向工作在减轻自然灾害领域第一线的广大科学家，工程师以及方方面面的专家、学者以及长期来为本刊的发展做出杰出贡献的广大作者、审稿专家和读者致以诚挚的节日问候和感谢！

　　《自然灾害学报》是我国灾害科学研究领域最早创办的学术期刊之一，多年来坚持为防灾减灾事业服务的宗旨，把及时、准确地反映我国防灾减灾最新研究成果及国内外最新科研进展作为我们的工作目标，发表了大量反映该领域研究成果的优秀论文，为防灾减灾事业做出了十分重要的贡献.

　　岁月不居，天道酬勤. 2013年本刊在确保期刊质量和出版周期的前提下，完成了全年的出版任务，并在《2013年中国学术期刊影响因子年报和国际引证报告暨2013年中国国际影响力学术期刊发布会》上获得"2013年中国国际影响力优秀学术期刊"奖项. 获此殊荣是对本刊的极大鼓舞和鞭策，也是对一贯支持和帮助本刊的广大作者、审稿专家、读者以及专家学者的最好回报. 在未来的征途上我们将继续努力，争取再创佳绩.

　　新的一年开启新的希望，新的征程承载新的梦想. 我们要紧紧围绕国家"十二五"规划提出的防灾减灾目标，竭诚依靠广大作者、审稿专家、读者以及专家学者的支持，跃马扬鞭，继续奋进！

《自然灾害学报》编委会主任、主编

二〇一四年二月六日

---

　　* 本文为《自然灾害学报》新年寄语.

《工业建筑抗震关键技术》序[*]

谢礼立

工业建筑由于生产工艺的要求，具有厂房空间高大，结构无论平面或立面布局千变万化，更有各类管网穿插其中，互相耦合，互相影响，加上服役环境恶劣，荷载作用从静到动乃至高频冲击无所不包，致使工业建筑的抗震技术变得尤为复杂．历次震害表明，工业建筑破坏较为严重，不仅造成人员伤亡、设备损坏，导致震后停工停产；有的还伴有严重次生灾害，导致巨大经济损失．更有甚者，工业建筑中往往含有大量的隐蔽式构件，一旦遭受地震破坏很难发现，成为工程安全的隐患．随着现代工业的发展，特别是大量高新技术的涌现，工业建筑的类型和功能发生很大的变化，对其抗震技术提出了更新更苛的要求．

虽然我国已有国家标准《建筑抗震设计规范》做指导，也有一些设计手册和专业书可供参考，但是在许多情况下仍不能满足工程技术的要求．众所周知，国家标准或相应的规范都只是体现国家对业主或设计部门提出的最低要求，现代设计理论都要求设计工程人员在国家标准的指导下，发扬自主创新的精神，设计或建造出更安全更优秀的工程结构和工程体系；其次，凡是列入国家标准的技术和措施必须经过工程反复实践证明是有效的，因此一般来讲国家标准规定的技术相对来说总要滞后实际的科学技术水平；再加上国家标准更需要有经实践证明有效的先进的技术来不断的修订和补充．凡此等等，都说明在工程界，特别是极其复杂的工业建筑抗震界迫切需要有一套能与时俱进地向这个领域的设计施工人员介绍和提供先进的设计理论和处理不断冒出的新鲜科学技术问题的研究成果．

为了解决工业建筑抗震中的关键技术难题，由本书作者领导的《工业建筑抗震关键技术研究》项目组经过二十年的技术攻关，在工业建筑的抗震理论、抗震设计方法、抗震性能评价、抗震性能提升等方面，取得了一系列重要的创新成果，并将此收集在《工业建筑抗震关键技术》专著中予以出版，必将有效地推进我国工业建筑抗震学科的发展，促进我国工程设计人员自主创新设计和为推动相应的国家标准的修订奠定了基础．

《工业建筑抗震关键技术》作者长期其从事工程结构抗震研究和应用工作，是多部国家标准的主编或主要起草人，在工业建筑抗震领域有丰富的实践经验和丰硕的成果．该书在工业建筑抗震设计方面具有较强的学术性和实用性，相信一定会受到广大工程技术人员的欢迎．

中国工程院院士
中国地震局工程力学研究所名誉所长
2018 年 10 月

---

[*] 本文是为徐建等著的《工业建筑抗震关键技术》一书撰写的序言．

On the design earthquake level for earthquake resistant works[*]

Xie Li-Li

(Institute of Engineering Mechanics, State Seismological Bureau)

Abstract   In this paper the significant role of design earthquake levels in seismic disaster mitigation for engineering structures is discussed and its evolution, present status as well as the problems involving in the determination of design earthquake level are reviewed. After discussing the meaning and implication of design earthquake level, it points out that the scope of formulating design earthquake level should cover reasonable aseismic design principles, appropriate goals for earthquake protection, seismic hazard assessment, selecting applicable design parameters, and determining design earthquake values and importance factors of structures. It is recommended that design earthquake levels should be given in term of recurrence periods or exceedance probability of earthquakes. And a mathematical model for determining optimum design earthquake levels based on seismic hazard assessment, cost- benefit analysis and acceptable risks are finally presented.

1   Introduction

- **Design earthquake level（DEL）**

The concept of DEL consists of Design Earthquake Value（DEV）and the Factor of Importance. The DEV was defined as earthquake intensity or seismic ground motion, which governed a seismic load the structures to be designed or retrofitted, have to withstand.

- **Case studies**

1987	Tokyo Japan Earthquake, death 2	$M_S = 6.7$
1988. 12. 07	Armenia Earthquake, death 40000, Homeless>500000	$M_S = 6.8$
1989. 10. 27	Loma Prieta Earthquake, death 62, injured 375, DEL[①]: 7 billion USD	$M_S = 6.8$
1994. 01. 17	Northridge Earthquake, death 61, injured 10000, DEL: 15 billion USD	$M_S = 6.7$
1995. 01. 17	Hansin-Kobe Earthquake, death 6000, DEL: 100 billion USD	$M_S = 6.9$

DEL[①]: Direct Economic Losses

The case studies showed that the earthquakes of almost same magnitudes caused so great differences in seismic damage and losses in different areas and the reason could be explained that

---

　* 本文发表于 Proceedings of The PRC- USA Bilateral Workshop On Seismic Codes, pp. 1-9, December 3-7, 1996, Guangzhou, China.

different DEVs were adopted for seismic design due to different economic situation and lacking of knowledge about seismic hazard.

It was concluded that the lower design earthquake value is adopted, the lighter seismic loss would be. However, based on the statistical figures from Chinese seismic zoning map (1990), it shows:

Intensity (Peak acc.) Territory	Area	Percentage of whole
VII(0.1g)	3200000km^2	33%
VIII(0.2g)	680000km^2	14%
IX(0.4g)	100000km^2	1%

And increase of construction cost due to earthquake resistance for different intensity zones are:

VII: 3%~5%

VIII: 5%~8%

IX: 9%~12%

It is clear that the benefit of cost increase for earthquake resistance could be gained only in case that the expected intensity of earthquake would occur within the life of building and damage and losses could be reduced; otherwise, the increased cost would do nothing. China is one of the countries prone to earthquake, with about 50% territory located in seismic area. Determination of reasonable DEVs for seismic design is one of the tasks to be solved by the Chinese seismologists and engineers.

- **The questions**

(1) How can we determine an optimum design earthquake level on which structures to be designed will give a reasonable trade- off between initial cost of construction and acceptable losses?

(2) What are the acceptable losses that could be controlled by the design earthquake level?

2　Evolution and problems of design earthquake level in Chinese code

2. 1　Evolution of design earthquake level (DEL) in different historical periods

Year	DEV and Importance Factor (IF)
1950'	For Important Structures, the Basic Intensity (BI) was adopted as DEV; For common buildings no seismic design was needed in zone VII and VIII, and only some construction measures should be taken in the zone of IX.
1964'	For important structures, DEV=BI; For common structures, DEV=BI in the zone of VII and DEV=BI-1 in the zone of VIII and IX.

1979　　For important structures, DEV = BI+I;

For common structures, DEV = BI;

For less important structures, DEV = BI−1;

For most structures, DEV = BI;

1989　　Special studies should be given to especially important structures.

For important or less important structure DEV = BI+1 or BI−1, respectively.

Summary: (1) Intensity given by zoning map was directly used for DEV.

(2) Important factor was assigned to various buildings.

(3) Uniform DEL was adopted in whole country.

Definition of basic intensity

The Basic Intensity is defined with different meanings in different maps. For example, in the Zoning Map (1950'), it was defined as the maximum Intensity either experienced in history or forecasted for the future, and in the Zoning Map (1978) as the maximum Intensity most likely to be expected within next 100 years and in the Zoning Map (1990) as the Intensity with exceedance probability of 10% within 50 years.

2.2　Problems

(1) DEV was directly taken from zoning maps with no considerations of social and economic constraints and acceptable risks;

(2) Plus or minus 1 (grade) to the basic intensity for the structures with different importance factors caused a great jump of design acceleration as well as the safety level of structure designed then;

(3) DEL was uniformly used in each area of whole country and diversity of social-economic development and difference of population in various areas have been neglected.

3　Some factors related to design earthquake level

With respect to the problems (deficiency) in the existing DEL, an improvement of existing procedure for determining DEL is expected to be used in seismic design to well balance the initial cost of construction and the expected direct economic losses (damage) and to control the seismic damage and casualties. Towards this objective, some relevant factors are now introduced.

3.1　Principles of seismic disaster mitigation (PSDM)

The PSDM, which is the general purpose of the seismic design codes, could be presented as follows:

The expected damage could reach a reasonable trade-off between initial cost of construction and acceptable risks in relatively rare earthquake.

The acceptable risks herein include following three items:

Acceptable economic losses

Acceptable earthquake casualties

Acceptable time-length for post earthquake recovering

3. 2 Goals of earthquake resistance structures

Structures designed in conformance with the PSDM should, in general, be able to:

(1) resist a minor level of earthquake intensity (ground motion) without damage

(2) resist a moderate level of earthquake intensity (ground motion) without structural damage, but possibly experience some nonstructural damage

(3) resist a major level of earthquake ground motion without collapse but possibly with some structural damage as well as non-structural damage.

3. 3 Seismic environment the seismic hazard of the environment (SITE) where the designed structures will be located

Based on the seismic analysis, it is known that

$$TR = 1 / [1 - (1 - P)^{1/TL}]$$

where TL—expected life time of structures (year)

TR—time of recurrence of earthquake (year)

P—exceedance probability of the earthquake of which the recurrence time is TR in the expected lifetime TL of structures.

and if

$$TR = N \cdot TL$$

then:

$$P = 1 - \left(1 - \frac{1}{N \cdot TL}\right)^{TL}$$

and

$$P_L = P \mid_{TL \to \infty} = 1 - \left(\frac{1}{e}\right)^{1/N}$$

Table 1   Relations of P vs N

N \ TL (Year)	30	50	100	200	500	1000	2000	P_L
1	0.6383	0.6358	0.6340	0.6333	0.6325	0.6323	0.6322	0.63212
2	0.3950	0.3950	0.3942	0.3938	0.3936	0.3936	0.3935	0.39347
5	0.1818	0.1815	0.1814	0.1814	0.1813	0.1813	0.1813	0.18127
10	0.0953	0.0953	0.0952	0.0952	0.0952	0.0952	0.0952	0.09516
20	0.0488	0.0488	0.0488	0.0488	0.0488	0.0488	0.0488	0.04877
30	0.0328	0.0328	0.0328	0.0328	0.0328	0.0328	0.0328	0.03278
50	0.0198	0.0198	0.0198	0.0198	0.0198	0.0198	0.0198	0.01980

* Recurrence time = $N \cdot TL$

It concluded that for the same N, all the exceedance probabilities within the TL year of the earthquakes with recurrence time of $N \cdot$ TL are almost the same, depending on only multiplier N.

3.4　Parameter for seismic mapping

In China, the seismic intensities that describe the severeness of seismic damage are traditionally used as mapping parameter in zoning. And the design parameters, such as ground motions etc. in codes, are taken indirectly from the statistical relations as shown in table 2.

Table 2　Statistical Relations of Intensity vs. PGA

Year ＼ Intensity	Ⅶ	Ⅷ	Ⅸ
1950	0.050(g)	0.10(g)	0.20(g)
1964	0.075(g)	0.15(g)	0.30(g)
1978	0.100(g)	0.20(g)	0.40(g)
1989	0.100(g)	0.20(g)	0.40(g)

3.5　Design earthquake value (DEV) ——A minimum value of intensity or ground motion for earthquakes resistence design of structures

The DEV should be optimally and reasonably determined in consideration of social-economic factors and safety and finally adopted by the authorities.

As mentioned above, the current DEV was directly taken from the zoning map with little consideration of social-economic factors and acceptable risks.

It is emphasized that the economic conditions and acceptable risks should be taken into account as two main factors in determining DEVs.

3.6　Classification of importance

Structures with different occupancies are assigned with different factors of importance. The more important the structure is classified, the greater the DEV of it will be.

In this paper the concepts of Design Earthquake Value (DEV) and Classification of Importance for Structure are incorporately called the Design Earthquake Level (DEL).

4　A framework of making design earthquake levels

A reasonable design earthquake level, should, in general give a reasonable trade-off between cost of construction and acceptable risks. Thus, making of reasonable design earthquake levels should be based on seismic hazard analysis, structure vulnerability and losses assessment as well as the cost-benefit analysis. In this regard, a computation scheme for making design earthquake level is recommended.

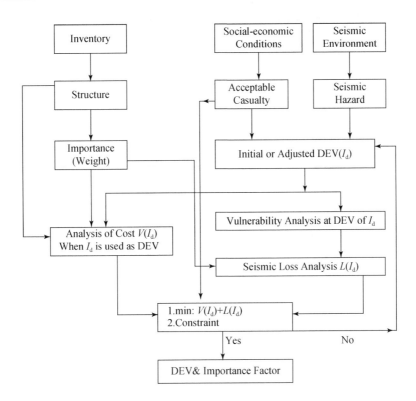

4. 1　Seismic vulnerability analysis

In China, data of seismic damage was resulted from individual Chinese earthquake in vast area. Those data could provide a very good database for vulnerability analysis. Unfortunately, most of them is collected from those structures designed or constructed with no consideration of earthquake resistance.

For the purpose of conducting seismic vulnerability analysis for earthquake resistant structures, a very rough and simplified vulnerability matrix is established and recommended.

Probability of Damage to Structure Designed for Intensity Ⅶ

Seismic Intensity	Ⅵ	Ⅶ	Ⅷ	Ⅸ	Ⅹ
$P(D_1/7, I)$	0. 85	0. 57	0. 20	0. 05	0
$P(D_2/7, I)$	0. 15	0. 28	0. 37	0. 15	0. 05
$P(D_3/7, I)$	0	0. 15	0. 28	0. 37	0. 30
$P(D_4/7, I)$	0	0	0. 15	0. 28	0. 37
$P(D_5/7, I)$	0	0	0	0. 15	0. 28

Probability of Damage to Structure Designed for Intensity Ⅷ

Seismic Intensity		Ⅵ	Ⅶ	Ⅷ	Ⅸ	Ⅹ
	$P(D_1/8, I)$	1.0	0.85	0.57	0.20	0.05
	$P(D_2/8, I)$	0	0.15	0.28	0.37	0.20
	$P(D_3/8, I)$	0	0	0.15	0.28	0.37
	$P(D_4/8, I)$	0	0	0	0.15	0.28
	$P(D_5/8, I)$	0	0	0	0	0.15

Probability of Damage to Structure Designed for Intensity Ⅸ

Seismic Intensity		Ⅵ	Ⅶ	Ⅷ	Ⅸ	Ⅹ
	$P(D_1/9, I)$	1.0	1.0	0.85	0.57	0.20
	$P(D_2/9, I)$	0	0	0.15	0.28	0.37
	$P(D_3/9, I)$	0	0	0	0.15	0.28
	$P(D_4/9, I)$	0	0	0	0.	0.15
	$P(D_5/9, I)$	0	0	0	0	0

Note：D_1—Intact，D_2—Slight damage，D_3—Moderate damage，D_4—Severe damage，D_5—Collapse

4.2　Seismic damage and losses analysis

The probability of exceedance $P(D_j \mid I_d)$ of Damage D_j to structures designed and constructed for Intensity I_d and subjected to the action of seismic intensities I, within the lifetime of structures could be assessed from

$$P(D_j \mid I_d) = \sum_I P(I)P(D_j \mid I_d, I) \tag{1}$$

and the expected corresponding direct economic losses could be expressed in the form as follows

$$L(I_d) = \sum_I l(D_j) \cdot P(D_j \mid I_d) \tag{2}$$

where $l(D_j)$ is a loss matrix composed of the elements representing the economic losses at various degrees of damage to structures.

4.3　Earthquake casualties assessment

The earthquake casualties could be assessed by either of the parallel formula as (1) and (2) or following simple statistical law[3] as

$$\log D = 12.479A^{0.1} - 13.3 \tag{3}$$

where D is the rate of casualty, i.e. the rate of death to population, A is the rate of damage area to whole construction area.

4.4　Acceptable risks

Acceptable risks including acceptable economic losses (the portion of GDP of the affected area) acceptable casualty (the portion of population of the affected area) and acceptable time length for post earthquake recovering directly control the design earthquake level. The acceptable risks should be reasonably set based on an in-depth investigation of social and economic environment of the society.

5   Conclusion remarks

(1) Design Earthquake Levels including Design Earthquake Value (DEV) and factor of importance, play a significant role in reducing and controlling the expected damage and losses. Currently adopted design earthquake levels were basically decided by experience with no consideration of social and economical factors.

(2) Design Earthquake Level should be reasonably and optimally decided on a basis of results of seismic hazard analysis, vulnerability and losses assessment and acceptable risks which constitute the three main factors controlling the design earthquake level.

(3) Design Earthquake Level should be expressed in the form of recurrence periods of earthquake or the probability of exceedance within the expected lifetime of structures. The factor of importance could be adjusted directly by either the recurrence period or the lifetime of structures.

(4) A Computation Scheme was presented for determining the optimum design earthquake value and factor of importance with consideration of various social, economic and technical factors.

(5) Different part of the country can use different design earthquake level even with the same seismic background to reflect the different social and economic conditions.

References

[1] Aseismic Design Code for Building (GBJ 11-89). Beijing: China Construction Industry Publishing House, 1990 (in Chinese).

[2] State Seismological Bureau. Seismic Intensity Zoning Map of China. Beijing: Earthquake Press, 1990 (in Chinese).

[3] Yin Z Q, et al. A Method of Seismic Damage and Losses Assessment. Earthquake Engineering and Engineering Vibration, 1990, 10 (1).

Some challenges to earthquake engineering in a new century[*]

Xie Li-Li

(Institute of Engineering Mechanics, China Seismological Bureau. Harbin, 150080, China;
Harbin Institute of Technology, Harbin, 150001, China)

Abstract The recent destructive earthquakes occurred around the world revealed that the existing knowledge and techniques are still not sufficient to achieve safety against earthquakes at an effective cost. It is believed that in- depth research to earthquake engineering is urgently needed. It provides a profitable field for China- U. S. bilateral cooperation and international cooperation as well, particularly in the new era of the coming Century. In this paper an extensive research program to earthquake engineering both in traditional and non- traditional approaches for future cooperation is recommended. The application of modern advanced technologies and its potential roles in seismic disaster reduction are emphasized.

1 Introduction

1. 1 A short review of past twenty years cooperative studies in earthquake engineering and hazard mitigation between the People's Republic of China and the United States of America.

It has been twenty years since the joint protocol for Scientific and Technical Cooperative Research in Earthquake Studies between the People's Republic of China and the United States of America was established in 1980. Of this Protocol, the Annex III covered the research area on Earthquake Engineering and Hazards Mitigation. The primary objective of Annex III is to develop safe and cost-effective engineering methods and construction practices and other countermeasures to improve seismic safety. Initially the emphasis of this Annex was on the application of engineering knowledge of seismic hazards and strong seismic ground motions, including its measurement and effects on structures, and the dynamic behavior of soils and sites. Since the late 80s', as a response of the International Decade for National Disaster Reduction (IDNDR), both China and United States agreed to include in the Annex III other aspects of earthquake disaster reduction,

---

  * 本文发表于 Proceedings of the China- U. S. Millennium Symposium on Earthquake Engineering, Beijing, 8-11 November 2000, Edited by B. F. Spencer and Y. X. Hu, A. A. Balkema Publishers.

such as disaster reduction measures, emergency management, social and economic effects, earthquake insurance and education. It is unanimously recognized from both sides that the twenty years cooperation between the PRC and USA has been active and fruitful, produced excellent results in expanding knowledge and technologies in earthquake engineering and greatly promoted mutual understanding and collaboration between earthquake scientists and engineers in the two countries and benefited to both sides.

1.2   New situations need upgrading of Annex III

During the past twenty years some great changes happened to the two countries. It resulted in an urgent need for seismic safety and updating the content of the annex III to the China- US Protocol of joint studies in earthquake. Among them the most exciting ones are as follows.

(1) As a result of the IDNDR campaign, the awareness of publics and governments to disaster mitigation and demand for sustainable development are greatly raised in the both countries. For examples, in China the Central Government set immediately after the Hanshin, Japan Earthquake of 1995 a "Ten Years Goal of Earthquake Preparedness and Reduction for Moderate and Major City". The Ten Years Goal states that during the coming ten years, all efforts should be taken towards a safer city prone to earthquake with the capabilities against earthquake of magnitude of six. Furthermore, "The Law of the People's Republic of China on Protecting Against and Mitigating Earthquake Disaster" was approved in the December of 1997 and has been enforced since March 1st, 1998. It regulated that the governments at each level are liable for protecting people for seismic safety.

(2) Both China and United States have ambitious program for large scale construction of their infrastructures in the coming Century. In the China, a grand plan of developing its West-Northern Area is initiated. This area consists of 6500000 km^2 i. e. 68% of nation's territory and 308 million populations. Specially, this area is located in the high seismic regions. A great number of major projects such as high dams, long distance oil and gas pipelines, electricity systems, modern transportation systems, high dams, new urban area etc. will be constructed that new technologies and methods for seismic safety at an effective cost are particularly in urgent need.

(3) Recent devastating earthquakes occurred in the past twenty years, such as Loma Prieta U. S. earthquake of 1989, Northridge U. S. earthquake of 1994, Hanshin Japan earthquake of 1995, Jiji Taiwan, China earthquake of 1999 and Izmid Turkey earthquake of 1999 hit the urban area that raised a series of problems: intolerable economic losses and tremendous life losses and revealed that the existing knowledge is still not sufficient for seismic safety at an effective cost. It is recognized that to achieve the goal of controlling the seismic risks in our urban areas, reducing them to socially acceptable levels there is still a long way to go. In particular, more efforts are needed to improve our earthquake resistance design and earthquake resistance construction.

(4) The rapid development of new technologies such as smart materials and intelligent structures, advanced sensors, super computing power, information technologies, wireless communication, geographical information system, remote sensing technology, structural control,

etc. will provide not only an unprecedented opportunity for improving seismic risk control but also some new tools for solutions of better understanding of seismic damages that cannot be solved by traditional approaches.

All the above-mentioned new situations will greatly increase opportunities and broaden the scopes for future cooperation in earthquake engineering both in traditional and non-traditional approaches between the PRC and USA.

2　Traditional research areas recommended for future cooperation

In spite of the great progress obtained in the field of earthquake engineering during the past fifty years, recent destructive earthquakes occurred around the world revealed that the existing knowledge and techniques are still not sufficient to achieve safety against earthquakes at an effective cost. It is believed that among all natural hazards earthquakes are still number one disaster for which in-depth research, particular in traditional approaches to earthquake engineering is still needed. A better understanding of all aspects of devastating earthquake can expand our knowledge and strengthen our defenses more rapidly than if each country works in isolation. To this regard, following potential areas for joint research might be appropriate.

2.1　Strong ground motion measurement and analysis

The measurement and analysis of earthquake ground motion and its effects on structures are one significant area for which there is obvious benefit in bilateral and/or international cooperation. Such cooperation could be of great mutual benefit to all countries over the world. Strong earthquake motion data must be obtained from a variety of earthquake sources, wave propagation paths and site conditions as quick as possible in order to influence the retrofit of existing structures and the design of new structures in earthquake prone regions of the world.

China is one of the most seismically active regions in the world. There have been about 300 earthquakes with magnitudes greater than six in the continent of China since 1900 and seven of these have had magnitudes greater than eight. This level of seismic activity is much higher than that in the United States.

The largest earthquakes in China generally occur in one of five zones: ① the Himalayan zone, ② the Central Asia zone, extending northeast from Pamir, through Altai in western Mongolia to Baikal, ③ the North-South zone, extending along the eastern margin of the Qinhai-Tibet Plateau, ④ the North China Plane zone, which includes the Fenwei Zone, the Hebei Plane and the Tanlu Zone, along the Pacific Ocean (Ding, 1988).

At the beginning of the new Century, a five-year plan of strong motion instrumentation consisting of 2000 accelerographs is being reviewed and this plan is likely to be approved and will be implemented during the 10th Five-Years (2001 ~ 2005) period of Chinese National Plan for Social and Economic Development. This provides an exceptional opportunity for strong-motion studies in China and also for China-U.S. cooperation in the new century as well. The potential topics for such cooperation might be:

- Installation of digital strong motion network and array by using the new technologies.
- Study and analysis of observation data of near fault strong ground motions and structure reaction.
- Construction of different kind of arrays for observing structural responses, ground motion attenuation, site effect, etc.
- Construction of strong earthquake motion and seismic damage database.
- Establish internet network to make data available to the world.
- Comparative study of strong motion data from different area over the world aim at using the data collected from one region in other regions lacking of strong motion data.

2. 2 Seismic hazard analysis and seismic zoning

- Study on ground motion attenuation for regions lacking of strong ground motion records.
- Site effect on ground motion and site classification.
- Effect of fault on characteristics of strong ground motion.
- In-situ geo-technical test technology and devices.
- Prediction of spatial distribution of strong ground motion.

2. 3 Seismic safety of critical structures

In China, a number of large dams (concrete arch dams with the height of 250 to 300 meters and concrete gravity dams with the height of 200 meters) are being planned for construction in known high-seismic areas (earthquake intensity $M7.0$ or greater) that will offer a unique opportunity for both China and US dam research workers to work together, Topics for cooperation might be:

- Evaluation of seismic performance of high dam.
- Seismic safety of geo-technical systems, such as earth dams, retaining walls, performance of loess structures during earthquakes, etc.
- Seismic safety of long-span bridge and underground tunnel.
- Seismic analysis of extensively buried pipe-line and its seismic performance.

2. 4 Study on earthquake disaster mitigation for cities

- How to define a cities' capability in earthquake disaster resistance.
- How to develop a methodology to assess a cities' capability of earthquake resistance.
- What measure should be taken for reducing earthquake risks.
- Earthquake damage assessment for urban areas.
- Vulnerability analysis and strengthening methodology for existing masonry structures, frame structures and high rise structures etc.
- Vulnerability analysis for highway, bridge and pipeline network (including buried pipeline, erected pipeline, etc).

- Quick evaluation of post earthquake damage to a city.
- Development of high efficient emergency response technologies.

2. 5 Basic research in earthquake engineering and hazard mitigation

In spite of the great progress achieved in the field of earthquake engineering during the past fifty years, the basic research on earthquake engineering, particularly for those devastating earthquakes, is still in need to expand our knowledge and strengthen our defenses. The research areas are as follows:

- Better prediction of future ground motion.
- Foundations of performance based design and performance based engineering.
- Developing optimum seismic design criteria to control structural performance and even economic and life losses at an effective costs.
- Better understanding, quantifying and minimizing uncertainties in all aspects involving in seismic design procedures.
- Reliability based seismic design theory and practice.
- Pile-soil-structure interaction.
- Similarity rule of dynamic structural testing.
- Study on seismic performance of geo-technical structures. Study on seismic performance of geo-technical structures.

2. 6 Research on seismic design codes

It is noteworthy that all major earthquake disasters during the past twenty years have occurred in countries where the seismic design code was available, so it is clear that having a seismic code is not sufficient to prevent earthquake disasters. Examples of such disastrous earthquakes are the 1999 Izmid, Turkey Earthquake; the 1999 Jiji, Taiwan China Earthquake; the 1995 Henshin, Japan Earthquake; the 1994 Northridge, California U. S. Earthquake; the 1976 Tangshan, China Earthquake; and many others. In the past, the usual procedure for upgrading seismic code has been to wait until a destructive earthquake occurred and then to change the building code to strengthen the demonstrated weakness, and then wait for the next earthquake to demonstrate other weakness. This is not an efficient way of reducing earthquake disasters. It would be more advantageous to improve the seismic code as new knowledge is developed by research and experience, rather than to build under the existing code while waiting for the next earthquake. In drafting a new seismic code, or revising an existing code, it is necessary to balance the cost of seismic design against the reduction of future losses from earthquakes. The estimation of future losses must recognize not only structural damage but also the economic and social impacts that can be very severe (Housner, 1996).

In China, there has been forty years since the first draft seismic code was prepared in 1959. The latest code was revised in 1989. It is not sufficient to have only one seismic code in so vast territory of China where seismicity, construction technologies and materials are very different from regions to regions. To change this situation, as the first step it is necessary to develop a "model code" as United States and other countries do. The model code would serve as an educational document for design engineers and seismic code compliers for preparing the local code. It is important to learn experiences and lessons from United States and other countries. The possible areas for cooperation are:

- Research and development of the seismic model code.
- Comparative study on different seismic codes over the world.
- The cost-benefit and cost effective analysis of seismic codes.

2. 7　Research related social-economic aspect

Socio-economic policy research should address the evaluation of risk associating with various socio-economic consequences of seismic hazard applied to large cities. The interaction between subsystems within cities and the effects of both direct and indirect losses should be assessed. The comparison of methods and techniques for assessing the socio-economic risks associated with multiple hazards to large cities with different backgrounds and systems. Possible cities for comparison include Beijing, San Francisco, Seoul, Shanghai and Tokyo.

3　Non-traditional research areas recommended for future cooperation

In recognition of the recent rapid advancement of technologies related to earthquake engineering, new approaches to hazards mitigation based on innovative technologies need to be developed and validated. Emphasis shall be placed on broad-based, multidisciplinary activities that would accelerate application and implementation of research results. Topics suggested for cooperative research are as follows.

3. 1　Innovations for high rise structures

The rapid increase in the construction of tall structures in seismic zones requires special attention to their safety under natural hazards, such as earthquakes, wind and soil failures. In particular attention should be directed at:

- Development of new materials and methods of construction, fabrication and manufacture, for example, composite materials adapted from aerospace applications may prove advantages for all structures. Similarly, new applications of reinforced concrete may be still suitable for continuing cooperation and structural steel applications may be of particular interests for future joint research between China and the USA.
- Development of improved methods for controlling structural response.
- New methods for active, passive and hybrid structural control should be developed and the applicability of existing methods should be extended. In both cases, the performance, practicability and reliability of the methods should be thoroughly

investigated through analysis as well as laboratory and field tests. Earthquake, wind and other dynamic excitations should be considered.

- Development of improved damping characteristics.

Viscous damping is an important characteristic of tall structures affecting dynamic response. Improved methods are needed to estimate the values of viscous damping inherent in various types of tall structures. Similarly, devices or construction techniques should be developed to increase damping values to artificially high levels and new design methods need to be formulated and verified accounting for these new characteristics.

3.2 Facilitating the application of advanced technologies

The rapid development of new technologies such as smart materials and intelligent structures, advanced sensors, super computing power, information technologies, wireless communication, geographical information system, remote sensing technology, structural control, etc. will provide not only an unprecedented opportunity for improving seismic risk control but also some new tools for solutions of better understanding the seismic damages that cannot be solved by traditional approaches, such as, to detect and diagnose the hidden and/or localized damage by health monitoring system, to improve structural performance by functional materials, to measure seismic displacement-time history curve of structures during earthquake with Global Positioning Systems, to prepare an efficient post quake emergency plan by using the Geographical Information System technology and so on. These technologies will improve the science and practice of earthquake engineering, and will allow better communication, nationally and internationally, with the public and decision-makers responsible for earthquake risk reduction.

Furthermore, the author wishes hereon to emphasize the prospects of the application of satellite remote sensing technology and the so-called Digital Disaster Reduction System (DDRS) in earthquake disaster reduction.

4 Application of recent satellite remote sensing technology in earthquake disaster reduction

With the high-speed development of satellite remote sensing technology, it has played significant roles in reducing various kinds of natural disasters, for examples, in forecasting and controlling of flood, forecasting hurricane, monitoring landslides and forest fire and so on (Table 1). Regretfully, as we understand that the satellite remote sensing technology is rarely applied both at home and abroad for earthquake disaster reduction. It is because that on the one side, earthquake is a very complicated natural phenomenon with its indistinct genesis mechanism and occurrence of very low probability and on the other side, the resolution of satellite remote sensing image is too low and satellite re-visit period is too long that constrain this technique to be used in earthquake disaster reduction

Table 1 Application of satellite remote sensing in disaster reduction

Disaster	Monitor	Prediction	Prewarning	Emergency
Drought	OK	OK	OK	OK
Flood	OK	OK	OK	OK
Bush fire	OK	OK	OK	OK
Hurricane	OK	OK	OK	OK
Landslide	OK	Limited	Limited	Limited
Volcano	OK	OK	OK	OK
Earthquake	NO	NO	NO	NO

Fortunately, the new development of satellite remote sensing technology, such as, successfully launching a series of radar satellites, emergence of international open market for high revolution remote sensing satellite and rapid development of micro-satellite and constellation technique, can greatly shorten the satellite re-visit period and reduce cost by a large amount, and then can make it possible to play an important role in earthquake disaster reduction.

The satellite remote sensing technologies can be used in rapid assessing the seismic damage for effective post quake emergency action and in monitoring crustal movement for better understanding of seismic risk (Xie and Zhang, 2000).

4.1 Rapid evaluation of seismic damage by satellite remote sensing

An efficient emergency plan should be based upon a rapid and accurate estimation of seismic data, such as the extent and distribution of building structures damaged and destructed, the damage to urban lifeline systems, large reservoirs and highways, passable capacity of urban traffic paths, casualties and injured and even the outline of overall damage to the city and its vicinities. As we estimate for an emergency activity, such information should be provided no later than 8 ~ 10 hours after the occurrence of a devastating earthquake. It is convinced that no other technologies like satellite remote sensing technologies can provide rapidly such data without any limitation to time (day or night), weather and location of the city. However, to meet such demand we need very high space resolution and short re-visit cycle period of satellite remote sensing technologies. At present time the United States has launched several commercial satellites, such as Orbview-3, Quick-bird and Ikonos-3 with high resolution of 1 ~ 3 meter that are quite accurate for post-quake damage assessment. But their revisit cycle periods are about 10 ~ 15 days still too long to be sufficient for earthquake emergency plan and action. The way to shorten the revisit cycle period is to develop the micro-satellite constellation technologies. It could expect that such constellation will be launched very soon from the United States, Canada, Europe and China. As earthquake engineers, we should prepare the appropriate techniques and methods to analyze the data collected from remote sensing imagines. It is needless to say that is one of the exciting areas for bilateral collaboration.

4. 2　Improvement of hazard analysis by monitoring crustal movement with satellite remote sensing technologies

It is known that the available seismic hazard analysis methods could be used in seismic mapping or assessing the possible peak ground motions for seismic design. It is based on the existing knowledge of tectonic geology. However such knowledge is quite not sufficient for accurate assessment of future earthquake. For example, many earthquakes like Hanshin Japan earthquake were caused by hidden strike faults that were unknown by both geologists and seismologists. To avoid repeat of such tragedy we should monitor and understand the changes of crustal movement. The radar satellite provides a powerful tool for monitoring such kind of crustal movement satellite (SAR or InSAR) which is an active microwave remote sensing tool. It can penetrate through cloud, fog, rain, and snow, and work in all weather and full day. It can receive data from very rough configuration of geometric structure and echo nature of ground substance. The crustal deformation can be easily detected by such technology.

4. 3　Potential area of satellite remote sensing technologies for cooperation

- Exchange of remote sensing data,
- Development of imagine processing and analysis methods,
- Identification of seismic damage to the city from remote sensing data, and
- Developing rapid analytical method for damage identification.

5　The concept of the digital disaster reduction system (DDRS)

In the history of earthquake engineering development, the past fifty years can be characterized as a growing period during which knowledge was built and the earthquake engineering manpower base developed. Now the earthquake engineering has developed into an integral part of the engineering profession that is built on a solid foundation of theoretical, analytical, field and laboratory experimental knowledge through well-balanced research. However, the existing knowledge is still quite not sufficient for the requirement of seismic safety. The science and technique of earthquake engineering cannot provide efficient technologies to reduce the seismic losses at an effective cost. Now earthquake scientists and engineers have little knowledge about the time and place of occurrence of earthquakes. The rapid elapse of earthquakes that occurred suddenly, provide little opportunities for researchers to study response and damage of structures in detail and in depth. The devastating earthquakes had damaged and collapsed countless buildings and various structures, even very modern infrastructures, However we cannot reproduce such damage completely because we do not fully understand the mechanism and whole process of various types of damages. It is believed that in case seismic damage could be well duplicated on the screens of computers, earthquake engineers will have a powerful tool with which performance of structures during earthquakes could be identified and appropriate criteria for earthquake resistance design and strengthening of existing hazardous structures could be well developed. However, it is rarely possible to solve this problem by traditional approaches. It needs not only the integrated knowledge involved in earthquake engineering but also the new technology such as Virtual Reality incorporated (Xie and Wen, 2000). Development of the Digital Disaster Reduction System might be one of the best choices for this purpose.

5.1 What is the digital disaster reduction system (DDRS)

The Digital Disaster Reduction System (DDRS) would be a specially designed system to study the virtual seismic damages that may happen to real structures during real earthquakes. The DDRS is constituted by integrating of computer hardware and software, supported by the large-scale database, Remote Sensing, Global Positioning System, Geographic Information System and Virtual Reality technology, with rational mathematical and physical models of disasters and high-fidelity simulation as the core of the system to simulate the whole process of seismic disasters. The proposed DDRS could be applied as a powerful tool not only for seismic disasters study but also for other natural disaster research.

5.2 The use of the DDRS

DDRS is a virtual reality computer system designed to simulate the occurrence and propagation of disaster and whole process of damages caused by natural disasters. In the frame of the DDRS, digital earthquake, digital flood, and other digital natural hazards are the research objects of the DDRS. Taking earthquake as an example, with the real accelerograms and the real seismic damages to the ground surface and structures as the final goals of simulation, we can understand the damage process step by step through adjusting the constitution parameters and the physical and mathematical models of virtual environments (such as faults, sites, structures and so on) within the DDRS. Similarly, This system can be used to simulate independently different processes of disaster, such as source mechanism and source rupture, strong ground motions and response of and damage processes of the structures. DDRS is ultimately expressed by using Virtual Reality (VR). VR is specific expression of visualization in scientific computing, a process in which large numbers of data obtained from scientific experiments or numerical computation are converted to something perceptible through computer system, which create a better virtual environment for the researchers (Xie and Wen, 2000).

6 Conclusions

The bilateral cooperation under the Annex III of Earthquake Engineering and disaster mitigation to the China-US Protocol for joint studies in Earthquake was initiated in 1980. There has been a worthwhile exchange of information and excellent results worked out over these twenty years and we can look forward to more active and fruitful collaboration in the New Century. For this purpose, some research areas to earthquake engineering both in traditional and non-traditional approaches for future cooperation are recommended. As one of the exciting research topics in earthquake engineering, "Reproduction of Seismic Damage" is proposed as an initiative project that needs international concerted efforts from various disciplinary areas. It is anticipated that this will stimulate bilateral and international cooperation in engineering and science related earthquake as well as other natural disasters.

References

Ding G, 1988. A brief introduction to recent strong earthquake activity in the continent of China. Proceedings of the Sino-American Workshop on Strong-Motion Measurement. December 13-15, 1988. California Institute of Technology, Pasadena, California, U. S. A. 15-19.

Housner G W, 1996. Preface. Proceedings of the PRC-U. S. A. Bilateral Workshop on Seismic codes. December 3-7, 1996. Guangzhou, China.

U. S. Panel on the Evaluation of the U. S. P. R. C. Earthquake Engineering Program and Commission on Engineering and Technical Systems of U. S. National Research Council 1993. Printed in the United States of America.

Xie L, Wen R, 2000a. Digital disaster reduction system (text in Chinese with English abstract). Journal of Natural Disasters, 9 (2): 1-9.

Xie L, Wen R, 2000b. Application of satellite remote sensing technology in earthquake disaster reduction (text in Chinese with English abstract). Journal of Natural Disasters, 9 (4): 1-8.

Research on performance-based seismic design criteria[*]

Xie Li-Li[1,2] and Ma Yu-Hong[1]

(1. School of Civil Engineering and Architecture, Harbin Institute of Technology, Harbin 150090, China;

2. Institute of Engineering Mechanics, China Seismological Bureau, Harbin 150080, China)

Abstract   The seismic design criterion adopted in the existing seismic design codes is reviewed. It is pointed out that the presently used seismic design criterion is not satisfied with the requirements of nowadays social and economic development. A new performance-based seismic design criterion that is composed of three components is presented in this paper. It can not only effectively control the economic losses and casualty, but also ensure the building's function in proper operation during earthquakes. The three components are: classification of seismic design for buildings, determination of seismic design intensity and/or seismic design ground motion for controlling seismic economic losses and casualties, and determination of the importance factors in terms of service periods of buildings. For controlling the seismic human losses, the idea of socially acceptable casualty level is presented and the "Optimal Economic Decision Model" and "Optimal Safe Decision Model" are established. Finally, a new method is recommended for calculating the importance factors of structures by adjusting structures service period on the base of more important structure with longer service period than the conventional ones. Therefore, the more important structure with longer service periods will be designed for higher seismic loads, in case the exceedance probability of seismic hazard in different service period is the same.

Introduction

At present, the proper design and construction of buildings for earthquake-resistance is the most effective measure to mitigate the earthquake damage. In a broad sense, the earthquake resistance design should include the following seven contents:

1) Determining the seismic design criteria

2) Determining the seismic design goals

3) Determining the seismic design parameters (intensity or ground motion) and their numerical values

4) Determining the category of importance for buildings and corresponding importance

---

* 本文发表于 *Acta Seismologica Sinica*, 2002 年, 第 15 卷, 第 2 期: 214-225 页.

coefficient

　　5）Determining the seismic design method for engineering

　　6）Determining the appropriate seismic measure for both design and construction

　　7）Determining a relevant provision so as to ensure the quality of construction

　　A complete seismic design code should specify the above seven terms in detail provisions so as to ensure the structure to be designed economically and safely. Among these seven terms, the first four terms that will regulate the seismic design loads for structures serve as the base of seismic design and are usually specified in the general part or the first several chapters of the seismic design code. In this paper, all the research is focusing on these four aspects.

　　Since 1970, the facts that a series of devastating earthquakes occurred in big or moderate cities over the world have provided a unique opportunity to promote the research on seismic codes worldwide. The idea of performance-based seismic design brings a new challenge to earthquake engineering community. It is clear that the seismic performances of buildings depends on the seismic design criterion to large extent. Seismic behaviors of the buildings during earthquake was apparently different with different seismic design criterion (Xie, 1996). Thus, the performance-based seismic design criterion is the key issue in the Performance-based Seismic Design, which is significant to improve and develop the Earthquake-resistant Design Regulation.

1　Performance-based three-level seismic design method

　　The principle of the Chinese seismic design for buildings is "economy and safety, and especially to ensure the safety of human lives". The corresponding seismic design goals are to secure that designed structure can resist against minor earthquake without any damage, resist against moderate earthquake without structural damage as far as they remain repairable and resist against strong earthquake without collapse. So the basic thoughts of the seismic design code are "most buildings might be allowed to be destroyed during devastating earthquake, but human's life must be safeguarded". For this purpose, the contents of earthquake protection in seismic design code mainly include "determining seismic design intensity or seismic design ground motion" and "determining factors of importance for structures". These design principle, objectives and thoughts as mentioned above have played an important role in earthquake-resistant design of our country, particularly in the past thirty years when level of country economy was quite low and also there was lacking of understanding of earthquake damage mechanism. But from the view of modern technology and present situation of social and economy development, the conventionally used thoughts and method of seismic design have appeared many deficiencies so that it can no longer adapt to the nowadays-social requirement. For example:

　　(1) Seismic intensity or seismic design ground motion is directly taken from the seismic zoning map as the results of the seismic analysis. It is rarely to consider effects, the quantitatively or semi-quantitatively, of fortification intensity's value on the possible economic losses and casualty. So, it is difficult to control economic losses and casualty in future earthquake by setting

the fortification intensity or seismic ground motion's values.

（2）While determining the "small" or "major" earthquakes（namely, frequently occurring earthquakes with exceedance probability of 63% in 50 years or rarely occurring earthquakes with exceedance probability of 2% in 50 years respectively）, it is assumed in the code that the same intensity differences between the "small" earthquakes and "moderate" earthquakes（namely, occasionally occurring earthquake with exceedance probability in 50 years）, or between "moderate" and "major" earthquakes are used for the whole country, without consideration of the significant difference of seismic hazard in the various regions of the countries so that the differences between "moderate" and "major" earthquakes, and/or "moderate" and "major" earthquakes are apparently different. As a result, the safety of the designed structures will be underestimated in some regions and overestimated in others.

（3）The present design principle of the earthquake-resistant design regulations is ensuring the structure no collapse and safety of human lives, however, it dose not take any care of whether the function of buildings in occupation could be still maintained during earthquake. The recent devastating earthquakes occurring in the past 20 years have indicated that even many structures had not suffered collapse or serious damage, the economic losses were very serious and unacceptable. The reason is that the damages resulted in the loss of the building's function in occupation that caused high economic losses due to interruption of proper production. It is obvious that this simple design principle cannot satisfy social and public requirements for seismic design of building.

（4）Category of importance for buildings is scaled by the factors of importance, by which the seismic design load or the corresponding seismic measures could be adjusted. But these factors were determined only by rules of thumb so that the reliability of building with different importance factors can not be quantitatively described. Moreover, for the buildings of same category of importance, the importance factors of buildings are completely same without consideration of the possible differences of seismic hazards among different regions. It will also cause the safety of designed structures underestimated or overestimated

In this paper, a new performance-based seismic design philosophy, its criterion, goal, and the approach of determining seismic design loads and seismic importance factors are presented. The method presented can effectively control economic losses and casualty, and ensure building's function in occupation. It embodies classification of seismic design for buildings; economy and safety control based seismic design and determining of the importance factors of buildings.

2　Classification of seismic design for buildings

Classification of seismic design for building prescribes seismic design category of buildings, including seismic design method and corresponding seismic measure. It is sorted by the design ground motion and the building's function in occupation. Table1 illustrated how the classification can be determined for a building according to the design earthquake ground motion and its function in occupation of buildings for the occasionally occurring earthquake (Xie, 2000). From classification A to E, the seismic design requirements vary from low to high, and classification E is needed to be used for the highest seismic design requirement. The detail of Classification A, B, C, D, E is out of scope of this paper and will be discussed in other papers.

Table 1   Classification of seismic design (Exceedance probability 10% in 50 years)

Earthquake design levels/g	Function in occupation			
	IV	III	II	I
0. 05	B	A	A	A
0. 10	C	B	B	A
0. 15	D	C	B	A
0. 25	E	D	C	B
≥0. 40	E	E	D	B

3   Seismic design intensity or design ground motion

Determination of seismic design intensity or seismic design ground motion is the most important step for seismic design. The design intensity or design ground motions are usually prescribed by the decision-making process based upon the outcome of seismic hazard analysis and the expected performance of buildings as well as their social-economical conditions. The flowchart of the decision-making process is shown in the Figure 1.

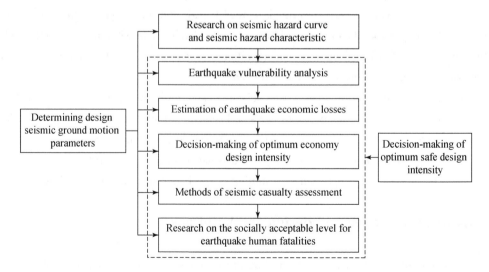

Fig. 1   Step of determining design seismic ground motion parameters

3. 1   Determining of " small " and " major " earthquake in consideration of earthquake environment

In the Chinese seismic design code of GBJ11-89, and GB50011 which will be adopted, the goal of the seismic design is stated as " no damage will happen to the designed structures during ' small' earthquake, the designed structures will be repairable after its experience of ' moderate' earthquake and of no collapse after experiencing of ' major' earthquake" . For determining "small" or "major" earthquakes, it is assumed that the differences of intensities or peak ground accelerations in the whole country between the "small" earthquake and "moderate" earthquake and that between the "moderate" and "major" earthquakes for the whole country are respectively the same. This conclusion was obtained from only a limited results of the research conducted by GAD (1989) with rather high uncertainties. Therefore, two fixed values of 1.55° and 1° were adopted as the differences of the design intensity between the "small" earthquake and "moderate" earthquake and that between the " moderate " and " major " earthquakes for the whole country respectively. However, the fact is that the China is so extensive that the seismic hazards for different regions are very different, so it is essential to take into account the differences of seismic hazard in seismic design for different regions. A research on differences of intensities and its effects on seismic design ground motion in considering the real earthquake environment is described in this section.

The coefficient k is defined as shape factor of the intensity probability distribution curve and is used as a characteristic parameter to describe the seismic hazard differences for different areas. Finally, the China can be classified into three zones (I, II, III) as a result of the statistical analysis of seismic hazard characteristic parameter k for 6376 different areas in the whole country and its neighbor countries. (Li, 1999).

Seismic hazard curves of intensity i, seismic influence factor α_{max} and seismic coefficient K will be computed from the following equations respectively:

$$\lg[-\ln(1-P)]+0.9773=k\lg\left(\frac{12-i}{12-I_0}\right) \tag{1}$$

$$\lg[-\ln(1-P)]+0.9773=k\lg\left(\frac{0.85-\lg\alpha_{max}}{0.85-\lg\alpha_{max}^{10}}\right) \tag{2}$$

$$\lg[-\ln(1-P)]+0.9773=k\lg\left(\frac{0.50-\lg K}{0.50-\lg K_{10}}\right) \tag{3}$$

where, P is exceedance probability; k is shape factor, obtained from the results of seismic hazard analysis of 6376 points, for Zone I, II, III, $k = 6$, 10, 20; I_0, α_{max}^{10}, K_{10} are basic intensity, seismic influence factor and seismic coefficient respectively for a 10% exceedance probability in 50 years.

Based on these seismic hazard curves, seismic intensity, seismic influence factor and seismic coefficient of 1905 cities for the frequently occurring earthquake and the rarely occurring earthquake are computed in this section. The mean value of seismic intensity, seismic influence factor and seismic coefficient for the frequently occurring earthquake and the rarely occurring earthquake in three seismic hazard characteristic zones are obtained. Their computing results are given in Table 2a and Table 2b respectively.

From Table 2a and Table 2b, it can be found that the difference between the value of Code GBJ11-89 and the actual computing mean value for seismic intensity and seismic ground motion parameter in each hazard zone is obviously. This shows that it is not appropriate for design using the Code value for the city or town in different hazard zone. It will cause designed buildings sometime excessively safe, sometime safe. The Code GB50011 - 2001 did change some seismic design ground motion value, however, has not thoroughly solved the existing problem. It is emphasized that, for different regions, the design intensities or design ground motion should be different, and must adhere the result given by the regional seismic hazard characteristic analysis as this paper mentioned.

Table 2a　Intensity difference among various seismic hazard characteristic zones

Intensity Difference		Seismic hazard characteristic zones			The Code GBJ11-89
		Zone I ($K=6$)	Zone II ($K=10$)	Zone III ($K=20$)	
Intensity difference between small and medium earthquake (63%)	Mean value	-1.78°	-1.28°	-0.82°	-1.55°
	Standard deviation	0.25°	0.20°	0.22°	
Intensity difference between major and medium earthquake (2%)	Mean value	+0.97°	+0.77°	+0.54°	+1.0°
	Standard deviation	0.13°	0.10°	0.13°	

Table 2b　Mean values of earthquake influence coefficient α_{max} and earthquake coefficient k for "small" and "major" earthquake in different seismic hazard characteristic zones

	Parameter	6°			7°			8°			9°		
		Zone I	Zone II	Zone III	Zone I	Zone II	Zone III	Zone I	Zone II	Zone III	Zone I	Zone II	Zone III
α_{max}	Small earthquake (63%)	0.024	0.049	0.064	0.058	0.097	0.128	0.144	0.202	—	0.40	0.466	—
	The Code GBJ11-89	0.04			0.08			0.16			0.32		
	The Code GB50011	0.04			0.08 (0.12)			0.16 (0.24)			0.32		
	Major earthquake (2%)	0.29	0.21	0.18	0.49	0.39	0.33	0.84	0.72	—	1.41	1.32	—
	The Code GBJ11-89	0.25			0.50			0.90			1.40		
	The Code GB50011	—			0.50 (0.72)			0.90 (1.20)			1.40		
k	Small earthquake (63%)	0.010	0.020	0.027	0.025	0.042	0.056	0.064	0.092	—	0.176	0.207	—
	Major earthquake (2%)	0.124	0.088	0.076	0.214	0.170	0.146	0.373	0.322	—	0.628	0.586	—

3.2　Decision-making model of optimal economic design intensity

The decision-making for the reasonable seismic design intensity is a dynamic decision-making process with multi-variables, multi-objectives and multi-constraints (Xie, 1996). It is complex how to consider casualty factor in decision-making process. So the conceptions of "Optimal economic design intensity" and "Optimal safe design intensity" are established. The optimal economic design intensity is defined as a design intensity, which is conditioned only on the minimal earthquake-resistant investment with little account for controlling seismic mortality. The optimal safe design intensity is defined as a seismic design intensity, which is conditioned on not only to minimize the economic losses but also to control the seismic mortality below the acceptable level. In this section, determining of the optimal economic design intensity is discussed firstly.

The optimal economic design intensity can be determined by decision-making analysis. The objective function of the decision-making analysis is minimizing the sum of the extra cost of structure for earthquake protection and expected possible economic losses during earthquake. The analysis method can determine a reasonable scientific basic intensity (a 10% exceedance probability in 50 years), and considering quantitative effects of fortification intensity's value on earthquake economic losses, so as to control economic losses by adjusting seismic design intensity. The objective function of the decision-making analysis is given as:

$$S(I_d) = C(I_d) + LP(I_d) \rightarrow \text{Minimum} \tag{4}$$

$$LP(I_d) = \tau \cdot [L_1(I_d) + L_2(I_d)] \tag{5}$$

$$L_1(I_d) = \sum_{I_i=6°}^{10°} \sum_{j=1}^{5} P(D_j \mid I_d, I_i) \cdot l_1(D_j) \cdot W \cdot P(I_i) \tag{6}$$

$$L_2(I_d) = \sum_{I_i=6°}^{10°} \sum_{j=1}^{5} P(D_j \mid I_d, I_i) \cdot l_2(D_j) \cdot Y \cdot P(I_i) \tag{7}$$

where I_d is fortification intensity; $C(I_d)$ is the extra cost of structure for earthquake protection; τ is the loss modification coefficient in order to consider indirect economic losses; $L_1(I_d)$, $L_2(I_d)$ and $LP(I_d)$ are direct economic loss, property loss, total expected loss for building or structure, respectively; $P(D_j \mid I_d, I_i)$ is vulnerability matrix; $l_1(D_j)$ and $l_2(D_j)$ are direct economic loss ratio and property loss ratio respectively, corresponding to every damage grade; D_j is damage grade of structure, $j = 1, 2, 3, 4, 5$ represent complete slight, moderate, extensive damages and collapse, respectively; $P(I_i)$ is probability of occurrence for intensity; W, Y are the cost of the structure and contents inside respectively (Ma, 2000).

For example, the decision-making result of the optimal economic design intensity in Beijing is given in Figure 2. It is obvious that the intensity 8° corresponding to the lowest point for the curve of the sum of investment and expected seismic economic losses during earthquake is the optimal economic design intensity for Beijing.

3.3 Decision-making model for optimal safe design intensity

The key problem of the decision-making analysis for the optimal safe design intensity is how to formulate the objective function and the corresponding restraint conditions. The purpose of determining the optimal safe design intensity is to control earthquake casualties quantitatively or semi-quantitatively. Therefore the conception of the socially acceptable level for earthquake human

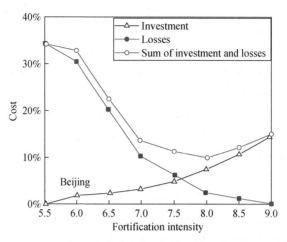

Fig. 2　Decision-making of optimum economy design intensity in Beijing

fatalities is presented in this paper. For a city or a region, socially acceptable mortality is defined as a ratio of maximum death toll to the total population of this city or region in a future earthquake, which can be accepted by society. It is an expected limitation of earthquake mortality, and is not the actual mortality during an earthquake in a city or a region.

　　Earthquake protection is in the scope of risk management from its nature. Determining acceptable risk level is one of key components for risk management. So, the socially acceptable earthquake mortality is a kind of risk level. For the socially acceptable earthquake mortality, different communities may have different choices according to their local social and economic situations. According to the statistics of mortality in traffic accidence, fire calamity and various natural disasters, after consulting some correlative experts in the form of questionnaire, ten grades of socially acceptable earthquake mortality ratio are given in Table 3 (Ma, 2000). In Table 3, the number represent the socially acceptable mortality, namely the ratio of the acceptable death toll to the total population in a city or area. Of course, the acceptable mortality will be in effective after approval by the local government, disaster management department or legislative institution finally.

Table 3　Grade of socially acceptable earthquake mortality for different seismic intensities

Intensity	VI	VII	VIII	IX	X	Intensity	VI	VII	VIII	IX	X
Grade ①	1×10^{-8}	2×10^{-8}	1×10^{-7}	5×10^{-7}	2×10^{-6}	Grade ⑥	2×10^{-5}	5×10^{-5}	2×10^{-4}	1×10^{-3}	5×10^{-3}
Grade ②	2×10^{-8}	5×10^{-8}	2×10^{-7}	1×10^{-6}	5×10^{-6}	Grade ⑦	1×10^{-4}	2×10^{-4}	1×10^{-3}	5×10^{-3}	2×10^{-2}
Grade ③	4×10^{-8}	1×10^{-7}	4×10^{-7}	2×10^{-6}	1×10^{-5}	Grade ⑧	2×10^{-4}	5×10^{-4}	2×10^{-3}	1×10^{-2}	5×10^{-2}
Grade ④	2×10^{-7}	5×10^{-7}	2×10^{-6}	1×10^{-5}	5×10^{-5}	Grade ⑨	1×10^{-3}	2×10^{-3}	1×10^{-2}	5×10^{-2}	2×10^{-1}
Grade ⑤	6×10^{-6}	1×10^{-5}	2×10^{-5}	4×10^{-4}	3×10^{-3}	Grade ⑩	2×10^{-3}	5×10^{-3}	2×10^{-2}	1×10^{-1}	5×10^{-1}

　　In Table 3, from grade① to the grade ⑩, the value of the socially acceptable mortality becomes larger and larger, namely the number of fatalities to be accepted became more and more. Of course, different communities may have different choices according to local social and economic situations. Therefore, the level should be flexible and allow for various choices.

It has been mentioned that the optimum safe design intensity should be optimal in economic sense and also assure seismic mortality below the prescribed acceptable level. In the model of optimum decision-making, S (I_d) as defined above is still taken as the objective function and the controlled mortality is regarded as the constraint condition. The optimum safe seismic design intensity can be determined only when both objective function and constraint condition are satisfied.

It is assumed that the optimum safe seismic intensity should ensure earthquake mortality below the socially acceptable levels for "a frequently occurring earthquake", "occasionally occurring earthquake" and "rarely occurring earthquake", the constraint condition of socially acceptable mortality can be expressed as:

$$\begin{cases} RD_{I,I_{63}} \leqslant RD_{acc,I_{63}} \\ RD_{I,I_{10}} \leqslant RD_{acc,I_{10}} \\ RD_{I,I_{2}} \leqslant RD_{acc,I_{2}} \end{cases} \tag{8}$$

where I_{63} stands for intensity of a frequently occurring earthquake with exceedance probability of 63% in 50 years; I_{10} is the intensity of an occasionally occurring earthquake with exceedance probability of 10% in 50 years; I_2 is the intensity of a rarely occurred earthquake with exceedance probability of 2% in 50 years; $RD_{I,J}$ is the estimated earthquake mortality caused during the earthquake of intensity I_J, of a city within which the buildings were designed against the earthquake of intensity I; RD_{acc,I_J} is socially acceptable mortality for the concerned city (see Table 3); I_J is earthquake intensity that might be one of I_{63}, I_{10} and I_2.

In determining seismic design loads, the first step is to calculate the optimum economic intensity by minimizing the objective function, and then, substitute the obtained intensity into the inequalities (8). If the inequalities are satisfied, this optimum economic intensity will be the final optimum safe design intensity, otherwise, the intensity must be recalculated by finding the next minimum solution of the optimum economic intensity and then substitute into the inequality (8); the remaining steps are the same as above. Finally, the optimum safe design intensity can be determined in the case when the objective function and the constraint condition are both satisfied. This method is named here as "two-step decision-making" method. The decision-making process is illustrated in Figure 3.

The mortality RD_{I,I_J} of structure subjected to earthquake ground motions corresponding to intensity I_J is given as:

$$RD_{I,I_J} = f_t \cdot f_\rho \cdot \sum_{J=1}^{5} P(D_j \mid I, I_J) \cdot l_5(D_j) \cdot P(I_J) \tag{9}$$

where, l_5 (D_j) is mortality corresponding to various damage categories D_j, obtained from statistical data at home and abroad; f_ρ and f_t are the modified coefficients corresponding to the different population density and the occurrence time of earthquake respectively; P (I_J) is occurrence probability of intensity I_J (Ma, 2000).

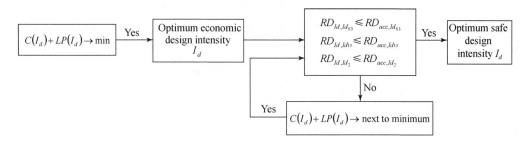

Fig. 3 Model of decision-making analysis of optimum safe design intensity

As a numerical example, nine cities are selected for determining their corresponding optimum safe design intensities. Their decision-making results of optimal safe design intensity are given in Table 4. From Table 4, it can be found that, generally, the optimum safe seismic design intensity is increased with decreasing of acceptable mortality grade. The lower the acceptable mortality grade is selected the higher the optimum safe design intensity is required, and the safer the designed structures will be. From grade ① → ⑩, optimum safe seismic design intensity decreases and the influence of various grades of acceptable earthquake mortality in determining seismic design load is apparent. Once an acceptable mortality ratio is selected according to the social and economic situations, the optimum safe seismic design intensity can be determined.

Table 4 Decision-making results of optimum safe design intensities of nine cities

City		Harbin	Hangzhou	Nanjing	Dalian	Shanghai	Beijing	Xi'an	Xichang	Tianjin
Basic intensity		6	6	7	7	7	8	8	9	7
Optimal economic design intensity		5.5	5.5	7	7	7	8	8	9	7
Optimal safe design intensity	Grade ①	8	8	9	9	9	9	9	10	9
	Grade ②	8	8	8	8	8	9	9	9	8
	Grade ③	8	8	8	8	8	9	9	9	8
	Grade ④	8	7	8	8	8	8	8	9	8
	Grade ⑤	7	7	7	7	7	8	8	9	7
	Grade ⑥	6.5	6.5	7	7	7	8	8	9	7
	Grade ⑦	6.5	6.5	7	7	7	8	8	9	7
	Grade ⑧	5.5	5.5	7	7	7	8	8	9	7
	Grade ⑨	5.5	5.5	7	7	7	8	8	9	7
	Grade ⑩	5.5	5.5	7	7	7	8	8	9	7

4 Importance of buildings

Classification of the buildings in terms of their importance is an importance component for engineering earthquake resistance design. At present, the importance coefficient of the building is usually adopted to increase or decrease the seismic design load or the corresponding seismic measure according to the level of importance of the structures all over the world. But importance coefficients of buildings are determined basically with the experience of experts, so it is hardly to explain what the reliability of building with different importance coefficient is like. Moreover, while determining the importance coefficient of buildings, the differences of seismic hazard in different regions are rarely taken into account and the actual meaning of importance can not be reflected. In this paper, the design basis period or the design service period is adopted to represent the importance of the buildings. And the rational values of seismic intensity, seismic influence factor and seismic coefficient for different earthquake design levels in three seismic hazard characteristic zones are discussed.

4. 1　Design basis period of buildings with different importance

Generally, the design basis period of buildings can be used as the service period of buildings. In case the probability of exceedance in the design basis period for design earthquake is determined the corresponding design intensity and seismic ground motion are different for different design basis periods. The longer the design basis period is the larger the design intensity and seismic ground motion will be. So we can assign buildings of different level of importance with the different design basis period to reflect importance of the buildings. And the buildings of higher level of importance will have longer design basis period or, service periods and with larger design intensity or design ground motion. For example, in case buildings are classified into four types (A, B, C, D) according to their importance, among them the level of A is the highest and D the lowest, and design basis periods (or service periods) of buildings with different importance are given in Table 5 (Ma, 2000).

Table 5　Recommendation of service period for buildings with different levels of importance

Category of importance	Service period TL/a	Importance factor φ	Category of importance	Service period TL/a	Importance factor φ
A	200	4	C	50	1
B	100	2	D	40	0.8

From Table 5, it can be found that the length of service period can quantitatively reflect the different levels of importance of various buildings. It should point out that the number of service period given in the Table 5 is used only for explanation of the example. The adopted length of the service period should be specified according to the local situation.

For the same probability of exceedance P, in the given design basis period or service period, the seismic design intensities or seismic design ground motions for different service periods can be derived as follows. Here, the service period is used to represent importance of building and expressed as TL, in particular, we use T_C (50) to represent the design basis period (50) years for conventional buildings, which is usually rated as C in the category of importance of buildings. If we use $N \cdot TL$ to represent recurrence period of earthquake concerned, where N is an arbitrary positive number. What relation is existed between the exceedance probability P^{φ} of the design earthquake with recurrence period of $N \cdot TL$ in TL years and the exceedance probability P for the same design earthquake in T_C (50) years? The relation of P^{φ} and P is:

$$P = 1 - (1 - P^{\varphi})^{1/\varphi} \tag{10}$$

where, φ is defined as the importance factor of building, equal to the ratio of service period TL to T_C, $\varphi = TL/T_C$. It means that the exceedance probability P^{φ} of some design earthquake in TL years is equivalent to the exceedance probability P of the same design earthquake in $T_C(50)$ years.

The equivalent exceedance probabilities for buildings of four categories of different importance, in $T_C(50)$ years of "frequently occurring earthquake" (63% exceedance probability in TL years), "occasionally occurring earthquake" (10% exceedance probability in TL years) and "rarely occurring earthquake" (2% exceedance probability in TL years) are showed in Table 6. For example, for frequently occurring earthquake, if exceedance probability of building of category A in 200 years is 63%, the corresponding exceedance probability in 50 years is 22%. The value of exceedance probability of each level of design earthquake for building of category C listed in the Table 6 is just the value of exceedance probability adopted in the Chinese seismic design Code GBJ11–89.

Table 6　Corresponding exceedance probabilities of the design earthquakes in 50 years for buildings of different category of importance

Design Level	Category of importance			
	A	B	C	D
Frequently occurring earthquake ($P^{\varphi} = 63\%$ in TL years)	22	39	63	71
Occasionally occurring earthquake ($P^{\varphi} = 10\%$ in TL years)	3	5	10	12
Rarely occurring earthquake ($P^{\varphi} = 2\%$ in TL years)	0.5	1	2	2.5

4.2　Determining seismic design loads of buildings with different importance in consideration of earthquake environment

The values of seismic design intensities or seismic design ground motions for buildings depend on not only the factors of importance, but also the seismic environment, i.e., the seismic hazards of the regions. Once category of importance for building is determined, the corresponding exceedance probability for design earthquake can be obtained from Table 6. Substituting P into the formula (1) ~ (3), the intensity, seismic influence factor and seismic coefficient for given building in $T_b(50)$ years at various design levels can be calculated. As a numeral example, the results for building of category A are indicated in Table 7. It is obvious that the differences of seismic hazards among different regions are considered in calculating seismic design parameters of various buildings, and the shortcoming in the existing code is overcome. In seismic design of buildings, Table 7 will be very useful.

Table 7 Fortification intensities and seismic ground motions of the building at different design levels

Category of importance	Zone	Basic Intensity i	Small earthquake ($P=0.22$)			Moderate earthquake ($P=0.03$)			Major earthquake ($P=0.005$)		
			Design intensity	Seismic influence factor	Seismic coefficient K	Design intensity	Seismic influence factor	Seismic coefficient K	Design intensity	Seismic influence factor	Seismic coefficient K
A	Zone I $K=6$	6	5.1°	0.064	0.026	7.1°	0.257	0.109	8.4°	0.608	0.261
		7	6.2°	0.136	0.059	7.9°	0.436	0.191	9.0°	0.900	0.395
		8	7.4°	0.295	0.131	8.7°	0.753	0.335	9.6°	1.348	0.600
		9	8.5°	0.656	0.291	9.6°	1.323	0.589	10.2°	2.046	0.911
	Zone II $K=10$	6	5.5°	0.083	0.035	6.7°	0.193	0.081	7.6°	0.350	0.149
		7	6.6°	0.169	0.073	7.6°	0.343	0.150	8.3°	0.566	0.248
		8	7.6°	0.352	0.156	8.5°	0.621	0.276	9.1°	0.928	0.413
		9	8.7°	0.748	0.332	9.4°	1.145	0.509	9.8°	1.547	0.688
	Zone III $K=20$	6	5.7°	0.100	0.042	6.4°	0.153	0.064	6.8°	0.214	0.090
		7	6.8°	0.198	0.086	7.3°	0.283	0.123	7.7°	0.373	0.163
		8	7.8°	0.399	0.177	8.2°	0.531	0.236	8.6°	0.664	0.295
		9	8.9°	0.822	0.365	9.2°	1.019	0.453	9.4°	1.204	0.536

5 Conclusions

Upon the analysis presented in the paper, following conclusions can be worked out:

(1) The classification of performance-based seismic design presented in this paper is an effective approach to involve principles of economy, safety and realization of functions of buildings during earthquakes.

(2) The differences of seismic hazard in different zones are properly accounted in determining the seismic design intensity or seismic design ground motion for "small" and "major" earthquake. Therefore, in three seismic hazard characteristic zones the seismic ground motion for the frequently occurring earthquakes, the occasionally occurring earthquakes and the rarely occurring earthquakes are different, even their design ground motions for occationally occurring earthquake are the same. This method seems more reasonable and with a sound scientific base that can avoid the underestimation of seismic design loads in some regions and overestimation of seismic design loads in other regions.

（3）The decision-making analysis presented in this paper has taken both economic losses and human life losses into account and it can not only minimize the economic losses but also control the seismic mortality lower than the acceptable level. The recommended socially acceptable mortality grade can be served as a guideline for the government or decision-making officials in determining their strategy for determining the fortification criterion based on the local social or economic situations.

（4）The service period of building is applied in scaling the degree of importance of buildings. The merits of this method are apparently, it is reasonable in physical meanings, explicit in conception and simple in calculation and it can be easily used in seismic design of engineering. Moreover, with different factors of importance, the rational values of design intensity, seismic influence factor and seismic coefficient for different earthquake design levels in three seismic hazard characteristic zones are discussed.

In summary, a complete set of theory on the performance-based seismic design criterion has been established in this paper, and can be used in the code for seismic design of buildings.

References

Gao X W, Bao A B, 1989. Anti-seismic level and values of "moderate" and "major" earthquakes for various types of building in seismic design. Earthquake Engineering and Engineering Vibration, 9 (1): 58-66 (in Chinese with English abstract).

Li Y Q, 1999. Seismic hazard characteristic zoning of China [MS Thesis]. Harbin: Institute of Engineering Mechanics, China Seismological Bureau: 18-29 (in Chinese with English summary).

Ma Yu H, 2000. Research on performance-based seismic design load [MS Thesis]. Harbin: Institute of Engineering Mechanics, China Seismological Bureau: 78-127 (in Chinese with English summary).

Xie L L, Zhang X Z, Zhou Y N, 1996. On the design earthquake level for earthquake resistant works. Earthquake Engineering and Engineering Vibration, 16 (1): 1-18 (in Chinese with English abstract).

Xie L L, 2000. Determination of seismic design load based on the concept of seismic performance design. World Information on Earthquake Engineering, 16 (1): 97-105 (in Chinese with English abstract).

Study on the severest real ground motion for seismic design and analysis[*]

Xie Li-Li[1,2] and Zhai Chang-Hai[1]

(1. School of Civil Engineering and Architecture, Harbin Institute of Technology, Harbin 150090, China;
2. Institute of Engineering Mechanics, China Seismological Bureau, Harbin 150080, China)

Abstract How to select the adequate real strong earthquake ground motion for seismic analysis and design of structures is an essential problem in earthquake engineering research and practice. In the paper the concept of the severest design ground motion is proposed and a method is developed for comparing the severity of the recorded strong ground motions. By using this method the severest earthquake ground motions are selected out as seismic inputs to the structures to be designed from a database that consists of more than five thousand significant strong ground motion records collected over the world. The selected severest ground motions are very likely to be able to drive the structures to their critical response and thereby result in the highest damage potential. It is noted that for different structures with different predominant natural periods and at different sites where structures are located the severest design ground motions are usually different. Finally, two examples are illustrated to demonstrate the rationality of the concept and the reliability of the selected design motion.

Introduction

As seismic input, the strong earthquake ground motion is the main cause for the damage to civil structures. In the seismic analysis and design the real strong ground motion is often selected as seismic action or as a kind of seismic load to structure. At present, whether the peak acceleration of ground motion transferred from seismic intensity or given by the seismic zoning map, or the acceleration values given by the design spectra of different site condition in all kinds of earthquake-resistance codes, the seismic load used is an average value which comes from the statistic result. Therefore, it is far-reach for the important structure design if only according to the peak acceleration given by the design codes and the design spectra. It is essential to select suitable real ground motion for structure to be checked. In fact, almost all the earthquake-resistance codes have the regulation: the important structures, such as long-span bridges, irregular structures particularly, structures of classification A and the high-rise buildings of which heights exceed the

---

* 本文发表于 Acta Seismologica Sinica, 2003 年, 第 16 卷, 第 3 期, 260-271 页.

limitation, must be checked with time-history analysis method for at least two real ground-motion records and one man-made record. So how to select the proper real ground motions for seismic design and analysis is a very important problem. The severest ground motions selected as input should satisfy the seismic codes in seismic design and analysis of structure primarily. In another word, the severest ground motions should satisfy the peak acceleration and site classification specified by the earthquake-resistance codes and the ground motions drive the structure to its critical response and thereby result in the highest damage potential. ·

At present, the EL CENTRO record (NS) of 1940 and TAFT record of 1952 are in the first place to be considered in the seismic design and structure analysis. What is the reason for selecting such records, whether the records are the severest design ground motions, and which records can be considered as the severest design ground motion are the issues this paper tries to solve. Study (Naeim, Anderson, 1993) shows that the values of peak acceleration (PA), peak velocity (PV), peak displacement (PD), effect peak acceleration (EPA), effect peak velocity (EPV) and duration of the EL CENTRO record (NS) of 1940 are 338cm/s^2, 36.45cm/s, 10.88cm, 290cm/s^2, 30.77cm/s and 29.3s, respectively, which only rank as 81, 87, 49, 99, 62 and 58 in a database that consists of more than five thousand significant strong ground motion records collected over the world. Evidently, whether the records should be considered as the severed design ground motion is a problem that ought to be further thought over.

The concept of the severest design ground motions is presented in the paper. A recently developed comprehensive method for estimating damage potential of ground motion (ZHAI, XIE, 2002) is used in selecting the severest design ground motions. The severest design ground motion corresponding to different site condition and different period structure are attained. Finally, the severest design ground motions are verified by two examples.

1　Concept of the severest design ground motion

For the seismic design and structure analysis, especially for the great complex structure, one of the most important tasks is selecting the proper real ground motion for design. The severest design ground motion is the real ground motion that can drive the structure to its critical response and thereby result in the highest damage potential. Clearly, the severest design ground motion is concerned about some seismic environment, which includes the seismic severity and site condition where structures are located.

The literature on the severest design ground motion has not been found in Chinese and abroad so far. Though in foreign country the study on this has appeared, the significant achievement has not been gained. Naeim and Anderson (1993) selected out 1157 horizontal components ($M \geqslant 5$ and peak acceleration larger than $0.05g$) from a database that consists of more than 5000 significant strong ground motion records collected over the world from 1933 to 1992. Then they selected all horizontal components which ranked in the top 30 of 1157 components based on the instrumental parameters (Naeim, Anderson, 1993) except bracketed duration (PA, PV, PD,

IV, ID) and basic spectral parameters (EPA and EPV). A set of 84 records was selected in this manner. Here IV is the abbreviation of maximum incremental velocity; ID is the abbreviation of maximum incremental displacement. Next they complemented this selection with a subset of 36 records, which are only characterized with significant long duration. Thus, a database of 120 records was formed. The design ground motion has not been presented the severest design ground motions, but a lot of important fundamental information for the formation of design ground motion concept and selection of design ground motion was offered. The 120 records selected by Naeim were not classified according to the site condition. And the information of sit condition of the 120 records was not offered. So it is difficult for these records to be used for practice.

The main purpose of this paper has two. Firstly, the concept of design ground motion is presented. Secondly, the design ground motions are gained by recently developed comprehensive method from a database that consists of more than five thousand significant strong ground motion records collected over the world.

2   Database for selecting the severest design ground motion

With classifying the records that we collected into Chinese records and foreign records, the severest design ground motions in this paper are determined.

Based on the 120 records selected by Naeim and Anderson (1993), 52 uniformly processed records with specific site condition are selected. Next another 4 records with ground-level recorded in the 1994 Northridge earthquake are complemented. Thus, a database of 56 abroad records used by this paper was formed. After that, 36 Chinese records (PA larger than $80 \mathrm{cm/s^2}$) with specific site condition are selected from the strong ground motion database of Institute of Engineering Mechanics (IEM), China Seismological Bureau. The 36 Chinese records are used by the paper.

The two databases have following characteristic: a) No matter which damage potential to be scaled, the abroad database, which consists of 56 records should be on top rank. Likewise, the 36 Chinese records have similar characteristic in the strong ground motion records database collected in China till 2001. b) The records of two databases are all uniformly processed and ranked in term of damage potential parameters. c) All of these records have comparatively reliable site condition.

3   Criteria of selecting the severest design ground motion

A recently developed comprehensive method for estimating damage potential of ground motion is used in selecting the severest design ground motions in this paper. a) First, the records are ranked respectively in term of all kinds of parameters (PA, PV, PD, EPA, EPV, Duration, IV, ID and spectral intensities) which can reflect the damage potential of strong ground motion. Then the top rank records form the preparing selection databases of severest design ground motion. The databases are the Chinese database and the foreign database mentioned above;

b) The preparing selection databases of severest design ground motion are ranked again for further comparing. Based on the dual failure criteria of displacement ductility and plastic cumulative damage, displacement ductility and hysteretic energy that stands for the plastic cumulative damage to structure are used to character the severity of ground motion. The records with highest values of displacement ductility and hysteretic energy are selected from the preparing selection databases of severest design ground motion. And the site condition, natural period of structure and regulation of codes are considered. Then the severest design ground motions with different site condition and different structure period are gained.

In the process of selecting the severest design ground motion, various parameters are comprehensively considered, such as PA, PV, PD, EPV, energy duration, displacement ductility and hysteretic energy, *etc.* With all kinds of strong ground motion parameters measured directly from ground motion records and the parameters derived from the elastic and inelastic response and with various seismic damage criterions, the real ground motion records from the prepared database were compared. Thus the event that various parameters can character the damage potential of strong ground motion in some conditions is admitted. Moreover, the event that these parameters will not character well the damage potential of strong ground motion in other conditions is also admitted. And the comprehensive method can fully involve the effects of the intensity, frequency content and duration of ground motion and the dynamic characteristic of structure.

The event of selecting the severest design ground motion from so many ground motions is a very complicated process, because it is affected by many factors. For instance, the severest design ground motion corresponding to different ground motion parameters and different structure parameters (period, damp, ductility, hysteretic model) may be different. It is impossible to select one kind of severest design ground motion for each possible parameters combination. But it must consider the effect of this difference in selecting the severest design ground motion. The effect of various factors is considered when we rank again the preparing selection databases of severest design ground motions. Here several basic concepts are presented, after that the effect of various factors is analyzed.

3.1 Several basic concepts

(1) Displacement ductility

$$\mu = \frac{v_{max}}{v_y} \tag{1}$$

where μ is the displacement ductility, v_{max} maximum displacement of inelastic system, v_y the yield displacement of system.

(2) Yield strength coefficient (or yield resistance seismic coefficient)

$$c_y = \frac{F_y}{mg} \tag{2}$$

where F_y is the strength of the system, mg the effect weight of the system.

（3）Hysteretic energy

The hysteretic energy is gained by subtracting the elastic strain energy $[f(t)]^2/2k$ from total strain energy $\int_0^t f(t)\,\mathrm{d}v$:

$$E_p(t) = \int_0^t f(t)\,\mathrm{d}v - \frac{1}{2k}[f(t)]^2 \tag{3}$$

where E_p is the hysteretic energy, $f(t)$ restoring force, k stiffness of system, v relative displacement.

（4）Equivalent velocity of hysteretic energy（Masayoshi, et al, 1996）

$$E_p = \frac{1}{2}mV_p^2 \tag{4}$$

where m is the mass of system, V_p equivalent velocity of hysteretic energy.

3.2 Factors considered in comparing the damage potential of ground motions with displacement ductility and hysteretic energy

Based on the dual seismic damage criterion of displacement ductility and cumulative damage, ZHAI and XIE（2002）show the combination of the displacement ductility and hysteretic energy that characters cumulative damage to structure can reliably denote the damage of strong ground motion to structure when the seismic response of the structure enters its inelastic phase. When we calculate displacement ductility and hysteretic energy, the following assumptions are made.

3.2.1 Basic assumption

As the characteristics of real structure under the seismic action are particularly different, the hysteretic models are various, which include bilinear model, tri-linear model and Clough model, *etc*. The bilinear model has the characteristic of simple form and calculating conveniently, and it can reflect natural character of the seismic response. The bilinear model is used widely and it is the basic model for studying seismic response of inelastic structure. So bilinear model is assumed in calculating displacement ductility and hysteretic energy. Besides, the factors influencing displacement ductility and hysteretic energy are characteristic of structure, such as period, damp, yield resistance seismic coefficient, displacement ductility and the values of stiffness after yielding, *etc*. As showing in Table 1, two earthquake records are selected as input to analyze the influence factors. The records selected are intended to cover at least two types of ground motions, namely near-field, short duration, impulsive type ground motion, as B_2 record; and far-field, long duration, relatively severe and symmetric type cyclic excitation, as B_1 record.

Table 1　Specification of the two records

No.	Time	Earthquake	Recording station and component	M_L	Epicentral distance/km
B_1	1940	El Centro	El Centro-lmp Vall lrr. Dist, N00E	7.7	12
B_2	1966	Parkfield	Cholame Shandon Array 2, N65E	5.6	6

3.2.2　The conditions (constant ductility or constant strength) of comparing displacement ductility and hysteretic energy of different ground motion

In seismic response analysis, the dynamic parameters of structure mainly include four, namely: damp, displacement ductility (or yield resistance seismic coefficient), hysteretic model and structure period. To hysteretic energy, if hysteretic model (bilinear model assumed in this paper) is given, the parameters of structure that define ground motion hysteretic energy will be period of structure T, viscous damping ratio ξ and displacement ductility μ (constant ductility spectra) or period of structure T, viscous damping ratio ξ and yield resistance seismic coefficient C_y (constant strength spectra). Thus, the hysteretic energy of Single Degree of Freedom (SDOF) system under the earthquake can be expressed as following:

$$S = S(D, T, \xi, \mu) \quad or \quad S = S(D, T, \xi, C_y) \qquad (5)$$

where S is hysteretic energy, D is the hysteretic model.

In comparing the damage potential of different strong ground motion with hysteretic energy, generally there are two ways: under constant ductility condition or under constant strength to compare the damage potential of different strong ground motion. Two ways are identical in theory. But which way is more convenient? Figures 1 and 2 show the hysteretic spectra of constant strength ($C_y = 0.05$, 0.10, 0.20, 0.40) and hysteretic spectra of constant ductility ($\mu = 2.0$, 3.0, 4.0, 5.0). In the figures, T and V_p correspond to the period of structure and the equivalent velocity of hysteretic energy. It can be observed that, hysteretic spectra of constant strength have not any regularity and the variance of it is very large. But the regularity of hysteretic spectra of constant ductility is better and the variance of it is small. So comparing the damage potential of different ground motion is performed with the hysteretic spectra of constant ductility.

In comparing the damage potential of different strong ground motion with displacement ductility, like comparing with hysteretic energy, there are two ways: comparing the displacement ductility of structure under the condition of constant strength, and comparing the yield resistance seismic coefficient demanded by structure in case of constant ductility. Two ways are identical. As yield resistance seismic coefficient of structure increase, the seismic response decreases and therefore the displacement ductility decreases. On the other hand, as yield resistance seismic coefficient of structure decrease, the seismic response increases and therefore the displacement ductility increases. For a given yield resistance seismic coefficient of structure, there is a displacement ductility corresponding to it, inversely, it is the same. So comparing the displacement ductility of structure in case of constant strength and comparing the yield resistance seismic coefficient demanded by structure in case of constant displacement ductility are same. But in order to keep consistent with the hysteretic energy, the yield resistance seismic coefficient demanded by structure is compared in case of constant displacement ductility. In a word, the event of selecting the severest design ground motions with displacement ductility and hysteretic energy is embodied by comparing the yield resistance seismic coefficient and hysteretic energy demanded by different structures in case of constant displacement ductility, same damping and hysteretic model.

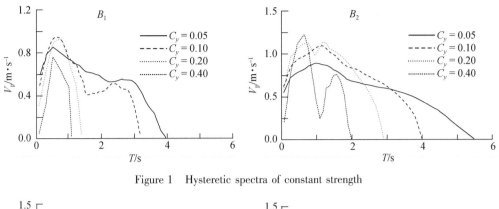

Figure 1　Hysteretic spectra of constant strength

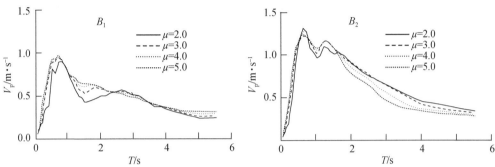

Figure 2　Hysteretic spectra of constant ductility

3. 2. 3　Influence of structure parameters on strong ground motion hysteretic energy

（1）Influence of hysteretic model （mainly referred to the second stiffness of bilinear model）. The influence of second stiffness of bilinear model on hysteretic energy is shown in Figure 3, where α is the ratio of second stiffness to the first stiffness. The range of α is from 0. 0 to 0. 4 and when α equal to 0. 0, the bilinear model will become elastic-perfectly plastic model. It can be observed that the hysteretic energy spectra are generally insensitive to the values of the second stiffness of bilinear model. The range of hysteretic energy spectra peak value keeps within 10% of the peak value for the given range of α. Thus, the effect of assuming elastic-perfectly plastic model is relatively small for the result.

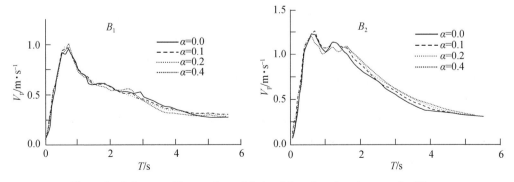

Figure 3　Influence of hysteretic model （mainly referred to the second stiffness
of bilinear model） on hysteretic energy （$\mu=4$）

（2）Influence of displacement ductility. Figure 2 shows the hysteretic energy spectra of displacement ductility （$\mu = 2$, 3, 4, 5）. The figure indicates that hysteretic energy spectra are generally insensitive to the level of displacement ductility. The range of the hysteretic energy spectra peak value keeps within 10% of the peak value for the given displacement ductility range. So, only one level of displacement ductility is considered in selecting the severest design ground motions.

（3）Influence of damp. The influence of damping （damping ratio $\xi = 0.02$, 0.05, 0.10） on hysteretic energy is shown in Figure 4, where displacement ductility μ equal to 4. From the figure, we can see viscous damping affects hysteretic energy a great deal; a larger c \ viscous damping gives a smaller hysteretic energy. The difference of hysteretic energy spectra peak value will reach 20% ~ 30% with damping ratio ξ equal to 0.02 and 0.10. It can be observed that the trend of hysteretic energy spectra for different damping is nearly the same. The damping ratio 5% of structure is assumed in this paper.

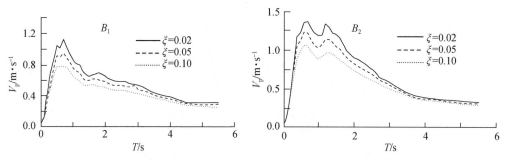

Figure 4　Influence of damping on hysteretic energy （$\mu = 4$）

3.2.4　Influence of structure period

The yield resistance seismic coefficient and hysteretic energy demanded by structure in case of constant displacement ductility have relation with structure period. During different structure period range, the value of the yield resistance seismic coefficient and hysteretic energy may be different. And it is important and unnecessary for selecting the severest ground motion for structure of every period. Based on studying a great deal inelastic response spectra and energy spectra, we find that constant ductility spectra and hysteretic energy spectra during the short period range （0 ~ 0.5s）, middle period range （0.5 ~ 1.5s） and long period range （1.5 ~ 5.5s） will keep a relative steady form. So in this paper the structure periods are divided into three parts: short period range （0 ~ 0.5s）, middle period range （0.5 ~ 1.5s） and long period range （1.5 ~ 5.5s）. The severest design ground motions corresponding to different site condition and different period ranges are selected respectively. Figures 5 and 6 show the mean constant ductility spectra and mean hysteretic energy spectra of 56 records collected in foreign country. The figures prove that the shape of constant ductility spectra and hysteretic spectra keep a relative steady form during the three period ranges mentioned above.

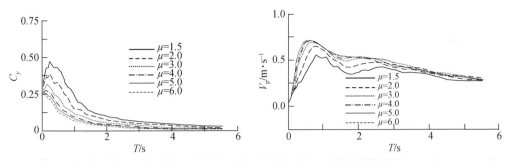

Figure 5   Mean constant ductility spectra   Figure 6   Mean hysteretic energy spectra

3. 2. 5   Influence of site condition and peak value of acceleration

The real ground motion site condition should be consistent with the site of structure in practice, likewise, the peak acceleration of ground motion should equal to the values of codes. So in selecting the severest ground motions, it should be selected for different site condition and the real ground motions should be scaled to design acceleration specified by code. In this paper, the acceleration of real ground motions are normalized to the same level before comparing the damage potential of different ground motion with its parameters.

4   Process of selecting the severest design ground motion

First, the structure periods are divided into three parts: short period range ($0 \sim 0.5s$), middle period range ($0.5 \sim 1.5s$) and long period range ($1.5 \sim 5.5s$), and the site condition of ground motion is classified into four classifications (I, II, III, IV) in term of code GB0011 – 2001. Next, the yield resistance seismic coefficient and hysteretic energy demanded by structure under different ground motion (in case of constant ductility) are calculated. According to the values of the yield resistance seismic coefficient and hysteretic energy the final ranks of ground motion corresponding to different cases are gained. Because of the space limitation, the details of ground motions are presented in literature (ZHAI, 2002). Finally, according to the ranks of yield resistance seismic coefficient and hysteretic energy demanded by structure under different ground motion, the top rank two foreign records and top rank one record in Chinese preparing selection database are selected as the severest design ground motions (total 18 records). Here if two records are two components of one ground motion, the two records are considered as one. And the three records should be collected in different earthquake and different site station. Fifteen groups of severest design ground motions (eleven foreign groups and four Chinese groups) are presented by complementing the corresponding other components. The severest design ground motions corresponding different site condition and different structure period are shown in Table 2.

Here it should be noted, the Chinese severest ground motions in this paper are severest only for current Chinese ground motions not for foreign ground motions. As the quantity of Chinese strong ground motions is very small, specially for the near-field strong ground motions, the Chinese severest ground motions are far from the severest in the world.

5 Examples

The severest design ground motions are verified by comparing the seismic response of structure under the severest design ground motions and the commonly used ground motions.

5.1 Example 1

The Zhengda Square of Fuzhou is located at the center of Fuzhou. The main building is a high-rise building with reinforced concrete and shear walls. Its height is 162m. The inelastic seismic response program of DRAIN-2D is used in this example. The seismic inelastic response time history of the building is performed under the major earthquake of Fuzhou. The first period and second period of structure are 2.6944s and 0.7325s.

Four strong ground motions are selected for input, among which three strong ground motions are provided by site design ground motion parameters report of Zhengda Project in Fuzhou, the fourth is the severest design ground motion recommended by this paper. The peak acceleration corresponding to major earthquake is normalized to $230\mathrm{cm/s^2}$. The four ground motions are followed:

(1) Man-made ground motion;

(2) El Centro (NS) of 1940 ground motion;

(3) Holister of 1961 ground motion;

(4) El Centro (WE) of 1940 ground motion.

Under the four ground motions mentioned above, the displacement of the main building top story is gained. The absolute maximum displacement and maximum displacement angle of the peak point are listed in Table 3. It can be observed that the response of structure under the severest design ground motions recommended by this paper is larger than that under the commonly used ground motions.

Table 2 The severest design ground motions of site I, II, III and IV

Site condition	Short-period structure input (0.0~0.5s)			Middle-period structure input (0.5~1.5s)			long-period structure input (1.5~5.5s)		
	Group No.	Record name	Comp.	Group No.	Record name	Comp.	Group No.	Record name	Comp.
I	F_1	1985, La Union, Michoacan Mexico	N90E	F_1	1985, La Union, Michoacan Mexico	N90E	F_1	1985, La Union, Michoacan Mexico	N90E
			N00E			N00E			N00E
			Vert			Vert			Vert
	F_2	1994, Los Angeles Griffith Observation, Northridge	360	F_2	1994, Los Angeles Griffith Observation, Northridge	360	F_2	1994, Los Angeles Griffith Observation, Northridge	360
			270			270			270
			Vert			Vert			Vert
	N_1	1988, Zhutang A, Langcang	S00E	N_1	1988, Zhutang A, Langcang	S00E	N_1	1988, Zhutang A, Langcang,	S00E
			S90E			S90E			S90E
			Vert			Vert			Vert

Continued

Site condi-tion	Short-period structure input (0.0~0.5s)			Middle-period structure input (0.5~1.5s)			long-period structure input (1.5~5.5s)		
	Group No.	Record name	Comp.	Group No.	Record name	Comp.	Group No.	Record name	Comp.
II	F_3	1971, Castaic Oldbridge Route, San Fernando	N69W / N21E / Vert	F_4	1979, El Centro, Array #10, Imperial Valley	N69W★ / N21E / Vert	F_4	1979, El Centro, Array #10, Imperial Valley	N69W / N21E / Vert
	F_4	1979, El Centro, Array #10, Imperial Valley	N69W / N21E / Vert	F_5	1952, Taft, Kern County	N21E / N69W / Vert	F_5	1952, Taft, Kern County	N21E / N69W / Vert
	N_2	1988, Gengma, Gengma1	S00E / S90E / Vert	N_2	1988, Gengma, Gengma1	S00E / S90E / Vert	N_2	1988, Gengma, Gengma1	S00E / S90E / Vert
III	F_6	1984, Coyote Lake Dam, Morgan Hill	285 / 195 / Vert	F_7	1940, El Centro-lmp Vall lrr Dist, El Centro	180 / 270 / Vert	F_7	1940, El Centro-lmp Vall lrr Dist, El Centro	180 / 270 / Vert
	F_7	1940, El Centrolmp Vall lrr Dist, El Centro	180 / 270 / Vert	F_{12}	1966, Cholame Shandon Array 2, Parkfield	N65E / ≠≠ / Vert	F_5	1952, Taft, Kern County	N21E / N69W / Vert
	N_3	1988, Gengma, Gengma2	S00E / S90E / Vert	N_3	1988, Gengma, Gengma2	S00E / S90E / Vert	N_3	1988, Gengma, Gengma2	S00E / S90E / Vert
IV	F_8	1949, Olympia Hwy Test Lab, Western Washington	356 / 86 / Vert	F_8	1949, Olympia Hwy Test Lab, Western Washington	356 / 86 / Vert	F_8	1949, Olympia Hwy Test Lab, Western Washington	356 / 86 / Vert
	F_9	1981, Westmor and, Westmoreland	90★ / 0 / Vert	F_{10}	1984, Parkfield Fault Zone 14, Coalinga	90 / 0 / Vert	F_{11}	1979, El Centro Array #6, Imperial Valley	230 / 140 / Vert
	N_4	1976, Tianjin Hospital, Tangshan	WE / SN / Vert	N_4	1976, Tianjin Hospital, Tangshan	WE / SN / Vert	N_4	1976, Tianjin Hospital, Tangshan	WE / SN / Vert

Note: ① Symbol "★" denotes the component of ground motion, by which the ground motion was selected as the severest design ground motions. The records that have no symbol "★" denote other ones collected in the same site; ② Symbol "F" denotes the records from outside of the country and symbol "N" denote Chinese records; ③ Symbol "≠≠" denotes the components that are not available

Table 3   Absolute maximum displacement and maximum displacement angle of the peak point

Item	Ground motion used commonly		The severest design ground motions recommended	
	Man-made ground motion	El Centro (NS) of 1940	Hollister	El Centro (WE) of 1940
Absolute maximum displacement/m	0.283	0.224	0.162	0.402
Maximum displacement angle	1/570	1/720	1/996	1/398

5. 2　Example 2

New city mansion of Tokyo is 48 stories above the ground and its height is 243m. The structure is a super steel structure system. The period of the structure is 5. 234s and its damping ratio is 0. 02. The peak acceleration corresponding to major earthquake is normalized to 745cm/s². Nine strong ground motions are selected for input, among which two strong ground motions are the El Centro record (NS) of 1940 and Taft record of 1952, the other seven ground motions are the severest design ground motions recommended by this paper. The nine ground motions are as following:

(1) El Centro (NS) of 1940 (shorten form is 40EL1);

(2) Taft of 1952 (shorten form is Taft);

(3) Gengma (S00E) of 1988 (shorten form is Gengma) (site condition is Ⅲ);

(4) El Centro (EW) of 1940 (shorten form is 40EL2) (site condition is Ⅲ);

(5) El Centro Array #10, Imperial Valley CA of 1979 (shorten form is 79EL1) (site condition is Ⅱ);

(6) La Union, Michoacan Mexico of 1985 (shorten form is Mex) (site condition is Ⅰ);

(7) Los Angeles, Griffith Observation, Northridge of 1994 (shorten form is Northridge) (site condition is Ⅰ);

(8) El Centro Array #6, Imperial Valley CA of 1979 (shorten form is 79EL2) (site condition is Ⅳ);

(9) Olympia Hwy Test Lab, Western Washington of 1949 (shorten form is Olympia) (site condition is Ⅳ).

Under the nine ground motions mentioned above, the displacement at the top of the structure and also the maximum inter-story displacement between the two consecutive stories are gained. The result is shown in Table 4. It can be observed that the response of structure under the severest design ground motions recommended by this paper is larger than that under the common used ground motions.

Table 4　Absolute maximum displacement at the top of structure and the maximum inter-story displacement

Item	Ground motion used commonly		The severest design ground motions recommended						
			Site Ⅰ		Site Ⅱ	Site Ⅲ		Site Ⅳ	
	40EL1	Taft	Mex	Northridge	79EL1	Gengma	40EL2	79EL2	Olympia
Max, Displacement Of peak point /m	0. 60	0. 61	1. 01	0. 936	3. 76	0. 78	1. 99	2. 87	1. 01
Maximum story displacement/m	0. 015	0. 016	0. 027	0. 027	0. 096	0. 020	0. 055	0. 072	0. 038

5.3   Short remarks

In the examples mentioned above, the seismic response of high-rise reinforced concrete structure and super steel structure is analyzed. It can be observed that the response of structures under the severest design ground motions recommended by this paper is from a little larger to several times than that under the common used ground motions. The validity and reliability of the severest deign ground motion are verified preliminary. Besides, the seismic response analysis of middle-or low-story brick structures and reticulated shells structures are discussed in the literature (ZHAI, 2002). The same conclusions were also worked out.

6   Conclusions

The concept of the severest design ground motion is presented in the paper. A recently developed comprehensive method for estimating damage potential of ground motions is used in selecting the severest design ground motion. The severest design ground motions corresponding to four classifications of site conditions and three period ranges of structures are attained. The three period ranges of structure are long period ranges (1.5 ~ 5.5s), middle period ranges (0.5 ~ 1.5s) and short period ranges (0.0 ~ 0.5s). At the end, the validity and reliability of the severest deign ground motions are verified preliminary by two examples. The severest design ground motions provide the input for seismic analysis and design of structures and they can be used directly in earthquake engineering research and practice.

In addition, from this paper it can be observed that the damage potential of the currently frequently used strong ground motions, such as the El Centro (NS) of 1940, is much lower than that of the selected severest design ground motions recommended in this paper.

It is worthwhile to note that the concept of the severest design ground motions is a rather complex idea, which is not only connected with the characteristics of ground motions, but also with both the ground motion damage potential and structure damage mechanism we adopted. The severest design ground motions presented in this paper are relative ones, namely, the severest design ground motions presented here are selected from strong ground motions in existence with the peak acceleration in accordance with the design acceleration specified by the existing seismic design code. As increasing of further understanding to the ground motion damage potential and structure damage mechanism, the new severest design ground motions will be found with the accumulating of strong ground motion records.

Acknowledgements The ground motions used in the paper are provided by Associated Prof. YU Hai-ying of Institute of Engineering Mechanics (IEM), China Seismological Bureau. Prof. SUN Jing-jiang of IEM provided the example 1 and Dr. ZHANG Wen-yuan of Harbin Institute of Technology (HIT) provided the example 2 in this paper. All their assistance to this paper is much appreciated.

References

Code GB 50011−2001. 2001. Code for Seismic Design of Buildings. Beijing: China Building Industry Publisher, 1-30. (in Chinese).

Masayoshi N, Kazuhiro S, Sunzo T, 1996. Energy input and dissipation behavior of structures with hysteretic dampers. EESD, 25: 483-496.

Naeim F, Anderson J C, 1993. Classification and Evaluation of Earthquake Records for Design. The Nehrp Professional Fellowship Report to EERI and FEMA: 84-106.

Zhai C H, 2002. Research on the Severest Design Ground Motions. Harbin: Institute of Engineering Mechanics, China seismological Bureau, 1-50. (in Chinese).

Zhai C H, Xie L L, 2002. A comprehensive method for estimating and comparing the damage potential of strong ground motion. Earthquake Engineering and Engineering Vibration, 22 (5): 1-7 (in Chinese).

Study on evaluation of cities' ability reducing earthquake disasters[*]

Zhang Feng-Hua[1], Xie Li-Li[2,3] and Fan Li-Chu[1]

(1. Department of Bridge Engineering, Tongji University, Shanghai 200092, China;

2. School of Civil Engineering &Architecture, Harbin Institute of Technology, Harbin 150001, China;

3. Institute of Engineering Mechanics, China Earthquake Administration, Harbin 150080, China)

Abstract   Cities' ability reducing earthquake disasters is a complex system involving numerous factors, moreover the research on evaluating cities' ability reducing earthquake disasters relates to multi-subject, such as earthquake science, social science, economical science and so on. In this paper, firstly, the conception of cities' ability reducing earthquake disasters is presented, and the ability could be evaluated with three basic elements-the possible seismic casualty and economic loss during the future earthquakes that are likely to occur in the city and its surroundings and time required for recovery after earthquake; based upon these three basic elements, a framework, which consists of six main components, for evaluating city's ability reducing earthquake disasters is proposed; then the statistical relations between the index system and the ratio of seismic casualty, the ratio of economic loss and recovery time are gained utilizing the cities' prediction results of earthquake disasters which were made during the ninth five-year plan; at last, the method defining the comprehensive index of cities' ability reducing earthquake disasters is presented. Thus the relatively comprehensive theory frame is set up. The frame can evaluate cities' ability reducing earthquake disasters absolutely and quantitatively and consequently instruct the decision-making on reducing cities' earthquake disasters loss.

Introduction

At the end of last century, the Committee of International Decade for Natural Disaster Reduction had called on evaluating the ability reducing earthquake disasters of cities. However, since efficient method to assess earthquake loss of cities does not exist, the proposition did not come true. In 1994, China government put forward that the cities with dense population or developed economy and the areas off the seashore should have the ability to resist earthquake ($M=6$). Undoubtedly the requirement to evaluate cities' ability reducing earthquake disaster was

* 本文发表于 *Acta Seismologica Sinica*, 2004 年, 第 17 卷, 第 3 期, 349-361 页.

again proposed to the whole society. It is really a challenge for researchers to evaluate the cities' seismic ability. But setting up the model to evaluate cities' seismic ability can not only make it possible to evaluate disaster losses quantitatively but also provide object criterion to evaluate cities' ability reducing earthquake disasters and give advices to decision on reducing earthquake disasters. Based on the current research achievements on reducing earthquake disasters and the methods in economical domain, the model to evaluate cities' ability reducing earthquake disasters is proposed. This paper carries out researches from the following several aspects: the conception of cities' ability reducing earthquake disasters; foundation of index system; defining seismic casualty, economic loss and recovery time according to index system; defining the comprehensive index of cities' ability reducing earthquake disasters.

1　Conception of cities' ability reducing earthquake disasters

The ability reducing earthquake disaster refers the ability that cities guarantee their safety under earthquake. According to the characteristics of disaster losses caused by earthquake, the following three basic elements are defined to evaluate the safety of cities under earthquake: the possible seismic casualty and economic loss during the future earthquakes that are likely to occur in the city and the time required for recovery after earthquake.

Generally earthquake is a kind of disaster, which can cause huge damage, but it occurs infrequently, therefore it is incorrect to devote too much money in order to achieve strong cities' ability reducing earthquake disasters. There should be a balance between the two aspects. On the other hand, even though a city has strong aseismic ability, it cannot assure no seismic casualty, economic loss and recovery time under earthquake. Strong ability reducing earthquake disasters refers the three elements are controlled in a certain extent that is social acceptable level. Therefore cities' ability reducing earthquake disasters is relative to social acceptable level, in addition, it is also relative to the future earthquakes that are likely to occur in the cities.

2　Content of index system

Based upon these three basic elements, six factors affecting cities' ability reducing earthquake disasters are proposed—ability on seismic hazard analysis; ability on earthquake monitor and prediction; seismic ability on engineering factors; seismic ability on cities' politics, economy and population; seismic ability on non-engineering factors and ability on earthquake hazard mitigation and rescue. The sub-factors representing the six factors are also found out, and the frame (Figure 1) evaluating cities' ability reducing earthquake disaster is developed. Then some simple and measurable indicators are utilized to represent the factors and sub-factors; consequently the content of index system is set up.

During the process of setting up the index system, because the contribution that each index gives to cities' seismic ability is different, the methods on how to define indicators' contributions are also different. For example, utilizing the Analytic Hierarchy process (AHP) (ZHAO, *et al*, 1986), the contributions of the three basic elements versus city's ability reducing earthquake disasters and the six factors versus every element of three basic elements are defined (ZHANG, XIE, 2002). And according to earthquake examples and experience, the standards evaluating each indicator are given. Based on the above analysis, the index system on cities' ability reducing earthquake disasters is established. The content of index system is not listed hereon.

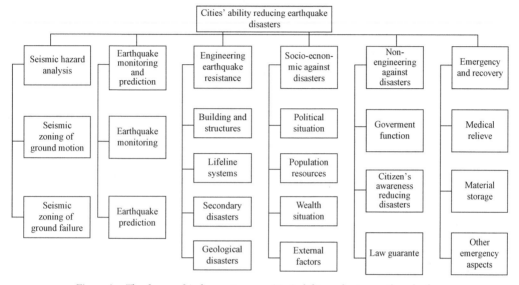

Figure 1   The frame of index system on cities' ability reducing earthquake loss

3   Determining casualty, economic loss and recovery time based on index system

The process of defining earthquake loss based on index system can be summarized as Figure 2.

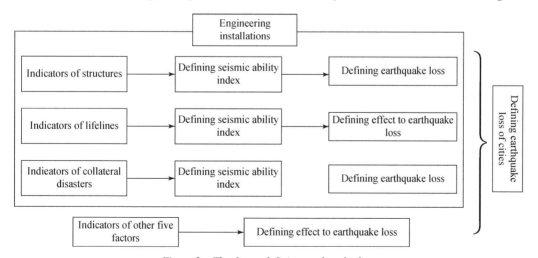

Figure 2   The frame defining earthquake loss

3. 1　Seismic loss caused by engineering installations

3. 1. 1　Seismic loss caused by structures

3. 1. 1. 1　Determining the seismic ability index of structures

The seismic ability of structures is mainly related to the three sub- factors—earthquake resistance condition, construction time and structure type. The method on how to synthesized the three sub-factors to seismic ability index of structures will be discussed as follows:

Based on the vulnerability matrixes of earthquake resistance structures (XIE, *et al*, 1996) and the seismic ability indicator defined in this paper, when structures can keep good, slight damage, moderate damage, severe damage and collapse under earthquake, the seismic ability indexes of structures are defined as 1, 0. 8, 0. 6, 0. 4 and 0. 2, respectively, the seismic ability indexes of structures fortified various ranks under various earthquake intensities can be gained. The computation formula is as follows:

$$IL_1(J,I) = K \cdot P(D_i/J,I) \tag{1}$$

where $IL_1(J, I)$ denotes the seismic ability indexes of structures fortified $J(J = \text{Ⅵ}, \text{Ⅶ}, \text{Ⅷ}, \text{Ⅸ})$ under various earthquake intensity $I(I = \text{Ⅵ}, \text{Ⅶ}, \text{Ⅷ}, \text{Ⅸ}, \text{Ⅹ})$; K denotes the matrix of seismic ability rank— $\{1, 0. 8, 0. 6, 0. 4, 0. 2\}$; $P(D_i/J, I)$ denotes the damage probability matrix of structures fortified $J(J = \text{Ⅵ}, \text{Ⅶ}, \text{Ⅷ}, \text{Ⅸ})$ under various earthquake intensity $I(I = \text{Ⅵ}, \text{Ⅶ}, \text{Ⅷ}, \text{Ⅸ}, \text{Ⅹ})$ (XIE, *et al*, 1996). The results are shown in Table 1.

Table 1　The seismic ability indexes of structures fortified various rank under various intensities

Fortified intensity	Earthquake intensity				
	Ⅵ	Ⅶ	Ⅷ	Ⅸ	Ⅹ
Ⅵ	0. 884	0. 724	0. 534	0. 424	0. 392
Ⅶ	0. 970	0. 884	0. 724	0. 534	0. 424
Ⅷ	1. 000	0. 970	0. 884	0. 724	0. 534
Ⅸ	1. 000	1. 000	0. 970	0. 884	0. 724

Then seismic ability indexes are modified by construction time and structure type.

The seismic ability indexes of structures which are not fortified can be defined according to the seismic ability indexes of structures fortified Ⅵ as shown in Table 2.

Table 2　The seismic ability indexes of structures which are not fortified

Earthquake intensity	Ⅵ	Ⅶ	Ⅷ	Ⅸ	Ⅹ
Seismic ability index	0. 85	0. 7	0. 5	0. 4	0. 35

And the seismic ability indexes of Table 2 are also modified by construction time and structure type.

Based on the analysis mentioned above, the formula defining the seismic ability index of structures can be gained as follows:

$$IL = IL_1 \times a\% \ (1 \times b_1\% + 0.9 \times b_2\% + 0.8 \times b_3\%)(1 \times c_1\% + 0.95 \times (1 - c_1\%) +$$
$$IL_2 \times (1 - a\%)(0.8 \times d_1\% + 0.75 \times d_2\%) \times (1 \times f_1\% + 0.95 \times (1 - f_1\%)) \quad (2)$$

where IL is the seismic ability indexes of city's structures; IL_1 is the seismic ability index of earthquake resistance structures; $a\%$ represents the percent of fortified structures relative to all structures; $b_1\%$ denotes the percent of fortified structures constructed in the nineties; $b_2\%$ for the percent of fortified structures constructed between in the seventy-five and in the eighty-nine; $b_3\%$ for the percent of fortified structures constructed before in the seventy-five; $c_1\%$ for the percent of steel and reinforcement structures relative to fortified structures; IL_2 for the seismic ability index of structures which are not fortified; $d_1\%$ for the percent of unfortified structures constructed between in the fifties and in the seventies; $d_2\%$ for the percent of unfortified structures constructed before in the fifties; $f_1\%$ for the percent of steel and reinforcement structures relative to unfortified structures.

3.1.1.2　Earthquake loss caused by structures

(1) Casualty. The seismic ability indexes of structures and their corresponding casualty ratios, which are made during the ninth five-year plan are stated in this paper. Because casualty ratios span greatly in number and the results of casualty ratios of earthquake prediction are only exact in order, but not absolutely precise, the negative logarithms of casualty ratios are looked upon as y-coordinate and the seismic ability indexes are looked upon as abscissa to state their relationship. The results are shown in Figure 3[1][2][3][4][5][6][7].

The relationship is gained as formula (3).
$$y = 6.856x^2 - 1.353x + 1.766 \quad (3)$$
where x represent the seismic ability indexes of structures; y is the ratios of casualty.

(2) Economical loss

The economical loss in earthquake can be classified into two types: one is structural loss;

① Fujian Seismological Bureau. 2000. China Seismological Bureau "95 – 06" Project— "Studies on countermeasures reducing cities' earthquake losses": Studies on countermeasures reducing cities earthquake losses in Quanzhou.

② Fujian Seismological Bureau. 2000. China Seismological Bureau "95 – 06" Project— "Studies on countermeasures reducing cities' earthquake losses": Studies on countermeasures reducing cities' earthquake losses in Zhangzhou.

③ Haikou Seismological Bureau, Institute of Engineering Mechanics of China Seismological Bureau, Research Center for Hainan Geoscience Engineering. 1999. Studies on countermeasures reducing cities' earthquake losses in Haikou.

④ Sichuan Seismological Bureau. 1999. China Seismological Bureau "95 – 06" Project— "Studies on countermeasures reducing cities' earthquake losses": Studies on countermeasures reducing cities' earthquake losses in Zigong.

⑤ Fujian Seismological Bureau, Xiamen Seismological Bureau, Institute of Geology, China Seismological Bureau, et al 2001. China Seismological Bureau "95–06" Project— "Studies on countermeasures reducing cities' earthquake losses": Studies on countermeasures reducing cities' earthquake losses in Xiamen.

⑥ Institute of Engineering Mechanics China Seismological Bureau. 2000. China Seismological Bureau "95–06" Project— "Studies on countermeasures reducing cities' earthquake losses": Studies on countermeasures reducing cities' earthquake losses in Taian.

⑦ Institute of Engineering Mechanics, China Seismological Bureau. 2000. China Seismological Bureau "95–06" Project— "Studies on countermeasures reducing cities' earthquake losses": Studies on countermeasures reducing cities' earthquake losses in ShengLi Oil Field.

the other is belongings loss.

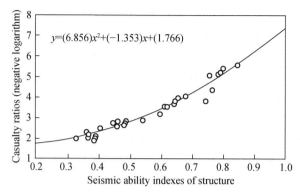

Figure 3　The relationship between the ratios of casualty and the aseismic ability indexes of structures

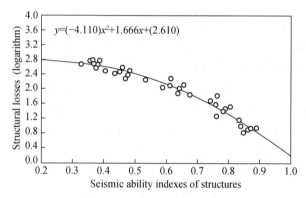

Figure 4　The relationship between structural losses and the aseismic ability indexes of structures

(a) Structural loss. Similar to defining casualty, the seismic ability indexes of structures and their corresponding structural losses, which are made during the ninth five-year plan are stated in this paper. The logarithms of structural losses are looked upon as y-coordinate and the seismic ability indexes are looked upon as abscissa to state their relationship. The results are shown in Figure 4[①②③④⑤⑥⑦] (See[①②③④⑤⑥⑦] in last page).

The relationship is gained as follows:

$$y = -4.110x^2 + 1.666x + 2.610 \tag{4}$$

where x represents the seismic ability indexes of structures; y represents the logarithms of structural loss (Ten thousand Yuan/ten thousand square meters)

(b) Belongings losses. Belongings loss is related to the seismic ability of structures and wealth accumulation condition. Similar to defining casualty, the seismic ability indexes of structures, their corresponding belongings losses and the average per "GDP" of the cities in recent ten years, which are made during the ninth five-year plan are stated in this paper The seismic ability indexes and the logarithms of the average per "GDF" are looked upon as x, y coordinates. and the logarithms of belongs losses are looked upon as z-coordinate to state their relationship, The results are shown in Figure 5[①②③④⑤⑥⑦] (see[①②③④⑤⑥⑦] in last page).

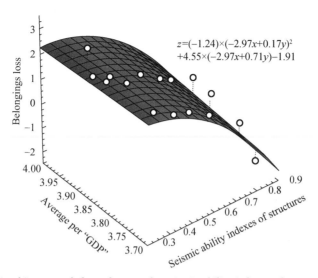

$$z=(-1.24)\times(-2.97x+0.17y)^2+4.55\times(-2.97x+0.71y)-1.91$$

Figure 5　The relationship among belongs losses, the seismic ability indexes of structures and per "GDP"

The relationship is gained as formula 4.

$$z=(-1.24)\times(-2.97x+0.71y)^2+4.55\times(-2.97x+0.71y)-1.91 \qquad (5)$$

where x denotes the seismic ability indexes of structures; y for average per "GDP" (Ten thousand Yuan) in recent ten years; z represents the logarithms of belongings loss (Ten thousand Yuan/ten thousand square meters).

(3) Recovery time, According to average recovery time of 35 purpose structures under various damage condition based on ATC-13 (Applied Technology Committee [America], 1991) report and the classification standard of damage condition in China, the required recovery time of various damage conditions (China) are gained as Table 3.

The recovery time in this paper is referenced as resuming fundamental installations; resuming lifelines; cleaning out rubbish; providing people with semi-permanent houses; consequently the life of people can normalized, Based on the earthquake experiences, when structures are in moderate damage and severe damage after earthquake, the function of houses can be utilized partly in the process of repairing, so the recovery time is assumed as 50% of time defined in ATC-I3 report. In collapse damage, the houses must be rebuilt in order to resume function. But the replacers can accomplish the portion of function. The converted recovery time is considered as 2/3 of time defined in ATC-13 report. Thereby the recovery time of structures of various damage conditions defined in this paper can be gained as shown in Table 4.

Based on Table 4 and the definitions of the seismic ability index and seismic ability rank in this paper, we can gain the recovery time corresponding to various seismic ability indexes of structures as shown in Table 5.

Table 3　The average recovery time of structures under various damage conditions unit: d （China）

Damage extent	Resuming function		
	30%	60%	100%
Moderate damage	28	52	88
Severe damage	98	159	239
Collapse			437

Table 4　The recovery time defined in this paper

Damage rank	Slight damage	Moderate damage	Severe damage	Collapse
Recovery time	A week	Half and a month	Five months	Ten months

Table 5　The recovery time corresponding to seismic ability index of structures

Aseismic ability index	0. 8	0. 6	0. 4	0. 2
Recovery time	A week	Half and a month	Five months	Ten months

So recovery time can be defined through seismic ability indexes of structures of cities.

3. 1. 2　Earthquake loss effect caused by lifelines

The linear addition is adopted to define the seismic ability index evaluating the ability that lifelines resist earthquake of intensity Ⅷ. The function that lifelines affect cities' ability reducing earthquake disaster is embodied in that lifelines are a factor of the index subsystems of collateral disasters and mitigation and rescue. And the value is defined according to lifelines' seismic ability index rank—strong, medium, poor （ZHANG, 2002）.

3. 1. 3　Earthquake loss effect caused by collateral disasters

The linear addition is adopted to define the seismic ability index evaluating the ability that collateral disasters resist earthquake of intensity Ⅷ. Based on literature （Coburn, *et al*, 1992） which stated 1100 earthquakes occurring in this century, from statistical results, the casualty caused by collateral disasters probably accounts for 15% of casualties caused by earthquake. Consequently, in this paper, the casualties caused by collateral disasters are considered 0% ~ 30% of casualties under earthquake, the same to economical losses and recovery time. The seismic ability ranks of collateral disasters are classified into three ranks—strong, medium and poor according to the seismic ability index. Relative to various intensities, the seismic ability of collateral disasters is also different which is embodied in the difference that collateral disasters affect the losses caused by structures as shown in Table 6.

Table 6　The modification coefficients of collateral disasters to the losses caused by structures

Earthquake intensity	Aseismic ability rank		
	Strong	Moderate	Poor
Ⅵ	1	1	1

Continued

Earthquake intensity	Aseismic ability rank		
	Strong	Moderate	Poor
VII	1	1	1. 05
VIII	1	1. 05	1. 1
IX	1. 05	1. 1	1. 2
X	1. 1	1. 15	1. 3

3. 2　The earthquake loss effect caused by other five factors

In this paper, the methods determining the losses—casualty, economical loss and recovery time caused by damaged engineering installations are gained by stating and analyzing previous earthquake disaster prediction datum. The datum mostly comes from the cities' prediction results of earthquake disasters, which are made during the ninth five-year plan. The methods applied in the cities' prediction are summarized according to previous earthquake disaster examples. Undoubtedly, they are produced in some societal and economical conditions (namely other five factors). In the earthquake disaster areas, the societal and economical conditions of some areas can reduce the losses caused by engineering installations, but others are contrary. Generally, the societal and economical conditions that the method predicting losses caused by engineering installations depends on should be average. That is, the methods in this paper predicting losses caused by engineering installations are proposed when other five factors are average.

Based on the analysis mentioned above, if the seismic ability of other five factors is higher than average, which can reduce the losses caused by engineering installations, otherwise increasing. The effect can be regarded as a modification coefficient to the losses caused by engineering installations. The formula computing a modification coefficient are shown as follows:

$$\lambda_{\text{casualty}} = 1 - \sum_{i=1}^{5} (a_i - \overline{a}_i) \varphi_i \tag{6}$$

$$\lambda_{\text{economical loss}} = 1 - \sum_{i=1}^{5} (a_i - \overline{a}_i) \eta_i \tag{7}$$

$$\lambda_{\text{recovery time}} = 1 - \sum_{i=1}^{5} (a_i - \overline{a}_i) \pi_i \tag{8}$$

where $\lambda_{\text{casualty}}$ is the modification coefficient to casualty caused by engineering installations; $\lambda_{\text{economical loss}}$ is the modification coefficient to economical losses caused by engineering installations; $\lambda_{\text{recovery time}}$ is the modification coefficient to recovery time caused by engineering installations; a_i is the seismic ability index of each factor in other five factors; $\overline{a}_i$ is the average seismic ability index of each factor in other five factors (0. 5 is assumed in this paper); φ_i is the relative contributions of each factor in other five factors versus casualty (ZHANG, 2002); η_i is the relative contributions of each factor in other five factors versus economic loss (ZHANG, 2002); π_i is the relative contributions of each factor in other five factors versus recovery time (ZHANG, 2002).

3.3　Determining indirect economical loss

Based on the researches on how to determine indirect economical loss, the indirect economical loss is referenced as 0.4 ~ 2 of direct economical loss. And indirect economical loss is the function of direct economical loss, social-economical makeup and time required to repair the damaged installations (Kazuhiko, et al, 1990). That is, indirect economical loss is related to seismic ability of structures and social economical makeup of cities. Thus, direct economic loss and indirect economic loss constitute all economic loss of cities after earthquake.

Through above analysis, casualty, economic loss and recovery time of cities under various earthquake intensities can be gained through index system.

4　Determining the comprehensive index of cities' ability reducing earthquake disasters

The evaluation of cities' ability reducing earthquake disaster is the process of multiple objects: the ratio of casualty, the ratio of economical loss and recovery time constitutes the evaluation criteria. In this paper, the method of grey correlation is applied to combine the three objects to a comprehensive index to evaluate the seismic ability of cities. The acceptable earthquake loss level is looked upon as comparative data series, which was compared with reference data series. The method is discussed as follows.

4.1　Determining the acceptable earthquake loss levels

Based on past research achievements and some statistical datum of other natural disasters (MA, 2000), the acceptable earthquake loss levels are proposed. Considering two factors: ①Distinguishing economy development levels of various cities and areas; ②distinguishing the effect of various earthquake intensities. The acceptable earthquake loss levels are suggested as shown in Table 7.

Table 7　The suggested acceptable earthquake loss levels

General cities (economy of moderate development)					
Earthquake intensity	VI	VII	VIII	IX	X
The acceptable ratio of casualty	8×10^{-6}	2×10^{-5}	5×10^{-5}	2×10^{-4}	1×10^{-3}
The acceptable ratio of economical loss	2%	4%	5%	8%	10%
The acceptable recovery time	A week	Two weeks	A month	Half and a month	Two months
Important cities (developed economy)					
Earthquake intensity	VI	VII	VIII	IX	X
The acceptable ratio of casualty	8×10^{-7}	6×10^{-6}	1×10^{-5}	2×10^{-5}	4×10^{-4}
The acceptable ratio of economical loss	1%	2%	3%	4%	5%
The acceptable recovery time	A week	Two weeks	Three weeks	A month	Six weeks

In evaluating cities' ability reducing earthquake disasters, various evaluation criteria can be chosen from Table 7 according to actual condition. Of course, decision-maker can also set up other acceptable earthquake loss criterion.

4.2 Determining the comprehensive index of cities' ability reducing earthquake disasters

(1) Conversion function of three evaluation criteria in order to achieve uniform of these three evaluation criteria, conversion functions (YANG, 1997) are set up.

Conversion function of the ratio of casualty

$$U(x) = \begin{cases} 1 & x < 8 \times 10^{-6} \\ \dfrac{\lg x}{\lg (8 \times 10^{-6})} & x \geqslant 8 \times 10^{-6} \end{cases} \tag{9}$$

Conversion function of the ratio of economy loss

$$U(x) = \begin{cases} 1 & x < 2\% \\ \dfrac{\lg x}{\lg (2\%)} & x \geqslant 2\% \end{cases} \tag{10}$$

Conversion function of the recovery time

$$U(x) = \begin{cases} 1 & x < 7 \\ \dfrac{\lg 7}{\lg x} & x \geqslant 7 \end{cases} \tag{11}$$

where 8×10^{-6} represents the acceptable ratio of casualty; 2% represents the acceptable ratio of economy loss; 7 represents the acceptable recovery time.

(2) The quantitative model of determining the comprehensive index of cities' ability reducing earthquake disasters. According to the method of grey correlation, the acceptable earthquake losses are defined as reference serials: $U_0(u_{0j})$, $(u_{0j} = 1, j = 1, 2, \cdots, m)$ which are converted into 1, the actual earthquake losses of cities are comparative serials: $U_i(u_{ij})$, $(i = 1, 2, 3, \cdots, n, j = 1, 2, \cdots, m)$, which are converted into corresponding number through conversion functions.

Imitating the method of computing grey correlation coefficient, the correlation coefficients (YANG, 1997) of indexes of reference serials and comparative serials can be defined as the following formula:

$$\zeta_{0i}(j) = \frac{1}{1 + \Delta_{0j}(j)} \tag{12}$$

where $\Delta_{0j}(j) = |U_0(u_{0j}) - U_i(u_{ij})|$, $(i = 1, 2, \cdots, n, j = 1, 2, \cdots, m)$ represents the absolute difference of reference serial U_i and comparative serial U_0 of No. j evaluation criterion. Because the range of $\Delta_{0j}(j)$ is $[0, 1]$, the range of correlation coefficient: $\zeta_{0i}(j)$ is $[0.5, 1]$.

The correlation coefficient of each evaluation criteria can be gained from formula (12). Then these correlation coefficients are synthesized to a value (correlation degree) making use of linear addition. As shown in formula 13：

$$r_{0i} = \sum_{j=1}^{m} a_i \zeta_{0i}(j) \tag{13}$$

where a_i is the contributions of various evaluation criteria；r_{0i} represents the addition of correlation coefficients of three evaluation criteria and reflects the correlation degree of reference serial and comparative serial. Apparently the range of r_{0i} is from 0.5 to 1.0. The bigger the correlation degrees are, the stronger the cities' ability reducing earthquake disasters are. Because the correlation degree can reflect cities' ability reducing earthquake disasters, it is looked upon as the comprehensive index evaluating cities' ability reducing earthquake disaster. In addition, the correlation degree defined making use of the method of grey correlation can quantitatively reflect difference from the acceptable level of actual cities. The seismic ability rank—strong, moderate and poor, of cities are classified according to the correlation degree and the suggested criterion classifying cities' seismic ability rank is proposed in Table 8.

Table 8　The suggested criteria to classify cities' ability reducing earthquake disasters

The seismic ability rank	Strong	Moderate	Poor
VI ~ X	0.94 ~ 1	0.82 ~ 0.94	<0.82

5　Examples

Now the evaluation model is applied to the following ten cities in the world to evaluate their ability reducing earthquake losses[1][2][3][4][5][6][7][8][9][10], The basic data about the cities are shown in Table 9.

①　Municipality of Tashkent. 1999. IDNDR RADIUS Project—Tashkent. RADIUS Project Case Study Final Report [R].

②　Addis Ababa City Government, Addis Ababa RADIUS Group, Foreign Relation and Development Cooperation Bureau. 1999. IDNDR RADIUS Project—Addis Ababa Case Study Final Report [R].

③　Municipality of Guayaquil. 1999. IDNDR RADIUS Project—Guayaquil RADIUS Project Case Study Final Report [R].

④　Municipality of Bandung and International Decade for Natural Disaster Reduction—United Nations. 1999. IDNDR RADIUS Project—Bandung RADIUS Project Case Study Final Report [R].

⑤　Municipality of Skopie. IDNDR RADIUS Project—Skopie. 1999. RADIUS Project Case Study Final Report [R].

⑥　Municipality of Tijuana, 1999. IDNDR RADIUS Project—Tijuana. RADIUS Project Case Study Final Report [R].

⑦　Antofagasta RADIUS Group. 1999. IDNDR RADIUS Project—Antofagasta. RADIUS Project Case Study Final Report [R].

⑧　Municipality of Izmir. 1999. IDNDR RADIUS Project—Izmir. RADIUS Project Case Study Final Report [R].

⑨　Fujian Seismological Bureau, Xiamen Seismological Bureau. 2001. China Seismological Bureau "95 – 06" Project—"Studies on countermeasures reducing cities' earthquake losses"：Studies on countermeasures reducing cities' earthquake losses in Xiamen.

⑩　Fujian Seismological Bureau. 2000. China Seismological Bureau "95 – 06" Project——"Studies on countermeasures reducing cities' earthquake losses"：Studies on countermeasures reducing cities' earthquake losses in Quanzhou.

Table 9   The basic data of ten cities

City	Shortened form	Country	State	Population (ten thousand)	Per GDP/ $	Areas	Basic intensity or fortified intensity
Tashkent	TSGN	Uzbekistan	Asia	208	6100	236	Ⅶ ~ Ⅷ
Addis Ababa	ASNY	Ethiopia	Africa	263	530	540	Ⅶ ~ Ⅷ
Guayaquil.	GYJR	Ecuador	South America	210	5000	340	Ⅷ
Bandung	WLON	Indonesia	Asia	240	1000	19	Ⅷ
Skopie	SKPL	Macedonia	Europe	44. 5	2200	338	Ⅶ
Tijuana	THAN	Mexico	North America	115	21000	230	Ⅶ
Antofagasta	ATFJ	Chile	South America	228	49000	90	Ⅷ
Izmir	YZMR	Turkey	Europe	217	7000	650	Ⅵ ~ Ⅷ
Xiamen	XMEN	China	Asia	152	2500	450	Ⅶ
Quanzhou (part)	QNZH	China	Asia	25	2150	52	Ⅶ

The analysis results of ten cities are listed as follows.

5. 1   Determining seismic ability indexes of engineering installations

The results of seismic ability indexes of structures in these ten cities are shown in Figure 6.

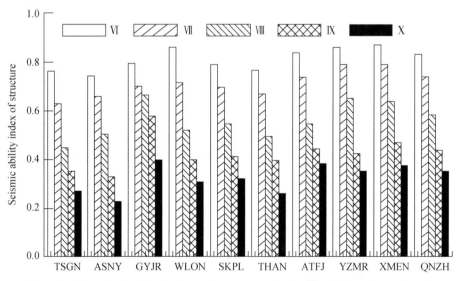

Figure 6   The seismic ability indexes of structures resisting Ⅵ ~ Ⅹ intensity earthquake

The seismic abilities of lifeline system and collateral disasters are shown in Table 10 and Table 11, respectively.

Table 10　The seismic ability of lifelines in the ten cities

City	TSGN	ASNY	GYJR	WLON	SKPL	THAN	ATFJ	YZMR	XMEN	QNZH
Seismic rank	Moderate	Moderate	Poor	Moderate	Strong	Moderate	Strong	Strong	Moderate	Moderate

Table 11　The aseismic ability of collateral disasters in the ten cities

City	TSGN	ASNY	GYJR	WLON	SKPL	THAN	ATFJ	YZMR	XMEN	QNZH
Seismic rank	Moderate	Moderate	Poor	Poor	Moderate	Poor	Moderate	Moderate	Moderate	Moderate

5.2　The seismic ability evaluation results of other five factors

The modification coefficients of other five factors to casualty, economic loss and recovery time caused by engineering installations are shown in Figure 7.

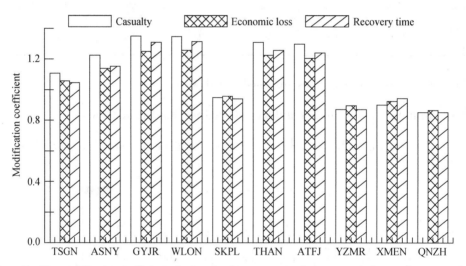

Figure 7　The modification coefficient of other five factors to casualty, economic loss and recovery time

5.3　Determining the comprehensive indexes of cities' ability reducing earthquake disasters

We have gained the ratios of casualty, economic loss and recovery time based on method mentioned above, and then the comprehensive indexes evaluating cities' ability reducing earthquake disasters are computed (the acceptable social level is the criterion which is defined relative to general cities and developed areas (Table 7)). The results are shown in Figure 8.

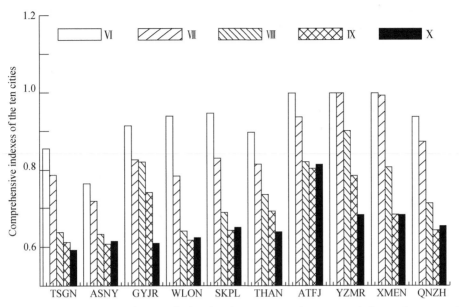

Figure 8   The modification coefficient of other five factors to casualty, economic loss and recovery time

The seismic ability ranks of the ten cities are classified according to Figure 8, and the results are shown in Table 12.

Table12   The seismic ability rank of the ten cities

City	Earthquake intensity				
	VI	VII	VIII	IX	X
TSGN	Moderate	Poor	Poor	Poor	Poor
ASNY	Poor	Poor	Poor	Poor	Poor
GYJR	Moderate	Moderate	Moderate	Poor	Poor
WLON	Moderate	Poor	Poor	Poor	Poor
SKPL	Strong	Moderate	Poor	Poor	Poor
THAN	Moderate	Poor	Poor	Poor	Poor
ATFJ	Strong	Moderate	Poor	Poor	Poor
YZMR	Strong	Strong	Moderate	Poor	Poor
XMEN	Strong	Strong	Poor	Poor	Poor
QNZH	Moderate	Moderate	Poor	Poor	Poor

6   Discussion and conclusions

(1) It can be concluded from above discussion that the model evaluating cities' ability reducing earthquake disasters can evaluate cities' seismic ability absolutely, consequently can know cities' ability resisting various intensity earthquake, and also can evaluate cities' seismic

ability quantitatively. On the other hand it is relative to various earthquake intensities and various social acceptable levels. Comparing to the current methods evaluating cities' earthquake losses, this method is of many merits, such as considering factors completely, gathering basic datum simply and computing easily and so on. In addition, it is more significant that the comprehensive index can denote the difference between current cities' ability reducing earthquake disasters and acceptable cities' seismic ability quantitatively, consequently provide the work reducing earthquake losses with beneficial advice.

（2）On the precision of model, we also should realize that the model is set up based on the development of current earthquake engineering, for example, some datum and formulas are derived from earthquake losses prediction results of the ninth five-year plan, therefore the precision and reliability of the model is consistent with development of current earthquake engineering. At the same time, the evaluation model is open, because with the development of earthquake engineering and accumulation of experience resisting earthquake disasters, the datum and formulas of the model can be more precise, consequently the reliability of model can be enhanced.

（3）The frame system of model evaluating cities' ability reducing earthquake loss is discussed in this paper, but because of the limited length, some datum are not enumerated. When doing the work, you can refer to the dissertation—*The Study on Evaluation of Cities' Ability Reducing Earthquake Disasters* (ZHANG, 2002) if meeting with problems.

References

Zhao H C, Xu S B, He J S, 1986. The Analytic Hierarchy Process: A Simple New Decision-making Method. Beijing: Science Press (in Chinese).

Zhang F H, Xie L L, 2002. Study on determining the contributions of various indicators to city's ability reducing earthquake disasters. Journal of Natural Disasters, 11 (4): 23-29 (in Chinese).

Xie L L, Zhang X Z, Zhou Y N. 1996. On the design earthquake level for earthquake resistant works. Earthquake Engineering And Engineering Vibration, 16 (1): 1-18.

Applied Technology Committee compile [America]. CAO Xin-ling trans. 1991. The Prediction of Future Earthquake Loss in California. Beijing: Seismological Press (in Chinese).

Coburn A W, Spense R J S, Pomonis A, 1992. Factors determining human casualty levels in earthquakes: Mortality prediction in building collapse. Earthquake Engineering. Tenth World Conference @ 1992 Balkema. Rotterdam: 5989-5994.

Kawashima K, Kanoh T, 1990. Evaluation of indirect economic effects caused by the 1983 Nihonkai- chubu, Japan, Earthquake. Earthquake Spectra, 6 (4): 739-756.

Zhang F H, 2002. The Study on Evaluation of Cities' Ability Reducing Earthquake Disasters. Institute of Engineering Mechanics, China Seismological Bureau.

Ma Y H, 2000. Studies on Performance-based Seismic Design Criteria. Institute of Engineering Mechanics, China Seismological Bureau.

Yang S S, 1997. Study on the model of grade division of natural disaster and comparison of disastrous conditions. Journal of Natural Disasters, 6 (1): 8-13 (in Chinese).

A new approach of selecting real input ground motions for seismic design: the most unfavourable real seismic design ground motions[*]

Zhai Chang-Hai[1] and Xie Li-Li[1,2]

(1. School of Civil Engineering, Harbin Institute of Technology, Harbin 150090, China;

2. Institute of Engineering Mechanics, China Earthquake Administration, Harbin 150080, China)

Summary This paper presents a new way of selecting real input ground motions for seismic design and analysis of structures based on a comprehensive method for estimating the damage potential of ground motions, which takes into consideration of various ground motion parameters and structural seismic damage criteria in terms of strength, deformation, hysteretic energy and dual damage of Park & Ang damage index. The proposed comprehensive method fully involves the effects of the intensity, frequency content and duration of ground motions and the dynamic characteristics of structures. Then, the concept of the most unfavourable real seismic design ground motion is introduced. Based on the concept, the most unfavourable real seismic design ground motions for rock, stiff soil, medium soil and soft soil site conditions are selected in terms of three typical period ranges of structures. The selected real strong motion records are suitable for seismic analysis of important structures whose failure or collapse will be avoided at a higher level of confidence during the strong earthquake, as they can cause the greatest damage to structures and thereby result in the highest damage potential from an extended real ground motion database for a given site. In addition, this paper also presents the real input design ground motions with medium damage potential, which can be used for the seismic analysis of structures located at the area with low and moderate seismicity. The most unfavourable real seismic design ground motions are verified by analysing the seismic response of structures. It is concluded that the most unfavourable real seismic design ground motion approach can select the real ground motions that can result in the highest damage potential for a given structure and site condition, and the real ground motions can be mainly used for structures whose failure or collapse will be avoided at a higher level of confidence during the strong earthquake.

---

[*] 本文发表于 Earthquake Engineering and Structural Dynamics, 2007 年, 第 36 卷, 1009-1027 页.

1　Introduction

According to the seismic code of UBC (1997)[1], dynamic analysis is needed when the height of a structure exceeds 73m (240 ft), since the higher mode effect become more important. The dynamic analysis is classified into either a response spectrum analysis or a nonlinear time-history analysis. For tall buildings with severe irregularity in plan and elevation or with long natural periods, time-history analysis is recommended. In fact, many existing seismic codes (such as Eurocode 8[2] and 2001' Chinese Seismic Code[3]) include similar regulations that important structures, such as long-span bridges, particularly irregular structures, and the high-rise buildings whose heights exceed limitation, must be through time-history analysis. For time-history analysis, how to select real input ground motions is a key and difficult problem. In addition, it is also important to select proper real input ground motions in table-shaking tests and pseudo-dynamic tests.

By analysing 142 ground motion records, Wang et al.[4] presented the principle and methodology of selecting ground motion for matching the design spectra used in Chinese seismic code. Yang et al.[5] proposed a method of selecting input ground motions, which controls two frequency domains of the response spectra in accordance with the design spectra in statistical sense. The two frequency domains correspond to the flat range of design spectra and the natural period of the structure. Based on the overall fitness of the response spectrum of the selected ground motions to the target Linear Elastic Design Response Spectrum (considering the return period), Lee et al.[6] selected 22, 14 and 8 ground motions of S_1, S_2, S_3 soil sites for time-history analysis of tall buildings or important facilities. Malhotra[7] provided a procedure to select and scale strong-motion records for site-specific analysis. The procedure matches records' smooth response spectra with the site response spectrum by scaling of the acceleration histories. Naeim et al.[8] presented a genetic algorithm (GA) approach for selecting a set of recorded earthquake ground motions that in combination match a given site-specific design spectra with minimum alteration. The majority of these investigations of selecting recorded earthquake ground motions for time-history analysis focuses on matching the response spectrum of the selected ground motions with the given design spectrum. However, the seismic design spectra in the seismic codes represent an average value coming from statistical results. Therefore, it could be unsuitable for the structure located on the very high seismic zone to be checked using the real ground motions selected according to this pattern. Though an amount of research on how to select real ground motions has been conducted, the agreement on this topic has not been reached up to now. Nowadays, the El Centro record (NS) of 1940 and Taft record of 1952 are firstly considered in the seismic design and structural analysis. Further studies are still necessary on how to select real ground motions.

Realizing that the earthquake inputs are uncertain even with the present knowledge and it does not appear easy to predict forthcoming events precisely both in time and frequency, the

A new approach of selecting real input ground motions for seismic design: the most
unfavourable real seismic design ground motions

· 477 ·

concept of "critical excitations" were proposed [9]. The method is aimed at finding the "synthetic" accelerograms by producing maximum response for a given structure from a class of allowable input. In the past 30 years, significant development on the critical excitation methods has been achieved [10-18]. The history and recent development of the critical excitation methods have been described briefly by Takewaki[19].

The main purpose of this paper is to select out the real ground motions that could produce highest response of structures from an extended real ground motion database for a given site and structure. Firstly, a comprehensive method is proposed for evaluating the damage potential of ground motions. Referring the idea of "critical excitations" proposed by Drenick[9], the concept of most unfavorable real seismic design ground motions is then presented. Next, two groups of input real design ground motions corresponding to rock, stiff soil, medium soil and soft soil site conditions and in terms of three period ranges of structures are selected out using the proposed comprehensive method. The first group is the most unfavorable real seismic design ground motions, which are most suitable for seismic analysis of structures located at the very high seismic zones. The selected most unfavorable real seismic design ground motions can cause the greatest damage of structures and thereby result in the highest damage potential. The other is the real design ground motion group with middle hazard levels and low hazard levels so as to be adequate for the seismic analysis of structures located at areas with low and middle seismicity. Finally, the most unfavorable real seismic design ground motions are preliminarily verified by one example. The main results in this paper have been adopted in Chinese General Rule for Performance-based Seismic Design of Building [20], which is the first guideline for seismic design of engineering constructions in China. In addition, the design ground motions determined in this study have been used widely for the seismic design and analysis [21-23].

2 Comprehensive evaluation of the damage potential of ground motions

Although the Richter scale can be used to measure the magnitude of total energy released during an earthquake, it can not be used to estimate the damage away from the epicentre[24]. The Modified Mercalli Intensity (MMI) is a subjective index used to describe damage at a specific site. However, since the earthquake damage degree of engineering structures depends on the design method, construction material, quality control and so on, the indiscriminateness of MMI could result in an improper or wrong conclusion.

Since the first strong ground motion was recorded in 1933, a large number of strong ground motions have been recorded in the world. On the basis of these ground motions, researchers have proposed different parameters to characterize the ground motion damage potential, such as peak ground acceleration (PGA), peak ground velocity (PGV), peak ground displacement (PGD), maximum incremental velocity (IV), maximum incremental displacement (ID) [25], effective peak acceleration (EPA), effective peak velocity (EPV) [26], displacement ductility, input energy, hysteretic energy, etc. These parameters range from a simple instrumental peak value to a value resulting from a very complicated mathematical derivation. A comprehensive method for evaluating ground motions damage potential is proposed in Reference [27], which will be used for determining the most unfavourable real seismic design ground motions.

For the comprehensive method, the parameters used to characterize damage potential of ground motion include PGA, PGV, PGD, IV, ID, duration, EPA, EPV, demanded displacement ductility and hysteretic energy. The proposed method recognizes that one parameter can character the damage potential of strong ground motion under specific conditions, but under other conditions these parameters may not character well the damage potential of strong ground motion. Moreover, the method relates to various seismic damage criteria, such as strength, deformation, hysteretic energy and dual damage criteria of Park & Ang damage index [28,29], and fully involves the effects of the intensity, frequency content, duration of ground motion and the dynamic characteristics of structures on evaluating ground motion damage potential[27].

3　Concept and selecting principles of most unfavorable real seismic design ground motions

3.1　Concept of the most unfavorable real seismic design ground motions

Naeim and Anderson[30] selected out 1157 horizontal components ($M \geqslant 5$ and PGA larger than $0.05g$) from a database that consists of more than 5000 significant strong ground motion records collected over the world from 1933 to 1992. Then the authors selected the horizontal components ranked in the top 30 of 1157 components based on the instrumental parameters (PGA, PGV, PGD, IV, ID) and basic spectral parameters (EPA and EPV), but not bracketed duration. A set of 84 records was selected in this manner. Next they complemented this selection with a subset of 36 records, which are only characterized with significant long duration. Finally, a database of 120 records was formed. The study offers a lot of important information for the establishment of the most unfavourable real seismic design ground motions.

The most unfavorable real seismic design ground motion for a given structure and site condition is defined as the real ground motion that can cause the greatest damage in the structure and thereby result in the highest damage potential, as computed by non-linear dynamics structural analysis. The damage has been defined as the demanded yield strength coefficient or the hysteretic energy for a given displacement ductility. In addition, the constraint of PGA, PGV, PGD, EPA, EPV, Duration, IV and ID of ground motions are also considered in determining the most unfavorable real seismic design ground motions.

3.2　Guidelines for selection of most unfavourable real seismic design ground motions

The comprehensive method for estimating damage potential of ground motion is used in selecting the most unfavourable real seismic design ground motions. And the site conditions,

A new approach of selecting real input ground motions for seismic design: the most
unfavourable real seismic design ground motions
· 479 ·

structural period and hazard level specified by codes are also considered.

Selecting the most unfavorable real seismic design ground motions from a great number of ground motion records is a very complicated process, because it is related to many factors. For instance, the most unfavorable real seismic design ground motions may be different for different structures in terms of different ground motion parameters to evaluate the ground motion damage potential[19]. Though it is impossible to select one kind of most unfavorable real seismic design ground motion for each possible case, the effect of this difference should be taken into account. Besides, it should be noted that the system has entered inelastic state when calculating demanded displacement ductility factor and hysteretic energy, which will be influenced by various factors, such as structural period, damping, ductility, hysteretic model, and site conditions.

3.2.1 Several basic concepts

(1) Yield strength coefficient

$$C_y = F_y / mg \tag{1}$$

where F_y is the yield strength of the system and mg is the effect weight of the system.

(2) Hysteretic energy

The hysteretic energy is obtained by subtracting the elastic strain energy $(f_s)^2 / (2k)$ from total strain energy $\int f_s \mathrm{d}v$ [31]

$$E_p = \int f_s \mathrm{d}v - \frac{1}{2k} [f_s]^2 \tag{2}$$

where E_p is the hysteretic energy, f_s is the restoring force, k is the stiffness of system and v is the relative displacement.

(3) Equivalent velocity of hysteretic energy

$$V_p = \sqrt{2E_p / m} \tag{3}$$

where m is the mass of system and E_p is the hysteretic energy.

3.2.2   Conditions for comparison of demanded yield strength coefficient and hysteretic energy

Bilinear hysteretic model is utilized here since the bilinear model is a simple form of force-resistance as well as the basic model for studying seismic response of inelastic system. Moreover, in order to analyze the effects of other factors on demanded displacement ductility and hysteretic energy, such as period, damping and stiffness after yielding, etc., two ground motion records are studied as shown in Table 1. The records selected are intended to cover at least two types of ground motions, one is the near-field, short duration and impulsive type ground motion, such as the B_2 record; the other is the far-field, long duration, relatively severe and symmetric type cyclic excitation, such as the B_1 record. The acceleration time histories of two records are shown in Figure 1.

Table 1　Specifications of two strong ground motion records

No.	Time	Earthquake	Recording station and component	M_L	Epicentral distance /km
B_1	1940	El Centro	El Centro, N00E	7.7	12
B_2	1966	Parkfield	Cholame Shandon Array 2, N65E	5.6	6

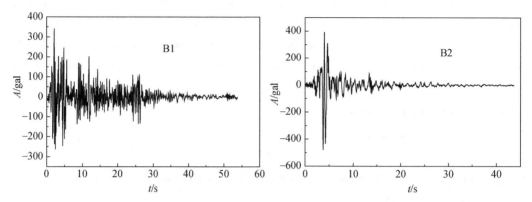

Figure 1　Acceleration time histories of two strong ground motions

For hysteretic energy, if the hysteretic model is given, the structural parameters that define the ground motion hysteretic energy will be structural period T, viscous damping ratio ξ and displacement ductility μ (or yield strength coefficient C_y or strength reduction factor $R = F_e / F_y$), where F_e is the lateral yielding strength required to avoid yielding in the system under a given ground motion, and F_y is the lateral yielding strength required to maintain the displacement ductility ratio demand equal to a pre-determined target ductility ratio, when subjected to the same ground motion. Thus, the hysteretic energy of SDOF system under ground motions can be expressed as

$$S = S(D, T, \xi, \mu) \quad \text{or} \quad S = S(D, T, \xi, C_y \text{ or } R) \tag{4}$$

where S is the hysteretic energy and D is the hysteretic model.

In the process of selecting the most unfavorable real design real ground motions, the authors hope less structural parameters are included. On the constant strength reduction factor condition, two structural parameters (F_e and F_y) are included. However, constant-strength (the yield strength coefficient C_y) condition and under constant-ductility condition, only structural parameters (F_y or μ) is included. Thus, the constant strength reduction factor condition is not considered for comparing the damage potential of different strong ground motions with the hysteretic energy.

Therefore, there are two ways to compare the damage potential of different strong ground motions with the hysteretic energy: under constant-ductility condition (the displacement ductility μ is assumed as a known parameter) or under constant-strength (the yield strength coefficient C_y is assumed as a known parameter). But which way is better? Figure 2 and Figure 3 show the constant-strength hysteretic energy spectra and the constant-ductility hysteretic energy spectra. It

can be observed that the regularity of constant-ductility hysteretic spectra is much better than the
constant-strength hysteretic energy spectra. Therefore, this study estimates the damage potential of
different ground motions using the constant-ductility hysteretic energy spectra.

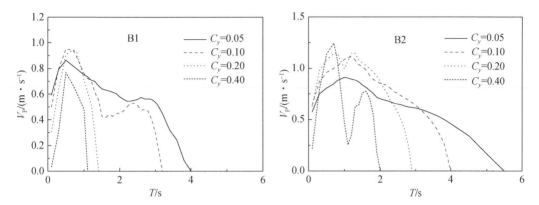

Figure 2   Constant-strength hysteretic energy spectra

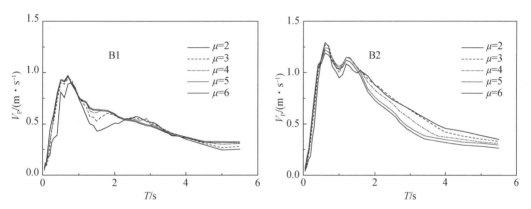

Figure 3   Constant-ductility hysteretic energy spectra

Similarly, there are also two ways to compare the damage potential of different strong ground
motion with the displacement ductility: by comparing the displacement ductility of a structure
under the constant strength and by comparing the demanded yield strength coefficient for a
structure under the constant displacement ductility. In order to keep consistent with the hysteretic
energy, the yield strength coefficient demanded of a structure under the constant displacement
ductility is used to compare different ground motion damage potentials. In a word, a approach to
select the most unfavorable real seismic ground motions has been achieved, i. e., by comparing
the demanded yield strength coefficient and the hysteretic energy under constant displacement
ductility.

3. 2. 3   Effects of structural parameters on demanded yield strength coefficient and hysteretic
energy under constant displacement ductility condition

(1) *Influence of displacement ductility level.* The displacement ductility level effect on the

demanded yield strength coefficient is shown in Figure 4. It can be seen that the influence of displacement ductility is great on the yield strength coefficient spectra. Figure 3 shows the influence of displacement ductility on hysteretic energy. The figure indicates that the hysteretic energy spectra are sensitive to the level of displacement ductility, which is different from that of Nakashima *et al*[32]. He concluded that the hysteretic energy spectra were insensitive to the ductility level.

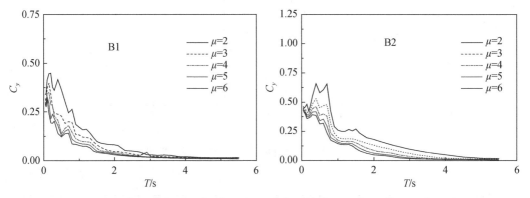

Figure 4　Effect of ductility level on demanded yielded strength coefficient $(\mu=4)$

From Figure 3 and Figure 4, it can be seen that though the displacement ductility level have important effect on the demanded yield strength coefficient spectra and hysteretic energy spectra, both the demanded yield strength coefficient spectra and hysteretic energy spectra have similar tendency for different displacement ductility, which may lead to the same result assuming a single invariant displacement ductility value or considering different values for determining the most unfavorable real seismic ground motions. This will be proved in section 5 of this study.

（2）*Influence of hysteretic model（mainly referred to the post-yield stiffness of bilinear model）.* The influence of the post-yield stiffness of bilinear model on the yield strength coefficient for a given displacement ductility factor $(\mu=4)$ is shown in Figure 5, where α is the post-yield

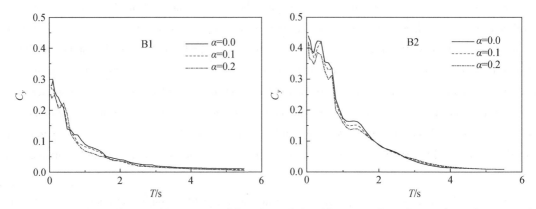

Figure 5　Influence of hysteretic model on demanded yielding strength coefficient $(\mu=4)$

stiffness ratio (the post-yield stiffness normalized by the initial stiffness) of the bilinear model. It can be seen that the effect of post-yield stiffness of bilinear model on the yield strength coefficient is small throughout the whole period in this investigation. The variety of spectra keeps within 10% for the given variation range of α.

Figure 6 shows the influence of the post-yield stiffness of bilinear model on the hysteretic energy for a given displacement ductility factor ($\mu = 4$). It can be observed that the hysteretic energy spectra are generally insensitive to the values of the post-yield stiffness of the bilinear model. The variety of hysteretic energy spectra also can keep within 10% for the given variation range of α. This conclusion is same as the literatures [33,34]. Thus, the assumption of elastic-perfectly plastic model for calculating the yield strength coefficient and hysteretic energy for a given displacement ductility is reasonable.

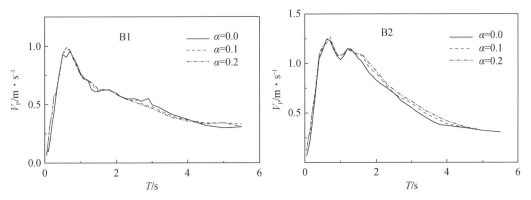

Figure 6   Influence of hysteretic model on hysteretic energy ($\mu = 4$)

(3) *Influence of damping.* Figure 7 shows the damping effect on the yield strength coefficient for ductility of four. It can be noted that the yield strength coefficient spectra are insensitive to the damping variation, especially in the long-period range. Same result also can be found in studies[24,35]. Thus, it is reasonable to assume the damping ratio be a constant value in calculating the yield strength coefficient.

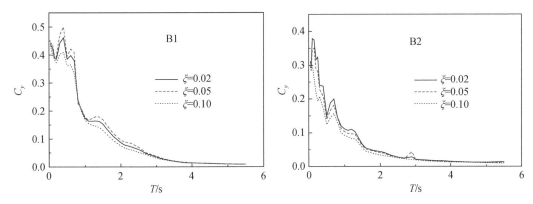

Figure 7   Influence of damping on yielding strength coefficient ($\mu = 4$)

The influence of damping on hysteretic energy is shown in Figure 8, where the displacement ductility μ equals to 4. The figure shows that damping has an important effect on the spectra. Study[24] also obtained the same result. Therefore, it could be required to consider different damping ratios in comparing the damage potential of ground motions with hysteretic energy. Fortunately, it has been found that the same result is obtained by assuming a single invariant damping ratio value or considering different values, since the change in hysteretic energy spectra for different damping values is steady. Here, a damping ratio of 5% is employed.

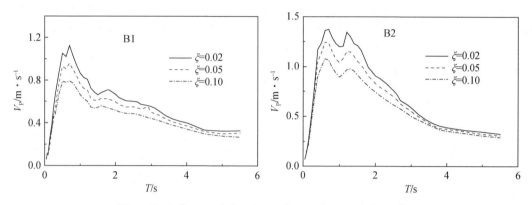

Figure 8　Influence of damping on hysteretic energy (μ =4)

(4) *Influence of structural period.* The values of the yield strength coefficient and hysteretic energy for a given displacement ductility strongly depend on the structural period. For different structural periods, the values of the demanded yield strength coefficient and hysteretic energy may be different. In theory, it is best to provide the most unfavorable real seismic design ground motions for each structural period. However, it may be unpractical for engineers. As a simple but practical way, the structural periods are divided into three ranges, that is, the short period range (0 ~ 0.5s), the middle period range (0.5 ~ 1.5s) and the long period range (1.5 ~ 5.5s). In this study, a total of 38 period values are considered. The short period range include periods of 0.05s, 0.07s, 0.10s, 0.15s, 0.20s, 0.25s, 0.30s, 0.40s and 0.50s. The periods of 0.60s, 0.70s, 0.80s, 0.90s, 1.00s, 1.10s, 1.20s, 1.30s, 1.40, 1.50s consists of the middle period range, and the periods of 1.60s, 1.80s, 2.00s, 2.10s, 2.30s, 2.50s, 2.60s, 2.70s, 2.90s, 3.00s, 3.10s, 3.20s, 3.40s, 3.60s, 3.80s, 4.00s, 4.50s, 5.00s and 5.50s are considered in the long period range. The most unfavorable real seismic design ground motions are selected by averaging the ranks for the different periods within each range.

3.2.4　Influence of site condition and peak value of acceleration

The site condition of ground motion should be consistent with the site of the structure in practice. Likewise, the peak acceleration of ground motion should equal to the values specified in the seismic code. Therefore, selecting the most unfavorable real seismic ground motions must consider different site conditions and the peak values of ground motions must be adjusted to that of the design acceleration in the seismic code. In this study, the peak accelerations of real ground

A new approach of selecting real input ground motions for seismic design: the most
unfavourable real seismic design ground motions
· 485 ·

motions are normalized to the same level when comparing the damage potential of different ground
motion with demanded yield strength coefficient and hysteretic energy. It should be pointed that
because records with relatively large PGA values are selected for the candidate database, they are
not typically scaled by large factors when comparing the damage potential of different ground
motion with the two parameters.

4 Databases for selecting real input ground motions

A total of 852 earthquake accelerations recorded in 34 different earthquakes from 1940 to
2001 is used in this study (the details refer to the literature[36]). All the earthquake records are
recorded on the free fields or in the first floor of low-rise building. The records are divided into four
groups based on their local site conditions at the recording station (see Table 2): (1) The first
group is consisted of 194 records obtained on the rocks with average shear wave velocities between
760m/s and 1500m/s. (2) The second group is consisted of 202 records obtained on the stiff
soils with average shear wave velocities between 360m/s and 760m/s. (3) The third group is
consisted of 307 records recorded on stations on medium soil with average shear wave velocities
between 180m/s and 360m/s. (4) The fourth group is consisted of 149 records recorded on
stations located on soft soil with average shear wave velocities below 180m/s.

Table 2　Site classifications of ground motion records used in this study

Site Classifications	Site general description	Shear Wave Velocity V_s/(m/sec)	Number of records			
			Mainland area of China	Taiwan area of China	Area Outside of China	Total numbers
I	Rock	$1500 \geqslant V_s > 760$	98	86	10	194
II	Stiff soil	$760 \geqslant V_s > 360$	56	108	38	202
III	Medium soil	$360 \geqslant V_s \geqslant 180$	51	212	44	307
IV	Soft soil	$180 > V_s$	12	112	25	149

Based on the recorded areas, the ground motion records are also classified into three groups
in this study: mainland China, Taiwan of China and areas outside of China. Then the most
unfavorable real seismic design ground motions are determined for these three groups respectively.

A total of 217 ground motion records (PGA larger than 40 cm/s^2) recorded in the mainland
of China with specific site condition are selected out from the strong ground motion database of the
Institute of Engineering Mechanics (IEM), China Earthquake Administration. These ground
motion records include most of the records collected during major earthquakes happened in the
mainland of China, such as Tonghai earthquake (1970), Haicheng earthquake (1975),
Tangshan earthquake (1976), Gengma earthquake (1988), Wuqia earthquake (1990),
Shidian earthquake (2001), etc.

On September 21 of 1999, an earthquake ($M_L = 7.6$) struck the central area of Taiwan near the town Chi-chi. It caused 2470 fatalities, 11305 injures, 53551 buildings completely collapsed, and 53633 half collapsed. The total capital lost was estimated up to US $ 11. 8 billion[37]. A great number of digital ground motions records were collected in the earthquake, which provides the valuable information for the study on ground motion. In April 2001, Lee *et al.* [38] published a formal CD-ROM containing high quality recordings from the 441 'free-field' strong-motion stations. 518 records from this CD-ROM are used in this study.

Among 120 records selected by Naeim and Anderson[30], 87 uniformly processed records are selected with the specific site condition. In addition, 30 ground motion records recorded on the free fields in the 1994 Northridge earthquake and 1995 Kobe earthquake are complemented. For the complemented records, at least one of the PGA, PGV, PGD, IV, ID, EPA, EPV and duration value are ranked at the top 30 of the corresponding value of the ground motions offered by Naeim and Anderson. Thus, a database of 117 records collected in the area outside of China is formed.

5　Process of selecting real input ground motions

Firstly, the records are ranked respectively in terms of PGA, PGV, PGD, EPA, EPV, Duration, IV and ID for two groups (the records collected in the mainland and Taiwan area of China). The records ranked in the top 10 of each group are selected for the candidate database of the most unfavorable real seismic design ground motions. The number of the candidate records for the two groups are 90 and 176 records respectively. In addition, the 117 records provided by Naeim and Anderson[30] are considered as the candidate database of the most unfavorable real seismic design ground motions for the area outside of China.

Then, the databases are ranked again for further selecting with the demanded yield strength coefficient and hysteretic energy in case of constant-ductility for three period ranges and four site classes. Here the three period ranges are short period range (0 ~ 0.5s), middle period range (0.5 ~ 1.5s) and long period range (1.5 ~ 5.5s). In the ranking process with the two parameters, the peak accelerations of real ground motions are normalized to the same level. The peak accelerations of 200gal, 300gal, 400gal, 500gal and the displacement ductility values of 2, 4, 6 are assumed. Therefore, twelfth combination cases are performed. It is proved that the ranks of two parameters for different ground motions are almost the same in each case. The details of twelfth cases can be found in literature[36]. The ranks of the two parameters for different ground motions are obtained by the mean ranks of twelfth cases. And the mean ranks of the two parameters are considered as the final rank of the ground motions.

According to the final ranks of the ground motions, the top one record of mainland area of China, top two records of Taiwan area of China and top two records recollected in the area outside of China are selected as the most unfavorable real seismic design ground motions (total 43 records). A total of 38 record triplets (two horizontal components and one vertical component) of most unfavorable real seismic design ground motions for different site conditions and different

A new approach of selecting real input ground motions for seismic design: the most
unfavourable real seismic design ground motions
· 487 ·

structural period ranges are presented by complementing the corresponding other components of ground motions, which are shown in Table 3.

Table 3　The most unfavorable real seismic design ground motions

Site condition	Short-period structural input ground motions (0.0~0.5s)			Middle-period structural input ground motions (0.5~1.5s)			Long-period structural input ground motions (1.5~5.5s)		
	Triplet No.	Record name	Comp.	Triplet No.	Record name	Comp.	Triplet No.	Record name	Comp.
I	FS01	1985, Michoacan, Mexico, La Union	90 # 180 # Vert	FS01	1985, Michoacan, Mexico, La Union	90 180 # Vert	FS01	1985, Michoacan, Mexico, La Union	90 180 # Vert
	FS02	1992, Landers-June 28, Amboy	0 90# Vert	FS02	1992, Landers-June 28, Amboy	0 90 # Vert	FS02	1992, Landers-June 28, Amboy	0 90 # Vert
	TS01	1999, Chi-Chi earthquake, TTN041	Nort # West Vert	TS02	1999, Chi-Chi earthquake, TAP075	Nort # West Vert	TS03	1999, Chi-Chi earthquake, TCU046	Nort West # Vert
	TS04	1999, Chi-Chi earthquake, HWA046	Nort West # Vert	TS05	1999, Chi-Chi earthquake, TAP051	Nort # West Vert	TS05	1999, Chi-Chi earthquake, TAP051	Nort # West Vert
	NS01	1976, Longling Earthquake, Longling	NS WE # Vert	NS02	1988, Lancang, Zhutang A	NS # WE Vert	NS02	1988, Lancang, Zhutang A	NS # WE Vert
II	FS03	1979, Imperial Valley, CA, Cerro Prieto	147 237 # Vert	FS04	1992, Petrolia-April 25, Fortuna 701 S. Fortuna Blv.	0 # 90 Vert	FS05	1979, Imperial Valley, CA, El Centro, Array #10	50 # 320 Vert
	FS05	1979, Imperial Valley, CA, El Centro, Array #10	50 # 320 Vert	FS06	1992, Landers-June 28, Joshua Tree-Fire Station	0 90 # Vert	FS07	1979, Imperial Valley, CA, El Centro, Array #5	140 230 # Vert
	TS06	1999, Chi-Chi earthquake, TCU057	Nort # West Vert	TS07	1999, Chi-Chi earthquake, TCU070	Nort # West Vert	TS06	1999, Chi-Chi earthquake, TCU057	Nort # West Vert
	TS07	1999, Chi-Chi earthquake, TCU070	Nort # West Vert	TS08	1999, Chi-Chi earthquake, TCU104	Nort West # Vert	TS07	1999, Chi-Chi earthquake, TCU070	Nort # West Vert
	NS03	2001, Yongsheng, Qina	NS # WE Vert	NS03	2001, Yongsheng, Qina	NS # WE Vert	NS03	2001, Yongsheng, Qina	NS WE # Vert

Continued

Site condition	Short-period structural input ground motions (0.0~0.5s)			Middle-period structural input ground motions (0.5~1.5s)			Long-period structural input ground motions (1.5~5.5s)		
	Triplet No.	Record name	Comp.	Triplet No.	Record name	Comp.	Triplet No.	Record name	Comp.
III	FS08	1973, Michoacan Mexico, Infiernillo Dam	0 # 90 Vert	FS09	1979, Imperial Valley, Meloland Overpass FF	0 270 # Vert	FS09	1979, Imperial Valley, Meloland Overpass FF	0 270 # Vert
	FS10	1994, Northridge, Canoga Park	116 196 # Vert	FS11	1992, Landers-June 28, Yermo-Fire Station	270 360 # Vert	FS11	1992, Landers-June 28, Yermo-Fire Station	270 # 360 Vert
	TS09	1999, Chi-Chi earthquake, TCU138	Nort West # Vert	TS10	1999, Chi-Chi earthquake, TCU102	Nort West # Vert	TS11	1999, Chi-Chi earthquake, TCU052	Nort West # Vert
	TS12	1999, Chi-Chi earthquake, TCU103	Nort West # Vert	TS11	1999, Chi-Chi earthquake, TCU052	Nort West # Vert	TS12	1999, Chi-Chi earthquake, TCU103	Nort West # Vert
	NS04	1976, Tangshan Earthquake, Hujialou	NS WE # Vert	NS05	1996, Atushi, Xikeer	NS # WE Vert	NS05	1996, Atushi, Xikeer	NS EW # Vert
IV	FS12	1949, Western Washington, Olympia Hwy Test Lab	86 356 # Vert	FS13	1995, Kobe, Osaka	0 # 90 Vert	FS13	1995, Kobe, Osaka	0 90 # Vert
	FS13	1995, Kobe, Osaka,	0 # 90 Vert	FS14	1995, Kobe, Takarazuka	0 # 90 Vert	FS15	1979, Imperial Valley, CA, El Centro, Array #6	140 230 # Vert
	TS13	1999, Chi-Chi earthquake, TCU140	Nort West # Vert	TS14	1999, Chi-Chi earthquake, TCU117	Nort # West Vert	TS14	1999, Chi-Chi earthquake, TCU117	Nort # West Vert
	TS15	1999, Chi-Chi earthquake, TCU116	Nort # West Vert	TS16	1999, Chi-Chi earthquake, TAP017	Nort # West Vert	TS17	1999, Chi-Chi earthquake, TCU141	Nort West # Vert
	NS06	1976, Tangshan Earthquake, Tianjing Hospital	NS # WE Vert	NS06	1976, Tangshan Earthquake, Tianjing Hospital	NS # WE Vert	NS06	1976, Tangshan Earthquake, Tianjing Hospital	NS WE # Vert

In addition, according to the damage potential levels of ground motions, the design real ground motions with about middle ranks of the demanded yield strength coefficient and hysteretic energy for all the ground motions are also presented so as to be adequate for the seismic analysis of structures located at the areas with low and middle seismicity. According to the seismic environment of the structures, one can know whether a structure is located in an area with low or middle hazard. Table 4 shows these ground motions complemented by the corresponding other components. In Tables 3 and Table 4, the symbol "#" denotes the components of ground motions that are selected as the most unfavorable real seismic design ground motions or the input ground motions adequate for seismic analysis of structures located at the areas with low and middle seismicity. In "Triplets No. ", the symbols "F", "T" and "N" denote the records recollected in the area outside of China, Taiwan of China and mainland of China respectively. The time histories of the selected input ground motions can be found in the literature[36].

Table 4 The input ground motions adequate for seismic analysis of structures located at the areas with low and middle seismicity

Site Condition	Short-period structural input ground motions (0.0~0.5s)			Middle-period structural input ground motions (0.5~1.5s)			Long-period structural input ground motions (1.5~5.5s)		
	Triplet No.	Record name	Comp.	Triplet No.	Record name	Comp.	Triplet No.	Record name	Comp.
I	FM01	1989, Loma Prieta-Oct.1, Gilroy #1-Gavilan College	0	FM02	1980, Mammoth Lakes, CA, Long Valley dam	0 #	FM03	1985, Michoacan, Mexico, La Union	90 #
			90 #			90			180
			Vert			Vert			Vert
	FM04	1985, Michoacan, Mexico, Caleta de Campos	90	FM03	1985, Michoacan, Mexico, La Union	90 #	FM04	1985, Michoacan, Mexico, Caleta de Campos	90
			180 #			180			180 #
			Vert			Vert			Vert
	TM01	1999, Chi-Chi earthquake, ILA050	Nort #	TM02	1999, Chi-Chi earthquake, TCU085	Nort	TM03	1999, Chi-Chi earthquake, ILA063	Nort
			West			West #			West #
			Vert			Vert			Vert
	TM04	1999, Chi-Chi earthquake, HWA026	Nort	TM05	1999, Chi-Chi earthquake, TAP034	Nort	TM01	1999, Chi-Chi earthquake, ILA050	Nort #
			West #			West #			West
			Vert			Vert			Vert
	NM01	1976, Tangshan, Aian' an Luanhe bridge	NS #	NM01	1976, Tangshan, Aian' an Luanhe bridge	NS #	NM01	1976, Tangshan, Aian' an Luanhe bridge	NS #
			WE			WE			WE
			Vert			Vert			Vert

Continued

Site Condition	Short-period structural input ground motions (0.0 ~ 0.5s)			Middle-period structural input ground motions (0.5 ~ 1.5s)			Long-period structural input ground motions (1.5 ~ 5.5s)		
	Triplet No.	Record name	Comp.	Triplet No.	Record name	Comp.	Triplet No.	Record name	Comp.
II	FM05	1952, Kern County, Taft	21 # 111 Vert	FM06	1940, El Centro, El Centro- lmp Vall lrr Dist	180 # 270 Vert	FM05	1940, El Centro, El Centro- lmp Vall lrr Dist	180 # 270 Vert
	FM07	1994, Northridge, TaTzana Cedar Hill Nur. A	90 360 # Vert	FM08	1992, Landers-June, Barstow- Vineyard & Hst.	0 # 90 Vert	FM05	1952, Kern County, Taft	21 # 111 Vert
	TM06	1999, Chi-Chi earthquake, CHY029	Nort # West Vert	TM07	1999, Chi-Chi earthquake, TCU136	Nort # West Vert	TM07	1999, Chi-Chi earthquake, TCU136	Nort # West Vert
	TM08	1999, Chi-Chi earthquake, TAP087	Nort West # Vert	TM09	1999, Chi-Chi earthquake, TCU015	Nort West # Vert	TM10	1999, Chi-Chi earthquake, TCU087	Nort West # Vert
	NM02	2001, Shidian Earthquake, Taiping	NS # WE Vert	NM02	2001, Shidian Earthquake, Taiping	NS # WE Vert	NM02	2001, Shidian Earthquake, Taiping	NS # WE Vert
III	FM05	1952, Kern County, Taft	21 # 111 Vert	FM06	1940, El Centro, El Centro- lmp Vall lrr Dist	180 # 270 Vert	FM06	1940, El Centro, El Centro- lmp Vall lrr Dist	180 # 270 Vert
	FM09	1983, Coalinga, Pleasant Valley P. P. -swtchy	45 135 # Vert	FM10	1994, Northridge, Port Hueneme-NavalLab	90 # 180 Vert	FM05	1952, Kern County, Taft	21 # 111 Vert
	TM11	1999, Chi-Chi earthquake, CHY101	Nort # West Vert	TM12	1999, Chi-Chi earthquake, TCU068	Nort West # Vert	TM13	1999, Chi-Chi earthquake, HWA009	Nort # West Vert
	TM14	1999, Chi-Chi earthquake, TCU052	Nort # West Vert	TM15	1999, Chi-Chi earthquake, HWA045	Nort # West Vert	TM16	1999, Chi-Chi earthquake, TTN001	Nort West # Vert
	NM03	1985, Wuqia Earthquake, Zhongyang farm	NS # WE Vert	NM03	1985, Wuqia Earthquake, Zhongyang farm	NS # WE Vert	NM03	1985, Wuqia Earthquake, Zhongyang farm	NS # WE Vert

Continued

Site Condition	Short-period structural input ground motions (0.0~0.5s)			Middle-period structural input ground motions (0.5~1.5s)			Long-period structural input ground motions (1.5~5.5s)		
	Triplet No.	Record name	Comp.	Triplet No.	Record name	Comp.	Triplet No.	Record name	Comp.
IV	FM11	1995, Kobe; Nishi-Akashi	0 # 90 Vert	FM12	1981, Westmoreland. CA, Westmoreland	0 90 # Vert	FM13	1995, Kobe, Takatori	0 # 90 Vert
	FM14	1975, Island of Hawaii, Hilo, Univ. of Hawaii	74 344 # Vert	FM13	1995, Kobe, Takatori	0 # 90 Vert	FM15	1949, Western Washington, Olympia Test Lab	86 # 356 Vert
	TM17	1999, Chi-Chi earthquake, TAP003	Nort West # Vert	TM18	1999, Chi-Chi earthquake, TCU118	Nort # West Vert	TM19	1999, Chi-Chi earthquake, TCU040	Nort # West Vert
	TM20	1999, Chi-Chi earthquake, TAP090	Nort West # Vert	TM21	1999, Chi-Chi earthquake, TAP007	Nort West # Vert	TM22	1999, Chi-Chi earthquake, TCU116	Nort # West Vert
	NM04	1976, Sunan Earthquake, Wenxian School	S60E # N30E Vert	NM04	1976, Sunan Earthquake, Wenxian School	S60E # N30E Vert	NM05	1975, Haicheng Earthquake, Haicheng Government	NS WE # Vert

Table 5 Comparisons of maximum roof drift and the maximum inter-story drift of structures for different ground motions

	Ground motions used commonly		The most unfavourable real seismic design ground motions recommended by this study			
	40El1	Taft	Mex	79El1	79El2	Yermo
Max. roof drift/m	0.600	0.610	1.010	3.760	2.870	1.621
Max. inter-story displacement/m	0.015	0.016	0.027	0.096	0.072	0.053

If the designed structures can withstand these most unfavourable real seismic design ground motions without collapse or excessive structural damage, then the engineer can certify its seismic resistance with a high level of confidence. And if the design real ground motions with middle hazard levels and low hazard levels are used as the input, the structures' safety may lower than that from the most unfavourable real seismic design ground motions. This idea is conformed to the grade philosophy involved in the performance-based seismic design.

In addition, the analytical results show that the damage potential of the 1940 El Centro (NS) which is widely applied to the seismic design and analysis is much lower than that of the most unfavourable real seismic design ground motions recommended in this study. The El Centro ground motion record is unsuitable as input ground motion for the structures located at the very high seismic areas, and it is selected as the design real ground motions with middle hazard levels and low hazard levels in this study.

6　Verification of most unfavourable real seismic design ground motions

In order to verify the rationality and the reliability of the concept of the most unfavorable real seismic design ground motions completely, one must analyze all kinds of structures under the most unfavourable real seismic design ground motions provided by this paper with a great number of the other real ground motions. Of course, performing such a large number of structural analysis is computationally prohibitive. The proposed technique in this study is preliminarily verified by comparing the seismic response of the structure under the most unfavourable real seismic design ground motions with that under the commonly used ground motions.

A super-steel structure is 48 stories above the ground and its height is 243m. The fundamental period of the structure is 5.234s and its damping ratio is 0.02. The peak acceleration of the input ground motion acceleration is normalized to 745 gal. Six strong ground motions are selected as the input, among which two strong ground motions are the El Centro record (NS) of 1940, and the Taft record of 1952, and the other four ground motions are the most unfavourable real seismic design ground motions recommended by this study. The four ground motions are: (1) 1979, El Centro Array #10, Imperial Valley CA (shorten form is 79EL1); (2) 1985, La Union, Michoacan Mexico (shorten form is Mex); (3) 1979, El Centro Array #6, Imperial Valley CA (shorten form is 79El2); (4) 1992, Yermo-Fire Station, Landers-June 28, (shorten form is Yermo).

The roof drift and the maximum inter-story displacement of the structure subjected to different ground motions are shown in Table 5. It can be observed that the response of the structure under the most unfavourable real seismic design ground motions recommended in this paper is greater than that under the commonly used ground motions, which verifies preliminarily the validity and reliability of the most unfavourable real seismic deign ground motion proposed in this study. Besides, the seismic response analysis of high-rise reinforced concrete structure, middle-or low-story brick structures and reticulated shells structures are discussed in the literature[36]. The same conclusions are also obtained.

7　Conclusions and remarks

(1) A comprehensive method is proposed for estimating the damage potential of strong ground motions. In this method, the parameters used to character damage potential of ground motion include PGA, PGV, PGD, IV, ID, duration, EPA, EPV, demanded displacement ductility and hysteretic energy. This new method fully involves the effects of the intensity, frequency content and duration of ground motion and the dynamic characteristics of the structure as

well as the various criteria, such as the strength, deformation, hysteretic energy and dual damage criteria of Park & Ang damage index etc.

(2) The concept of the most unfavorable real seismic design ground motion is presented and a new approach for selecting input ground motions is produced based on both this new concept and the comprehensive method. Then, two groups of input design ground motions corresponding to rock, stiff soil, medium soil and soft soil site conditions and in terms of three period ranges of structures are selected out using this new approach. The first group is the most unfavorable real seismic design ground motions, which are most suitable for seismic analysis of very important structures or structures located in the very high seismic areas. The selected most unfavorable real seismic design ground motions can cause the greatest damage of structures and thereby result in the highest damage potential. The other group is the design ground motion with middle hazard levels and low hazard levels so as to be adequate for seismic analysis of structures located in areas with low and middle seismicity.

(3) The damage potential of the 1940 El Centro (NS) that is used widely for the seismic design and analysis is much lower than that of the selected most unfavorable real seismic design ground motions recommended in this study. The El Centro ground motion record is unsuitable as seismic input for structures located at the very high seismic areas.

(4) It is worthwhile to note that the concept of the most unfavorable real seismic design ground motions is a rather complex, which is connected not only with the characteristics of ground motions, but also with both structural dynamics characteristics and structural damage mechanism. The most unfavorable real seismic design ground motions presented in this paper are relative ones, namely, the most unfavorable real seismic design ground motions presented here are selected from strong ground motions in existence and only considering one component of ground motion. The further in-depth study to the ground motion damage potential, structural damage mechanism and the accumulation of more strong ground motions, will give out the most unfavorable real seismic design ground motions more suitable for the researcher and designer.

Acknowledgements

The careful review and comments of Professor Zhou Guangchun, in Harbin Institute of Technology of China, are greatly appreciated. The supports provided by National Natural Science Foundation of China (T50420120133 and 50538050T), the Heilongjiang Natural Science Foundation (ZJG03-03) and the Research Fund for the Doctoral Program of Higher Education (20030213042) for this study are also gratefully acknowledged.

References

[1] Uniform Building Code. *International Conference of Building Official*, Whittier, 1997; 1234-1253.

[2] Eurocode 8. *Design Provisions for Earthquake Resistance of Structure. ENV* 1998-1, *CEN*, Brussels, 1994; 854-876.

［3］ Ministry of Construction. *Code for Seismic Design of Buildings GB*50011-2001, Beijing, China, 2001.

［4］ Wang YY, Liu XD, Cheng MX. Study on the input of earthquake ground motion for time-history analysis of structures. *Journal of Building Structures* 1991; 12（2）: 51-60.

［5］ Yang P, Li YM, Lai M. A new method for selecting inputting waves for time-history analysis. *Tumu Gongcheng Xuebao* 2000; 33（6）: 33-37.

［6］ Lee LH, Lee HH, Han SW. Method of selecting design earthquake ground motions for tall buildings. *Structural Design of Tall Buildings* 2000; 9（3）: 201-213.

［7］ Malhotra PK. Strong-motion records for site-specific analysis. *Earthquake Spectra* 2003; 19（3）: 557-578.

［8］ Naeim F, Alimoradi A, Pezeshk S. Selection and scaling of ground motion time histories for structural design using genetic algorithms. *Earthquake Spectra* 2004; 20（2）: 413-426.

［9］ Drenick RF. Aseismic design by way of critical excitation. *Journal of Engineering Mechanics* 1973; 99: 649-667.

［10］ Pirasteh AA, Cherry JL, Balling RJ. The use of optimization to construct critical accelerograms for given structures and sites. *Earthquake Engineering and Structural Dynamics* 1988; 16: 597-613.

［11］ Srinivasan M, Corotis R, Ellingwood B. Generation of critical stochastic earthquakes. *Earthquake Engineering and Structural Dynamics* 1992; 21（4）: 275-288.

［12］ Manohar CS, Sarkar A. Critical earthquake input power spectral density function models for engineering structures. *Earthquake Engineering and Structural Dynamics* 1995; 24（12）: 1549-1566.

［13］ Ben-Haim Y, Chen G, Soong TT. Maximum structural response using convex models. *Journal of Engineering Mechanics* 1996; 122（4）: 325-333.

［14］ Pantelides CP, Tzan SR. Convex model for seismic design of structures: I. Analysis. *Earthquake Engineering and Structural Dynamics* 1996; 25（9）: 927-944.

［15］ Abbas AM, Manohar CS. Investigating into critical earthquake load models within deterministic and probabilistic frameworks. *Earthquake Engineering and Structural Dynamics* 2002; 31（4）: 813-832.

［16］ Takewaki I. Critical excitation for elastic-plastic structures via statistical equivalent linearization. *Probabilistic Engineering Mechanics* 2002; 17（1）: 73-84.

［17］ Abbas AM, Manohar CS. Reliability-based critical earthquake load models. Part 1: Linear structures. *Journal of Sound and Vibration* 2005; 287: 865-882.

［18］ Abbas AM, Manohar CS. Reliability-based critical earthquake load models. Part 2: Nonlinear structures. *Journal of Sound and Vibration* 2005; 287: 883-900.

［19］ Takewaki I. Seismic critical excitation method for robust design: a review. *Journal of Structural Engineering* (ASCE) 2002; 128（5）: 665-672.

［20］ Standard of Chinese Standardization Association for Engineering Constructions. *General Rule for Performance based Seismic Design of Buildings*, Beijing, China, 2004.

［21］ Yu DH, Wang HD. Preliminary analysis of characters influencing asymmetric masonry structures elastic-plastic earthquake response. *Journal of Harbin Institute of Technology* 2003; 35（6）: 733-738.

［22］ Fan F, Qian HL, Xie LL. Applications of the most unfavourable real seismic ground motions to anti-seismic design for reticulated shells. *World Earthquake Engineering* 2003; 19（3）: 17-21.

［23］ Wu YH, Li AQ et al. Seismic analysis of the main tower of the Yintai Center. *Jianzhu Jiegou* 2004; 34（7）: 3-6.

［24］ Uang CM, Bertero VV. Implications of recorded earthquake ground motions on seismic design of building structures. *National Center for Earthquake Engineering Research* 1988; 13: 45-78.

［25］ Anderson JC, Bertero VV. Uncertainties in establishing design earthquakes. *Journal of Structural*

Engineering (ASCE) 1987; 113 (8): 1709-1724.

[26] Applied Technology Council (ATC). *Tentative Provisions for the Development of Seismic Regulations for Buildings*, *ATC*-06, Redwood City, California, 1978.

[27] Zhai CH, Xie LL, Li S. A new method for estimating strong ground motion damage potential for structures. *The Ninth International Symposium on Structural Engineering for Young Experts* (*ISSEYE*-9), Xiamen, PR China, 2006; 758-762.

[28] Park YJ, Ang AHS. Mechanistic seismic damage model for reinforced concrete. *Journal of Structural Engineering* 1985; 111 (4): 722-739.

[29] Park YJ, Ang AHS, Wen YK. Damage-limiting aseismic design of buildings. *Earthquake Spectra* 1987; 3 (1): 1-26.

[30] Naeim F, Anderson JC. Classification and evaluation of earthquake records for design. *The NEHRP Professional Fellowship Report to EERI and FEMA*, California, 1993.

[31] Uang CM, Bertero VV. Evaluation of seismic energy in structures. *Earthquake Engineering and Structural Dynamics* 1990; 19: 77-90.

[32] Nakashima M, Saburi K, Suji BT. Energy input and dissipation behavior of structures with hysteretic dampers. *Earthquake Engineering and Structural Dynamics* 1996; 25 (5): 483-496.

[33] Mahin SA, Bertero VV. An evaluation of inelastic seismic design spectra. *Journal of the Structural Division* (ASCE) 1981; 107 (ST9): 1777-1795.

[34] Mario R. A measure of the capacity of earthquake ground motions to damage structures. *Earthquake Engineering and Structural Dynamics* 1994; 23 (2): 627-643.

[35] Vidic T, Fajfar P, Fischinger M. Consistent inelastic design spectra: strength and displacement. *Earthquake Engineering and Structural Dynamics* 1994; 23 (2): 523-532.

[36] Zhai CH. Study on the most unfavorable real seismic design ground motions and the strength reduction factors. *Ph. D. Thesis*, Harbin Institute of Technology, 2005.

[37] Wang CY, Chang CH, Yen HY. An interpretation of the 1999 Chi-chi earthquake in Taiwan based on the thin-skinned thrust model. *Terrestrial*, *Atmospheric and Oceanic Sciences* 2000; 3: 609-630.

[38] Lee WHK, Shin TC, Kuo KW, Chen KC, Wu CF. CWB free-field strong-motion data from the 921 chi-chi earthquake: processed acceleration files on CD-ROM. *Strong-Motion Data Series CD*-001 *Seismological Observation Center*, Central Weather Bureau 64 Kung-Yuan Road, Taipei, Taiwan, 2001.

Assessment of a city's capacity for earthquake disaster prevention[*]

Xie Li-Li

（Institute of Engineering Mechanics, China Earthquake Administration, Harbin 150080,
China; Harbin Institute of Technology, Harbin, 150001, China）

Abstract Cities' capacity for earthquake disaster prevention is a complex system involving numerous factors. Moreover, the research relates to multi- subject, such as earthquake science, social science, economic science, and so on. In this paper, firstly, the conception of the seismic capacity of a city is presented, and the capacity could be evaluated by three basic elements: life losses, economic losses, and necessary duration needed for post- event recovery. Based upon these three basic elements, a framework, which consists of six main components, for evaluating the capacity for earthquake disaster prevention is proposed. The frame can be used to evaluate the cities' capacity for earthquake disaster prevention quantitatively, and the results will throw light on the decision- making in efforts for reducing cities'earthquake disasters.

1 Introduction

It is needless to say that a city should be well prepared for its seismic safety before the occurrence of the potential earthquake. However, the questions, such as to what extent the city should be prepared and how we can make a judgment before occurrence of the next quake whether the city is well prepared or not, are still to be solved. It is also essential for disaster management officials and professionals to understand before the occurrence of the earthquake if the city can mitigate the potential seismic risks. Furthermore, in the year of 2004 the Chinese Government made a crucial decision that through fifteen year's consensus effort by each level of government and whole society, all the large-, middle-and small-sized cities in China should be enhanced on their capacities for mitigating earthquake disaster with the goal to resist earthquake of Magnitude Six or the corresponding seismic ground motion on the Chinese Seismic ground Zoning Map. Then, it raises a series of questions to be solved such as: what the definition of a city's seismic capacity is, how we can know and even measure the city's seismic capacity before occurrence of the potential earthquake, how many elements will give effects on the seismic of a city, what measure we should

---

* 本文为 2008 年 10 月于北京召开的第 14 届世界地震工程大会 （The 14th World Conference on Earthquake Engineering） 的会议论文 .

take in case a city is lacking of the necessary capacity to resist possible earthquake and so on.

In the last decade of the 20th Century, the Secretariat of the United Nations International Decade for Natural Disaster Reduction (IDNDR) launched a project titled "Risk Assessment Tolls for Diagnosis of Urban Areas against Seismic Disasters (RADIUS)" to improve understanding of urban earthquake risk, to identify the earthquake risk problems common to different urban areas of the world (Davidson, R. A. and Shah, H. C. 1997-1). This project was conducted in conjunction with a series of projects that aim to develop an Earthquake Disaster Risk Index (EDRI) (Davidson, R. A. and Shah, H. C. 1997-2) and to evaluate it for all major, seismically active cities worldwide. However the EDRI is a composite index that can only serve as a basis for comparing the relative overall earthquake risk of different cities among the limited "associate cities". The EDRI basically cannot reflect the real seismic capacity of a city against the future possible earthquake and it cannot either tell the absolute capacity of a city for preventing the earthquake disaster, or we cannot understand from the EDRI how strong earthquake the current city can resist.

In this paper the conception of a city's seismic capacity is presented and the criterion and framework for measurement of the seismic capacity of a city is developed. As an example, ten cities over the world have been assessed and compared in terms of their seismic capacities.

This paper consists of six parts. First, the conception of seismic capacity of a city for preventing earthquake disaster and the criterion for measuring the seismic capacity are presented. Second, a framework consisting of six main factors connecting with the seismic capacity of a city is developed. Third, a simplified method for assessing the possible life losses, economic losses during the future potential earthquake and the duration necessary for recovering of the city after the earthquake is introduced. Fourth, the acceptable risk levels in terms of human life loss, economic loss and the tolerable duration for post event recovering are investigated and recommended. Fifth, as an example, we make a test for measuring seismic capacity of ten cities over the world and the results are also presented. Finally, some critical points regarding the seismic capacity of a city and its implications are presented and discussed.

2   The conception of seismic capacity of a city

In principle, for its seismic safety a city should be constructed and maintained as strong and tough as possible with no losses in human life and economy under the attack of a target earthquake. However it usually needs much more invest. However, earthquake is an event with very low probability of occurrence and occurs infrequently, it is unlikely to construct and maintain all cities with seismic capacity strong enough to resist any earthquake. A stronger seismic capacity of a city usually needs higher investment. Therefore there should be some compromise between the capacity and investment. Such compromise can be reached through a wise choice of the acceptable risks such as life and economic losses for the target earthquake, which the city should resist.

The terminology of seismic capacity of a city is attempting to describe the strength of a city in mitigating the impacts of a target earthquake. If a city has a full SC against the target earthquake, it means that this city can mitigate the impacts of earthquake, or, the possible seismic loss of the city would not exceed the acceptable ones while the city would be hit by the target earthquake. Thus the SC of a city can be defined as the degree of reducing the seismic impacts to a city for a target earthquake. In general, the impact of an earthquake can be summed up in three basic elements: life losses, economic losses and necessary duration needed for post- event recovering. The greater the seismic capacity of a city, the less the life and economic losses and the recovering duration will be. Then we can establish the following criterion to judge if a city is of seismic capacity or not: if a city is of the seismic capacity to a target earthquake it will suffer life-losses and economic losses less than the acceptable ones and get recovering after event in a shorter duration than the expected time accepted by the society. Otherwise the city will be considered as lacking of seismic capacity. Furthermore, with the Analytic Hierarchy Process (AHP) (Saaty, T. L. 1980) we can obtain the weighting for these three elements contributing to the whole impact as follows (Zhang, F. H. and Xie, L. L. 2002):

Life loss: Economic loss: Duration needed for recovering=0. 6: 0. 3: 0. 1

3   The framework for assessing the seismic losses and possible recovering duration

Based upon the conception of SC of a city and the criterion for judging city's seismic capacity, there are three key issues in determining the city's SC: (1) how to assess the potential life losses, economic losses and the possible recovering duration to the target earthquake, (2) how to determine the social acceptable risk in terms of life losses, economic losses and expected recovering duration after a earthquake, (3) how to measure the city's SC with the results of (1) and (2). In this paragraph, we will discuss the main factors that constitute a framework by which we can assess the potential seismic losses and determine the possible necessary time duration needed for post earthquake recovering. The framework and the corresponding factors are shown in Fig. 1.

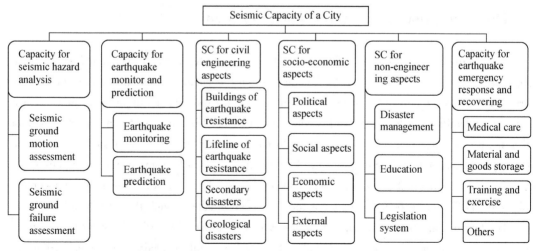

Figure 1   A framework and its main factors regarding city's seismic capacity

In the framework there are six main factors that contribute to a city's seismic losses and recovering time. These factors are: (1) Capacity for seismic hazard analysis, (2) Capacity for earthquake monitoring and prediction, (3) SC for civil engineering aspects, (4) SC for socio-economic aspects, (5) SC for non-engineering aspects, (6) Capacity for earthquake emergency response and recovering. Table 1 shows the weighting of each main factor contributing to the seismic human life losses, economic losses and recovering duration respectively. From Fig. 1 we can find that each of these six main factors is disaggregated into the more specific sub-factors. The contribution of each sub-factor to its main factors can be obtained respectively through the testing or calculating with mathematical models.

Table 1 Weighting of each factors contributing to losses and recovering duration

Factor	Weighting		
	To life losses	To economic losses	To recovering duration
Capacity for seismic hazard analysis	0.04	0.05	0.03
Capacity for earthquake monitor and prediction	0.15	0.07	0.07
SC for civil engineering aspects	0.41	0.48	0.42
SC for socio-economic aspects	0.11	0.13	0.16
SC for non-engineering aspects	0.10	0.10	0.11
Capacity for emergency response and recovering	0.19	0.17	0.21

3.1 Assessment of seismic losses

The approach for assessment of the potential seismic losses of a city is sketched in Fig. 2.

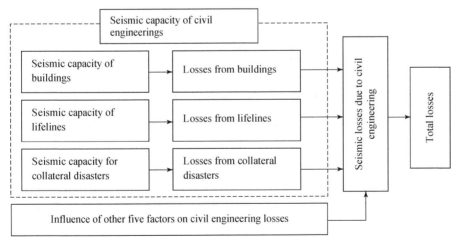

Figure 2 The approach for assessing earthquake losses

This approach is based on the assumption that the damage to the civil engineering is the main reason causing the seismic losses and the other five factors illustrated in the Fig. 1 are the factors that give only influence on the seismic losses. In this approach both life losses and economic losses directly caused from damaged buildings, failure of lifelines and potential collateral disasters are taken into consideration here and contribution of other five factors to the seismic losses and recovering duration will be discussed later (Zhang, F. H. and Xie, L. L. 2002; Coburn, A. W. *et al.* 1992; Taniguchi, H. 2001). For example, based on our research, the potential life losses to the target earthquake could be estimated by an empirical formula (3.1)

$$Y = 6.856X^2 - 1.353X + 1.766 \tag{3.1}$$

Where, X is the seismic capacity index of buildings and Y the negative logarithm of the ratio of the casualty to the population of a city (Zhang, F. H. and Xie, L. L. 2002). With the same way we can estimate the economic losses as well as the necessary recovering duration in terms of seismic capacity index of buildings.

3.2　Assessment of seismic losses due to failure of lifelines

In estimating the seismic capacity of the lifelines it is assumed that the lifelines constructed in good condition can work properly in case of intensity of earthquake under Ⅷ. It will decrease the seismic capacity of buildings to ζ for different qualities of lifelines and different intensities of earthquake. It is shown in Table 2 that the coefficient ζ varies from 1.0 to 0.2 with variation of the construction quality and the intensity of target earthquake.

Table 2　Variation of the modification coefficient ζ

Earthquake intensity ＼ Quality	Good	Fair	Bad
Ⅵ	1.0	1.0	0.8
Ⅶ	1.0	1.0	0.6
Ⅷ	1.0	0.8	0.6
Ⅸ	0.8	0.6	0.4
Ⅹ	0.6	0.4	0.2

3.3　Assessment of possible death toll due to collateral disasters

Coburn A. W. *et al* (1992) made a statistical analysis on the contribution of the collateral disasters to the seismic death toll from 1, 100 earthquakes occurred in the last century and pointed out that in average the life loss due to collateral disasters is about 15% of the total death toll during all the events. With this result, we adopt a modification coefficient η in account of the contribution of the collateral disasters to the seismic loss. It is shown from Table 3 that the coefficient η varies from 1.0 to 1.3.

Table 3　Variation of the modification coefficient η

Earthquake intensity	Severeness of potential collateral disasters		
	low	Moderate	High
Ⅵ	1.0	1.0	1.0
Ⅶ	1.0	1.0	1.05

Continued

Earthquake intensity	Severeness of potential collateral disasters		
	low	Moderate	High
VIII	1. 0	1. 05	1. 1
IX	1. 05	1. 1	1. 2
X	1. 1	1. 15	1. 3

3. 4   Assessment of necessary duration for recovering to target earthquake

According to the ATC-13 Report (Applied Technology Committee 1991) and the study on correlation of the recovering duration with seismic capacity index of the building and severeness of the damage to city's lifelines, it is concluded that the necessary duration for post recovering is increasing with the decreasing of seismic capacities of buildings as shown in Table 4.

Table 4   Recovering time length versus seismic capacity index of buildings

Seismic ability index	0. 8	0. 6	0. 4	0. 2
Recovery time/day	7	45	150	300

3. 5   Effects of other five factors on seismic losses and duration for recovering

As mentioned above what the potential seismic losses and necessary recovering duration we estimated in the last paragraph is the contribution due to only the failure of city's civil engineering. It means that the contributions from all other five factors have not yet been taken into consideration. However, the empirical formulae we used in estimating the losses were derived from the historical records and each of those historical records or historical data were produced in a certain environment with certain seismic capacities of other five factors. Therefore we assumed that the results from those empirical formulae imply that the seismic losses due to the damage to civil engineering are in an environment with other five factors in average levels. When we are assessing the seismic capacity for a specific city, what we need to do is only to estimate the weightings of other five factors of this city and compare them with the weightings of an "average city". Finally, we can estimate the effects of five factors on the calculated seismic losses and recovering duration by multiplying the losses due to damage to the civil engineering by the modification coefficients λ_s as follows:

$$\lambda_L = 1 - \sum_{i=1}^{5} (a_i - \overline{a_i}) \, \phi_i \tag{3.2}$$

$$\lambda_E = 1 - \sum_{i=1}^{5} (a_i - \overline{a_i}) \, \eta_i \tag{3.3}$$

$$\lambda_T = 1 - \sum_{i=1}^{5} (a_i - \overline{a_i}) \, \mu_i \tag{3.4}$$

where, λ_L, λ_E and λ_T are the modification coefficients of other five factors to life losses and economic losses caused by civil engineering and the recovering duration respectively, coefficients $a_i (i = 1, 2, 3, 4, 5)$ are the seismic capacity of each of other five factors contributing to the seismic capacity of the given city and $\overline{a}_i (i = 1, 2, 3, 4, 5)$ the average weighting of each factors, and coefficients Φ_i, η_i and μ_i denote the contribution of each of other five factors to the life losses, economic losses and recovering duration as shown in Table 1.

4 Acceptable earthquake risks recommended for chinese cities

Based on a series of researches on the realistic losses from all natural disasters, traffic and medical accidents in the past thirty years in China, it recommends a long list of acceptable risks to different cities' decision-makers for references. Table 5 shows one example of this list that is recommended for the Chinese general cities and some important cities. It is shown that the acceptable life losses, in terms of the ratio of the life losses to the city's population, economic losses, in terms of the ratio of economic losses to the city's GDP value and the acceptable recovering duration are increasing with the intensity of earthquake. According to the recommended acceptable life and economic losses, a city will be considered as the city with seismic capacity for the target earthquake, only if the realistic losses or the assessed losses happened to this city are less than the recommended acceptable losses. Otherwise the city will be considered as a city of lacking of seismic capacity.

Table 5 The recommended acceptable earthquake loss levels

For general cities					
Intensity of target earthquake	VI	VII	VIII	IX	X
Ratio of casualty to population	8×10^{-6}	2×10^{-5}	5×10^{-5}	2×10^{-4}	1×10^{-3}
Ratio of economical loss to GDP	2%	4%	5%	8%	10%
Recovery time/day	7	15	30	45	60
For more important cities					
Intensity of target earthquake	VI	VII	VIII	IX	X
Ratio of casualty to population	8×10^{-7}	6×10^{-6}	1×10^{-5}	2×10^{-5}	4×10^{-4}
Ratio of economical loss to GDP	1%	2%	3%	4%	5%
Recovery time/day	7	15	21	30	45

5 Example

As an example, we applied the method mentioned above to the ten cities over the world for a testing of their seismic capacities. All the data we used in this paper regarding these ten cities are obtained respectively from the papers listed in the References below. The profiles of the ten cities and the assessed results are shown in Tables 6 and 7 respectively. Perhaps those data might be out of date, however it will not constitute any problem to demonstrate the idea of the SC of a city and the process of measuring city's capacity for mitigating earthquake disaster.

Table 6   Profiles of the ten cities

City	Abbr.	Country	Population /10^4	Per GDP/ \$	Areas/km^2	Basic intensity
Tashkent	TSGN	Uzbekistan	208	6100	236	VII ~ VIII
Addis Ababa	ASNY	Ethiopia	263	530	540	VII ~ VIII
Guayaquil	GYJR	Ecuador	210	5000	340	VIII
Bandung	WLON	Indonesia	240	1000	19	VIII
Skopie	SKPL	Macedonia	44. 5	2 200	338	VII
Tijuana	THAN	Mexico	115	21000	230	VII
Anto fagasta	ATFJ	Chile	228	49 000	90	VIII
Izmir	YZMR	Turkey	217	7000	650	VI ~ VIII
Xiamen	XMEN	China	152	2 500	450	VII
Quanzhou (part)	QNZH	China	25	2 150	52	VII

Notes: All data from the relevant report listed in the References.

Table 7   Seismic capacities of the ten cities

City	Intensity of the target earthquake				
	VI	VII	VIII	IX	X
TSGN	Moderate	Poor	Poor	Poor	Poor
ASNY	Poor	Poor	Poor	Poor	Poor
GYJR	Moderate	Moderate	Moderate	Poor	Poor
WLON	Moderate	Poor	Poor	Poor	Poor
SKPL	Strong	Moderate	Poor	Poor	Poor
THAN	Moderate	Poor	Poor	Poor	Poor
ATFJ	Strong	Moderate	Poor	Poor	Poor
YZMR	Strong	Strong	Moderate	Poor	Poor
XMEN	Strong	Strong	Poor	Poor	Poor
QNZH	Moderate	Moderate	Poor	Poor	Poor

From the analysis of the results it is interesting to point out that the results provide not only a basis for comparison of the seismic risks among various cities, but also provide the absolute quantities of cities' seismic capacity in preventing the possible seismic disaster each of those cities may confront. Also, it can provide not only the quantitative results of the cities' SC, but also indicate the reason why each of them are strong, moderate or poor in their seismic capacity.

6 Conclusions and discussions

（1）The concept of the seismic capacity of a city and the criterion for estimating the seismic capacity can work well. The results provide not only a basis for comparison of seismic risks among various cities, but also provide absolute quantities as a measure of the cities' seismic capacities.

（2）The framework we established for estimating the city's seismic capacity consists of six main factors, however it is more or less flexible. For some region it may add or delete some factors based on the regional characteristics.

（3）It must emphasize that the seismic capacity of a city is relative to the target earthquake and also relative to the acceptable losses and recovering duration. With different target earthquake or different acceptable losses and recovering duration the results will be different.

It is important to point out that the methods and mathematical models we developed in this project are opened. It can be upgraded timely while more advanced methods and mathematical models are available.

References

Addis Ababa City Government, 1999. RADIUS Project-Addis Ababa Case Study Final Report.

Antofagasta RADIUS Group, 1999. RADIUS Project Case Study Final Report.

Applied Technology Committee, 1991. The Prediction of Future Earthquake Loss in California.

Coburn A W, Spense R J S, Pomonis A, 1992. Factors determining human casualty levels in earthquakes: Mortality prediction in building collapse. Proceedings of the 10th World Conference on Earthquake Engineering, Balkema, Rotterdam.

Davidson R A, Shah H C, 1997-1. Understanding Urban Seismic Risk around the World, Document A, Stanford, California: Blume Center.

Davidson R A, Shah H C, 1997-2. Understanding Urban Seismic Risk around the World, Document B: Evaluation and Use of the Earthquake Disaster Risk Index, Stanford, California: Blume Center.

Municipality of Bandung, 1999. BANDUNG RADIUS Project Case Study, Final report.

Municipality of Guayaquil, 1999. GUAYAQUIL RADIUS Project Case Study, Final report.

Municipality of Izmir, 1999. IZMIR RADIUS Project Case Study, Final report.

Municipality of Tashkent, 1999. TASHKENT RADIUS Project Case Study, Final Report.

Municipality of Tijuana, 1999. TIJUANA RADIUS Project Case Study, Final Report.

Municipality of Skopie, 1999. SKOPJE RADIUS Project Case Study, Final Report.

Saaty T L, 1980. The Analytic Hierarchy Process, McGraw Hill, Inc.

Taniguchi H, 1999. Economic Impact of An Earthquake-Japanese Experiences-Estimation of the Amount of Direct Damage. United Nations Centre for Regional Development National. Expert, Nagono, 1-47-1, Nakamura-ku, Nagoya, Japan.

Zhang F H, Xie L L, 2002. Study on determining the contributions of various indicators to city's capacity reducing earthquake disasters. Journal of Natural Disasters, 11: 4, 23-29 (in Chinese).

Comparison of strong ground motion from the Wenchuan, China, earthquake of 12 May 2008 with the Next Generation Attenuation (NGA) ground-motion models[*]

Wang Dong, Xie Li-Li[1], Abrahamson N. A.[2] and Li Shan-You[1]

(1. Institute of Engineering Mechanics, China Earthquake Administration, Harbin 150080, China;

2. Pacific Gas & Electric Company, 245 Market Street San Francisco, California)

Abstract A total of 72 free-field accelerograms recorded at rupture distances of less than 200km during the Wenchuan earthquake were used to compare the Wenchuan earthquake ground motions with those predicted by the recent Next Generation Attenuation (NGA) ground-motion models developed using global data from shallow crustal earthquakes, but few have recordings from earthquakes with magnitudes as large as 7.9. Overall, the Wenchuan earthquake produced smaller than expected long-period ($T>1$s) ground motions, but higher than expected short-period ($T<0.5$ s) ground motions compared with the predicted motions by the NGA models. This general trend is observed at all distances, but it is stronger at distances greater than 50km. The scaling with V_{S30} from the Wenchuan earthquake is not consistent with the scaling from the NGA models: the Wenchuan data show a much stronger V_{S30} dependence at short spectral periods and a weaker V_{S30} dependence at long spectral periods. The short-period hanging wall effects on rock sites are consistent with the NGA hanging wall scaling, but the short-period ground motions on soil sites on the footwall are greater than those predicted by the NGA models.

1 Introduction

The M_W 7.9 Wenchuan earthquake occurred on 12 May 2008 in eastern Sichuan in China. Based on source inversion studies (Wang et al., 2008), the total rupture length is 308 km, with the rupture starting near the southwestern end (Fig. 1). The rupture included two main parts with three segments having lengths of 308 km (segments I and III) and 84 km (segment II). The faulting is listric with an average dip of about 40° NW. The rupture in the southwest segment was complex with a subparallel rupture segment along part of the rupture (Fig. 1).

---

* 本文发表于 Bulletin of the Seismological Society of America, 2010 年, 第 100 卷, 第 5B 期, 2381-2395 页.

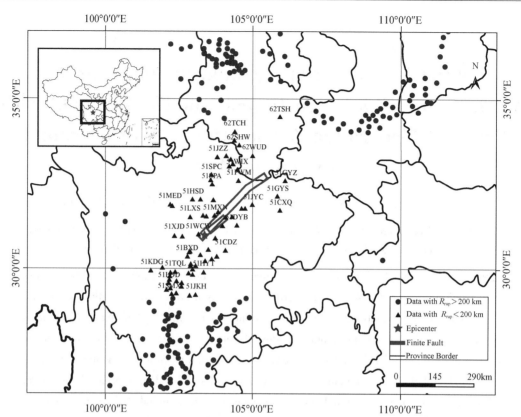

Figure 1 The locations of all recordings and those used in this study. The thick lines show
a surface projection of the finite-fault plane (Wang et al., 2008).
The color version of this figure is available only in the electronic edition.

The installation of the China Digital Strong-Motion Observation Network was completed in March 2008, just before the Wenchuan earthquake. During the major shock, a total of 420 strong-motion seismometers were triggered over the Chinese mainland, including 72 stations located within 200 km of the rupture and 102 stations located within 300 km of the rupture. The strong-motion stations that recorded the Wenchuan earthquake are shown in Figure 1. The quantity and quality of the recorded ground motions are unprecedented in the Chinese history of strong-motion observation, providing a great opportunity to study the characteristics of strong motions for large magnitude earthquakes. A series of aftershocks were also recorded: as of 1 August 2008, over 20,000 accelerograms from 244 earthquakes with magnitudes larger than 4.0 were recorded (Li et al., 2008). While not part of this study, the strong-motion data from the aftershocks will be valuable for future studies of ground motion in China.

In the last 10 years, there have been several large magnitude ($M \geqslant 7.5$) shallow crustal earthquakes with significant strong ground-motion recordings: 1999 Koceali (M 7.5), 1999 Chi-Chi (M 7.6), and 2000 Denali (M 7.9). The recordings from these previous large magnitude earthquakes were part of the data sets used to develop the recent NGA ground-motion models and contributed to the reduction in ground-motion models for large magnitude earthquakes. In this paper,

we compare the strong motions from the Wenchuan earthquake with the NGA models to determine if
the Wenchuan ground motions are consistent with the previously developed NGA models.

2   Earthquake source model

To estimate the distance metrics for the Wenchuan ground-motion data, a source model of the
spatial extent of the rupture is needed. There have been several studies that have conducted
inversions of teleseismic and/or strong-motion data to estimate the source model. We considered
three such models: the Wang et al. (2008) model; the USGS model, which was obtained from
the USGS website (see the Data and Resources section); and the URS model, which was provided
by P. G. Somerville (personal comm. ; see the Data and Resources section). The rupture planes
from these three models are shown in Figure 2 and are listed in Table 1. Of these three models,

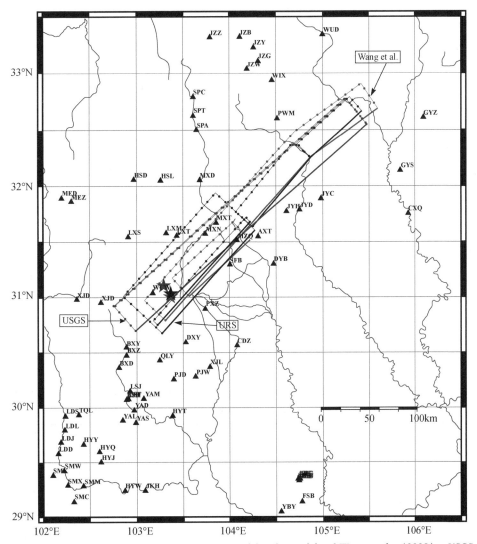

Figure 2   Surface projections of the three source models. The models of Wang et al. (2008), USGS,
and URS are labeled within the figure. (Figure provided by B. S.-J. Chiou and modified to add labels.)
The color version of this figure is available only in the electronic edition.

we selected the Wang et al. （2008） model as our preferred model because it was most consistent with the observed surface trace of the rupture.

Table 1　The rupture dimensions from inversions of the wenchuan earthquake

Parameters	Wang et al. （2008）			USGS Model	URS Model			
	Segment Ⅰ	Segment Ⅱ	Segment Ⅲ		Segment Ⅰ	Segment Ⅱ	Segment Ⅲ	Segment Ⅳ
Rupture area （$L\times W$）/km²	224× 40	84× 32	84× 40	320× 40	70× 30	90× 35	140× 60	140× 10
Dip/degree	40*	37.5*	40*	33	51	49	25	51
Strike/degree	228	222	234	229	228	220	223	223

* Denotes the average values of fault dips that vary with depth.

Two different primary distance measures are used in NGA ground-motion relations: R_{rup}, the shortest distance between the station and the rupture surface （Abrahamson and Silva, 2008 [AS08]; Campbell and Bozorgnia, 2008 [CB08]; Chiou and Youngs, 2008 [CY08]; Idriss, 2008 [I08]）, and R_{jb}, the Joyner-Boore distance defined as the closest horizontal distance from the station to the vertical projection of the rupture onto Earth's surface （Boore and Atkinson, 2008 [BA08]）. In addition, the AS08, CB08, and CY08 models also use distance measures R_{jb} and R_x to characterize the hanging wall effect. The R_x distance is the horizontal distance from the station to the top edge of the rupture measured perpendicular to the strike of the fault. For sites located near the two subparallel rupture segments, R_{rup} and R_{jb} are taken as the smallest distance from either of the rupture segments. R_x is measured from the segment that has the shortest rupture distance to the site.

The distances to the strong-motion stations will change if a different source model is used. To show the sensitivity of the distances to the alternative source models, the distance metrics based on all three alternative source models are listed in Table 2. At short distances （within 20km）, the rupture distances can change by up to 10km depending on the source model. At large distances （>100km）, the differences in the distances for the three source models are not significant.

Table 2　The basic information of strong-motion data within the rupture distance of 200km from the Wenchuan earthquake

Station Name	Site Condition	Wang et al., 2008				USGS Model				URS Model			
		R_{rup} /km	R_{jb} /km	R_x /km	HW /FW*	R_{rup} /km	R_{jb} /km	R_x /km	HW /FW*	R_{rup} /km	R_{jb} /km	R_x /km	HW /FW*
51MZQ	soil	0.77	0.77	-0.77	FW	1.24	1.23	-1.23	FW	2.65	0	6.28	HW
51SFB	soil	4.75	4.75	-4:75	FW	14.68	14.68	-14.68	FW	4.87	4.87	-4.87	FW
51AXT	soil	9.84	9.84	-2.82	FW	12.33	12.33	-12.33	FW	6.71	6.71	-6.71	FW
51JYH	soil	18.23	18.23	-18.23	FW	12.48	12.48	-12.48	FW	16.23	16.23	-16.23	FW

Continued

Station Name	Site Condition	Wang et al., 2008				USGS Model				URS Model			
		R_{rup} /km	R_{jb} /km	R_x /km	HW /FW	R_{rup} /km	R_{jb} /km	R_x /km	HW /FW	R_{rup} /km	R_{jb} /km	R_x /km	HW /FW
51PXZ	soil	20.45	20.45	−20;45	FW	30.85	30.85	−30.85	FW	16.16	16.16	−16.16	FW
51MXT	rock	21.02	0	26.75	HW	14.33	0	26.01	HW	14.28	0	33.79	HW
51MXN	soil	21.39	0	27.46	HW	13.75	0	24.95	HW	14.52	0	34.36	HW
51WCW	soil	21.91	0	28.43	HW	9.51	0	17.15	HW	14.65	0	34.67	HW
51JYD	soil	26.52	26.52	−26.52	FW	19.59	19.59	−19.59	FW	24.96	24.96	−24.96	FW
51LXT	soil	30.52	18.04	47.65	HW	23.4	9.12	42.67	HW	22.98	0	54.38	HW
51DXY	soil	30.58	30.58	−30.;5	FW	42.96	42.96	−42.96	FW	24.38	24.38	−24.38	FW
51PWM	rock	32.64	21.44	51.07	HW	36.92	29.66	63.21	HW	38.86	28.58	50.25	HW
51DYB	soil	33.5	33.5	−33.39	FW	42.97	42.97	−42.97	FW	36.54	36.54	−36.54	FW
51JYC	soil	34.96	34.96	−34.96	FW	25.44	25.44	−25.44	FW	34.41	34.41	−34.41	FW
51LXM	soil	37.4	28.16	57.77	HW	28.84	18.67	52.22	HW	27.24	10.07	64.45	HW
51QLY	soil	40.64	40.64	−22.88	FW	38.86	38.86	−38.85	FW	27.6	27.6	−17.03	FW
51MXD	soil	45.37	38.11	67.72	HW	41.63	35.35	68.9	HW	32.63	20.54	74.92	HW
51GYZ	soil	47.61	47.61	−34.01	FW	58.2	58.2	−32.32	FW	63.49	63.49	−46.44	FW
51BXY	soil	48.58	47.5	11.24	HW	19.37	19.37	−6.48	FW	36.62	35.91	16.97	HW
51XJD	soil	50.34	43.92	60.97	HW	44.08	38.21	63.62	HW	34.38	23.21	66.84	HW
51BXZ	soil	53.39	53.08	6.34	HW	26.16	26.16	−11.96	FW	41.76	41.45	12.03	HW
62WIX	soil	59.41	54.08	83.69	HW	65.1	61.28	94.82	HW	67.35	63.19	82.06	HW
51LXS	soil	59.55	54.23	83.84	HW	46.82	41.34	74.89	HW	43.94	35.89	90.27	HW
51PJD	soil	59.97	59.97	−46.36	FW	62.73	62.73	−62.68	FW	48.15	48.15	−40.55	FW
51GYS	soil	63.27	63.27	−63.27	FW	56.75	56.75	−56.75	FW	70.1	70.1	−70.1	FW
51PJW	soil	64.99	64.99	−61.59	FW	75.91	75.91	−75.91	FW	56.28	56.28	−55.62	FW
51XJL	rock	65.77	65.77	−65.67	FW	78.08	78.08	−78.08	FW	59.56	59.56	−59.56	FW
62WUD	soil	66.33	61.59	91.2	HW	70.13	66.59	95.88	HW	70.37	66.4	82.12	HW
51BXD	rock	67.64	67.57	3.4	HW	40.82	40.82	−16.48	FW	56.04	55.92	8.97	HW
51CDZ	rock	70.05	70.05	−70.05	FW	80.45	80.45	−80.45	FW	65.5	65.5	−65;5	FW
51HSL	soil	71.61	67.25	96.86	HW	65.16	61.34	94.88	HW	55.57	49.44	103.83	HW
51XJD	soil	72.99	68.71	81.49	HW	44.08	38.21	63.62	HW	53.69	47.32	87.24	HW
51SPA	soil	77.51	73.5	103.11	HW	77.54	74.36	107.91	HW	69.67	64.89	110.61	HW
51LSJ	soil	80.09	80.09	−20.68	FW	60.79	60.79	−41.49	FW	67.26	67.26	−15.19	FW
51JZG	soil	81.57	77.77	107.38	HW	87.68	84.88	118.43	HW	89.84	86.76	105.64	HW
51JZW	soil	81.68	77.89	107.61	HW	89.03	86.27	119.82	HW	89.77	85.79	104.9	HW
51YAM	soil	81.73	81.73	−36.46	FW	68.54	68.54	−56.71	FW	68.54	68.54	−30.93	FW
51LSF	soil	88.01	88.01	−24.72	FW	68.91	68.9	−46.3	FW	75.1	75.1	−19.3	FW
51LSH	soil	89.26	89.26	−23.59	FW	69.58	69.58	−45.35	FW	76.4	76.4	−18.17	FW
51SPT	rock	89.57	86.13	115.74	HW	90.52	87.81	121.35	HW	83.83	79.91	123.3	HW

Continued

Station Name	Site Condition	Wang et al., 2008				USGS Model				URS Model			
		R_{rup} /km	R_{jb} /km	R_x /km	HW /FW	R_{rup} /km	R_{jb} /km	R_x /km	HW /FW	R_{rup} /km	R_{jb} /km	R_x /km	HW /FW
51HSD	soil	91.4	88.03	117.64	HW	83	80.04	113.58	HW	74.52	70.08	124.46	HW
51JZY	soil	94.45	91.19	120.79	HW	100.31	97.87	131.42	HW	102.37	99.68	118.56	HW
51YAD	soil	96.22	96.22	-36.59	FW	79.83	79.83	-58.59	FW	83.09	83.09	-31.2	FW
51HYT	soil	96.79	96.79	-69.88	FW	93.74	93.74	-89.25	FW	84.43	84.43	-64.31	FW
51SPC	soil	101.11	98.07	127.68	HW	103.5	101.14	134.69	HW	100.36	97.11	135.35	HW
51CXQ	soil	103.02	103.02	-103.02	FW	94.57	94.57	-94.57	FW	107.59	107.59	-107.59	FW
51YAS	soil	107.81	107.81	-46.41	FW	92.56	92.56	-69.26	FW	94.62	94.62	-41.09	FW
51JZB	soil	110.35	107.57	137.18	HW	116.8	114.72	148.26	HW	118.89	116.58	135.45	HW
51YAL	soil	110.42	110.42	-35.02	FW	91.42	91.42	-58.76	FW	97.4	97.4	-29.76	FW
62SHW	soil	118.87	116.29	145.9	HW	121.01	119	151.86	HW	122.07	119.83	138.25	HW
51MEZ	soil	123.17	120.68	150.29	HW	108.3	106.04	139.59	HW	105.34	102.24	156.62	HW
51JZZ	soil	127.87	125.48	155.24	HW	135.74	133.95	167.5	HW	135.25	132.65	153.2	HW
51TQL	soil	130.65	130.63	2.57	HW	102.83	102.83	-24.26	FW	119.01	118.96	7.61	HW
51MED	soil	132.64	130.34	159.95	HW	117.36	115.28	148.83	HW	114.7	111.87	166.25	HW
62ZHQ	rock	140.16	137.98	167.59	HW	142.4	140.69	173.71	HW	143.5	141.6	160.11	HW
51LDS	soil	141.15	140.73	11.93	HW	112.16	112.16	-16.08	FW	129.35	129.15	16.88	HW
51HYQ	soil	149.38	149.38	-38.25	FW	127.7	127.7	-66.35	FW	136.52	136.52	-33.33	FW
51KDT	soil	149.6	147.56	43.75	HW	120.9	120.62	14.87	HW	137.11	135.56	48.65	HW
51HYY	soil	150.83	150.83	-20.66	FW	126.12	126.12	-49.42	FW	138.45	138.45	-15.78	FW
51LDL	soil	151.85	151.82	3.37	HW	123.79	123.79	-25.81	FW	140.2	140.16	8.23	HW
51HYJ	soil	157.65	157.65	-46.35	FW	136.9	136.9	-75.1	FW	144.68	144.68	-41.48	FW
62TCH	soil	161.29	159.41	189.01	HW	164.38	162.91	193.36	HW	165	163.34	179.46	HW
51LDJ	soil	163.89	163.89	-2.42	FW	136.44	136.44	-32.89	FW	152.16	152.16	2.33	HW
51JKH	soil	173.86	173.86	-100.06	FW	162.12	162.12	-127.54	FW	160.8	160.8	-95.11	FW
51LDD	soil	174.51	174.51	-7.84	FW	147.58	147.58	-39.43	FW	162.61	162.61	-3.17	FW
51HYW	soil	177.57	177.57	-84.17	FW	162.1	162.1	-113.31	FW	164.37	164.37	-79.35	FW
62TSH	soil	181.28	179.6	146.06	HW	199.05	197.83	137	HW	196.34	194.95	121.08	HW
51KDG	soil	183.38	181.73	63.42	HW	155.21	154.27	30.92	HW	169.86	167.96	68.05	HW
51SMW	soil	184.46	184.46	-23.3	FW	159.18	159.18	-55.75	FW	172.11	172.11	-18.71	FW
51SMM	soil	187.92	187.92	-49.07	FW	165.91	165.91	-81.19	FW	175.04	175.04	-44.46	FW
51SMK	soil	195.23	195.23	-17.76	FW	169.12	169.12	-51.51	FW	183.07	183.07	-13.26	FW
51SMX	soil	195.29	195.29	-36.3	FW	171.32	171.32	-69.65	FW	182.68	182.68	-31.78	FW

* HW, hanging wall; FW, footwall.

3 Strong-motion network in China

The installation of the National Strong-Motion Observation Network System of China began in 2002. After more than five years of construction, a high-density strong-motion observation network was brought into regular service in March 2008. The China Earthquake Administration operates more than 2000 modern digital accelerographs at free-field, of which 202 are located in the Sichuan province. All stations and observation points in the network were equipped with international and domestic strong-motion instruments with the most advanced and stable performance to ensure that the network is reliable with long-term operation and is able to record high-quality strong-motion data (Li et al., 2008).

The site condition at each station was defined according to the 2001 seismic design code by the China Ministry of Construction (2001). In this code, the site conditions are determined by two parameters: (1) the equivalent shear-wave velocity, V_{se}, and (2) the depth to the rock, H_{top}. The V_{se} is the average shear-wave velocity of the soil layers in the top 20m or in the soil above rock for sites with H_{top} less than 20m. For comparison with the NGA models, V_{S30} values are needed. The velocity below the measured value is assumed to be 500m/s. With this assumption, the V_{S30} for each station is estimated by the following equation:

$$V_{S30} = 30/[(H_{top}/V_{se}) + (30-H_{top})/500] \tag{1}$$

The distribution of recordings with respect to V_{S30} is shown in Figure 3b and compared with the V_{S30} distribution from the NGA data set. The comparison of magnitude-distance distribution of the Wenchuan earthquake data to that of the NGA dataset is also shown in Figure 3a. From this figure, we can see that the Wenchuan data have a higher mode of the V_{S30} distribution than the data used in developing the NGA models.

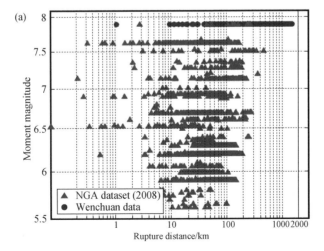

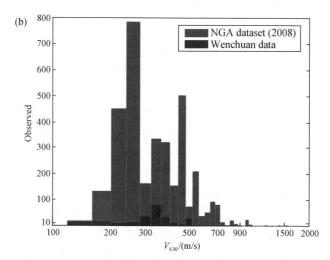

Figure 3　　(a) Magnitude-distance distributions; (b) V_{S30} histogram of recordings

from the NGA dataset and the Wenchuan earthquake data.

The color version of this figure is available only in the electronic edition.

4　Strong-motion data processing

The free-field accelerograms were processed using the same processing procedure that was used for the NGA data (Chiou et al., 2008). This processing method focuses on extending both the high- and low-frequency ranges of the usable signal in the recordings on an individual component basis. The processing consists of applying low- and high-pass causal Butterworth filters. The lower corner frequency is determined by visual examination of the Fourier amplitude spectra and integrated displacements. Most of the recordings are found to be usable for periods up to at least 10s.

Recordings with late triggers (S-wave triggers), spikes, strong noise, or missing components were excluded as being unreliable. For the recordings within 200km, none of the recordings had any of these problems. Within 200km, a total of 72 free-field 3-component accelerograms were processed.

5　Observed ground motions

The dense data recorded in this event make it possible to plot the distribution of peak ground acceleration (PGA) and peak ground velocity (PGV) in space. Figure 4 shows the contour maps of horizontal and vertical PGA and PGV derived from the 102 strong-motion recordings within 300km of the rupture. For these plots, the observed ground motions were corrected to rock site conditions using the derived site factors discussed later. An evaluation of the Wenchuan ground-motion residuals showed that the residuals are approximately lognormally distributed, consistent with previous studies (e. g., Bommer et al., 2004). Therefore, the ground-motion contours are developed for the logarithm of the ground-motion values.

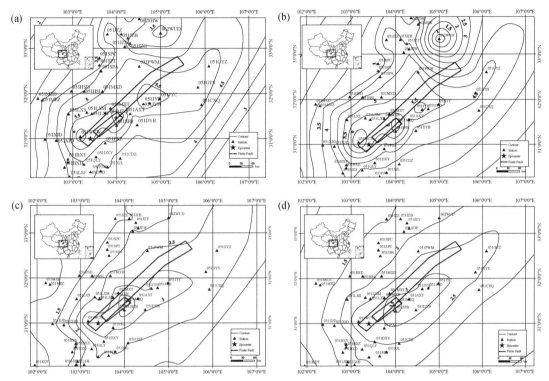

Figure 4   Contour maps of ln (PGA) (cm/s^2) and ln (PGV) (cm) from the Wenchuan earthquake.

From these contour plots of ground motion, we can make the following observations: (1) The spatial distribution of the PGA on the horizontal and vertical components are similar; (2) the region with strong accelerations (ln [PGA (cm/s^2)] >5, corresponding to about 0. 15 g) has a shape that is generally centered above the rupture plane; (3) the PGV contours are offset to the southeast of the rupture, suggesting that the soil depths (basin effects) are increasing to the southeast (away from the mountains); (4) the shape of the PGV contours are also elongated to the northeast.

6   Attenuation of PGA and PGV

We developed a simplified ground-motion model based on the 72 recordings with rupture distance less than 200km. The functional form of the simplified ground-motion model is given by

$$\ln(Y) = a_0 + a_1\ln(R_{\mathrm{rup}} + a_2) + a_3\ln(V_{S30}) + a_4 R_{\mathrm{rup}}, \qquad (2)$$

where Y are strong ground-motion parameters such as PGA in cm/s^2 and PGV in cm/s. Coefficients a_0, a_1, a_2, a_3, and a_4 are derived from the regression based on the least-squares method. Parameters a_1 and a_4 are the coefficients to accommodate the geometric and anelastic attenuation, respectively. The regression parameters, together with the standard deviation $\sigma_{\ln Y}$ of regression, are listed in Table 3, where horizontal denotes the geometric mean of the east-west and north-south components of ground motions. The corresponding median ground-motion curves are compared with the data in Figure 5.

Table 3　Regression coefficients for the simplified model for the Wenchuan earthquake ground motions

Parameters, Y		a_0 0	a_1	a_2	a_3	a_4	$\sigma_{\ln Y}$
PGA /(cm/s²)	Vertical	19.366	−3.367	38.307	−0.077	0.015	0.687
	Horizontal	14.810	−1.746	27.316	−0.404	0.005	0.553
PGV/cm	Vertical	10.313	−1.473	27.011	−0.263	0.001	0.343
	Horizontal	13.589	−2.131	25.460	−0.376	0.009	0.445

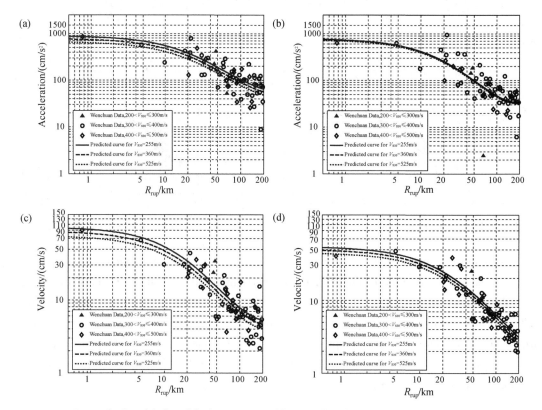

Figure 5　Simplified model of attenuation of horizontal- and vertical-component PGA, PGV from the Wenchuan earthquake.

The V_{S30} scaling from the simplified models is compared with the nonparametric V_{S30} scaling from the Wenchuan data in terms of residuals shown in Figure 6. The nonparametric V_{S30} scaling is consistent with the assumed form of the V_{S30} scaling, indicating that the commonly assumed form used in equation (2) is appropriate for this data set.

The near-fault residuals computed from the simplified model are shown in Figure 7. In this figure, the near-fault data are separated into hanging wall and footwall sites. Most of the hanging

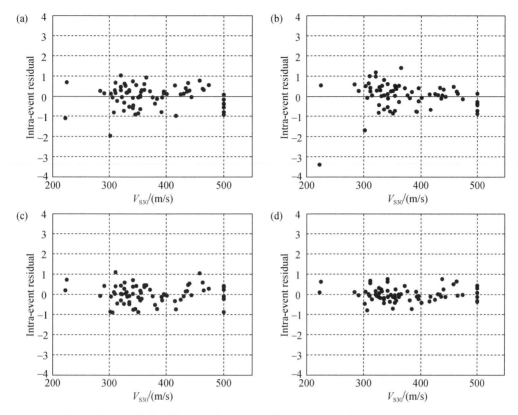

Figure 6   Residuals of horizontal-and vertical-components PGA, PGV versus V_{S30}.

wall residuals are positive (i. e., underestimated), especially for the vertical component. The mean residuals of the hanging wall residuals for the horizontal and the vertical PGA are 0.28 ± 0.19 and 0.53 ±0.18, indicating strong hanging wall effects in the Wenchuan data. Using these mean residuals, the hanging wall accelerations for the horizontal and vertical PGA are larger than the median attenuation for the Wenchuan earthquake by factors of 1.32 and 1.70, respectively. In contrast, there is not an increase in the hanging wall mean residuals for the PGV. The mean PGV residuals for hanging wall sites are − 0.12 ±0.16 for the horizontal component and − 0.24 ±0.09 for the vertical component.

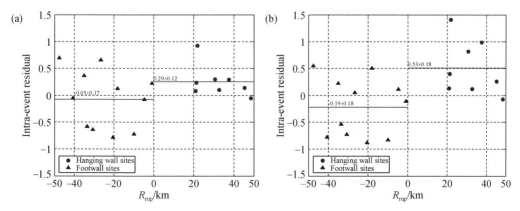

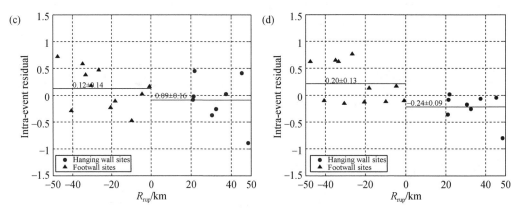

Figure 7　Residuals of horizontal- and vertical-component PGA, PGV within 50 km showing the hanging
wall/footwall differences. The mean values and standard derivation of mean are shown.

7　Comparison with NGA models

In this section, we compare the observed ground motions with the ground motions predicted by the NGA models. To be consistent with the NGA models, the geometric mean of the spectral accelerations on the two horizontal components of the observed ground motions is compared with the NGA models.

The residuals from four NGA models (AS08, BA08, CY08, and CB08) were computed. These four NGA models were all developed using either random effects regression or two-step regression to account for the correlation of the data within a single earthquake. To be consistent with these approaches, the residuals from the Wenchuan earthquake are separated into an interevent residual and the intraevent residuals. For the Wenchuan data, the interevent residual is close to the average residual for all sites used in the regression.

The average residuals are shown as a function of period in Figure 8 for distance ranges of 0 ~ 50, 50 ~ 100, 100 ~ 150, and 150 ~ 200km. For all four distance ranges, the interevent residuals are positive at short periods and negative at long periods. Figure 9 shows the interevent residuals computed over the full distance range of 0 ~ 200km. The overall trend is similar to the trends for the individual distance ranges.

The interevent residual from Wenchuan represents just a single sample from a distribution. To understand how these interevent residuals compare with interevent residuals from other earthquakes, we compared the interevent residuals from Wenchuan with the full set of interevent residuals from the AS08 model for $T = 0.2$s and $T = 1.0$s in Figure 10. For the $T = 0.2$s case, the interevent residual from Wenchuan is positive (about 0.4), but this is within the scatter of the interevent residuals from the NGA data set, indicating that the short-period spectral accelerations from the Wenchuan earthquake are consistent with the NGA models. That is, there are other large magnitude earthquakes with negative interevent residuals that balance out the positive interevent

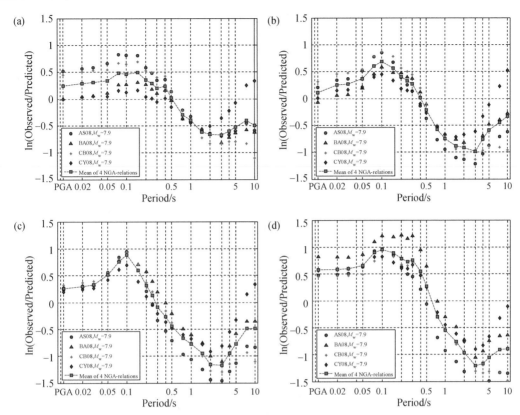

Figure 8   The mean residuals of four NGA models in four distance bins (0 ~ 50, 50 ~ 100, 100 ~ 150,
and 150 ~ 200km).

The color version of this figure is available only in the electronic edition.

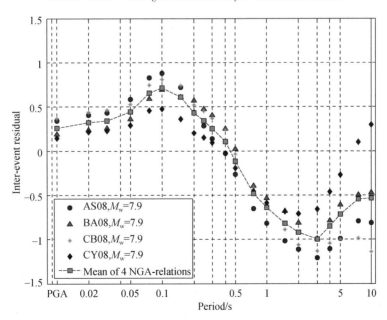

Figure 9   Interevent residuals within rupture distance of 200km for four NGA models.

residual from the Wenchuan earthquake. For the $T = 1.0s$ case, the interevent residual (about -0.75) is more of an outlier: it does not appear as just part of the scatter observed from the previous earthquakes, indicating that the $T = 1.0s$ spectral accelerations from the Wenchuan earthquake are not consistent with the NGA models. The negative $T = 1.0s$ interevent residual for Wenchuan is consistent with negative interevent residuals from other large magnitude earthquakes.

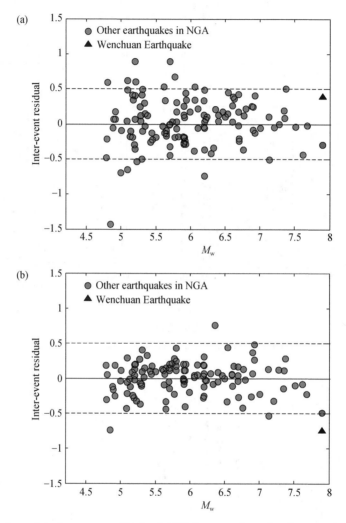

Figure 10　Comparison of the interevent residuals of AS08 for spectral acceleration at periods of 0.2 and 1.0s with the mean residuals within rupture distance of 200km from the Wenchuan data.

7.1　Hanging wall effects

The hanging wall/footwall scaling is compared in Figure 11 for PGA, and spectral acceleration at $T = 0.2s$, $T = 1.0s$, and $T = 3.0s$. In each frame, the data are plotted as a function of the location from the top edge of the rupture (R_x). This distance metric allows the median ground motions from NGA models to be shown in a single plot even though they use different distance metrics. The footwall sites are plotted in the negative distance to separate them from the hanging wall sites. The data shown in these figures were corrected to rock site conditions using the V_{S30} scale factors from the simplified model. For sites on the hanging wall, the NGA models are consistent with the observed hanging wall short-period spectral accelerations from the Wenchuan earthquake, but overpredict the long-period hanging wall spectral accelerations. For footwall sites, the NGA models tend to underpredict the short-period ground motions, but the long-period ground motions on the footwall are consistent with the NGA model predictions.

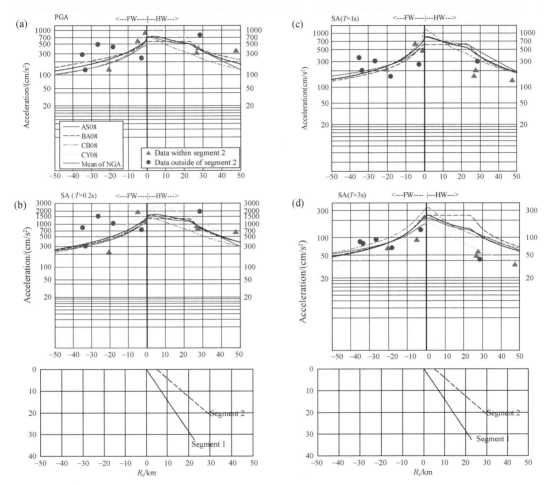

Figure 11   Comparison of the observed PGA and spectral accelerations at periods of 0.2, 1.0, and 3.0s with those predicted by four NGA relations (for M_w 7.9, $V_{S30} = 500$m/s). Only sites within the edges of the rupture are shown.

The color version of this figure is available only in the electronic edition.

7.2 V_{S30} scaling

The scaling with V_{S30} from the Wenchuan data is compared with the V_{S30} scaling from the NGA models (for linear site response) by comparing the slope of the $\ln(V_{S30})$ term from the simplified model (equation 2) with the equivalent coefficients for the four NGA models. These slopes are compared in Table 4. The $\ln(V_{S30})$ scaling for PGA (coefficient a_3 from equation 2) is much more negative than for the NGA models, indicating that the V_{S30} scaling for short periods from the Wenchuan earthquake is much stronger than seen in the NGA data set. For a spectral period of 1.0s, Table 4 shows that the V_{S30} scaling is similar between the Wenchuan data and the NGA models. At very long periods ($T = 3.0$s), the V_{S30} scaling from Wenchuan data is much weaker than from the NGA models.

Table 4 Comparison of the linear soil amplification (slope of V_{S30}) with the amplification from the four NGA models

Parameter	a_3 (Wenchuan)	$a_{10} + b_n$ (AS08)	b_{lin} (BA08)	$c_{10} + k_2 n$ (CB08)	Φ_1 (CY08)
PGA	−0.404	−0.455	−0.36	−0.341	−0.442
Spectral acceleration (0.2s)	−0.945	−0.505	−0.31	−0.388	−0.570
Spectral acceleration (1.0s)	−0.251	−0.736	−0.7	−0.736	−0.799
Spectral acceleration (3.0s)	0.204	−0.96	−0.74	−0.82	−0.903

7.3 Spectral shape

Using the corrected (using the V_{S30} scale factors from the simplified model) rock site data within 50km, the median spectral shape (defined as Sa/PGA) for rock site conditions ($V_{S30} = 500$m/s) is computed for hanging wall and footwall sites separately. Figure 12 compares the median spectral shape from the Wenchuan data with the median shape for M 7.9 earthquakes at a rupture distance of 30km computed using the NGA models. A key feature seen in these near-fault shapes is the difference in long-period spectral content. For the hanging wall sites, the spectral shape has low long-period content because the PGA values have been increased due to the hanging wall effects. For footwall sites, the spectral shape for data within 50km is consistent with the NGA models.

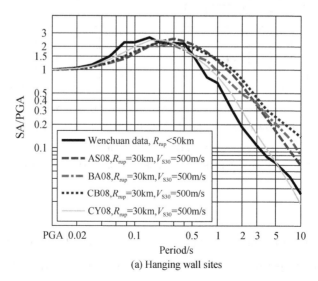

(a) Hanging wall sites

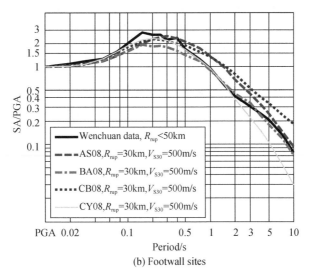

Figure 12   Comparison of spectral shape for hanging wall and footwall sites within rupture distance of 50km with
the median shapes for four NGA models. The Wenchuan data are corrected to rock sites conditions.
The NGA models are for $R_{rup} = 30$km and $V_{S30} = 500$m/s.

The color version of this figure is available only in the electronic edition.

7.4   Standard deviations

The standard deviations from the Wenchuan data using the simplified model are compared
with the standard deviations for the NGA models. To be consistent with the single-event Wenchuan
data, the intraevent standard deviations from the NGA model are used. Figure 13 shows the

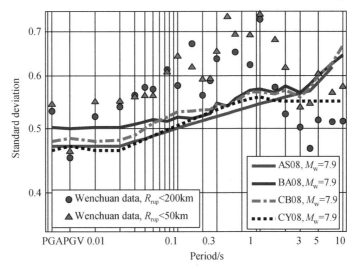

Figure 13   Comparison of the standard derivations from equation (2) with the intraevent standard
derivations from four NGA models.

The color version of this figure is available only in the electronic edition.

Wenchuan earthquake standard deviations computed for two distance ranges: $R_{rup} < 50$km and $R_{rup} < 200$km. For the distances less than 50km, the Wenchuan earthquake standard deviations averaged over all periods are similar to the intraevent standard deviations from the NGA models. The Wenchuan standard deviations are larger than the NGA models in the moderate period range and are smaller in the long-period range. For the full distance range of $0 \sim 200$km, the standard deviations are larger than predicted by the NGA models in the short-and moderate-period range and are about equal in the long-period range.

8 Vertical-to-horizontal ratios

The vertical-to-horizontal ratios from the Wenchuan data are compared with several currently available models. The NGA project has not yet derived a vertical component ground-motion model, but a preliminary V/H ratio based on the NGA data set has been derived by Z. Yilmaz (personal comm., 2009; Y09; see the Data and Resources section). In addition, two other available models based on global data sets are considered: Abrahamson and Silva, 1997 (AS97) and Bozorgnia and Campbell, 2004 (CB04).

The distance dependence of the V/H ratio for PGA and spectral acceleration at $T = 0.2$s, $T = 1.0$s, and $T = 3.0$s are shown in Figure 14. The regression parameters and the standard deviation σ_{lnY} of regression based on the simplified model in equation (2) are listed in Table 5. The results show that the studies before Y09 perform well in predicting the V/H ratios of PGA and spectral acceleration at $T = 0.2$s for distances larger than $20 \sim 30$km and overpredict the V/H ratios of the Wenchuan data in the close-in fault region. Y09, based on a larger dataset, basically does a better job in estimating the V/H ratios of short-period ground motions compared with the other two studies. All three studies underestimate the V/H ratios of long-period ground motions (spectral acceleration at $T = 1.0$ and 3.0s) over the entire distance ranges.

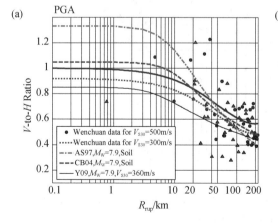

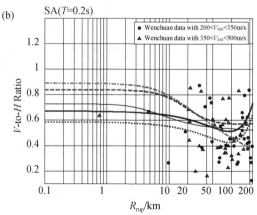

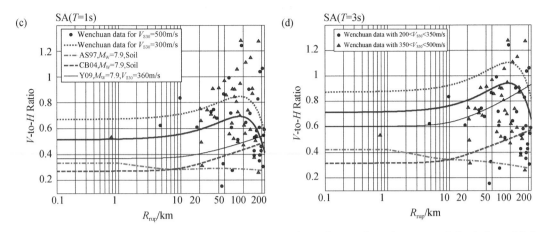

Figure 14   Distance scaling of vertical-to-horizontal ratios of PGA and spectral accelerations at 0.2, 1.0, and 3.0s.
The color version of this figure is available only in the electronic edition.

**Table 5   Regression coefficients for V/H ratios of PGA and spectral accelerations
at periods of 0.2, 1.0, 3.0s from the Wenchuan earthquake**

V/H ratio	a_0	a_1	a_2	a_3	a_4	$\sigma_{\ln Y}$
PGA	3.1273	−0.368	29.148	−0.156	0.0016	0.263
Spectral acceleration (0.2s)	39.508	−6.434	360.290	−0.168	0.0142	0.212
Spectral acceleration (1.0s)	−28.732	4.911	271.140	0.304	−0.0137	0.238
Spectral acceleration (3.0s)	−25.822	4.533	234.070	0.316	−0.0138	0.235

9   Conclusions

The comparison between the Wenchuan data and the NGA models shows that the Wenchuan
data have a spectral content that is different from the median predictions given by the NGA
models: the Wenchuan data have increased short-period content with the largest difference at $T =$
0.1s, but reduced long-period content with the largest difference at $T = 4.0$s. The Wenchuan
earthquake is the best recorded crustal earthquake above $M\,7.7$, but the evaluation of the impact
of the Wenchuan ground motions on global ground-motion models, such as the NGA models,
needs to consider that the Wenchuan data represent a single earthquake. From the evaluation of
ground motions from past earthquakes, there is a large variability in the average residual for
individual earthquakes. The Wenchuan data should be evaluated in terms of their consistency with
the distribution of interevent residuals from other earthquakes. Based on the distribution of interevent
residuals for the AS08 model shown in Figure 10, if the Wenchuan data had been included in the
data sets used to derive the AS08 NGA model, there would have been only a small change in the
median model predictions for short-period ground motions from $M\,7.9$ earthquakes, but there would
have been a reduction in the median model predictions for long-period ground motions.

Hanging wall effects in the NGA models were primarily constrained by two earthquakes: the 1994 Northridge earthquake and the 1999 Chi-Chi earthquake. The Wenchuan earthquake is the third largest earthquake that has a significant number of recordings on both the footwall and hanging wall. At short spectral periods, strong hanging wall effects are seen in the Wenchuan data, consistent with the NGA models, but at long spectral periods, hanging wall effects are not observed in the Wenchuan data. Inclusion of the Wenchuan data into global ground-motion models will likely lead to a significant reduction in hanging wall effects at long periods.

The large difference in the V_{S30} scaling for the Wenchuan data and the NGA models may be due to the soil sites in Wenchuan being, on average, shallower than the soil sites, that are part of the NGA data base. If this is the case, then including a soil depth term to the site characterization models in future global ground-motion models may be warranted.

10　Data and resources

Accelerograms used in this study were collected using the National Strong-Motion Observation Network System of China and are not ready for public release. The USGS source model was obtained using http://earthquake. usgs. gov/eqcenter/eqinthenews/2008/us2008ryan/finite _ fault. php (last accessed on 5 January 2009) from a report by Chen and Hayes (2008). The URS source model was provided by P. G. Somerville (personal comm.). The preliminary V/H research was provided by Z. Yilmaz (personal comm., 2009).

Acknowledgments　The authors are very grateful to all who contributed to the success in recording, collecting, and processing data in the Wenchuan earthquake. We thank Yousef Bozorgnia, Kenneth Campbell, and Walter Silva for their constructive suggestions and comments. This work was jointly supported by National Basic Research Program of China under grant 2007CB714201 and the Pacific Earthquake Engineering Research Center.

References

Abrahamson N A, Silva W J, 1997. Empirical Response Spectral Attenuation Relations for Shallow Crustal Earthquakes. Ssmological Research Letters, 68 (1): 94-127.

Abrahamson N, Silva W, 2008. Summary of the Abrahamson & Silva NGA Ground-Motion Relations. Earthquake Spectra, 24 (1): 67-97.

Bommer J J, Abrahamson N A, Strasser F O, et al, 2004. The challenge of defining upper bounds on earthquake ground motions. Seismological Research Letters, 75 (1): 82-95.

Boore D M, Atkinson G M, 2008. Ground-motion prediction equations for the average horizontal component of PGA, PGV, and 5%-damped PSA at spectral periods between 0. 01s and 10. 0s. earthquake spectra, 24 (1): 99-138.

Bozorgnia Y, Campbell K W, 2004. The vertical-to-horizontal response spectral ratio and tentative procedures for developing simplified V/H and vertical design spectra. Journal of Earthquake Engineering, 8 (2): 175-207.

Campbell K W, Bozorgnia Y, 2008. NGA Ground Motion Model for the Geometric Mean Horizontal Component of PGA, PGV, PGD and 5% Damped Linear Elastic Response Spectra for Periods Ranging from 0.01 to 10s. Earthquake Spectra, 24 (1): 139-171.

China Ministry of Construction, 2001. Code for Seismic Design of Buildings (GB 50011—2001). Beijing: Construction Industry Printing House (in Chinese).

Chiou B S J, Youngs R R, 2008. An NGA Model for the Average Horizontal Component of Peak Ground Motion and Response Spectra. Earthquake Spectra, 24 (1): 173-215.

Chiou B, Darragh R, Gregor N, et al, 2012. NGA Project Strong-Motion Database. Earthquake Spectra, 24 (1): 23-44.

Idriss I M, 2014. An NGA Empirical Model for Estimating the Horizontal Spectral Values Generated By Shallow Crustal Earthquakes. Earthquake Spectra, 24 (1): 217-242.

Ji C, Hayes G, 2008. Preliminary result of the May 12, 2008 Mw 7.9 eastern Sichuan, China earthquake. http://earthquake.usgs.gov/eqcenter/eqinthenews/2008/us2008ryan/finitefault.php.

Li X J, Zhou Z H, Yu H Y, et al, 2008. Strong motion observations and recordings from the great Wenchuan earthquake. Earthquake Engineering & Engineering Vibration, 7 (3): 235-246.

Wang W M, Zhao L F, Li J, et al, 2008. Rupture process of the Ms 8.0 Wenchuan earthquake of Sichuan, China. Chinese Journal of Geophysics, 51 (5): 1403-1410 (in Chinese).

Effect of seismic super-shear rupture on the directivity of ground motion acceleration[*]

Hu Jin-Jun[1] and Xie Li-Li[2]

(1. Key Laboratory of Earthquake Engineering and Engineering Vibration, Institute of Engineering Mechanics, China Earthquake Administration, Harbin 150080, China;

2. School of Civil Engineering and Architecture, Harbin Institute of Technology, Harbin 150090, China)

Abstract The effect of seismic super-shear rupture on the directivity of ground motions using simulated accelerations of a vertical strike-slip fault model is the topic of this study. The discrete wave number/finite element method was adopted to calculate the ground motion in the horizontal layered half space. An analysis of peak ground acceleration (PGA) indicates that similar to sub-shear situation, directivity also exists in the super-shear situation. However, there are some differences as follows: (1) PGA of the fault-normal component decreases with super-shear velocity, and the areas that were significantly affected by directivity in the PGA field changed from a cone-shaped region in the forward direction in a sub-shear situation to a limited near-fault region in a super-shear situation. (2) The PGA of the fault-parallel and vertical component is not as sensitive as the fault-normal component to the increasing super-shear velocity. (3) The PGA of the fault-normal component is not always greater than the fault-parallel component when the rupture velocity exceeds the shear wave velocity.

1 Introduction

The rupture velocity of earthquake is a key parameter in fault rupture dynamics. It predominately controls the rupture process, and thus affects the radiation of the seismic energy. Seismic observation data and inversion of fault process indicate that the typical rupture velocity ranges from 0.7 to 0.9 times of the local shear wave velocity, which is one of the reasons to cause the so called directivity effect in ground motions (Somerville et al., 1997; Boatwright and Boore, 1982; Archuleta, 1984). The super-shear rupture earthquake, as a new phenomenon, has been proved to exist in nature by recent theoretical, numerical and experimental studies (Dunham et al., 2003; Bouchon and Vallée, 2003; Bouchon et al., 2000; Xia et al., 2004, 2005a, b). Most of these studies focused on proof of the existence of seismic super-shear rupture, while only a

---

* 本文发表于 Earthquake Engineering and Engineering Vibration, 2013 年, 第 12 卷, 第 4 期, 519-527 页.

few studies addressed the strong ground motion generated by the super-shear rupture earthquake, especially the rupture velocity related to the directivity effect. It is still unknown whether the super-shear rupture will increase or decrease the directivity effect. To investigate the engineering characteristics of ground motion of super-shear rupture earthquake, the near-field ground motion accelerations are studied herein through numerical modeling of a series of scenario earthquakes (Hu, 2009; Hu and Xie, 2011).

The super-shear rupture is a phenomenon in nature, in which the rupture front propagates at speeds in excess of the local shear wave velocity. A super-shear earthquake is most likely to occur on strike-slip fault with predominately unilateral rupture propagation. Das (2007) and Robinson et al. (2006) considered a long straight fault with strike-slip faulting mechanism to be a necessary but not a sufficient condition for a super-shear earthquake. Recent examples include the 1999 $M_w 7.4$ Kocaeli (Izmit) earthquake in Turkey, the 2001 $M_w 7.8$ Kekexili earthquake in China and the 2002 $M_w 7.9$ Denali, Alaska earthquake in the United States. Studies by Andrews and Harris (2005, 2006) indicate that the super-shear rupture is closely related to the stress drop on the fault plane; maximum stress drop may lead to a local super-shear rupture in that region. Kasahara (1984) stated this phenomenon using energy release theory, in which the crack propagation is controlled by the shear strain energy. Due to the dissipation when the energy transmission speed is in excess of the elastic wave speed, the occurrence of super-shear rupture is similar to ultrasonic waves in solid media. Some other researchers attribute super-shear rupture to a very low cohesion stress in the materials (Burridge, 1973; Andrews, 1976; Das and Aki, 1977).

Literature on ground motion directivity dates back to 50 years ago by Benioff, who studied the long period displacement ground motions in the $M_w 7.5$ Kern County earthquake in California (Benioff, 1955). However, the directivity effect in short period ground motions was not proved until 1978 by Bakun who studied two small earthquakes in middle California, which is more interesting to earthquake engineers. Studies on super-shear earthquake originated with some debatable results on the 1979 Imperial Valley earthquake. Olson and Apsel (1982) who inverted the rupture process of Imperial Valley earthquake claimed that this earthquake is a super-shear event.

A supportive result by Archuleta (1984) indicated that the fault propagated 5km ~ 10km with a super-shear velocity during the rupture process. At the same time, Spudich and Cranswick (1984) found some evidence of super-shear rupture in high frequency ground motions (>1.5Hz) from El Centro differential array. Decade years ago, Bouchon et al. (2001) studied the spatial-temporal rupture process using the near-fault acceleration recordings in the 1999 $M_w 7.4$ Turkey Kocaeli (Izmit) earthquake, their results indicated that the fault propagated 50km eastward with velocity of 4.8km/s, which is far beyond the local shear wave velocity, after that the rupture decreased to sub-shear velocity. The 2001 $M_w 7.8$ China Kekexili earthquake is one of the longest crustal earthquakes in the world. Studies on the regional broad-band seismograms from China Earthquake Network Center and IRIS showed that the rupture propagated about 300km at a speed of 5km/s (Bouchon and Vallée, 2003). The 2002 $M_w7.9$ Alaska Denali earthquake in United States is also considered to be a super-shear event, which is the largest strike-slip earthquake in North America in the past 150 years. Modeling of rupture progress indicated that the super-shear rupture lasted for 60km at a speed of 5.5km/s (Eberhart-Phillips et al., 2003; Dunham and Archuleta, 2004; Oglesby et al., 2004).

2 Modeling method and scenario earthquake

Weuse discrete wave number/finite element method of Olson et al. (1984) to calculate the Green's functions for wave propagation in medium. Then we calculate the ground motion using Spudich and Archuleta's (1987) method and representation theory. This method can calculate the complete response of an arbitrary earth structure, and it is computationally efficient for complicated fault model, rupture velocity, dip angle and slip distribution, etc (Spudich and Archuleta, 1987; Spudich and Xu, 2003).

To set up an earthquake source model for numerical modeling, we us empirical relationships given by Wells and Coppersmith (1994), Somerville et al. (1999), and Hanks and Kanamori (1979) to specify the global and local source parameters. According to Schmedes and Archuleta (2008), for strike-slip earthquake with $M_w > 7.0$, the peak ground acceleration (PGA) becomes very similar to each other for stations close to the fault plane. To avoid the PGA saturation in the near-fault regions, we select a moderate magnitude of $M_w 6.4$ as the scenario earthquake. Table 1 shows the basic parameters for the scenario earthquake. Also to simply the fault model, we use a modified Haskell's model (Haskell, 1964, 1966) with uniform slip distribution and rise time on the fault plane under a constant rupture velocity along the fault length. A typical horizontal layered earth structure model was adopted (see Table 2) (Spudich and Xu, 2003) in the simulation. To identify the effect of sub-shear to super-shear rupture velocity on directivity of ground motion, ratio between rupture velocity V_r and shear wave velocity V_s (seismic Mach number) were used from 0.7 to 1.7. Figure 1, as an example, shows the contour map of rupture times on fault plane for $V_r = 1.4 V_s$.

Table 1   Fault model for super-shear earthquake

M_w	L/km	W/km	M_0/dyne-cm	τ_R/s	D/m	V_r/(km/s)
6.4	26.0	10.0	5.0e+25	0.75	0.58	0.7 ~ 1.7 V_s

Table 2   Earth structure model

Depth/km	P-wave Velocity/(km/s)	S-wave Velocity/(km/s)	Density/(g/cm^3)
0	4.00	2.30	2.60
1.5	5.50	3.20	2.80

Continued

Depth/km	P-wave Velocity/(km/s)	S-wave Velocity/(km/s)	Density/(g/cm³)
4.5	6.30	3.65	2.90
30.0	6.35	3.67	2.95

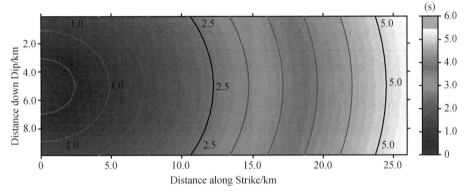

Fig. 1   Contour map for rupture times on fault plane

Accelerations of fault-normal (FN), fault-parallel (FP) and vertical (UP) component on the ground surface are simulated to see how the rupture velocity affects directivity in different components. The observers array (grid) is orthogonal distributed along and cross the fault strike, which covers 70km   120km areas. Rows of observer array are marked with alphabet from A to N, and distance between observers ranges from 2km ~ 10km. To capture the forward directivity effect of a unilateral rupture, we set more observers in the forward (rupture propagation) direction. Figure 2 shows the observer array and fault projection in Cartesian coordinate system.

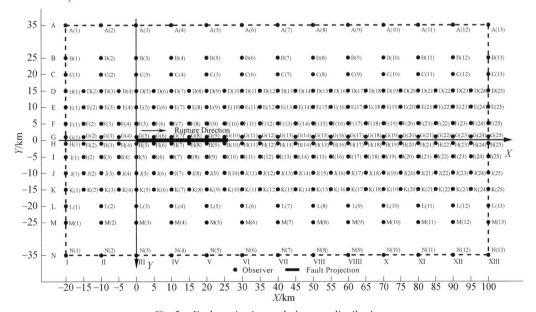

Fig. 2   Fault projection and observer distribution

3　Effect of super-shear on ground motion acceleration

We model the ground motion under a series of seismic Mach numbers ($V_r/V_s = 0.7 \sim 1.7$) to compare the ground motion accelerations for different rupture velocity. Comparisons of waveform of time histories, PGAs in a given station, as well as along the fault strike, PGAs for FN and FP component and PGA fields were carried out in the following sections.

3.1　Comparison of acceleration time history for different rupture velocities

3.1.1　Accelerations of aspecific station

To compare the time history of a given site for different rupture velocity, we choose a typical forward direction observer G (11), which located in the rupture propagation direction with rupture distance (D_{rup}) of 1km and epicenter distance 35km (see Figure 2). Figure 3 shows the comparison of the acceleration time history of observer G (11) for different seismic Mach numbers, where the slid line and dash dot line represent FN and FP component, respectively.

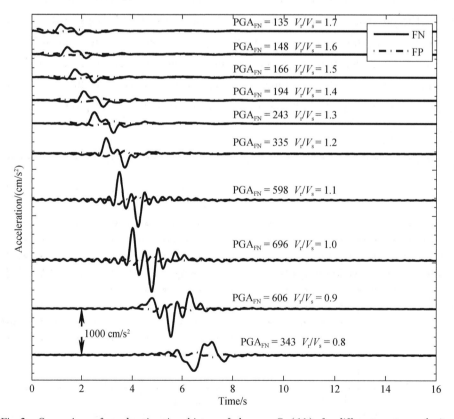

Fig. 3　Comparison of acceleration time history of observer G (11) for different rupture velocity

From the comparison of the tow horizontal acceleration in Figure 3 we can see that the rupture velocity affect both the amplitude (PGA) and arrival time of the body wave. But the effect is not a monotonic function on the PGA. For rupture velocity smaller than shear wave velocity, the PGA increases with increasing rupture velocity; for rupture velocity greater than shear wave velocity, the PGA decreases with increasing rupture velocity. In addition, the arrival time for P and S wave monotonically decreases with increasing rupture velocity.

3.1.2 Accelerations along fault strike

As it is not sufficient to investigate the effect of rupture velocity for accelerations along fault strike by using one specific station like the above-mentioned observer G (11), we compare the accelerations of stations in one row along fault strike under sub-shear ($V_r = 0.9V_s$) and super-shear ($V_r = 1.1V_s$) rupture velocity. Taking row G for example, in which they have the same rupture distance of 1km. Figure 4 shows the accelerations of observers in row G (FN component)

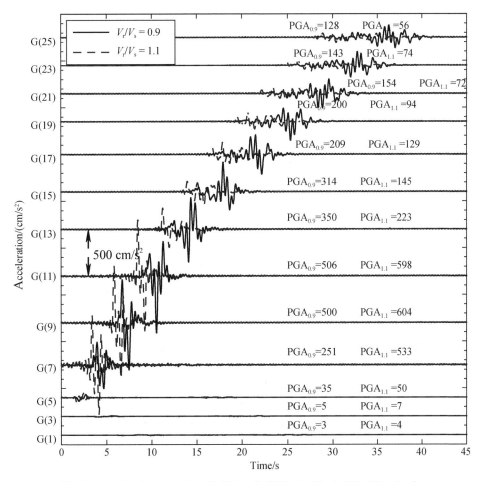

Fig. 4　Acceleration in station G (1) −G (25) for $V_r = 0.9V_s$ (blue line) and $V_r = 1.1V_s$ (red line)

for sub-shear (solid line) and super-shear (dash line) rupture. Where $PGA_{0.9}$ and $PGA_{1.1}$ denote the PGA value under sub-shear and super-shear velocity, respectively. We use a distance parameter X_s to describe the relative position of an observer to the epicenter, X_s is defined as the distance between the observer and epicenter in the along-fault strike direction (i. e. x coordinate value).

Comparing the ground motions from sub-shear and super-shear rupture in Figure 4, some common features arise in the accelerations. (1) The amplitudes of accelerations in the forward direction are greater than those of the backward direction as could be expected by directivity effect. (2) The PGA increases with increasing X_s distance, but the increase is not monotonous. Specifically, within a certain distance, the energy accumulation effect that causes directivity dominates the ground motion amplitude, so the PGA increases with increasing distance. But beyond that critical distance, the attenuation of seismic wave controls the ground motion amplitude, so the amplitude decreases with increasing distance. Take Figure 4 for instance, the ground motion amplitude reaches the maximum at a critical distance of about 1.5 times of the fault length.

Except the common features that both sub-shear and super-shear rupture share, there are some difference for the same observers in row G. (1) the peak motion arrives earlier in super-shear situation than that of the sub-shear situation, as also can be seen in Figure 3. (2) Comparing the amplitude for super-shear and sub-shear rupture in Figure 4, it is noted that, for observers located within the fault-length range, like station G (5) ~ G (10), the amplitude of super-shear rupture is larger than that of the sub-shear rupture; but for observers within larger fault-strike distance X_s, the amplitude of sub-shear rupture gets higher than that of super-shear rupture. That means super-shear rupture is more contributive to the ground motion in the near fault region, while sub-shear is more contributive to the forward direction of the fault rupture. This phenomenon can be explained by isochrone theory (Bernard and Madariaga, 1984; Spudich and Frazer, 1984), for observers within the fault length range, they will receive all the elastic waves near the rupture front in a very short time interval, so that cause a pulse due to the accumulation of elastic energy (Schmedes and Archuleta, 2008).

3.2　Comparison of PGAs for different rupture velocities

We compare the PGAs along the fault strike for different seismic Mach number. Similar to the above section, we choose the accelerations in row G for example (see Figure 2), the rupture distance for these 25 stations is 1km. To illustrate the variation of PGAs along the fault strike under different rupture velocity, we draw the PGA values versus the along-strike distance X_s and the seismic Mach number on a three-dimensional system. Figure 5 shows the variation of PGAs for FN, FP and UP component with rupture velocity and X_s distance.

Analysis of modeling results indicates that: on one hand, the PGA varies with distance of along fault strike. In the backward direction, the PGA decreases with distance monotonously. While in the forward direction, the PGA first increases to its maximum value at a distance of about one fault length, and then dramatically drops down after a certain distance. On the other hand, the rupture velocity also affects the variations of PGA along fault direction. Specifically, for sub-shear rupture, the PGA increases with rupture velocity and it reaches the maximum value when the rupture velocity equals the shear wave velocity, this is due to the energy accumulation of radiated seismic wave in a very short time interval (Somerville et al., 1997). For super-shear rupture, the PGA decreases with rupture velocity. Especially for the FN component, there is a dramatic drop-off when the rupture velocity exceeds the shear wave velocity (see Figure 5 (a)), but for the FP and UP component, there is no significant decreasing with increasing rupture velocity (see Figure 5 (b), (c)).

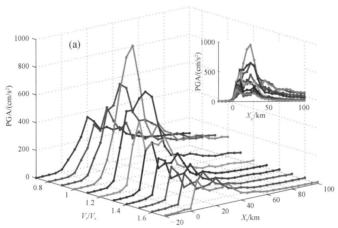

Fault Normal PGA distribution along strike for D_{rup} = 1 km

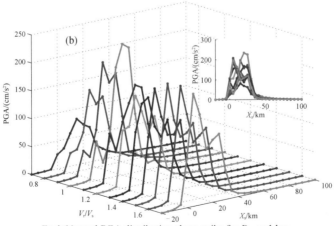

Fault Normal PGA distribution along strike for D_{rup} = 1 km

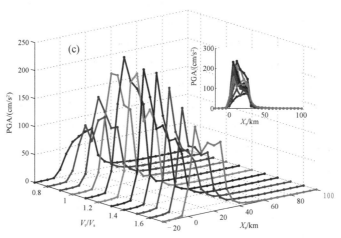

Vertical PGA distribution along strike for $D_{rup} = 1$ km

Fig. 5　Variation of PGA along fault-strike for different rupture velocity ($D_{rup} = 1$km), where (a),
(b) and (c) is the FN, FP and vertical component, respectively

3.3　Comparison of PGA for FN and FP components for different rupture velocities

In the near-fault region of the forward direction, the PGA of FN component for the same station was considered to be greater than that of the FP component due to the radiation pattern under sub-shear rupture (Hirasawa and Stauder, 1965; Somerville et al., 1997), but there arise a difference in the super-shear situation. That is, the PGA of FN component is not always greater than that of the FP component. Specifically, we compared the PGA of FN and FP component for the same station under various rupture velocity from 0.7 ~ 1.7 times of the shear wave velocity. And the difference was reflected by the PGA in the two sides of the fault within about one fault-length distance along the strike.

Figure 6 shows the comparison result of PGA of FN and FP component under several rupture velocities. Where the dot means that, in this station the PGA of FN component is smaller than that of the FP component, while the pluses represent those stations whose PGA of FN component exceed that of the FP component. Results indicate that, in the two sides of the near-fault region, the PGA of FN component is not always greater than that of the FP component with increasing of the rupture velocity, and even may be smaller than the FP component due to the change of radiation pattern under super-shear rupture. This phenomenon can be seen in Figure 6 (d), in which the number of dots gets larger than that in Figure 6 (a). And furthermore, comparisons also show that super-shear rupture doesn't affect the characteristics of the PGA for stations located at the far-end of the fault.

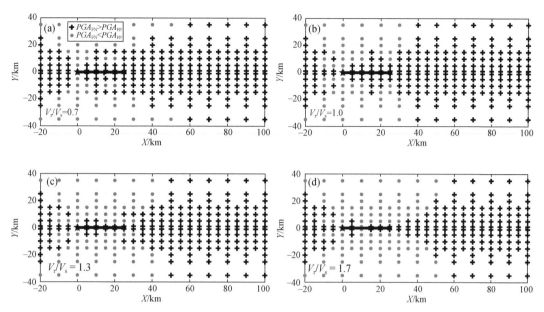

Fig. 6　Comparison of PGA of FN and FP component for V_r=0.7, 1.0, 1.3 and 1.7V_s. The plus symbol represents the station whose PGA of FN component is greater than that of the FP component

3.4　Comparison of PGA fields for different rupture velocities

In this section we compare the PGA fields under different rupture velocities to see how it affects the distribution of PGA on the surface. Figure 7 shows the PGA fields for V_r=0.8, 1.0, 1.2, 1.4 and 1.6V_s. Where part (a) ~ (e) are the FN component and part (f) ~ (j) are the FP component, respectively.

Through comparison of PGA fields we can see that there is still a directivity effect when the rupture velocity exceeds the shear wave velocity, but there are some differences in the directivity effect between sub-shear and super-shear rupture earthquakes. That is the PGA in the forward direction decrease with rupture velocity when it exceeds the shear wave velocity. Specifically, for FN component, the areas significantly affected by rupture directivity is getting smaller and smaller with increasing super-shear rupture velocity, it decreases from a cone-shaped areas (see Figure 7 (a) for V_r=0.8V_s) towards the forward direction to a very-close-to fault areas (see Figure 7 (e) for V_r=1.6V_s). As for the FP and UP component, there is no significant diminishment in PGA value with increasing super-shear rupture velocity, but the significantly affected areas changed from a wing-like area in the forward direction (see Figure 7 (f) for V_r=0.8V_s) to a close-to-fault fault areas (see Figure 7 (j) for V_r=1.6V_s).

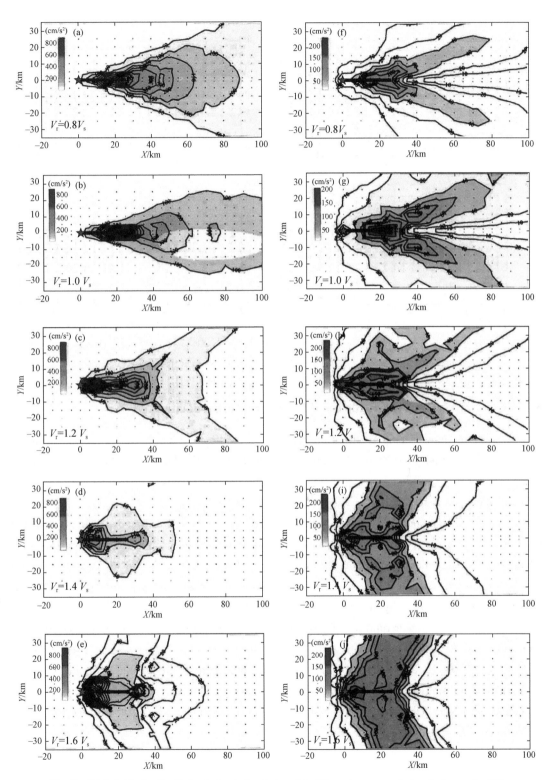

Fig. 7　PGA fields for $V_r = 0.8$, 1.0, 1.2, 1.4 and $1.6V_s$, where part (a) ~ (e) are the FN

component and (f) ~ (j) are he FP component, respectively

4   Conclusions and discussion

Simulated ground motions of a series of scenario earthquakes with vertical strike slip mechanism in horizontal layered half space is analyzed to investigate the effect of rupture velocity, especially super-shear rupture, to the wave form, peak ground acceleration and its distribution. Comparisons of acceleration parameters between sub-shear and super-shear earthquake indicate that super-shear ruptures also generate directivity effect on the ground motion. But there are some differences between the directivity effect generated by sub-shear and sub-shear rupture earthquake. Specifically, (1) the PGA for FN component no longer increases with the rupture velocity for super-shear rupture which is opposite to the sub-shear rupture situation, the directivity significantly affected areas in the PGA field moved and diminished from a wide cone-shaped region in forward direction to a limited near-fault region. (2) As for the FP and UP component, the PGA doesn't decrease with increasing super-shear rupture velocity, this is different from the FN component. And the directivity significantly affected areas changed from the wing-like region of the forward direction to an expanded fault-perpendicular areas. (3) In some particular near-fault region, the FN component is no longer greater than that of the FP component with increasing super-shear rupture velocity, which may attribute to the change of radiation pattern of seismic energy.

The rupture directivity is always considered to be a significant factor affecting the near-fault ground motion, it, in some sense, not only control the ground motion itself, but also control the distribution of peak fields. And since seismic super-shear rupture has been proved to be possible in nature earthquake (Dunham et al., 2003; Bouchon and Vallée, 2003; Bouchon et al., 2000; Xia et al., 2004, 2005a, b), it is important to consider the directivity effect of super-sear earthquake for seismic design of buildings. Thus, the above mentioned super-shear characteristics of ground motion, which is in some sense opposite to the sub-shear directivity, should be especially considered in the future seismic hazard analysis and seismic design criteria.

Acknowledgments   This project was funded by the Basic Science Research Foundation of Institute of Engineering Mechanics, China Earthquake Administration under Grant 2011B02, and as part of the 973 Program under Grant 2011CB013601 and National Natural Science Foundation of China under Grant 51238012.

References

Andrews D J, 1976. Rupture velocity of plane strain shear cracks. Journal of Geophysical Research, 81 (32): 5679-5687.

Andrews D J, Harris R A, 2005. The wrinkle-like slip pulse is not important in earthquake dynamics. Geophysical Research Letters, 32: L23303.

Andrews D J, Harris R A, 2006. Reply to comment by Y. Ben-Zion. The wrinkle-like slip pulse is not important in earthquake dynamics. Geophysical Research Letters, 33: L06311.

Archuleta R J, 1984. A faulting model for the 1979 Imperial Valley earthquake. Journal of Geophysical Research Solid Earth, 1984, 89 (B6): 4559-4585.

Bakun W H, Stewart R M, Bufe C G, 1978. Directivity in the high- frequency radiation of small earthquakes. Bulletin of the Seismological Society of America, 68: 1253-1263.

Benioff H, 1955. Mechanism and Strain Characteristics of the White Wolf Fault as Indicated by the Aftershock Sequence: Earthquakes in Kern County, California during 1952. California Division of Mines Bulletin, 171: 199-202.

Bernard P, Madariaga R, 1984a. A new asymptotic method for the modeling of near field accelerograms. Bulletin of the Seismological Society of America, 74 (2): 539-557.

Bernard P, Madariaga R, 1984b. High frequency seismic radiation from a buried circular fault. Geophysical Journal International, 78: 1-18.

Boatwright J, Boore D M, 1982. Analysis of the ground accelerations radiated by the 1980 Livermore Valley earthquakes for directivity and dynamic source characteristics. Bulletin of the Seismological Society of America, 72 (6): 1843-1865.

Bouchon M, Vallée M, 2003. Observation of long supershear rupture during the magnitude 8.1 Kunlunshan earthquake. Science, 301 (5634): 824-826.

Bouchon M, Toksöz N, Karabulut H, et al, 2000. Seismic imaging of the 1999 Izmit (Turkey) rupture inferred from the near-fault recordings. Geophysical Research Letters, 27 (18): 3013-3016.

Bouchon M, Bouin M P, Karabulut H, et al, 2001. How fast is rupture during an earthquake? New insights from the 1999 Turkey earthquakes. Geophysical Research Letters, 28 (14): 2723-2726.

Burridge R, 1973. Admissible speeds for plane-strain shear cracks with friction but lacking cohesion. Geophysical Journal International, 35: 439-455.

Das S, 2007. The need to study speed. Science, 2007 (317): 905-906.

Das S, Aki K, 1977. A numerical study of two-dimensional spontaneous rupture propagation. Geophysical Journal International, 50: 643-668.

Dunham E M, Archuleta R J, 2004. Evidence for a Supershear Transient during the 2002 Denali Fault Earthquake. Bulletin of the Seismological Society of America, 94 (6B): S256-S268.

Dunham E M, Favreau P, Carlson J M, 2003. A supershear transition mechanism for cracks. Science, 299 (5612): 1557-1559.

Eberhart-Phillips D, Haeussler P J, Freymueller J T, et al, 2003. The 2002 Denali Fault earthquake, Alaska: A large magnitude, slip-partitioned event. Science, 300 (5622): 1113-1118.

Hanks T C, Kanamori H, 1979. A moment magnitude scale A moment magnitude scale. Geophysical Research Letters, 84 (B5): 2348-2350.

Haskell N A, 1964. Total energy and energy spectral density of elastic wave radiation from propagating faults. Bulletin of the Seismological Society of America, 54 (6A): 1811-1841.

Haskell N A, 1966. Total energy and energy spectral density of elastic wave radiation from propagating faults. Part II. A statistical source model. Bulletin of the Seismological Society of America, 56 (1): 125-140.

Hirasawa T, Stauder W, 1965. On the seismic body waves from a finite moving source. Bulletin of the Seismological Society of America, 55 (2): 237-262.

Hu J J, 2009. Rupture directivity of near-fault ground motion and super-shear rupture. Ph. D Dissertation, Institute on Engineering Mechanics, China Earthquake Administration, Harbin, China (in Chinese).

Hu J J, Xie L L, 2011. Review of the State-of-the art researches on earthquake super-shear rupture. Advances in Earth Science, 26 (1): 39-47 (in Chinese).

Kasahara K, 1984. Earthquake mechanics. Beijing: Earthquake Publishing House.

Oglesby D D, Dreger D S, Harris R A, et al, 2004. Inverse kinematic and forward dynamic models of the 2002 Denali fault earthquake, Alaska. Bulletin of the Seismological Society of America, 94 (6B): S214-S233.

Olson A H, Apsel R, 1982. Finite faults and inversion theory with applications to the 1979 Imperial Valley Earthquake. Bulletin of the Seismological Society of America, 72 (6A): 1969-2001.

Olson A H, Orcutt J A, Frazier G A, 2010. The discrete wavenumber/finite element method for synthetic seismograms. Geophysical Journal of the Royal Astronomical Society, 77 (2): 421-460.

Robinson D P, Brough C, Das S, 2006. The Mw 7.8, 2001 Kunlunshan earthquake: Extreme rupture speed variability and effect of fault geometry. Journal of Geophysical Research Solid Earth, 111: B08303.

Schmedes J, Archuleta R J, 2008. Near-Source Ground Motion Along Strike Slip Faults: Insights into Magnitude Saturation of PGV and PGA. Bulletin of the Seismological Society of America, 98 (5): 2278-2290.

Somerville P G, Smith N F, Graves R W, et al, 1997. Modification of Empirical Strong Ground Motion Attenuation Relations to Include the Amplitude and Duration Effects of Rupture Directivity. Seismological Research Letters, 68 (1): 199-222.

Somerville P G, Irikura K, Graves R W, et al, 1999. Characterizing crustal earthquake slip models for the prediction of strong ground motion. Seismological Research Letters, 70 (1), 59-80.

Spudich P, Cranswick E, 1984. Direct observation of rupture propagation during the 1979 Imperial Valley earthquake using a short baseline accelerometer array. Bulletin of the Seismological Society of America, 74 (6): 2083-2114.

Spudich P, Frazer N, 1984. Use of ray theory to calculate high-frequency radiation from earthquake sources having spatially variable rupture velocity and stress drop. Bulletin of the Seismological Society of America, 74 (1): 2061-2082.

Spudich P, Archuleta R, 1987. Techniques for earthquake ground motion calculation with applications to source parameterization of finite faults. In: Bolt B A (ed.) Seismic Strong Motion Synthetics. Orlando, Florida: Academic Press.

Spudich P, Xu L S, 2003. Software for calculating earthquake ground motions from finite faults in vertically varying media, in International Handbook of Earthquake and Engineering Seismology. Lee W H K, Kanamori H, Jennings P C (eds). New York: Academic Press.

Wells D L, Coppersmith K J, 1994. New Empirical Relationships among Magnitude, Rupture Length, Rupture Width, Rupture Area, and Surface Displacement. Bulletin of the Seismological Society of America, 84 (4): 974-1002.

Xia K W, Rosakis A J, Kanamori H, 2004. Laboratory Earthquakes: The Sub-Rayleigh-to-Supershear Rupture Transition. Science, 303 (5665): 1859-1861.

Xia K W, Rosakis A J, Kanamori H, 2005a. Supershear and sub-Rayleigh-intersonic transition observed in laboratory earthquake experiments. Experimental Techniques, 29 (3): 63-66.

Xia K W, Rosakis A J, Kanamori H, Rice J R, 2005b. Laboratory Earthquakes Along Inhomogeneous Faults: Directionality and Supershear. Science, 308 (5722): 681-684.

On civil engineering disasters and their mitigation [*]

Xie Li-Li, Qu Zhe

(Key Laboratory of Earthquake Engineering and Engineering Vibration, Institute of Engineering Mechanics, China Earthquake Administration, Harbin 150080, China)

Abstract Civil engineering works such as buildings and infrastructure are the carriers of human civilization. They are, however, also the origins of various types of disasters, which are referred to in this paper as civil engineering disasters. This paper presents the concept of civil engineering disasters, their characteristics, classification, causes, and mitigation technologies. Civil engineering disasters are caused primarily by civil engineering defects, which are usually attributed to improper selection of construction site, hazard assessment, design and construction, occupancy, and maintenance. From this viewpoint, many so-called natural disasters such as earthquakes, strong winds, floods, landslides, and debris flows are substantially due to civil engineering defects rather than the actual natural hazards. Civil engineering disasters occur frequently and globally and are the most closely related to human beings among all disasters. This paper emphasizes that such disasters can be mitigated mainly through civil engineering measures, and outlines the related objectives and scientific and technological challenges.

1 Introduction

Disasters have been a part of human experience from earliest times and have been significantly impacting human development and civilization. From a modern scientific viewpoint, a disaster is an abrupt event that leads to loss of human lives, properties, resources, or environmental wellbeing, exceeding the capacity of the hazard-bearing body, a term that is used herein to referred to any exposure of human society to a hazard. The following four characteristics are inherent to the above definition of disasters. Firstly, disasters are consequent to the presence of human beings and communities as hazard-bearing bodies. There would be no disasters if there were no humans; violent changes and movements have occurred since the beginning of the earth, but did not constitute disasters until the appearance of man. Secondly, disasters are uniquely expressed in terms of losses by human beings and communities. Such losses are not limited to life and property, but also include natural resources and the environment. Thirdly, there is a

---

[*] 本文发表于 Earthquake Engineering and Engineering Vibration，2018 年，第 17 卷，第 1 期，1-10 页.

threshold of the extent of loss due to an event for it to be considered a disaster. In other words, not all loss-causing events are considered disasters. For example, the collapse of an ordinary warehouse, everyday car accidents, and robberies may cause losses, but such are not generally categorized as disasters. The loss threshold for categorizing an event as a disaster primarily depends on the capacity of the hazard-bearing body to resist the disastrous event and accommodate the loss. While a car accident may constitute a disaster for a family, it is far from a disaster to the city. Moreover, there are always fortunate individuals or families that remain intact during major earthquakes, which may otherwise constitute devastating disasters to local communities. Hence, the aim of disaster mitigation is not necessarily to eliminate loss entirely, but to decrease the loss below the disaster threshold, which is often a more practical strategy. Finally, the above definition of disaster emphasizes the abruptness of the event. Disastrous events are typically abrupt, such as earthquakes, landslides, aviation accidents, and terrorist attacks. However, some disastrous events may occur gradually, such as global warming due to excessive and extended carbon emission, metropolitan smog due to air pollution, and the desertification of a forest or prairie. In contrast to such gradual events, which are to some extent expected and observed during their development, abrupt disasters take place suddenly without effective forecast or prediction. Their durations are short, but they cause significant and often lasting consequences. In addition, such unexpected events frequently impose severe mental pressure on the public, and this may exacerbate the disastrous consequences. Abrupt and gradual disasters differ in other ways, including in their occurrence mechanisms, consequences, and mitigating measures. However, the present paper focuses on abrupt disasters.

From a philosophical viewpoint, a disaster is a consequent of the interaction between contradicting factors, e. g., a hazard and the hazard-bearing body. The hazard is the cause of the disaster and may be a natural phenomenon such as an earthquake, rainstorm, flood, drought, or plague. It may also be a human action such as a technical mistake, human fault, or hostile action such as a war or terrorist attack. Conversely, the hazard-bearing body is the potential victim that is liable to suffer potential loss due to the hazard. The occurrence of a disaster is frequently conceived as a one-way action of a hazard on the hazard-bearing body, and therefore, no disaster could occur without a hazard (Jovanovic, 1986). However, this may lead to the faulty understanding that the hazard itself is a disaster, based on which disasters are usually classified by the hazards. In this context, disasters are first classified into two categories, namely, natural disasters (caused by natural hazards) and man-made disasters (caused by man-made hazards). While this emphasizes the importance of hazards in the disaster system, it overlooks the roles of the resistance capacity of the hazard-bearing body, mitigating measures, and avoidance actions.

Disasters are indeed the consequences of the interactions between hazards and hazard-bearing bodies. A disaster occurs when the hazardous action overcomes the resistance capacity of the hazard-bearing body. There is no disastrous event when the hazardous action is within the resistance capacity of the hazard-bearing body. The role of the hazard, which only forms one side of the disaster, tends to be overemphasized. This was particularly the case in ancient times, when hazards were conceived as acts of God. From a modern scientific viewpoint, however, while hazards remain an important aspect of disasters, they are by no means the decisive factor in the scope of the disaster. The decisive factor is the resistance capacity of the hazard-bearing body. In this context, not all hazards lead to disasters. For example, volcanic eruptions on remote islands and earthquakes in uninhabited deserts are hazards that do not cause disasters because there are no hazard-bearing bodies at the locations. Furthermore, through modern scientific and techno-logical innovations, disasters can be mitigated or avoided. For example, earthquake disasters can be greatly mitigated by enhancing the seismic performance of buildings and infrastructure. Nowadays, thanks to advanced earthquake engineering technologies, moderate or even major earthquakes in countries such as Japan, the US, and Chile do not necessarily result in disasters, even if the affected areas are densely populated. Disasters are thus only a subset of hazards, being the intersection between hazards and hazard-bearing bodies (Figure 1). Although it is extremely difficult to control hazards, especially natural hazards, the causes and mechanisms of hazards can be investigated, the occurrence probabilities of the hazards can be assessed (e. g., by the analysis of the seismicity of a specific site or of the moving paths of a hurricane), and the findings can be used to improve the resistance capacity of the hazard-bearing bodies.

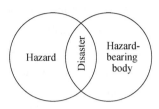

Figure 1　Disaster system

2　Civil engineering disaster

2.1　Definition

Disasters have been classified into two major categories based on the natures of the related hazards, namely, natural disasters and man-made disasters. Natural disasters are further classified as (1) geological disasters, which are caused by hazards in the lithosphere, such as earthquakes, landslides, debris flows, and volcanic eruptions; (2) meteorological disasters, which are caused by hazards in the atmosphere and hydrosphere, such as hurricanes, tornados, droughts, forest fires, heavy rains, and floods; and (3) biological disasters, which are caused by hazards in the biosphere, such as plagues and pests. Man-made disasters can also be classified by hazards into the following three categories: (1) disasters caused by technical mistakes, such as nuclear accidents, explosion of dangerous substances; (2) disasters caused by human faults, such as fires in buildings, traffic accidents, and gas explosions; and (3) disasters caused by hostile actions, such as wars, riots, and terrorist attacks.

Human beings play a special role in a disaster system. They are usually the hazard-bearing bodies, being the direct or indirect victims of disasters. However, people may also be the hazards that cause disasters. In some cases, people are simultaneously both the hazards and hazard-bearing bodies. Civil engineering works are major examples in which humans play this dual role. In the evolution of many disasters, civil engineering works are attacked by external hazardous actions such as earthquakes and winds, and they may then go on to constitute deadly hazards to human life and property in the event of their failure or collapse due to insufficient resistance capacity. The terrorist attack on the World Trade Center in 2001 fully demonstrated this dual character of civil engineering works. In this particular case, the attack was the initial hazard, with the people and buildings being the direct hazard-bearing bodies. However, the buildings became hazards when they collapsed owing to structural inadequacy, causing significant losses of human life and property (Figure 2).

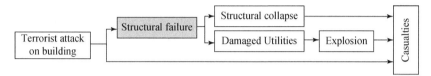

Figure 2　Evolution of terrorist attack-induced disaster

During destructive earthquakes, civil engineering works are initially the hazard-bearing bodies. Their failure or collapse due to insufficient seismic resistance may, however, cause them to become hazards that may cause further casualties and financial loss (Figure 3). The loss of life and property through past earthquakes has actually been primarily attributed to the failure and collapse of buildings. Approximately 80% of the deaths that resulted from the 1995 Kobe earthquake in Japan were caused by collapsed buildings. Among the 2456 deaths in the city of Kobe, 2221 were dead within 15 minutes of the earthquake (Wikipedia, 2015). On July 28, 1976, an M7.8 earthquake hit the city of Tangshan, China, resulting in the collapse of 90% of single-story buildings and 85% of multi-story buildings in the city (Ren et al. 2014). The extensive building collapse caused numerous immediate deaths and injuries.

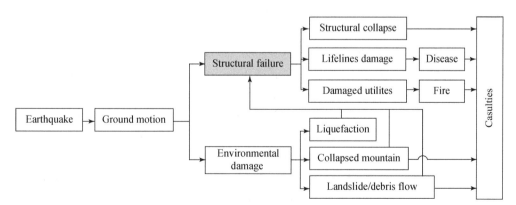

Figure 3　Evolution of earthquake disaster

The failure of civil engineering works also usually disrupts the delivery of emergency services. For example, the damage of transport and water supply infrastructure may impede rescue operations, hamper the delivery of health services, and cause disease. Nine months after the deadly $M7.0$ earthquake in Haiti in 2010, an outbreak of cholera due to the consequent water pollution claimed 8000 lives, in addition to the earlier fatalities of the earthquake. The failure of civil engineering works may also result in the damage of other utility systems such as gas supply pipes, a particularly case that may cause serious fire. Immediately after the 1995 Kobe earthquake, a widespread fire burned in the Nagata district of the city, claiming approximately 7000 houses and 400 lives.

It is thus clear that, in many natural and man-made disasters, civil engineering works are not only the hazard-bearing bodies, but their failure also constitutes further hazards. Especially in earthquake disasters, building collapse is the most significant cause of casualties and financial loss. This mechanism is yet to receive adequate emphasis in the investigation of disasters. Indeed, losses that have been attributed to many so-called natural disasters, such as earthquakes or winds, were actually caused by civil engineering factors rather than the actual natural phenomena. This is the key to developing proper methods for disaster prevention and mitigation.

To clarify the aforementioned mechanism, the concept of *civil engineering disaster* is here proposed. As already noted, civil engineering works including buildings and infrastructure are the carriers of human civilization. However, such developments may also harm civilization by inducing disasters. We define a *civil engineering disaster* as a disaster caused by the failure of a civil engineering work due to technical issues. The concept of civil engineering disaster does not conflict with the recognition of natural phenomena and man-made events as hazards. Nevertheless, the latter are merely necessary but not sufficient conditions for the occurrence of disasters. Civil engineering works may fail because of their own defects and therefore evolve into hazards that cause disasters. This is the most important mechanism of a civil engineering disaster event.

The concept of a civil engineering disaster has the following two implications. First, all the losses are essentially due to the failure of civil engineering works. Second, civil engineering methods are the primary means of preventing and mitigating such disasters. The first implication has been discussed above. With regard to the second, it is noteworthy that the mitigation of civil engineering disasters connotes the enhancement of the capacity of civil engineering works with the purpose of reducing the likelihood of their transformation into hazards. Considering the case of earthquake disasters as an example, on May 12, 2008, the $M_s8.0$ Wenchuan earthquake ($M_w = 7.9$, focal depth = 14km) hit southwestern China, resulting in 69227 deaths, and 17923 missing persons as at Sep. 25, 2008 (ChinaNews, 2008). The earthquake caused enormous building collapse (Yuan, 2008). A survey of 1005 buildings in urban Dujiangyan concluded that 58% buildings built before 1990 were heavily damaged or even collapsed while this ratio was only 18% for post-1990 buildings (Zhang and Jin, 2008). Two years later, on Feb. 27, 2010, on the other side of the Pacific, a M8.8 earthquake hit central Chile. Although the magnitude of this earthquake was much larger than that of the Wenchuan earthquake, the resulting loss was considerably lower. Only four buildings collapsed and approximately 50 were damaged. The human fatality was 525, most of which was due to the induced tsunami rather than the collapsed buildings. Many factors could have contributed to the significant difference between the consequences of these two disasters. For example, the population density of Chile was only approximately one-seventh of that of Sichuan province. The focal depth of the Chile earthquake was also greater than that of the Wenchuan earthquake. Nevertheless, the most important reason for the different consequences of the two earthquakes was the huge difference between the seismic capacities of the buildings at the respective locations. The Chile experience once again proved that an effective means of mitigating earthquake-induced disasters was the enhancement of the seismic capacity of civil engineering works.

It is, however, noteworthy that some building-related disasters are not necessarily civil engineering disasters. Considering building fires as an example, in some cases, the fires may cause the buildings to collapse, resulting in casualties; but the foremost causes of human and property losses in such events are the extreme heat and smoke, rather than the failure of the buildings (Figure 4). On Dec. 8, 1994, a severe fire broke out in a theater in Xinjiang, China, killing 325. The investigation of the accident revealed that all 325 deaths were caused by toxic smoke, burns, or trampling. The theater did not collapse. On Dec. 25, 2012, another fire occurred in a shopping mall in Luoyang, China, claiming 309 lives, all through toxic smoke (Ren et al. 2014). Although enhancing the fire resisting capacity of buildings is indeed helpful in mitigating the effects of fire disasters, it is hardly possible to avoid either the breakout of a fire or the collapse of a building under fire by increasing the fire resisting capacity of the building. For the case of the World Trade Centre under the terrorist attack, if a more robust gravity system had been used, the progressive collapse of the tower might have been delayed (FEMA 403, 2002), but can not be eventually avoided. For the same reason, in most cases, to increase the fire resistance of buildings is not the most effective way of mitigating fire disasters. Instead, non-civil engineering measures such as smoke detection, fire alarms, and emergency management are much more beneficial to dealing with building fires, which, it should be noted, do not strictly constitute civil engineering disasters.

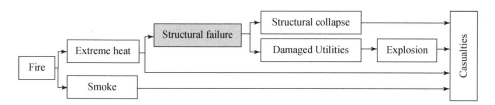

Figure 4   Evolution of fire disaster

2. 2   Classification

Civil engineering disasters can be classified as natural hazard-related and man-made hazard-related based on the external causes of the failure of the civil engineering work (Figure 5). In addition to inducement by earthquakes, as discussed above, civil engineering disasters may be related to diverse other natural hazards such as strong winds, floods, landslides, heavy snow, and freezing weather. For example, electricity supply towers may collapse under strong winds, resulting in financial losses through the disruption of power supplies. In 2008, southern China experienced unusually cold weather and heavy snow, which caused the collapse of many industrial buildings, causing human and financial losses. In contrast, civil engineering disasters related to man-made hazards are usually caused by technical inadequacies and mistakes, general human faults, and hostile actions.

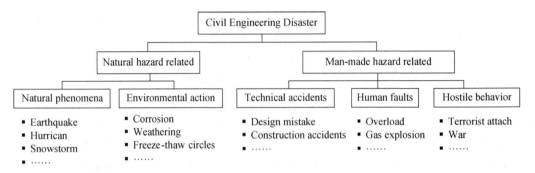

Figure 5　Classification of civil engineering disasters

2.3　Causes of structural deficiency

Civil engineering works are designed, constructed, occupied, and maintained by human beings. Consequently, the underlying cause of all civil engineering disasters, irrespective of whether they are related to natural or man-made hazards, is structural deficiency in the civil engineering work, and this can always be attributed to human factors such as lack of knowledge or mistakes. In this context, the reasons for structural deficiency in civil engineering works can be summarized as follows.

(1) Improper site selection

Sites that are located on active faults, exposed to landslides or debris flows, or vulnerable to non-uniform settlement are a few examples of sites that are improper for civil engineering constructions. It is presently either technically impossible to achieve adequate disaster resistance in buildings and infrastructure on such sites, or the cost of doing so would be unreasonably high. A practical strategy is thus to avoid such improper sites. In the region affected by the aforementioned Wenchuan earthquake, the town of Beichuan was located in an area that is highly vulnerable to landslide and debris flow—a typical example of an improper civil engineering construction site. During the earthquake, 15646 were killed and 1023 went missing from Beichuan alone. This constituted approximately 20% of the total human loss to the disaster. The mountainous town of Beichuan was completely destroyed and buried by not only the quake, but also the landslides, floods, and debris flows that followed (see Figure 6).

The suitability of a site for construction is changeable. On Dec. 20, 2015, 33 buildings in an

Figure 6   Beichuan County after debris flows in September 2009

industrial park in Shenzhen, China were buried or damaged to different extents by a landslide that affected an area of 380000m^2, killing 69 people (Figure 7). Investigations showed that the landslide was not from the original mountain behind the industrial park, but from mountains of constructional debris that had been dumped there beginning in 2014. The deadly debris did not exist when the industrial park was constructed but was created by human behavior, which exposed the site to a landslide hazard.

Figure 7   Buildings in Shenzhen buried by landslide in December 2015 (Source: Baidu Baike)

(2) Improper hazard assessment

Effective mitigation of civil engineering disasters can be achieved by designing the construction for an appropriate hazard level. Owing to the neglecting of potential earthquake hazard in its urban area since its establishment, the city of Tangshan, China was entirely unprepared for the earthquake that struck it in 1976. None of the civil engineering works in the city, including the buildings and infrastructure, was seismically designed and constructed. Most of the buildings thus collapsed during the earthquake and the city was entirely destroyed. Port-au-Prince, the capital city of Haiti, was also unprepared for the 2010 Haiti earthquake, which claimed several tens of thousands of lives. What these two disasters had in common was the failure of a large amount of non-seismically designed civil engineering works, which constituted the primary hazards for the disasters, although the earthquakes received greater attention (Figure 8).

Figure 8   Unprepared cities damaged by earthquakes: (a) Tangshan city and (b) Port-au-Prince after earthquakes

Even if hazards are taken into consideration in the design of civil engineering works, improper assessment of the hazard levels may lead to the construction of inadequate structures. In Dec. 2005, many industrial buildings in the Shandong province of China collapsed under a once-in-a-century snowfall (Figure 9). In the Chinese load code for building structures (GB50009 2001), the standard load of a 50-year reoccurrence snow for the local area is 0.4-0.45 kN/m^2. Between Dec 3 and 17, 2005, the accumulated snow was 80.2mm thick, which corresponded to a load of 0.8 kN/m^2, a value that is almost double the design value. This was the direct cause of the collapse of the steel portal frame factories.

Figure 9   Steel structures that failed under heavy snow: (a) industrial buildings covered by snow and (b) collapsed steel frame buildings

(3) Improper design

Proper hazard level assignment during the design of a structure requires comprehensive understanding of the hazard. In addition, the appropriate design of a structure for a given hazard level requires sound knowledge of the hazard-bearing body. In 2012, a ramp of the Yangmingtan Bridge in Haerbin, China fell when four heavy trucks were simultaneously driven along the same outside lane. Although the event was officially concluded as a traffic accident caused by overloading of the trucks, the deficiency of the structural design of the ramp should not be overlooked. The fallen segment was a three-span segment supported by four single piers (Figures 10 (a) and (b)), with the two middle piers having caps very different from those at either end of the segment. At both ends of the segment, the bridge deck rested on bracket beams rigidly connected to the top of the piers (Figure 10 (c)). The deck within this segment was simply supported by the two piers through a single rubber bearing located mid width, with the configuration providing little resistance to the overturning of the deck (Figure 10 (d)). When the four trucks were driven along the same outside lane at the same time, the deck was subjected to a large overturning moment by the eccentric load. The resultant falling of the segment was very likely due to the inadequate overturning resistance of the bridge deck (Qu, 2014).

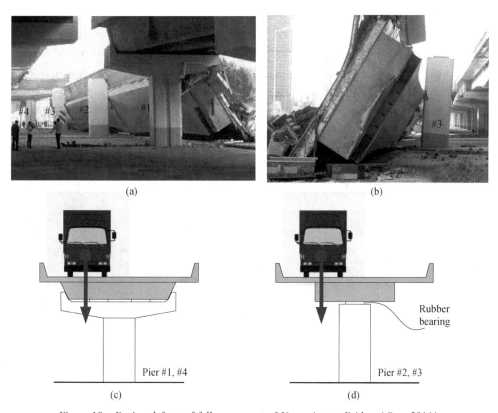

Figure 10   Design defects of fallen segment of Yangmingtan Bridge (Qu, 2014)

Design deficiency is also often due to inadequate knowledge or experience in the civil engineering community as a whole. For example, seismic design has gradually evolved over the last century as the civil engineering community gained knowledge from each major earthquake that caused huge losses. After the 1968 Tokachi-oki earthquake in Japan, during which many reinforced concrete (RC) frame structures suffered from brittle failure of their columns (Aoyama 2010) (Figure 11), Japanese engineers recognized the importance of transverse reinforcement to achieving ductile yielding of RC members. In the revision of the Japanese seismic provisions in 1971, the use of more densely placed hoops in certain segments of RC columns was stipulated. This has since become standard practice in the design of ductile moment-resisting RC frames, and has been adopted in the seismic codes of many countries. The 1994 Northridge earthquake also revealed the problematic brittle fracture of beam-to-column joints in steel moment-resisting frames, which were previously believed to be very ductile. This finding stimulated continuous efforts in the earthquake engineering community to develop new beam-to-column joints that do not suffer brittle failure (Bruneau et al., 2011). The 2008 Wenchuan earthquake in China caused the collapse of many RC moment-resisting frames with a weak-story pattern, including those that were designed with the latest seismic provisions. This drove the Chinese civil engineering community to reconsider the code measures for ensuring a strong column-weak-beam mechanism in RC frames (Ye et al., 2008; Ye et al., 2010; Wang, 2010). The observed damage to steel space structures during the 2015 Lushan earthquake also indicated possible improvement in the seismic analysis and design of such structures (Dai et al., 2013). It should be emphasized that the improvement of structural design is a gradual long-term process, and civil engineering disasters put the latest innovations to real tests, while also providing clues for further design improvements.

(a)　　　　　　　　　　　　　　　　　　(b)

Figure 11　School building in Hachinohe, Japan damaged during 1968 Tokachi-oki earthquake (Aoyama, 2010)

(4) Improper construction

Appropriate construction management and the use of construction materials of the proper qualities are essential to effectively realizing a structural design. Unfortunately, civil engineering disasters are often caused by improper construction. On June 27, 2009, a 13-story residential building in Shanghai suddenly collapsed during construction (Figure 12). An investigation concluded that the collapse was initiated at the foundation piles, which were sheared off by the large difference in soil pressure on either side of the building. The south side of the building foundation was weakened by an underground garage under construction, while a large amount of soil was piled up on the north side of the building. The high soil pressure on the foundation on the north side eventually broke the piles, causing the foundation to slide toward the low pressure south side.

(a)   (b)

Figure 12   Collapsed high-rise apartment building—result of improper construction

Poor construction quality also frequently causes civil engineering disasters. On Jan. 22, 2008, a stone bridge under construction in the Hunan province of China suddenly collapsed, resulting in 64 deaths and 22 injuries (Figure 13). The 328.45-m-long bridge was supported by a series of stone arches—a structural system that is poor in robustness and highly dependent on the construction quality. An inspection revealed that the material used to construct the main arch was of inadequate quality, and that the construction quality did not satisfy the requirements of the relevant codes.

Figure 13   Collapsed bridge over Dixituo River

（5）Improper maintenance and management

After the completion of a civil engineering work, proper occupancy, maintenance, and management are important to avoid a civil engineering disaster. On June 15, 2007, a cable-stayed bridge in the Guangdong province of China was hit by a 2000-ton sand carrier, resulting in the fall of an approximately 200-m-long deck （Figure 14）. Four cars on the bridge fell into the river, nine people went missing, and local transportation was greatly affected. A post-event inspection found no deficiency in the design and construction of the bridge. Mis-operation of the sand carrier was concluded to be the primary cause of the accident.

Figure 14　Collapsed Jiujiang Bridge under ship impact （Photo by CFP）

It should be noted that many civil engineering disasters cannot be attributed to a single cause. For example, the collapse of the steel portal frames under heavy snow shown in Figure 9 could also be partially attributed to the poor robustness of the structural system and low stiffness of the roofs, which are related to improper structural design. The causes of civil engineering disasters can sometimes be interrelated. Taking the Shenzhen industrial park landslide as an example, although the sliding of the dumped debris was obviously the hazard, it was not as unpredictable as natural events like earthquakes. The cause of the disaster was rather human behavior because, if the risk of the construction debris had been properly assessed and prevention measures taken, the disasters could have been avoided. The disaster was thus due to a combination of improper site selection and improper management after the construction of the industrial park.

Despite the significantly varied potential causes of civil engineering disasters, they can only be prevented or mitigated through civil engineering measures. Good civil engineering practice particularly guarantees the avoidance of the five aforementioned causes of structural deficiency. In other words, civil engineering disasters can be mitigated if the sites are properly selected, the hazards are properly assessed, and the civil engineering works are properly designed, constructed, maintained, and managed. It is noteworthy that, as mentioned earlier, losses due to a building fire cannot be reduced solely by civil engineering measures that strengthen the structures, and fire disasters are therefore not civil engineering disasters.

3　Research on civil engineering disasters and their mitigation

3. 1　Goals

A study of civil engineering disasters and their mitigation not only involves civil engineering disciplines, but also significantly draws on many emerging scientific fields. There are nevertheless two main goals of such a study, namely, to understand the scientific and technical mechanism of civil engineering disasters, and to mitigate the occurrences of the disasters in cities and rural areas.

To fully understand the evolution mechanism of a civil engineering disaster, it is essential to quantify the effects of the hazards on the civil engineering work. It is equally important to determine how the civil engineering work is damaged or fails under the action of the hazard. However, these goals can only be achieved by proper numerical simulation of the failure of the civil engineering work.

The ultimate goal of a study on civil engineering disasters and their mitigation is the protection of human life and property. This can only be achieved by comprehensive enhancement of the resistance capacity of civil engineering works to hazards. It must nevertheless be conceded that its full attainment is beyond the ability of natural science and technology. Socioeconomic development, education, regulations, and local customs are all pertinent factors in this regard.

3. 2　Important research topics

From a scientific and technological viewpoint, the following issues are essential to accomplishing the ultimate goal of studies on civil engineering disasters.

(1) Characteristics of hazardous actions

Taking earthquakes as an example, the hazardous action is the shaking of the ground. There has been gradual improvement in the understanding of earthquake actions over more than the last 100 years. At the beginning of the 20th century, earthquake actions were considered as being equivalent to the application of horizontal static forces on buildings. This laid the foundation for the seismic design of buildings. It was later recognized that an earthquake action was dependent on the dynamic properties of the buildings. The current use of response spectrum analysis, time history analysis, and nonlinear dynamic analysis has greatly extended the understanding of earthquake actions. Studies on earthquake actions have also progressed rapidly by exploiting the fast growing database on real earthquake ground motion records. Tens of parameters for quantifying earthquake actions have been proposed by researchers worldwide, who have demonstrated the complexity of the problem and contributed to the improved understanding in the earthquake engineering community.

(2) Zonation of hazardous actions and risk analysis

The objective of hazard zonation is the provision of the time and spatial distributions of hazards for engineering design. Although much effort has been made along this line, the task is very challenging. In the case of earthquakes, the zonation of the ground motion parameters is the basis of seismic design and involves many scientific processes and factors related to seismic hazard analysis, ground motion attenuation modeling, and local site effects. Large scatterings and uncertainties still exist in dealing with these issues. Along with the continuous effort to reduce the uncertainties, more efforts are needed to understand the inherent uncertainties of many hazardous actions and risks and to develop robust civil engineering solutions to minimize the influence of such uncertainties.

（3）Response characteristics and damage mechanism of civil engineering works under hazardous actions

There has been an improvement in the understanding of the response characteristics and damage mechanisms of civil engineering works, the behaviors of which range from linear elastic to nonlinear. Many parameters based on force, displacement, energy, or combinations of these have been proposed to quantitatively describe the failure mechanism and dynamic behavior of civil engineering works under hazardous actions. In the process, many physical and numerical models have been developed, with the latter having obvious advantages and showing promise for application to the simulation of the damage of civil engineering works.

（4）Engineering measures and design codes for enhancing hazard resistance capacity of civil engineering works

New technologies and design codes are the most important basis for increasing the hazard resistance capacity of civil engineering works. Differing from scientific research, engineering practice gives consideration to safety, cost, simplicity, effectiveness, and standardization. The provision of effective solutions to civil engineering problems at a reasonable cost is sometimes more important than the scientific quantification of the detailed parameters. In addition, research findings need to be implemented in civil engineering constructions for them to be of any benefit to the community. To this end, design codes and standards are developed for the use of scientific and technological innovations to protect civil engineering works under hazardous actions. However, additional effort is required in the directions of management and regulation, which are beyond the scope of this paper.

4 Conclusions

Among the different types of disasters, civil engineering disasters are the most closely related to human beings and have constituted an important stimulus for civil engineering development. Many scientific and technological topics are relevant to the understanding and mitigation of civil engineering disasters, the concept of which emphasizes the transformation of civil engineering works from hazard-bearing bodies into hazards when they fail. Unlike disasters caused by natural hazards, which often cannot be predicted or controlled, civil engineering disasters can be effectively mitigated based on a thorough understanding of the associated failure mechanisms and by enhancement of the resistance capacity of engineering works.

The two goals of studies on civil engineering disasters are to understand the evolution mechanisms of the failure of the civil engineering works and to mitigate the disasters to protect human communities. The former goal can only be accomplished by accurate reproduction of the failure of the engineering works, while the latter requires comprehensive enhancement of the engineering works.

Acknowledgement 　 This work was jointly sponsored by the Scientific Research Fund of Institute of Engineering Mechanics, China Earthquake Administration (2016A05) and a grant from the National Natural Science Foundation of China (51478441).

References

Aoyama H, 2010. Shock on architectural engineering community by shear failure. Structural System Co. Ltd., Tokyo (in Japanese).

Bruneau M, Uang C M, Sabelli R, 2011. Ductile design of steel structures, 2nd edn. New York: McGraw Hill.

ChinaNews, 2008. http://www. chinanews. com/gn/news/2008/09-25/1394600. shtml. Last access: Nov. 23,2017.

Dai J W, Qu Z, Zhang C X, et al, 2013. Preliminary investigation of seismic damage to two steel space structures during the 2013 Lushan earthquake. Earthquake Engineering and Engineering Vibration, 12 (3): 497-500.

FEMA 403, 2002. World Trade Center building performance study. Federal Emergency Management Agency, Washington, D. C., US.

Jovanovic P, 1986. Modelling of relationship between natural and man- made hazards. Proceedings of the International Symposium on Natural and Man-Made Hazards, Quebec, Canada.

Load code for the design of building structures (GB 50009—2001) (in Chinese).

Qu Z, 2014. Structure sketches. Beijing: China Architecture & Building Press (in Chinese).

Ren A Z, Xu Z, Ji X D, 2014. Disaster prevention and mitigation. Beijing: Tsinghua University Press (in Chinese).

Wang Y Y, 2010. Revision of seismic design codes corresponding to building damages in the "5. 12" Wenchuan earthquake. Earthquake Engineering and Engineering Vibration, 9 (2): 147-155.

Wikipedia, 2015. Great Hanshin-Awaji earthquake, https://ja. wikipedia. org(in Japanese).

Ye L P, Qu Z, Ma Q L, 2008. Study on ensuring the strong column-weak beam mechanism for RC frames based on the damage analysis in Wenchuan earthquake. Build Struct, 38 (11): 52-59 (in Chinese).

Ye L P, Lu X Z, Li Y, 2010. Design objectives and collapse prevention for building structures in mega-earthquake. Earthquake Engineering and Engineering Vibration, 9 (2): 189-199.

Yuan Y F, 2008. Impact of intensity and loss assessment following the great Wenchuan Earthquake. Earthquake Engineering and Engineering Vibration, 7 (3): 247-254.

Zhang M Z, Jin Y J, 2008. Building damage in Dujiangyan during the Wenchuan earthquake. Earthquake Engineering and Engineering Vibration, 7 (3): 263-269.

Foreword for *The Great Tangshan Earthquake of 1976* *

Xie Li-Li

On July 28, 1976, a magnitude 7.8 earthquake devastated the city of Tangshan, China. Of the 1.5 million people living in the affected area, about 242000 died and 164000 were severely injured and most of the surviving inhabitants lost their homes because of collapse. This earthquake caused one of the greatest natural disasters in human history.

The great structural, economic, and social impacts of this earthquake made it obligatory to record the seismic effects and also the geological and seismological setting of the earthquake. An effort of six years was initiated under the leadership of Professor Huixian Liu, the former director of the Institute of Engineering Mechanics (IEM), State Seismological Bureau of China (former Institute of Engineering Mechanics, Academia Sinica). This report, "Damage in the Great Tangshan Earthquake," was published in four volumes. Volume I presents basic information on seismological and geological features relevant to the earthquake; Volume II records real and vivid damage to civil structures and facilities; Volume III describes damage, relief and rebuilding of the lifeline system and Volume IV contains about seven hundred photographs of various typical damages. A unique feature of this report is that all damages collected in the book are described in detail with little subjective explanation so as to insure that the information provided is as objective as possible. This report reflects on the one hand the whole picture of damages to the various buildings, structures, lifeline systems, etc. distributed in a vast region, ranging from completely destroyed in the near-field to more distant regions where structures were only slightly damage. The report provides also basic information on seismic damage for further earthquake engineering research.

The years 1990 ~ 2000 have been designated by the United Nations as the International Decade for Natural Disaster Reduction (IDNDR). The Decade would be a potent first step in reducing the impacts of natural hazards through coordinated research, data gathering and information sharing. In 1986, four years earlier than the beginning of the Decade, Professor George W. Housner initiated a program to translate the report "Damage in the Great Tangshan Earthquake" into English language after he received and examined a copy. In his letter to Professor Liu Huixian he said "This appears to be an excellent report that contains much information that would be valuable to all earthquake-prone countries in the world. Earthquake engineers and seismologists everywhere could learn from this report how to improve the safety of their cities."

---

* 本文发表于 *The Great Tangshan Earthquake of 1976*, 1996 年.

This initiation received an active response from Liu Huixian who mentioned in his reply letter that he decided to arrange an English language edition of the Tangshan Earthquake Report. Since then under the sponsorship of the Ministry of Construction and the State Seismological Bureau of China and U. S. National Science Foundation a joint project was finally established and executed in 1991 between the Institute of Engineering Mechanics in Harbin, China and the California Institute of Technology in USA with Professors Liu and Housner as Principal Investigators for the project.

The translation from Chinese to English was done at the Institute of engineering Mechanics. Many of the sections were translated by those who had originally written them. The editing and the publication was done in the United States under the direction of Professor Housner.

Unfortunately, Professor Liu Huixian became ill in 1991 and died on June 24, 1992. Thus, he did not live to see the completion of the report. As his successor, Professor Xie, Li-Li, the current director of IEM, has the responsibility of carrying on the unfulfilled work left by Professor Liu. Through the joint effort since then, the English language version of the report is expected to be completed in 1996 and published in 1997. Undoubtedly, it will be a significant contribution to IDNDR.

On the occasion of the Twentieth Anniversary of the Tangshan Earthquake, we would like to issue the First and Fourth Volumes of this report as a preliminary publication in memory of the Tangshan Earthquake and as an expression of sympathy we dedicate it to the victims of the earthquake.

Xie Li-Li

April 5, 1996

附录一 谢礼立院士科研工作经历及学术思想与学术观点简介

简历

1939 年 3 月，出生于上海市．

1949 年 8 月，小学毕业于上海育英小学．

1952 年 8 月，初中毕业于上海复旦实验中学．

1955 年 8 月，高中毕业于上海复旦实验中学．

1960 年 8 月，大学本科毕业于天津大学土木工程系．

1960 年 9 月—2019 年 5 月，中国地震局工程力学研究所（1984 年前为中国科学院工程力学研究所）先后任研究实习员，助理研究员，副研究员，研究员．从事地震工程、工程振动与城市防灾研究工作．

1983—1997 年，担任中国地震局工程力学研究所副所长、所长等职务，1997 年辞去一切行政职务，同年被中国地震局授予中国地震局工程力学研究所名誉所长．

1988—1998 年，应联合国秘书长聘请，任联合国国际特设专家组专家和联合国科学技术委员会委员等职．

1990 年，创建《自然灾害学报》（中文）．

1994 年 5 月，经国务院批准为中国工程院首批院士，并参与中国工程院的创建工作．

2006—2012 年当选为第四届和第五届中国工程院主席团成员．

1995 年 2 月—1998 年 1 月，任黑龙江第八届人民代表大会常务委员会委员，教科文卫委员会委员．

1999 年至今，受聘哈尔滨工业大学担任土木工程学院教授、博士生导师，并任校学位委员会及人力资源委员会委员、常委，曾任土木工程学院院长（1999—2000）．

2008 年，被聘为国务院汶川地震专家组成员．

2008 年，被国际地震工程协会聘为第 14 届世界地震工程大会学术委员会主席．

2018 年，被聘为《中国大百科全书（土木工程卷）》（第三版）副主编．

2019 年 5 月，退休，同年 6 月被江汉大学聘为名誉教授、湖北（武汉）爆炸与爆破技术研究院首席科学家．

学术兼职

谢礼立院士现为中国地震工程联合会主席．曾任中国灾害防御协会秘书长、副会长、会长；中国地震学会理事、副理事长、地震工程专业委员会副主任；国际地震工程协会（International Association of Earthquake Engineering, IAEE）执行理事、副主席；国际强地震学学会（International Society of Strong Motion Seismology）主席、国际地震学与地球内部物理学学会（International Association of Seismology and Physic s of Earth Interior, IASPEI）执行主任等职务，被世界三大最高科学技术组织：国际科学联合会（International Council of Scientific Union, ICSU）、国际技术协会（International Association of Technology, IAT）和世界工程联盟（World Federation of Engineering, WFE）联合推荐，于 1988 年至 1998 年被联合国两任秘书长——德奎里亚尔博士和加利博士聘为联合国国际特设专家组专家和联合国"国际减灾十年（IDNDR）"科学技术委员会委员.

他被北京工业大学、东南大学、广州大学、哈尔滨工业大学、河海大学、湖南大学、华东交通大学、华南理工大学、江汉大学，兰州大学、南京工业大学、天津大学、同济大学、武汉理工大学、西南交大、浙江大学（按校名首字拼音排列，下同）等十余所高等院校聘为"双聘院士"、特聘教授、名誉教授、兼职教授或客座教授；被香港特区政府聘为城市地震安全专家组专家. 他还被同济大学、西南交通大学、北京工业大学、江汉大学、清华大学、天津大学，等多个国家重点实验室、国家工程中心或省部级重点实验室聘为学术委员会名誉主席或主席等职务.

担任《自然灾害学报》和《地震工程与工程振动》编委会主任、主编，《Earthquake Engineering and Engineering Vibration》编委会主任.

国际学术交流和合作

1980 年 10 月—1981 年 9 月，在美国加州理工学院（California Institute of Technology, CIT）、南加州大学（University of Southern California, USC）和美国地质调查局（US Geological Survey（Menlo Park））从事中美地震与地震工程合作研究.

1983—1988 年，十次率领中国地震和地震工程代表团赴西德、日本、美国、英国、西班牙、俄罗斯、印度、新西兰、加拿大等国家参加多种国际学术会议.

1983—1987 年，1987—1991 年连续两届被选为国际强震地震学学会主席（Chairman of International Society of Strong Motion Seismology）. 在他的组织和领导下，推动、引领了多项国际合作研究，并取得了积极的成果，包括：地下与海底强地震动观测技术和网络建设研究，强地震动观测记录分析和信息提取方法的研究，强地震动特征与衰减规律的研究等.

1984—1992 年，被选为国际强震台阵委员会委员，参与全球强地震观测技术与台网建设的合作与交流.

1985 年 12 月，率团赴墨西哥对灾害性大地震进行现场考察和学术交流.

1987—1991 年，当选国际地震学与地球内部物理学学会执行主任. 这是该国际学术组织成立 120 余年以来，第一位也是迄今为止唯一的一位从事工程研究的科学家当选为理学领域的学术组织的执行主席. 在他的推动下促进了地震学与土木工程学的紧密结合，引领了地震科学和工程科学之间的边缘学科的发展. 例如提出了近断层地震动预测和近断层地震动的特征及其对工程地震破坏的影响的研究，推动并发展了针对近断层地震动的设计谱研究等.

1987 年，被选为国际合作研究项目"场地条件对地震动影响"的指导委员会委员，组织并参与国际间场地条件对工程地震作用的合作研究与交流.

1988 年 6 月，应联合国秘书长佩雷斯．德奎里亚尔的邀请，被聘为联合国特设专家组成员（Member of the UN Ad-Hoc Expert Group），并于 1990—1998 年先后被时任联合国秘书长的德奎利亚尔博士和加里博士聘为"联合国国际减灾十年（UN IDNDR）"科学技术委员会委员．联合国特设专家组和科学技术委员会，是由全世界 25 名顶尖科学家组成的．特设专家组的主要任务是：为联合国发起和推进"国际减轻自然灾害十年 1990—1999"（International Decade for Natural Disaster Reduction，IDNDR，1990—1999）活动制定十年计划和行动指南．联合国科学技术委员会的主要任务是评估"国际减灾十年活动"的进展并适时调整计划以及代表联合国秘书长访问、考察或督查五大洲多个国家的防灾减灾工作．

1988—1992 年，被选为国际地震工程协会（International Association of Earthquake Engineering，IAEE）理事；2004—2008 被选为国际地震工程协会副主席；2008 年被选为国际地震工程协会的名誉理事（Honorary Director）．

1988—1992 年，任 IAEE/IASPEI"国际减轻自然灾害十年"的五人联合委员会成员；

1992 年，谢礼立教授和被称为世界地震工程之父的美国 George Housner 教授、日本 Kobori 教授、意大利 Casciati 教授共同发起并组建国际结构控制学会（International Association of Structural Control），1994 年在美国帕桑迪那（Pasadina）市正式成立并召开了第一届国际结构控制学术年会，谢礼立教授当选为第一届常务理事．

科研成果和学术思想

谢礼立院士的主要研究领域是地震工程与安全工程、工程地震和工程抗震设防、抗震设计规范研究和编制、城市与土木工程灾害及其防御、韧性城市与工程．

谢礼立院士是我国防灾工程和安全工程研究的开拓者之一．在国内外发表论文 400 余篇以及著作多部，在防灾减灾工程、风险评估与安全工程研究上做出了多项开创性工作．在国际上他是第一个提出"最不利设计地震动"，"统一抗震设计谱"，"数字减灾系统"，"广义概念设计"，"灾害和自然灾害定义以及防灾减灾 ABC 和 4P-4R 理论"，"城市防震减灾能力"，"土木工程灾害"，"基于性态的抗震设计理论和技术方法"，"韧性和韧性城市"，"基于破坏强度的地震动定量排序数据库"诸多重要的概念和理论．

1. 主编了我国第一部基于性态的建筑结构抗震设计标准《建筑工程抗震性态设计通则》（简称《通则》），在他的推动下制订了多部省级的基于性态的抗震设计规范，构建了我国性态抗震规范体系，支撑并推动了《建筑抗震设计规范》等 11 部国家及行业规范的编制和修编．《通则》被业内誉为"样板规范"和"规范的规范"．

2. 1990 年创建了中国地震局工程力学研究所"城市防灾减灾"研究方向和研究室．在国内外首先提出了"灾害"和"城市防震减灾能力"的概念和严格定义以及评价方法，并首先在国际上对分布于亚洲、欧洲、非洲和美洲的十个城市的防震减灾能力做出了评估和对比，引起国际同行的重视，各国专家期望将他提出的理论和方法引入本国．

3. 在国内外首先准确提出了韧性（Resilience）的定义，并指出韧性是一种能力，城市防灾韧性就是城市的防灾减灾能力，工程韧性就是确保工程可持续发展的一种能力，并提出了对城市和工程韧性的分类．因此，担任了国家自然科学基金委举办的以"抗震韧性"为主题的土木工程领域首次"双清论坛"的主席．

4. 在国内首先提出"数字减灾系统"，指出数字建模和虚拟现实技术结合是最有可能实现防灾减灾科学目标的途径．因此，担任了国家自然科学基金委以谢礼立院士提出的"数字减灾"思想为中心召开的九华山庄论坛的主席．这是国家自然科学基金委成立以来举办的唯一的一个以土木工程为主题的九华山庄论坛．基于论坛取得的成果，国家自然科学基金委正式立项并实施了成立以来唯一的一个属于土木工程领域的"重大研究计划"．

5. 在国际上最早观测到并定量证实"在不大的均匀场地上，地震动仍存在明显差异"和"由于结构物的存在使地震动中包含与结构物自振周期对应的频率得到增强"的地震工程中重要结论的少数学者之一．

6. 领导建立了中国强震观测台网，发展了适合中国仪器特点的观测和分析技术．设计并负责的唐山三维台阵被国际学术界命名为"国际实验台阵"；发展的分析方法和软件经过 1987 年在加拿大和 1988 年在日本召开的两次研究强震记录分析的国际盲测会议的考核，被评为是世界上最好的两种软件之一．

7. 在国内外地震工程领域首先提出了众多重要的学术思想并建立和发展了相应的理论，包括：最不利设计地震动，双规准反应谱，统一设计谱，近断层设计谱，土木工程灾害及其防御，广义概念设计，以及应对一切突发事件和防灾减灾的 4P 和 4R 一般理论和方法．

8. 基于地震预报在国内外研究的进展和经验教训，提出了"根据人类目前掌握的知识和现有的技术，地震是不可能预报的"的观点．认为要做好全社会的防震减灾工作必须向社会提供可靠有效的防震减灾公共产品和公众服务．科研部门和行政管理部门有责任向社会提供或推广经证实有效、稳定、经济而又可操作的技术和公共服务．

9. 在科学研究、学生培养、学术环境等方面提出了诸多鲜明的观点．诸如：强调从事科学研究一定要从搞清基本概念开始；强调高校培养本科生应以培养学生的独立学习和应用知识的能力为主要目标，培养研究生的主要目标应该着重培养学生的科研创新能力和团队精神；多次提出我国高校应该大力营造优良的学术生态环境、清除"学术雾霾"等有关发展高等教育的重要观点；他一贯重视科普工作，曾对全国各大专院校，中学以及社会大众做科普报告百余场，撰写科普著作两部．他的科普讲座系列《地震本不是灾害》曾获教育部颁发的珍品教材荣誉和奖励．

学术荣誉

曾获国家级科技进步奖和多个省部级科技进步一等奖，2015 年他的研究成果"建筑结构基于性态的抗震设计理论、方法及应用"获国家科技进步一等奖．还曾获得黑龙江省最高科学技术奖、哈尔滨市第四届市长特别奖等奖项．

2008 年，在第 14 届世界地震工程大会上，鉴于谢礼立院士为国际地震工程研究做出的杰出贡献，他被选为国际世界地震工程协会的名誉理事，这是国际地震工程领域的最高学术荣誉和终身荣誉，也是我国迄今为止获此荣誉的唯一中国学者．

附录二 谢礼立院士论文目录

一 强震观测 强震数据处理和分析 数据库

1. 谢礼立，李沙白，钱渠炕．电流计记录式强震加速度仪记录的失真及其校正 [J]．地震工程与工程振动，1981（01）：109-119.

2. Boore D M，谢礼立，Iwan W D，等．中美强地震动研究合作计划 [J]．世界地震工程，1982（Z1）：6-10+64.

3. 谢礼立，钱渠炕，李沙白．数字化噪声对强震记录的影响及其消除方法 [J]．地震学报，1982（4）：88-97.

4. 谢礼立，李沙白，钱渠炕，等．强震加速度记录的常规处理和分析方法 [J]．地震学报，1984（3）：95-105.

5. 彭克中，谢礼立，李沙白，等．中国唐山实验台阵的近场强震加速度记录 [J]．地震工程与工程振动，1984（4）：106-116.

6. 徐宏林，谢礼立．强震记录处理方法的分析与改进 [J]．地震工程与工程振动，1989（2）：12-22.

7. 张晓志，谢礼立．数字强震记录"精确"插值，积分和微分的权函数算法——I.时域离散序列数值分析方法与应用研究 [J]．世界地震工程，2000，16（4）：1-8.

8. 张晓志，谢礼立．强震记录仪器响应失真校正的权函数方法—时域离散序列数值分析方法与应用研究之二 [J]．世界地震工程，2001，17（1）：1-8.

9. 公茂盛，谢礼立．HHT 方法在地震工程中的应用之初步探讨 [J]．世界地震工程，2003，19（3）：39-43.

10. 于海英，谢礼立，崔杰．强震及工程震害数据库网站系统研究与实现 [J]．地震工程与工程振动，2003，23（3）：1-8.

11. 于海英，谢礼立．强震观测数据库建设与 Internet 服务 [J]．地震工程与工程振动，2003，23（4）：1-8.

12. 于海英，谢礼立．强震及工程震害基础资料数据库地理信息系统研究 [J]．地震工程与工程振动，2003，23（5）：1-7.

13. 周雍年，谢礼立，章文波，等．研究局部场地条件对地震动影响的响嘡遥测台阵 [J]．地震工程与工程振动，2005，25（6）：1-4.

14. 公茂盛，谢礼立，连海宁，等．基于 HHT 的结构强震记录分析研究 [J]．地震工程与工程振动，2007，27（6）：24-29.

15. 连海宁，谢礼立．三种变换在强震记录分析方面的研究 [J]．华北地震科学，2007，25（3）：28-33.

二 强地震动特征，地震动数值模拟和分析

1. 郑天愉，姚振兴，谢礼立. 海底强地面运动计算［J］. 地震工程与工程振动，1985（03）：13-22.

2. K. Peng, L. L. Xie, S. Li, et al. The near-source strong-motion accelerograms recorded by an experimental array in Tangshan, China［J］. Physics of the Earth & Planetary Interiors, 1985, 38（2-3）：92-109.

3. 谢礼立，耿淑伟. 震级谱的高频扩充［J］. 地震工程与工程振动，1992（3）：28-34.

4. 谢礼立，张敏政，曲传军. 唐山主震近场地震动的模拟［J］. 地震工程与工程振动，1994（3）：1-10.

5. 章文波，谢礼立，郭明珠. 利用强震记录分析场地的地震反应［J］. 地震学报，2001，24（6）：604-614.

6. 谢礼立，陶夏新，王国新. 强地震动估计和地震危险性评定［J］. 防灾减灾学报，2001，17（1）：1-8.

7. 章文波，周雍年，谢礼立. 场地放大效应的估计［J］. 地震工程与工程振动，2001（4）：1-9.

8. 张晓志，谢礼立，屈成忠. 一种基于多项式外推的局部透射边界位移解（外行波为平面波情形）［J］. 地震工程与工程振动，2003，23（5）：17-25.

9. 郭明珠，谢礼立，闫维明，等. 体波地脉动单点谱比法研究［J］. 岩土力学，2003，24（1）：109-112.

10. 张晓志，谢礼立. 连续傍轴近似公式及其多种离散形式［J］. 地震工程与工程振动，2004，24（5）：1-6.

11. 郭明珠，谢礼立，凌贤长. 弹性介质面波地脉动单点谱比法研究［J］. 岩土工程学报，2004（04）：450-453.

12. 郝敏，谢礼立，徐龙军. 关于地震烈度物理标准研究的若干思考［J］. 地震学报，2005（02）：230-234.

13. 胡进军，谢礼立. 地震动幅值沿深度变化研究［J］. 地震学报，2005（01）：68-78. J. Hu, L. L. Xie. Variation of earthquake ground motion with depth［J］. Acta Seismologica Sinica, 2005, 18（1）：72-81.

14. 郝敏，谢礼立，李伟. 从集集地震看建筑物震害与地震动参数的关系［J］. 地震工程与工程振动，2005，25（6）：12-15.

15. 张晓志，谢礼立，王海云，等. 某正倾滑断层引起的近断层强地面运动的有限元数值模拟［J］. 地震工程与工程振动，2006，26（6）：11-16.

16. 张晓志，胡进军，谢礼立，等. 近断层基岩强地面运动影响场的显式有限元数值模拟［J］. 地震学报，2006，28（6）：638-644.

17. 郝敏，谢礼立. 集集地震等震线和PGA、PGV等值线关系的研究［J］. 地震工程与工程振动，2006，26（1）：18-21.

18. 郝敏，谢礼立. 中国地震烈度表中物理标准取值研究与建议 [J]. 哈尔滨工业大学学报，2006，38（7）：1041-1044.

19. H. Wang, L. L. Xie, X. X. Tao, J. Li. Prediction of near-fault strong ground motion for scenario earthquakes on active fault. Earthquake Engineering and Engineering Vibration，2006，5（1）：11-17.

20. X. Zhang, J. Hu, L. L. Xie, et al. Kinematic source model for simulation of near-fault ground motion field using explicit finite element method [J]. Earthquake Engineering and Engineering Vibration，2006，5（1）：19-28.

21. 李宁，谢礼立，翟长海. 基于混合有限元格式的完美匹配层与多次透射公式人工边界比较研究 [J]. 地震学报，2007，29（6）：643-653.

22. 郝敏，谢礼立，李伟. 基于砌体结构破坏损伤的地震烈度物理标准研究 [J]. 地震工程与工程振动，2007，27（5）：27-32.

23. 郝敏，谢礼立，李爽. 砌体结构的地震动潜在破坏势研究 [J]. 哈尔滨工业大学学报，2007，39（10）：1652-1655.（EI）

24. 郝敏，谢礼立. 921 台湾集集地震的烈度等震线 [J]. 哈尔滨工业大学学报，2007，39（2）：169-172.

25. 徐龙军，胡进军，谢礼立. 特殊长周期地震动的参数特征研究 [J]. 地震工程与工程振动，2008，28（6）：20-27.

26. 徐龙军，谢礼立. 近断层脉冲型地震动耦合效应特征 [J]. 防灾减灾工程学报，2008，28（2）：135-142.

27. 王海云，谢礼立. 近断层强地震动场预测 [J]. 地球物理学报，2009，52（3）：703-711.

28. 李明，谢礼立，翟长海. 近断层脉冲型地震动重要参数的识别方法 [J]. 世界地震工程，2009，25（4）：1-6.

29. 杨永强，谢礼立，李明，等. 汶川余震加速度记录的反应谱特征研究 [J]. 土木工程学报，2010（s1）：37-41.

30. 张齐，胡进军，姜治军，谢礼立. NGA 模型概述及其在中国适用性的初步探讨 [J]. 土木工程学报，2012（s2）：42-46.

31. 胡进军，吴旺成，谢礼立. 地震动累积绝对速度相关参数研究进展与分析 [J]. 地震工程与工程振动，2013（05）：1-8.

32. 胡进军，徐龙军，谢礼立. 断层破裂速度对地震动影响的离散波数有限元法模拟 [J]. 天津大学学报（自然科学与工程技术版），2013（12）：1063-1070.

33. 胡进军，谢礼立. 震源初始破裂位置对地表地震动影响分析 [J]. 振动与冲击，2015，34（24）：66-70.

三　设计地震动和抗震设计谱

1. 洪峰，谢礼立. 工程结构抗震设计中小震、中震和大震的确定方法 [J]. 地震工程与工程振动，2000（02）：1-6.

2. 徐龙军，谢礼立．场地相关双规准化地震动加速度反应谱［J］．哈尔滨工业大学学报，2004，36（8）：1061-1064.

3. 胡进军，谢礼立．地下地震动频谱特点研究［J］．地震工程与工程振动，2004（06）：1-8.

4. 张晓志，谢礼立，于海英．地震动反应谱的数值计算精度和相关问题［J］．地震工程与工程振动，2004（06）：15-20.

5. 徐龙军，谢礼立，郝敏．简谐波地震动反应谱研究［J］．工程力学，2005，22（5）：7-13.

6. 徐龙军，谢礼立．集集地震近断层地震动频谱特性［J］．地震学报，2005，27（6）：656-665.

7. 翟长海，谢礼立．抗震规范应用强度折减系数的现状及分析［J］．地震工程与工程振动，2006，26（2）：1-7.

8. 翟长海，谢礼立．考虑设计地震分组的强度折减系数的研究［J］．地震学报，2006，28（3）：284-294.

9. 公茂盛，翟长海，谢礼立．非弹性反应谱衰减规律研究［J］．哈尔滨工业大学学报，2006（05）：761-763.

10. 翟长海，谢礼立．近场脉冲效应对强度折减系数的影响分析［J］．土木工程学报，2006，39（7）：15-18.

11. 公茂盛，谢礼立．结构地震反应记录 HHT 分析［J］．西安建筑科技大学学报（自然科学版），2006，38（4）：450-454.

12. 徐龙军，谢礼立．近断层地震动双规准伪速度谱及其应用［J］．地震学报，2007，29（5）：512-520.

13. 徐龙军，谢礼立．竖向地震动加速度反应谱特性［J］．地震工程与工程振动，2007，27（6）：17-23.

14. 徐龙军，谢礼立．地下工程设计地震动加速度幅值变化研究［J］．世界地震工程，2009（02）：54-59.

15. 公茂盛，鹿嶋俊英，谢礼立，等．基于结构强震记录的结构时变模态参数识别［J］．振动与冲击，2010，29（5）：171-175.

16. 李明，谢礼立，杨永强，等．基于反应谱的近断层地震动潜在破坏作用分析［J］．西南交通大学学报，2010，45（3）：331-335.

17. 覃锋，徐龙军，谢礼立．基于强震记录的核电厂抗震标准反应谱研究［J］．地震学报，2011，33（1）：103-113.

18. 胡进军，谢礼立．汶川地震近场加速度基本参数的方向性特征［J］．地球物理学报，2011，54（10）：2581-2589.

19. 张齐，胡进军，谢礼立，等．中国西部地区新一代地震动衰减模型［J］．天津大学学报（自然科学与工程技术版），2013（12）：1079-1088.

20. 赵国臣，徐龙军，谢礼立．基于多尺度分析方法的近断层地震动特性分析［J］．地球物理学报，2013，56（12）：4153-4163.

21. 赵国臣，徐龙军，谢礼立．一种有效的地震动速度时程时域特性分析方法［J］.

地球物理学报，2016，59（6）：2138-2147.

22. 姜治军，胡进军，谢礼立. 竖向地震动衰减模型新进展及其对四川地区预测能力分析［J］. 地震工程与工程振动，2017，01（3）：67-79.

23. W. Zhang, L. L. Xie, M. Guo. Estimation on site-amplification from different methods using strong motion data obtained in Tangshan, China［J］. Acta Seismologica Sinica, 2001, 14（6）：642-653.

24. L. Xu, L. L. Xie. Bi-normalized response spectral characteristics of the 1999 Chi-Chi earthquake［J］. Earthquake Engineering and Engineering Vibration, 2004, 3（2）：147-155.

25. M. Hao, L. L. Xie, L. Xu. Some considerations on the physical measure of seismic intensity［J］. Acta Seismologica Sinica, 2005, 18（2）：245-250.

26. L. L. Xie, L. Xu, Rodriguez-Marek A. Representation of near-fault pulse-type ground motions［J］. Earthquake Engineering and Engineering Vibration, 2005, 4（2）：191-199.

27. L. Xu, L. L. Xie. Characteristics of frequency content of near-fault ground motions during the Chi-Chi earthquake［J］. Acta Seismologica Sinica, 2005, 18（6）：707-716.

28. M. Gong, L. L. Xie. Study on comparison between absolute and relative input energy spectra and effects of ductility factor［J］. Acta Seismologica Sinica, 2005, 18（6）：717-726.

29. S. Li, L. L. Xie. Effects of hanging wall and forward directivity in the 1999 Chi-Chi earthquake on inelastic displacement response of structures［J］. Earthquake Engineering and Engineering Vibration, 2007, 6（1）：77-84.

30. L. Xu, L. L. Xie. Near-fault ground motion bi-normalized pseudo-velocity spectra and its applications［J］. Acta Seismologica Sinica, 2007, 20（5）：544-552.

31. C. Zhai, S. Li, L. L. Xie, Y. Sun. Study on inelastic displacement ratio spectra for near-fault pulse-type ground motions［J］. Earthquake Engineering and Engineering Vibration. 2007, 6（4）：351-355.

32. D. Wang, L. L. Xie. Attenuation of peak ground accelerations from the great Wenchuan earthquake［J］. Earthquake Engineering and Engineering Vibration, 2009, 8（2）：179-188.

33. C. Zhai, L. L. Xie. The modification factors strength reduction factors for MDOF effect［J］. Advances in Structural Engineering, 2009, 9（4）：477-490.（SCI, EI, IF=0.829）

34. D. Wang, L. L. Xie. Study on Response Spectral Acceleration from the Great Wenchuan, China Earthquake of May 12, 2008［J］. Journal of Earthquake Engineering, 2010, 14（6）：934-952.

35. L. Peng, L. L. Xie, J. Hu, et al. A new attenuation model of near-fault ground motions with consideration of the hanging wall effect in the Wenchuan earthquake［J］. Earthquake Engineering and Engineering Vibration, 2011, 10（3）：313-323.

36. C. Zhai, Z. Chang, S. Li, Z. Chen, and L. L. Xie. Quantitative identification of near-fault pulse-like ground motions based on energy［J］. Bulletin of the Seismological Society of America（BSSA）. 2013, 103（5）：2591-2603.

37. H. Diao, J. Hu, L. L. Xie. Effect of seawater on incident plane P and SV waves at ocean bottom and engineering characteristics of offshore ground motion records off the coast of southern

California, USA ［J］. Earthquake Engineering and Engineering Vibration, 2014, 13 （2）: 181-194.

38. J. Hu, W. Zhang, L. L. Xie, et al. Strong motion characteristics of the M_w, 6. 6 Lushan earthquake, Sichuan, China — an insight into the spatial difference of a typical thrust fault earthquake ［J］. Earthquake Engineering and Engineering Vibration, 2015, 14 （2）: 203-216.

39. C. Zhai, D. Ji, W. Wen, W. Lei, L. L. Xie, M. Gong, The inelastic input energy spectra for mainshock-aftershock sequences ［J］. Earthquake Spectra, 2016, 32 （4）: 2149-2166.

四 结构地震反应分析 基于性态的抗震设计理论

1. 谢礼立. 对"局部加密傅里叶谱 ZOOMFT 分析的介绍"一文的讨论 ［J］. 地震工程与工程振动, 1984 （02）: 145-147.

2. 谢礼立. 用于地震工程分析的计算机程序 ［J］. 世界地震工程, 1985 （1）: 33-35.

3. 韩庆华, 谢礼立, 刘锡良. 河北省科技馆单层球面网壳结构的抗震分析与设计 ［J］. 工业建筑, 2001, 31 （5）: 80-81.

4. 马玉宏, 谢礼立. 不同重要性结构的抗震设防水准 ［J］. 哈尔滨建筑大学学报, 2002, 35 （5）: 1-4.

5. 屈成忠, 谢礼立. 基于性态的砌块砌体结构极限性态目标位移确定方法的研究 ［J］. 地震工程与工程振动, 2003, 23 （2）: 18-25.

6. 范峰, 钱宏亮, 谢礼立. 最不利地震动在网壳结构抗震设计中的应用 ［J］. 世界地震工程, 2003, 19 （3）: 17-21.

7. 谢礼立, 马玉宏. 现代抗震设计理论的发展过程 ［J］. 国际地震动态, 2003 （10）: 1-8.

8. 马玉宏, 谢礼立, 赵桂峰. 地震环境下不同重要性建筑的抗震设防水准 ［J］. 自然灾害学报, 2004, 13 （05）: 117-121.

9. 张晓志, 谢礼立. 采用显式有限元方法求解开放系统动力响应的主要环节和问题 ［J］. 地震工程与工程振动, 2005, 25 （02）: 10-15.

10. 屈成忠, 谢礼立. 砌块砌体结构目标位移的求解方法研究 ［J］. 新型建筑材料, 2006 （1）: 10-13.

11. 刘洪波, 谢礼立, 邵永松. 钢框架结构的震害及其原因 ［J］. 世界地震工程, 2006, 22 （04）: 47-51.

12. 王洪涛, 谢礼立. 钢筋混凝土框架结构计算机仿真与并行计算 ［J］. 世界地震工程, 2006, 22 （03）: 14-20.

13. 李爽, 谢礼立. 脉冲型地震动对结构设计的影响 ［C］// 中国建筑学会建筑结构分会混凝土结构基本理论和工程应用学术会议. 2006.

14. 毛建猛, 谢礼立, 翟长海. 模态 pushover 分析方法的研究和改进 ［J］. 地震工程与工程振动，2006，26（6）：50-55.

15. 徐龙军，谢礼立，胡进军. 地下地震动工程特性分析［J］. 岩土工程学报，2006，28（09）：1106-1111.

16. 翟长海，谢礼立. 钢筋混凝土框架结构超强研究［J］. 建筑结构学报，2007，28（01）：101-106.

17. 翟长海，谢礼立. 结构抗震设计中的强度折减系数研究进展［J］. 哈尔滨工业大学学报，2007，39（8）：1177-1184.

18. 屈成忠，谢礼立. 中高层砌块砌体结构 Pushover 分析研究［J］. 中国安全科学学报，2007，17（11）：124-129.

19. J. Mao，C. Zhai，L. L. Xie. An improved modal pushover analysis procedure for estimating seismic demands of structures［J］. Earthquake Engineering and Engineering Vibration，2008，7（1）：25-31.

20. 毛建猛，谢礼立，孙景江. 高层结构塑性铰分布在不同荷载模式下的求解［J］. 世界地震工程，2008，24（04）：15-18.

21. 马玉宏，谢礼立，赵桂峰. 不同重要性建筑的名义基准期取值合理性研究［J］. 自然灾害学报，2008，17（5）：95-100.

22. 毛建猛，谢礼立. 基于 MPA 方法的结构滞回耗能计算［J］. 地震工程与工程振动，2008，28（6）：33-38

23. 王洪涛，谢礼立. 考虑楼板作用的钢筋混凝土框架有限元模型及并行计算效率［J］. 地震工程与工程振动，2009，29（1）：63-69.

24. S. Lin，L. L. Xie. Maosheng G，et al. Performance-based methodology for assessing seismic vulnerability and capacity of buildings［J］. Earthquake engineering and engineering vibration，2010，9（2）：157-165.

25. 林世镔，谢礼立. 基于能力谱的建筑物抗震能力研究——以汶川地震两栋钢筋混凝土框架结构抗震能力分析为例［J］. 土木工程学报，2012（5）：31-40.

26. 徐龙军，何晓云，谢礼立. 海上风电工程基础结构抗震性能研究［J］. 地震工程与工程振动，2012（03）：1-7.

27. 杜云霞，公茂盛，谢礼立. 两次地震作用下 RC 框架结构抗震能力分析方法研究［J］. 世界地震工程，2017，33（1）：75-83.

五　城市综合防震减灾理论和决策分析 韧性城市及其构建

1. 谢礼立. 中、美、日三方会议关于减轻多种自然灾害研究的总结报告［J］. 地震工程与工程振动，1985（3）：96-102.

2. 刘竹年，谢礼立. 对地震保险的若干看法［J］. 世界地震工程，1991（02）：29-33.

3. 陈有库，谢礼立. 群体震害的快速预测法［J］. 地震工程与工程振动，1992（4）：81-87.

4. 谢礼立，陶夏新，左惠强. 基于 GIS 和 AI 的地震灾害危险性分析与信息系统［J］.

自然灾害学报，1995（S1）：1-6.

5. 左惠强，陶夏新，谢礼立，等．基于 GIS 的地震构造信息系统［J］．自然灾害学报，1995（s1）：7-13.

6. 左惠强，谢礼立．设定地震影响场的 GIS 模拟［J］．地震学报，1999，21（4）：427-432.

7. 汤爱平，谢礼立，陶夏新，等．自然灾害的概念、等级［J］．自然灾害学报，1999（3）：61-65.

8. 汤爱平，谢礼立，文爱花．论城市灾害管理模型［J］．自然灾害学报，1999（1）：92-97.

9. H. Zuo, L. L. Xie, Borcherdt R D. Simulation of scenario earthquake influenced field by using GIS［J］. Acta Seismologica Sinica, 1999, 12（4）：475-480.

10. 马玉宏，谢礼立．地震人员伤亡估算方法研究［J］．地震工程与工程振动，2000（04）：140-147.

11. 温瑞智，陶夏新，谢礼立．生命线系统的震害耦联［J］．自然灾害学报，2000，9（2）：105-110.

12. 谢礼立，张景发．防震减灾中卫星遥感技术应用分析［J］．自然灾害学报，2000（04）：1-8.

13. 马玉宏，谢礼立．关于地震人员伤亡因素的探讨［J］．自然灾害学报，2000（03）：84-90.

14. 姚保华，陶夏新，温瑞智，谢礼立．Web GIS 的发展与防震减灾信息系统［J］．自然灾害学报，2000，9（3）：64-70.

15. L. L. Xie, X. Tao, R. Wen, Z. Cui, A. Tang. A GIS based earthquake losses assessment and emergency response system for Daqing oil field［C］. The Twelfth World Conference on Earthquake Engineering. Auckland, New Zealand, 2000.

16. L. L. Xie. How do we evaluate IDNDR［C］? The Twelfth World Conference on Earthquake Engineering Auckland, New Zealand, 2000.

17. 汤爱平，谢礼立，陶夏新．基于 GIS 的城市地震应急反应系统［J］．防灾减灾学报，2001，17（2）：35-40.

18. 汤爱平，陶夏新，谢礼立，等．震后应急反应辅助决策系统研究［J］．地震工程与工程振动，2001，21（1）：145-151.

19. 张风华，谢礼立．城市防震减灾能力评估研究［J］．自然灾害学报，2001，10（4）：318-329.

20. 张景发，谢礼立，陶夏新．典型震害遥感图像的模型分析［J］．自然灾害学报，2001（02）：89-95.

21. 马玉宏，谢礼立．我国社会可接受地震人员死亡率的研究［J］．自然灾害学报，2001，10（3）：56-63.

22. 姚保华，谢礼立，袁一凡．生命线系统相互作用及其分类［J］．世界地震工程，2001，17（4）：48-52.

23. 周雍年，张晓志，谢礼立．工程抗震设防标准的效益分析［J］．地震工程与工程振动，2002（01）：14-20.

24. 张风华，谢礼立. 城市防震减灾能力指标权数确定研究 [J]. 自然灾害学报，2002，11（4）：23-29.

25. 张景发，谢礼立，陶夏新. 建筑物震害遥感图像的变化检测与震害评估 [J]. 自然灾害学报，2002，11（2）：59-64.

26. A. Tang, L. L. Xie, X. Tao. Application of GIS to build earthquake emergency response system for urban area [J]. Journal of Harbin Institute of Technology (New Series), 2002, 9 (1): 38-42.

27. 姚保华，谢礼立，陶夏新，等. 基于 WebGIS 的防震减灾系统研究及其实现方法 [J]. 地震工程与工程振动，2003，23（6）：1-8.

28. 姚保华，陶夏新，谢礼立. 基于 WebGIS 的城市数字地图快速更新方法 [J]. 世界地震工程，2003，19（1）：107-112.

29. 张景发，谢礼立，陶夏新. 建筑物震害遥感图像特征信息的增强、提取与震害识别技术 [J]. 地壳构造与地壳应力文集，2003，（15）：53-66.

30. 张风华，谢礼立. 生命线系统对城市地震灾害损失评价研究 [J]. 土木工程学报，2003，36（11）：99-105.

31. 张风华，谢礼立，范立础. 城市建构筑物地震损失预测研究 [J]. 地震工程与工程振动，2004，24（3）：12-20.

32. 张风华，谢礼立，范立础. 非工程因素对城市地震灾害损失影响评价方法 [J]. 同济大学学报（自然科学版），2004（07）：872-877.

33. 谢礼立. 自然灾害的特点和管理 [J]. 群言，2004（3）：7-8.

34. 姚保华，谢礼立，火恩杰. 研究地震情况下生命线系统相互作用的综合方法 [J]. 地震学报，2004，26（2）：193-202.

35. B. Yao, L. L. Xie, E. Huo. A comprehensive study method for lifeline system interaction under seismic conditions [J]. Acta Seismologica Sinica, 2004, 17 (2): 211-221.

36. 谢礼立. 城市防震减灾能力的定义及评估方法 [J]. 地震工程学报，2005，27（4）：296-304.

37. 温瑞智，公茂盛，谢礼立. 海啸预警系统及我国海啸减灾任务 [J]. 自然灾害学报，2006（03）：1-7.

38. 刘莉，谢礼立. 基于 GIS 的抗震设计地震动查询系统 [J]. 世界地震工程，2007，23（1）：51-55.

39. 马玉宏，谢礼立，赵桂峰. 抗震设防烈度的决策分析方法研究 [J]. 世界地震工程，2007，23（1）：86-90.

40. 刘莉，谢礼立. 层次分析法在城市防震减灾能力评估中的应用 [J]. 自然灾害学报，2008，17（2）：48-52.

41. 刘莉，谢礼立. 关于城市防震减灾能力影响因素的探讨 [J]. 世界地震工程，2008，（01）：88-92.

42. 马玉宏，赵桂峰，谢礼立，等. 基于地震危险性特征分区的建筑物地震保险费率 [J]. 四川建筑科学研究，2009，35（6）：197-200.

43. 刘莉，谢礼立，葛红．城市防震减灾能力评价中的可接受风险研究［J］．世界地震工程，2009，25（1）：82-87.

44. 刘莉，谢礼立，胡进军．城市地震的可接受死亡风险研究［J］．自然灾害学报，2010，19（4）：1-7.

45. 林世镔，谢礼立，公茂盛，李明．城市建筑物抗震能力评估方法［J］．自然灾害学报，2011（4）：31-37.

46. 谢礼立．必须增强震区学校的抗震能力［J］．建筑，2013（12）.

47. 胡进军，郝彦春，谢礼立．潜在地震对我国南海开发和建设影响的初步考虑［J］．地震工程学报，2014，36（3）：616-621.

48. 刘莉，公茂盛，谢礼立．生命线系统在城市防震减灾能力标定中的评价方法研究［J］．世界地震工程，2014（4）：77-82.

49. 马玉宏，赵桂峰，陈小飞，谭平，谢礼立．村镇建筑基于性态抗震设防的地震保险费率厘定［J］．地震研究，2015，38（3）：461-466.

50. 谢礼立，面对灾害，让城市更有"韧性"，陕西地震信息，2019.

六　抗震设计规范研究和编制

1. Z. Zhao, L. L. Xie. A Preliminary study on the seismic conceptual design ［J］. Earthquake Engineering and Engineering Vibration, 2014, 13（1）: 183-188.

2. 罗奇峰，谢礼立．世界抗震设计规范发展趋势研究［J］．地震工程与工程振动，1993（3）：89-101.

3. 洪峰，谢礼立．工程结构抗震设防标准的决策分析［J］．地震工程与工程振动，1999（02）：9-14.

4. 谢礼立．关于抗震设计样板规范［J］．国际地震动态，2000（07）：4-9.

5. 赵真，谢礼立．从欧洲抗震设计规范的一般规定浅谈结构抗震概念设计的重要性［J］．地震工程与工程振动，2011，31（5）：190-195.

6. 谢礼立．论《建筑工程抗震设计导则》的编制思想［J］．铁道勘察，2004，30（3）：1-5.

7. 谢礼立．《建筑工程抗震性态设计通则》的特点，工程建设标准化，2004，24-29.

七　综论

1. 谢礼立．发刊词［J］．世界地震工程，1985，1（1）：2.

2. 谢礼立．国际地震工程协会接纳中国地震工程联合会为正式会员［J］．世界地震工程，1986（01）：1-2.

3. 谢礼立．1987年我国抗震工作交流座谈会简况［J］．国际地震动态，1987（8）：25-26.

4. 谢礼立．各国政府部门和国际学术团体热烈响应关于开展"国际减轻灾害十年"活动的倡议［J］．地震工程与工程振动，1987（01）：94.

5. 谢礼立. 1987 年温哥华 IASPEI 全会决议［J］. 国际地震动态，1988（2）：25-26.

6. 谢礼立. 减轻灾害损失 促进经济发展［N］. 黑龙江日报，2000-11-25（A03）.

7. 谢礼立. 减轻自然灾害是人类的共同要求：写在"国际减轻自然灾害十年"开始之前［J］. 地震工程与工程振动，1989（3）：104-108.

8. 谢礼立. 联合国"国际减轻自然灾害十年"半年活动的评估［J］. 世界地震工程，1990（4）：21+49.

9. 谢礼立. "国际减灾十年"活动的进展［J］. 科技导报，1991，9（8）：11-14.

10. 谢礼立，罗奇峰，许厚德. 论灾区开放政策［J］. 自然灾害学报，1992（3）：3-11.

11. 谢礼立. 联合国"国际减灾十年"科学技术委员会第四次会议议决事项［J］. 自然灾害学报，1993（2）：111-114.

12. 谢礼立. 工程地震学研究的进展［J］. 国际地震动态，1994（6）：26-29.

13. 谢礼立. 书评：《工程隔震概论》［J］. 世界地震工程，1994（3）：54-55.

14. 李咸亨，谢礼立. 两岸地震记录交流初探［J］. 地震工程与工程振动，1995（3）：1-3.

15. Xie Li-Li. Foreword, *The Great Tangshan Earthquake of 1976*, 1996, 4.

16. 谢礼立，周雍年. 关于土木基础设施系统的基础研究［J］. 自然灾害学报，1999（02）：1-7.

17. 谢礼立.《唐山大地震与建筑抗震》［J］. 自然灾害学报，2003，12（2）：160.

18. 谢礼立. 百年成果检阅，世纪巨著问世——介绍《国际地震与工程地震手册》［J］. 地震工程与工程振动，2003，（05）：186.

19. 谢礼立. 论油气田的地震灾害和防御［J］. 油气田地面工程，2007，26（12）：1-4.

八　其他

1. 序言，专著《汶川大地震》（西南建筑设计研究院编著）

2. 书评，专著《铁路自然灾害及其防治》，2000.9

3. 书评，专著《唐山震害》（杨文忠著），2003.4

4. 序言，专著 *Dynamics of Structures, Theory and Application to Earthquake Engineering*（A K Chopra 著），2005.3

5. 序言及书评，专著《结构振动与控制》（李宏男著），2005.07

6. 序言，专著《网格计算与地理空间信息网格》（龚强著），2008.05

7. 序言，专著《建筑抗震》（张敏政等著），2011.5

8. 序言，专著《西北农居抗震设防技术指南》（王兰民著），2011.9

9. 序言，专著《振动理论基础》（曾心传和姚运生著），2012.05

10. 新年寄语，《地震工程与工程振动》，2013.1

11. 发刊词，《地震工程学报》，2013.3

12. 专家点评，《天津大学学报》主编特约稿件，2013.7

13. 新年寄语，《自然灾害学报》，2014.1

14. 写在前面，《中国工程科学》拆除爆破专刊，2014.11

15. 序言，专著《汶川地震中小型水库震害与数据库》（陈国兴著），2014.12

16. 序言，专著《砾性土液化原理与判别技术》（袁晓铭著），2015.06

17. 序言，专著《工业建筑抗震关键技术》（徐建等著），2018.10